Gerhard Kienel; Klaus Röll (Hrsg.) · Vakuumbeschichtung 2

Vakuumbeschichtung 2

Verfahren und Anlagen

Herausgeber: Prof. Dr. Gerhard Kienel †
Prof. Dr. Klaus Röll

Dr. rer. nat. Uwe Behringer
Prof. Dr. Helmut Gärtner †
Dr. Reinar Grün
Prof. Dr. Gerhard Kienel †
Dr.-Ing. Michael Knepper
Univ.-Prof. Dr. techn. Erich Lugscheider
Prof. Dr. Hans Oechsner
Prof. Dr. Georg Wahl
Dr. rer. nat. Jürgen Waldorf
Prof. Dr. Gerhard K. Wolf

SPRINGER-VERLAG BERLIN HEIDELBERG GMBH

Die Deutsche Bibliothek – CIP-Einheitsaufnahme

Vakuumbeschichtung / Hrsg.: Gerhard Kienel. – Springer-Verlag
Berlin Heidelberg GmbH
NE: Kienel, Gerhard [Hrsg.]
2. Verfahren und Anlagen / Uwe Behringer ... – 1995
  ISBN 978-3-642-63398-0   ISBN 978-3-642-57905-9 (eBook)
  DOI 10.1007/978-3-642-57905-9
NE: Behringer, Uwe

Herstellung: PRODUserv, Berlin
Satz: Fotosatz-Service Köhler, OHG, Würzburg

Binderei: Lüderitz & Bauer, Berlin

ISBN 978-3-642-63398-0

Vorwort

Die Vakuumbeschichtungstechnik befindet sich in einer Phase starker Ausweitung. Die letzten Jahre sind gekennzeichnet durch viele bedeutende Neuentwicklungen auf den Gebieten der Verfahrenstechnik (plasmagestützte CVD- und PVD-Verfahren mit ihren zahlreichen Varianten und Ausführungsformen), der Meß- und Prüftechnik (z. B. Oberflächen- und Dünnschichtanalyse, Rastertunnelmikroskopie, Einsatz von Lasern für Messungen an Substraten und Dünnen Schichten) und der Vervollkommnung der Anlagentechnik, die besonders durch den Einsatz des Hochleistungszerstäubens wesentliche Impulse erhielt. Mit dem Unbalanced Magnetron sind z. B. bessere Targetausnutzungen, höhere Raten und längere ununterbrochene Betriebsdauern möglich als mit dem Magnetron in seine klassischen Ausführungsform.

Wesentlich umfangreicher ist auch die Palette der Anwendungen der Vakuumbeschichtungstechnik geworden. Zu schon seit längerem bekannten industriellen Anwendungen (z. B. in Optik, Elektronik, Kunststoffbeschichtung) kommen weitere, teilweise noch in der Entwicklung oder in der Anfangsphase der technischen Nutzung befindliche Gebiete wie Mikromechanik und Sensoren, Supraleitung, Optoelektronik, Solarzellen und Tribologie hinzu.

Die Anzahl der weltweit über Dünne Schichten und ihre Anwendungen in mehr als 200 Zeitschriften und Tagungsbänden erscheinenden Veröffentlichungen dürfte über 10 000 pro Jahr liegen. Dem neuesten Stand entsprechende zusammenfassende Darstellungen dieses umfangreichen Wissensgebietes erleichtertn den Einstieg und dienen der allgemeinen Information. So war das 1987 erschienene Buch „Dünnschichttechnologie" als damals einzige deutschsprachige Monographie bereits 1 ½ Jahre nach seinem Erscheinen vergriffen, wenig später auch ein unveränderter Nachdruck.

Bei der starken Ausweitung des Stoffgebietes wäre eine Überarbeitung und Aktualisierung bei gleichbleibendem Buchumfang (ca. 700 Seiten) ohne drastische Streichungen wichtiger Teilgebiete nicht möglich gewesen. Um die Ausführlichkeit der Darstellung beibehalten zu können, erscheint die „Vakuumbeschichtung" als Nachfolgewerk der „Dünnschichttechnologie" in fünf Bänden, wobei jeder Band für sich lesbar ist.

In den einzelnen Bänden werden folgende Stoffgebiete abgehandelt:

Band 1: Plasmaphysik und -Diagnostik
Band 2: Verfahren und Anlagen
Band 3: Anlagenautomatisierung, Meß- und Analysentechnik
Band 4: Anwendungen der Vakuumbeschichtungstechnik Teil I
Band 5: Anwendungen der Vakuumbeschichtungstechnik Teil II

Der vorliegende Band 2, in dem die Themenkreise Bedeutung der Vakuumtechnik für die Beschichtungstechnik – Aufdampfen im Hochvakuum – Ionenplattieren – Katodenzerstäubung – teilchenstrahlgestützte Verfahren – Erzeugung von Mikrostrukturen –

Plasmabehandlungsmethoden – Plasmaspritzen – CVD-Verfahren abgehandelt werden, wendet sich an Naturwissenschaftler, Wissenschaftler in Forschung und Entwicklung sowie an Ingenieure und Techniker in der Fertigung. Das Werk soll nicht nur Wissen vermitteln, sondern auch als Nachschlagewerk dienen, Denkanstöße für weitere Entwicklungen geben und Hilfe leisten bei der Lösung anwendungstechnischer Probleme.

Die Herausgeber
Hanau, Kassel 1994

Inhaltsverzeichnis

VIII

X

1 Vakuumbeschichtungsverfahren – Übersicht

G. Kienel

Dünne Schichten dienen zum Veredeln von Festkörpern. Veredeln ist dabei im Sinne von Verbessern zu verstehen: Verbessern der optischen Eigenschaften (z. B. Erhöhung oder Verminderung der Reflexion, Transmission oder Absorption in vorgegebenen Spektralbereichen), der elektrischen Eigenschaften (z. B. isolierende Schichten, halbleitende Schichten, Schichten mit sehr guter elektrischer Leitfähigkeit, supraleitende Schichten), der mechanischen Eigenschaften (z. B. Härte, Rauheit, Reibverhalten, Elastizität), der thermischen Eigenschaften (z. B. Wärmedämmung, Diffusionshemmung) und der chemischen Eigenschaften (z. B. Korrosionsminderung). Oft wird die Verbesserung von mehreren Eigenschaften verlangt, z. B. müssen reflexionsmindernde Schichten auf Gläsern gleichzeitig eine geringe Rauheit, eine dem Massivmaterial entsprechende Dichte und eine große Härte aufweisen. Sie müssen außerdem gegenüber vorgegebenen chemischen Dämpfen oder Flüssigkeiten resistent sein.

Eine dünne Schicht als flächendeckende Belegung eines Substrats zu definieren, hat sicher keine praktische Bedeutung. Der Übergang von der Inselstruktur zur lückenlosen Flächenabdeckung wird von mehreren Faktoren beeinflußt, z. B. von der Rauheit der Substratoberfläche, von der Substrattemperatur und vom angewendeten Beschichtungsverfahren (Teilchenenergie!). Der Vorgang ist außerdem auch materialabhängig. Es wäre auch wenig sinnvoll, eine dünne Schicht oder den Übergang zu einer dicken Schicht nur durch eine Zahlenangabe zu definieren. Die noch vor etwa zwei Jahrzehnten gebrauchte Definition, Schichten mit weniger als 1 µm Dicke als dünne Schichten zu bezeichnen, war offenbar darauf zurückzuführen, daß man damals nicht in der Lage war, mit PVD-Verfahren wesentlich dickere Schichten als 1 µm mit reproduzierbaren guten Eigenschaften und zu noch tolerablen Kosten herzustellen. Durch Weiterentwicklung bewährter und Entwicklung neuer Verfahren, durch Verbesserung der vakuum- und meßtechnischen Hilfsmittel und der gesamten Anlagentechnik müßte diese willkürlich festgelegte Grenze heute zu wesentlich größeren Werten hin verschoben werden, was durch viele Beispiele belegbar ist.

Eine weitere Möglichkeit, eine dünne Schicht zu definieren wäre, einen Wert für das Verhältnis der Schichtdicke zur Substratdicke zu wählen. Auch eine solche Festlegung wäre willkürlich, und es ließe sich keine vernünftige Begründung finden, wann in dem einen oder anderen Falle die Bedingungen für eine dünne Schicht erfüllt wären oder nicht.

Es darf bezweifelt werden, ob es überhaupt möglich ist, eine „einfache Definition" einer dünnen Schicht zu finden, die allen Ansprüchen genügt. Eine Schicht, hergestellt mit dem Verfahren A und eine Schicht der gleichen geometrischen Dicke und zwar aus dem gleichen Material, hergestellt mit dem Verfahren B, können zwar unter eine Definition fallen, sich aber von den Eigenschaften und der Anwendung her gesehen sehr unterschiedlich verhalten. Eine Schicht von z. B. 1 µm Dicke ist in Bezug auf ihre Wirksamkeit als Schutzschicht gegen Heißkorrosion auf Turbinenschaufeln (vgl. Band 3, Kap. 16) sicher als dünne, ja zu dünne Schicht zu bezeichnen. Eine hochreflektierende metallische Schicht gleicher Dicke wäre dagegen eine dicke oder sogar zu dicke Schicht.

Es erscheint daher zweckmäßig, Verfahrenstechnik und Anwendung mit zu berücksichtigen, also z. B. die Art des Beschichtungsverfahrens mit den verschiedenen Verfahrensvarianten, die Substrattemperatur, die Teilchenenergie, den Gasdruck und die jeweils „machbaren" Schichtdicken.

Ähnlich wie es in der Vakuumtechnik keine einzelne Vakuumpumpe und auch kein einzelnes Vakuummeßgerät gibt, die im gesamten bisher erschlossenen Druckbereich von 1013 mbar beginnend bis hin zu etwa 10^{-13} mbar eingesetzt werden können, so gibt es auch kein Beschichtungsverfahren, das allen Ansprüchen genügt. Geht man von der idealisierten Annahme aus, daß eine Monolage die dünnste mögliche Schicht ist und daß andererseits noch Auftragungen bis zu etwa 30 mm, wie sie beim Auftragsschweißen und beim Walzplattieren üblich sind, noch zum Anwendungsbereich der Beschichtungstechnik gezählt werden, so ist nicht vorstellbar, daß es ungeachtet anderer Anforderungen mit einem einzigen Beschichtungsverfahren möglich sein soll, einerseits extrem dünne Schichten mit der entsprechenden Genauigkeit und andererseits sehr dicke Schichten in noch tolerablen Zeiten und zu tolerablen Kosten herzustellen. Neben diesen großen Dickenunterschieden gibt es weiterhin große Unterschiede hinsichtlich der Schichtqualität, und auch die Art, Form, Größe und thermische Belastbarkeit der Substrate sind unterschiedlich. Schließlich ist zu bedenken, daß sich nur mit einer Vielfalt an Beschichtungsmaterialien die breite Palette der Anwendungen der Dünnschichttechnik realisieren läßt.

Die Anzahl der heute praktizierten Beschichtungsmethoden liegt, wenn man auch Verfahrensvarianten als selbständige Verfahren betrachtet, weit über hundert. Die Einteilung der Verfahren in Gruppen kann nach verschiedenen Gesichtspunkten vorgenommen werden. Entsprechend dem Buchtitel erscheint es zweckmäßig, zwischen Verfahren, die im Vakuum ablaufen und allen anderen Verfahren zu unterscheiden.

Zu den im Vakuum ablaufenden Prozessen zählen die physikalischen Beschichtungsverfahren, die als PVD-Verfahren bezeichnet werden:

- Aufdampfen im Hochvakuum
- Katodenzerstäubung
- Ionenplattieren
- Ionenimplantation
- Plasma-Diffusionsverfahren und Pulsimplantation
- Plasmaspritzen

und die mit CVD bezeichneten chemischen Verfahren.

Es ist erstaunlich, wie groß allein bei den PVD-Verfahren die Anzahl der Verfahrensvarianten ist. Beim Aufdampfen im Hochvakuum hat man die Wahl zwischen fünf verschiedenen Verdampfungsquellen:

- Widerstandsbeheizte Verdampfungsquellen, direkt oder indirekt beheizt
- Elektronenstrahlverdampfer mit wassergekühltem Cu-Tiegel oder ausgekleidetem Tiegel und verschiedenen Ablenkungswinkeln des Elektronenstrahles
- Anodischer Lichtbogenverdampfer

– Katodischer Lichtbogenverdampfer

– Induktionsverdampfer.

Mit diesen Quellen lassen sich durch reaktive Verfahren dielektrische Schichten oder im Hochvakuum metallische Schichten herstellen. Kennzeichnend für das Ionenplattieren ist eine Vorspannung an den Substraten (Bias). Das Ionenplattieren ist eine Abart des Aufdampfens, wenn ein Verdampfer als Quelle benutzt oder eine Abart der Katodenzerstäubung, wenn eine Zerstäubungseinrichtung verwendet wird (Sputter-Ionplating).

Nach Bild 1–1 beträgt die Anzahl der möglichen Aufdampfverfahren zwanzig. Ergänzt werden müßte diese Aufstellung durch Aufdampfverfahren, bei denen durch Elektronenstoß in einer unselbständigen Entladung Dampf- oder Gasteilchen ionisiert und zum Substrat hin beschleunigt werden sowie die Beeinflussung der Teilchenbewegung durch Magnetfelder.

Die Katodenzerstäubung ist sicher das variantenreichste Beschichtungsverfahren. Allein bei der Diodenzerstäubung gibt es zweiunddreißig verschiedene Varianten (Bild 1–2). Anwendung findet weiterhin die Triodenzerstäubung, das Ionenstrahlsputtern mit geladenen oder neutralen Teilchen und Verfahren mit zusätzlich in den Entladungsraum eingeführten Elektronen. Auch die verschiedenen Magnetfeldkonfigurationen und fest oder beweglich angeordnete Magnete müßten bei einer umfassenden Darstellung Berücksichtigung finden.

Bei dieser Vielfalt von Verfahrensvarianten wird verständlich, daß sich die mit PVD-Verfahren hergestellten Schichten nicht nur durch große Reinheit auszeichnen, sondern daß auch die Schichtqualität beeinflußbar ist und daß die PVD-Verfahren hinsichtlich Größe, Form, Art und Temperatur der Substrate und auch der Art des Beschichtungsmaterials bei den verschiedensten Anwendungen optimale Anpassungsmöglichkeiten bieten.

Anlagentechnisch und noch mehr verfahrenstechnisch besteht zwischen der Katodenzerstäubung und den plasmagestützten CVD-Verfahren große Ähnlichkeit, so daß bis auf die Unterscheidung zwischen reaktiven und nicht reaktiven Verfahren Bild 1–2 auch für die plasmagestützten CVD-Verfahren Gültigkeit besitzt. Der wesentlichste Unterschied zwischen der Katodenzerstäubung und dem CVD-Verfahren ist das Ausgangsmaterial, das beim Sputtern in fester und beim CVD in gasförmiger Form vorliegt. Einschränkend ist dabei jedoch zu bemerken, daß man sich bei den CVD-Verfahren gegenwärtig hauptsächlich auf die Herstellung von Hartstoffschichten konzentriert und daß auch in Zukunft die Auswahl an Schichtmaterialien begrenzt sein wird. Bei der Verfahrenswahl werden außerdem toxische Gesichtspunkte und Umweltbelastung durch Abfallprodukte von wesentlicher Bedeutung sein.

Die Plasmabehandlungsmethoden zählen im eigentlichen Sinne nicht zu den Beschichtungsverfahren, wohl aber zu den Randschichten, die die Eigenschaften eines Festkörpers, die durch Beschuß mit ionisierten Teilchen im Vakuum entstehen, verändern. Durch Ionenimplantation ist es z. B. möglich, fast alle Eigenschaften eines Festkörpers im oberflächennahen Bereich zu verbessern.

Das Vakuumplasmaspritzverfahren ergänzt die anderen Vakuumbeschichtungsverfahren, weil es das Aufbringen sehr dicker Schichten auf Werkstoffe mit hoher Affinität zu O_2 oder N_2 wie Ti, Ta, Zr und Cr ermöglicht.

Im Vergleich zu den PVD- oder CVD-Verfahren zeichnet sich das Plasmaspritzverfahren durch hohe Kondensationsraten aus und wird hauptsächlich bei dicken Schichten, z. B. beim Verschleiß gegen Heißkorrosion verwendet.

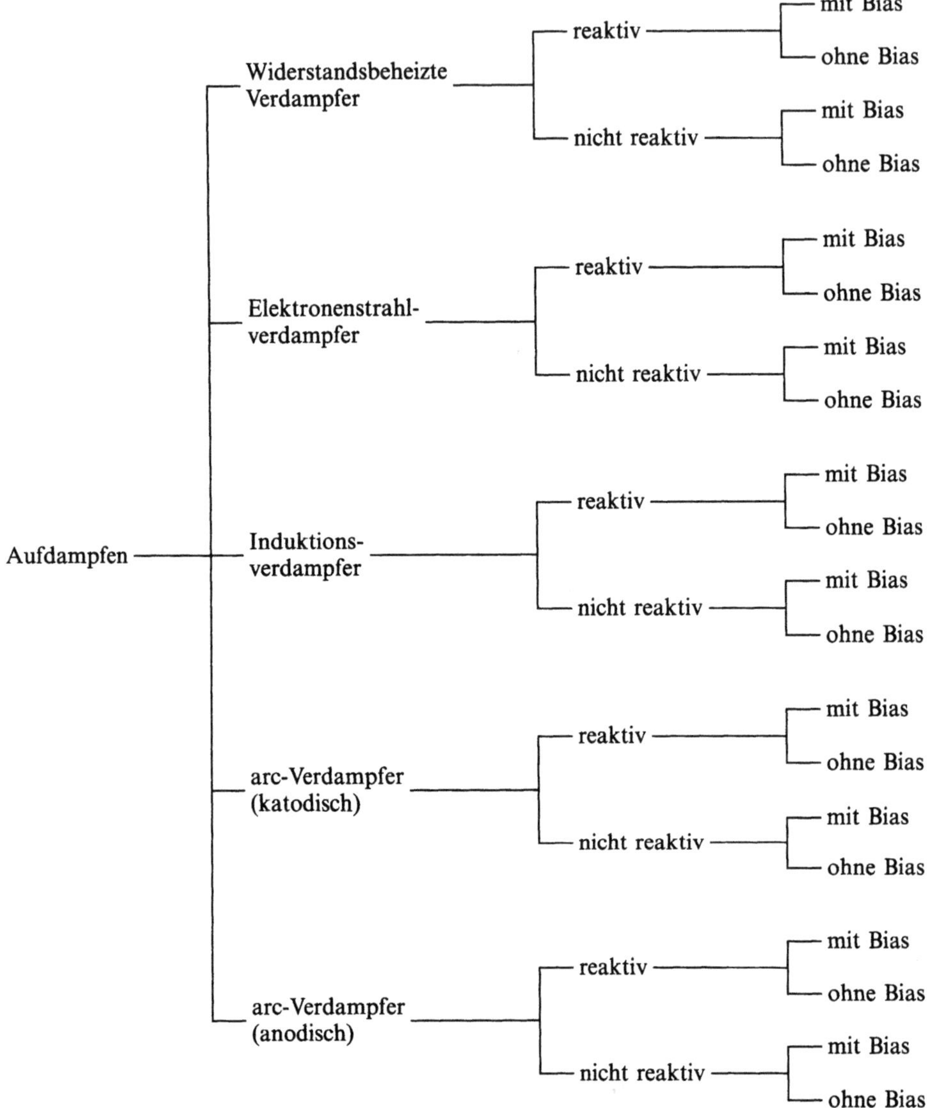

Bild 1–1. Aufdampfen im Hochvakuum – Verfahrensvarianten.

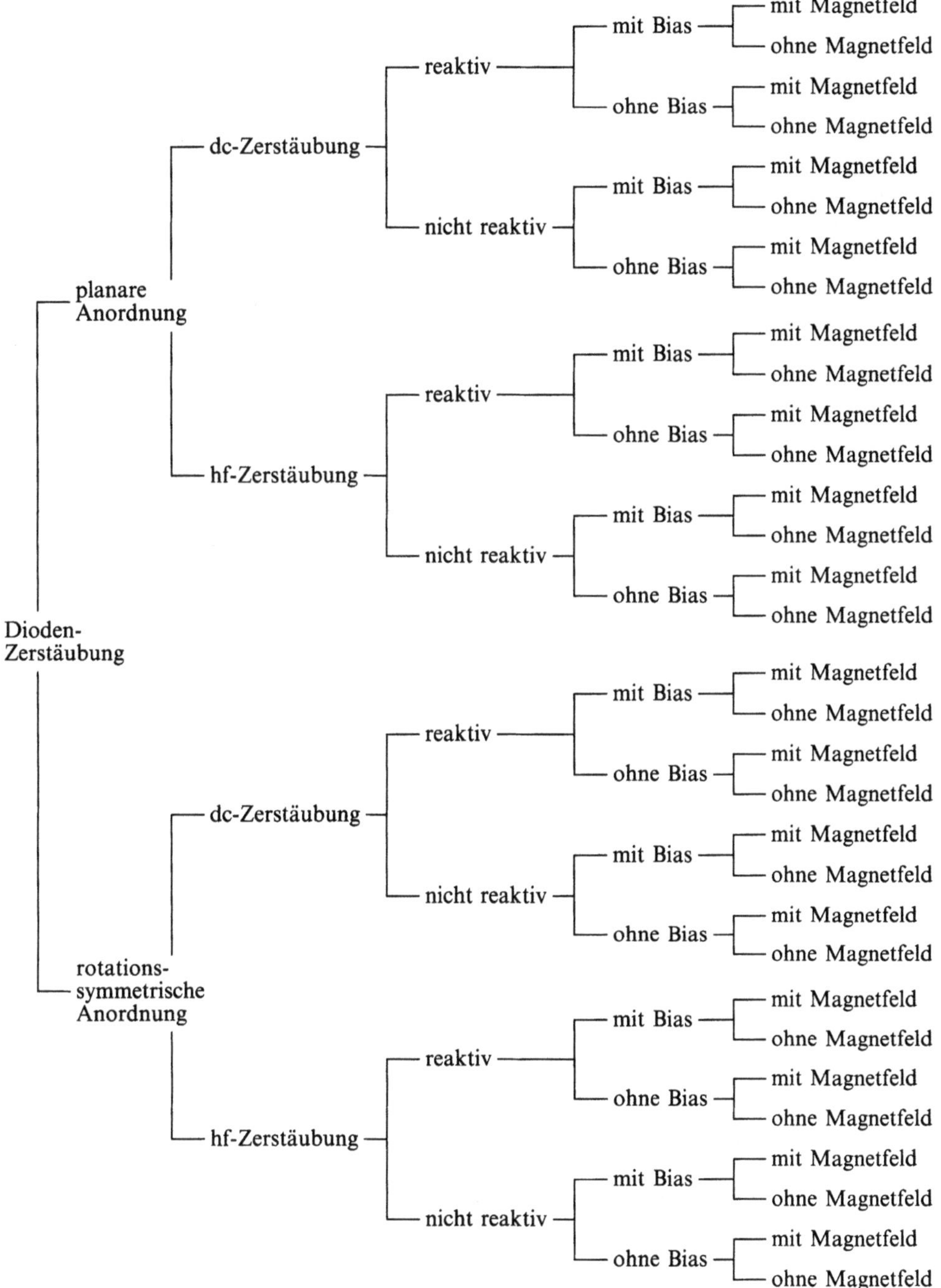

Bild 1–2. Katodenzerstäubung – Verfahrensvarianten.

Bei diesen vergleichenden Betrachtungen darf nicht außer acht gelassen werden, daß bei den PVD-Verfahren die Möglichkeit einer in-situ-Messung optischer Eigenschaften wie Transmission, Reflexion, elektrischer Eigenschaften besteht und auch eine Schichtdickenmessung möglich ist.

Reproduzierbarkeit der Schichteigenschaften setzt nicht nur geeignete Meßverfahren während des Beschichtungsprozesses voraus, sondern auch Prüfmethoden für „fertige" Schichten. Moderne Oberflächenanalysemethoden erlauben nicht nur die Untersuchung von Oberflächen im atomaren Maßstab, sondern auch Tiefenprofilanalysen, die Aufschluß über Eigenschaftsveränderungen in Abhängigkeit von der Tiefe geben. Diese Analyseverfahren haben noch niedrigere Restgasdrücke zur Voraussetzung als die Vakuumbeschichtungsverfahren.

2 Bedeutung der Vakuumtechnik für die Beschichtungstechnik

G. Kienel

2.1 Vorbemerkungen

Die Anwendungsmöglichkeiten der Dünnschichttechnologie sind sehr zahlreich, die geforderten Schichteigenschaften recht unterschiedlich und die zu lösenden Probleme vielschichtig. Für die Durchführung eines bestimmten Beschichtungsvorhabens stehen oft mehrere Beschichtungsmethoden gleichzeitig zur Verfügung; dabei können freilich die zu erzielenden Schichtqualitäten von Verfahren zu Verfahren unterschiedlich sein und sind es in der Regel auch.

Vakuumbeschichtungsverfahren zeichnen sich durch eine Reihe bestechender Vorteile aus, von denen besonders die Vielfalt der möglichen Beschichtungsmaterialien, die Reproduzierbarkeit der Schichteigenschaften, die gezielte Änderung von bestimmten Schichteigenschaften durch entsprechende Änderungen der Prozeßführung und die große Schichtreinheit anzuführen sind. Ungeachtet der Beeinflussung durch die Art der Restgase, des Beschichtungsmaterials und der Kondensationsgeschwindigkeit gilt generell, daß der Einbau gasförmiger Verunreinigungen in die Schicht beliebig klein gehalten werden kann, wenn nur der Restgasdruck im Rezipienten entsprechend niedrig ist. Der Vakuumtechnik kommt deshalb bei der Konzipierung und technischen Ausführung von Vakuumbeschichtungsanlagen für PVD-Verfahren und auch bei der Prozeßdurchführung eine besondere Bedeutung zu.

Welcher Totaldruck ist notwendig, welche Restgase sind besonders schädlich, und wie hoch darf ihr noch zulässiger Partialdruck sein? Welches effektive Saugvermögen der Hochvakuumpumpe ist erforderlich, um in einer vorgegebenen Zeit bei einer bestimmten, noch zugelassenen Leckrate einen vorgegebenen Druck zu erreichen? Wie groß ist der Gasanfall während des Beschichtungsprozesses, wie genau muß die Druckmessung sein, genügt eine Totaldruckmessung, oder ist eine Partialdruckmessung eines einzelnen oder mehrerer im Rezipienten vorhandenen Gase notwendig, und welche charakteristischen Eigenschaften der in Frage kommenden Hochvakuumpumpe fallen bei einem bestimmten Beschichtungsprozeß negativ oder positiv ins Gewicht? Dies sind nur einige der Fragen, die bei der Dimensionierung des Hochvakuumpumpstandes und bei der Auswahl der Vakuumausrüstung zu beantworten sind.

Auch bei einer bereits bewährten Vakuumbeschichtunganlage wird man bei veränderten Prozeßbedingungen nicht umhin kommen, sorgfältig zu prüfen, ob mit der vorhandenen Vakuumausrüstung die geforderte Schichtreinheit und damit bestimmte elektrische, optische oder chemische Schichteigenschaften machbar oder ob Änderungen notwendig sind. Selbst mechanische Eigenschaften von Schichten unterliegen, wie man bei tribologischen Untersuchungen festgestellt hat, ganz erheblichen Verschlechterungen, wenn sich in der Restgasatmosphäre unerwünschte Restgaskomponenten befinden.

2.2 Einfluß der Restgase auf die Schichtreinheit

Gasförmige Verunreinigungen können auf dem Wege von der Verdampfungsquelle zum
Substrat durch Zusammenstöße von Dampfteilchen mit Restgasteilchen oder beim
Auftreffen von Restgasteilchen auf dem Substrat entstehen. Die Anzahl der Zusammen-
stöße im Raum nimmt mit der Anzahl der Restgasmoleküle, mithin mit dem Druck zu. Da
der Druck in einem umgekehrt proportionalen Verhältnis zur mittleren freien Weglänge
steht, kann man auch sagen, daß ein Dampfteilchen um so weniger Zusammenstöße mit
Restgasteilchen erfährt, je größer die mittlere freie Weglänge ist. Die mittlere freie
Weglänge ist ein wichtiger Begriff der Vakuumtechnik. Sie gibt die Strecke an, die im
Mittel von einem Restgasatom oder -molekül ohne Zusammenstoß durchflogen wird und
ist druck-, gasart- und temperaturabhängig. Für Luft bei 20 °C gilt mit guter Näherung:

$$\lambda = \frac{6,65 \cdot 10^{-3}}{p} \ [\text{cm}] . \tag{2-1}$$

In Gl. (2-1) bedeuten:

λ mittlere freie Weglänge in cm,

p Restgasdruck in mbar;

d.h., bei $6,65 \cdot 10^{-3}$ mbar z. B. beträgt die mittlere freie Weglänge 1 cm, bei $6,65 \cdot 10^{-5}$ mbar
1 m. Für Elektronen ist die mittlere freie Weglänge um den Faktor $4\sqrt{2}$ größer als für
neutrale Teilchen [2-1]).

Mittlere freie Weglänge, mittlere Geschwindigkeit, Stoßzahlen und weitere Begriffe der
kinetischen Gastheorie sind statistische Größen.

Bild 2-1 zeigt, wieviel Prozent der von einer Verdampfungsquelle ausgehenden Dampfteilchen mit Restgasmolekülen zusammenstoßen [2-1]. Wenn die mittlere freie Weglänge
so groß ist wie der Abstand Verdampfungsquelle–Substrat, dann erleiden etwa 60 % der
Dampfteilchen einen Zusammenstoß mit einem Restgasteilchen. Für hohe Reinheitsgra-
de muß daher die mittlere freie Weglänge wesentlich größer sein als der Abstand
Verdampfungsquelle–Substrat. Glücklicherweise findet aber nicht bei jedem Zusammenstoß eine Reaktion statt, so daß die auf Stöße im Rezipienten zurückzuführenden
Verunreinigungen tatsächlich kleiner sind als die nach Bild 2-1 zu erwartenden. Um
wieviel, hängt vom Beschichtungsmaterial ab, ob es sich um ein reaktives Metall, um ein

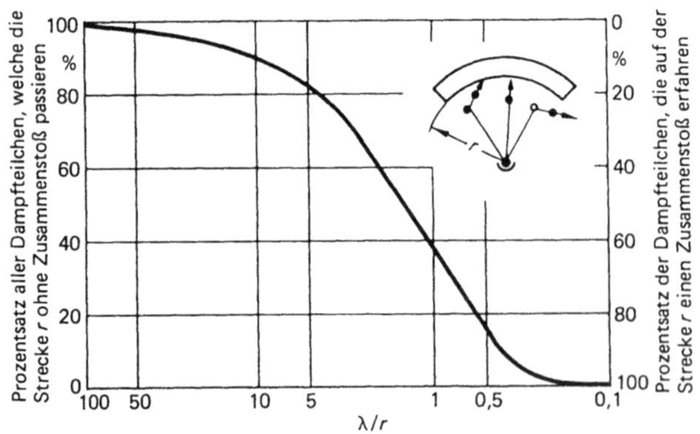

Bild 2-1. Prozentsatz der
von einer Verdampfungs-
quelle ausgehenden Dampfteilchen, die mit Restgas-
molekülen zusammensto-
ßen, in Abhängigkeit von λ/r
[2-1].

8

Edelmetall oder um eine Verbindung handelt und auch von der Art der Restgasteilchen, mit dem der Zusammenstoß stattfindet. Mit Inertgasen finden keine Reaktionen statt, während z. B. bei Sauerstoff und Stickstoff eine Reaktionsbereitschaft vorhanden ist, die noch größer wird, wenn die Gasteilchen in ionisiertem Zustand vorliegen. Auf Grund dieser großen Unsicherheiten ist es bei der graphischen Darstellung in Bild 2–1 unerheblich, wenn der Durchmesser der Dampfmoleküle sowie die Temperatur und die Richtwirkung der Verdampfungsquelle nicht berücksichtigt sind.

Beim reaktiven Aufdampfen dagegen ist eine hohe Stoßzahl und eine hohe Reaktionsbereitschaft für ein bestimmtes Gas- bzw. Gasgemisch erwünscht. Das Verhältnis λ/r sollte dann $\approx 0,5$ sein, und die Anwendung plasmagestützter Verfahren ist wegen der höheren Reaktionsbereitschaft von Ionen oder angeregten Teilen vorteilhafter.

Bei reaktiven Beschichtungsprozessen müssen für jeweils gewünschte Schichtzusammensetzungen der Dampfpartialdruck und das Angebot an Reaktionsgas aufeinander abgestimmt werden. Das Verhältnis der beiden Reaktionspartner läßt sich nur experimentell ermitteln, wobei allerdings, um eine möglichst hohe Kondensationsrate zu erzielen, Dampfpartialdruck und damit auch der Reaktivgaspartialdruck nicht beliebig groß gewählt werden dürfen. Im anderen Fall kommt es zu zahlreichen Zusammenstößen zwischen den energiereicheren Dampfteilchen mit den energieärmeren Gasteilchen. Die Energie der auf dem Substrat kondensierenden Teilchen ist dann noch geringer als beim Austritt aus der Verdampfungsquelle. Die Folge sind weiche, wenig haftfeste Schichten, deren Eigenschaften beträchtlich von denen des Bulk-Materials abweichen. Allein schon deshalb sollte beim reaktiven Aufdampfen die Verbindungsbildung auf der Substratoberfläche stattfinden. Im allgemeinen geht man von der Regel aus, daß die mittlere freie Weglänge der Gasteilchen mindestens dem Abstand Quelle–Substrat entspricht. Bei einem Abstand von z. B. 30 cm sollte daher der Gaspartialdruck nicht größer als $2 \cdot 10^{-4}$ mbar sein. Da die mittlere freie Weglänge eine statistische Größe ist, wird auch unter diesen Verhältnissen eine Anzahl von Dampfteilchen mit Gasteilchen zusammenstoßen und Energie abgeben. Andererseits würde bei wesentlich niedrigeren Gaspartialdrücken das Schichtwachstum zu langsam vor sich gehen und bei gleichem Ausgangsvakuum vor Einlaß des Reaktivgases der Einfluß unerwünschter Gasteilchen auf die Reinheit der Schicht zunehmen.

Die Verunreinigungen, die durch Auftreffen von Restgasmolekülen auf der Substratoberfläche entstehen, lassen sich wie folgt abschätzen.

Die Anzahl der je Zeit- und Flächeneinheit auf dem Substrat auftreffenden Restgasmoleküle (Flächenstoßrate) berechnet sich zu

$$N_{\mathrm{R}} = \frac{n\,\bar{c}}{4} = 2{,}63 \cdot 10^{22}\,\frac{p_{\mathrm{R}}}{\sqrt{M_{\mathrm{r}}\,T_{\mathrm{R}}}}\,; \tag{2--2}$$

in Gl. (2–2) bedeuten:

N_{R} Anzahl der je Sekunde und je Quadratzentimeter auf dem Substrat auftreffenden Restgasmoleküle in $\mathrm{s}^{-1}\,\mathrm{cm}^{-2}$,

p_{R} Restgasdruck in mbar,

M_{r} relative Molekülmasse der Restgasmoleküle,

T_{R} Temperatur in K.

Für die Anzahl N_{V} (in $\mathrm{s}^{-1}\,\mathrm{cm}^{-2}$) der je Flächen- und Zeiteinheit auf dem Substrat auftreffenden Dampfteilchen gilt entsprechend

$$N_V = 2{,}63 \cdot 10^{22} \, \frac{p_V}{\sqrt{M_V \, T_V}} \; ; \qquad\qquad (2\text{-}3)$$

in Gl. (2-3) bedeuten:

p_V Sättigungsdampfdruck des verdampfenden Stoffes in mbar,

M_V relative Molekülmasse des verdampfenden Stoffes,

T_V Verdampfungstemperatur in K.

Das Verhältnis aus N_V/N_R

$$\frac{N_V}{N_R} = \frac{p_V \sqrt{M_r \, T_R}}{p_R \sqrt{M_V \, T_V}} \qquad\qquad (2\text{-}4)$$

ist ein Maß für die bei der Kondenssation möglichen, durch Restgase entstehenden Verunreinigungen. Bezogen auf Aluminium mit einer relativen Molekülmasse von $M_v = 27$, auf eine Verdampfungstemperatur von $T_V = 1440$ K und dem entsprechenden Sättigungsdampfdruck von $p_V = 10^{-2}$ mbar, auf einen Restgasdruck von $p_R = 10^{-4}$ mbar und einer relativen Molekülmasse des Restgases von $M_r = 29$ ergibt sich nach Einsetzen dieser Werte in Gl. (2-4) für $N_V/N_R = 47$. Im ungünstigsten Fall, wenn jedes auf das Substrat auftreffende Restgasteilchen haften bleibt und mit einem Dampfteilchen reagiert, entfällt auf 47 Aluminiumatome ein „artfremdes" Gasteilchen.

Durch Reduzierung des Restgasdruckes oder Erhöhung der Verdampfungstemperatur sind drastische Verbesserungen des Reinheitsgrades möglich. Da aber der Verdampfungstemperatur Grenzen gesetzt sind, verbleibt oft als einzig gangbarer Weg eine Erniedrigung des Restgasdruckes. Im übrigen ist der tatsächliche Reinheitsgrad größer als der so berechnete, denn die Wahrscheinlichkeit, daß ein Restgasmolekül bei jedem Stoß eine Verbindung eingeht, liegt deutlich unter 1.

Sinngemäß gelten diese Abschätzungen auch für den Betrieb von Katodenzerstäubungsanlagen, wenn man sie nur auf chemisch aktive Gase bezieht. Zusätzlich ist dabei jedoch noch folgendes zu bedenken:

a) Die beim konventionellen Zerstäuben angewendeten Totaldrücke bis zu maximal $2 \cdot 10^{-2}$ mbar sind für den Betrieb mancher Pumpenarten zu hoch. Das notwendige Drosselventil aber vermindert das effektive Saugvermögen am Rezipienteneingang und erhöht in gleichem Maße den Restgaspartialdruck.

b) Zu Beginn des Zerstäubungsprozesses tritt für eine begrenzte Zeit eine durch Stöße energiereicher oder ionisierter Teilchen erhöhte Gasabgabe auf, die bei gedrosseltem Saugvermögen besonders ins Gewicht fällt.

c) Beim Einlaß eines Edelgases in die Zerstäubungsanlage wird immer ein bestimmter Anteil von anderen Gasen in den Rezipienten eingeschleppt. Beim Dimensionieren des Vakuumpumpstandes und bei der Forderung eines bestimmten Reinheitsgrades des Edelgases sollte berücksichtigt werden, daß es wenig Sinn hat, einen extrem hohen Reinheitsgrad zu wählen und gleichzeitig einen relativ hohen Restgaspartialdruck zuzulassen, bedingt durch einen zu hohen Leckgasstrom, einen zu hohen Desorptionsgasstrom oder ein zu knapp bemessenes Saugvermögen.

Ein Edelgas mit 0,01 % Verunreinigungen würde bei einem Zerstäubungsdruck von 10^{-2} mbar ohne Berücksichtigung einer eventuellen Gasaufzehrung zu einem Fremdgaspartialdruck von 10^{-6} mbar führen, und zwar unabhängig vom Saugvermögen

der installierten Vakuumpumpe. In derselben Größenordnung darf auch der Partialdruck an Fremdgasen liegen, der sich auf Grund der Gleichung

$$p = \frac{Q}{S_{\text{eff}}}$$

(2-5)

ergibt; in Gl. (2-5) sind:

Q Gasanfall (Gasstrom) durch Desorption und Lecks,
S_{eff} effektives Saugvermögen am Rezipienteneingang.

2.3 Vakuumerzeugung

Der Bereich, in dem die Arbeitsdrücke von Vakuumbeschichtungsanlagen liegen,
erstreckt sich von etwa 10^{-2} mbar bis in den Ultrahochvakuumbereich hinein. Die
jeweiligen Ausgangsdrücke vor Prozeßbeginn werden grundsätzlich durch Pumpenkom-
binationen erzeugt, da es keine Einzelpumpe gibt, deren Arbeitsbereich vom Atmosphärendruck bis zum Ultrahochvakuum reicht. Zum Aufrechterhalten eines Arbeitsdruckes
allerdings genügt eine Pumpe, wenn deren Wirkung auf einem Sorptions- oder Konden-
sationseffekt beruht (Ionengetterpumpen, Kryopumpen). Wirkungsweise, Arbeitsbereiche
und charakteristische Eigenschaften von Vakuumpumpen und Vakuumpumpenkombina-
tionen sind ausführlich in Lehrbüchern der Vakuumtechnik [2-2; 2-3] beschrieben.

Die nachfolgenden Bemerkungen beschränken sich auf einige Hinweise, die beim Betrieb
von Vakuumbeschichtungsanlagen von Bedeutung sein könnten.

Der Vakuumpumpstand Öldiffusionspumpe–ölgedichtete Rotationspumpe, vor noch
nicht allzu vielen Jahren die einzige Möglichkeit, im industriellen Maßstab Hochvakuum
zu erzeugen, wird auch heute noch oft bei Vakuumbeschichtungsanlagen, insbesondere
bei Aufdampfanlagen, angewendet. Zu den Vorteilen zählen das konstante Saugvermögen unterhalb etwa 10^{-3} mbar und außerdem eine nicht sehr stark ausgeprägte
Abhängigkeit des Saugvermögens von der Gasart. Saugvermögen von einigen zehn bis zu
100 000 l/s stehen zur Verfügung. Die oft erwähnte nachteilige Treibmittelrückströmung
in den Rezipienten, die u. a. zu Schichtverunreinigungen führt und eine Verschlechterung
der Haftfestigkeit von dünnen Schichten bewirkt, kann durch verschiedene Maßnahmen
auf ein unschädliches Maß reduziert werden.

Eine verhältnismäßig geringe Rückströmung von Treibmitteln und deren Spaltprodukten
bei Öldiffusionspumpen erreicht man mit hochwertigen Treibmitteln, deren Dampfdrücke bei Raumtemperatur rd. 10^{-10} mbar betragen. Eine gekühlte Düsenhutdampf-
sperre vermindert die Ölrückströmung um eine Größenordnung. Der zusätzliche Einbau
einer Dampfsperre mit Kühlung durch Wasser, Kältemaschinen oder flüssigen Stickstoff
ergibt eine weitere Reduktion der Ölrückströmung bis unter die Nachweisgrenze,
verbunden allerdings mit einer Drosselung des effektiven Saugvermögens der Diffusionspumpe um etwa 50%.

Schon beim Vorevakuieren durch eine ölgedichtete Rotationspumpe kann „minderwerti-
ges" Öl in die Diffusionspumpe und anschließend in den Rezipienten gelangen. Die
Menge des auf die Hochvakuumseite verschleppten Öls hängt vom Gegengasstrom ab
und ist um so größer, je niedriger der Restgasdruck im Raum zwischen der Diffusionspumpe und der ölgedichteten Rotationspumpe ist. Eine Vorevakuierung des Rezipienten

über eine Umwegleitung sollte daher auch nicht länger dauern als unbedingt notwendig. Durch Gasspülung [2–4] oder Einbau einer Sorptionsfalle läßt sich dieser Ölrückstrom drastisch vermindern, ohne daß das Saugvermögen der zur Vorevakuierung benutzten Pumpe nennenswert gedrosselt wird.

Unabhängig von der Art vorgeschalteter Vakuumpumpen kommt bei extremen Belastungen, z. B. in der Halbleiterindustrie, dem Öl als Dicht- und Schmiermittel von ölgedichteten Rotationspumpen besondere Bedeutung zu. Es muß nicht nur die üblichen Eigenschaften wie niedriger Dampfdruck, geringe Temperaturabhängigkeit der Viskosität, enge Fraktion und gute Schmierfähigkeit besitzen, sondern auch zusätzlichen Anforderungen wie hohe Temperaturbeständigkeit, inert gegen chemischen Angriff, z. B. durch Säuren, Laugen und Halogene, inert gegen starke Oxidationsmittel (Sauerstoff, Fluor), Sicherheit beim Pumpen hoher Sauerstoffkonzentrationen genügen. Je nach Aufgabenstellung kommen verschiedene Öle zur Anwendung.

Durch Fernhalten jeglicher Feuchtigkeit vom Pumpsystem, Benutzung von trockenem Stickstoff als Gasballast und Spülgas ergeben sich eine Reihe von Vorteilen. Die Verweilzeit reaktiver Gase im Öl wird vermindert, durch das Spülgas luftentzündliche Gase verdünnt und das mögliche Explosionsrisiko (SiH_4!) reduziert sowie die Kondensation von Dämpfen verhindert. Durch diese Maßnahmen wird die Korrosion der Pumpe deutlich herabgesetzt. Der geringere Angriff auf das Öl verlängert die Wartungsintervalle.

Die Wartung der unter diesen Verhältnissen betriebenen ölgedichteten Vakuumpumpen erfordert Sicherheitsvorrichtungen. Das Reinigen kontaminierter, verölter Teile, das Entfernen gefährlicher Gase und gefährlichen Schlamms ist für das Wartungspersonal nicht ungefährlich. Ein weiteres Problem bildet die Abfallbeseitigung des kontaminierten Öls und der kontaminierten Filterelemente.

Bei den trockenlaufenden Vakuumpumpen ist die Kontamination von Öl von vornherein ausgeschlossen. Diese Pumpen eignen sich daher in idealer Weise als Vorpumpe für Anwendungen in der Halbleiterindustrie. Sie werden hauptsächlich mit Turbomolekularpumpen kombiniert.

Trockenlaufende Vakuumpumpen bestehen aus mehreren hintereinander angeordneten Einzelpumpen mit unterschiedlichen Rotorprofilen. Druckseitig befinden sich auf einer gemeinsamen Welle mehrere hintereinandergeschaltete Rotorpaare, die durch Steuerzahnräder in der „richtigen" Phasenlage gegeneinander gehalten werden. Diese Pumpstufen werden der Form ihrer Rotoren wegen als Klauenpumpen bezeichnet. Auf der Ansaugseite werden Rotoren mit Wälzkolbenpumpenprofil eingesetzt. Alle Stufen arbeiten berührungslos.

Das Pumpprinzip geht aus Bild 2–2 hervor. Die in jeder Stufe enthaltenen zwei Rotoren drehen sich gegenläufig im Förderraum. Sie öffnen und schließen periodisch die Ansaug- und Auspuffschlitze. Die Rotoren trennen den Förderraum. Auf der einen Seite der Rotoren wird Gas angesaugt, auf der anderen verdichtet.

In Bild 2–2a beginnen der Ansaug- und Verdichtungsvorgang. Der abgeschlossene Raum oberhalb der Rotoren wird verkleinert, das Gas wird verdichtet. Gleichzeitig beginnt der rechte Rotor den Ansaugschlitz zu öffnen, Gas wird angesaugt.

In Bild 2–2b beginnt der linke Rotor den Auspuffschlitz zu öffnen, verdichtetes Gas wird ausgefördert. In Bild 2–2c ist der Verdichtungs- und Ansaugvorgang beendet. Ansaug- und Auspuffschlitz sind geschlossen. Nach dem Durchgang der Rotoren durch die Mittellage beginnen beide Vorgänge von neuem. Im allgemeinen bestehen trockenlaufen-

12

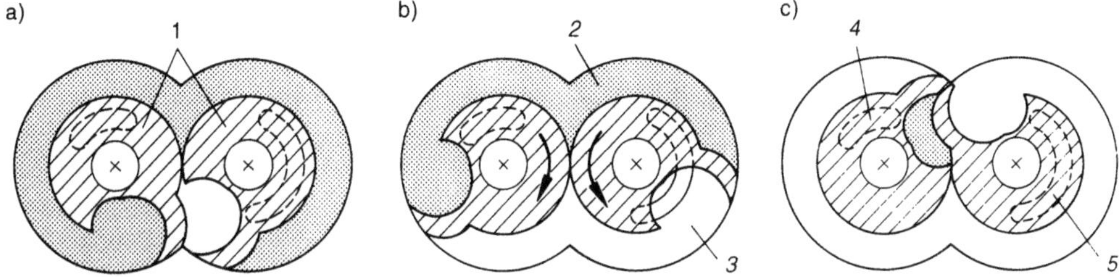

Bild 2–2a–c. Schematische Darstellung des Pumpenprinzips einer Klauenpumpe.
1 Rotoren
2 Verdichtungsraum
3 Ansaugraum
4 Auspuffschlitz
5 Ansaugschlitz

de Pumpen aus vier hintereinander angeordneten Stufen. Eine typische Saugvermögenskurve in Abhängigkeit vom Ansaugdruck ist in Bild 2–3 dargestellt [3–5 bis 3–10].

Bei der Vakuumpumpenkombination Turbomolekularpumpe–ölgedichtete Rotationspumpe besteht bei sachgerechter Betriebsweise die Gefahr der Kontamination im Rezipienten nicht. Durch das hohe Kompressionsverhältnis für die schweren Kohlenwasserstoffmoleküle bleiben ohne Benutzung von Dampfsperren die Partialdrücke von Kohlenwasserstoffen im Rezipienten unter der Nachweisgrenze. Der Anteil an Turbomolekularpumpen in der Dünnschichttechnik steigt ständig. Daß er aber bisher über ein größeres Anwendungsmaß bei den Aufdampfanlagen nicht hinaus gekommen ist, liegt daran, daß betriebssichere, rauhen Betriebsbedingungen gewachsene Turbomolekularpumpen z. Z. nur für Nennsaugvermögen bis maximal etwa 5000 l/s zur Verfügung stehen. Schließlich darf in diesem Zusammenhang nicht übersehen werden, daß bei Turbomolekularpumpen Kompression und Saugvermögen für leichtere Gase kleiner sind als für schwerere Gase. Während das Saugvermögen für Wasserstoff nur weniger als 10 % geringer ist als das für Luft, unterscheidet sich das Kompressionsvermögen um fast sechs Größenordnungen. Da in Vakuumbeschichtungsanlagen wegen der Dissoziation von Wasserdampf ein beträchtlicher Anteil an Wasserstoff entsteht, ist die Vorvakuumpumpe entsprechend groß zu dimensionieren oder der Turbomolekularpumpe eine

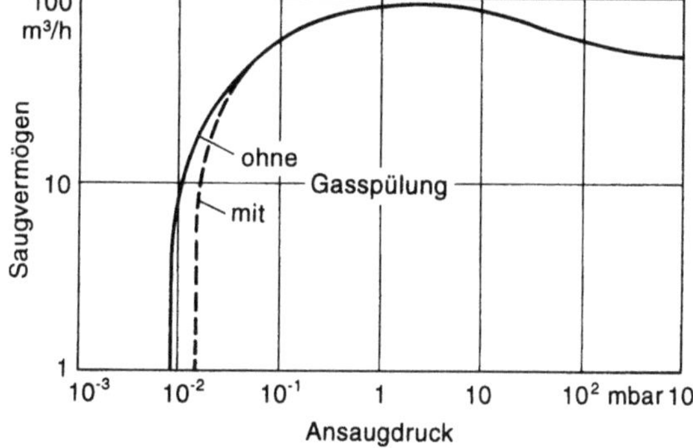

Bild 2–3. Saugvermögen einer vierstufigen Klauenpumpe als Funktion des Ansaugdruckes.
―――― ohne Gasspülung
– – – – mit Gasspülung

weitere Hochvakuumpumpe nachzuschalten, die den Wasserstoffpartialdruck auf der Druckseite der Turbomolekularpumpe auf einem hinreichend niedrigen Druck hält.

Unbestritten sind die Vorteile von Turbomolekularpumpen beim Einsatz an Katodenzerstäubungsanlagen. Das volle Ausnutzen des Saugvermögens – bei größeren Typen ist evtl. eine geringfügige Drosselung erforderlich – ist ein entscheidender prozeßtechnischer Vorteil, weil der Restgaspartialdruck wesentlich kleiner ist als bei gleich großen anderen Pumpen mit vorgeschaltetem Drosselventil. Dieser Vorteil schlägt so stark zu Buche, daß man selbst Großanlagen mit Turbomolekularpumpen bestückt und eine entsprechende Anzahl parallel schaltet. Eine richtige Dimensionierung der Vorpumpen ist bei höheren Ansaugdrücken besonders wichtig.

Der endgültige Standort, den die Kryopumpen in der Vakuumbeschichtungstechnik letztlich einnehmen werden, ist derzeit nicht vorhersehbar. Hohe effektive Saugvermögen und damit schnelle Evakuierungszeiten bzw. niedrige Arbeitsdrücke bilden schon einen ausreichenden Grund für den Einsatz an bei niedrigen Restgasdrücken betriebenen Aufdampfanlagen. „Saubere" Vakua mit nur leichten Gasen in der Restgasatmosphäre und mit hohem Saugvermögen für Wasserstoff sind ein weiterer Vorteil von Kryopumpen. Beim Aufdampfen mit hohen Verdampfungsquellentemperaturen muß durch Abschirmung eine nennenswerte Erhöhung der Kühlkopftemperatur und damit eine Beeinträchtigung der Wirksamkeit der Kryopumpe unbedingt vermieden werden.

Beim Betrieb von Katodenzerstäubungsanlagen werden Kryopumpen vor allem wegen ihres hohen Saugvermögens zunehmend eingesetzt [2–11 bis 2–15].

Vorzugsweise werden nach dem Refrigeratorprinzip arbeitende Kryopumpen verwendet, wobei der Schild eine Temperatur um 130 K besitzt und damit als wirksame Pumpe für Wasserdampf dient. Für die Tieftemperaturstufe sind 20 K ausreichend, um alle Gase zu binden, wenn deren Fläche mit einem Adsorptionsmittel (Aktivkohle, Zeolith) belegt ist. Der Pumpeffekt entsteht durch Kryosorption. Dank der großen Aufnahmekapazität der

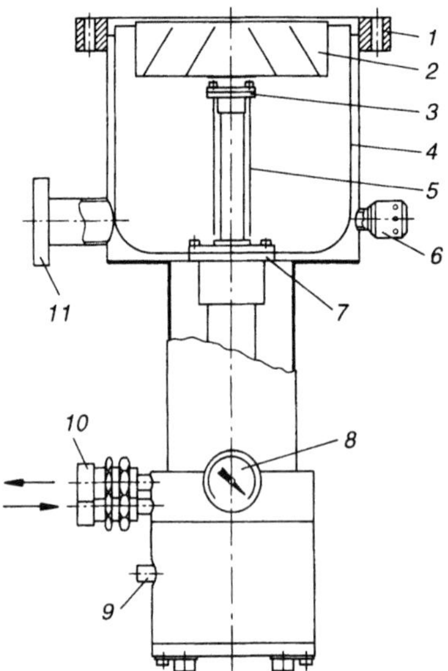

Bild 2–4. Schema einer Refrigerator-Kryopumpe.
1 Hochvakuumflansch
2 Baffle
3 2. Kaltstufe
4 Strahlungsschutz
5 Pumpfläche
6 Sicherheitsventil
7 1. Kaltstufe
8 Dampfdruckmanometer
9 Elektroversorgung
10 Gasversorgung
11 Vorvakuumflansch

Adsorptionsmittel bei Betriebstemperatur können Kryopumpen auch bei Argonentladungsdrücken im Rezipienten im Bereich zwischen 10^{-3} und 10^{-2} mbar ohne Unterbrechung über viele Stunden oder Tage betrieben werden, ehe eine Regenerierung notwendig ist. Alternierender Betrieb von zwei parallel angeordneten Kryopumpen ermöglicht beliebig lange Einsatzzeiten von Katodenzerstäubungsanlagen. Moderne Kryopumpen für Zerstäubungsanlagen sind mit einem gekühlten Baffle ausgerüstet, dessen Drosselwirkung den jeweiligen Verhältnissen angepaßt werden kann (Bild 2–4).

Die Neigungswinkel der Baffle-Flächen werden so eingestellt, daß das Saugvermögen für das Entladungsgas, in der Regel Argon, nur auf das unbedingt notwendige Maß gedrosselt wird. Das hohe Saugvermögen für Wasserdampf bleibt bei beliebiger Stellung der Drosselklappen konstant.

2.4 Vakuummmessung

Der bisher meßtechnisch erschlossene Vakuum-Bereich umfaßt etwa 16 Größenordnungen. Zur Druckmessung in Teilbereichen stehen eine Reihe nach unterschiedlichen physikalischen Prinzipien arbeitender Vakuummeßgeräte mit verschiedenen charakteristischen Eigenschaften zur Verfügung.

Für den Betrieb von Vakuumbeschichtungsanlagen sind im wesentlichen vier Typen von besonderem Interesse:

a) Wärmeleitungsvakuummeter,

b) Reibungsvakuummeter,

c) Ionisationsvakuummeter mit selbständiger Entladung (Penning-Vakuummeter) und

d) Ionisationsvakuummeter mit unselbständiger Entladung (mit Glühkatode).

2.4.1 Wärmeleitungsvakuummeter

Der Meßbereich von Wärmeleitungsvakuummetern für den technischen Einsatz erstreckt sich von 1013 bis zu rd. 10^{-3} mbar. Die Messung ist gasartabhängig und die Meßgenauigkeit in den Teilbereichen unterschiedlich.

In Vakuumbeschichtungsanlagen dienen sie heute nur noch zur Drucküberwachung während der Vorevakuierung und als Steuergeräte für Ventile, wenn z. B. nach Erreichen eines bestimmten Druckes die Vorevakuierung über eine Umwegleitung abgeschlossen ist und weiter über eine andere Leitung oder durch eine andere Pumpe evakuiert wird. Als Druckmeßgerät während des Beschichtungsprozesses werden sie heute auch bei Katodenzerstäubungsanlagen kaum noch in Betracht gezogen.

Die von Wärmeleitungsvakuummetern beim Beschichtungsprozeß zu erfüllenden Aufgaben sind von untergeordneter Bedeutung. Durch Verschmutzung bedingte Meßfehler sollten innerhalb vorgegebener Grenzen bleiben. Bei automatisch arbeitenden Anlagen kann eine zu starke Verschiebung der Schaltpunkte zu einer Blockierung beim Evakuierungsablauf führen.

2.4.2 Reibungsvakuummeter

Bei Reibungsvakuummetern neuerer Bauart wird als Meßelement eine kleine Stahlkugel verwendet, die in einem Magnetfeld berührungslos aufgehängt ist und mit hoher Geschwindigkeit rotiert. Der Druck wird aus der druckabhängigen Abbremsung der Stahlkugel abgeleitet. Da sich die Bremsung auf Grund relevanter physikalischer Größen berechnen läßt, erübrigt sich ein zusätzliches Kalibrieren handelsüblicher Geräte.

Im Bereich zwischen 10^{-2} und 10^{-7} mbar besteht ein linearer Zusammenhang, im Bereich zwischen 10^{-2} und 1 mbar muß der berechnete Wert mit einem Korrekturfaktor multipliziert werden. Unbegrenzte Lebensdauer, gute Langzeitstabilität und große Meßgenauigkeit in dem Druckbereich, in dem Katodenzerstäubungsanlagen betrieben werden, lassen in Zukunft eine breite Anwendung von Reibungsvakuummetern erwarten.

2.4.3 Kaltkatoden-Ionisierungsvakuummeter

Bei vielen im Hochvakuum ablaufenden Beschichtungsprozessen erübrigt sich eine sehr genaue Druckmessung. Um eine gleichbleibend gute Schichtqualität zu erreichen, genügt es oft zu wissen, ob der Restgasdruck vor Beginn des Beschichtungsprozesses unterhalb eines experimentell ermittelten Grenzdruckes liegt, weitergehende Aussagen würden zu keiner Qualitätsverbesserung führen.

Typische Beispiele dafür sind Kunststoffolienbeschichtung, Kunststofformteilbedampfung und Herstellung metallischer Spiegel. Für solche Anwendungen eignen sich Kaltkatoden-Ionisationsvakuummeter, deren Meßgenauigkeit nicht allzu hoch zu veranschlagen ist. Meßfehler sind hauptsächlich darauf zurückzuführen, daß der druckabhängige Entladungsstrom z. T. durch Sekundärelektronen zustande kommt, die von den auf die Katode aufprallenden Gasionen ausgelöst werden. Die Anzahl der entstehenden und Ionisierungsprozesse auslösenden Sekundärelektronen ist aber nicht nur vom Druck, sondern auch von der Oberflächenbeschaffenheit der Katode abhängig. Verschmutzungen führen daher zu Fehlmessungen. Es wird meist ein zu guter Restgasdruck vorgetäuscht, und als Folge davon können unter der Qualitätsnorm liegende Schichteigenschaften entstehen. Der Meßbereich handelsüblicher Geräte erstreckt sich von 10^{-2} bis 10^{-7} mbar; mit speziell ausgebildeten Meßröhren sind auch Drücke im Ultrahochvakuumbereich meßbar.

2.4.4 Ionisationsvakuummeter mit Glühkatode

Bei einigen wichtigen Beschichtungsprozessen reichen die Meßgenauigkeiten von Kaltkatodenionisationsvakuummetern und Wärmeleitungsvakuummetern nicht aus, was ungenügende Reproduzierbarkeit der Schichteigenschaften zur Folge haben kann. Ionisationsvakuummeter mit Glühkatode und linearisierter Anzeige, die auch für den für die Katodenzerstäubung interessanten Druckbereich geeignet sind, genügen den Genauigkeitsanforderungen.

Für Ionisationsmeßsysteme – dies gilt auch für Kaltkatoden-Ionisationsvakuummeter – werden in der Literatur Standardkorrekturfaktoren für verschiedene Gase angegeben. Diese Korrekturfaktoren sind jedoch von Geometrieeffekten abhängig und daher von Röhrentyp zu Röhrentyp etwas unterschiedlich. Bei sehr genauen Druckmessungen in

Tabelle 2-1. Korrekturfaktoren von verschiedenen Gasen für
Ionisationsvakuumeter mit Glühkatode (IE 10 und IE 511).
(Hersteller: Leybold AG, Hanau)

	IE 10	IE 511
N_2	1	1
He	5,4	5,7
Ar	0,78	0,80
Ne	4,4	3,1
Kr	0,45	0,56
Xe	0,24	0,39
O_2	0,84	1,1
H_2	2,2	2,7
CO_2	0,67	0,75
CH_4	0,72	1,3

einem mit einem bestimmten Gas gefüllten Rezipienten müssen diese Unterschiede
berücksichtigt werden. In Tabelle 2-1 sind die auf die Empfindlichkeit für Stickstoff
normierte „Korrekturfaktoren" für Ionisationsvakuummeter mit Glühkatode für den
Hochvakuumbereich (IE 10) und für den Hochvakuum- und Ultrahochvakuumbereich
(IE 511) angegeben.

2.4.5 Totaldruckmessung bei Beschichtungsprozessen

2.4.5.1 Konventionelle Katodenzerstäubung

Beim konventionellen Katodenzerstäuben liegen die Totaldrücke um 10^{-2} mbar, also an
den Grenzen der Meßbereiche von Kaltkatoden-Ionisationsvakuummetern und Wärmeleitungsvakuummetern. Schon kleine Druckschwankungen führen zu Änderungen der
Zerstäubungsrate und damit auch zu Abweichungen von der Sollschichtdicke. Im
allgemeinen werden daher heute bei solchen Anwendungen Ionisationsvakuummeter mit
Glühkatode, Reibungsvakuummeter oder auch gasartunabhängig messende Membranvakuummeter mit kapazitivem Druckaufnehmer eingesetzt.

2.4.5.2 Reaktive Katodenzerstäubung

Der Spielraum bei der Zugabe eines Reaktionsgases zu dem den Zerstäubungseffekt
bewirkenden Edelgas ist sehr schmal. Beim reaktiven Aufstäuben von Oxidschichten z. B.
führt ein zu hohes Angebot an Sauerstoff zur Oxidation der Targetoberfläche. Dies hat bei
Gleichspannungszerstäubung eine drastische Verringerung der Zerstäubungs- bzw.
Kondensationsrate, Schichtdickenabweichungen und veränderte Schichteigenschaften
zur Folge. Bei zu niedrigem Sauerstoffpartialdruck dagegen entstehen teiloxidierte
Schichten mit von volloxidierten Schichten abweichenden Eigenschaften. Abweichungen
ergeben sich auch dann, wenn der Sauerstoffpartialdruck konstant bleibt und der
Edelgaspartialdruck Schwankungen unterliegt.

Der Gashaushalt muß daher während des Beschichtungsvorganges genau konstant
gehalten werden, was man in Produktionsanlagen durch eine Gasflußregelung erreicht,
während eine zusätzliche präzise Druckmessung nur Kontrollfunktion ausübt.

2.4.5.3 Konventionelles Aufdampfen

Solange beim Aufdampfen im Hochvakuum der Restgasdruck so niedrig gehalten wird,
daß durch ihn entstehende Verunreinigungen keinen meßbaren negativen Einfluß auf die
Schichteigenschaften ausüben, ist es völlig ausreichend, während des Prozeßablaufs einen
vorgegebenen Grenzdruck nicht zu überschreiten. Eine genaue Kenntnis des jeweils
herrschenden Druckes ist nicht erforderlich.

2.4.5.4 Reaktives Aufdampfen

Beim reaktiven Aufdampfen müssen Verdampfungsgeschwindigkeit bzw. Kondensationsrate und Partialdruck der reaktiven Gaskomponente genau aufeinander abgestimmt werden. Abweichungen vom Solldruck führen zu Änderungen der Schichteigenschaften. Bei konstantem Gasfluß bildet der Druck ein Maß für die Kondensationsgeschwindigkeit und kann sogar zu deren Regelung herangezogen werden.

Den bei reaktiven Beschichtungsprozessen erforderlichen genauen Druckmessungen
genügen Ionisationsvakuummeter mit Glühkatode. Vakuummeter dieser Art mit tho-
riumoxidüberzogener und damit sauerstoffunempfindlicher Katode, linearisierter Anzeige und einem in mehrere Dekaden unterteilten Gesamtbereich von etwa 1 bis 10^{-5} mbar,
oft – etwas mißverständlich – „Hochdruck"-Ionisationsvakuummeter genannt, haben
eine lange Lebensdauer und erfüllen die Genauigkeitsforderungen.

2.4.6 Partialdruckmessung

Schichten hoher Reinheit müssen bei einem hinreichend niedrigen Restgasdruck hergestellt werden. Da die Wirkung der einzelnen Restgaskomponenten auf bestimmte
Schichteigenschaften sehr unterschiedlich ist, wird man bei einer Totaldruckmessung
beim Festlegen des noch zulässigen Restgasdruckes aus Sicherheitsgründen vom ungünstigsten Fall auszugehen haben. Zwangsläufig führt dies zu starker Überdimensionierung
der Vakuumpumpstände.

Eine Totaldruckmessung ist auch dann nicht ausreichend, wenn der Druck eines
zusätzlich in den Rezipienten eingelassenen Gases konstant zu halten ist, während die
Partialdrücke der anderen Restgase mehr oder minder stark schwanken. Ein Beispiel
dafür sind die vorstehend beschriebenen reaktiven Beschichtungsprozesse, die nur dann
einwandfrei funktionieren, wenn die Summe aller Partialdrücke gegenüber denen des
Reaktionsgases und des Zerstäubungsgases vernachlässigbar ist. Dies ist aber in
Vakuumbeschichtungsanlagen nicht immer der Fall, weil der Gasanfall innerhalb der
Apparatur durch Erwärmung beim Verdampfen oder durch Teilchenbombardement beim
Zerstäuben Schwankungen unterliegt, die um so größer sind und auch um so mehr ins
Gewicht fallen, je kleiner das effektive Saugvermögen der Hochvakuumpumpe und je
kleiner damit bei einem vorgegebenen Partialdruck der Gasstrom der reaktiven Gaskom-
ponente ist.

Eine Regelung, die darauf basiert, daß nur der Totaldruck konstant gehalten und über den
Gaseinlaß des Reaktionsgases geregelt wird, ist zumindest bei kleineren Saugvermögen
mit Unsicherheiten behaftet. Für solche gasartabhängigen Prozesse empfiehlt sich der
Einsatz von Partialdruckmeßgeräten zum quantitativen Erfassen aller für den Prozeßab-
lauf wichtigen Gaskomponenten.

Zur Beurteilung der Leistungsfähigkeit eines Massenspektrometers dienen u. a. die folgenden Kenngrößen: erfaßbarer Massenbereich, Auflösungsvermögen, Empfindlichkeit, kleinster noch nachweisbarer Partialdruck, maximal zulässiger Betriebsdruck und Geschwindigkeit der Spektrenregistrierung. Vorteilhaft ist die Möglichkeit der Darstellung von mehreren beliebigen Gasen unterschiedlicher Konzentration in Form eines diskreten Säulenspektrums und dessen Vergleich mit einem parallel hierzu abgebildeten vorgegebenen Referenzsäulenspektrum.

Zur Restgasanalyse werden vorwiegend entsprechend kalibrierte Quadrupolmassenspektrometer verwendet, die neben den Partialdrücken gleichzeitig auch den Summendruck messen.

3 Aufdampfen im Hochvakuum

G. Kienel, P. Sommerkamp

3.1 Vorbemerkungen

Unter dem Begriff PVD werden Beschichtungsverfahren verstanden, mit denen Metalle, Legierungen oder chemische Verbindungen durch Zufuhr thermischer Energie oder durch Teilchenbeschuß im Hochvakuum abgeschieden werden. Zu den PVD-Verfahren zählen:

- Aufdampfen im Hochvakuum,

- Ionenplattieren (ion plating),

- Katodenzerstäubung (sputtering).

Die drei Verfahren beinhalten auch Reaktivprozesse zum Herstellen von aus chemischen Verbindungen bestehenden Schichten sowie die Molekularstrahlepitaxie [3–1 bis 3–4], eine Variante des Aufdampfens. Mit der Ionenimplantation [3–5 bis 3–11] kann man die Eigenschaften von Festkörpern in dünnen Oberflächenschichten gezielt ändern. Sie ist aber im eigentlichen Sinne kein Beschichtungsverfahren und findet daher in der Aufzählung der physikalischen Beschichtungsmethoden keine Erwähnung.

Häufig unterteilt man die PVD-Verfahren in plasmagestützte und nicht plasmagestützte Verfahren und stuft das Aufdampfen im Hochvakuum als nicht plasmagestütztes Verfahren ein. Dies ist sicher richtig für Aufdampfen im konventionellen Sinne.

Der Einfluß von angeregten oder ionisierten Gas- oder Dampfteilchen auf den Schichtbildungsprozeß und die Schichteigenschaften ist für viele Anwendungen der Dünnschichttechnik so vorteilhaft, daß man nichts unversucht läßt, auch beim Aufdampfen geladene Teilchen herzustellen und damit ähnliche Wirkungen wie bei der Katodenzerstäubung oder beim Ionenplattieren zu erzielen. Es gibt eine Reihe auch schon technisch genutzter Möglichkeiten, die Energie von kondensierenden Teilchen so zu erhöhen, daß kompakte Schichten entstehen [3–12; 3–13].

Die Anfänge des Aufdampfens in seiner allereinfachsten Form reichen bis zum Jahr 1857 [3–14] zurück, als es *M. Faraday* gelang, durch Explosion von Metalldrähten im Vakuum Schichten herzustellen. Erst mit der Weiterentwicklung der Vakuumtechnik hat das Aufdampfen industrielle Bedeutung erlangt. Das Herstellen von Interferenzschichten und metallischen Spiegelschichten in größerem Maßstab kurz vor und während des Zweiten Weltkrieges zählt zu den ersten bedeutenden Anwendungen [3–15; 3–16]. In der Folgezeit fand die Aufdampftechnik breite Anwendung vor allem auf dem Gebiet der Optik. Trotz der in den letzten Jahren bei der Katodenzerstäubung und dem Ionenplattieren erreichten anlagentechnischen und verfahrenstechnischen Fortschritte ist das Herstellen von optisch wirksamen Schichten auf nicht ebenen Substraten eine Domäne des Aufdampfens geblieben.

Einige Gründe dafür mögen sein, daß das Verfahren relativ einfach und flexibel anwendbar ist, daß große Raten möglich und damit auch in vertretbaren Zeiten dickere Schichten (z.B. für die Infrarottechnik) herstellbar sind, daß die Substrattemperatur in dem für technische Anwendungen wichtigen Bereich variabel gehalten werden kann und daß sich (in Verbindung mit einer ausgereiften Meßtechnik) alle z.Z. an optische Schichtsysteme gestellten Anforderungen erfüllen lassen.

3.2 Physikalische Grundlagen

3.2.1 Verdampfungsprozeß

Beim Aufdampfen im Hochvakuum wird das in der Verdampfungsquelle befindliche Beschichtungsmaterial so hoch erhitzt, bis sich ein ausreichend hoher Dampfdruck gebildet hat und damit eine gewünschte Verdampfungsgeschwindigkeit erreicht wird. Der sich über einer Flüssigkeit oder beim Sublimieren über einem festen Stoff ausbildende Dampfdruck ist eine Funktion der Temperatur. Wenn beide Phasen (fest bzw. flüssig und dampfförmig) in einem auf gleicher Temperatur befindlichen abgeschlossenen Gefäß nebeneinander bestehen, bildet sich ein Gleichgewicht aus, und der entstehende Gleichgewichtsdruck wird als Dampfdruck oder als Sättigungsdampfdruck bezeichnet. In einem solchen Gleichgewichtszustand geht eine gleichgroße Anzahl von Atomen vom festen bzw. flüssigen Zustand in die Gasphase über, wie Atome aus der Gasphase kondensieren: Verdampfungsrate und Kondensationsrate sind gleich.

Man kann dieses Gleichgewicht z.B. in Knudsen-Verdampfern realisieren, bei denen die Öffnung, durch die Dampf entweicht, im Vergleich zu den Zellenabmessungen so klein ist, daß das Gleichgewicht praktisch kaum gestört wird. Beim Aufdampfen dagegen liegen keine Idealverhältnisse vor, weil der Dampf an den auf niedrigerer Temperatur befindlichen Substraten, Einbauten und Rezipientenwänden kondensiert [3–17].

Der sich über einer Flüssigkeit oder einem Festkörper in Abhängigkeit von der Temperatur einstellende Sättigungsdampfdruck p_D läßt sich nach der Gleichung von *Clausius-Clapeyron* berechnen. Es ist

$$\frac{\mathrm{d}p_D}{\mathrm{d}T} = \frac{\Delta Q_D}{T(V_g - V_{fl})} ; \tag{3–1}$$

in Gl. (3–1) bedeuten:

p_D Sättigungsdampfdruck,
T Temperatur des Verdampfungsmaterials,
Q_D Verdampfungswärme,
V_g Molvolumen des Dampfes,
V_{fl} Molvolumen der verdampfenden Flüssigkeit bzw. des sublimierenden Festkörpers.

Da das Molvolumen im flüssigen oder festen Aggregatzustand sehr klein ist im Vergleich zu dem der Dampfphase und da bei den beim Aufdampfen im Hochvakuum üblichen

Sättigungsdampfdrücken die Gesetze für ideale Gase anwendbar sind, erhält man mit $V_g - V_{fl} \approx V_g = RT/p_D$ aus Gl. (3-1)

$$\frac{\mathrm{d}p_D}{p_D} = \frac{\Delta Q_D\,\mathrm{d}T}{RT^2}\,, \qquad (3-2)$$

oder

$$\frac{\mathrm{d}\,(\ln p_D)}{\mathrm{d}\,(\frac{1}{T})} = \frac{-\Delta Q_D}{R}\,. \qquad (3-3)$$

Die Abnahme der Verdampfungswärme mit zunehmender Temperatur ist in dem für die Aufdampftechnik interessanten Bereich so gering, daß man sie, ohne einen größeren Fehler zu begehen, als Konstante betrachten darf. Durch Integration von Gl. (3-3) erhält man dann

$$\ln p_D = A' - \frac{\Delta Q_D}{RT} \qquad (3-4)$$

und

$$p_D = A\,\mathrm{e}^{-\frac{B}{T}}\,. \qquad (3-5)$$

A ist eine Integrationskonstante, B eine von der Verdampfungswärme und damit vom Verdampfungsmaterial abhängige Konstante.

In Gl. (3-5), die in guter Näherung für Dampfdrücke bis zu rd. 1 mbar gilt, kommt eine für die Aufdampftechnik charakteristische Erscheinung zum Ausdruck. Zwischen dem jeweiligen Sättigungsdampfdruck und damit auch der Kondensationsrate und der Temperatur des Verdampfungsmaterials in der Verdampfungsquelle besteht ein exponentieller Zusammenhang, d.h., relativ geringe Temperaturschwankungen führen zu relativ großen Änderungen der Kondensationsrate. Dies hat zur Folge, daß ein größerer regeltechnischer Aufwand getrieben werden muß, wenn die Kondensationsrate konstant bleiben soll, wobei es auf keinen Fall ausreichend ist, nur die elektrische Leistung konstant zu halten, sondern es sind u.a. auch die Füllstandshöhe in der Quelle, die den Wärmehaushalt beeinflußt, und beim Verdampfen mit Elektronenstrahlkanonen der Durchmesser des Elektronenstrahls beim Auftreffen auf das Verdampfungsgut in Betracht zu ziehen. Auch mögliche Schwankungen der Intensitätsverteilung im „Brennfleck" können Ursache einer Ratenänderung sein. Da sich viele Schichteigenschaften mit der Kondensationsrate ändern, ist für einen homogenen Schichtaufbau eine konstante Kondensationsrate zwingend erforderlich.

Die Dampfdrücke von Metallen in Abhängigkeit von der Temperatur sind in umfangreichen Tabellen enthalten. Für den praktischen Gebrauch bei Anwendungen der Aufdampftechnik ist es jedoch nützlicher, statt des Sättigungsdampfdrucks bei vorgegebener Verdampfungstemperatur die je Zeit- und Flächeneinheit abdampfende Materialmenge zu kennen, weil dann – ohne große Überlegungen – für jede gewünschte Schichtdicke Angaben über die ungefähr benötigte Menge Verdampfungsmaterial und die erforderliche Größe der Verdampfungsquelle gemacht werden können.

Bei der Herleitung der Beziehungen geht man vom Gleichgewichtszustand aus, d.h., man nimmt an, daß genau so viele Teilchen die flüssige oder feste Oberfläche verlassen, wie zu ihr zurückkehren. Da die Anzahl der auf die Oberfläche zurückkehrenden Teilchen eine eindeutige Funktion von Druck, Temperatur und relativer Molekülmasse ist und sich nach gaskinetischen Gesetzen berechnen läßt, kann somit auch die Anzahl N der die Oberfläche verlassenden Teilchen angegeben werden. Es ist

$$N = \frac{n\,\bar{c}}{4} = 26{,}4 \cdot 10^{21} \cdot \frac{p_D}{\sqrt{MT}} \; ; \tag{3-6}$$

in Gl. (3-6) bedeuten:

$\bar{c}$ mittlere Geschwindigkeit der Dampfteilchen in $cm \cdot s^{-1}$,

n Teilchenanzahl je cm^3,

p_D Sättigungsdampfdruck in mbar,

M relative Molekülmasse der abdampfenden Teilchen,

T Temperatur der Verdampfungsquelle in K.

Für die Masse m (in g) eines einzelnen Moleküls gilt

$$m = \frac{M}{L} = 1{,}66 \cdot 10^{-24} \cdot M , \tag{3-7}$$

$L = 602{,}3 \cdot 10^{21}$ Moleküle/mol.

Die je Zeit- und Flächeneinheit abdampfende Menge G (in $g\,cm^{-2}\,s^{-1}$) berechnet sich aus Gl. (3-6) und (3-7) zu

$$G = 0{,}044 \cdot p_D \sqrt{\frac{M}{T}} \tag{3-8}$$

mit p_D in mbar und T in Kelvin.

In Bild 3-1 sind für einige Metalle die Verdampfungsgeschwindigkeiten in Abhängigkeit von der Temperatur zusammengestellt. In der Praxis ist allerdings der Spielraum für die Wahl der Verdampfungsgeschwindigkeit nicht allzu groß. Zu langsames Verdampfen führt zu unerwünschten Reaktionen mit Restgasen. Es entstehen z. B. in Verbindung mit Sauerstoff ungewollte teiloxidische Schichten. Will man diese Schichtverunreinigungen vermeiden oder in noch zulässigen Grenzen halten, muß bei relativ langsamem Verdampfen der Restgasdruck während des Beschichtungsprozesses entsprechend niedrig gehalten werden.

Bei zu schnellem Verdampfen, wenn also der Dampfdruck über der Quelle zu groß ist, stoßen Dampfteilchen untereinander zusammen. Sie gelangen nicht stoßfrei zum Substrat, und ein Teil kehrt wieder auf die Verdampfungsquelle zurück; die Effektivität sinkt.

Noch schwerwiegende Folgen bei zu hohen Verdampfungsquellentemperaturen entstehen wegen der sich spontan bildenden Dampfblasen. Durch sie wird Verdampfungsmaterial spritzerförmig aus der Verdampfungsquelle herausgeschleudert, gelangt z.T. auch auf das Substrat und führt zu Schichtschäden. Zu schnelles Verdampfen verbietet sich aus leicht ersichtlichen Gründen auch dann, wenn vorgegebene Schichtdicken sehr genau einzuhalten sind.

In der Praxis sind beim Aufdampfen im Hochvakuum Dampfdrücke um etwa 10^{-2} mbar üblich. Nach Gl. (3-8) entspricht dies z. B. bei einer relativen Molekülmasse von 100 und einer Verdampfungsquellentemperatur von 1800 K einer Abdampfrate von 10^{-4} g cm^{-2} s^{-1}. Für einige Metalle, z. B. Al, liegen die in großen Produktionsanlagen realisierbaren

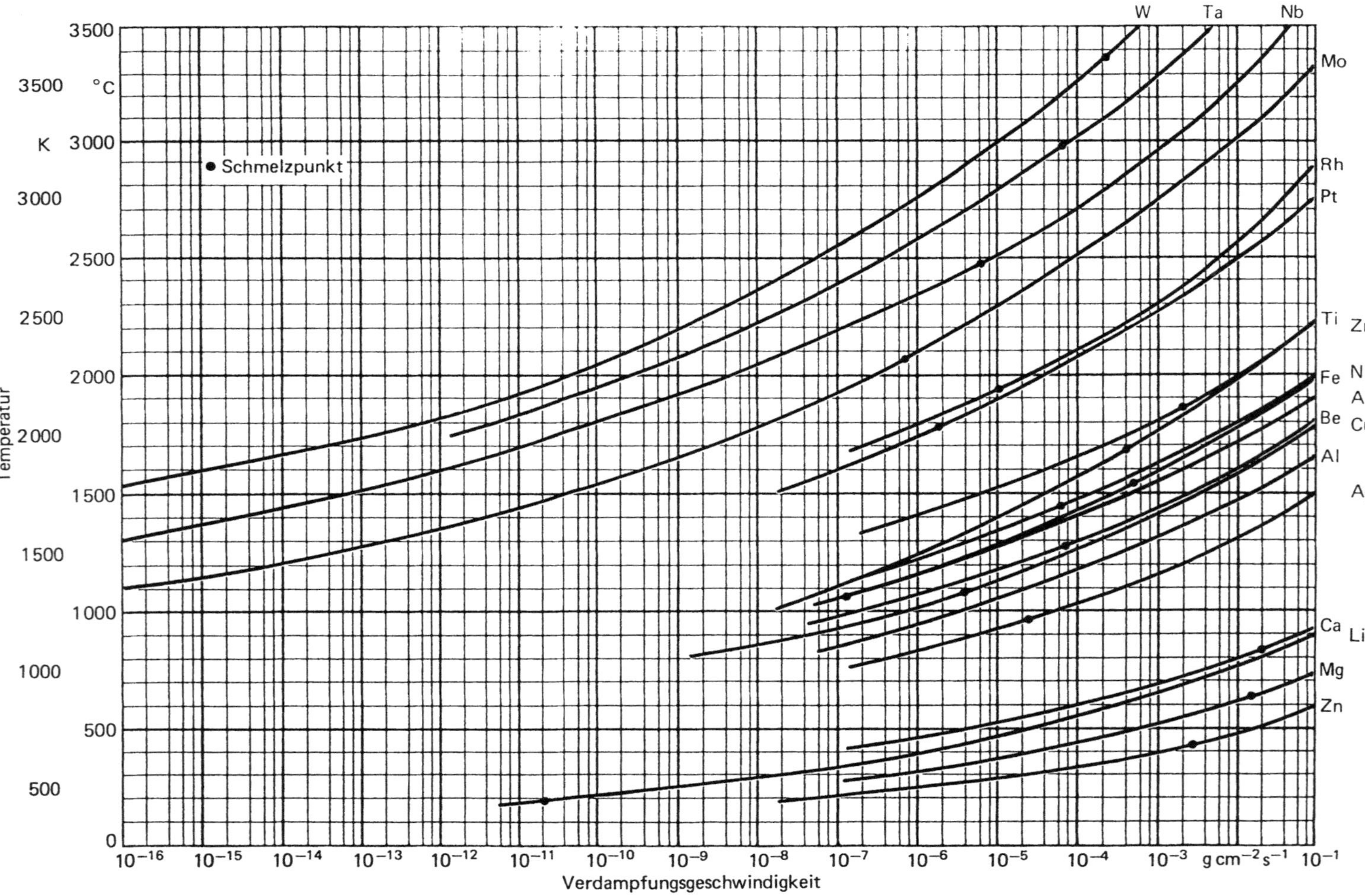

Bild 3–1. Verdampfungsgeschwindigkeit von Metallen im Hochvakuum.

24

Werte bis mehr als eine Größenordnung höher. Weitere Erhöhungen der Kondensationsrate sind über die Vergrößerung der abdampfenden Fläche möglich.

Aus Bild 3–1 ist weiterhin zu entnehmen, daß sich die Verdampfungsraten in Abhängigkeit von der Temperatur verschieden stark ändern. Bei Zink z.B., einem verhältnismäßig einfach verdampfbaren Material, führt eine Temperaturerhöhung von rd. 330 °C auf knapp 400 °C zu einer Steigerung der Verdampfungsgeschwindigkeit von 10^{-4} auf 10^{-3} g cm^{-2} s^{-1}, d.h., wenn sich die Temperatur in dem angegebenen Bereich nur um 7 °C ändert, ändert sich die Verdampfungsgeschwindigkeit um 100 %!

Um bei Titan die Verdampfungsgeschwindigkeit von 10^{-4} auf 10^{-3} g cm^{-2} s^{-1} zu erhöhen, muß die Temperatur von etwa 1560 °C auf etwa 1760 °C gesteigert werden.

3.2.2 Transportphase

Die beim Verdampfen von der Quelle emittierten Dampfteilchen haben eine mittlere Energie E_D von

$$E_D = \frac{m}{2} v^2 = \frac{3}{2} k \, T_V = 1{,}29 \, T_V \ \text{eV}; \qquad (3\text{–}9)$$

in Gl. (3–9) bedeuten:

m Masse eines Dampfteilchens in g,
k $8{,}62 \cdot 10^{-5}$ in eV K^{-1},
T_V Temperatur der Verdampfungsquelle in K,
v Teilchengeschwindigkeit in cm s^{-1}.

Die Energie der Dampfteilchen ist danach von der jeweiligen Verdampfungstemperatur abhängig. Das Maximum der Maxwellschen Verteilungskurve liegt z.B. bei einer Quellentemperatur von 1500 K bei etwa 0,2 eV und bei 2000 K Quellentemperatur bei etwa 0,26 eV. Voraussetzung dabei ist, daß keine Zusammenstöße zwischen Dampfteilchen und Restgasteilchen mit niedrigerer Energie stattfinden. Die beiden Beispiele zeigen, daß die Energie von Dampfteilchen relativ klein ist und selbst bei extrem hohen Verdampfungstemperaturen auch klein bleibt im Vergleich zu den Teilchenenergien beim Zerstäuben oder Ionenplattieren. Da für ein bestimmtes Beschichtungsmaterial die Verdampfungstemperatur aus erwähnten Gründen nur in ziemlich engen Grenzen variiert werden darf, liegt auch die Teilchenenergie fest und kann nur wenig verändert werden.

Bei höheren Restgasdrücken geben die Dampfteilchen bei jedem Zusammenstoß mit den energieärmeren Restgasteilchen Energie ab, bis sie sich schließlich nach hinreichend vielen Zusammenstößen im Energiegleichgewicht befinden. Es gilt dann die Gleichung

$$E_D = \frac{m}{2} v^2 = \frac{3}{2} k \, T_R; \qquad (3\text{–}10)$$

dabei ist für T_R die Temperatur des Restgases bzw. die der Rezipientenwand einzusetzen. Bei einer Behältertemperatur von 300 K würden die Dampfteilchen nach vielen Zusammenstößen mit Restgasteilchen unabhängig von der Verdampfungstemperatur nur noch eine Energie von weniger als 0,04 eV haben. In der Transportphase können durch Stöße zwischen Dampfatomen und Restgasmolekülen Verbindungen entstehen, die den Reinheitsgrad der Schicht verschlechtern. In Bild 2–1 ist der Prozentsatz der von einer Verdampfungsquelle ausgehenden Dampfteilchen, die mit Restgasmolekülen zusammenstoßen, in Abhängigkeit vom Verhältnis zwischen mittlerer freier Weglänge und Abstand der Quelle vom Substrat angegeben.

3.2.3 Kondensationsphase

Beim Auftreffen eines Dampfteilchens auf der Substratobefläche hat es eine bestimmte Beweglichkeit. Es diffundiert so lange auf der Oberfläche, bis es einen festen Platz einnimmt. Da die Bindungsenergie eines Dampfatoms zum Schichtträger in der Regel kleiner ist als die Kohäsionsenergie der Dampfatome zueinander, diffundiert ein Dampfatom – eine hinreichende Energie vorausgesetzt – so lange, bis es mit anderen Dampfatomen zusammentrifft und schließlich einen Kern bildet. Diese Kern- oder Keimbildung zu Beginn des Beschichtungsprozesses findet bevorzugt an Störstellen der Trägeroberfläche statt und führt zur „Inselbildung“. Durch ständige Vergrößerungen gehen die Inseln ineinander über, bis dann schließlich eine zusammenhängende Schicht entsteht.

Der Keimbildungsprozeß ist in hohem Maße von den Beschichtungsbedingungen abhängig. Er wird durch hohe Substrattemperaturen, niedrigen Schmelzpunkt des Beschichtungsmaterials und durch niedrige Kondensationsgeschwindigkeit begünstigt. Von besonderer Bedeutung für den Schichtbildungsprozeß ist die Energie der Dampfteilchen und bei plasmagestützten Prozessen das ständige Bombardement der Träger- bzw. Schichtoberfläche durch energiereiche Gasteilchen oder Ionen.

Aber nicht alle auf das Substrat auftreffenden Teilchen kondensieren. Man bezeichnet das Verhältnis der kondensierenden zu den insgesamt auftreffenden Dampfteilchen als den Kondensationskoeffizienten. Er ist oberhalb der materialabhängigen kritischen Kondensationstemperatur null, nimmt unterhalb davon in einem breiten Temperaturintervall zu und erreicht schließlich eins. Durch Erhöhung der Dampfstrahldichte kann die kritische Kondensationstemperatur zu höheren Temperaturen hin verschoben werden. Einen Effekt in gleicher Richtung kann man auch durch Aufbringen einer Zwischenschicht, Bekeimungsschicht genannt, erreichen. Die Grenztemperaturen für eine fortschreitende Kondensation sind je nach Materialpaarung recht unterschiedlich. Erfahrungsgemäß kondensieren Substanzen mit hohem Siedepunkt besser als solche mit niedrigem. Nach einer Faustregel kann man davon ausgehen, daß für Beschichtungsmaterialien, deren Siedepunkt oberhalb 1500 °C liegt, der Kondensationskoeffizient bei Raumtemperatur nahezu eins beträgt.

Oberhalb der kritischen Kondensationstemperatur wird an einer Festkörperoberfläche ein Dampfstrahl reflektiert. Man nutzt diesen Effekt z.B. beim Verdampfen von oben nach unten aus, indem man eine Verdampfungsquelle mit einem beheizten „Dach“ versieht, durch das der Dampfstrahl in eine gewünschte Richtung gelenkt wird.

3.3 Anlagentechnik

3.3.1 Vorbemerkungen

Bei der Konzipierung einer Aufdampfanlage sind die jeweils gestellten Anforderungen, die sehr unterschiedlich sein können, zu berücksichtigen, z. B.:

Reinheit der Schicht

Schichtdicke

Schichtdickentoleranzen

Schichtmorphologie

Einfachschicht oder Schichtsystem

Beschichtungsverfahren, z. B. reaktive Beschichtung

zusätzliche Ionisierung, Plasmaquellen

Substratmaterial (Glas, Kunststoff, Papier, Metall, chemische Verbindungen)

Substratform (Schüttgut, Formteile, Folien)

Substratgröße

Automatisierungsgrad.

Um diesen von Fall zu Fall sehr unterschiedlichen Anforderungen gerecht zu werden und gleichzeitig eine kostengünstige Herstellung der Schichten gewährleisten zu können, wurde eine Reihe von standardisierten Anlagen entwickelt:

- Anlagen zum Herstellen optischer Schichten
Hauptanforderungen an diese Schichten sind hohe Schichtqualität, gute Reproduzierbarkeit, exakte Einhaltung von Schichtdicke und Brechzahl, sehr gute Schichtdickengleichmäßigkeit.

- Anlagen zum Metallisieren von Kunststoffteilen
Hier steht wegen konkurierender Verfahren die Wirtschaftlichkeit dieser an sich einfachen Beschichtungsmethode im Vordergrund.

- Anlagen zum Beschichten von Papier und Kunststoffolien
Vorwiegend werden metallische Schichten aufgedampft. Auf- und Abwickeln der Folie, Bewältigung des enormen Gasanfalls und die Art der benutzten Verdampfungsquellen bestimmen die Konzeption dieser i. a. semikontinuierlich betriebenen Anlagen.

- Anlagen für Stahlblechbeschichtung
Rentabilität ist nur bei Langzeitbetrieb ohne jede Unterbrechung möglich; daher sind Schleuseanlagen erforderlich, die das unbeschränkt lange Band von Atmosphäre ein- und auf die gleiche Weise wieder ausschleusen.
Besondere Anforderungen werden an die vakuumtechnische Ausrüstung und an die leistungsstarken Elektronenstrahlverdampfungssysteme gestellt.

- Großflächenbeschichtung
Die hohen Anforderungen an die Schichtdickengleichmäßigkeit lassen sich durch gleichzeitiges quantitatives Verdampfen aus einer größeren Anzahl von Quellen erfüllen. Vorteilhafter ist jedoch die Anwendung der Katodenzerstäubung.

3.3.2 Zubehör zu Aufdampfanlagen

3.3.2.1 Verdampfungsquellen

3.3.2.1.1 Allgemeines

Beim Aufdampfen bewegen sich die zu beschichtenden Substrate über einer Dampfquelle. Sie führen einfach- oder doppelt-rotierende Bewegungen aus, um eine möglichst gute Schichtdickengleichmäßigkeit zu erreichen. Das Material verdampft dabei i. a. von unten nach oben. Bei geeigneter Ausbildung der Verdampfungsquellen ist, jedoch nicht bei allen Materialien, auch ein Verdampfen in umgekehrter Richtung oder zur Seite hin möglich.

Einige für die Wahl der jeweiligen Verdampfungsquellenart, deren Form und Größe ausschlaggebende Faktoren sind:

- Schichtreinheit,
- Kondensationsrate und Schichtdicke,
- Temperatur der Substrate während der Beschichtung,
- Art des Beschichtungsmaterials.

Nur ein geringer Anteil der dem Verdampfer zugeführten Energie wird für den eigentlichen Verdampfungsprozeß, der Umwandlung eines Festkörpers in die Dampfform, benötigt.

Der weitaus größte Anteil geht durch Wärmeleitung über die Zuleitungen bzw. über die Wand eines mehr oder weniger gut gekühlten und das Beschichtungsmaterial enthaltenden Tiegels und durch Wärmestrahlung verloren.

Größenordnungsmäßig wird etwa die Hälfte der zugeführten Energie an die meist durch Wasser gekühlten Zuleitungen abgeführt. Der durch Strahlung verlorengehende Energieanteil ist ebenfalls nicht unbeträchtlich und berechnet sich nach dem Gesetz von *Stefan-Boltzmann* zu

$$E_\mathrm{s} = \sigma\,A\,t\,\varepsilon\,T^4\,; \qquad\qquad (3\text{--}11)$$

in Gl. (3–11) bedeuten:

E_s Energie in Ws
A Fläche der Strahlungsquelle in cm^2,
T Temperatur der Strahlungsquelle in K,
σ Strahlungskonstante eines schwarzen Körpers ($\sigma = 5{,}67\ 10^{-2}$ in Wcm^{-2} Grad^{-4}),
ε Korrekturfaktor,
t Versuchsdauer in s.

Dabei ist zu bedenken, daß unter vorgegebenen Verhältnissen beim Herstellen einer Schicht aus einem bestimmten Material und einer bestimmten Schichtdicke die Wärmebelastung der Substrate durch Strahlung mit zunehmender Kondensationsrate abnimmt, weil nämlich die durch Strahlung von der Verdampfungsquelle übertragene Energie „nur" mit der vierten Potenz, die Abdampfrate dagegen exponentiell mit der Quellentemperatur zunimmt, s. Gl. (3–5).

28

3.3.2.1.2 Widerstandsbeheizte Verdampfungsquellen

Wegen der einfachen Handhabung und des geringen Aufwandes werden widerstandsbeheizte Verdampfungsquellen auch heute noch häufig eingesetzt. Handelsüblich sind zahlreiche Größen und Formen (z. B. Spirale, Mulde, Kasten ohne Deckel oder mit perforiertem Deckel) aus meist hochschmelzenden Materialien wie Wolfram, Molybdän oder Tantal. Für Beschichtungsmaterialien mit niedrigen Verdampfungstemperaturen (z. B. Tellur, Selen) kommen auch Edelstähle als Verdampfungsquellenmaterial in Frage.

Wolframwendeln werden zum Aufdampfen von hochreflektierenden Aluminiumspiegeln benutzt. Aluminiumdraht wird z. B. in Haarnadelform in die Spirale gelegt. Das Aufsetzen von Häkchen auf jede einzelne Windung der Wolframspirale ist zwar umständlich, ermöglicht aber bei sachgemäßer Handhabung ein quantitatives und weitgehend spritzerfreies Verdampfen [3–18]. In der Praxis geht man so vor, daß man die Spirale durch direkten Stromdurchgang zunächst nur so hoch erhitzt, bis das Aluminium geschmolzen und die gesamte Wendeloberfläche benetzt ist. Erst dann wird die Temperatur weiter erhöht, bis das Aluminium schließlich verdampft. Nach etwa 20 bis 30 Verdampfungsprozessen müssen die Wendeln ersetzt werden.

Muldenförmige Verdampfungsquellen können in guter Näherung als punktförmige Verdampfungsquellen gelten; sie erzeugen eine rotationssymmetrische Dampfkeule.

Kastenförmige Verdampfungsquellen werden i. a. dann eingesetzt, wenn größere Materialmengen zu verdampfen sind oder wenn verhindert werden soll, daß kleinere oder auch größere Materialmengen aus der Quelle herausgeschleudert werden, die zu Schichtschäden und zu einer schlechten und nicht kalkulierbaren Ausnutzung des Beschichtungsmaterials führen. Durch einen perforierten Deckel sind zumindest größere Materialverluste vermeidbar. Die Blechstärke des Deckels muß nicht der des Quellenunterteils entsprechen. Die Deckeltemperatur sollte auf keinen Fall niedriger als die Verdampfungstemperatur sein, da sonst Kondensationsgefahr besteht und sich die Öffnungen im Deckel zusetzen können. Dies kann zur vollständigen Unterbrechung des Beschichtungsvorgangs führen. Sublimierende Materialien in Pillen- oder Granulatform wie Siliziummonoxid oder Zinksulfid werden fast ausschließlich mit abgedeckten Verdampfungsquellen verdampft. In besonders kritischen Fällen empfiehlt sich ein mehrmaliges Umlenken des Dampfstrahls [3–19], und der Aufbau der Verdampfungsquellen ist dann nicht mehr ganz einfach. Solche Quellen sind bei größeren Dimensionen zur Verminderung der Abstrahlungsverluste mit einem oder auch mehreren Strahlungsschilden umgeben [3–20].

Bei der Konzeption von Aufdampfanlagen geht man i. a. davon aus, daß die Verdampfung von unten nach oben verläuft. Es gibt aber auch Sonderfälle, bei denen dies nicht realisierbar oder zumindest mit großen Umständen verbunden ist. Man denke beispielsweise an das allseitige Beschichten von pulverförmigem Schüttgut. Beim Bedampfen von oben nach unten erhalten die widerstandsbeheizten Verdampfungsquellen einen beheizten dachförmigen Aufsatz, der eine Umlenkung des Dampfstrahls bewirkt. Dabei muß allerdings die Temperatur des Umlenkblechs – ähnlich wie bei den Verdampfungsquellen mit perforiertem Deckel – so hoch sein, daß keine Kondensation sattfindet.

Gelegentlich versieht man zur Verlängerung der Lebensdauer Muldenschiffchen – bis auf die Einspannenden – mit einem Keramiküberzug und Kastenschiffchen mit einem keramischen Einsatz.

Zum Verdampfen größerer Materialmengen über längere Zeiträume, etwa beim Beschichten von Folien in Bandbeschichtungsanlagen, werden quaderförmige Verdampfungsquellen aus halbleitenden Materialien (z.B. Boride, Nitride) eingesetzt. Sie werden durch direkten Stromdurchgang aufgeheizt und von wassergekühlten Einspannvorrichtungen gehalten, die die thermisch bedingten Dimensionsänderungen der Verdampfungsquelle durch Widerlager ausgleichen. Das meist drahtförmige Beschichtungsmaterial wird kontinuierlich zugeführt durch Abspulen von einer Vorratsrolle. Über Abspulgeschwindigkeit und Temperatur der Verdampfungsquelle läßt sich die Verdampfungsgeschwindigkeit und in Verbindung mit der Geschwindigkeit der zu beschichtenden Folie die gewünschte Schichtdicke einstellen. Typisch sind Drahtdurchmesser von 1 bis 2 mm, Abspulgeschwindigkeiten bis zu etwa 20 mm/s und ein Drahtvorrat auf einer Spule bis zu mehreren kg. Von einer Verdampfungsquelle mit einer abdampfenden Oberfläche von rd. 1000 mm^2 lassen sich bis zu rd. 4,5 g/min Aluminium spritzerfrei verdampfen. Die Gebrauchsdauer richtet sich nach der Betriebstemperatur und liegt zwischen 15 und 20 Stunden. Bei breiteren Folien kann durch Anordnung mehrerer Quellen nebeneinander gute Schichtdickengleichmäßigkeit erreicht werden [3–21 bis 3–24].

Diese Verdampfungsquellen sind besonders für das Verdampfen von Aluminium geeignet. Ihre Anwendung für andere Beschichtungsmaterialien wird durch die Temperaturbeständigkeit des Quellenmaterials und seine Benetzbarkeit mit dem Beschichtungsmaterial eingeschränkt.

Eine zwar nicht häufige, aber bei bestimmten Beschichtungsmaterialien vorteilhafte Methode ist das Sublimieren von Drähten oder Blechen. Voraussetzung ist eine ausreichend hohe Sublimationsrate unterhalb des Schmelzpunktes des Beschichtungsmaterials. Versteht man z.B. unter einer ausreichenden Rate 10^{-4} g cm^{-2} s^{-1} (vgl. Abschn. 3.2.1), so zählen in Bild 3–1 zu den für Beschichtungen durch Sublimation geeigneten Materialien Wo, Ti, Zr, Fe und Zn. Liegen Schmelzpunkt und gewählte Sublimationstemperatur zu nahe beieinander, besteht die Gefahr des Durchschmelzens. Daher ist aus Gründen der Prozeßsicherheit die Sublimationstemperatur immer um eine bestimmte Spanne, deren Größe sich nach den apparativen und meßtechnischen Möglichkeiten richtet, niedriger als die Schmelztemperatur zu wählen [3–25].

Der Sublimationsprozeß wird beispielsweise zum Herstellen von Rhodiumschichten angewendet. Ein Verdampfen aus widerstandsbeheizten Quellen ist problematisch. Der Einsatz von Elektronenstrahlkanonen oder Katodenzerstäubungseinrichtungen erfordert wesentlich größere Mengen dieses teuren Materials, als zur eigentlichen Schichtherstellung nötig sind.

Man wendet den Sublimationsprozeß auch dann an, wenn keine Elektronenstrahlkanone vorhanden ist und Schichten aus Materialien hergestellt werden sollen, die bei höheren Temperaturen in allen zur Verfügung stehenden Quellenmaterialien stark löslich sind. Dabei wären starke Schichtverunreinigungen und schnelle Zerstörung der Verdampfungsquelle die Folge. So kann man z.B. Eisen, das sich aus widerstandsbeheizten Quellen nicht in nennenswerten Mengen verdampfen läßt, ohne großes Risiko von einem Eisenblech absublimieren. Nach Bild 3–1 liegt man bei einer Sublimationsrate von 10^{-4} g cm^{-2} s^{-1} etwa 100 °C unterhalb des Schmelzpunktes. Von einem 200 mm × 25 mm großen und durch direkten Stromdurchgang beheizten Eisenblech werden dann 10^{-2} g/s Eisen absublimiert.

Die Sublimation von Eisen wendet man beim Herstellen von inhomogenen Sonnenschutzschichten für Brillengläser an. Dabei wird als Matrixmaterial dienendes Borsilikatglas in konstanter Menge mit einer Elektronenstrahlkanone verdampft. Die Einlagerung des Eisens variiert man durch Änderung der Stromstärke, so daß bei dieser Simultanverdampfung die Sublimation des Eisens – bei null beginnend – allmählich zunimmt und nach Überschreiten eines Maximalwertes stetig wieder auf null zurückgeht.

Das Beispiel zeigt die praktische Anwendbarkeit und auch die einfache Steuerungsmöglichkeit des Sublimationsprozesses. Es sollte aber nicht unerwähnt bleiben, daß bei seiner Anwendung ein Mindestmaß an Geschicklichkeit und Sorgfalt unerläßlich ist.

Diese nur kurzen Ausführungen über widerstandsbeheizte Verdampfungsquellen können die Vielfalt der auf dem Markt erhältlichen Größen und Ausführungsformen nur andeuten [3–26 bis 3–29]. Um sie sinnvoll einzusetzen, sind umfangreiches Wissen und Erfahrung vonnöten. Der technische Aufwand ist zwar gering und die Handhabung recht einfach, aber es bestehen auch Einschränkungen, die bei Nichtbeachtung kostspielige Folgen haben können. So ist z. B. zu bedenken, ob beim Verdampfen hochschmelzender Materialien der Dampfdruck des Quellenmaterials noch vernachlässigbar ist und ob es wegen zu kurzer Gebrauchsdauer der Quelle nicht vorteilhafter ist, eine Elektronenstrahlkanone einzusetzen oder ein anderes Beschichtungsverfahren anzuwenden.

Durch Beschichtungsmaterialien, die im Quellenmaterial bei höherer Temperatur löslich sind, entstehen meist eutektische Gemische, deren Schmelzpunkte niedriger liegen als die der Ausgangssubstanzen. Dies führt zu einer ziemlich schnellen Zerstörung der Verdampfungsquelle, und das Kondensat auf den Substraten enthält dann metallische, von der Quelle herrührende Verunreinigungen.

Z.B. gibt es für Eisen, Kobalt, Nickel, Silizium, Titan und Zirkonium kein geeignetes Quellenmaterial. Diese Metalle verdampft man daher besser mit einer Elektronenstrahlkanone oder man zerstäubt sie. Auch die Reaktion von Quellenmaterial mit Restgasen kann schädliche Folgen haben, wenn sich leichtflüchtige Verbindungen bilden und auf den Substraten kondensieren. Ein typisches Beispiel ist Molybdänoxid, das schon bei weitaus niedrigeren Temperaturen flüchtig ist als Molybdän.

Um sich über die Gebrauchsmöglichkeiten von widerstandsbeheizten Verdampfungsquellen zu informieren, muß auch der erfahrene Aufdampftechniker in nicht seltenen Fällen auf Tabellen zurückgreifen, in denen angegeben ist, welche Quellenformen und -Materialien für welches Beschichtungsmaterial geeignet sind. Neben Form, Größe und Material sind häufig auch Angaben über Benetzbarkeit, Gebrauchsdauer und elektrische Betriebsdaten erwünscht, die aus Herstellerkatalogen zu entnehmen sind. Die Bilder 3–2 bis 3–14 zeigen schematisch einige der am häufigsten gebrauchten Verdampfungsquellenformen.

3.3.2.1.3 Elektronenstrahlverdampfer

Überblick

Die zum Verdampfen im Hochvakuum erforderliche Leistung kann in fast idealer Weise mit gebündelten Elektronenstrahlen (ES) zugeführt werden. Die kinetische Energie der beschleunigten Elektronen wird beim Auftreffen auf das zu verdampfende Material mit

Bild 3–2. Haarnadelförmiger Verdampfer aus verdrilltem Wolframdraht.

Bild 3–3. Spiralförmiger Verdampfer aus verdrilltem Wolframdraht.

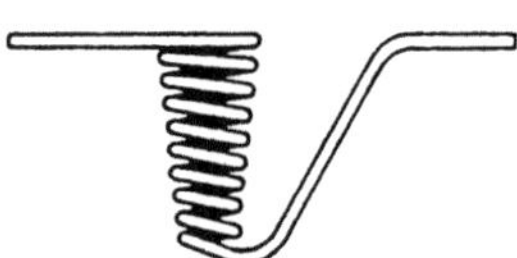

Bild 3–4. Korbförmiger Verdampfer.

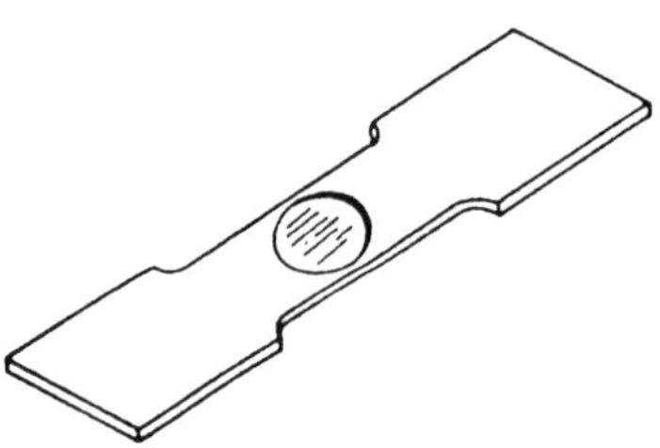

Bild 3–5. Muldenförmiger Verdampfer.

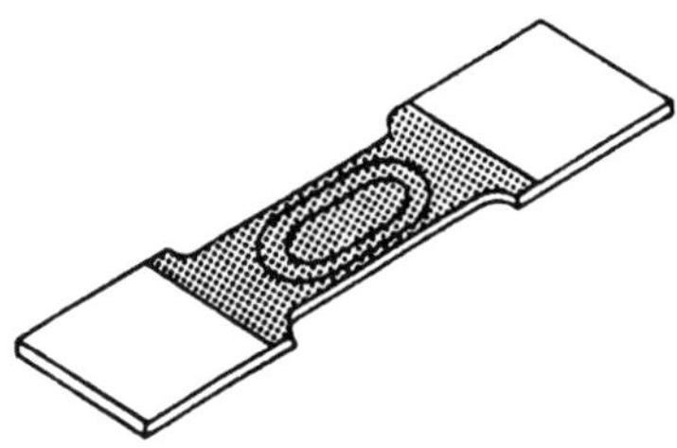

Bild 3–6. Muldenförmiger Verdampfer mit keramischem Überzug.

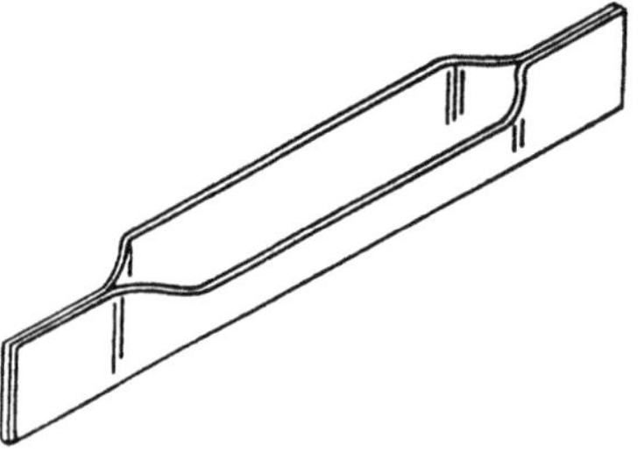

Bild 3–7. Kastenförmiger Verdampfer.

Bild 3–8. Verdampfungsquelle mit Keramikeinsatz.

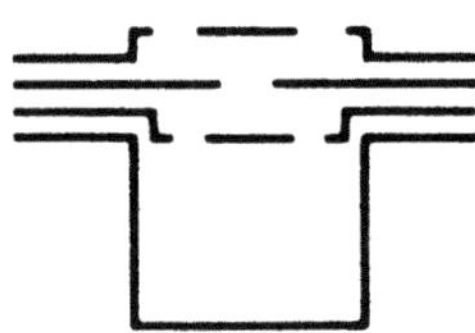

Bild 3–9. Verdampfer mit Dampfstrahl-umlenkblechen.

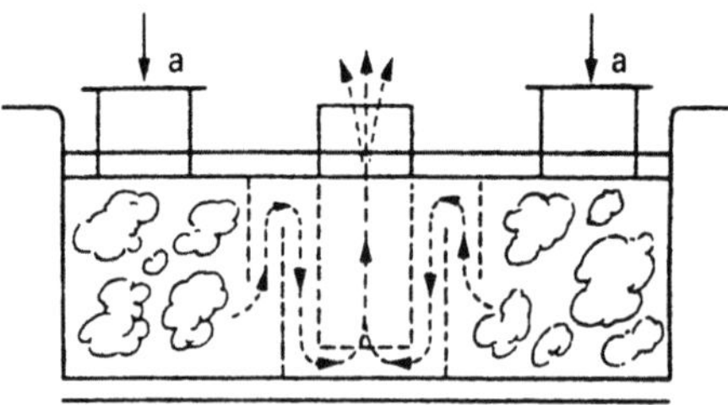

Bild 3–10. Verdampfer mit Dampfstrahl-umlenkblechen für Verdampfung von unten nach oben.
a Nachfüllöffnung

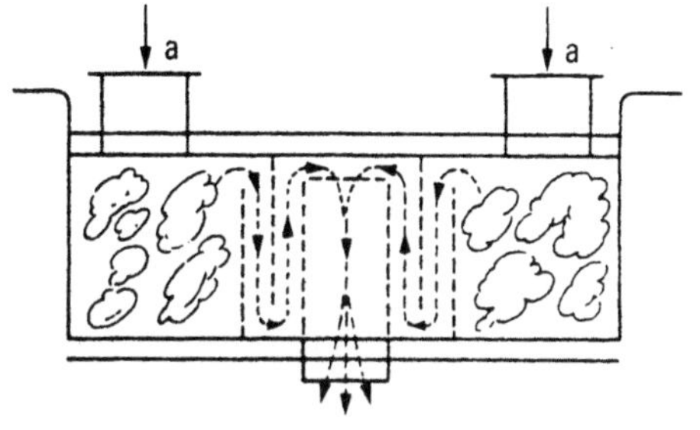

Bild 3–11. Verdampfer mit Dampfstrahl-
umlenkblechen für Verdampfen von oben
nach unten.
a Nachfüllöffnung

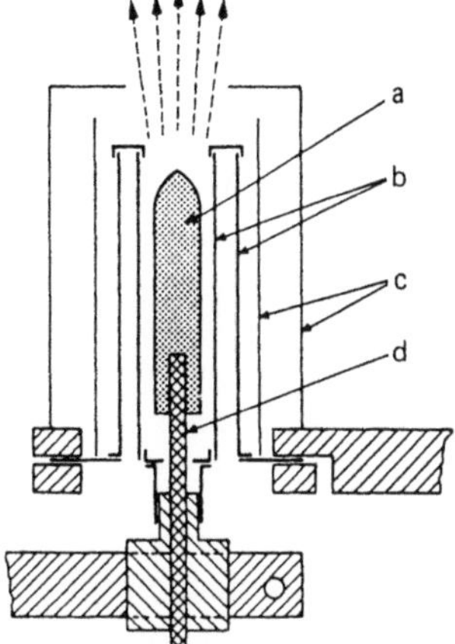

Bild 3–13. Sublimation von Chrom.
a Chromstab
b Tantalheizer
c Strahlenschutz
d Wolframhalter

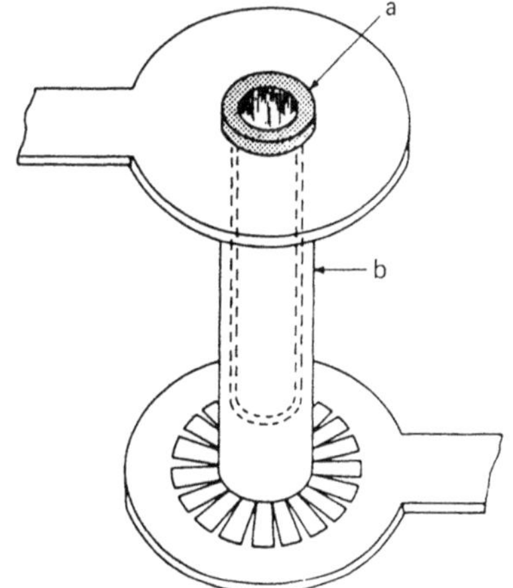

Bild 3–12. Verdampfer mit Keramikeinsatz.
a Keramiktiegel, b Tantalheizer

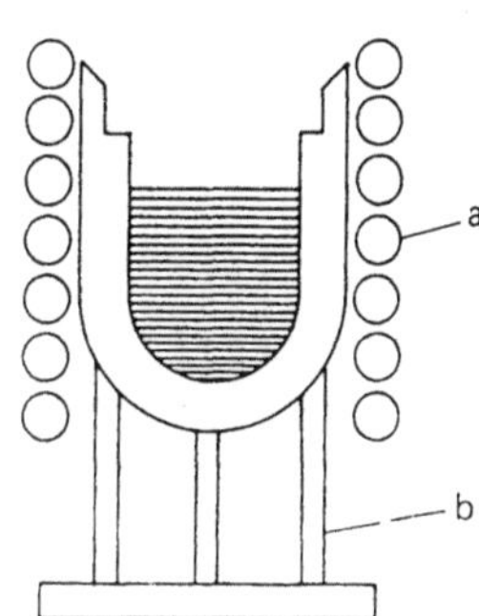

Bild 3–14. Verdampfer mit induktiver Beheizung.
a Hochfrequenzspule
b Keramikisolatoren

Bilder 3–2 bis 3–14. Schemata gebräuchlicher Verdampfungsquellen [3–26 bis 3–29].

gutem Wirkungsgrad in Wärme umgewandelt. Selbst höchstschmelzende Metalle wie
Wolfram können mit ES leicht auf Verdampfungstemperaturen von über 3800 °C gebracht
werden.

Ein wesentlicher Verlust entsteht durch die Rückstreuung der Primärelektronen, die stark
vom Auftreffwinkel und der Ordnungszahl des Verdampfermaterials abhängt. Für senkrechten Strahleinfall reflektiert Aluminium etwa 15 %, Nickel 25 % und Wolfram 40 % der
auftreffenden Strahlleistung [3–30]. Diese Werte können für streifenden Einfall bis über
85 % ansteigen. Die ES-Schmelztechnik macht sich diesen Umstand bei der Abtropf-
schmelze zunutze, indem der von der Abtropfelektrode reflektierte Strahlenanteil für die

Badaufheizung der Abzugselektrode genutzt wird. Nur ein geringer Anteil, etwa 1 %, geht durch Röntgenstrahlerzeugung verloren.

Die verbleibende Leistung verteilt sich entsprechend der Wärmebilanz auf in die zum Verdampfen erforderliche Spezifische Wärme, Schmelz- und Verdampfungswärme, die Abstrahlung der Badoberfläche und die Wärmeableitung durch den gekühlten Verdampfertiegel. Letztere ist vor allem bei großtechnischen Verdampfern mit Strahlleistungen von 100 kW und darüber ein wirtschaftlicher Faktor. Große Verdampferbäder werden deshalb gerne mit wärmeisolierenden keramischen Tiegeln – wie dies im Fall von Aluminium möglich ist – oder wenigstens mit entsprechenden Tiegelauskleidungen betrieben, da sonst die an das Kühlwasser abgeführte Verlustleistung zu groß wird [3–31].

Mit Hilfe geeigneter Ablenksysteme und Fokussierungseinrichtungen kann die Elektronenstrahlleistung der abdampfenden Oberfläche punkt- oder flächenförmig zugeführt werden. Damit läßt sich die Verdampfungsgeschwindigkeit bzw. die Aufdampfrate nicht nur über die Strahlleistung, sondern auch über die Leistungsdichte im Brennfleck praktisch trägheitslos in großen Bereichen variieren. Eine optimale Anpassung an das jeweilige Verdampfungsmaterial, Pulver, Granulat, Tabletten oder Scheiben ist dadurch möglich.

Bei Verwendung wassergekühlter Kupfertiegel können auch gute Wärmeleiter ohne Verunreinigung durch das Tiegelmaterial verdampft werden.

Auch Isolatoren wie Keramik oder Glas lassen sich bei genügend hoher Strahlspannung so erwärmen, daß sie leitend werden und verdampfen [3–32]. Man spricht in diesem Zusammenhang gerne von einem „Zünden" des Brennflecks. Durch die Aufladung der Isolatoroberfläche wird nämlich der ES anfänglich diffus gestreut. Erst mit steigender Temperatur erniedrigt sich der Ableitwiderstand derart, daß sich der ES zu einem definierten Brennfleck zusammenzieht und eine wirksame Verdampfung einsetzt.

In dieser großen Flexibilität des ES bezüglich unterschiedlichster Verdampfermaterialien und -geometrien ist der Grund zu suchen, daß der ES trotz seiner nicht einfachen Technik gegenüber anderen Wärmequellen in der Aufdampftechnik dominiert.

Wie die Entwicklung der Sputtertechnik zeigt, sind dem ES-Verdampfer aber auch Grenzen gesetzt. Dies trifft vor allem für großflächige, ebene Substratflächen zu. Beispielhaft sei hier die Beschichtung von Fenster- oder Automobilglas genannt. Hier bietet die flächenhafte Magnetronsputterquelle besonders hinsichtlich der Schichtgleichmäßigkeit große Vorteile. In der Halbleiterindustrie konnte sich der ES wegen der für die Substrate schädlichen Röntgenstrahlung und Elektronenrückstreuung für die Aluminium-Beschichtung hochintegrierter Schaltkreise langfristig nicht durchsetzen [3–33].

Verfolgt man die historische Entwicklung des ES-Verdampfers, so gehen die ersten industriellen Entwicklungsimpulse von der Stahlbandbedampfung aus. Anfang der 60er Jahre wurden die ersten Stahlbandpilotlinien in Betrieb genommen [3–34]. Steigende Zinnpreise ließen an einen Ersatz des Weißblechs durch Aluminium-beschichtetes Stahlblech für Konservendosen denken. Auch die Automobilindustrie zeigte Interesse an der Verwendung korrosionsfester Bleche für Auspufftöpfe oder Radkappen. Für diese Anwendungen waren Kondensationsraten von einigen μm/s erforderlich. Sie wurden mit einer ES-Technologie realisiert, die in metallurgischen Schmelzanlagen erprobt war [3–35].

Die Halbleiterindustrie wiederum förderte die Entwicklung kleiner, leistungsfähiger Verdampfer für die Metallisierung von Siliziumscheiben zum Herstellen von Leiterbahnen.

Aluminium, Aluminium-Silizium- oder Aluminium-Silizium-Kupfer-Legierungen wurden mit Strahlleistungen um 10 kW mit hohen Raten von etwa 1 µm/min aus einem wassergekühlten Kupfertiegel verdampft.

Erst Anfang der 70er Jahre beeinflußten die spezifischen Forderungen der optischen Beschichtungsverfahren die Entwicklung von ES-Verdampfern kleiner Leistung im Bereich von 1 bis 5 kW, jedoch mit großer Flexibilität hinsichtlich der Verwendung unterschiedlichster Tiegelformen und -abmessungen.

Bis heute haben sich für den ES-Verdampfer zwei wesentliche Anwendungsfelder herausgebildet, die auch zukünftig ihre Bedeutung behalten werden, die Optik und die Höchstratenbeschichtung. In der Brillen- und Feinoptik kann nach wie vor nicht auf die kleinen und flexiblen Einbaukanonen verzichtet werden. Demgegenüber finden leistungsstarke Rohrkanonen mit Pierce-Strahlerzeuger Anwendung bei extrem hohen Raten, wie sie für die Turbinenschaufel- [3–36], Stahlband- [3–37] oder Videobandbeschichtung [3–38] erforderlich sind. Im folgenden soll auf beide Verdampfersysteme näher eingegangen werden.

Rohrstrahler mit Pierce-Strahlerzeuger

Hochleistungskanonen werden oft nach einer für die Raumladung charakteristischen Größe, Strahlstrom/Strahlspannung$^{3/2}$, für die sich die Bezeichnung „Perveanz" eingebürgert hat, verglichen [3–39].

Die Strahleigenschaften einer solchen Kanone ändern sich nicht, wenn Strahlstrom und Strahlspannung im angegebenen Verhältnis variiert werden. Je höher die Perveanz eines ES-Erzeugers ist, um so schwieriger ist seine Verwirklichung. Die Perveanz wird in Einheiten von 10^{-6} A/V$^{3/2}$ = µP angegeben.

Die Entwürfe aller ES-Erzeuger mit hohen Stromdichten gehen auf eine Theorie von *J.R. Pierce* zurück, die bis zu Perveanzen von etwa 1 µ*P* gültig ist [3–40]. Sie geht von dem durch *Langmuir* und *Blodget* exakt gelösten Fall des Raumladungsstromes zwischen konzentrischen Kugeln aus [3–41]. Ein konzentrischer Raumkegel schneidet aus der äußeren Kugel die Katoden-, aus der inneren die Anodenöffnung aus, Bild 3–15. Die Schwierigkeit beim Bau eines solchen Strahlerzeugers besteht nun darin, die Katode mit einer solchen Fokussierungselektrode zu umgeben, daß das Potential auf dem Strahlrand *S*, dem

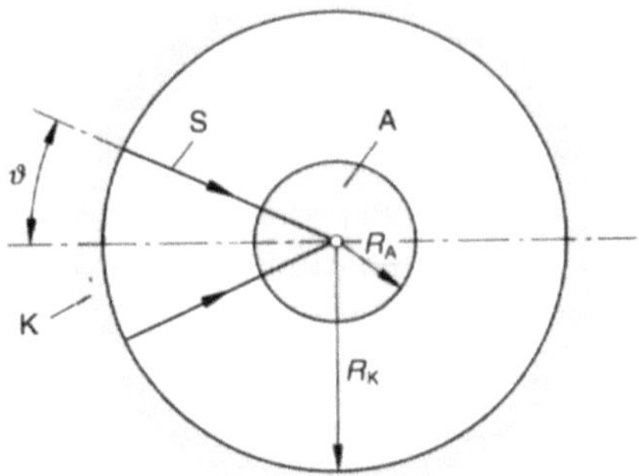

Bild 3–15. Entstehung eines Strahlerzeugers nach Pierce aus einer Kugeldiode, [3–45].
A Anode
K Katode
S Strahlrand
R_A Anodenradius
R_K Katodenradius
ϑ halber Öffnungswinkel

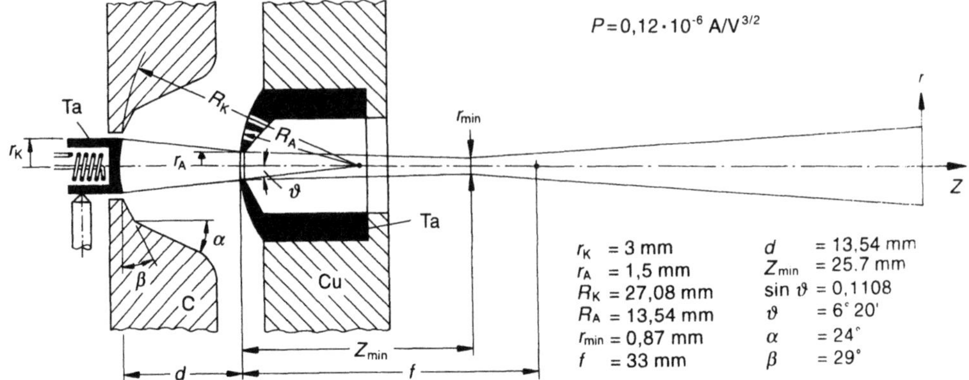

Bild 3–16. Dimensionierung eines Pierce-Strahlerzeugers mit einer Perveanz von 0,12 µP (10 kV, 0,1 A).

Mantel des Raumkegels, den Wert in der Kugeldiode annimmt. Durch die negative Raumladung würde sich der Strahl ohne Fokussierungselektrode bereis vor der Anode aufspreizen und zu Anodenverlusten bzw. verringerten Perveanzwerten führen. Die Form dieser Elektrode kann analytisch nicht berechnet werden. Sie läßt sich experimentell, z.B. im elektrolytischen Keiltrog [3–40] oder mit numerischer Computerberechnung bestimmen [3–42].

Die Potentialverzerrung durch die Anodenöffnung kann dadurch berücksichtigt werden, daß ihr die Eigenschaft einer Zerstreuungslinse mit der Brennweite $f = -4\,V/V'$ (V = Anodenpotential, V' = Gradient auf der Katodenseite) zugeschrieben wird. Auf dieser Grundlage beruhen eine Reihe von Strahlerzeugerentwürfen [3–43 bis 3–51].

Für Perveanzwerte größer 1 µP versagt die Theorie, da die Anodenöffnung in die Größenordnung des Abstandes Katode–Anode kommt, so daß die Potentialverzerrung durch die Anodenöffnung unzulässig groß wird. Es resultieren große Anodenstromverluste und starke Strahldivergenzen. Immerhin lassen sich durch geeignete Ausbildung der Elektrodenformen Perveanzwerte bis 5 µP erreichen, was die Grenze für sphärisch gekrümmte Elektroden sein dürfte [3–52 bis 3–54].

Mit speziellen Emissionsflächen wie konzentrischen Toroiden, die Hohlstrahlen erzeugen, lassen sich Perveanzwerte bis 60 µP erreichen [3–55].

Bild 3–16 liefert das Ergebnis einer Berechnung für ein Strahlerzeugersystem von 0,12 µP (10 kV, 0,1 A) mit einer Ta-Katode von 6 mm Durchmesser. Die Berechnung erfolgte nach der Theorie von *Pierce* und in Anlehnung an die Arbeit von *Helm* u.a. [3–43].

Großtechnische Verdampfer unter Verwendung von Pierce-Strahlerzeugern wurden in unterschiedlichsten Anordnungen realisiert.

Bei großen Verdampferbädern werden die Strahlerzeuger seitlich oberhalb oder unterhalb des Verdampferbades angeordnet. Der aus der Anode divergent austretende Hochleistungsstrahl wird mit einer magnetischen Fokussierungslinse so gebündelt, daß der kleinste Strahldurchmesser – in der Regel die Anodenbohrung – auf das zu verdampfende Gut

36

Bild 3–17. 250 kW ES-Verdampferstation mit 4 Strahlerzeugern und ausgefahrenem Verdampfertiegel (Badfläche 150×600 mm²).

abgebildet wird. Elektromagnetische Ablenksysteme lenken dabei den Strahl je nach Anordnung um 30 bis 180° um. Eine solche Strahlumlenkung ist erforderlich, um den Dampf daran zu hindern, die heiße Katode zu treffen. Dies gelingt nicht ganz. Ein Teil des Dampfes wird ionisiert, vom Potentialfeld des ES eingefangen und in Richtung Katode beschleunigt. Um ein Zerstäuben der Katode oder ein Legieren mit den Dampfionen zu verhindern, wird die Katode mit einer zentralen Öffnung zum Durchtritt der Ionen versehen. Dies gilt gleichermaßen für direkt strombeheizte W-Spiralkatoden oder indirekt geheizte Ta-Blockkatoden.

Die separat angeordneten Pierce-Strahlerzeuger erlauben in der Regel ein eigenes Pumpsystem zur Erzeugung des erforderlichen Betriebsvakuums unter 10^{-4} mbar. Da über dem Verdampferbad ein Dampfdruck von einigen mbar herrscht, wirkt sich ein großer Abstand günstig für den Aufbau eines Druckgradienten zwischen Katode und Verdampfungspunkt aus.

Bild 3–17 zeigt einen 250 kW Verdampfer mit 4 Pierce-Strahlerzeugern. Derartige Verdampferstationen ermöglichen die kontinuierliche Verdampfung großer Mengen über Stunden. Bei dem dargestellten Beispiel wurden 10 g Al/s von einer 150×600 mm² großen Badfläche über Stunden abgedampft, wobei das Verdampferbad über eine separate Schmelzstation flüssig chargiert und auf Niveau gehalten wurde.

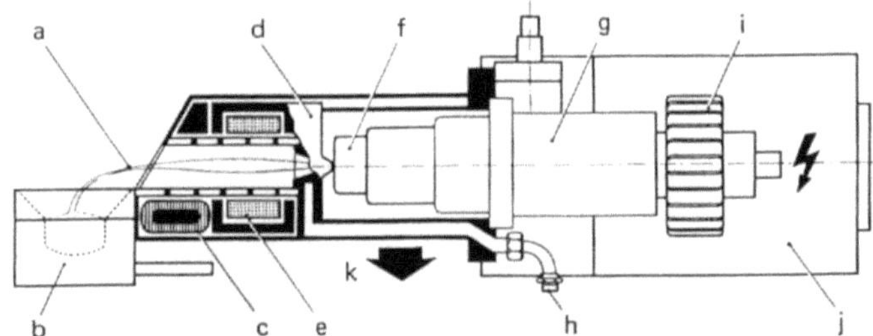

Bild 3–18. Schnitt durch einen 25 kW ES-Verdampfer mit Pierce-Strahlerzeuger und 90°-Strahlumlenkung (Typ KA 25, Fa. Leybold AG).

a	Elektronenstrahl	g	Hochspannungsisolator
b	Kupfereinnapftiegel	h	Wasserkühlung
c	Ablenkspule	i	Kühlkörper
d	Anode	j	Schutzhaube mit Ventilator
e	Fokussierungslinse	k	Separate Abpumpung
f	Fokussierungselektrode		

Bei großen Verdampferflächen sind die Ablenksysteme meistens Bestandteil des Tiegelaufbaus, d.h. völlig separat vom Strahlerzeuger angeordnet. Für kleine Abdampfflächen lassen sich aber auch Tiegel und Ablenksystem in einfacher Weise miteinander verbinden. Bild 3–18 zeigt das Schema eines solchen 90° ES-Verdampfers, wie er im Leistungsbereich 10 bis 30 kW zur Anwendung kommt. Der ES durchläuft nach der Fokussierungslinse ein gekreuztes Ablenkfeld, das neben der 90° Umlenkung ein „Rühren" des Strahls im Tiegel zuläßt. Dies kann für den Einschmelzvorgang vorteilhaft sein.

Einbaukanonen

Für den flexiblen Einbau in beliebige Vakuumkessel – vergleichbar einer widerstandsbeheizten Verdampferquelle – sind kleine und handliche Einbaukanonen entwickelt worden. Da bei einem solchen Aufbau die Katode relativ nahe an der Verdampfungsquelle sitzt, muß der ES mindestens um 180° umgelenkt werden, um die Katode wirksam zu schützen, Bild 3–19. Noch strikter war die Forderung der Halbleiterindustrie. Um die empfindlichen IC-Schichten gegen W- und Na-Abdampfung aus der Katode zu schützen, war nur eine 270° Ablenkung tolerabel. Daß dabei wegen des längeren Strahlweges ein größerer Brennfleck mit ungünstigerer Energieverteilung oder aber eine Strahlenschädigung über unzureichend umgelenkte Primärelektronen in Kauf genommen werden mußte, wurde oft übersehen.

Ein weiteres Entscheidungsmerkmal ist die Flexibilität bezüglich der Tiegelwahl. Für Al-Verdampfung in der Elektronik war die Einzweckkanone mit wassergekühltem Cu-Tiegel, wie sie Anfang der 70er Jahre von *Airco Temescal* erfolgreich im Markt eingeführt wurde, ausreichend.

In der optischen Verfahrenstechnik dagegen gibt es eine Fülle unterschiedlichster Wünsche bezüglich Brennfleckgröße, Tiegelform und Verdampfermaterial. Sowohl kleinste Mengen, etwa in Form einer gepreßten Tablette, müssen mit einem möglichst kleinen Brennfleck verdampft werden, wie in der Folgeschicht etwa körniges Granulat mit einem

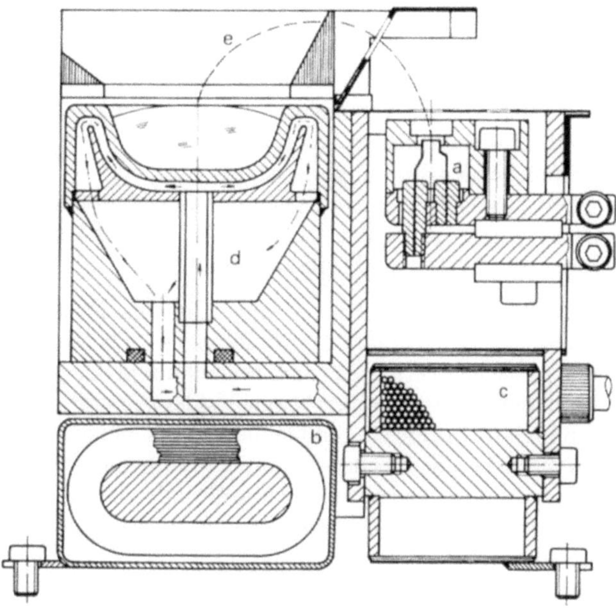

Bild 3–19. Schnitt durch einen 6 kW ES-Verdampfer mit 180°-Strahlumlenkung (Typ ESV 6, Fa. Leybold AG).
a Strahlerzeuger
b x-Ablenkspule
c y-Ablenkspule
d wassergekühlter Kupfertiegel
e Elektronenstrahl

möglichst großen diffusen Brennfleck. Strahloszillation und einfacher Tiegelwechsel sind hier die Erfolgsfaktoren.

Schließlich gibt es Anwendungen, die hinsichtlich der Sauberkeitsanforderungen einen Betrieb im Ultrahochvakuum erfordern, wie z. B. die Molekularstrahlepitaxie. Soll der ES-Verdampfer bis 400 °C ausheizbar sein, ist der Wunsch nach Wechseltiegeln oder Strahloszillation nur mit Metalldichtungen und aufwendigen Spezialspulen erfüllbar. Einfachere Lösungen sind federbalggedichtete Schiebetiegel und Permanent-Magnetfeld.

Nach diesem Überblick soll kurz auf die 3 wesentlichen Funktionseinheiten einer Einbaukanone, Strahlerzeuger, Ablenksystem und Tiegel an Hand von Bild 3–19 eingegangen werden. Der Brennfleck auf dem Verdampfertiegel ist in erster Linie durch die Abbildungseigenschaften des stark inhomogenen magnetischen Ablenkfeldes bestimmt. Erst in zweiter Linie kommt die Ausbildung der Katoden-Anoden-Strecke zum Tragen. Selbst ein optimal konstruiertes Pierce-System würde durch die Ablenkfehler zu einem Brennfleck mit inhomogener Energieverteilung und unerwünschten Intensitätsspitzen führen. Aus diesem Grunde ist es vorteilhaft, von vornherein mit einer möglichst einfachen, bei starker Strahlumlenkung sogar rechteckförmigen Katodengeometrie zu starten. Die Polschuhform des Ablenksystems wird dann experimentell so ausgebildet, daß der Strahl zu einem möglichst homogenen, kleinsten Fokus über die Krümmung des Magnetfeldes gebündelt wird. Theoretische Berechnungen von Strahlerzeuger und inhomogenem Ablenkfeld in Verbindung mit Raumladungskräften sind bisher nicht bekannt.

Als Katode wird in der Regel ein thorierter W-Draht in Form eines einfachen Bügels oder einer Wendel genommen, wobei die Wendel neben der größeren Emissionsfläche zusätzlich mechanische Stabilität bietet. Als Anode dient ein einfaches Blech mit einer entsprechenden Bohrung, meist aus Molybdän gefertigt. Für die Halterung der Katode haben sich Ta-Bolzen am besten bewährt, in die der W-Draht mit Eigenspannung eingesteckt wird. Leichter Wechsel ohne Ausbau des Verdampfers und eine gute Abschirmung gegen Streudampf sind selbstverständlich.

Wichtig für eine saubere Umlenkung des Primärstrahls ist eine Konzentration des Magnetfeldes außerhalb des Strahlbogens. Da dies im Bereich des freien Abdampfwinkels per se nicht erfolgen kann, besteht nur in der Nähe der Anode die Möglichkeit, durch zusätzliche Polschuhe eine Magnetfeldkonzentration zu erreichen. Damit wird verhindert, daß Elektronen, die am Strahlaußenrand nicht mehr vom Ablenkfeld eingefangen werden, auf die zu beschichtenden Substrate treffen. Die scharfe Umlenkung des Strahls hinter der Anode ist noch aus einem anderen Grunde wünschenswert. Wie bereits erwähnt, wird ein Teil der ionisierten Dampfatome in Richtung Katode beschleunigt. Aufgrund der größeren Ablenkradien für Ionen kann ein solches Zusatzfeld vor der Anode verhindern, daß die Ionen auf die Katode treffen.

Für die Querablenkung im Tiegel sind zwei Möglichkeiten bekannt. Durch unsymmetrische Spulenerregung läßt sich der Feldlinienverlauf zwischen den Polschuhen schrägstellen. Eine andere Methode ist die Verwendung gekreuzter Magnetfelder mit unabhängigen Erregerspulen. Letztere Lösung bietet mehr Freiheitsgrade, da z.B. das kreisförmige „Rühren“ des Strahls mit zwei $90°$ phasenverschobenen Wechselspannungen möglich ist.

Als Tiegelmaterial eignet sich am besten wassergekühltes Kupfer. Allerdings ist auf sorgfältige Wasserzwangsführung zu achten, da es sonst zu Dampfblasenbildung und Anlegieren im Tiegel kommen kann. Für das Aufdampfen in einem Restvakuum von unter 10^{-6} mbar ist die Ausführung der Drehtiegeldichtung kritisch. Hier hilft u.U. eine separate Evakuierung der Wasser-Vakuum-Drehdichtung.

Für den Betrieb von Einbaukanonen sind natürlich entsprechende Vakuumdurchführungen erforderlich, in der Regel zwei für Hochstrom/Hochspannung, eine Wasser- und vier Stromdurchführungen. Hinzu kommen Antrieb und Positionsmelder für Drehtiegel.

Zum Betrieb von ES-Verdampfern

Ein störungsfreier Betrieb eines Strahlerzeugers ist i.a. nur bei Restgasdrücken unter einigen 10^{-4} mbar gewährleistet.

Bei höheren Drücken kann es an den hochspannungsführenden Zuleitungen oder im Strahlerzeuger zu Überschlägen kommen, die von der Abschalt- und Wiedereinschaltautomatik der Hochspannungsversorgung verarbeitet werden müssen. Zum Schutz der Versorgung bricht die Automatik nach mehrmaligem Schalten selbständig ab. Ein solcher Fall tritt z.B. ein, wenn im Strahlerzeuger zwischen Katode und Anode ein Kurzschluß entsteht.

Für Beschichtungsverfahren in Druckbereichen größer 10^{-3} mbar, etwa Ionenplattieren, sind entweder die Einbaukanonen nur mit aufwendigen Abschirmungen zur Erzeugung

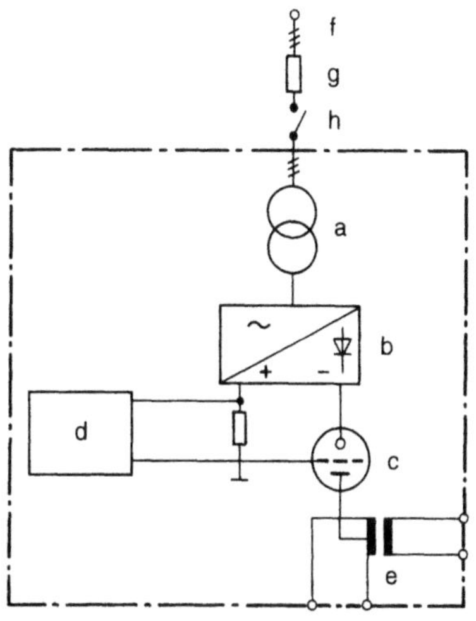

Bild 3–20. Prinzipschaltung einer Hochspannungsversorgung mit Röhrenabschaltung.
a Hochspannungstransformator
b Hochspannungsgleichrichter
c Schaltröhre
d Abschaltelektronik
e Katodenheiztransformator
f 380 V~
g Sicherung
h Schaltgerät

einer Druckstufe einsetzbar, oder es muß eine Pierce-Kanone eingesetzt werden. Dabei evakuiert man den Strahlerzeugungsraum durch einen separaten Pumpstand, wobei die Anode, Bild 3–18, gleichzeitig als Druckstufe dient [3–56].

Bei hohen Verdampfungsraten wird ein erheblicher Anteil des Dampfes über dem Fokus ionisiert [3–57]. Diese Ionen werden in Richtung Katode gelenkt, wo sie beim Auftreffen über Sekundäreffekte zur Ionisierung beitragen. Auch frei im Vakuumraum befindliche, Hochspannung führende Teile sind Zielscheiben für Ionen und sollten sorgfältig abgeschirmt werden, um Abschaltungen der Hochspannungsversorgung zu vermeiden. Im Laufe der Jahre wurden verschiedene Schaltprinzipien entwickelt und perfektioniert, von der relaisgesteuerten Wiedereinschaltautomatik mit Unterbrechungszeiten von rund 250 ms über die Transduktorsteuerung (50 ms), Leistungstriode (10 µs) bis zur volltransistorisierten Versorgung (10 ms). Aufgrund der konkurrenzlos schnellen und hochspannungsunempfindlichen Schaltröhre hat sich dieses Prinzip im mittleren Leistungsbereich bis 20 kW trotz der rasanten Entwicklung der Halbleitertechnologie behauptet, Bild 3–20. Für Leistungen über 30 W kommen überwiegend Hochspannungsversorgungen mit primärseitiger Thyristorsteuerung zur Anwendung.

Tiegel und Strahlführung

Für die verschiedenen Aufdampfverfahren sind die unterschiedlichsten Tiegelformen und -ausführungen mit den dazugehörigen Strahlsteuergeräten entwickelt worden. Damit sind Geräte gemeint, mit denen der Brennfleck durch periodische Ablenkung in x- und/oder y-Richtung so über die Abdampffläche geführt wird, daß sich die Strahlleistung in gewünschter Weise verteilt. Der zeitliche Verlauf des Ablenkfeldes läßt sich dabei mit einem Funktionsgenerator in beliebiger Weise variieren. Da sich die optimale Kurvenform meist nur experimentell bestimmen läßt, wurden z. B. sog. „programmierbare Strahlablenkungen" entwickelt. In einfacher Weise kann hier an der Frontplatte mit einem 16fach Schiebepotentiometer-Register in anschaulicher Form der gewünsche Kurvenverlauf eingestellt werden.

Hierzu einige Beispiele:

Im Fall von Bild 3–17 galt es, ein rechteckiges Verdampferbad mit 3 Strahlerzeugern gleichmäßig auszuleuchten. Dies gelang in befriedigender Weise unter Verwendung von jeweils zwei programmierbaren Strahlablenkungen für x und y mit unterschiedlichem Frequenzverhältnis.

In der optischen Beschichtung werden überwiegend hochschmelzende Oxide mit kleinen Leistungen verdampft. Hier kommt es darauf an, von Charge zu Charge reproduzierbare Verdampfungsbedingungen einzuhalten.

Da diese Stoffe meist nur sublimierend verdampfen oder gerne durch lokale Überhitzung zu Spritzern neigen, hat sich das Verfahren mit einem Drehtiegel und Strahloszillation auf dem Radius bewährt. Da der äußere Teil des Tiegels mehr Energie verlangt, muß mit der programmierbaren Strahlsteuerung die Verweilzeit des Brennflecks in entsprechender Weise gesteuert werden. Mit dieser Methode können z.B. auch Scheiben aus SiO_2 oder Al_2O_3 gleichmäßig abgetragen werden.

Für die Beschichtung von Keramik-Schüttgut mit Ni-Cr zur Herstellung von Präzisionswiderständen ist das sog. Springstrahlverfahren entwickelt worden [3–58]. Unter einem rotierenden Taumelkäfig aus Drahtnetz dreht sich ein Ringrillentiegel mit Zentralnapf. Der ES springt zwischen der äußeren Cr-Granulatrinne und dem zentralen Ni-Knopf hin und her. Über das Tastverhältnis läßt sich jede gewünschte Ni-Cr-Legierung einstellen.

Ebenso wichtig wie die richtige Einstellung der Leistungsdichte auf der abgedampften Fläche ist die Wahl des Tiegelmaterials und der Tiegelgröße. Wie bereits eingangs erwähnt, muß der intensiv gekühlte Kupfertiegel gewählt werden, wenn Verunreinigungen durch das Tiegelmaterial ausgeschlossen werden sollen. Dies gelingt nicht immer. Im Fall guter Wärmeleiter wie Al, Ag oder Au kann es vor allem bei extrem sauberen Verhältnissen, z.B. im Ultrahochvakuum zu einer Verbindung zwischen Verdampfungsmaterial und Tiegelwand kommen, da jeglicher Oxidfilm als Trennschicht fehlt. Ein Anlegieren macht sich dadurch bemerkbar, daß sich der Schmelzknopf nach dem Abkühlen und Erstarren nicht mehr aus dem Tiegel lösen läßt.

Für die optischen Aufdampfmaterialien ist meist der indirekt gekühlte Tiegel ausreichend. Hier steht mehr die Anpassung der Napfgröße an die Menge und Form des Aufdampfmaterials im Vordergrund, wie die untere Reihe der Wechseltiegel in Bild 3–21 veranschaulicht. Die kleinen Näpfe dienen zur Aufnahme von Tabletten, wie sie z.B. für fraktioniert verdampfende Oxidgemische als hochbrechendes Material für Antireflexbeschichtung zur Anwendung kommen.

Im Falle sublimierender Stoffe wie z.B. SiO oder ZnS läßt sich der ES auch als indirekte Heizung für Sublimationsverdampfer nutzen, Bild 3–22. Im Unterschied zum widerstandsbeheizten Schiffchen wird die Energie zum Verdampfen durch Strahloszillation auf der Oberfläche des Behälters aus W-, Ta- oder Mo-Blech zugeführt. Der Hauptvorteil gegenüber der Widerstandsheizung liegt in der geringeren thermischen Trägheit des Verdampfers und damit in einer genaueren und schnelleren Regelung der Verdampfungsrate. Dies wird allerdings mit einem erheblichen Aufwand erkauft.

Die Wärmeabfuhr an das Kühlwasser spielt immer dann eine Rolle, wenn bei vertretbarem Leistungsaufwand möglichst hohe Verdampfungsraten erzielt werden sollen. Die Verwendung von Tiegeleinsätzen als Wärmebarriere kann hier wesentliche Verbesserun-

Bild 3–21. 6 kW ES-Verdampfer mit verschiedenen Tiegeln zum Auswechseln.

Bild 3–22. Indirekt ES-beheizte Tiegeleinsätze.

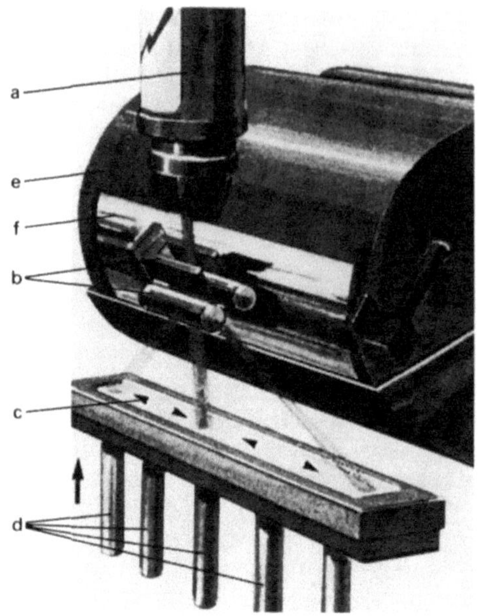

Bild 3–23. ES-Verdampferanordnung zum Beschichten von Videobändern mit magnetischen Materialien.
a ES-Kanone mit Fokusierungslinse
b Strahlablenk- und Oszillationssystem
c Wassergekühlter Tiegel mit keramischer Auskleidung
d Materialzufuhr
e Bandleitwalze
f Beschichtungsfenster

gen bringen. Nehmen wir als Beispiel Kupfer. Kupfer läßt sich aus einem wassergekühlten Kupfertiegel von 70 mm Durchmesser bei einer Strahlleistung von 12 kW mit einer Rate von ca. 2,6 g/min verdampfen. Mit einer Strahlleistung von 25 kW läßt sich die Rate auf 10 g/min steigern. Wird dagegen ein gesinterter Keramiktiegel mit einem Badvolumen von $80 \times 50 \times 30$ mm^3 verwendet, so können bereits mit 10 kW bis 45 g/min verdampft werden. Einschränkend muß hier allerdings auf die begrenzte Lebensdauer des Keramiktiegels durch Lösung des Oxids in der Schmelze hingewiesen werden. Ein brauchbarer Kompromiß für Kupfer hinsichtlich der Tiegellebensdauer und der Wärmebarriere wird z. B. mit einem Tiegeleinsatz aus Molybdän erreicht.

Für großtechnische Anwendungen und große Verdampferbäder kommt der Technik mit wärmeisolierenden Tiegelauskleidungen besondere wirtschaftliche Bedeutung zu, da ausgedehnte wassergekühlte Verdampferbäder reine Energievernichter sind. Wegen der hohen Verdampfungstemperaturen ist es jedoch meist schwierig, geeignete Isolationsmaterialien zu finden, die nicht mit dem Verdampfungsmaterial reagieren.

Als aktuelles Beispiel sei hier auf die großtechnische Verdampfung von CoNi zur Herstellung von Videobändern hingewiesen. Mit einem speziellen Ablenksystem wird ein 150 kW ES längs des 800 mm langen Tiegels mit einer Frequenz von 500 Hz geeignet oszilliert, Bild 3–23. Der Tiegel und seine in Bild 3–23 nicht gezeigte Seitenabdeckung sind so ausgebildet, daß das auf der Bandwalze nicht kondensierte Material über den durch Strahlung und ES-Rückstreuung beheizten Tiegelrand ins Bad zurückfließt [3–38].

Für alle Anwendungen des ES-Verdampfens ist es von wesentlicher Bedeutung, daß die Oberflächenform der abdampfenden Fläche sich nicht ändert. Nur bei gleichbleibender Oberfläche wird die Form der Dampfverteilung und damit die Schichtdickenverteilung konstant bleiben. Im Falle stark sublimierender Stoffe führt ein konzentrierter ES zur

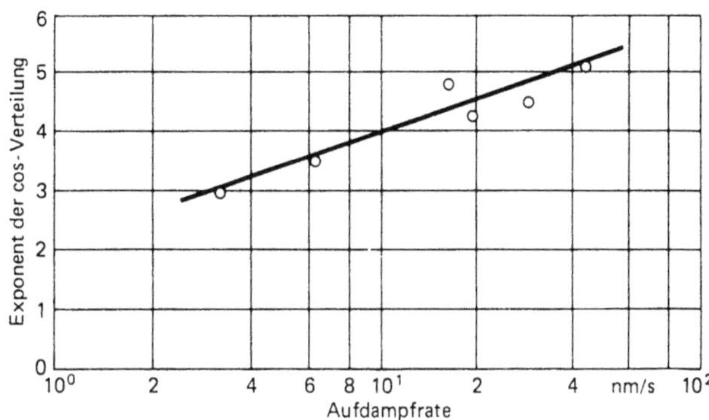

Bild 3–24. Exponent der Cosinus-Verteilung für Aluminium in Abhängigkeit von der Aufdampfrate.

Kraterbildung. Er bohrt sich praktisch in das Material hinein, was zu unerwünschten steilen Dampfkeulen führt. Bei schmelzflüssigen Oberflächen, z. B. Aluminium, verändert sich die Dampfverteilung in Abhängigkeit vom Dampfdruck. Bei starker Fokussierung oder hohen Leistungsdichten läßt sich beobachten, wie die Badoberfläche aufgrund des hohen Dampfdrucks napfförmig eingedrückt wird, bis schließlich in Grenzbereichen dynamische Effekte wie Wellen in großen Bädern oder Spritzer bei kleinen Tiegeln auftreten. Im Beispiel von Bild 3–24 wurde mit einem 14 kW ES-Verdampfer Aluminium aus einem wassergekühlten Viernapf-Drehtiegel mit einem Napfdurchmesser von 30 mm verdampft und experimentell die Form der Dampfverteilung bestimmt. In Abhängigkeit von der Strahlleistung wird eine zunehmend steilere Dampfkeule festgestellt, was sich mit der Depression der abdampfenden Oberfläche zwanglos erklären läßt.

Bei hohen Dampfdrücken über 10^{-2} mbar muß auch die Streuung der Dampfatome berücksichtigt werden, die praktisch die Dampfverteilung in der Weise beeinflußt, als wenn der Verdampfungspunkt über der Oberfläche liegen würde. Schließlich sei noch die Ionenfokussierung erwähnt, welche bei extremen Raten eine wirksame Strahloszillation unterbindet, da der Strahl praktisch festgehalten wird.

Letztere Phänomene lassen sich bisher nur qualitativ beschreiben, es gibt bisher kaum theoretische Ansätze oder eingehende Untersuchungen.

Ratenregelung

Eine konstant geregelte Verdampfungsgeschwindigkeit ist sowohl für die Beschichtung bewegter Substrate (Bandanlagen) wie für den homogenen Schichtaufbau optisch wirksamer Schichten erwünscht (s. a. Abschn. 3.3.3, 3.3.4). Verschiedenste Methoden wurden hierfür entwickelt. Prinzipiell läßt sich die Verdampfungsgeschwindigkeit über die Strahlleistung (Spannung oder Strom), die Leistungsdichte im Brennfleck (Fokussierung oder Strahloszillation) oder die Energiedichte (gepulster Strahl) einstellen. Es überschreitet den Rahmen dieser Darstellung, alle Methoden zu diskutieren.

Die am häufigsten und universell angewandte Methode ist die Einstellung der Rate über den Emissionsstrom, d. h. über die Heizung der Katode bei konstant gehaltener Hochspannung, Bild 3–25. Als Meßwertgeber für die Rate hat man ebenfalls eine Vielzahl von

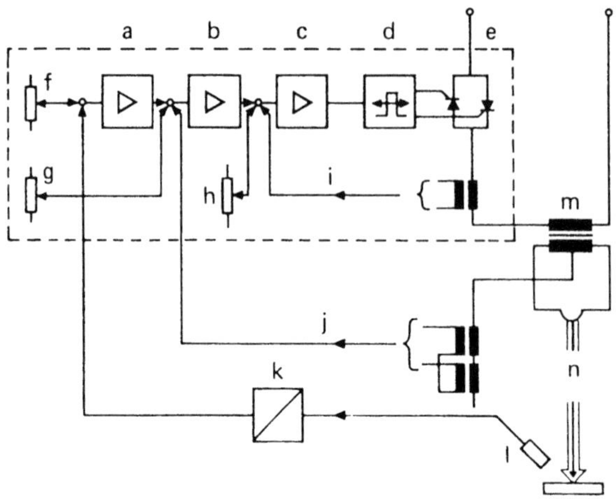

Bild 3–25. Blockschaltschema für Ratenregelung.

a	Ratenregler	h	Minimaler Heizstrom
b	Emissionsstromregler	i	Heizstrom
c	Heizstromregler	j	Emissionsstrom
d	Impulsgerät	k	Ratenistwert
e	Stellglied	l	Meßkopf Rate
f	Ratensollwert	m	Katodenheiztransformator
g	Emissionsstrom-Sollwert	n	Elektronenstrahl

Methoden entwickelt. Die gebräuchlichste und genaueste ist die mit einem Schwingquarz (Abschn. 2.3, Band 3). Andere Methoden, die über die Ionisierung und Anregung des Dampfes arbeiten, sind in Abschnitt 2.2, Band 3, behandelt.

Die Schwingquarzmethode ist durch die Lebensdauer des Meßquarzes limitiert. Er muß nach einer entsprechenden Massenbelegung ausgewechselt werden. Für dicke Schichten und hohe Raten im Bereich von µm/s ist sein Einsatz daher nicht sinnvoll. Unentbehrlich jedoch ist er in der optischen Beschichtung oder allgemein bei kleinen Raten. Oft möchte man bereits vor der Beschichtungsphase die Rate vorjustieren. In diesen Fällen kann mit einem zweiten Meßkopf unter der Blende gearbeitet werden. Nach Öffnen der Blende übernimmt der erste Meßkopf in der Ebene des Substrats die Führung des Verdampfers vom zweiten Meßkopf. Die gute Meßgenauigkeit des Schwingquarzes läßt eine Regelung der Verdampfungsrate im Bereich von wenigen Prozent zu.

Fokuskontrolle

Beim Arbeiten mit ES-Verdampfern erscheint es selbstverständlich, den Fokus im Tiegel visuell einzustellen und zu kontrollieren. Aufwendige Vorrichtungen wurden konstruiert, um bei starker Bedampfung jederzeit durch ein Fenster den Fokus kontrollieren zu können.

Im Fall automatischer Chargenanlagen oder beim Aufdampfen optischer Interferenzschichten verläßt sich der Operateur meist auf die Zuverlässigkeit des Systems und beschränkt sich auf zeitweilige optische Kontrollen.

46

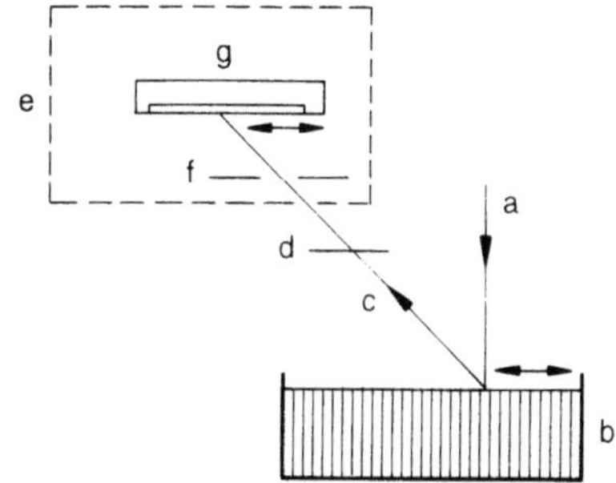

Bild 3–26. Prinzip des Röntgenstrahlsensors für die ES-Istposition, [3–59].

a Elektronenstrahl   e Camera Obscura
b Tiegel   f Lochblende
c Röntgenstrahlen   g Positionsanzeigende Photodiode
d Filterfolie

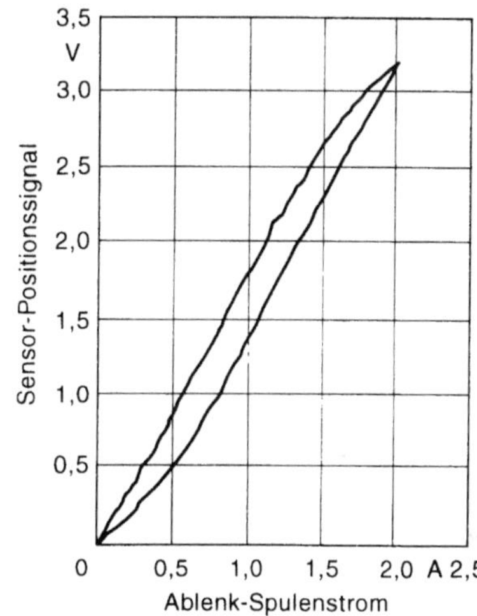

Bild 3–27. Sensorsignal für die Positionskontrolle eines ES in Abhängigkeit vom Spulenstrom des Ablenksystems, [3–59].

Mit der Entwicklung eines Ist-Positionsgebers für den ES-Auftreffpunkt und der Möglichkeit, den Fokus über elektronische Hilfsmittel abzubilden, wurde eine wichtige Lücke für die Vollautomatisierung von ES-Verdampferprozessen geschlossen. *M. Gröschl* u. a. entwickelten einen Sensor, der auf die Röntgenstrahlen anspricht, welche vom Auftreffen des ES ausgehen [3–50].

Über eine Lochkamera wird der Fokus auf eine Photo-Lateraldiode abgebildet, welche die Signale für die x- und y-Koordinaten in Spannungswerte für die Kanonensteuerung umwandelt, Bild 3–26.

Die Meßgenauigkeit für die Strahlposition ist besser als 1 mm, der Sensor spricht auf ES mit Strahlspannungen über 6 kV und Leistungen größer 1 kW an. Bild 3–27 veranschaulicht die Genauigkeit des Sensors, indem die Hysterese eines Ablenksystems durch Messung der Strahlposition in Abhängigkeit vom Spulenstrom wiedergegeben ist. Über entsprechende Bildwandler kann der Fokus im Licht der Röntgenstrahlen sichtbar gemacht und angezeigt werden. Tiegelrandbeschädigungen, wie sie bei leistungsstarken ES durch Fehlbedienung möglich sind, lassen sich mit diesem Sensor wirksam vermeiden.

Bei kleinen Tiegelabmessungen kann eine Mittenpositionsregelung zur Reproduzierbarkeit der Dampfverteilung beitragen.

3.3.2.1.4 Sonstige Verdampfungsquellen

Bei der überwiegenden Anzahl aller Anwendungen genügen widerstandsbeheizte Verdampfungsquellen oder Elektronenstrahlkanonen den gestellten Anforderungen. Nur selten und dann auch nur bei speziellen Aufgabenstellungen kommen andere Verdampfungsmethoden zur Anwendung.

Die Flash-Verdampfung (vgl. Abschn. 3.3.2.1.5) kommt hauptsächlich für das Verdampfen von zwei- oder auch mehrkomponentigen Legierungen in Frage [3−60 bis 3−65]. Sie unterliegt hinsichtlich der verdampfbaren Materialien den gleichen Einschränkungen wie konventionelle widerstandsbeheizte Verdampfungsquellen.

Beim Induktionsverdampfer [3−66] heizt man das Beschichtungsgut durch die induktiven Verluste auf, die elektrisch leitende Materialien in elektrischen Wechselfeldern erfahren. Das zu verdampfende Metall befindet sich in einem meist aus Keramik bestehenden Tiegel, der im Zentrum einer wassergekühlten und bei Frequenzen um etwa 100 kHz betriebenen Kupferspirale angeordnet ist. Die Energie wird ohne mechanischen Kontakt übertragen; die Energieausnutzung ist weitaus besser als bei widerstandsbeheizten Verdampfungsquellen oder beim Verdampfen durch Elektronenstrahlen.

Als weiterer Vorteil sind die hohen Beschichtungsraten zu nennen. Ferner fällt bei elektronischen Anwendungen ins Gewicht, daß beim Verdampfungsprozeß keine geladenen Teilchen entstehen und damit keine Strahlungsschäden befürchtet werden müssen. Induktionsverdampfer kamen daher auch gelegentlich beim Herstellen von Aluminiumschichten für integrierte Schaltkreise zum Einsatz.

Das Beheizen einer Quelle durch einen Laser [3−67 bis 3−71] ist sicher eine physikalisch sehr interessante Methode, die in Zukunft im einen oder anderen Anwendungsfall Bedeutung erlangen könnte, z.B. beim Herstellen von Schichten aus Hochtemperatursupralei-

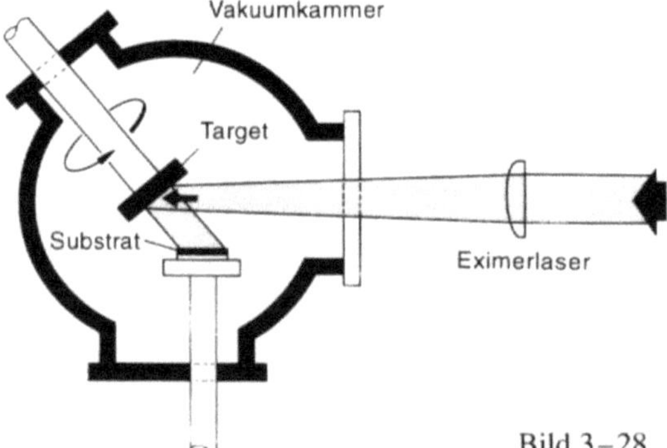

Bild 3−28. Schematische Darstellung der Laserablation.

48

tern [3–72]. Da es sich bei diesen Verfahren um keinen einfachen Verdampfungsvorgang handelt, wird es meist als Laserablation oder laser-assisted evaporation bezeichnet. Bild 3–28 zeigt das Schema einer Laserablationsapparatur. Auf einer sich drehenden Halterung befindet sich das Target, das sich gleichmäßig abtragen läßt. Schräg gegenüber liegend befindet sich das Substrat. Der durch eine Linse fokussierte Laserstrahl tritt durch ein Fenster in die Vakuumkammer ein und trägt Targetmaterial ab. Dieses verdampfende Material fliegt im wesentlichen senkrecht vom Target weg und trifft auf das zu beschichtende Substrat, das sich i. a. durch einen Ofen auf mehrere hundert Grad Celsius aufheizen läßt. Auf dem Weg zum Substrat geben die teilweise angeregten Atome ihre Energie in Form eines intensiven Plasmaleuchtens ab. Im Prinzip kann jeder Laser mit ausreichender Leistung zum Verdampfen benutzt werden. Die Verhältnisse sind jedoch weitaus schwerer überschaubar als beim Aufdampfen im Hochvakuum, denn neben der Laserwellenlänge und der Leistung üben auch die Impulsdauer und die zeitliche Impulsfolge Einfluß aus. Die Wahl eines geeigneten Lasers und seiner Betriebsparameter sind daher von großer Bedeutung.

Beim Verdampfen von Metallen ist z. B. folgendes zu berücksichtigen. Der an einer metallischen Fläche von einem Laserstrahl bei senkrechtem Auftreten absorbierte Anteil hängt von der Emission ε ab, für die die Beziehung

$$\varepsilon = \frac{4\,n}{(n+1)^2 + k^2} \tag{3–12}$$

gilt, wobei n der Real- und k der Imaginärteil der komplexen Brechzahl ist. n und k und damit auch ε hängen von der Wellenlänge ab. ε ist für Metall groß, ausgenommen der Spektralbereich, $0{,}4 < \lambda < 1{,}0$ μm. Bei größeren Wellenlängen werden n und k sehr schnell größer und ε nimmt umgekehrt entsprechend ab. Weiterhin ist ε temperaturabhängig, und zwar nimmt es im Infraroten mit der Temperatur zu. Die Emission für einige Metalle bei 20 °C für charakteristische Wellenlängen für Argon-, Rubin-, Nd: YAG- und CO_2-Laser sind in Tab. 3–1 [3–73] zusammengestellt. Aus ihr ist zu entnehmen, daß für die Effizienz der Verdampfung die Wahl eines geeigneten Lasers von aussschlaggebender Bedeutung ist. In [3–74, 3–75] sind in umfangreicheren Tabellen mit weiteren Referenzen Angaben über das Verdampfen verschiedener Materialien mit verschiedenen Lasern enthalten. Über Erfahrungen mit dem Excimer-Laser, der beim Verdampfen von Metallen über eine besonders hohe Effizienz verfügt, wird in [3–76] berichtet.

Für die Anwendung der Laserablation sprechen einige wichtige Vorteile:

– Target- und Schichtmaterial haben auch bei mehrkomponentigen Materialien die gleiche Zusammensetzung [3–77].

– Sehr hohe Kondensationsraten, auch bei sehr hochschmelzenden Materialien. Als Folge davon ergeben sich bei gleichen Restgasverhältnissen reinere Schichten als beim konventionellen Aufdampfen.

– Das Target bildet gleichzeitig seinen eigenen Tiegel, so daß auch bei hochreaktiven Materialien bei Verdampfungstemperatur keine Reaktionen zwischen Tiegel- und Beschichtungsmaterial zustande kommen.

– Da keine Glühkatoden oder andere auf hoher Temperatur befindliche Teile (z. B. Verdampfungsquellen) benötigt werden, ergeben sich für die Laserablation besonders bei reaktiven Beschichtungsprozessen Vorteile.

Tabelle 3–1. Emission verschiedener Metalle bei 20 °C bei einigen Laserwellenlängen.

Metall	Emission			
	Ar (500 nm)	Rubin (700 nm)	Nd-YAG (1000 nm)	CO_2 (10 μm)
Aluminum	0,09	0,11	0,08	0,019
Copper	0,56	0,17	0,10	0,015
Gold	0,58	0,07	–	0,017
Iridium	0,36	0,30	0,22	–
Iron	0,68	0,64	–	0,035
Lead	0,38	0,35	0,16	0,045
Molybdenum	0,48	0,48	0,40	0,027
Nickel	0,40	0,32	0,26	0,03
Niobium	0,58	0,50	0,32	0,036
Platinum	0,21	0,15	0,11	0,036
Rhenium	0,47	0,44	0,28	–
Silver	0,05	0,04	0,04	0,014
Tantalum	0,65	0,50	0,18	0,044
Tin	0,20	0,18	0,19	0,034
Titanium	0,48	0,45	0,42	0,08
Tungsten	0,55	0,50	0,41	0,026
Zinc	–	–	0,16	0,27

– Durch Splitten des Laserstrahls kann von verschiedenen Targets simultan verdampft werden.

Diesen Vorteilen stehen allerdings zwei gewichtige Nachteile gegenüber, für die es z.Z. noch keine voll befriedigenden Lösungen gibt:

– Ein Teil des verdampften Materials kondensiert auf dem Einkopplungsfenster, schwächt den Laserstrahl, vermindert die Kondensationsrate und begrenzt die erreichbare Schichtdicke. Eine Verbesserung ist durch Anbringen eines oder auch mehrerer Umlenkspiegel zu erreichen [3–78, 3–79], weil die Minderung des Reflexionsvermögens der Spiegel durch Kondensat den Verdampfungsprozeß weniger stark verringert als eine Transmissionsminderung beim Einkoppelungsfenster. Das Anbringen einer rotierenden Blende auf der Vakuumseite des Fensters scheint dagegen eine vielversprechendere Lösung darzustellen.

– Beim sog. Splashing-Effekt werden mikroskopisch feine Teilchen mit Größen zwischen etwa 0,1 und 10 μm auf das Substrat geschleudert und beeinträchtigen die Schichtqualität [3–74, 3–75]. Das gleiche Problem tritt auch beim Lichtbogenverdampfen auf. Dichte und Größe dieser Teilchen nehmen mit der Energie des Laserstrahls zu und mit wachsendem Abstand Target – Substrat ab. Die bisherigen Lösungsvorschläge, solche Teilchen vom Substrat fernzuhalten, sind kaum praktikabel. Bei einem dieser Vorschläge wird ein rotierendes Blendensystem benutzt, bei dem die Umdrehungsgeschwindigkeit so gewählt wird, daß nur Atome oder Moleküle mit einer bestimmten Geschwindigkeit durch die Blenden hindurch auf das Substrat gelangen, während die viel langsameren Spritzer ausgefiltert werden.

Bei der Lichtbogenverdampfung muß man zwischen der anodischen und katodischen Lichtbogenverdampfung unterscheiden. Die Wirkungsweise der katodischen Lichtbo-

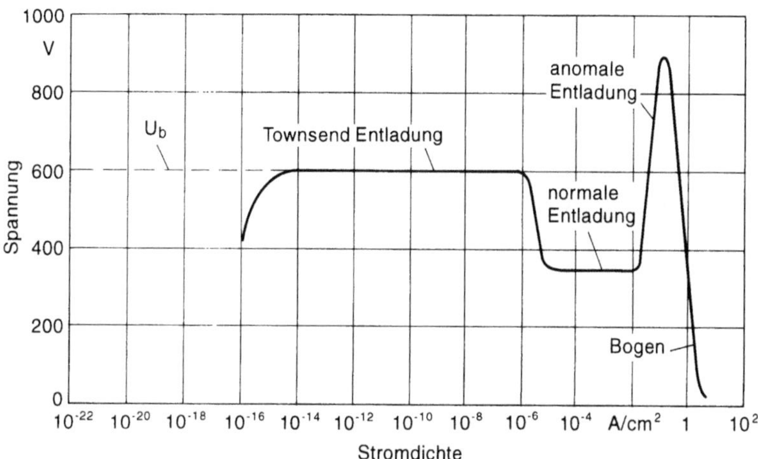

Bild 3–29. Strom-Spannungs-Charakteristik einer selbständigen Entladung.

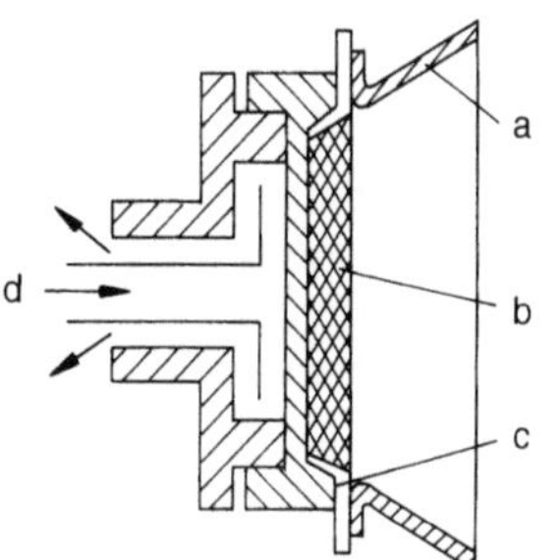

Bild 3–30. Schema eines Vakuumlichtbogenverdampfers für katodische Abscheidung.
a Anode
b Target
c Isolator
d Wasserkühlung

genverdampfung beruht auf folgendem Prinzip. Nach der in einer Gasentladung, Bild 3–29, herrschenden Strom-Spannungscharakteristik stellt sich im Druckbereich zwischen etwa 10^{-1} und 10^{-3} mbar zwischen einer Katode und gegenüberliegenden Anode eine anomale Glimmentladung ein, die dadurch gekennzeichnet ist, daß mit zunehmender Spannungsdifferenz auch der Strom zunimmt. Dieser Bereich mit eindeutiger Strom-Spannungs-Zuordnung findet bei der Katodenzerstäubung Anwendung, bei der i. a. auf Schichtdickenmeßgeräte verzichtet werden kann und allein die Kenntnis der Prozeßparameter ausreicht, um eine vorgegebene Schichtdicke in einer angebbaren Zeit einhalten zu können.

Bei weiterer Erhöhung der Spannung kommt es zum Funkendurchschlag, welcher bei steil abfallender Spannung durch zunehmenden Strom gekennzeichnet ist. Daran schließt sich der Bereich der Bogenentladungen an mit Stromdichten von 10^{7} bis 10^{11} Am^{-2}. Druck, Gasart und Elektrodenkonfiguration üben Einfluß auf die Mindeststromstärke aus.

Dem zu verdampfenden Material (Katode), das in verschiedenen standardisierten Größen entweder in Kreis- oder Rechteckform erhältlich ist, liegt eine beliebig geformte Anode gegenüber, zwischen denen ein elektrischer Bogen gezündet wird, Bild 3–30. Der Bogen wird durch das verdampfende Material genährt, so daß eine solche Bogenentladung auch unter Hochvakuumbedingungen betrieben werden kann [3–80]. Der Bogen bewegt sich in statistischer Verteilung über die Katodenoberfläche, wobei auch mehrere Spots gleichzeitig auftreten können. Aufgrund der hohen Energiedichte von ca. $10^{11}\,\mathrm{Wm^{-2}}$ im Bereich der von einem Bogen getroffenen Katodenfläche (spot) wird dort Katodenmaterial verdampft, das zu einem erheblichen Anteil in ionisiertem Zustand vorliegt. Im Bereich der Spots, die einen Durchmesser von ca. 10 µm besitzen, herrschen Temperaturen zwischen 3000 und 6000 K, das wassergekühlte Target bleibt auf der übrigen Fläche „kalt". Das zu verdampfende Material liegt also im Gegensatz zu anderen Verdampfungsmethoden bis auf mikroskopisch kleine Bereiche in fester Form vor. Das hat zur Folge, daß bei der Lichtbogenverdampfung, auch als Arc-Verdampfung bezeichnet, die Quellen in beliebiger Lage betreibbar sind und somit z. B. auf einfache Weise auch von oben nach unten verdampft werden kann. Weiter ergibt sich daraus, daß mehrere solcher Arc-Quellen an beliebigen Stellen im Rezipienten angeordnet werden können, eine einfache Lösung für Rundumbedampfungen von Formkörpern, ohne daß bewegte Substrathalterungen erforderlich sind. Neben der problemlosen Verdampfung von Legierungen – Targetmaterial und Schicht besitzen die gleiche Zusammensetzung – ist der hohe Ionisierungsgrad von Dampf und Reaktionsgas bei reaktiven Beschichtungsprozessen von Vorteil. Im Bias-Betrieb erhält man neben einer zusätzlichen Erhöhung der Reaktionsbereitschaft eine Erhöhung der Teilchenenergie unmittelbar vor dem Substrat und damit dichte Schichtstrukturen. Arc-Quellen wendet man neben Verdampfungs- oder Zerstäubungseinrichtungen für tribologische Schichten an [3–81, 3–82, 3–83]. Bei zu hohen Entladungsleistungen bilden sich Mikrotröpfchen, die, wenn sie auf die Schicht gelangen, Ausgangsstellen für weitergehende Schichtschäden bilden. Es wurden zahlreiche Versuche zur Lösung dieses Problems durchgeführt, z. B. Überlagerung eines Magnetfeldes oder Verwendung von geheizten Katoden. Mit einem durch ein Magnetfeld gefiltertes Arc-Verdampfungssystem gelang es in der Tat, von verschiedenen Metallen und Verbindungen, wie Al_2O_3, AlN, VN, VO_2, TiN, ZrO_2 und ZrN spritzerfreie Schichten herzustellen [3–84].

Anodische Vakuumlichtbögen, die mit Spots auf kalten Katoden und mit verdampfenden heißen Anoden arbeiten, verbinden die Vorteile der thermischen Verdampfung wie hohe Verdampfungsrate, niedrige thermische Belastung der Substrate, niedrige Arbeitsspannung mit den Vorteilen eines plasmagestützten Verfahrens wie Abscheidung der Schichten aus dem Plasmazustand mit hoher Haftung auf dem Substrat, homogene Schichten von kompakter Struktur und mit Eigenschaften, die denen der jeweiligen Festkörper sehr nahekommen [3–85 bis 3–93]. Im Gegensatz zum katodischen Vakuumlichtbogenverfahren mit Verdampfung von der Katode entstehen beim anodischen Vakuumlichtbogenverfahren keine Tröpfchen, die zu Schichtschäden führen.

Ein weiterer Unterschied zwischen den beiden Vakuumlichtbogenöffnungen ist das unterschiedliche Verhältnis der Anoden- zur Katodenfläche, das beim anodischen Verfahren sehr klein ist, Bild 3–31. Die Verdampfung geschieht durch Elektronenbeschuß bei hohen Strömen, die Elektronen besitzen jedoch eine niedrigere Energie und damit eine höhere Ionisierungswahrscheinlichkeit als beim Elektronenstrahlverdampfen. Die Ionisierungsgrade liegen zwischen 0,5 und 25 %. Wie bei anderen plasmagestützten Verfahren ist auch beim anodischen Vakuumlichtbogenverfahren Bias-Betrieb möglich. Es entstehen zusätzliche Ionen, die auf einen vorgegebenen Wert beschleunigt werden. Auch eine Substratreinigung durch einen Trockenätzprozeß vor Beschichtungsbeginn ist möglich.

Für den Verdampfungsprozeß kommen nur kleinere Mengen an Material in Frage, da bei zu großer Wärmekapazität der Quelle der Aufheizvorgang zu lange Zeit in Anspruch

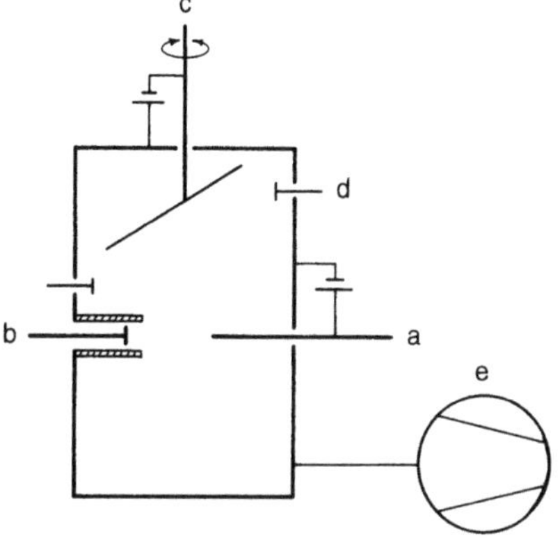

Bild 3–31. Schema einer Beschichtungsanlage
mit anodischer Abscheidung durch einen Vakuumlichtbogenverdampfer.
a Anode
b Katode
c Substrathalter
d Glimmelektrode
e Evakuierungssystem

nimmt. Theoretische Überlegungen gehen davon aus, daß sich zu Beginn des Prozesses auf einem kleinen Bereich der Anode Spots bilden, die zu einer Aufheizung und zum Verdampfen einer geringen Materialmenge führen. Die sich bildende höhere Teilchendichte vor diesen Bereichen verursacht einen verstärkten Energiefluß, der dann wieder mehr Dampf erzeugt, bis sich schließlich ein Gleichgewichtszustand einstellt. Die Entladung wird durch eine hohe Temperatur der Anode stabilisiert.

Typische Betriebsdaten von anodischen Lichtbogenverdampfern sind [3–85]:

Restgasdruck	10^{-3} bis 10^{-5} mbar
Bogenspannung	~ 20 V
Strom	~ 20 bis 200 A
Energie	$\sim 0{,}4$ bis 4 kW
Substrattemperatur	$\sim 70\,°C$
Abscheidungsrate	$0{,}1$ bis 100 nm s^{-1}
Elektronentemperatur	$0{,}4$ bis 1 eV
Elektronendichte	10^{15} bis 10^{18} m^{-3}
Ionentemperatur	1 eV
Ionenenergie	5 bis 150 eV
Ionisierungsgrad	$0{,}5$ bis 25%.

3.3.2.1.5 Verdampfen von verschiedenen Materialien

Verdampfen von Metallen

Viele Metalle lassen sich aus widerstandsbeheizten Quellen problemlos verdampfen, sofern zum Vermeiden von Schichtverunreinigungen der Dampfdruck des Quellenmaterials bei der jeweiligen Betriebstemperatur vernachlässigbar ist. Aber auch die in Abschn. 3.3.2.1.2 beschriebenen Einschränkungen (Löslichkeitsverhalten von Quellen- und Beschichtungsmaterial, Bildung von leichtflüchtigen Verbindungen, Benetzbarkeit) sind bei der Entscheidung, ob ein Quellenmaterial für einen vorgegebenen Anwendungsfall geeignet ist, zu berücksichtigen. Alle diese bei widerstandsbeheizten Verdampfungsquellen im Einzelfall mehr oder weniger stark ins Gewicht fallenden Nachteile treten beim

Verdampfen mit Elektronenstrahlkanonen nicht auf, wobei allerdings zu bemerken ist, daß man beim Verdampfen thermisch sehr gut leitender Materialien (z. B. Cu) kaum ohne einen wärmedämmenden Einsatztiegel auskommt.

Unter Berücksichtigung der in Abschnitt 3.3.2.1.4 beschriebenen Einschränkungen sind auch Vakuumlichtbogenverdampfer mit katodischer oder anodischer Abscheidung und Laser für das Verdampfen von Metallen geeignet.

Verdampfen von Legierungen

Vorbemerkungen

Das Verdampfen von Legierungen ist weitaus schwieriger als das von Metallen. Bei zwei- oder mehrkomponentigen Legierungen tritt eine Fraktionierung auf. Die Materialien mit den höheren Dampfdrücken sind dann in der Dampfphase über dem für die Schichtzusammensetzung erforderlichen Sollwert vertreten, und zwar so lange, bis sich ein Gleichgewichtszustand einstellt. Die entstehende Schicht wird daher hinsichtlich ihrer Zusammensetzung inhomogen sein, wenn man mit der Beschichtung schon vor Erreichen dieses Gleichgewichtszustandes beginnt. Dieser ist abhängig von den Legierungskomponenten und von der jeweiligen Verdampfungstemperatur. Die sich für eine bestimmte Legierung ergebende Schichtzusammensetzung ist also nicht frei wählbar. Es bieten sich mehrere Aufdampfverfahren an, mit denen homogene Legierungsschichten beliebiger Zusammensetzung herstellbar sind.

Flash-Verdampfung

Bei kontinuierlichem Zuführen von möglichst feinkörnigem Pulver, das die gleiche Zusammensetzung wie die gewünschte Schicht hat, auf eine Verdampfungsquelle mit hinreichend hoher Temperatur verdampfen die einzelnen Körner spontan. Dadurch entsteht ein quasi homogener Schichtaufbau. Für die Flash-Verdampfung gelten die gleichen Einschränkungen wie für widerstandsbeheizte Verdampfungsquellen (vgl. Abschn. 3.3.2.1.2). Die entstehenden Schichten sind auch nicht frei von Fehlern und Pinholes. Statt als Pulver wird gelegentlich die Legierung drahtförmig der Verdampfungsquelle zugeführt [3−94].

Simultanverdampfung

Bei dieser Methode werden die einzelnen Materialkomponenten aus unabhängig voneinander betriebenen Verdampfungsquellen verdampft. Dabei ist unbedingt eine genaue Kontrolle und Regelung der Abdampfrate jeder Quelle erforderlich. Wegen des exponentiellen Zusammenhanges zwischen Verdampfungsquellentemperatur und Abdampfrate ist der Aufwand erheblich [3−95 bis 3−98].

Springstrahlverfahren

Dabei verdampft man mittels eines zwischen zwei Tiegeln oszillierenden Elektronenstrahls, wobei zum Erzeugen der gewünschten Legierungszusammensetzungen die Verweilzeiten variiert werden. Das Springstrahlverfahren hat sich beim Herstellen von CrNi-Präzisionswiderständen bewährt und eignet sich auch vorteilhaft für das Aufdampfen inhomogener Schichten. Ein Beispiel hierfür sind teilabsorbierende Schichten, bei denen ein absorbierendes Material (Metall) in ein nichtabsorbierendes Material (z. B. SiO_2,

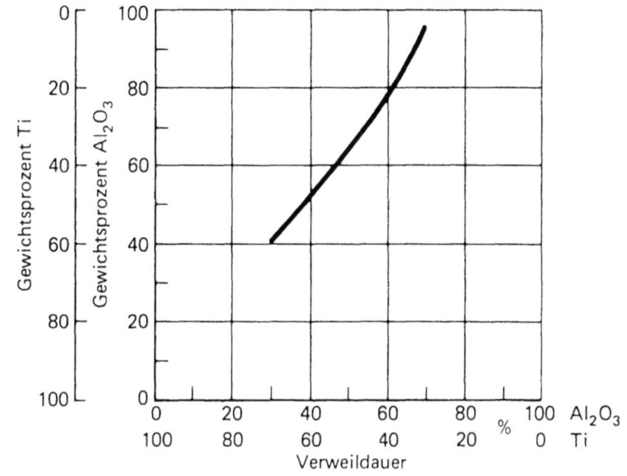

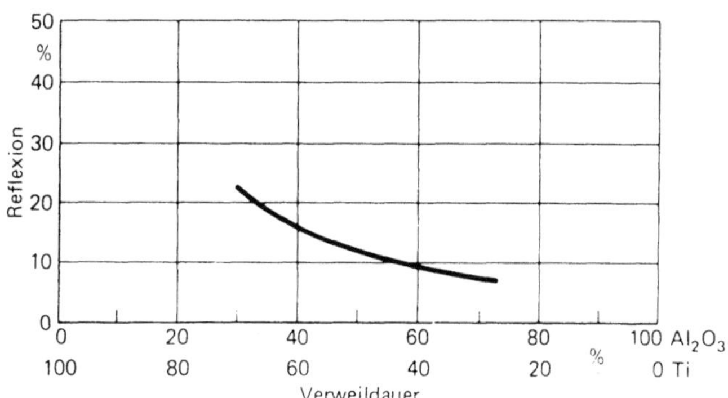

Bild 3–32. Zusammensetzung von Aluminiumoxid-Titan-Schichten in Abhängigkeit vom Verweilzeitverhältnis des Elektronenstrahls.

Bild 3–33. Reflexionsvermögen von Aluminiumoxid-Titan-Schichten in Abhängigkeit von der Schichtzusammensetzung.

Al_2O_3) eingelagert wird. Während des Beschichtungsvorgangs verändert man dabei die Verdampfungsraten stetig von einem Minimal- zu einem Maximalwert bzw. umgekehrt.

Auch für die Herstellung homogener teilabsorbierender Schichten mit bestimmten optischen Eigenschaften bietet sich das Springstrahlverfahren an. In Bild 3–32 ist die Abhängigkeit der Schichtzusammensetzung und in Bild 3–33 die Abhängigkeit des Reflexionsvermögens von der prozentualen Verweilzeit des Elektronenstrahles auf den beiden Beschichtungsmaterialien Al_2O_3 und Ti dargestellt.

Eintiegelverfahren

Das Abwarten eines Zustandes einer gewünschten Zusammensetzung beim Verdampfen einer Legierung aus einem Tiegel führt zu Zeit- und Materialverlusten. Außerdem ist auch bei größeren Mengen an Verdampfungsmaterial in der Quelle eine gewünschte und vom Gleichgewicht abweichende Zusammensetzung nur während eines kurzen Zeitintervalles aufrechtzuerhalten, dessen Dauer vom zugelassenen Konzentrationsgradienten abhängig ist. Das Verfahren kommt daher nur für sehr dünne Schichten und auch nur dann zur Anwendung, wenn der Anteil der Komponenten mit den höheren Dampfdrücken relativ gering ist und ein entsprechend großer Vorrat an Verdampfungsmaterial zur Verfügung steht. Günstiger, d.h. material- und zeitsparend, ist es, mit einer „verkehrten" Legierungszusammensetzung im Tiegel zu starten, die die gewünschte Zusammensetzung der Schicht ergibt, und in kleinen Portionen und in bestimmten Zeitabständen Material nachzuführen, das die gleiche Zusammensetzung wie die Schicht aufweist. Die im Tiegel befindliche Materialmenge darf sich während des gesamten Beschichtungsvorganges nicht wesentlich ändern. Je höher die Anforderungen an die Genauigkeit der Schichtzusammensetzung sind, um so kleiner müssen die Nachfüllmengen und um so kürzer die Zeiträume zwischen zwei Nachfüllungen sein [3–99 bis 3–101].

Die Zusammensetzung der Tiegelfüllung vor Beginn des Verdampfungsprozesses berechnet sich für eine binäre Legierung folgendermaßen: Der Dampfdruck über einer Schmelze sinkt, wenn in ihr ein Stoff gelöst wird. Er ist über der Lösung kleiner als über dem reinen Lösungsmittel. Die Dampfdruckerniedrigung ist nach dem Raoultschen Gesetz der Anzahl der gelösten Mole proportional:

$$p_{D_1'} = \frac{n_1}{n_1 + n_2}\, p_{D_1}\,, \tag{3–13}$$

$$p_{D_2'} = \frac{n_2}{n_1 + n_2}\, p_{D_2}\,, \tag{3–14}$$

$$n_1 = \frac{W_1}{M_1}\,, \tag{3–15}$$

$$n_2 = \frac{W_2}{M_2} \tag{3–16}$$

und

$$\frac{p_{D_1'}}{p_{D_2'}} = \frac{p_{D_1}}{p_{D_2}}\,\frac{W_1\,M_2}{W_2\,M_1}\,. \tag{3–17}$$

In Gl. (3–13) bis (3–17) bedeuten:

p_{D_1} Dampfdruck der Komponente 1 über dem Lösungsmittel,
$p_{D_1'}$ Dampfdruck der Komponente 1 über der Lösung,
p_{D_2} Dampfdruck der Komponente 2 über dem gelösten Mittel,
$p_{D_2'}$ Dampfdruck der Komponente 2 über der Lösung,
W_1 Massengehalt der Komponente 1 in Prozent in der Lösung,
W_2 Massengehalt der Komponente 2 in Prozent in der Lösung,
W_1' Massengehalt der Komponente 1 in Prozent im Dampf über der Lösung,
W_2' Massengehalt der Komponente 2 in Prozent im Dampf über der Lösung,
M_1 relative Molekülmasse der Komponente 1,
M_2 relative Molekülmasse der Komponente 2,
n_1 Anzahl der in der Lösung enthaltenen Mole der Komponente 1,
n_2 Anzahl der in der Lösung enthaltenen Mole der Komponente 2.

Für die abdampfende Menge G eines Materials im Gleichgewicht ist nach Gl. (3–8)

$$G = 0{,}044\, p_D\, \sqrt{\frac{M}{T}}\,.$$

Für eine Lösung gilt entsprechend

$$\frac{G_1'}{G_2'} = \frac{p_{D_1'}}{p_{D_2'}} \sqrt{\frac{M_1}{M_2}} \tag{3-18}$$

und unter Berücksichtigung von Gl. (3-17)

$$\frac{G_1'}{G_2'} = \frac{p_{D_1}}{p_{D_2}} \frac{W_1}{W_2} \sqrt{\frac{M_2}{M_1}} \, . \tag{3-19}$$

Aus Gl. (3-8) folgt ferner

$$\frac{G_1}{G_2} = \frac{p_{D_1}}{p_{D_2}} \sqrt{\frac{M_1}{M_2}} \tag{3-20}$$

und aus Gl. (3-19) und (3-20)

$$\frac{G_1'}{G_2'} = \frac{G_1}{G_2} \frac{W_1}{W_2} \frac{M_2}{M_1} \, . \tag{3-21}$$

Da zwischen G_1' und W_1' sowie G_2' und W_2' Proportionalität besteht, gilt

$$\frac{W_1'}{W_2'} = \frac{G_1'}{G_2'} = \frac{G_1}{G_2} \frac{W_1}{W_2} \frac{M_2}{M_1} \tag{3-22}$$

und

$$\frac{W_1}{W_2} = \frac{W_1'}{W_2'} \frac{G_2}{G_1} \frac{M_1}{M_2} \, . \tag{3-23}$$

Die prozentualen Anteile der beiden Komponenten W_1' und W_2' in der Dampfphase entsprechen den gewünschten Anteilen in der Schicht und sind damit bekannt. G_1 und G_2 können für eine vorgegebene Temperatur nach Gl. (3-8) berechnet werden. Damit ergibt sich für die gewünschte Zusammensetzung einer Legierungsschicht nach Gl. (3-23) die Zusammensetzung des Beschichtungsgutes beim Start.

Beispiel: Es wird eine Schicht mit einem Massengehalt von 2 % Si und 98 % Al verlangt. Dann sind

$W_1' = 98$ (Al),
$W_2' = 2$ (Si),
$M_1 = 26{,}98$ (Al),
$M_2 = 28{,}09$ (Si).

Bei einer angenommenen Verdampfungstemperatur von 1550 °C sind

$G_1 = 7{,}85 \cdot 10^{-3} \, \mathrm{g\,cm^{-2}\,s^{-1}}$,
$G_2 = 97{,}7 \cdot 10^{-6} \, \mathrm{g\,cm^{-2}\,s^{-1}}$.

Diese Werte ergeben in Gl. (3-23) eingesetzt die beim Start im Tiegel benötigte Zusammensetzung:

$$\frac{W_1}{W_2} = \frac{98 \cdot 9{,}77 \cdot 10^{-5} \cdot 26{,}98}{2 \cdot 7{,}85 \cdot 10^{-3} \cdot 28{,}09} = 0{,}586 \tag{3-24}$$

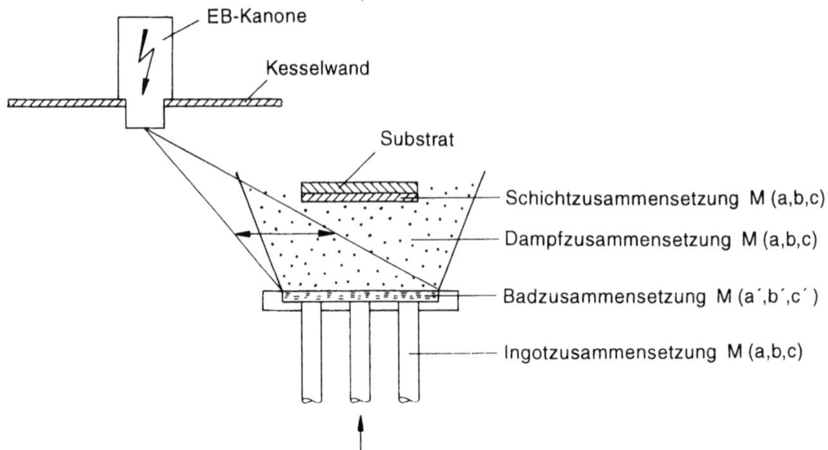

Bild 3–34. Legierungsverdampfung mit definierter Zusammensetzung bei kontinuierlicher Nachführung.

und mit $W_1 + W_2 = 100$

$$W_1 \text{ (Al)} = 36{,}9\%,$$
$$W_2 \text{ (Si)} = 63{,}1\%.$$

In der Tat erhält man mit der Ausgangsmischung 35% Al/65% Si schon bei Verdampfungsbeginn die gewünschte Schichtzusammensetzung von 98% Al/2% Si [3–102].

Bei den in Bild 3–34 dargestellten Ergebnissen wurden 20 Verdampfungszyklen unter gleichen Bedingungen durchgeführt. Nach jedem Versuch ermittelte man durch Wägung die abgedampfte Materialmenge und ersetzte sie durch Tabletten, deren Zusammensetzung der gewünschten Schichtzusammensetzung entsprach (98% Al/2% Si). Bei einer Ausgangsmischung von 35% Al/65% Si blieb die abgedampfte Materialmenge vom ersten bis zum letzten Versuch innerhalb einer gewissen Toleranzbreite gleich, und die Schichtzusammensetzung entsprach, wie Analysen ergaben, der gewünschten Zusammensetzung (98% Al/2% Si). Bei einer Ausgangsmischung von z.B. 25% Al/75% Si ist zunächst die Komponente mit dem niedrigeren Dampfdruck stärker vertreten als im Gleichgewichtszustand. Der Verlust von Verdampfungsmaterial je Versuch ist daher bis zum Erreichen des Gleichgewichtszustandes, der sich erst nach dem siebten Versuch einstellte, geringer.

Aus dem Vorstehenden ist zu entnehmen, daß bei vorgegebenen Materialien und vorgegebener Schichtzusammensetzung die Ausgangsmischung von der Verdampfungstemperatur abhängig ist. Auch beim Aufdampfen von mehrkomponentigen Legierungsschichten ist dieses Verfahren anwendbar.

Grundsätzlich können auch kleinere Schwankungen in der Zusammensetzung durch kontinuierliche Materialzufuhr vermieden werden. In der Tat kommt dieses Prinzip in großtechnischem Maßstab beim Beschichten von Turbinenschaufeln mit aus bis zu fünf Komponenten bestehenden Korrosionsschutzschichten zur Anwendung. Das Verfahren entspricht genau dem vorstehend beschriebenen. Man beginnt mit einer „verkehrten", rech-

nerisch ermittelten Zusammensetzung und führt Material in Form von Ingots, die aus den
einzelnen Komponenten bestehen, nach. Über die Vorschubgeschwindigkeit und
die Ingotdurchmesser kann jede gewünschte Materialzusammensetzung, die exakt der
Schichtzusammensetzung entspricht, kontinuierlich nachgeführt werden, Bild 3–34.
Wichtig dabei ist, daß die gewählte Verdampfungstemperatur genau eingehalten wird und
daß auch bei großen Tiegelabmessungen auf der gesamten Badoberfläche durch eine entsprechend gesteuerte Abrasterung durch einen Elektronenstrahl die Temperatur gleich ist.

Verdampfen von chemischen Verbindungen

Vorbemerkungen

Schon geringfügige Abweichungen von der stöchiometrischen Zusammensetzung können zu erheblichen Änderungen der Schichteigenschaften führen. Ein typisches Beispiel
hierfür sind die sehr oft bei optisch wirksamen Schichtsystemen verwendeten hochbrechenden, absorptionsfreien TiO_2-Schichten, die schon bei geringem O_2-Unterschuß
Absorption aufweisen, was in den meisten Fällen nicht akzeptabel ist. Als weiteres
Beispiel seien Hartstoffschichten aus Karbiden, Nitriden, Oxiden oder auch Misch-
schichten aus solchen Verbindungen genannt. Die Mikrohärte dieser Schichten hängt in
starkem Maße u. a. auch vom Mengenverhältnis der einzelnen Komponenten ab.

Auch auf das chemische Verhalten der Schichten üben solche Abweichungen einen
großen Einfluß aus. So lassen sich z. B. oxidische Schichten nur schwer oder – unter für
ein Schichtsystem annehmbaren Bedingungen – gar nicht naßchemisch ätzen. Man geht
daher in solchen Fällen von teiloxidierten Schichten aus, deren Oxidationsgrad allerdings
ziemlich genau einzuhalten ist, um sie dann nach dem Ätzen durch einen Tempervorgang
aufzuoxidieren. In diesem Zusammenhang seien auch teiloxidierte Schichten mit vorgegebenen optischen Eigenschaften für Architekturglas erwähnt. Diese wenigen Beispiele
mögen zeigen, wie wichtig es beim Herstellen von Schichten aus chemischen Verbindungen sein kann und in vielen Fällen auch ist, die Anteile der einzelnen Komponenten sehr
genau einzuhalten.

*Verdampfen bei gleicher Zusammensetzung von Beschichtungsgut und gewünschter
Schicht*

Das Verdampfen von chemischen Verbindungen ist i. a. mit einer mehr oder weniger ausgeprägten Dissoziation verbunden. Besonders dann, wenn eine der Komponenten flüchtig ist und teilweise über Vakuumpumpen aus dem Rezipienten entfernt wird, kommt es
zu Störungen des Gleichgewichts und zu Abweichungen zwischen der Zusammensetzung
von Beschichtungsgut und Schicht. Der Dissoziationsgrad ist materialabhängig und
ändert sich auch mit der Verdampfungstemperatur und den jeweiligen Verdampfungsbedingungen, und zwar nimmt er mit der Verdampfungstemperatur zu. Beim Verdampfen
mit Elektronenstrahlkanonen spielt somit auch die Energieverteilung auf der Oberfläche
des Schmelzsees eine Rolle. Weiter ist bei diesen Betrachtungen zu berücksichtigen, daß
es zu Rekombinationen kommt, so daß die Verhältnisse kaum überschaubar sind und man
hauptsächlich auf Erfahrungen angewiesen ist.

Zum Beispiel lassen sich Al_2O_3 und MgF_2 problemlos verdampfen, es entstehen absorptionsfreie Schichten. Auch für ZnS trifft dies zu, wenn die Verdampfungstemperatur nicht
zu hoch gewählt wird. Beim Verdampfen von SiO_2 oder von geeigneten Borsilikatgläsern

durch Elektronenstrahlkanonen sind sowohl Dissoziation als auch Rekombination stark
ausgeprägt. In unmittelbarer Nähe der Verdampfungsquelle entstehen kräftig bräunlich
gefärbte Schichten. Dies und auch ein deutlicher Druckanstieg während des Verdampfens
deuten auf eine starke Dissoziation hin. Dabei ist der Druckanstieg ein Maß für die Verdampfungsrate und kann sogar zu deren Regelung oder auch zur Abschätzung der in einer
bestimmten Zeit erreichten Schichtdicke herangezogen werden. Durch Rekombinationen
entstehen absorptionsfreie SiO_2- oder Glasschichten. Bei der Glasverdampfung ist jedoch
ein Fraktioniereffekt unvermeidlich, und Beschichtungsgut und Schichtmaterial haben
nicht exakt die gleiche Zusammensetzung. Zu hohe Verdampfungsraten und zu großes
Saugvermögen der installierten Vakuumpumpen führen zu einer nicht immer vernachlässigbaren Absorption und auch zu Veränderungen der mechanischen Schichteigenschaften.
In kleineren bis mittelgroßen Aufdampfanlagen beträgt die bei Benutzung einer Elektronenstrahlkanone durch einen Sublimationsvorgang in Dampf überführbare SiO_2-
Menge etwa 1 bis 2 g/min, der typische Restgasdruck liegt zwischen etwa $8 \cdot 10^{-5}$ und
$3 \cdot 10^{-4}$ mbar.

In den weitaus meisten Fällen muß beim direkten Verdampfen von chemichen Verbindungen der Unterschuß der flüchtigen Komponente durch dosierte Zuführung des entsprechenden Gases über ein Nadelventil wieder ausgeglichen werden. Im weitesten Sinne
müßte man daher diese Beschichtungsmethode mit zusätzlichem Gaseinlaß bereits zu den
reaktiven Beschichungsverfahren zählen.

Reaktives Aufdampfen

Beim reaktiven Aufdampfen geht man – unter dosierter Zuführung eines Reaktionsgases
– von einem metallischen Material oder einer niederwertigeren Verbindung aus. Dabei
muß unter sonst gleichen Versuchsbedingungen um so mehr Reaktionsgas zugeführt werden, je größer der Wertigkeitssprung zwischen dem Material des Beschichtungsgutes und
dem gewünschten Schichtmaterial ist. Ein Beispiel, bei dem zur Herstellung einer Schicht
verschiedene Ausgangsmaterialien verwendet werden können, sind TiO_2-Schichten.
Neben der direkten Verdampfung von TiO_2 kommen außerdem auch Ti, TiO und Ti_2O_3 als
Grundmaterial in Frage. Dabei ist allerdings zu beachten, daß die Eigenschaften von
TiO_2-Schichten auch vom jeweiligen Ausgangsmaterial abhängig sind [3–103]. Dieses
Verhalten kann man sogar vorteilhafterweise benutzen, um beispielsweise TiO_2-Schich-
ten mit etwas höherer oder niedrigerer Brechzahl herzustellen.

Bei reaktiven Beschichtungsprozessen müssen der Dampfpartialdruck und der Reaktivgaspartialdruck aufeinander abgestimmt werden. Das Verhältnis der beiden Reaktionspartner läßt sich nur experimentell bestimmen, wobei allerdings, um eine möglichst hohe
Kondensationsrate zu erzielen, Dampfpartialdruck und somit auch der Reaktivgaspartialdruck nicht beliebig groß gewählt werden dürfen. Im anderen Fall kommt es zu zahlreichen Zusammenstößen zwischen den energiereicheren Dampfteilchen mit den energieärmeren Gasteilchen. Die Energie der auf dem Substrat kondensierenden Teilchen ist damit
noch geringer als beim Austritt aus der Quelle. Die Folge sind weiche, wenig haftfeste
Schichten, deren Eigenschaften beträchtlich von denen des Bulk-Materials abweichen.
Allein schon deshalb sollte beim reaktiven Aufdampfen die Verbindungsbildung auf der
Substratoberfläche stattfinden. Im allgemeinen geht man von der Regel aus, daß die mittlere freie Weglänge der Gasteilchen mindestens dem Abstand Quelle–Substrat entspricht.
Bei einem Abstand von z.B. 30 cm sollte daher der Gaspartialdruck nicht größer als
$2 \cdot 10^{-4}$ mbar sein. Da die mittlere freie Weglänge eine statistische Größe ist, wird auch

unter diesen Verhältnissen noch eine Anzahl von Dampfteilchen mit Gasteilchen zusammenstoßen und Energie abgeben. Andererseits würde bei zu niedrigem Gaspartialdruck das Schichtwachstum zu langsam vor sich gehen. Typisch sind Kondensationsgeschwindigkeiten von einigen Zehntel nm s^{-1}.

3.3.2.2 Substrathalter

Die konstruktive Ausführung der die Substrate aufnehmenden Halterung ist je nach Verwendungszweck sehr unterschiedlich. Für hochwertige Schichten, z.B. bei optischen Anwendungen, sind Reproduzierbarkeit und Schichtdickengleichmäßigkeit entscheidende Kriterien. Dabei wird die Schichtdickengleichmäßigkeit von den geometrischen Verhältnissen beim Verdampfen und vom Krümmungsradius der meist als Kalotte ausgebildeten Substrathalterung beeinflußt. Aber auch mit Planetenantrieben sind gute Schichtdickengleichmäßigkeiten zu erreichen. Teilweise Abschattungen des Dampfstrahls sind zu vermeiden. Eine unabdingbare Voraussetzung beim Herstellen hochwertiger optischer Schichten ist eine In-situ-Kontrolle der Schichteigenschaften (Transmission, Reflexion, Absorption, Schichtdicke, Brechzahl). Weiter ist zu berücksichtigen, ob beide Substratseiten nacheinander ohne Unterbrechung des Vakuums bedampft werden sollen. Schließlich muß eine Beheizung der Substrate möglich sein. Zwangsläufig ist bei diesen vielen Forderungen die mit Substraten belegbare Fläche klein im Vergleich zur Innenfläche des Rezipienten, und zwar etwa 10 bis max. 15%. Ist dagegen die exakte Einhaltung einer vorgegebenen Schichtdicke und der Schichtdickengleichmäßigkeit auf einer größeren Fläche von untergeordneter Bedeutung oder kann durch quantitatives Verdampfen auf Schichtdickenmeßgeräte verzichtet werden, sind höhere Packungsdichten für die Substrate zu erreichen. Das Problem, auch bei hohen Packungsdichten komplizierter geformte Teile ganz- oder durch Benutzung von Masken teilflächig, aber abschattungsfrei zu beschichten, läßt sich auf einfache Weise durch Planetenantriebe lösen. Die beschichtbaren Flächen sind bei marktüblichen Anlagen in der gleichen Größenordnung wie die Innenfläche der Rezipienten. Beim Beschichten von Pulver oder Granulat kommt in der Regel nur eine Verdampfung von oben nach unten in Frage. Das Schüttgut wird in geeignet geformten Gefäßen ständig umgerührt, so daß bei nicht zu kurzen Beschichtungssdauern alle Teilchen eine Rundumbeschichtung erfahren.

3.3.2.3 Substratheizung

Die Substratheizung nimmt Einfluß auf fast alle wichtigen Eigenschaften, auf die es beim Beschichten oder beim späteren Gebrauch der Schichten ankommt. Jedes Substrat, das der Umgebungsatmosphäre ausgesetzt wird, belegt sich mit einer Wasserhaut, deren Dicke von der Luftfeuchte und der Substrattemperatur abhängig ist. Selbst unter günstigen Bedingungen lagert sich eine aus mindestens 50 bis 60 Monolagen bestehende Schicht ab, die im Vakuum bei Raumtemperatur nur sehr langsam abgebaut wird und die auf jeden Fall entfernt werden muß, da sie u.a. die Haftfestigkeit der Schicht beeinträchtigt und entweder schon bei der Entnahme aus der Anlage oder bei späterer Belastung Schichtablösungen auftreten können. Nicht selten kommt es zu Spätschäden. Höhere Substrattemperaturen beschleunigen während der Evakuierung die Desorption von Gasen oder Dämpfen von den Substratoberflächen und tragen damit zu einer Verbesserung der Haftfestigkeit bei. Die Benutzung einer Substratheizung nur für diesen Zweck wäre allerdings kaum gerechtfertigt, da der Abbau der Wasserhaut schneller und einfacher durch Beglimmen durchgeführt werden kann. Der Hauptzweck der Substratheizung ist, durch die Erhöhung der Substrattemperatur die Mobilität der kondensierenden Teilchen zu erhöhen, so daß kompaktere Schichten mit allgemein verbesserten Eigenschaften entstehen.

Nach dem von *Movchan* und *Demchishin* [3–104] entwickelten und für aufgedampfte Schichten gültigen sogenannten Drei-Zonen-Modell ist die Morphologie dünner Schichten von der Energie der kondensierenden Teilchen, der Substrattemperatur und dem Schmelzpunkt des Beschichtungsmaterials abhängig. Die beim Aufdampfen relativ geringe Teilchenenergie von ca. 0,2 bis 0,3 eV reicht vor allem bei höherschmelzenden Materialien wie z.B. Oxiden, Nitriden oder Karbiden für eine genügend hohe Mobilität beim Kondensieren nicht aus. Durch Erhöhung der Substrattemparatur kann dieser Mangel teilweise ausgeglichen werden. Dafür gibt es viele Beispiele aus der Praxis.

MgF_2-Schichten, bei Raumtemperatur aufgedampft, sind viel zu weich, um Belastungen, denen optische Linsen oder Brillengläser ausgesetzt sind, ohne Schäden zu überstehen. Bedampft man stattdessen Linsen bei 300 bis 350 °C, so sind die Schichten hart und strapazierfähig. Mit der Morphologie ändern sich aber auch noch andere Schichteigenschaften, wie Reibungsverhalten, Porosität und Brechzahl. Man erreicht zwar nicht gleich gute Schichteigenschaften wie beim Aufstäuben oder allgemein bei plasmagestützten Vakuumbeschichtungsprozessen, aber für viele Anwendungen sind auch die Eigenschaften bei höherer Temperatur aufgedampfter Schichten ausreichend. Die Verbesserung der Schichteigenschaften mit der Temperatur bringt aber automatisch den Nachteil mit sich, daß Temperaturschwankungen zu Qualitätsschwankungen führen. Schon Temperaturgradienten von 10 oder 20 °C bedingen unter sonst gleichen Verhältnissen unterschiedliche optische Schichtdicken. Die Unterschiede sind materialabhängig und z.B. bei TiO_2 ausgeprägter als bei SiO_2. Dieser an sich nachteilige Effekt wird gelegentlich auch dazu benutzt, über die Temperatur die Brechzahl genau auf einen vorgegebenen Wert einzustellen. Weiterhin ist bei Benutzung einer Heizung zu bedenken, daß sich bei manchen Materialien der Kondensationskoeffizient ändern kann. Dieser ist z.B. bei ZnS ziemlich stark temperaturabhängig. Herrscht auf dem Substrathalter ein Temperaturgradient von 10 °C, so sind Schichtdickenunterschiede die Folge, die wiederum zu unterschiedlichen Interferenzwirkungen führen.

Glassubstrate werden i.a. durch Infrarotstrahler aufgeheizt. Die Beschichtung erfolgt beim Aufdampfen optischer Schichten bei 300 bis 350 °C. Wesentlich höhere Temperaturen sind bei den verwendeten Gläsern nicht zulässig; Aufheizung und Abkühlung dürfen wegen Bruchgefahr nicht beliebig schnell erfolgen. Die Temperatur der Heizkörper kann nicht willkürlich festgelegt werden, weil die Erwärmung der Gläser auf einem Absorptionseffekt beruht. Glas ist im sichtbaren Spektralbereich und in dem sich daran anschließenden nahen Infrarot absorptionsfrei, die Transmissionsminderung kommt nur durch die auf beiden Oberflächen bezogene Reflexion von ca. 10 % zustande. Der nicht ganz flache Verlauf der Transmissionskurve in diesem Bereich ist auf Ingredienzen, die dem Fensterglas zugegeben werden, zurückzuführen. Bei 2,7 μm fällt die Transmission steil auf etwas mehr als 20 % ab, und ab 4,5 μm wird das Glas undurchsichtig, Bild 3–35. Die Heizelemente sollten also bei einer Temperatur betrieben werden, daß zumindest der größere Anteil der abgegebenen Strahlung oberhalb einer Wellenlänge von 2,7 μm liegt. Dies ist sicher dann der Fall, wenn das Maximum der Energieverteilungskurve oberhalb 2,7 μm liegt. Nach dem Wienschen Verschiebungsgesetz entspricht dies einer Temperatur von < 1073 K, Bild 3–36. Je höher die Temperatur, um so mehr verschiebt sich das Energiemaximum zu kürzeren Wellenlängen hin und um so größer ist der Energieanteil,

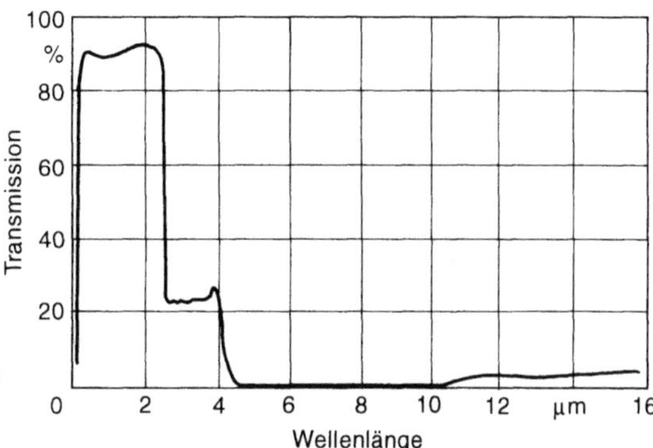

Bild 3–35. Transmission von Fensterglas in Abhängigkeit von der eingestrahlten Wellenlänge.

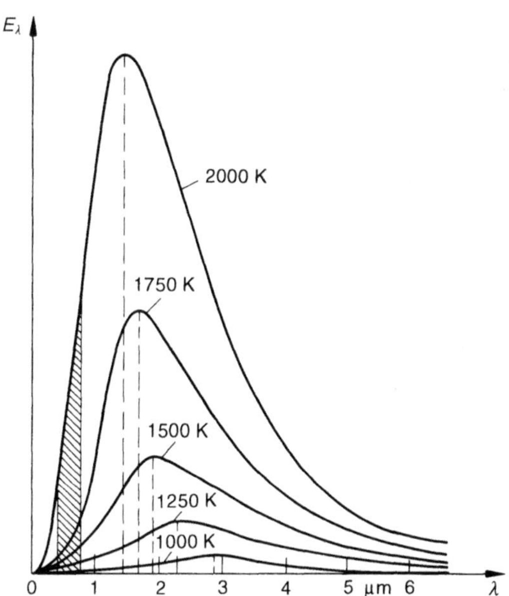

Bild 3–36. Energieverteilung im Spektrum des schwarzen Körpers in Abhängigkeit von der Wellenlänge.

der durch die Gläser hindurchgeht und unerwünschterweise die Temperatur des Rezipienten und seiner Einbauten erhöht. Eine Beschleunigung des Aufheizvorganges sollte daher nicht über eine Temperaturerhöhung, sondern durch eine Vergrößerung der Heizfläche erfolgen.

Die konstruktive Auslegung einer Substratheizung, die allen Anforderungen gerecht wird und die zeitlich und örtlich konstante Temperaturen gewährleistet, zählt sicher nicht zu den einfachen Problemen. Beim Beheizen von Substraten mit hohem Reflexionsanteil sind Strahlungsheizungen wenig effektiv. In solchen Fällen bietet sich z. B. das Abrastern mit einem Elektronenstrahl an.

63

3.3.2.4 Glimmeinrichtung

Die Wasserhaut auf einer Substratoberfläche läßt sich einfach und in kurzer Zeit durch
eine Glimmentladung entfernen. Zunächst wird die Anlage auf Hochvakuum evakuiert
und bei gedrosseltem Saugvermögen der Hochvakuumpumpe über ein Nadelventil Luft
oder besser ein Inertgas in den Rezipienten eingelassen. Die Substrate liegen auf Erdpo-
tential, während sich die Glimmelektrode auf negativem Potential befindet. Bei einem
Druck von einigen 10^{-2} mbar kommt es zu einer selbständigen Entladung. Die Substrate
sind einem Elektronenbombardement ausgesetzt, das zu einem Abbau der Wasserhaut
führt, aber auch andere physikalisch gebundene Gase desorbiert. Die durch Elektronenbombardement bedingte Erwärmung der Substrate beschleunigt den Desorptionsvorgang.
Je nach Dauer und Entladungsleistung ist mit einer Temperaturerhöhung von bis zu ca.
150 °C zu rechnen. Chemisch gebundene Verunreinigungen wie Oxide oder Nitride, aber
auch andere feste Verunreinigungen sowie Öle und Fette, werden durch diesen Glimm-
vorgang nicht abgebaut, weshalb grundsätzlich eine gründliche Vorreinigung der Substrate vor dem Einbringen in die Beschichtungsanlage unerläßlich ist.

Auch bei elektrisch nicht leitenden Substraten funktioniert dieser Reinigungsprozeß
durch Ausbildung eines self-bias. Wegen der höheren Beweglichkeit von Elektronen
gegenüber Ionen lädt sich das Substrat negativ auf. Dadurch entsteht ein Ionenstrom vom
Plasma zum Substrat, es kommt zu einem Reinigungsprozeß durch Ionen, der aber im
wesentlichen auch nur die Wasserhaut abbaut. Die auf negativem Potential befindliche
Glimmelektrode ist durch Ionenbombardement einem Zerstäubungsprozeß ausgesetzt.
Abgestäubte Metallteilchen, die sich auf dem Substrat niederschlagen, bewirken eine
Absorption, die bei optischen Schichten nicht toleriert wird. Daher sollte die Katode aus
einem Material bestehen, dessen Zerstäubungsrate möglichst gering ist. Am besten ge-
eignet sind oxidbildende Metalle wie Al, Ti oder Ta. Eine dünne Oxidhaut auf der
Katodenoberfläche senkt die Zerstäubungsrate drastisch.

Weiterhin dürfen, um den Zerstäubungseffekt niedrig zu halten, keine zu hohen Spannungen an die Katode angelegt werden. Wenige hundert Volt sind bereits ausreichend. Beim
Aufdampfen ist es jedoch unvermeidlich, daß durch Stöße Dampfteilchen vom geradlini-
gen Weg zum Substrat abgelenkt werden und auf der Katodenoberfläche kondensieren.
Bei dickeren Belägen aus elektrisch nicht leitenden Materialien kommt es zu Funkenent-
ladungen, die trotz niedriger Spannungen zu örtlichen Verdampfungen und zu Verunreinigungen in der Schicht führen. Auch Spritzer gelangen auf das Substrat; es entstehen —
bei absorbierenden Schichten deutlich sichtbar – pin holes. Eine Reinigung ist daher von
Zeit zu Zeit unerläßlich. Bewährt hat sich das Bespannen eines lose auf einen Träger auf-
gelegten Katodenblechs mit einer leicht austauschbaren, weichgeglühten Aluminiumfolie.

Dauer und Intensität der Glimmentladung müssen von Fall zu Fall durch Experimente
festgelegt werden. Beglimmen über einige Minuten bei einer spezifischen Entladungsleistung von einigen 10^{-2} bis 10^{-1} W cm^{-2} ist im allgemeinen ausreichend.

Der Abstand der Glimmelektrode von den Substraten ist variabel, er reicht von einigen cm
bis zu einigen dm. Gebräuchlich sind verschiedene Elektrodenformen (Stab, Rohr, Spirale, Kreisring, Sektor). Am vorteilhaftesten sind jedoch solche, bei denen alle Substrate die
gleiche Behandlung erfahren, d.h. wenn die spezifische Substratbelastung überall die
gleiche ist. Damit ist dann gewährleistet, daß die Reinigungswirkung und die durch Teil-

chenbombardement bedingte Erwärmung überall gleich ist, da Temperaturgradienten zu Unterschieden bei den Schichteigenschaften führen. Für Anlagenkonzepte, in denen optische oder auch andere hochwertige Schichten hergestellt werden, sind daher kreissektorförmig ausgebildete Katoden am besten geeignet, für rotationssymmetrische Anordnungen Stabkatoden. Für die Reinigung von bandförmigem Material werden rechteckige, senkrecht zur Vorschubrichtung angeordnete Katoden verwendet. Die Entladung sollte gerichtet sein, d. h., sie sollte nur zwischen der Glimmelektrode und den Substraten brennen. Damit nicht auch von der Rückseite der Katode eine Entladung ausgeht, wird dort ein geerdetes Abschirmblech angebracht, dessen Abstand zur Katode so zu bemessen ist, daß sich der für eine selbständige Entladung notwendige Katodenfall nicht ausbilden kann und es somit im Zwischenraum zu keiner Entladung kommt. Der maximal zulässige Abstand beträgt ca. 5 mm. Eine Glimmentladung der beschriebenen Art mit negativ gepolter Glimmelektrode dient im wesentlichen nur zum Abtrag der Wasserhaut auf den Substraten. Bei umgekehrter Polung würden durch einen Abstäubeffekt alle Verunreinigungen abgetragen und damit, eine gründliche Reinigung vor dem Einbringen in die Anlage vorausgesetzt, eine ideale Reinigung erreicht. In Katodenzerstäubungsanlagen wird von dieser Reinigungsmethode sehr oft Gebrauch gemacht. Daß sie bei Aufdampfanlagen nicht angewendet wird, hat verschiedene Gründe. Hauptgrund ist, daß bei elektrisch nicht leitendem Substrat die Entladung grundsätzlich nur mit Hochfrequenz betrieben werden kann, was mit ziemlichem Aufwand verbunden wäre, während bei den meisten Katodenzerstäubungsanlagen für den eigentlichen Zerstäubungsprozeß Hochfrequenzeinrichtungen zur Verfügung stehen, die ohne bedeutenden Mehraufwand auch für den Reinigungsprozeß benutzt werden können. Weiterhin ist zu bedenken, daß es beim Beschuß mit Ionen zu einer beträchtlichen Erwärmung kommt, zumal die Substrate beim Aufdampfen i. a. nicht aufliegen und die Wärmeabfuhr nur über ihre Ränder erfolgt.

3.3.2.5 Testglaswechsler

Beim Aufdampfen von Vielschichtsystemen erübrigen sich Zwischenbelüftungen durch den Einsatz von Testglaswechslern. Diese enthalten eine Anzahl von Testgläsern, die zum geeigneten Zeitpunkt in die Drehachse des Substratträgers gebracht werden. Hauptproblem beim Gebrauch von Testglaswechslern sind die unterschiedlichen Kondensationsbedingungen auf dem Testglas und den Substraten, die dadurch entstehen, daß ein in den Strahlengang gebrachtes Testglas nicht „direkt" wie ein Substrat beheizt werden kann. Temperaturunterschiede bedingen aber auch unterschiedliche Eigenschaften der auf dem Testglas und den Substraten kondensierten Schichten. Ein „Herauseichen" der durch Temperaturunterschiede bedingten Fehler stellt wegen möglicher Schwankungen keine ideale Lösung des Problems dar.

Wegen der bei jedem Testglaswechsel möglichen Meßfehler sollte man bemüht sein, mit möglichst wenigen Testgläsern auszukommen und sie nur dann austauschen, wenn das zu verstärkende Signal zu schwach geworden ist. Dafür gibt es noch einen weiteren wichtigen Grund. Die optische Meßmethode ermöglicht bei Schichtdicken von jeweils $\lambda/4$ oder einem ganzzahligen Vielfachen davon die Kompensation eines Schichtdickenmeßfehlers, indem durch eine Dickenänderung der nachfolgenden Schicht der Fehler weitgehend ausgeglichen wird [3–105].

Bei einer anderen Meßvariante setzt man zwei Meßgläser ein, die man abwechselnd in den Strahlengang bringt, wo auf dem einen Testglas die hochbrechenden und auf dem anderen die niedrigbrechenden Schichten aufgedampft werden. Sofern die Schichten absorptionsfrei sind, entstehen praktisch ungedämpfte sinusförmige Wellenzüge, d.h. die Amplituden sind bei gleichbleibender Verstärkung ebenfalls gleich. Auch hier können Schichtdickenmeßfehler kompensiert werden, und zwar der Fehler in der n-ten Schicht durch eine entsprechende Korrektur in der $(n+2)$-ten Schicht. Auch Schwankungen der Brechzahlen sind leicht identifizierbar. Die Anwendung dieser Meßmethode setzt eine präzise Mechanik des Testglaswechslers voraus. Die Testgläser müssen nach dem Einschwenken in den Strahlengang exakt die gleiche Position wie bei den vorausgegangenen Messungen erreichen.

3.3.2.6 Blenden

Feststehende oder rotierende Blenden dienen zur Korrektur der Schichtdickengleichmäßigkeit, wenn nach Optimierung der Verdampfungsgeometrie die Gleichmäßigkeit nicht ausreicht (vgl. Abschn. 3.3.3.2.2). Abdeckblenden befinden sich in geringem Abstand über den Verdampfungsquellen und schirmen die Substrate gegenüber dem Dampfstrahl ab, solange das Beschichtungsmaterial noch keine Gleichgewichtstemperatur erreicht hat. Im umgekehrten Fall sollen sie durch schlagartiges Schließen das Einhalten einer vorgegebenen Schichtdicke ermöglichen. Die Blendenbewegungen werden bei teil- oder vollautomatischen Aufdampfanlagen über ein Schichtdickenmeßgerät gesteuert.

3.3.2.7 Schichtdickenmeßgeräte

Für die Schichtdickenmessung während des Beschichtungsprozesses und danach steht eine Reihe von Meßgeräten unterschiedlicher Genauigkeit zur Verfügung, die in den Kapiteln 2 und 3 von Band 3 beschrieben sind. Bei sehr hohen Genauigkeitsanforderungen werden während der Schichtbildung am häufigsten die Extremwertmethode und die Schwingquarzmethode eingesetzt. Die auch jetzt noch gelegentlich vertretene Meinung, daß bei der Herstellung von optisch wirksamen Schichten grundsätzlich der Extremwertmethode der Vorzug zu geben sei, weil sie die für die Qualität einer optischen Schicht maßgebende Größe, Reflexion oder Transmission, direkt mißt, ist beim derzeitigen technischen Stand der Schwingquarzmeßgeräte sicher nicht mehr aufrechtzuerhalten. Nach den vorliegenden Erfahrungen eignen sich beide Verfahren für In-situ-Messungen von Einfachschichten oder Vielschichtsystemen, wobei jedes dieser Verfahren über gewisse Vorzüge verfügt, die je nach Aufgabenstellung mehr oder weniger stark ins Gewicht fallen und von denen die Reproduzierbarkeit, Genauigkeit der Schichtdicke und die optischen Eigenschaften der Schicht abhängen.

Schwingquarzmeßgeräte sind heute technisch so vervollkommnet, daß Meßfehler durch Temperaturschwankungen und andere gerätespezifische Fehler bei Schichtdickenmessungen nicht mehr ins Gewicht fallen. Auch die Nichtlinearität mit zunehmender Belegung des Schwingquarzes kann automatisch kompensiert werden, solange nur ein- und dasselbe Material auf dem Meßkopf kondensiert. Selbst beim Aufdampfen von mehreren Materialien lassen sich Meßfehler vermeiden, wenn Mehrfachmeßköpfe eingesetzt werden und auf jedem der einzelnen Schwingquarze jeweils nur ein bestimmtes Material kondensiert. Der einzige Schwachpunkt dieser Methode, der besonders beim reaktiven Aufdampfen zu Fehlern führen kann, ist der indirekte Meßvorgang. Als Meßgröße dient die Änderung der Massenbelegung. Dabei wird aber keine Aussage gemacht, wie diese Änderung zustande kommt, z.B. nicht darüber, ob der Schichtaufbau homogen oder inhomogen ist oder ob bei einer Schicht durch Gasdruck- oder Substrattemperaturänderung

66

oder auch aus anderen Gründen die Brechzahl vom Sollwert abweicht. Man führt als Gegenargument immer wieder an, daß die Prozeßparameter so konstant gehalten werden können, daß es zu solchen Unregelmäßigkeiten nicht kommen sollte. Das ist nur bedingt richtig, denn im praktischen Betrieb lassen sich z.B. Restgasschwankungen nicht immer vermeiden. Ebenso gibt es auch kein Patentrezept dafür, mehr oder weniger starke Schichtinhomogenitäten auszuschließen. Schließlich ist noch zu bedenken, daß sich der Schwingquarz auf Kühlwassertemperatur befindet und die Substrate in der Regel auf Temperaturen bis zu 350 °C hochgeheizt werden.

Da die Substrattemperaturen i. a. keiner ständigen Kontrolle unterliegen, sind Meßfehler nicht auszuschließen.

Eine konstante Kondensationsrate ist für die Reproduzierbarkeit von Schichteigenschaften von außerordentlicher Bedeutung. Die Möglichkeit einer Ratenmessung und Ratenregelung stellt daher einen bedeutenden Vorteil der Schwingquarzmethode dar, und ein vollautomatischer Betrieb ist mit ihr einfacher realisierbar als mit anderen Geräten. Dabei ist allerdings zu berücksichtigen, daß es sich um eine indirekte Messung handelt.

Bei der optischen Schichtdickenmessung auf einem Testglas oder auf dem Substrat selbst wird über die Transmission oder die Reflexion die optische Schichtdicke $n\,d$ gemessen. Sie ist an den Umkehrpunkten beim Durchlaufen von Extremwerten, wenn die optische Dicke $\lambda/4$ oder einem ganzzahligen Vielfachen davon entspricht, besonders genau erfaßbar. Es handelt sich also um eine Direktmessung, die es ermöglicht, die Phasenlage exakt einzuhalten. Fehlerhafte Schichteigenschaften können beim Aufbringen folgender Schichten weitgehend kompensiert werden [3–105]. Die Amplituden, die als zweite Größe das Reflexions- bzw. Transmissionsverhalten von Schichten beeinflussen, ergeben sich aus den jeweiligen Brechzahlen. Im Gegensatz zur Schwingquarzmessung liefert die optische Meßmethode eine Aussage darüber, ob sich – bei konstantem $n\,d$ – die Brechzahl im Vergleich zu vorhergehenden Versuchen geändert hat, und wenn ja, ob eine Brechzahlab- oder -zunahme vorliegt. Man erkennt Brechzahländerungen daran, daß die Intensitätsunterschiede des Meßsignals vor und nach dem Beschichtungsvorgang von Versuch zu Versuch nicht gleich sind. Eine vergrößerte Brechzahl führt zu einem vergrößerten Intensitätsunterschied.

Die optische Extremwertmeßmethode hat damit eine größere Aussagekraft als eine Messung mit einem Schwingquarzmeßgerät. Für besonders exakte Messungen empfiehlt sich die Kombination beider Meßmethoden, wobei das Schwingquarzmeßgerät zur Ratenmessung und -regelung dient.

Eine Prüfung der optischen Eigenschaften von Schichtsystemen nach ihrer Fertigstellung durch ein Spektralphotometer deckt nicht alle Mängel auf. Außerdem wäre es zu aufwendig und unter Produktionsbedingungen auch nicht vertretbar, von jedem einzelnen Substrat Spektralkurven aufzunehmen. Man beschränkt sich daher je nach Aufgabenstellung und Schwierigkeitsgrad auf mehr oder weniger häufige Stichproben. Wenn allerdings an das Auflösungsvermögen keine allzu großen Anforderungen gestellt werden, sind mit schnellauflösenden Spektralphotometern innerhalb weniger Sekunden Reflexions- oder Transmissionsmessungen durchführbar. Auch Vergleiche des jeweiligen Istzustandes mit gespeicherten Sollkurven, Mittelwertbildung und Vorgabe von Qualitätsschranken sind möglich [3–106].

3.3.2.8 Vakuumausrüstung

Der Druckbereich, in dem Aufdampfprozesse vorgenommen werden, reicht, von Ausnahmen abgesehen, von etwa 10^{-4} bis 10^{-7} mbar. Für den Evakuierungsprozeß stehen drei Hochvakuumpumpstände zur Verfügung:

– Öldiffusionspumpe – (Wälzkolbenpumpe) – ölgedichtete Rotationspumpe

– Turbomolekularpumpe – ölgedichtete Rotationspumpe

– Kryopumpe mit Vorevakuierung durch eine ölgedichtete Rotationspumpe oder ein anderes Pumpsystem.

Die Wahl der Pumpenart und die Dimensionierung des Pumpsatzes richten sich hauptsächlich danach, welcher Arbeitsdruck bei welchem Gasanfall in welcher Zeit erreicht werden soll. Der Gasanfall ist je nach Packungsdichte und Material der Substrate sehr unterschiedlich. Auch die Temperatur beeinflußt Druck und Restgaszusammensetzung im Rezipienten. Bei diesen Betrachtungen darf nicht außer acht gelassen werden, daß der in eine Schicht eingebaute Anteil von Restgasen vom Abstand Quelle–Substrat und der Verdampfungsgeschwindigkeit abhängig ist. Um einen bestimmten Reinheitsgrad zu erreichen, muß unter sonst gleichen Verhältnissen der Restgasdruck um so niedriger sein, je größer der Abstand Quelle–Substrat und je kleiner die Verdampfungsgeschwindigkeit ist.

Öldiffusionspumpen – noch vor einigen Jahren ausschließlich verwendet – zählen auch heute noch zur Standardausrüstung vieler Aufdampfanlagen. Der Einfluß von Treibmitteldampf auf die Reinheit und die Haftfestigkeit von dünnen Schichten sollte weder bagatellisiert noch dramatisiert werden. Vorteilhaft ist die Verwendung heute verfügbarer hochwertiger Öle, deren Dampfdrücke bei Raumtemperatur bei etwa 10^{-10} mbar liegen.

Zusätzliche Sicherheit bieten Ölfänger (Baffle), die entweder durch Wasser, Kältemaschinen oder flüssigem Stickstoff gekühlt werden. Die Drosselung des Saugvermögens der Diffusionspumpe um 40 bis 60 % ist zu verschmerzen, wenn man bedenkt, daß bei Tiefkühlung ab etwa $-120\,°C$ eine ideale Pumpe für Wasserdampf entsteht und durch Desorption im Hochvakuum hauptsächlich Wasserdampf anfällt. Die Drosselung des Saugvermögens für nicht kondensierbare Gase wird also letzten Endes mehr als ausgeglichen. Die Verminderung der Rückströmung von Öldämpfen in den Rezipienten ist zwar wichtig, bildet aber nicht die einzige Aufgabe einer Tiefkühleinrichtung.

Beim Evakuieren mit Turbomolekularpumpen besteht die Gefahr der Verseuchung der Restgasatmosphäre mit Öldämpfen nicht. Das erzeugte Vakuum ist, wie man sagt, kohlenwasserstofffrei. Trotzdem werden diese Hochvakuumpumpen oft in Verbindung mit einer mit flüssigem Stickstoff gekühlten Falle betrieben, um das Saugvermögen für Wasserdampf oder andere bei dieser Temperatur kondensierbare Dämpfe wesentlich zu erhöhen. Als weiteres Unterscheidungsmerkmal kommt hinzu, daß Turbomolekularpumpen innerhalb weniger Minuten betriebsbereit sind und auch schon eine gewisse Pumpwirkung besitzen, wenn sie noch nicht ihre volle Drehzahl erreicht haben. Die bei Diffussionspumpen erforderlichen längeren Aufheiz- und Abkühlzeiten fallen weg. Ebenso fallen die Risiken weg, die mit zu frühem Öffnen von Ventilen verbunden sind, sei es, daß die Diffusionspumpe noch nicht ihre Arbeitstemperatur erreicht hat, sei es, daß zu hohe Drücke ihre Funktionsweise beeinträchtigen. Aufgrund dieser Vorteile werden Turbomolekularpumpen in zunehmendem Maße eingesetzt, allerdings nur in kleinen oder mittelgroßen Anlagen, in denen man mit Saugvermögen bis zu wenigen tausend Litern je Sekunde auskommt.

Vermehrt zur Anwendung kommen auch Kryopumpen, seit es zuverlässig arbeitende und leistungsstarke Aggregate gibt, mit denen Kühlkopftemperaturen von 20 K ohne Schwierigkeiten zu erreichen sind. Relativ hohe Saugvermögen, kohlenwasserstofffreie Vakua und die Entbehrlichkeit von Kühlmitteln für Ölfänger oder Kühlfallen sind Vorteile. Die Regenerierung ist recht einfach und findet in den Totzeiten der Anlage statt.

Für die Druckmessung während des Vorevakuierens werden Wärmeleitungsvakuummeter eingesetzt, die bei automatisiertem Evakuierungsprozeß auch als Steuergerät dienen. Wegen fehlerhafter Druckmessung bei Alterungseffekten sollte auf rechtzeitigen Austausch der Meßröhren geachtet werden.

Unterhalb etwa 10^{-3} mbar erfolgt die Druckmessung mit Ionisationsvakuummetern. Im allgemeinen ist die Meßgenauigkeit von Ionisationsvakuummetern mit selbständiger Entladung ausreichend, vorausgesetzt, daß sie in bestimmten Zeitabständen gereinigt werden. Bei reaktiven Prozessen sind genauer messende Ionisationsvakuummeter mit unselbständiger Entladung vorteilhafter, weil damit nicht nur der Druck, sondern auch die Beschichtungsbedingungen besser zu beherrschen sind. Bei reaktiven Bedampfungsprozessen kann nämlich die Druckmessung zur Regelung der Verdampfungsrate und damit auch der Kondensationsrate herangezogen werden. Dieses so einfache wie genaue Verfahren funktioniert folgendermaßen [3–107]:

Über ein fest eingestelltes Nadelventil fließt ein konstanter Gasstrom des Reaktionsgases in den Beschichtungsraum, und es stellt sich bei gleichbleibendem Saugvermögen ein konstanter Druck ein. Bei einsetzendem Verdampfungsprozeß ändert sich dieser Druck infolge eines Gasaufzehrungseffektes derart, daß der Druck mit zunehmender Verdampfungsrate abnimmt. Die Druckminderung stellt unter diesen Verhältnissen ein Maß für die Verdampfungsrate dar. Man braucht also bei konstantem Gasfluß nur dafür zu sorgen, daß der Partialdruck des Reaktionsgases, der praktisch identisch mit dem Totaldruck ist, konstant bleibt, um auch eine konstante Kondensationsrate zu erhalten, d.h. das Verhältnis vom Druck zur Rate muß konstant sein. Sobald das Vakuummeßgerät anzeigt, daß der Partialdruck des Reaktionsgases im Rezipienten z.B. absinkt, wird die Verdampfungsrate durch entsprechende Verringerung der zugeführten elektrischen Leistung soweit reduziert, daß das Verhältnis vom Druck zur Rate wieder seinen ursprünglich festgelegten Wert annimmt. Dieses Ratenregelprinzip arbeitet erstaunlich genau. Man kommt ohne Partialdruckmeßgerät aus, wenn die Partialdrücke aller anderen Restgase zumindest konstant oder besser vernachlässigbar sind.

3.3.2.9 Weiteres Zubehör zu Aufdampfanlagen

Zur Standardausrüstung jeder Aufdampfanlage gehören Schaugläser zur visuellen Kontrolle aller Vorgänge vor und während der Beschichtung. Bewegungsvorgänge lassen sich besser durch zusätzlichen Einbau einer Lichtquelle in den Rezipienten beobachten. Nadelventile mit einem zusätzlichen Schließventil dienen zum dosierten Einlaß von Gasen beim Reinigungsglimmen oder beim reaktiven Aufdampfen. Eine sehr wichtige Funktion beim praktischen Gebrauch der Aufdampfanlagen üben Reinigungsbleche aus, die leicht austauschbar sein müssen und die durch aufgelötete Kühlwasserrohre auch während der Beschichtung auf Raumtemperatur gehalten werden. Bei dickeren Kondensatschichten können, vor allem bei hygroskopischen Materialien, stark verlängerte Evakuierungsdauern vermieden werden. Beim konventionellen Aufdampfen von höherschmelzenden Materialien entstehen keine kompakten Schichten; ihre Eigenschaften weichen von denen des Bulk-Materials erheblich ab. Durch Einrichtungen, die die Energie der Dampfteilchen erhöhen, kann dieser Nachteil vermieden werden. Man kann daher davon ausgehen, daß zumindest bei Anlagen zur Herstellung hochwertiger Schichten schon in naher Zukunft Plasmaquellen oder andere Einrichtungen zur Erhöhung der Teilchenenergie und der Ionendichte zur Standardausrüstung gehören werden.

3.3.3 Anlagen zum Herstellen optischer Schichten

3.3.3.1 Grundsätzliches

Bei Anlagen zum Herstellen optischer Schichten werden an das Einhalten vorgegebener Schichtdicken, an die Schichtdickengleichmäßigkeit und an die Reproduzierbarkeit vor allem der optischen Schichteigenschaften höchste Anforderungen gestellt. Um gleichmäßig gute Schichtqualität gewährleisten zu können, müssen wichtige Prozeßparameter konstant gehalten werden, z.B. Verdampfungsgeschwindigkeit, Substrattemperatur und Reaktivgaspartialdruck. Der Restgaspartialdruck sollte so niedrig sein, daß er keinen Einfluß ausübt. Es ist eine Reihe von Meß- und Regelgeräten erforderlich, mit denen außerdem auch die für den späteren Gebrauchszweck wichtigen Eigenschaften, wie z.B. Reflexion oder Transmission, schon während des Beschichtungsprozesses gemessen werden. Die optische Wirkung wird durch Einfachschichten oder Mehrfachschichten (multi layer coating) erreicht, wobei es durchaus keine Seltenheit mehr ist, wenn ein System aus hundert oder gar mehr Einzelschichten besteht.

Allein schon beim Aufbringen von drei Schichten sind [3–108] bei Handbetrieb 76 Funktionsänderungen oder -überprüfungen notwendig; bei $22\,TiO_2/21\,SiO_2$-Wechselschichten sind es 1118 Bedienungsschritte. Um bei mehrstündigem Beschichtungsprozeß menschliches Versagen auszuschließen, sollte eine Anlage zur Herstellung optischer Schichten meß- und regeltechnisch so ausgerüstet sein, daß zumindest von einer gewissen Anzahl von Einzelschichten an ein vollautomatischer Betrieb möglich ist.

In Bild 3–37 ist das Schema eines Rezipienten mit den für die Herstellung optischer Schichten üblichen Einbauten dargestellt. Aufbau und Wirkungsweise dieser Geräte sind in 3.3.2 und in Kap. 2 von Band 3 beschrieben.

3.3.3.2 Wichtige Verfahrenshinweise

3.3.3.2.1 Vakuumbedingungen

Grundvoraussetzungen beim Aufdampfen optischer Schichten sind eine geradlinige Ausbreitung der Dampfteilchen und ein Vermeiden von Zusammenstößen von Dampfteilchen mit Restgasteilchen. Die weit verbreitete Meinung, daß es ausreichend sei, den Restgasdruck so niedrig zu halten, daß die mittlere freie Weglänge mindestens so groß ist wie der Abstand Quelle–Substrat, entspricht nicht immer den Anforderungen. Ist dieses Verhältnis nämlich 1, dann stoßen etwas mehr als 60 % der Dampfteilchen mit Restgasteilchen zusammen. Die Folge sind unerwünschte Energieverluste der Dampfteilchen beim Zusammenstoß mit Restgasteilchen und Einbau von Restgasteilchen in die sich bildende Schicht. Bildet man das Verhältnis des Dampfpartialdruckes, der vor der Substratober-

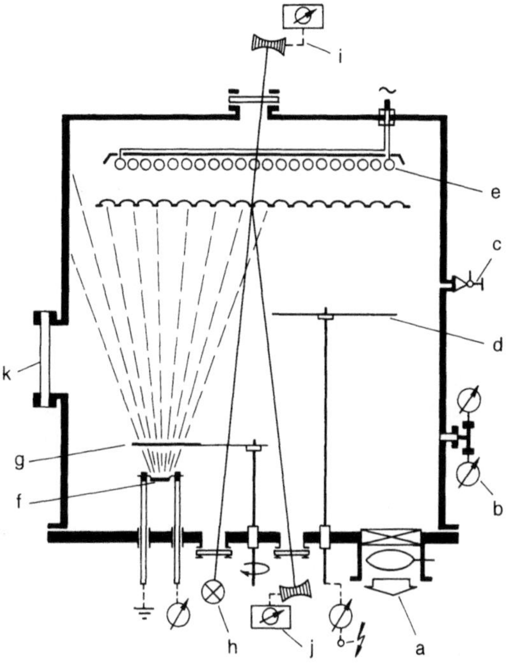

Bild 3–37. Schema eines Rezipienten mit Einbauten für die Herstellung optischer Schichten.

a Vakuumpumpstand
b Vakuummeßgeräte
c Nadelventil
d Glimmelektrode
e Infrarotheizung
f Verdampfungsquelle
g Abschirmblende
h Lichtquelle
i Transmissionsmeßgerät
j Reflexionsmeßgerät
k Schauglas

fläche wesentlich niedriger ist als in der Nähe der Quelle, zum Restgaspartialdruck, so kommt man ebenfalls zum gleichen Ergebnis, nämlich, daß selbst dann, wenn der Haftkoeffizient deutlich kleiner als 1 ist, von einer reinen Schicht nicht die Rede sein kann.

Ist das Verhältnis $\lambda/d = 10$, so stoßen immerhin noch fast 10 % der Teilchen zusammen, bevor sie das Substrat erreichen. Erfahrungsgemäß entspricht dies bei optischen Schichten der Mindestanforderung. Danach muß bei einem Abstand Quelle–Substrat von 60 cm die mittlere freie Weglänge 600 cm betragen, was einem Restgasdruck von 10^{-5} mbar entspricht. Verdoppelt sich z.B. in größeren Anlagen der Abstand, so darf der Druck nicht größer als $5 \cdot 10^{-6}$ mbar sein. Um auf der sicheren Seite zu liegen, wird man in der Praxis den Restgaspartialdruck unter dem noch zulässigen Druck halten.

Es gibt noch einen weiteren, beim Herstellen optischer Schichten sehr wichtigen Grund, den Restgaspartialdruck entweder vernachlässigbar niedrig oder, was noch schwieriger sein dürfte, während des gesamten Beschichtungsprozesses und auch von Charge zu Charge konstant zu halten. Dies ist von besonderer Bedeutung bei reaktiven Prozessen, also z.B. beim Herstellen von Schichten aus Al_2O_3, SiO_2, TiO_2, Ta_2O_5 und ZrO_2, also Materialien, die häufig Anwendung finden. Im Hochvakuum besteht das Restgas vorwiegend aus Wasserdampf, der durch Desorption von den im Vakuumraum befindlichen Oberflächen herrührt. Der Wasserdampf dissoziiert beim Verdampfen teilweise, insbesondere beim Benutzen einer Elektronenstrahlkanone und beeinflußt die Reaktionsbedingungen, auch wenn Verdampfungsgeschwindigkeit und Totaldruck ohne zusätzliche Benutzung eines Partialdruckmeßgerätes konstant gehalten werden. Als Folge ändern sich die Brechzahlen und damit auch die optischen Wirkungen. Besonders drastisch sind die Änderungen bei Al_2O_3-Schichten. Al_2O_3 ist ein mit Elektronenstrahlkanonen problemlos verdampfbares Material. Die Brechzahl ändert sich, wenn man beim Verdampfen zusätzlich Sauerstoff dazugibt. Auch durch geringfügige Erhöhung des Wasserdampfpartialdruckes verringert sich die Brechzahl drastisch. Ähnlich liegen die Verhältnisse beim Verdampfen von ZrO_2. Die Brechzahländerung ist beträchtlich, wenn vor dem Einlaß von Sauerstoff der Totaldruck nur um $1 \cdot 10^{-5}$ mbar schwankt. Gelegentlich wird, aber nicht nachahmenswert, die Abhängigkeit der Brechzahl vom jeweiligen Ausgangs- und damit Wasserdampfpartialdruck dazu ausgenutzt, die Brechzahl auf einen gewünschten Wert einzustellen. Da das Saugvermögen der installierten Vakuumpumpen konstant ist, spielen die Entgasungsverhältnisse eine entscheidende Rolle. Um auch über längere Zeiten gleichmäßige Entgasungsbedingungen zu haben, empfiehlt sich folgendes Vorgehen: Durch Aufheizen der Rezipientenwand vor dem Belüften und während der Beschickung der Anlage durch Warmwasser auf eine Temperatur von ca. 50 °C wird die Wasserdampfkondensation stark reduziert. Die Wasserdampfabgabe während der nachfolgenden Evakuierung wird erhöht, und bei Kühlung gegen Ende des Evakuierungsprozesses sinkt der Druck schneller als üblich ab, die Evakuierungsdauer wird erheblich verkürzt. Auf gleiche Evakuierungsdauer bezogen, vermindert sich der Einfluß der jeweils herrschenden Entgasungverhältnisse. Der Desorptionsgasstrom hängt aber nicht nur von der Temperatur und Größe der gasabgebenden Oberfläche, sondern auch von der Art und Morphologie des kondensierten Materials ab. Poröse Schichten und hygroskopische Materialien üben einen besonders starken Einfluß aus. Um diesen Einfluß möglichst gering zu halten, empfiehlt sich der Einbau von Blechen in unmittelbarer Nähe der Rezipientenwände, die durch aufgelötete Rohre sowohl durch Warmwasser beheizt als auch durch Kühlwasser abgekühlt werden können und sich außerdem leicht austauschen lassen. Sobald die kondensierten Schichten zu dick sind und sich die Evakuierungszeiten verlängern, müssen die Bleche ausgetauscht werden. Andererseits müssen gereinigte Bleche konditioniert werden, bis sie die „richtige" Entgasungsrate haben. Sowohl zu hohe als auch zu niedrige Gasabgabe sind schädlich. Die Desorptionsgasraten betragen bei sauberen Oberflächen nach einer halben Stunde Evakuierungsdauer etwa 10^{-3} mbar $1\,s^{-1}$. Erfahrungsgemäß sind Saugvermögen der Hochvakuumpumpen von ca. $1000\,1\,s^{-1}$ pro m^2 Wandfläche erforderlich. Häufig werden Hochvakuumpumpstände, bestehend aus Öldiffusionspumpe mit tiefgekühltem Baffle und vorgeschalteter Drehschieberpumpe eingesetzt. Bei größeren Anlagen oder auch stärkerem Gasanfall wird zur Verkürzung der Evakuierungsdauer zwischen diesen beiden Pumpen eine Wälzkolbenpumpe angeordnet. Bild 3–38 zeigt Schemata von Aufdampfanlagen mit zwei verschiedenen Anordnungen der Diffusionspumpen.

Um die Gefahr einer Rückströmung von Treibdampf oder von deren Crackprodukten von vornherein auszuschalten, finden zunehmend Turbomolekularpumpen bei kleineren und Refrigerator-Kryopumpen bei größeren Anlagen Anwendung. Vorteilhaft beim Einsatz von Turbomolekularpumpen ist, daß sie schon vor Erreichen ihrer vollen Drehzahl eine Pumpwirkung ausüben. Kryopumpen besitzen eine sehr hohe Effizienz. Die Restgasspektren sind unter sonst gleichen Verhältnissen bei den einzelnen Hochvakuumpumpen unterschiedlich [3–109]:

Als Beispiel zeigt Bild 3–39 Evakuierungskurven einer leeren, sauberen Aufdampfanlage mit einem Rezipientendurchmesser von 550 mm und einer Rezipientenhöhe von 580 mm.

Daß die Evakuierung auch bei nur mäßiger Verschmutzung wesentlich langsamer abläuft, geht aus Bild 3–40 hervor. Der Edelstahlrezipient mit den Abmessungen $b = 1550$ mm, $t = 1040$ mm und $h = 1550$ mm wurde durch zwei Öldiffusionspumpen mit Nennsaug-

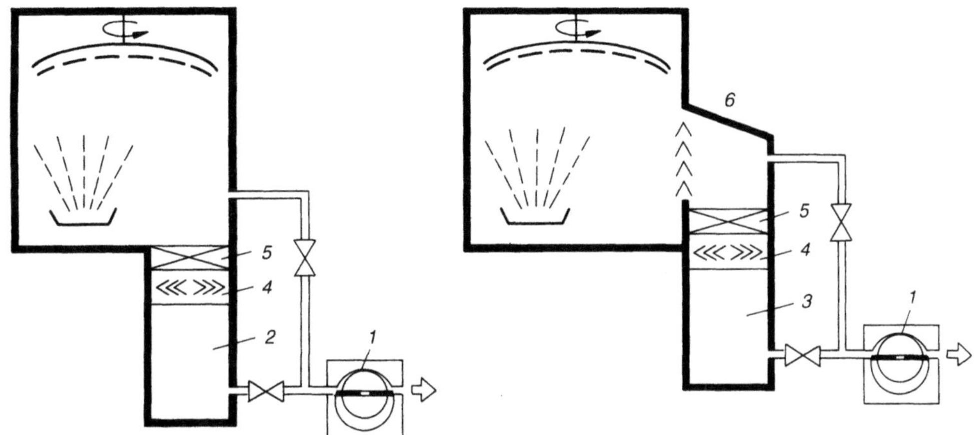

Bild 3–38. Schemata von Aufdampfanlagen mit verschiedener Anordnung der Diffusionspumpen.
1: Drehschieberpumpe; 2: Diffusionspumpe; 3: Diffusionspumpe;
4: Baffle; 5: Hochvakuumventil

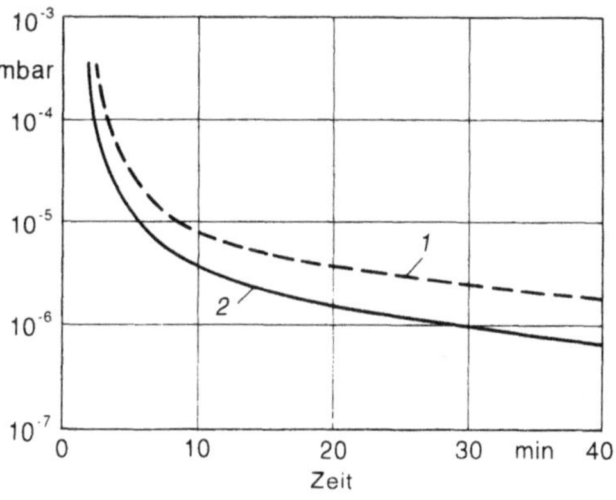

Bild 3–39. Evakuierungskurven einer leeren, sauberen Aufdampfanlage.
Rezipientendurchmesser 550 mm
Rezipientenhöhe   580 mm
1: mit einer Turbomolekularpumpe TMP 1000
2: mit zwei Turbomolekularpumpen TMP 1000

vermögen von je $12\,000\,\mathrm{l\,s^{-1}}$, zwei Wälzkolbenpumpen mit Saugvermögen von je $500\,\mathrm{m^3\,h^{-1}}$ und zwei Drehschieberpumpen mit Saugvermögen von je $250\,\mathrm{m\,h^{-1}}$ evakuiert. Die vor den Diffusionspumpen befindlichen Baffles waren mit flüssigem Stickstoff gekühlt und im Rezipienten befand sich außerdem eine ebenfalls mit flüssigem Stickstoff betriebene Meißner-Falle.

Mit einem sauberen, vorentgasten Rezipienten wurde bereits nach 15 Minuten ein Druck von 10^{-6} mbar erreicht (Kurve 1). Unter Produktionsbedingungen verläuft in der gleichen Anlage der Evakuierungsprozeß wesentlich langsamer. Kurve 2 wurde nach nur 10 Chargen mit Substrattemperaturen von $280\,^{\circ}\mathrm{C}$ aufgenommen. Der Rezipient blieb zwischen den einzelnen Chargen nur jeweils 10 Minuten geöffnet. Einer Verkürzung der Evakuierungsdauer sind Grenzen gesetzt, weil das Hochheizen der Gläser auf Substrattemperaturen von ca. 300 bis 350 °C wegen Bruchgefahr nicht beliebig schnell erfolgen darf.

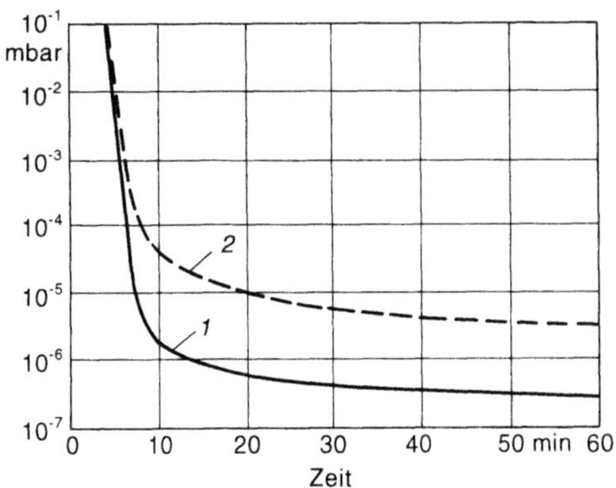

Bild 3–40. Evakuierungskurven einer Aufdampfanlage unter verschiedenen Bedingungen.
Rezipientenabmessungen: $1550 \times 1040 \times 1550$ mm^3
Vakuumpumpstand: $2 \times$ DI 12 000   Öldiffusionspumpen
                            $2 \times$ WS 501   Wälzkolbenpumpen
                            $2 \times$ DK 200   zweistufige ölgedichtete Rotationspumpen
1: Saubere, vorentgaste Anlage mit LN$_2$-Baffle und Meißner-Falle; Meßstelle im Rezipienten
2: Gleiche Anlage unter Produktionsbedingungen nach 10 Chargen. Substrattemperatur: 280 °C;
Fluten mit Luft (60 % Feuchte); Öffnungsdauer: 10 Min.

3.3.3.2.2 Schichtdickengleichmäßigkeit

Beim Herstellen von Interferenzschichten sind die Anforderungen an die Schichtdickengleichmäßigkeit auf jedem Substrat und auch von Substrat zu Substrat besonders hoch.
Genauigkeiten von $\pm 1\%$ sind dabei nicht außergewöhnlich. Um dies zu erreichen, scheidet bei größeren Flächen ein statistisches Bedampfen aus. Einfache oder bei stärker
gekrümmten Oberflächen auch kompliziertere Relativbewegungen zwischen Verdampfungsquelle und Substrat sind unerläßlich. Bei der Optimierung der Schichtdickengleichmäßigkeit muß man folgende Einflußgrößen in Betracht ziehen:

a) Variation der Position der Verdampfungsquelle,

b) Form des Substrathalters (z. B. Palette, Kalotte),

c) Korrekturblenden,

d) Form der Verdampfungsquelle (Dampfstrahlcharakteristik).

Eine Optimierung auf rein empirischem Wege ist äußerst zeitraubend und mit der Un-
sicherheit behaftet, ob man unter den gegebenen Verhältnissen tatsächlich die bestmögliche Schichtdickengleichmäßigkeit ermittelt hat. Erschwerend kommt hinzu, daß man
diese umfangreichen und abstumpfenden Arbeiten sowohl bei Änderung der Form als
auch der Größe der Verdampfungsquelle zu wiederholen hat. Mit Rechenmodellen in Verbindung mit einer EDV-Anlage benötigt man nur einen Bruchteil der Zeit, und man hat
außerdem die Gewißheit, bei Übereinstimmung von Rechnung und Experiment die für
vorgegebene Verhältnisse tatsächlich bestmögliche Schichtdickengleichmäßigkeit erreicht zu haben. Ohne auf Einzelheiten solcher Rechenmodelle einzugehen, sei hier nur
kurz das Prinzip skizziert, nach dem Schichtdickenoptimierungen vorgenommen werden
[3–110].

Bei den nachfolgenden Überlegungen macht man einige vereinfachende Annahmen, die, wie die Praxis gezeigt hat, das Ergebnis nicht nennenswert beeinflussen:

a) Die Verdampfungsquelle wird als punktförmig angenommen.

b) Die Dampfdichteverteilung über der Verdampfungsquelle ist rotationssymmetrisch.

c) Die Dampfteilchen breiten sich geradlinig aus, sie erleiden auf ihrem Weg zur Substratoberfläche keine Zusammenstöße mit anderen Teilchen.

d) Der Kondensationskoeffizient der Dampfteilchen ist eins.

e) Der Raum zwischen Verdampfungsquelle und Substrat ist frei von ungewollten Abschattungen.

f) Der Substratträger führt so viele Umdrehungen aus, daß seine Positionen bei Aufdampfbeginn und -ende das Ergebnis nicht beeinflussen.

Berechnungsprinzip:

Die Emissionscharakteristik einer rotationssymmetrischen Dampfkeule kann mit einem $\cos^n$-Ansatz beschrieben werden, und zwar gilt für die raumwinkelabhängige Massenemission von Quellen mit rotationssymmetrischer Dampfkeulencharakteristik und bei Emission ausschließlich in den oberen Halbraum:

$$\mathrm{d}m = m\,\frac{n+1}{2\pi}\,\cos^n\alpha\,\mathrm{d}\omega\,.\tag{3-25}$$

Darin bedeutet

m emittierte Masse

α Winkel gegenüber der Symmetrieachse, unter dem ein Teilchen die Quelle verläßt,

ω Raumwinkel, in den Dampfteilchen emittiert werden.

n ist ein Maß für die Keulenform, $n = 0$ beschreibt einen kaum realisierbaren Kugelstrahler, $n = 1$ einen sog. Knudsen-Verdampfer. Mit zunehmendem n nimmt die Richtwirkung der Verdampfungsquelle zu. Für die beim Herstellen optisch wirksamer Schichten üblicherweise verwendeten Verdampfungsquellen liegt n etwa zwischen 3 und 5. Für $n = 5$ ist die Richtwirkung schon ziemlich stark ausgeprägt. In Bild 3–41 sind die Schnittbilder von Dampfkeulen für verschiedene Kosinusexponenten dargestellt, wobei m_0 die Materialmenge ist, die unter dem Winkel $\alpha = 0$ die Quelle verläßt.

Die Dicke d einer Schicht auf einem Substratflächenelement, das in Bild 3–42 in seiner geometrischen Lage durch Angabe der Winkel α und β und des Abstandes s festgelegt ist, berechnet sich zu

$$d = \frac{m}{\varrho}\,\frac{n+1}{2\pi}\,\frac{\cos^n\alpha\,\cos\beta}{s^2}\tag{3-26}$$

mit ϱ Dichte des Beschichtungsmaterials,
und in normierter Darstellungsweise zu

$$d = d_0\left(\frac{s_0}{s}\right)^2\frac{\cos^n\alpha\,\cos\beta}{\cos^n\alpha_0\,\cos\beta_0}\,.\tag{3-27}$$

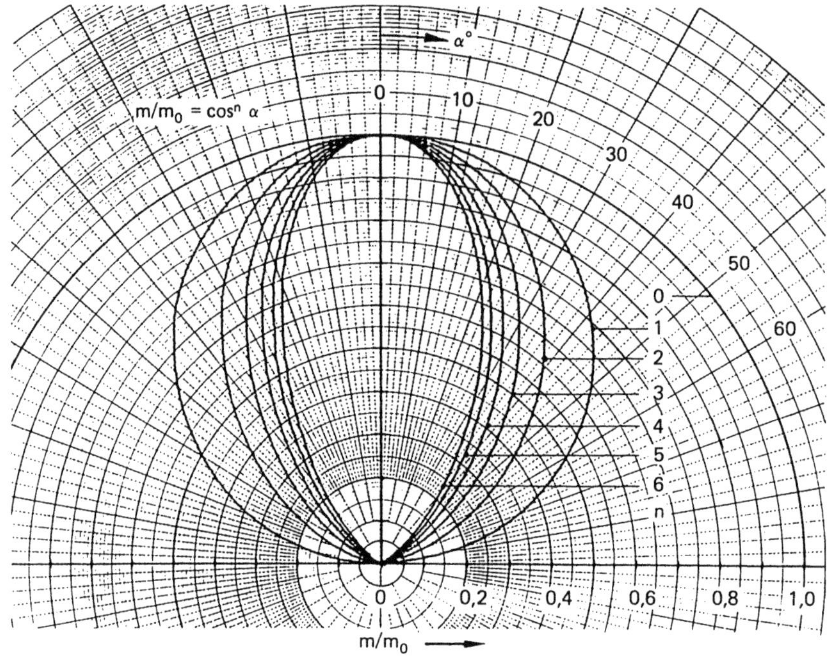

Bild 3–41. Schnittbilder von Dampfkeulen für verschiedene cos-Exponenten [3–111].

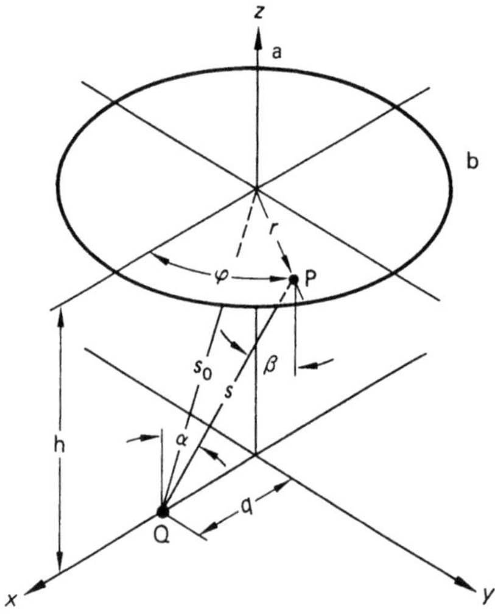

Bild 3–42. Verdampfungsgeometrie mit einer Palette als Substratträger.
a Drehachse
b Palette
P Beobachtungspunkt
Q Quelle

76

Die Größen d_0, s_0, $\cos \alpha_0$ und $\cos \beta_0$ beziehen sich auf den Normierungspunkt, d gibt die Dicke einer Schicht auf einem Substratflächenelement an.

Nach Bild 3–42 ergibt sich

$$\left(\frac{s_0}{s}\right)^2 = \frac{1 + (q/h)^2}{1 + (r/h)^2 + (q/h)^2 - 2\,(r/h)\,(q/h)\cos \varphi} \tag{3–28}$$

und

$$\cos \alpha = \cos \beta = \frac{1}{\sqrt{1 + (r/h)^2 + (q/h)^2 - 2\,(r/h)\,(q/h)\cos \varphi}}\,. \tag{3–29}$$

Gl. (3–28) und (3–29) in Gl. (3–27) eingesetzt ergibt auf den Drehpol $r/h = 0$ normiert

$$\frac{d}{d_0} = \frac{[1 + (q/h)^2]^{(n+3)/2}}{[1 + (r/h)^2 + (q/h)^2 - 2\,(r/h)\,(q/h)\cos \varphi]^{(n+3)/2}}\,. \tag{3–30}$$

Gl. (3–30) gibt das Verhältnis zwischen der Schichtdicke auf einem beliebigen Punkt der Palette und der des Punktes auf der Drehachse im statischen Zustand an. Durch Integration der Gl. (3–30) mit der Integrationsvariablen φ erhält man die normierte Schichtdickenverteilung bei rotierender Palette:

$$\frac{d}{d_0} = [1 + (q/h)^2]^{(n+3)/2}\,\frac{1}{\pi}\int_0^\pi \frac{d\varphi}{[1 + (r/h)^2 + (q/h)^2 - 2\,(r/h)\,(q/h)\cos \varphi]^{(n+3)/2}}\,. \tag{3–31}$$

Nur für geradzahlige Exponenten der Gl. (3–31), also für $n = 1,\ 3,\ 5$, sind geschlossene Lösungen möglich, in anderen Fällen muß man auf numerische Rechenmethoden zurückgreifen. Für Verdampfungsquellen, deren Dampfkeulen sich mit einem $\cos^1 \alpha$, $\cos^3 \alpha$ oder $\cos^5 \alpha$ beschreiben lassen, ergibt die Integration von Gl. (3–31):

$$\frac{d}{d_0} = k_1 \frac{a}{[a^2 - b^2]^{3/2}} \qquad \text{für} \quad n = 1\,, \tag{3–32}$$

$$\frac{d}{d_0} = k_1 \frac{a^2 + (1/2)\,b^2}{[a^2 - b^2]^{5/2}} \qquad \text{für} \quad n = 3\,, \tag{3–33}$$

und

$$\frac{d}{d_0} = k_1 \frac{a^3 + (3/2)\,ab^2}{[a^2 - b^2]^{7/2}} \qquad \text{für} \quad n = 5 \tag{3–34}$$

mit den Abkürzungen

$$k_1 = [1 + (q/h)^2]^{(n+3)/2}\,,$$
$$a = 1 + (r/h)^2 + (q/h)^2\,,$$
$$b = 2\,(r/h)\,(q/h)\,.$$

Eine Auswertung, vgl. Bild 3–43, zeigt den erwarteten Einfluß der Dampfkeulenform; sie zeigt aber auch, daß bei zentrischer Anordnung der Verdampfungsquelle ($q/h = 0$) von Schichtdickengleichmäßigkeit nicht die Rede sein kann. Deutliche Verbeserungen ergeben sich, wenn sich die Verdampfungsquelle außerhalb der Drehachse befindet. Je nach der Dampfkeulenform und dem Verhältnis von q/h ist auf einem mehr oder weniger großen Flächenanteil der Palette eine gleichmäßige Schichtdicke realisierbar. In Bild 3–44 sind die zu erwartenden Schichtdickenverteilungen verschiedener Dampfkeulenfor-

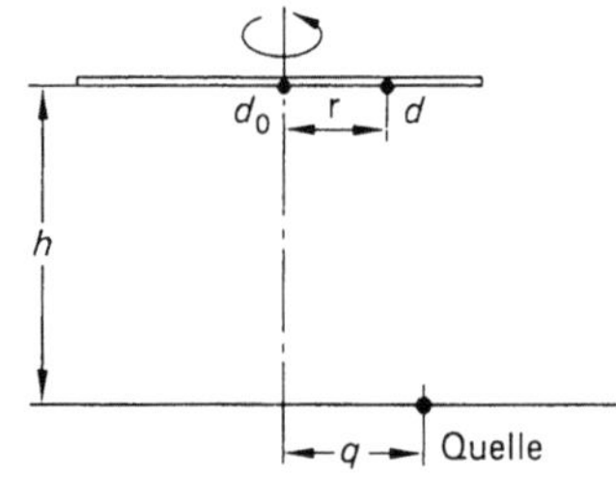

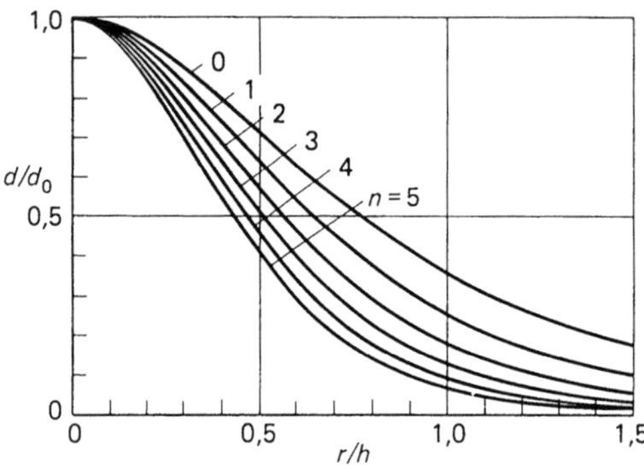

Bild 3–43. Schichtdickenverteilung auf einer Palette mit verschiedenen cos-Exponenten der auf der Drehachse ($q/h = 0$) befindlichen Verdampfungsquelle.

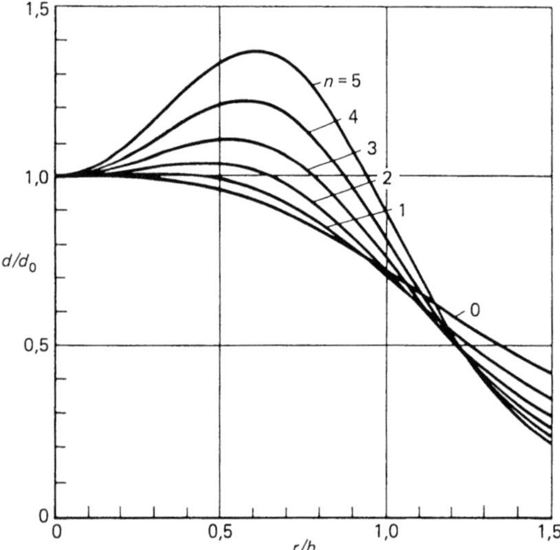

Bild 3–44. Schichtdickenverteilung auf einer Palette mit verschiedenen cos-Exponenten der außerhalb der Drehachse ($q/h = 0,75$) befindlichen Verdampfungsquelle.

men für $q/h = 0,75$ dargestellt. Wie immer man aber auch das Verhältnis q/h wählt, bei höheren Ansprüchen an die Gleichmäßigkeit, wie es z.B. beim Aufdampfen von Interferenzschichten erforderlich ist, kann nur ein Teil der zur Verfügung stehenden Gesamtfläche der Palette mit Substraten belegt werden.

Als Substratträger kommen daher häufiger Kalotten zum Einsatz, da mit ihnen bessere Resultate erzielbar sind. Bei der Berechnung der Schichtdickengleichmäßigkeit geht man

78

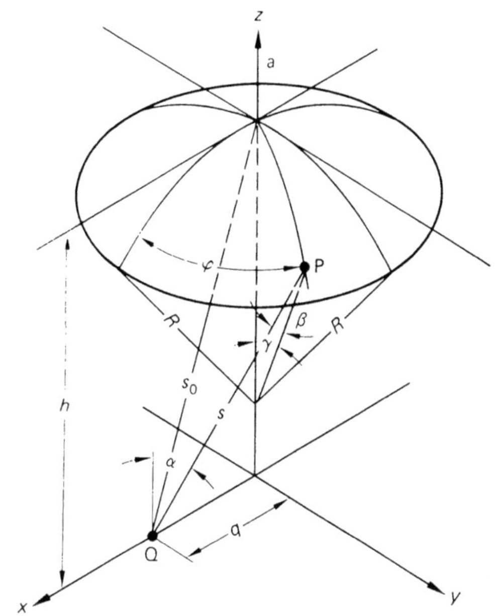

Bild 3–45. Verdampfungsgeometrie mit
einer Kalotte als Substratträger.
a Drehachse
Q Quelle
P Beobachtungsort

ebenfalls von Gl. (3–27) aus und erhält für den statischen Betrieb bei den in Bild 3–45
gezeigten geometrischen Verhältnissen

$$d/d_0 = k_1\, k_2^n\, \frac{c - e\cos\varphi}{[f - g\cos\varphi]^{(n+3)/2}} \qquad (3\text{–}35)$$

und für den dynamischen Betrieb

$$d/d_0 = k_3\, \frac{1}{\pi} \int_0^\pi \frac{c - e\cos\varphi}{[f - g\cos\varphi]^{(n+3)/2}}\, d\varphi \qquad (3\text{–}36)$$

mit den Abkürzungen

$$
\begin{aligned}
c\; &= R/h + [1 - R/h]\cos\gamma \\
e\; &= (q/h)\sin\gamma \\
f\; &= 1 + (q/h)^2 + 2\,R/h\,[R/h - 1 + (1 - R/h)\cos\gamma] \\
g\; &= 2\,(R/h)\,(q/h)\sin\gamma \\
k_1 &= [1 + (q/h)^2]^{(n+3)/2} \\
k_2 &= 1 - (R/h)(1 - \cos\gamma) \\
k_3 &= k_1\, k_2^n\,.
\end{aligned}
$$

Auch hier ergeben sich nur für diskrete Werte von n geschlossene Lösungen, und zwar ist

$$d/d_0 = k_3\, \frac{cf - eg}{[f^2 - g^2]^{3/2}} \qquad \text{für}\quad n = 1, \qquad (3\text{–}37)$$

$$d/d_0 = k_3\, \frac{cf^2 + (1/2)\,cg^2 - (3/2)\,efg}{[f^2 - g^2]^{5/2}} \qquad \text{für}\quad n = 3 \qquad (3\text{–}38)$$

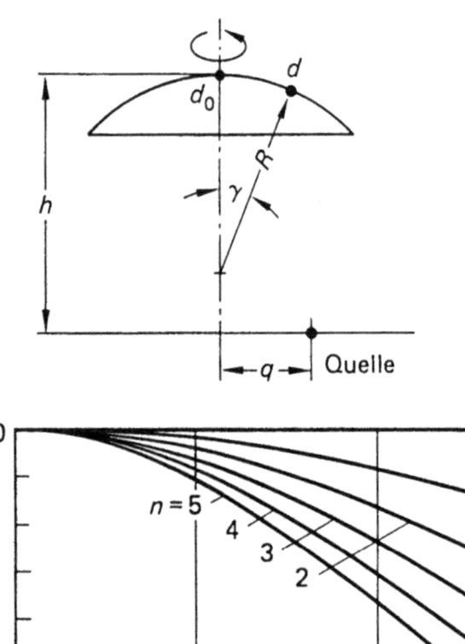

Bild 3–46. Schichtdickenverteilung auf einer Kalotte bei verschiedenen cos-Exponenten der Verdampfungsquelle ($q/h = 0$, $R/h = 1$).

und

$$d/d_0 = k_3 \, \frac{cf^3 + (3/2)\,cfg^2 - 2\,ef^2 g - (1/2)\,eg^3}{[f^2 - g^2]^{7/2}} \quad \text{für} \quad n = 5. \tag{3–39}$$

Ähnlich wie bei Paletten ist auch bei Kalotten die Gleichmäßigkeit um so besser, je kleiner der Kosinusexponent ist. Neben der Quellengeometrie spielt außerdem der Kalottenradius eine wesentliche Rolle, Bild 3–46.

Bei den in Bild 3–47 dargestellten Schichtdickenverteilungen liegt eine noch realisierbare Dampfkeule mit $n = 3$ zugrunde. Die beiden Rechenbeispiele zeigen besonders deutlich den Einfluß des Verhältnisses q/h und außerdem, daß der Nutzungsbereich von Paletten sehr gering ist, während Kalotten bei geeigneten geometrischen Verhältnissen vollflächig mit Substraten belegbar sind.

In der Praxis geht man so vor, daß man zunächst auf experimentellem Wege die Dampfkeulenform ausmißt, indem man ein sog. Schichtdickenprofil aufnimmt. Dabei benutzt man Glasscheiben von nur wenigen cm^2 Fläche, die man an verschiedenen Stellen des Substratträgers anbringt, dann im statischen Betrieb bedampft. Anschließend bestimmt man durch Wägung, durch ein hinreichend empfindliches mechanisches Abtastgerät oder auch durch eine andere Methode die ortsabhängige Kondensatmenge und ermittelt dann den Kosinusexponenten. Erst im Anschluß daran kann die rechnerische Bestimmung der geometrischen Verhältnisse für die günstigste Schichtdickenverteilung durchgeführt werden.

80

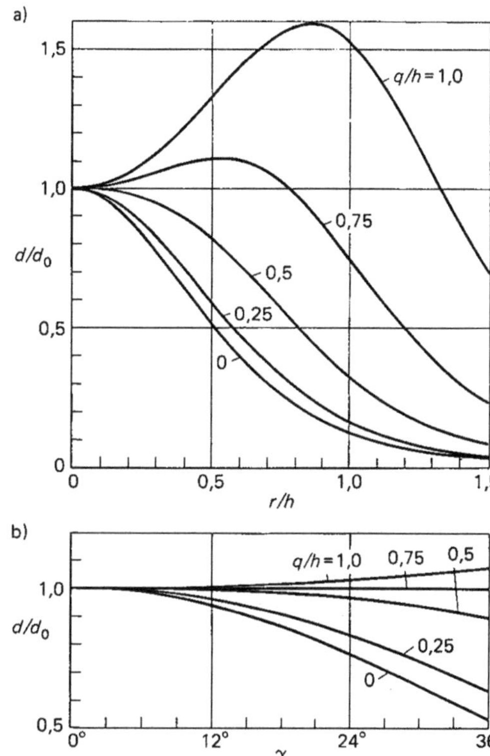

Bild 3–47. Schichtdickenverteilung auf einer Palette und einer Kalotte für $n = 3$ und q/h als Parameter.
a) Palette
b) Kalotte

Da der Kosinusexponent ein wesentlicher Einflußparameter ist, hängt der Übereinstimmungsgrad zwischen berechneter und tatsächlich erreichter Schichtdickengleichmäßigkeit letzten Endes davon ab, mit welcher Sorgfalt das Ausmessen der Dampfkeule geschieht. Obwohl bei einem bestimmten Vorhaben die günstigsten geometrischen Verhältnisse durch lediglich ein einziges Experiment festzustellen wären, empfehlen sich Wiederholungsversuche, um Aussagen über die Reproduzierbarkeit, auch bei späteren Anwendungen, machen zu können.

Es kann der Fall eintreten, daß unter vorgegebenen Bedingungen eine bestimmte Schichtdickengleichmäßigkeit grundsätzlich nicht erreichbar ist, z.B. dann, wenn aus zwingenden technischen oder physikalischen Gründen die Verdampfungsquelle in der Drehachse des Substratträgers ($q/h = 0$) liegen muß. Eine Verbesserung der Schichtdickengleichmäßigkeit kann dann durch eine Korrekturblende, die zwischen Verdampferquelle und Substratträger positioniert wird, erzielt werden. Bei der Berechnung einer Korrekturblende kommen ebenfalls die vorstehenden Überlegungen zur Anwendung. Das Rechenmodell eignet sich auch für die Berechnung von Schichtdickenverteilungen unter Einbeziehung von Korrekturblenden, wenn Flächenquellen zum Einsatz kommen, d.h., es ist sowohl bei der Katodenzerstäubung im klassischen Sinne wie auch bei Hochleistungszerstäubern anwendbar. Ebenfalls und auf einfache Weise ist der Ausnutzungsgrad des Beschichtungsmaterials berechenbar. Es kann angegeben werden, welche Anteile auf der

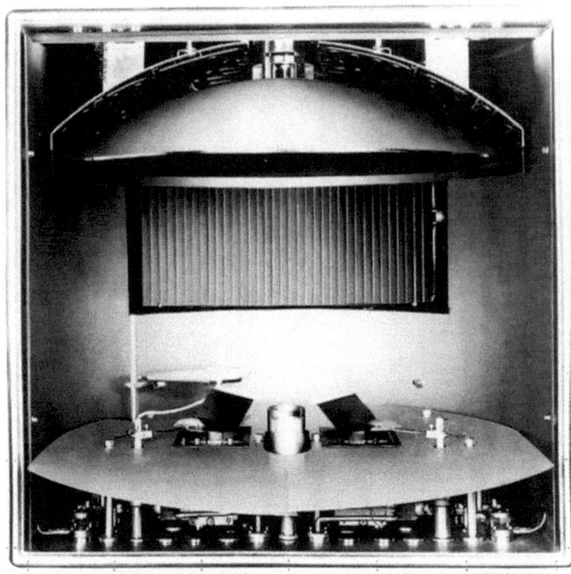

Bild 3–48. Geöffneter Rezipient einer Aufdampfanlage mit zwei Elektronenstrrahlkanonen, Typ: A 1100 der Leybold AG, Hanau.

Rezipientenwand, der Korrekturblende und den Substratoberflächen kondensieren [3–110].

3.3.3.3 Anlagentechnik

Aufdampfanlagen für die Herstellung optischer oder auch anderer hochwertiger Schichten besitzen meist einen vertikal angeordneten Rezipienten. Er besteht in der Regel aus rostbeständigem Stahl, da Rostansatz bekanntlich zu einer erheblichen Verlängerung der Evakuierungsdauer führt und sich vor allem bei reaktiven Prozessen nachteilig auswirkt (vgl. Abschn. 3.3.3.2.1).

Für eine problemlose Reinigung von Kondensatschichten sind die Kesselwände mit leicht austauschbaren Kupferblechen ausgekleidet, auf deren der Rezipientenwand zugekehrten Seite wasserdurchflossene Rohre aufgelötet sind. Auch der Kesselboden mit seinen zahlreichen Durchführungen und Anschlüssen, der nur mit viel Aufwand zu reinigen ist, ist bis auf die Öffnungen zu den Verdampfungsquellen und zur optischen Schichtdickenmeßeinrichtung durch ein Schutzblech abgedeckt, Bild 3–48.

Bei reinraumtauglichen Aufdampfanlagen besitzen die Rezipienten zwei Türen. Die vordere Tür läßt sich in eine Wand einpassen, die den Reinraum von der Grauzone trennt. Schaltschränke und Vakuumpumpen sowie alle partikelerzeugenden Teile befinden sich in der Grauzone. Ein- und Ausbau der Schutzbleche, der Wechsel kontaminierter Bauteile im Rezipienten und alle Wartungsarbeiten erfolgen vom Grauraum aus, Bild 3–49. Die Arbeiten im Reinraum beschränken sich auf den Wechsel der Substrathalter mit den Substraten, auf das Nachfüllen von Verdampfungsmaterial und auf den Austausch von Test-

82

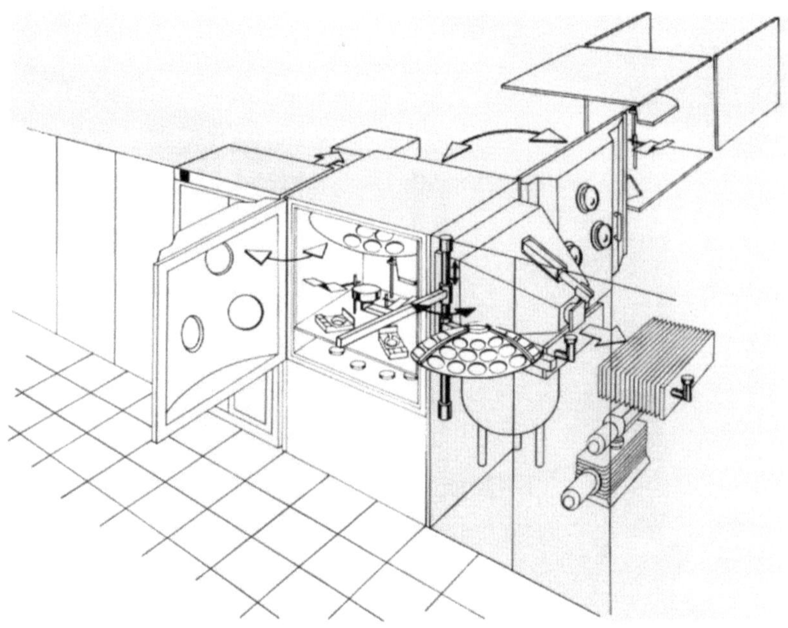

Bild 3-49. Schema einer Aufdampfanlage mit Reinraumbetrieb.

gläsern und Schwingquarzen. Bild 3-50 zeigt in Reinraumtechnik betriebene Aufdampf-anlagen zum Herstellen hochwertiger Schichtsysteme für Präzisionsoptik.

Bei ebenen oder nur schwach gekrümmten Substraten haben die Haltlerungen die Form einer Kugelkalotte. Wegen einer leichten Handhabung beim Beschicken der Anlage ist bei größeren Rezipientendurchmessern die Kalotte in mehrere Segmente unterteilt, Bild 3-51. Zur Erhöhung der Produktivität kann eine aus mehreren Wendepaddeln bestehen-de Kalotte verwendet werden. Nach dem Beschichten der ersten Seite werden die Pad-deln, Bild 3-52, innerhalb von wenigen Sekunden gewendet und dann mit der Beschich-tung der zweiten Seite begonnen. Die Belegungsdichte mit Linsen ist zwar geringer als bei den üblicherweise verwendeten Kalotten, aber durch den Wegfall der Aufheizzeit und der Evakuierung beim Beschichten der zweiten Seite gewinnt man insgesamt an Produk-tionskapazität.

Schichtdickengleichmäßigkeiten von $\pm 1\%$ auf der gesamten Kalotte und auch von Charge zu Charge sind bei ebenen Substraten die Regel. Verbesserungen ergeben sich durch Benutzung von Korrekturblenden, die den Dampfstrahl teilweise ausblenden. Die Form der Korrekturblenden läßt sich nach dem in [3-111] beschriebenen Modell genau berechnen. Die Auswirkungen von möglichen Schwankungen der Dampfkeule auf die Schichtdickengleichmäßigkeit sind geringer, wenn die Korrekturblende nicht senkrecht zur Rezipientenwand, sondern mehr zum Substrathalter hin angeordnet wird.

Komplizierter geformte Substrate lassen sich mit Planetenantrieben gleichmäßig bedamp-fen. Bild 3-53 zeigt als Beispiel ein Planetensystem, bei dem der Einstellwinkel der Pla-neten zur Horizontalen zwischen 0 und 70° variiert werden kann. Das Beheizen der Sub-

Bild 3–50. In Reinraumtechnik betriebene Aufdampfanlagen zum Herstellen hochwertiger Schichten für die Präzisionsoptik, Typ: A 924 der Leybold AG, Hanau.

Bild 3–51. Aus mehreren Segmenten bestehende Kalotte.

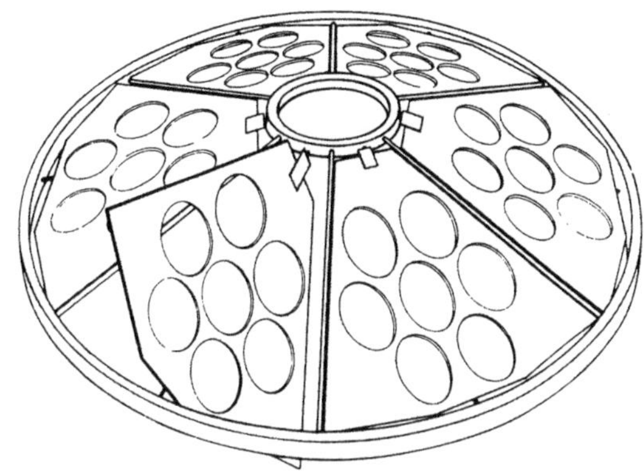

Bild 3–52. Kalotte mit Wendepaddeln.

Bild 3–53. Planetensystem mit variablem Neigungswinkel.

strate geschieht in der Regel durch zwei getrennt regelbare Heizkreise von der Rückseite der Substrate her. Ein darüber angeordnetes Reflektorblech verhindert ein übermäßiges Hochheizen des Rezipientendeckels und vermindert die Energieverluste. Die üblichen Substrattemperaturen liegen zwischen 300 und 350 °C. Eine konstante Substrattemperatur, die für gleichmäßige Schichteigenschaften unerläßlich ist, wird durch eine Temperaturmeß- und -regeleinrichtung gewährleistet.

Bei Benutzung von Planetenantrieben oder auch beim Beschichten von Kunststoffgläsern aus CR 39 für Brillen wird die zu beschichtende Seite direkt beheizt. Die Strahler sind auf dem Boden befestigt und arbeiten temperaturgeregelt. Die noch zulässigen Substrattemperaturen für Kunststoff liegen zwischen 50 und 150 °C. Bild 3–54 zeigt den Innenraum eines Rezipienten mit beiden Heizmöglichkeiten. Die Kalottensegmente werden auf dem Drehkreuz befestigt. Mit der darunter befindlichen Korrekturblende läßt sich die Schichtdickengleichmäßigkeit verbessern. Die mit flüssigem Stickstoff betriebene Meißnerfalle unterhalb des Bodenschutzbleches besitzt für Wasserdampf und andere kondensierbare Dämpfe ein hohes Saugvermögen und bewirkt eine erhebliche Reduzierung der Evakuierungsdauer bei stärker gasenden Substraten wie z. B. Kunststoff. Zahlreiche

Bild 3–54. Innenansicht eines Rezipienten mit Elektronenstrahlkanone mit Mehrnapftiegel, zwei Infrarotheizungen, Meißner-Falle, Korrekturblende und Drehkreuz zur Aufnahme der Substrathalterungen.

Blindflansche am Boden des Rezipienten ermöglichen den Anschluß weiterer in 3.3.2 beschriebenen Zubehörteile. In standardisierter Ausführung liegen die Durchmesser der Rezipienten zwischen etwa 400 und 1500 mm.

3.3.4 Anlagen zum Metallisieren von Kunststoffteilen

3.3.4.1 Allgemeines

Das Beschichten von Kunststoffteilen geschieht aus dekorativen Gründen, es soll dem Grundkörper ein metallisches Aussehen verleihen. Dabei stehen wirtschaftliche Interessen im Vordergrund, weil Kunststoffe gegenüber Metallen eine geringere Dichte besitzen, leichter formbar sind, praktisch unbeschränkt zur Verfügung stehen und geringere Kosten verursachen. Es war daher naheliegend, die Oberflächenveredelung von Kunststoffteilen bei Massenprodukten anzuwenden wie z.B. beim Automobilbau, bei Haushaltsgeräten, Plaketten für verschiedenste Anwendungen, Schmuckwaren und Spielzeug [3–111 bis 3–121]. Daneben gibt es aber auch technische Anwendungen, z.B. Schichten zum Abschirmen gegen elektro-magnetische Störfelder [3–122 bis 3–125].

Es kommen verschiedene Beschichtungsverfahren mit mehr oder weniger stark eingeschränkter Anwendungsbreite und mit Unterschieden bei den hergestellten Schichten infrage. Metallspritzen eignet sich nur für dickere Schichten, die porös sind und ein mattes Ausehen besitzen. Die chemische Metallisierung wird im großindustriellen Maßstab zum Herstellen von Spiegeln auf Gläsern eingesetzt. Für Kunststoffbeschichtung ist sie wegen nicht immer ausreichender Haftfestigkeit der Schichten weniger geeignet. Trotz

86

Giftigkeit und Umweltbelastung der verwendeten Ausgangsmaterialien und der nicht unbeträchtlichen Aufarbeitungskosten für die Abfallprodukte finden galvanische Überzüge nach wie vor breite Anwendung. Das Galvanisieren kann aber nicht überall angewendet werden [3–126]; es beschränkt sich im wesentlichen auf ABS-Polymerisate und Polypropylen.

Durch entsprechende Vorbehandlung der Kunststoffoberfläche lassen sich jedoch gute Haftfestigkeiten erzielen.

Beim Aufdampfen im Hochvakuum bestehen diese Einschränkungen nicht. Im Prinzip lassen sich alle Kunststoffarten mit beliebigen Metallen oder Metallegierungen beschichten. Hauptsächlich wird aber Aluminium als dünne Schicht aufgedampft. Bei einer Dicke von ca. 50 nm ist ihre Oberflächenstruktur ein Abbild der Kunststoffunterlage. Rauhe Oberflächen besitzen ein mattes Aussehen, glatte Oberflächen sind hochreflektierend.

Wegen der verfahrensbedingten Erwärmung der Substrate schied die Katodenzerstäubung für Kunststoffe bisher aus. Erst mit der Einführung des Magnetronsputterns konnten die Substrattemperaturen so niedrig gehalten werden, daß dieses Verfahren auch für das Beschichten von Kunststoffteilen und -folien interessant geworden ist. Besondere Ansprüche an die Schichteigenschaften lassen sich nur durch Kombination artfremder Oberflächenbeschichtungstechnologien, die bisher vorwiegend als konkurrierende Verfahren betrachtet wurden, erfüllen. So können beispielsweise Galvanotechnik und PVD-Verfahren miteinander kombiniert werden. Zunächst wird eine elektrisch leitende Grundschicht aufgedampft oder auch aufgestäubt und nachfolgend galvanisch verstärkt [3–127; 3–128]. Umgekehrt kann durch eine galvanische Grundschicht ein Einebnungseffekt und eine Verbesserung des Korrosionsverhaltens durch eine darauf mit einem PVD-Verfahren aufgebrachte Deckschicht erreicht werden [3–129 bis 3–131].

3.3.4.2 Einfluß von Kunststoffeigenschaften auf den Beschichtungsprozeß

Die Eignung eines Kunststoffteils für das Aufbringen einer dekorativ wirkenden, metallischen Schicht hängt von der Oberflächenbeschaffenheit des zu beschichtenden Teiles ab, von seinem Verhalten im Vakuum und von der Haftfestigkeit der Schicht. Grundvoraussetzung für hochreflektierende Schichten sind Oberflächen geringer Rauheit. Spritzgegossene thermoplastische Kunststoffe haben eine so geringe Rauheit, daß sie ohne eine spezielle Oberflächenbehandlung direkt mit Aluminium bedampft werden könnten [3–121]. Daß man sie trotzdem i. a. mit einer Lackschicht überzieht, hat mehrere Gründe. Eine zusätzliche Einebnung, also die Schaffung einer nahezu idealen Oberfläche, ist zwar erwünscht, aber mehr als Nebeneffekt, da die Anforderungen an die teuren Spritzgußformen hinsichtlich der Oberflächengüte herabgesetzt werden können. Hauptaufgabe dieser Grundlackschicht ist vielmehr, den Einfluß des Trägermaterials auf den Beschichtungsprozeß auszuschließen.

Kunststoffe haben im Vergleich zu Gläsern und Metallen eine um eine bis zwei Größenordnungen höhere Gasabgabe durch Desorption von der Oberfläche. Erschwerend kommt hinzu, daß Wasserdampf oder auch andere Dämpfe ständig aus dem Innern des Kunststoffteils an die Oberfläche diffundieren und desorbieren. Dieser Effekt verstärkt sich noch schon bei geringer Temperaturerhöhung. Die Folge ist, daß sich während des Bedampfens vor der zu beschichtenden Oberfläche eine Dampfwolke aufbaut, die eine Verminderung der Haftfestigkeit bewirkt, die Schicht an Glanz verliert und eine leicht bräunliche Färbung annimmt. Die Gasabgabe der einzelnen Kunststoffarten ist sehr unterschiedlich.

Tabelle 3–2. Gasabgabe von Kunststoffen.

	G_1 $\mathrm{mbar\,l\,s^{-1}\,cm^{-2}}$	G_2 $\mathrm{mbar\,l\,s^{-1}\,cm^{-2}}$
Polyamid	308×10^{-8}	280×10^{-8}
Hart-PVC	62×10^{-8}	40×10^{-8}
Polystyrol, Sorte 1	55×10^{-8}	35×10^{-8}
Polystyrol, Sorte 2	148×10^{-8}	85×10^{-8}
PMMA	150×10^{-8}	120×10^{-8}
Polyäthylen	19×10^{-8}	13×10^{-8}
PTFE, Sorte 1	48×10^{-8}	25×10^{-8}
PTFE, Sorte 2	21×10^{-8}	2×10^{-8}
Epoxidharz, ausgehärtet	140×10^{-8}	100×10^{-8}
Polyurethan	55×10^{-8}	30×10^{-8}

G_1 Gasabgabe, gemittelt über die ersten 30 Minuten Evakuierungszeit
G_2 Gasabgabe nach 3 Stunden Evakuierung.

Kunststoffe mit relativ geringer Gasabgabe sind bedampfungsfreundlich. Ausnahmen bilden Kunststoffe mit wasserabstoßenden Oberflächen, wie z.B. Polytetrafluorethylen, Polyethylen und Polypropylen, bei denen vor dem Beschichten eine Vorbehandlung erforderlich ist. In Tab. 3–2 sind die spezifischen Gasabgaben einiger unter ihrem Handelsnamen genannten Kunststoffarten nach 30 Minuten und nach drei Stunden Evakuierungsdauer angegeben [3-118]. Tab. 3–3 enthält qualitative Angaben über die Gasabgabe, die Lackierbarkeit von Kunststoffen und die Haftfestigkeit von Aluminiumschichten. Eine Grundlackschicht übt eine Trennwirkung aus, die, richtige Lackwahl, Trocknungstemperatur und -dauer vorausgesetzt, auch das Beschichten stark gasabgebender und damit bedampfungsunfreundlicher Kunststoffe ermöglicht. Bei fein strukturierten Formen verteilt sich bei höheren Temperaturen die Spritzgußmasse besser in engen Kanälen und Verästelungen. Gelegentlich werden aber die Temperaturen während des Spritzens zu hoch gewählt, so daß sich niedermolekulare Zersetzungsprodukte bilden, die auch bei sonst guten Eigenschaften des Grundmaterials die Schichteigenschaften beeinträchtigen. Aber auch Füllstoffe, Weichmacher, bei der Verarbeitung verwendete Trenn- und Gleitmittel und die Lagerbedingungen wie Temperatur und Luftfeuchte beeinflussen das Verhalten des Kunststoffs im Vakuum und bei der Beschichtung. Sofern diese Oberflächenverunreinigungen in nicht zu starkem Maße auftreten, werden sie durch die Grundlackierung „zugedeckt" und verschlechtern die Eigenschaften der später aufgebrachten Schicht nicht.

Dünne Metallschichten sind relativ weich und bedürfen einer Schutzschicht, wenn der Glanz erhalten bleiben soll. Dünne Aluminiumschichten müssen gegen mechanische Schäden, Korrosion und atmosphärische Einflüsse geschützt werden. Das geschieht in der Regel durch eine Decklackschicht mit einer Dicke in der Größenordnung von 10 μm. Je nach Untergrundmaterial und Anforderungen beim Gebrauch gibt es verschiedene Grund- und Schutzlacke, die sorgfältig aufeinander abgestimmt werden müssen. Die Belastbarkeit der Lacke ist sehr unterschiedlich. Einige besonders wärmebeständige Thermoplaste gestatten die Verwendung hochwertiger Einbrennlacke mit guter mechanischer Festigkeit und guter Widerstandsfähigkeit gegen chemische Einflüsse. Viele thermoplastische Kunststoffe schließen die Verwendung von Einbrennlacken aus und gestatten stattdessen

Tabelle 3–3. Eignung von Kunststoffen für das Bedampfen im Hochvakuum.

Chem. Gruppe	Gasabgabe	Haftfestigkeit	Lackierbarkeit
Polystyrol	gering	sehr gut	gut
Methacrylharze	merklich	mäßig	gut
Celluloseacetat	groß	mäßig	gut
Celluloseacetobutyrat	gering	gut	gut
Polycarbonat	gering	sehr gut	gut
Regenerierte Cellulose	groß	schlecht	mäßig
dito, wetterfest	gering	gut	gut
Polyester	gering	gut	gut
Polyurethane	gering	gut	gut
Polyamide	merkl.-gr.	gut	gut
Polyvinylchlorid, hart	gering	schlecht	mäßig
Polyvinylchlorid, weich	merkl.-gr.	mäßig	schlecht
Polyäthylen	gering	schlecht	mäßig
dito, vorbehandelt	gering	gut	gut
Polypropylen	gering	mäß.-gut	mäßig
Polytetrafluoräthylen	gering	gut	gut
Epoxidharze	gering	gut	mäßig
Acrylnitril-Butadien-Styrol (ABS-Polymere)	gering	sehr gut	gut
Silikonharze	gering	gut	gut
Polyacrylnitril	gering	gut	schlecht
Phenol-Formaldehyd	merklich	gut	gut
Melaminharze	gering	gut	gut
Harnstoffharze	groß	gut	gut

nur lufttrocknende Kombinationen, deren lange Trockendauer durch Wärmezufuhr abgekürzt werden kann. Die Beständigkeitseigenschaften dieser Lackkombinationen ist nicht so gut wie die von Einbrennlacken. Bei den meisten Thermoplasten beträgt die Trockentemperatur etwa 50 bis 60 °C, die Trockendauer mindestens 60 Minuten [3–132 bis 3–134].

3.3.4.3 Anlagentechnik

Das Bedampfen von Kunststoffteilen mit Aluminium ist ein recht einfacher Vorgang, der weder mit technischen noch physikalischen Problemen verbunden ist. Bei der Konzipierung von Anlagen stehen daher wirtschaftliche Gesichtspunkte im Vordergrund, also möglichst kurze Chargendauern und hohe Packungsdichte der Kunststoffsubstrate. Eine besonders gute Raumausnutzung läßt sich mit einer rotationssymmetrischen Anordnung erreichen, Bild 3–55, meist mit liegend angeordneten Rezipienten. In der Achse des Drehkäfigs befinden sich mehrere hintereinander angeordnete Quellen. Für das Verdampfen von Aluminium eignen sich am besten Wolframspiralen, in die Aluminiumdrähte von 1 bis 2 mm Dicke einglegt werden. Die Wolframwendeln werden durch direkten Stromdurchgang so hoch erhitzt, daß das Aluminium schmilzt und die mehrfach verdrillten Wolframdrähte benetzt. Unmittelbar danach wird die Temperatur weiter erhöht und das Aluminium innerhalb von weniger als einer halben Minute verdampft. Bei schnellem Verdampfen werden relativ wenig Restgasteilchen in die Schicht eingebaut, sie besitzt dann ein hohes Reflexionsvermögen. Je schneller der Verdampfungsprozeß abläuft,

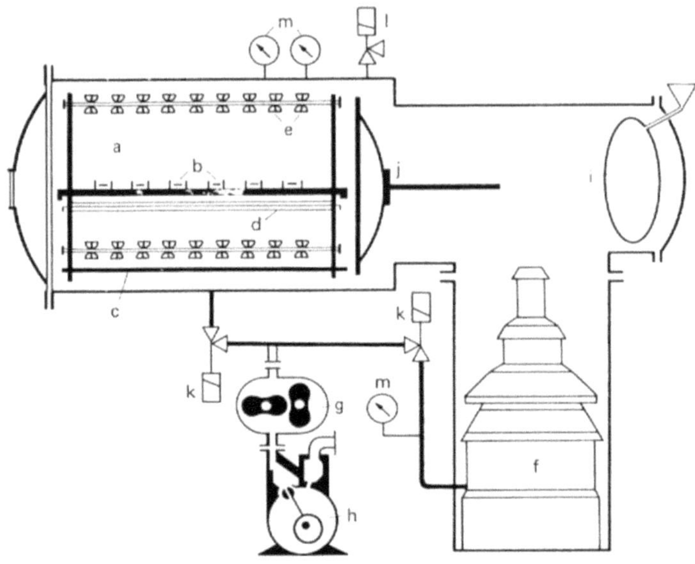

Bild 3–55. Schema einer Kunststoffbedampfungsanlage.

a)	Rezipient	h)	Vorvakuumpumpe
b)	Verdampfungsquellen	i)	Tiefkühlfalle
c)	Beschickungskäfig	j)	Hochvakuumventil
d)	Glimmkatode	k)	Vorvakuumventil
e)	Bedampfungsgut	l)	Flutventil
f)	Diffusionspumpe	m)	Vakuummeßgeräte
g)	Wälzkolbenpumpe		

um so niedrigere Anforderungen werden an den Restgasdruck gestellt. Daher sind bei der Kunststoffbeschichtung schon Drücke von ca. $2 \cdot 10^{-4}$ mbar ausreichend.

Das Auflegen von nadelförmigen „Reitern" auf jede einzelne Windung der Wolframspirale ist zwar mühsam, verbürgt aber bei richtiger Handhabung spritzerarme Schichten, und das Abtropfen von Aluminium während des Einschmelzens ist äußerst selten zu beobachten. Die Wolframwendeln müssen je nach Größe und Drahtdurchmesser nach 10 bis 20 Aufdampfungen ersetzt werden.

Durch zwei parallel angeordnete Verdampfungsreihen lassen sich dickere Schichten oder auch Wechselschichteen ohne Unterbrechung des Vakuums aufdampfen. Beispielsweise kann eine Aluminiumschicht durch eine weitere Schicht vor Korrosion geschützt werden. Auch Iris-Schichten, die durch alternierendes Aufdampfen von nicht absorbierenden, hoch- und niedrigbrechenden Materialien, wie z. B. ZnS und MgF_2 bestehen, lassen sich kostengünstig herstellen. Bei ebenen oder nur schwach gekrümmten Substraten kann man auf eine Doppelrotation verzichten; sie werden auf einfache Weise z. B. auf feststehenden Blechen des Drehkäfigs befestigt, Bild 3–56. Komplizierter geformte Kunststoffteile machen eine Doppelrotation notwendig. Die Substrate sind auf Stäben befestigt, die um ihre eigene Achse rotieren, Bild 3–57. In diesem Fall ist auch die bedampfbare Kunststofffläche größer. Durch Benutzung von Masken sind teilflächige Beschichtungen möglich.

90

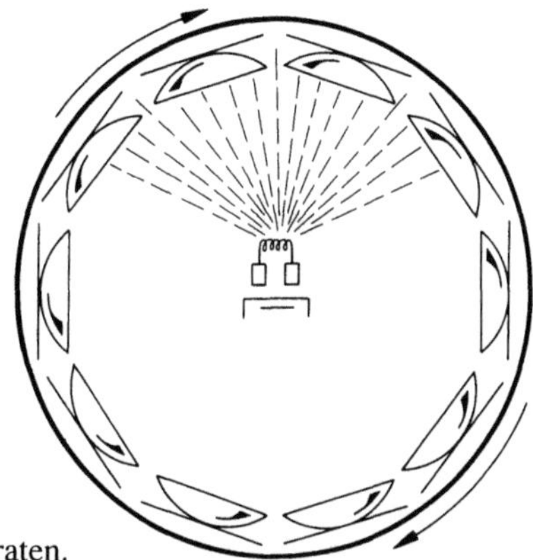

Bild 3–56.
Drehkäfig mit auf feststehenden Blechen befestigten Substraten.

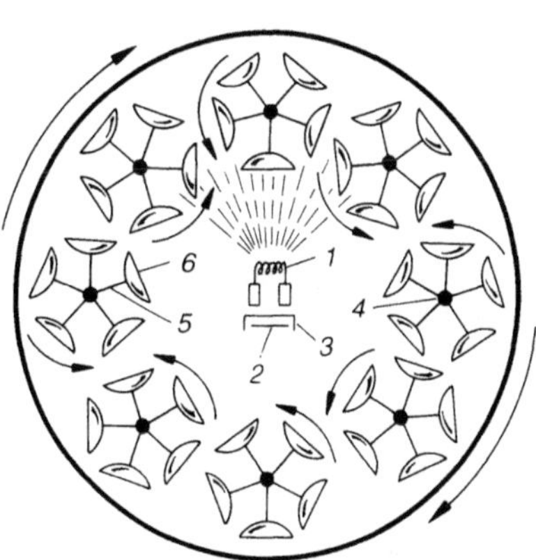

Bild 3–57. Doppelrotation der Substrate über den
Verdampfungsquellen.
1 Verdampfungsquelle
2 Glimmelektrode
3 Abschirmblech
4 Beschickungsstab
5 Substrathalterung
6 Substrat

Die Anlagen sind i. a. mit rechteckförmigen Glimmelektroden ausgerüstet, die sich unterhalb der Vedampfungslinien befindet. Auf ihrer Rückseite sorgt ein Abschirmblech dafür, daß die Entladung gerichtet nur im unteren Halbraum brennt. Gleichzeitig dient es als Auffänger für eventuell abtropfendes, geschmolzenes Aluminium und verhindert damit Schichtschäden. Beim Beglimmen ist hinsichtlich der Dosierung und Dauer große Vorsicht geboten. Nicht alle Kunststoffarten dürfen beglimmt werden. Polycarbonate nehmen z. B. eine Gelbfärbung an. Andererseits kann eine Vorbehandlung durch Beglimmen für eine gute Schichthaftung unerläßlich sein, z. B. bei Polyethylen.

Wegen der geforderten hohen Produktivität kommt der vakuumtechnischen Ausrüstung zentrale Bedeutung zu. Um kurze Chargendauern einhalten zu können, sind mehrere Maßnahmen zu treffen:

1. Die Kunststoffteile sollten nach dem Lackieren und Trocknen im Ofen nur kurze Zeit atmosphärischer Luft ausgesetzt werden.

2. Die Lagerung der Kunststoffteile und der Betrieb der Anlagen sollten in luftkonditionierten Räumen mit möglichst geringem Feuchtigkeitsgehalt erfolgen.

3. Die Öffnungszeiten der Anlagen sollten möglichst kurz sein.

4. Auf den Rezipientenwänden, den Substrathalterungen und insbesondere den Abdeckblechen, die einen wesentlichen Anteil der gasabgebenden Oberflächen bilden, kondensiert Verdampfungsmaterial. Vor allem dickere, poröse Schichten nehmen bei Belüftung
der Anlagen erhebliche Wasserdampfmengen auf und verlängern den nachfolgenden
Evakuierungsvorgang deutlich. Leicht austauschbare Kesselverkleidungen und Reini-
gungen der Einbauten in regelmäßigen kürzeren Abständen sind daher unerläßlich.

Auch bei Einhaltung dieser Maßnahmen sind hohe Saugvermögen erforderlich. Zur
Abkürzung der Vorevakuierung werden den ölgedichteten rotierenden Vakuumpumpen
Wälzkolbenpumpen vorgeschaltet. Zur Evakuierung auf Hochvakuum dienen Öldiffusionspumpen. Einer immer weiteren Verkürzung der Evakuierungszeiten durch Vergrößerung des Saugvermögens sind jedoch Grenzen gesetzt. Es wäre absurd, eine beliebig große Öldiffusionspumpe zu verwenden. Eine obere, für den praktischen Betrieb aber
zu hoch angesetzte Grenze ist dann erreicht, wenn der Durchmesser der Ansaugöffnung
der Öldiffusionspumpe dem Durchmesser des Rezipienten entspricht. Da bei einem
Hochvakuumpumpstand mit Öldiffusionspumpe als letzter Stufe auf einen Ölfänger
(baffle) und ein Hochvakuumventil nicht verzichtet werden kann, reduziert sich das effektive Saugvermögen etwa auf ein Viertel des Nennsaugvermögens. Ferner ist zu berücksichtigen, daß bei einem liegend angeordneten Kessel eine Anschlußleitung mit 90°-
Knick erforderlich ist, was eine weitere Reduzierung des Saugvermögens zur Folge hat.
Eine überschlägige Rechnung, der die in Tab. 3–2 angegebenen Gasabgaben von Kunststoffen zugrunde liegen und in die auch die großen, gasabgebenden Flächen von Einbauten und Abdeckblechen einbezogen sind, zeigt, daß selbst bei großzügigster Dimensionierung des Vakuumpumpstandes die Evakuierungsdauer kaum mehr tolerabel ist. Zwei
Möglichkeiten zur Erhöhung der Produktivität bieten sich an:

1. Die Restgasatmosphäre in Aufdampfanlagen besteht vorwiegend aus Wasserdampf
und anderen Dämpfen, die schon bei nicht allzu tiefen Temperaturen kondensieren.
Tiefgekühlte Flächen stellen daher eine ideale Pumpe für solche Dämpfe dar. Kühltem-
peraturen von $-120\,°C$ sind bereits ausreichend. Meist betreibt man aber die Kühlein-
richtungen mit flüssigem Stickstoff, dessen Temperatur bei Atmosphärendruck bei
$-196\,°C$ liegt. Das theoretische und in der Praxis auch tatsächlich zu erreichende spezifische Saugvermögen für Wasserdampf beträgt $14,7\,\mathrm{l\,s^{-1}\,cm^{-2}}$. Schon mit relativ kleinen
Kühlflächen lassen sich sehr hohe Saugvermögen realisieren; wenn sich die Kühlfläche
in unmittelbarer Nähe des Kesseleingangs befindet, vgl. Bild 3–55. Damit ergeben sich
drastische Verkürzungen der Evakuierungsdauer. Die Evakuierungskurven in Bild 3–58
sprechen für sich und bedürfen keines weiteren Kommentars [3–120]. Moderne Einkammeranlagen sind mit einer programmierbaren Steuerung ausgerüstet. Alle für den Pro-
duktionsprozeß wichtigen Parameter wie Prozeßzeiten, Spannung, Strom und Prozeß-
drücke sind speicherprogrammierbar und können bei Änderung der Aufgabenstellung
aus den Speichern abgerufen werden. Die Darstellung erfolgt in Prozeßschaubildern und
kann dokumentiert werden. Angefangen vom Evakuierungsprozeß über die Glimmreini-
gung bis hin zum Beschichtungsprozeß werden alle notwendigen Verfahrensschritte von
der Programmautomatik selbständig durchgeführt. Bild 3–59 zeigt eine vollautomatisch
betriebene Einkesselanlage mit teilweise ausgefahrenem Drehkäfig.

2. Die Wasserdampfaufnahme im belüfteten Zustand und -abgabe beim Evakuieren
entfällt bei Taktanlagen, bei denen der Bedampfungsraum ständig unter Hochvakuum
bleibt, Bild 3–60. Die mit Substraten bestückten Drehkäfige gelangen über Transportein-
richtungen in die Einschleuskammer, die von Atmosphärendruck auf 10^{-1} bis 10^{-2} mbar
evakuiert wird. Die Vorentgasung wird durch Beglimmen beschleunigt. Nach beendetem

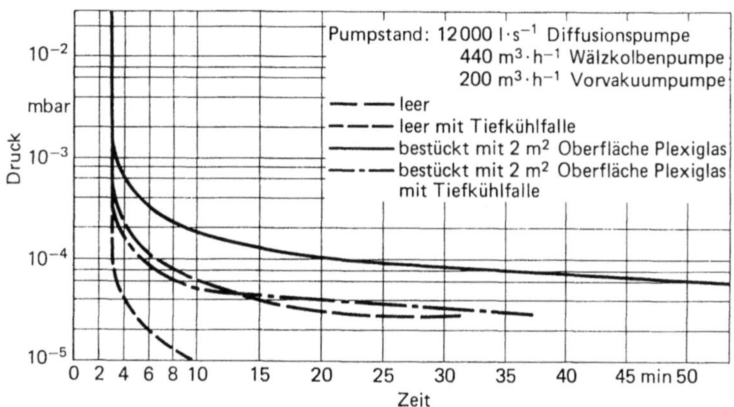

Bild 3–58. Evakuierung einer Hochvakuum-Aufdampfanlage unter verschiedenen Bedingungen.
Pumpstand: 12000 l/s Diffusionspumpe

              440 m³/h Wälzkolbenpumpe

              200 m³/h Vorvakuumpumpe

– – – – – –   leer

----------   leer mit Tiefkühlfalle

————————   bestückt mit 2 m² Oberfläche Plexiglas

–·–·–·–·–·   bestückt mit 2 m² Oberfläche Plexiglas mit Tiefkühlfalle

Bild 3–59. Kunststoff-Beschichtungsanlage mit vollautomatischer Anlagensteuerung, Typ A 1000 H der Leybold AG, Hanau.

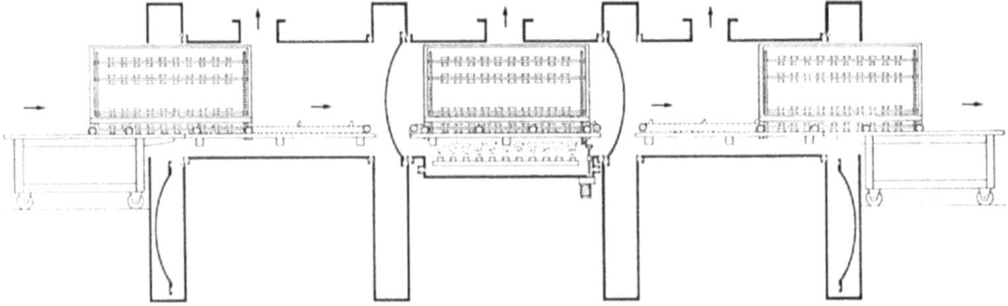

Bild 3–60. Schleusenanlage zum Bedampfen von Kunststofformteilen.

Beschichtungsprozeß in der Hauptkammer öffnen sich die beiden Ventile zur Einschleus- und Ausschleuskammer. Die beschichteten Teile und die noch zu beschichtenden Teile werden gleichzeitig in die nächste Kammer transportiert, die beiden inneren Ventile schließen sich. Danach öffnen sich die beiden äußeren Ventile, und der Vorgang wiederholt sich. Da die metall-keramischen Verdampfungsquellen ständig beheizt bleiben und automatisch Aluminiumdraht nachgeführt wird, sind Taktzeiten von nur 3 Minuten realisierbar. Solche Taktanlagen werden vollautomatisch betrieben. Dem Bedienpersonal fällt lediglich die Aufgabe zu, die bedampften Teile gegen noch zu bedampfende auszutauschen.

Neuere Anlagenkonzepte von Schleusenanlagen nutzen die Vorteile des Magnetronsputterns. Die Rezipienten sind meist senkrecht angeordnet, und durch Einfügen von Zusatzkammern lassen sich in einem Durchlauf auch aus mehreren Schichten mit unterschiedlichen Materialien bestehende Systeme vollautomatisch und problemlos aufstäuben.

3.3.5 Anlagen zum Beschichten von Papier und Kunststoffolien

3.3.5.1 Übersicht

Der Markt für metallisierte Folien und Papier zeigt seit mehreren Jahren eine hohe Wachstumsrate. Zur Zeit werden pro Jahr fast $10^{10}\,\mathrm{m}^2$ Kunststoffolie beschichtet, was einer Fläche von etwa zwei Millionen Fußballplätzen entspricht. Einer der Hauptgründe für die hohen Steigerungsraten sind die enorme Materialeinsparung von 99 % Al gegenüber herkömmlicher Aluminiumfolie und die höhere Produktivität beschichteter Folien. Von Belang ist ferner, daß metallisierte Folien von Müllverbrennungsanlagen problemlos angenommen werden. Die Umweltbelastung durch Aluminiumabfall wird also durch Anwendung der Aufdampftechnik drastisch reduziert. Das Beschichten sehr großer Folienflächen erfordert Anlagenkonzepte entsprechend hoher Produktivität und Wirtschaftlichkeit.

Die hohe Steigerungsrate in den letzten Jahren ist aber auch darauf zurückzuführen, daß neben den klassischen Anwendungen Kondensatorfolie und Verpackungsfolie für dekorative und funktionelle Zwecke durch Verbesserung der Verfahrens- und Anlagentechnik neue Anwendungsgebiete erschlossen wurden: Folien für Architekturglas, photoleitende Schichten für hochwertige Filme, Speicherschichten, transparente, elektrisch leitende Schichten und Interferenzschichten für fälschungssichere Dokumente. Diese unterschied-

94

lichen Aufgabenstellungen, bei denen nicht nur Metalle, sondern auch Legierungen und Dielektrika als Beschichtungsmaterial infrage kommen und bei denen die Qualitätsansprüche an die Schichteigenschaften, insbesondere an die Reproduzierbarkeit der vorgegebenen Schichtdicke und der Schichtdickengleichmäßigkeit sehr unterschiedlich sind, lassen sich nicht alle mit der gleichen Verfahrenstechnik und der gleichen Anlagenausrüstung bewältigen. Neben dem Aufdampfen im Hochvakuum mit widerstandsbeheizten Verdampfungsquellen oder Elektronenstrahlverdampfern gewinnt das Sputtern wegen seiner Vorzüge bei reaktiven Prozessen und bei Großflächenbeschichtung zunehmend an Bedeutung. Auch CVD-Verfahren mit gasförmigen Ausgangsmaterialien finden gelegentlich Anwendung, z. B. beim Herstellen von Schutzschichten.

3.3.5.2 Anlagenkonzeption und Prozeßablauf

Aus wirtschaftlichen, physikalischen oder technischen Gründen darf das Beschichten von Papier oder Kunststoffolien weder zu langsam noch zu schnell erfolgen. Hohe Produktivität und Wirtschaftlichkeit erfordern einen möglichst schnellen Beschichtungsvorgang. Die Realisierung einer hohen Produktivität ist nur denkbar über einen Umwickelvorgang, bei dem die Folie an Verdampfungsquellen vorbeigeführt wird.

Grundsätzlich kommen dafür Luft-zu-Luft-Anlagen infrage, bei denen die Folie von der Umgebungsatmosphäre über mehrere Druckschleusen in die Bedampfungskammer ein- und auf die gleiche Weise über Druckschleusen wieder an die Außenatmosphäre ausgeführt und aufgerollt wird. Da jedoch vorwiegend Kunststoffolien mit Dicken im Bereich von einigen µm Verwendung finden und sich somit große Vorräte an beschichtbarer Folienoberfläche ohne Schwierigkeiten in einer Vakuumkammer unterbringen lassen, verzichtet man daher auf die von der Anschaffung und von den Betriebskosten her teureren Luft-zu-Luft-Anlagen und geht als Grundkonzept von semikontinuierlichen Anlagen aus, bei denen sich auch das Umwickelsystem in der Vakuumkammer befindet. Beim semikontinuierlichen Betrieb besteht ein Arbeitszyklus aus vier Phasen:

- Evakuieren und Hochheizen der Verdampfungsquellen auf Betriebstemperatur

- Beschichtungsprozeß

- Abkühlung der Verdampfungsquellen und Abtauen der Kryopumpen

- Ent- und Beladung der Anlage.

Bei einer Gesamtrechnung fallen die unproduktiven Zeiten so wenig ins Gewicht, daß semikontinuierlich betriebene Anlagen bis zu Folienstärken von 100 µm Luft-zu-Luft-Anlagen technisch und wirtschaftlich überlegen sind [3–135] (vgl. Band 5, Kap. 9). Die Produktivität wird begrenzt durch

- das effektive Saugvermögen des installierten Hochvakuumpumpstandes und der spezifischen Gasabgabe der Folie

- die Umwickeleinrichtung und Foliendicke

- die mit den benutzten Verdampfungsquellen realisierbare Verdampfungsgeschwindigkeit.

Vakuumausrüstung

Der Arbeitsdruck während des Beschichtungsprozesses darf nicht größer als etwa 10^{-4} mbar sein. Ein zu hoher Restgasdruck bedingt einen zu hohen Anteil von in die

Schicht eingebauten Verunreinigungen und führt zu verschlechterten Schichteigenschaften (Reflexion, elektrische Leitfähigkeit). Die Gasabgabe von Kunststoffen ist wesentlich größer als die von Metall- oder Glasoberflächen und außerdem von Kunststoff zu Kunststoff unterschiedlich (vgl., Tab. 3–2 und 3–3). Beim Umwickeln von Kunststoffolie oder Papier werden ständig mit Gasen beladene Oberflächen dem Vakuumraum ausgesetzt; es entsteht ein enormer Desorptionsgasstrom. So ergeben sich z.B. bei einer Umwickelgeschwindigkeit von 4 ms^{-1} folgende Desorptionsgasströme:

Polyesterfolie (12 µm):   1,5 mbar ls^{-1} m^{-2}
Papier AD 145, 140 gm^{-2}:   77   mbar ls^{-1} m^{-2}
Papier AD 401, 40 gm^{-2}:   8   mbar ls^{-1} m^{-2}

Um bei den Umrollgeschwindigkeiten von bis zu 12 ms^{-1} und Bandbreiten von bis zu 2 m einen Arbeitsdruck von 10^{-4} mbar aufrechterhalten zu können, wären effektive Saugvermögen der Hochvakuumpumpen von mehreren Millionen ls^{-1} notwendig. Solche hohen Saugvermögen liegen weit außerhalb der Realisierungsmöglichkeiten. Dieses Problem wäre auch nicht durch zusätzliche Benutzung von Kühlfallen zu lösen. Geht man davon aus, daß der Desorptionsgasstrom vorwiegend aus Wasserdampf besteht und das spezifische Saugvermögen einer Kaltfläche 15 ls^{-1} cm^{-2} beträgt, so müßte für einen Arbeitsdruck von 10^{-4} mbar unter den angegebenen extremen Verhältnissen eine Kaltfläche von 40 m^2 installiert werden, wobei, was unter praktischen Verhältnissen kaum möglich wäre, der Dampf ungehindert die Kaltflächen erreichen müßte. Als weitere Erschwernis bei der Erstellung der Anlagenkonzeption kommt hinzu, daß bei einer zu kurz bemessenen Entgasungsdauer der Folie die Haftfestigkeit der Schicht meist nicht ausreichend ist.

Alle Anforderungen werden erfüllt, wenn der Rezipient in zwei unabhängig voneinander evakuierbare Kammern derart unterteilt wird, daß sich die Aufwickel- und Abwickelrolle

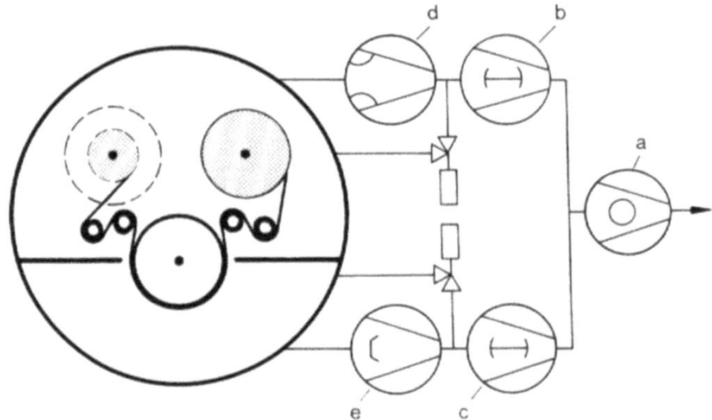

Bild 3–61. Schema einer Zweikammer-Vakuum-Bandbeschichtungsanlage mit Vakuumpumpenausrüstung.
Kammerdurchmesser 270 cm
Kammerlänge   240 cm
a Trochoidenpumpe ($S = 2 \times 620$ m^3 h^{-1})
b Wälzkolbenpumpe ($S = 7000$ m^3 h^{-1})
c Wälzkolbenpumpe ($S = 7000$ m^3 h^{-1})
d Öldampfstrahlpumpe ($S = 4 \times 4000$ ls^{-1})
e Öldiffusionspumpe ($S = 2 \times 30\,000$ ls^{-1})

in der Kammer mit dem höheren Druck befindet, in der auch die Folie vorentgast wird, während sich in der Bedampfungskammer, um den Entgasungsstrom möglichst gering zu halten, nur ein etwa 20 cm breiter Folienstreifen befindet, der auf einer hochglanzpolierten, gekühlten Walze aufliegt.

Bei extrem großen Desorptionsgasströmen kommen auch in drei oder vier Kammern unterteilte Rezipienten zum Einsatz. Aber auch Einkammeranlagen werden bei entsprechend niedrigen Gasströmen eingesetzt, z.B. beim Herstellen von Zn-Schichten. Bild 3–61 zeigt ein vereinfachtes Schema einer Zweikammeranlage zur einseitigen Beschichtung einer Folie, Bild 3–62 [3–136] das Schema einer Zweikammeranlage, in der die Folie in einem Arbeitsgang beidseitig beschichtet werden kann. In der Entgasungskammer herrschen Drücke zwischen etwa 10^{-2} und 10^{-3} mbar. Zur Evakuierung werden meist Öldampfstrahlpumpen benutzt, die in diesem Druckbereich einen hohen Wirkungsgrad besitzen. Parallel dazu werden zum Abpumpen von Wasserdampf und anderen kondensierbaren Dämpfen Tiefkühlfallen eingesetzt. Der Bedampfungsraum, in dem der Arbeitsdruck bei 1 bis $2 \cdot 10^{-4}$ mbar liegt, wird durch Öldiffusionspumpen evakuiert. Bei beiden Pumpständen werden statt jeweils einer großen mehrere Pumpen parallel geschaltet. Bei den größten, heute kommerziell erhältlichen Anlagen mit einem Rezipientendurchmesser von 3,8 m bei Kammerlängen von 3 m ist die Bedampfungskammer mit zwei Öldiffusionspumpen von je 50 000 ls^{-1} Saugvermögen ausgerüstet. Bild 3–63 [3–136, 3–137] zeigt als Beispiel den Druckverlauf in beiden Kammern während des Evakuierens und während des Bedampfens [3–138 bis 3–140].

Wickeleinrichtung

Die Folie muß mit einstellbarer und konstanter Geschwindigkeit an den Verdampfungsquellen vorbeigeführt werden. Das Umrollen muß faltenfrei geschehen. Liegt die Folie nicht mit konstanter Druckkraft auf der Bedampfungswalze auf oder ist die Kühlwirkung auch aus anderen Gründen ungenügend, so kommt es durch Strahlungswärme und Kondensationswärme zu Überhitzungen, die Folie ist dann unbrauchbar. Um auch bei sehr dünnen Folien bis hinab zu 1 µm ein einwandfreies Umwickeln gewährleisten zu können, sind aufwendige, komplizierte und aus einer größeren Anzahl von Walzen bestehende Systeme erforderlich. Die Abstände zwischen den einzelnen Walzen müssen besonders bei sehr dünnen Folien sehr kurz sein [3–141].

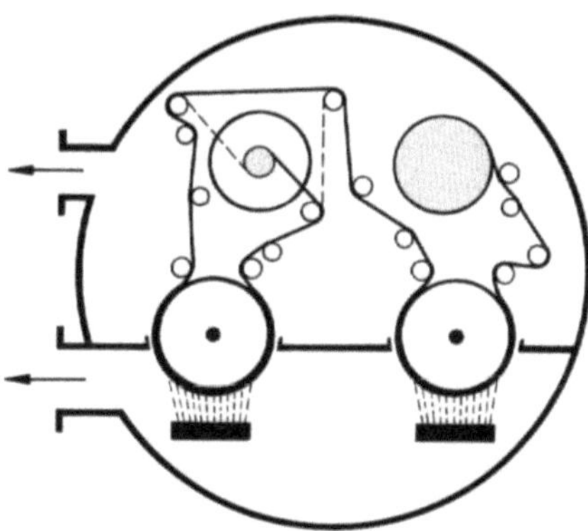

Bild 3–62. Schema einer Zweikammer-Vakuum-Bandbeschichtungsanlage für beidseitige Beschichtung.

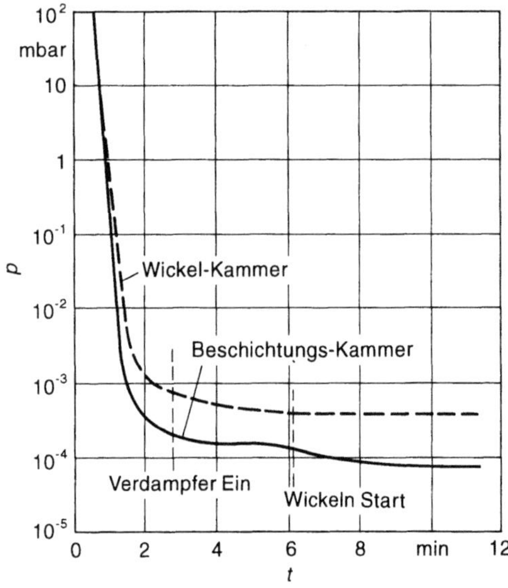

Bild 3–63. Evakuierungskurve einer Zwei-kammer-Vakuum-Bandbeschichtungsanlage, Typ A 650B2K der Fa. Leybold AG, Hanau.
Folie: Polypropylen   6 µm
Rollendurchmesser: 420 mm
Folienlänge: 22300 m

Verdampfungsquellen

Obwohl sich in den letzten Jahren eine ganze Reihe neuer Anwendungen wie transparente, elektrisch leitende Schichten, nichtmetallische Barriereschichten, dielektrische Schichtsysteme ergeben haben, werden zur Zeit noch 90% aller im Vakuum beschichteten, bandförmigen Substrate mit Aluminium bedampft. Wahrscheinlich wird noch über viele Jahre Aluminium das meistgenutzte Material für Vakuum-Bandbeschichtung bleiben [3–135]. Dafür sprechen mehrere Gründe:

– Der Preis für Aluminium ist relativ niedrig, die Rohstroffreserven größer als die aller anderen Metalle.

– Aluminium besitzt einen relativ niedrigen Schmelzpunkt und ist zur kontinuierlichen Nachführung zu den Verdampfungsquellen als Draht verfügbar.

– Aluminium besitzt ein sehr hohes Reflexionsvermögen, das nur von Silber übertroffen wird.

– Aluminiumschichten haben auf vielen Kunststoffolienarten eine ausreichend gute Haftfestigkeit.

Aluminium wird von durch direkten Stromdurchgang beheizten, quaderförmigen und aus Titandioxid, Bornitrid und Aluminiumnitrid bestehenden Quellen verdampft. Wegen der Schichtdickengleichmäßigkeit über der gesamten Folienbreite sind mehrere Verdampfungsquellen nebeneinander angeordnet, pro Meter Bandbreite etwa 12. Bei Aluminiumschichten schwankt die Schichtdicke um ± 5% [3–142]. Jede Verdampfungsquelle besitzt eine eigene Versorgung, wobei Abweichungen im elektrischen Verhalten der einzelnen Verdampfer ausgeglichen werden. Das Verdampfungsmaterial wird den einzelnen Quellen mit konstanter Geschwindigkeit in Drahtform zugeführt [3–143]. Von jeder Quelle können bis zu 10 g min⁻¹ Aluminium verdampft werden. Der Aluminiumvorrat für eine Verdampfungsquelle beträgt bis zu 5 kg. Über die Vorschubgeschwindigkeit des Aluminiums und die Umrollgeschwindigkeit läßt sich die gewünschte Schichtdicke einstellen.

Bei Anwendung von Elektronenstrahlkanonen sind die Vielfalt der verdampfbaren Materialien, die trägheitslose Zufuhr der Energie zum Verdampfungsort und die nahezu trägheitslose Steuerung der Verdampfungsrate vorteilhaft. Sie kommen vor allem dann zum Einsatz, wenn hohe Verdampfungsraten verlangt und Materialien verdampft werden, die bei höheren Temperaturen im Quellenmaterial von widerstandsbeheizten Verdampfern in stärkerem Maße in Lösung gehen. Ein typisches Beispiel ist das Bedampfen von Bändern mit magnetischen Schichten [3–144] für Video- und Audio-Aufzeichnungen. Problematisch wird das Bedampfen, wenn sehr gute Schichtdickengleichmäßigkeit auch senkrecht zum Bandvorschub Bedingung ist, z. B. bei Interferenzschichten. Bei mehreren nebeneinander angeordneten Verdampfungsquellen unterliegt jeder beliebige Ort auf der Folie dem Einflußbereich mehrerer Quellen. Eine Änderung der Dampfdichteverteilung oder der Abdampfrate einer einzelnen Quelle macht zwangsläufig entsprechende Änderungen bei den Nachbarquellen notwendig. Weiterer und kaum zu rechtfertigender Aufwand entsteht beim Herstellen von Schichtsystemen, welche aus verschiedenen Materialien bestehen. Für jedes Material wäre eine separate Reihe von Verdampfungsquellen erforderlich. Bei solchen Anwendungen bietet sich die Katodenzerstäubung an.

Aus wirtschaftlichen Gründen werden möglichst hohe Beschichtungsgeschwindigkeiten angestrebt. Zu langsames Beschichten ist außerdem aus weiteren Gründen unvorteilhaft. Bei gleichem Reinheitsgrad einer Schicht muß der Restdruck um so niedriger sein, je langsamer verdampft wird. Ferner kann ein zu lang dauerndes Entgasen zum Verspröden der Folie führen. Schließlich nimmt mit zunehmender Verdampfungsrate die Wärmebelastung der Folie ab, denn die Verdampfungsrate hängt exponentiell von der Quellentemperatur ab, während die Energieübertragung von der Quelle zur Folie „nur" mit der 4. Potenz der Quellentemperatur zunimmt.

3.3.5.3 Ausführungsformen von semikontinuierlich betriebenen Folienbeschichtungsanlagen

Die unproduktiven Zeiten sollten bei semikontinuierlichen Anlagen möglichst kurz sein, der Chargenwechsel daher schnell vonstatten gehen. Damit beim Be- und Entladen die dafür wichtigen Anlagenteile leicht zugänglich sind, wird der komplette Wickelmechanismus aus dem Rezipienten herausgefahren. Bild 3–64 zeigt eine Vakuum-Bandbeschichtungsanlage für Kondensatorfolie im geöffneten Zustand, Bild 3–65 das Wickel- und Abdecksystem, bei dem durch aufliegende Bänder Streifen der Folie nicht bedampft werden.

Entgasungskammer und Bedampfungskammer sind durch auf den Stirnflächen und den Seiten (s. Bild 3–65, rechts) aufeinanderliegenden Blechen getrennt, so daß auf sehr einfache Weise beim Ausfahren eine einfache Trennung von Wickelmechanismus und Rezipient möglich ist, während beim Einfahren automatisch beide Kammern im vakuumtechnischen Sinn zwei verschiedene Einheiten bilden. Der Leitwert dieser Spalte ist so gering, daß infolge der nur relativ geringen Druckdifferenz in den beiden Kammern der Gasstrom in den Bedampfungsraum geringer ist als der dort durch Desorption anfallende Gasstrom.

Die Aluminium-Verdampfungsquellen mit den Drahtnachschubsystemen sind im Rezipienten fest installiert. Um die Folie nicht zu schädigen, befindet sich während des Hoch-

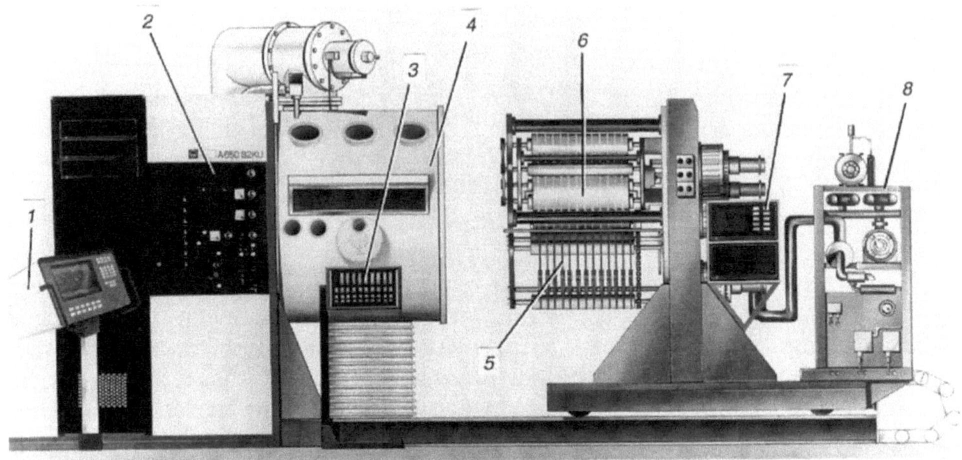

Bild 3–64. Vakuum-Bandbeschichtungsanlage für Kondensatorfolie [3–136].
1 Farbmonitor
2 Bedienungstafel
3 Bedienungspult für Verdampfungssystem
4 Vakuumkammer
5 Band-Abdecksystem
6 Wickelsystem
7 Schichtdickenmeßsystem
8 Kühl- und Heizeinrichtung

Bild 3–65. Wickel- und Abdecksystem einer Vakuum-Bandbeschichtungsanlage für Kondensatorfolie.

100

Bild 3–66. Aluminium-Verdampfungssysteme.

heizens und auch während der Abkühlperiode eine wassergekühlte Blende über den Verdampfungssystemen, die beim Bedampfen zur Seite geklappt wird, Bild 3–66.

Eine der wichtigsten Aufgaben in der Qualitätskontrolle metallisierter Folien ist die Überprüfung der Schichtdicke und der Schichtdickengleichmäßigkeit in und senkrecht zur Bandlaufrichtung. Das Konstanthalten von Verdampfungsrate und Bandgeschwindigkeit ist ausschlaggebend für die Schichtdickentoleranz, die bei dickeren Schichten über eine Widerstandsmessung zwischen zwei Walzen erfaßt werden kann. Damit mißt man allerdings nur Durchschnittswerte über die gesamte Folienbreite. Weitergehend sind berührungslose optische Verfahren, bei denen die Transmission als Maß für die Schichtdicke gemessen wird und die an beliebig vielen Meßpunkten erfaßt werden kann. Die Schichtdickenverteilung senkrecht zur Bandlaufrichtung wird als Balkendiagramm dargestellt. Der Operateur hat die Möglichkeit, beim Überschreiten vorgegebener Toleranzen bereits während des Beschichtungsprozesses korrigierend einzugreifen. Es bleibe in diesem Zusammenhang nicht unerwähnt, daß beide Methoden auch dann größere Abweichungen anzeigen, wenn bei konstanter Verdampfungsrate und konstanter Bandgeschwindigkeit aus Unachtsamkeit ein zu hoher Restgasdruck übersehen und nicht korrigiert wird, ein Fehler, der eigentlich nicht vorkommen sollte.

Für stichprobenartige Prüfungen bereits beschichteter Rollen stehen ebenfalls Meßverfahren zur Verfügung. Die Messung des Flächenwiderstandes R in $\Omega/\square$ geschieht durch eine 4-Punkte-Meßsonde. Unter Flächenwiderstand R versteht man den elektrischen Widerstand einer quadratischen Schicht bei Stromfluß parallel zu einer Quadratseite, der nur von der Schichtdicke, nicht aber von der Kantenlänge abhängt. Die Meßsonde wird von Hand in jede gewünschte Position gebracht, wobei eine richtige Kontaktierung automatisch sichergestellt wird. Der Meßstrom ist so niedrig, daß es durch ihn zu keinen Beschädigungen an der Metallschicht kommt. Bei der optischen Methode wird die Trans-

```
U N I F O R M I T Y        max 2.36        min 2.26
L E Y B O L D   A G        average =
Date:           06:55:38       2.311 O. D. ±2.22%
                 5.2 m/s    layer set =
OPP            AL coated       2.300 O. D. ±5.00%
                            result to set =
                               2.300 O. D. ±2.61%
39 measurment points       2.2              2.4
```

abs. valu	% deviation
2.32	0.38
2.32	0.38
2.33	0.81
2.31	-0.06
2.29	-0.92
2.27	-1.79
2.29	-0.92
2.28	-1.35
2.29	-0.92
2.29	-0.92
2.30	-0.49
2.30	-0.49
2.33	0.81
2.31	-0.06
2.31	-0.06
2.29	-0.92
2.32	0.38
2.34	1.24
2.34	1.24
2.32	0.38
2.34	1.24
2.35	1.68
2.36	2.11
2.32	0.38
2.26	-2.22
2.26	-2.22
2.28	-1.35
2.33	0.81
2.35	1.68
2.29	-0.92
2.33	0.81
2.33	0.81
2.33	0.81
2.31	-0.06
2.30	-0.49
2.32	0.38
2.34	1.24
2.31	-0.06
2.28	-1.35

Bild 3–67. Meßprotokoll über eine Schichtdickenverteilung an 39 Punkten durch eine optische Messung.

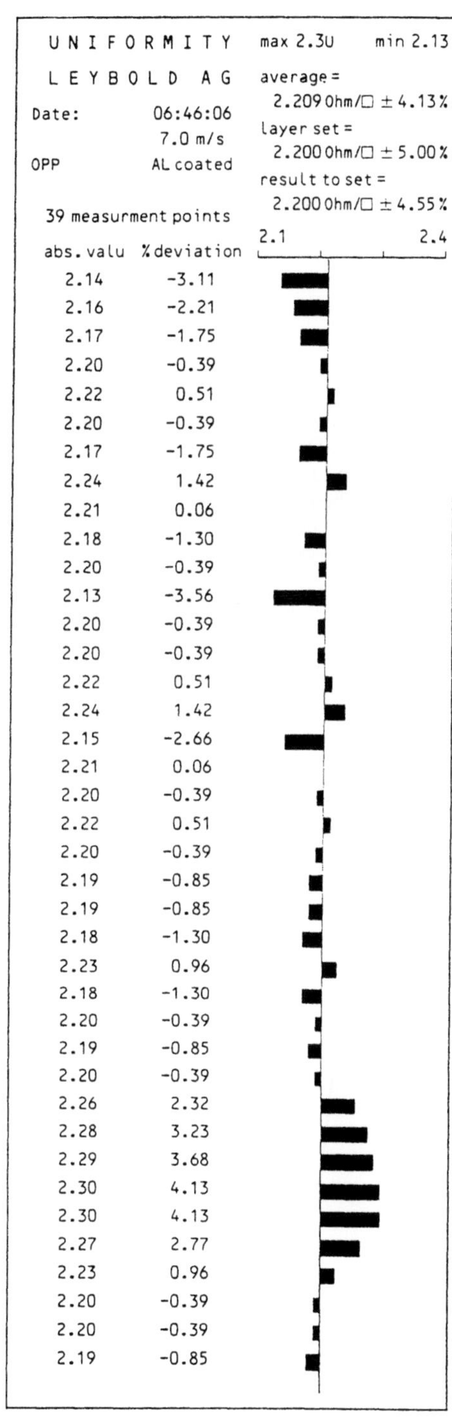

Bild 3–68. Meßprotokoll über eine Schichtdickenverteilung an 39 Punkten durch Messung des Flächenwiderstandes $\Omega/\square$.

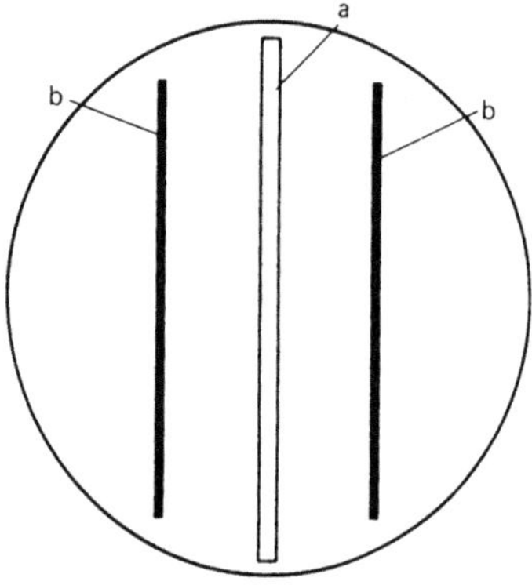

Bild 3–69. Beschichten großer Glasscheiben durch quantitatives Verdampfen.
Technische Daten der Anlagentype A 3200 H,
Hersteller: Leybold, Hanau
Glasscheiben: 2500×3500 mm
Kessel-Durchmesser: 3200 mm; Länge: 5000 mm
Verdampferrahmen: 3100×4530 mm
Je Schicht: 118 Verdampfungsquellen
Abstand Verdampferrahmen – Glasscheiben: 623 mm
Evakuierung durch vier Öldiffusionspumpen mit je 50 000 ls^{-1} Saugvermögen und Tiefkühlfallen
a Verdampferrahmen
b Glasscheiben

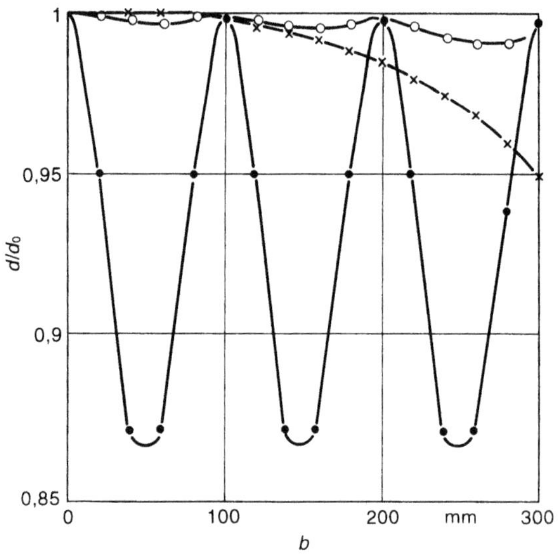

Bild 3–70. Schichtdickengleichmäßigkeit beim quantitativen Verdampfen von einem Verdampfer-
feld (zweidimensionale Darstellung).
Senkrechter Abstand Quellen – Glasscheibe: . 100 mm
                                          o 180 mm
                                          x 300 mm
Abstand b benachbarter Quellen: 100 mm
d_0: Schichtdicke senkrecht über einer Quelle = 1 gesetzt

parenz gemessen und im Meßprotokoll als optische Dichte angegeben mit einer Genauigkeit von $\pm 0,02$. Der Meßbereich erstreckt sich bis zu einer optischen Dichte von fünf, wobei unter spektraler optischer Dichte der dekadische Logarithmus des Kehrwertes des spektralen Transmissionsgrades verstanden wird. In den Bildern 3–67 und 3–68 sind die Meßprotokolle von optischen und elektrischen Messungen an 39 Meßpunkten wiedergegeben.

3.3.6 Anlagen zum Beschichten großer Flächen

Beim Beschichten großer Flächen, bei dem exaktes Einhalten der Schichtdicke und sehr gute Schichtdickengleichmäßigkeit Bedingung ist, wie z.B. beim Aufbringen von Sonnenschutzschichten oder Wärmedämmschichten auf Architekturglas, kommen seit einigen Jahren auschließlich Katodenzerstäubungsanlagen zur Anwendung, weil es einfacher und auch kostensparender ist, durch eine Relativbewegung des Substrats zur flächenförmigen Katode gute Schichtdickengleichmäßigkeit zu erreichen. Grundsätzlich besteht jedoch auch die Möglichkeit, durch quantitatives Verdampfen von Verdampferfeldern auch auf großen Flächen von z.B. 10 m^2 sehr gute Schichtdickengleichmäßigkeiten zu erreichen. Infrage kommen jedoch nur einfach verdampfbare Metalle wie Gold, Kupfer und Aluminium, aber auch mit Zinksulfid wurden gute Resultate erreicht.

Beim Aufdampfen im Hochvakuum sind auf einem Verdampferrahmen gitterartig eine bestimmte Anzahl von Verdampfungsquellen angeordnet. Das Verdampfen erfolgt quantitativ, d.h. jede Verdampfungsquelle enthält eine genau berechnete Menge Verdampfungsmaterial. Zur Berechnung der jeweiligen Einwaagemenge braucht lediglich die Dampfstrahlcharakteristik des verwendeten Verdampfungsquellentypus experimentell ermittelt zu werden. Dieser Versuch ist allerdings mit großer Sorgfalt durchzuführen, wenn die auf einer großen Fläche tatsächlich erzielte Gleichmäßigkeit mit der Rechnung übereinstimmen soll. In der Praxis ordnet man die Verdampfungsquellen gitterartig mit jeweils gleichen Abständen gegeneinander an. Das Verdampfungsquellenfeld muß, um Randeffekte zu vermeiden, größer sein als das zu bedampfende Substrat. Bild 3–69 zeigt schematisch die Anordnung des Verdampferrahmens zwischen zwei Glasscheiben und die Betriebsdaten. Der Abstand der Quellen zueinander darf nicht willkürlich gewählt werden. Kleinere Abstände verringern zwar die Amplituden der sinusförmigen Welligkeit der Schichtdickenverteilung, sind aber wegen der größeren Anzahl von Verdampfungsquellen mit einer erschwerten Handhabung verbunden. Auch der Abstand Glasscheibe – Verdampferfeld ist nicht frei wählbar. Wie Bild 3–70 zu entnehmen ist, schwankt die Schichtdicke zwischen einzelnen Gitterpunkten bei zu kleinen Abständen zu stark, während stattdessen bei größeren Abständen der Randeffekt ausgeprägter in Erscheinung tritt, der durch einen gegenüber der Glasscheibe vergrößerten Rahmen und durch größere Einwaagen vermieden werden kann.

Sehr großen Einfluß auf die Schichtdickengleichmäßigkeit nehmen die Restgasverhältnisse. Bei den in Bild 3–69 angegebenen Dimensionen bildet sich ein Druckgradient aus, der zu unterschiedlicher Streuwirkung der Dampfteilchen und damit zu Schichtdickenschwankungen führt. Durch zusätzliche Einrichtungen muß daher dafür gesorgt werden, daß der Druck im gesamten Kesselvolumen und auch von Charge zu Charge der gleiche ist. Selbstverständlich muß aus denselben Gründen die Verdampfungsgeschwindigkeit konstant gehalten werden. Bei Berücksichtigung dieser Abhängigkeiten konnten Gold-

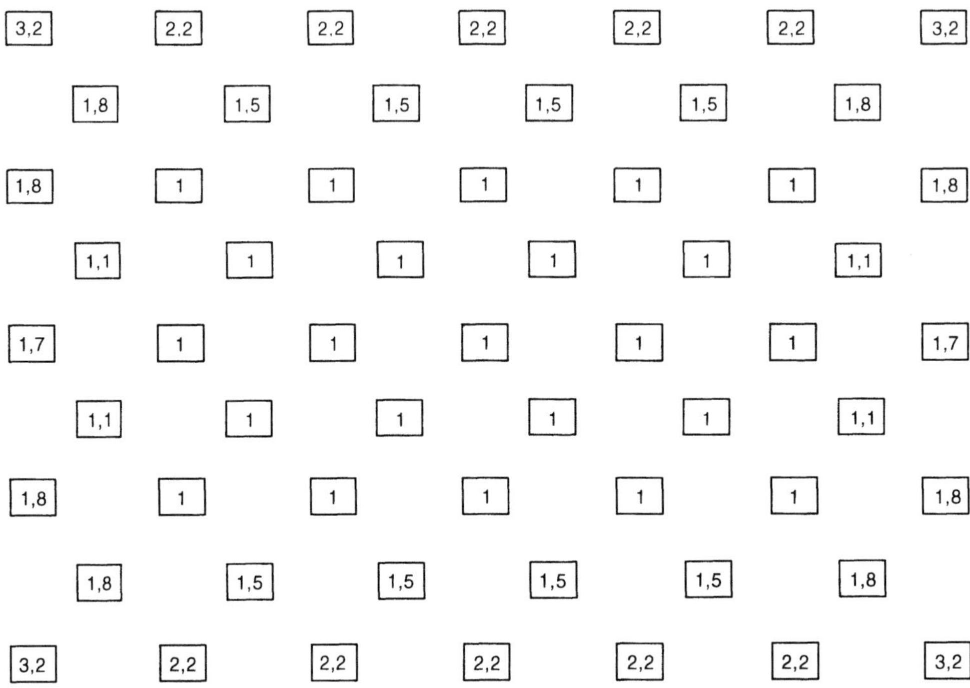

Bild 3–71. Quantitatives Verdampfen beim Beschichten großer Flächen von einem Verdampferfeld (Abmessungen s. Bild 3–69).

schichten hergestellt werden, bei denen bei einer Transmission von 50% die Schwankungen unter ±1% lagen. Es ist erstaunlich, daß man mit nur sieben verschiedenen Einwaagemengen auskommt, Bild 3–71 [3–145].

Durch Ineinanderschachtelung von drei Verdampferfeldern lassen sich auch aus drei verschiedenen Materialien bestehende Schichten herstellen. Der Arbeitsaufwand ist jedoch beträchtlich, müssen doch nach jeder Charge, die etwa eine Dreiviertelstunde in Anspruch nimmt, 354 Verdampfungsquellen quantitativ beschickt werden.

4 Ionenplattieren

H. GÄRTNER

4.1 Einleitung

Nach herkömmlicher Einteilung gehört das Ionenplattieren mit dem Aufdampfen und der Katodenzerstäubung in die Gruppe der physikalischen Verfahren zur Vakuumbeschichtung, deren Kennzeichen der Materialtransport von der Quelle zum Substrat über die Gasphase ist. Wesentlich für das Ionenplattieren ist der Umstand, daß das Substrat vor der Beschichtung und die sich bildende Schicht während des Aufwachsens einem ständigen Beschuß von geladenen und ungeladenen Teilchen ausgesetzt sind.

Dieses Merkmal hat das Ionenplattieren mit dem Aufdampfen und der Katodenzerstäubung bei negativ vorgespanntem Substrat gemeinsam. Streng genommen ist somit das Ionenplattieren kein eigenständiges Beschichtungsverfahren, sondern eine Variante des Aufdampfens oder der Katodenzerstäubung. Folgerichtig wird in neueren Arbeiten der Begriff Ionenplattieren auch immer seltener gebraucht. Man spricht statt dessen allgemein von plasmagestützten oder plasmaverstärkten Beschichtungsprozessen. Für die angestrebte Qualität der Schichten spielt es keine Rolle, ob das Schichtmaterial aus einer Verdampfungs- oder Zerstäubungsquelle kommt. Maßgeblich sind allein die im folgenden erläuterten Prozesse am Substrat während der Kondensation des Schichtmaterials.

Infolge des Ionenbeschusses wird beim Ionenplattieren die zu beschichtende Oberfläche zunächst gründlich gereinigt. Während der Kondensation der Schicht können etwaige Verunreinigungen auf der als Katode geschalteten Probe durch Zerstäubung sofort abgetragen werden. Die kondensierenden Teilchen kommen mit wesentlich höherer Energie an als beim Aufdampfen. Ihre hohe Beweglichkeit begünstigt die Bildung kompakter Schichten. Darüber hinaus werden chemische Reaktionen, etwa das Entstehen von Nitriden und Karbiden ermöglicht, wenn man dem Edelgas für die Zerstäubung chemisch aktive Gase beimischt. Das Ergebnis dieser Prozesse sind in der Regel Schichten, deren Gefügestruktur eine hohe Dichte aufweist und deren Eigenschaften wie Härte und Verschleißfestigkeit, sich durch geeignete Wahl der Prozeßparameter optimieren lassen.

In einer Patentschrift aus dem Jahre 1932 hat *B. Berghaus* bereits ein Verfahren zur Herstellung von Metallkarbiden bzw. -nitriden beschrieben, das dadurch gekennzeichnet war, „daß in eine bei Unterdruck bzw. im Vakuum durch einen Hochspannungsgleichstrom bzw. -wechselstrom ionisierte Atmosphäre von Kohlenstoff bzw. Stickstoff das carbid- bzw. nitridbildende Metall von außen als Dampf eingeführt wird" [4−1, 4−2]. Als technisches Verfahren bekannt wurde das Ionenplattieren aber erst durch die Arbeiten von *D.M. Mattox* in den sechziger Jahren [4−3]. In den folgenden Jahrzehnten wurden unter Beibehaltung des ursprünglichen Prinzips zahlreiche Varianten des Ionenplattierens entwickelt, über die in der Literatur in Übersichtsartikeln [4−4 bis 4−12], einem Buchbei-

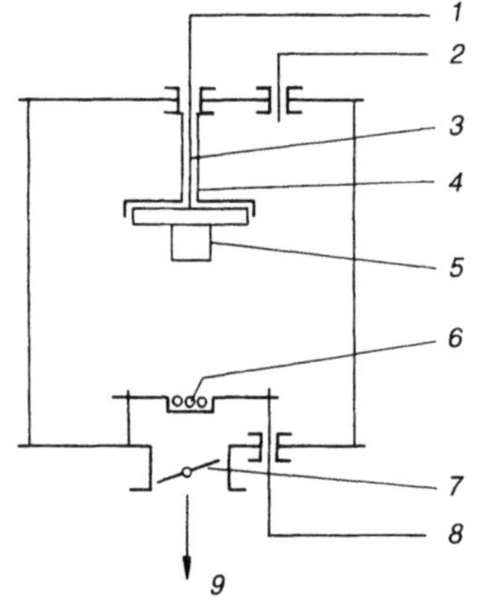

Bild 4–1. Schematische Darstellung einer Ionenplattieranlage [4–3, 4–25].
1 Hochspannung (0 … 6 kV),
2 Dosierventil für Argoneinlaß,
3 wassergekühlte Katode,
4 Dunkelraumabschirmung,
5 Substrathalter mit Probe,
6 Verdampfungsquelle mit Beschichtungsmaterial,
7 regelbares Ventil,
8 Energieversorgung für Verdampfungsquelle
  (5 … 10 V, 150 A),
9 Vakuumsystem.

trag [4–13] mit einem Verzeichnis der Arbeiten aus den Jahren 1963 bis 1980 und einer Monographie [4–14] berichtet wird.

In Bild 4–1 ist eine Ionenplattieranlage [4–3, 4–25] schematisch dargestellt. Der Rezipient ist über ein Ventil, dessen Durchfluß reguliert werden kann, an ein Vakuumsystem angeschlossen. Die Auswahl der Pumpen sollte mit dem Ziel erfolgen, ein möglichst öldampffreies Ausgangsvakuum zu erreichen, das mindestens im Druckbereich von 10^{-5} bis 10^{-6} mbar liegt. Insbesondere kohlenwasserstoffhaltige Restgase könnten später in der Glimmentladung zersetzt und chemisch aktiviert werden, um schließlich in unkontrollierbarer Weise den Schichtaufbau zu beeinflussen. Das mit einem Dunkelraumschild als Abschirmung umgebene Substrat ist an der wassergekühlten Katode befestigt, die gegenüber dem geerdeten Rezipienten auf negativem Potential liegt. Im einfachsten Falle wird das Beschichtungsmaterial aus einer widerstandsbeheizten Verdampfungsquelle verdampft. Dem Einsatz dieser Quellen sind allerdings enge Grenzen gesetzt, weil die zu verdampfenden Materialien (z. B. Eisen, Nickel, Titan o. a.) bei den erforderlichen hohen Temperaturen mit den Quellen aus hochschmelzenden Stoffen wie Wolfram, Molybdän oder Tantal in Lösung gehen, was eine schnelle Zerstörung der Quellen zur Folge hat, insbesondere, wenn zusätzlich reaktive Gase im Spiel sind.

Nachdem der Rezipient mit den vorgereinigten Proben beschickt wurde, läuft der Ionenplattierprozeß folgendermaßen ab: Über ein Dosierventil wird nach Erreichen des Ausgangsvakuums bei gedrosseltem Saugvermögen des Pumpsystems Edelgas, in den meisten Fällen Argon, eingelassen und durch Anlegen einer Spannung von bis zu einigen Kilovolt zwischen der als Katode geschalteten Probe und dem Rezipienten eine Glimmentladung gezündet. In dieser Anordnung wird die Probenoberfläche zunächst bei einem Druck von 10^{-2} bis 10^{-3} mbar durch Ionenbeschuß gereinigt. Ohne Unterbrechung der Entladung wird dann die Verdampfungsquelle in Betrieb genommen. Das verdampfte Beschichtungsmaterial durchquert die Glimmentladung im Rezipienten, wird teilweise ionisiert und schlägt sich auf der zu beschichtenden Probe und ihrer Umgebung nieder.

Kennzeichnend für das Ionenplattieren ist es, daß die geschilderte Reinigung der Probenoberfläche und die Beschichtung im gleichen Prozeß ohne Unterbrechung des Vakuums durchgeführt werden können. Die Reinigung durch Zerstäubung hält auch während des Aufwachsens der Schicht an, insbesondere während der Kondensation der im Hinblick

108

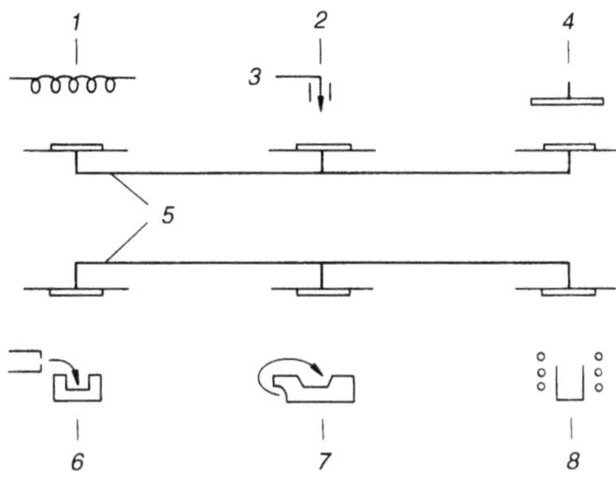

Bild 4–2. Schematische Darstellung von Materialquellen für das Ionenplattieren [4–12].
1 Widerstandsbeheizte Verdampfungsquelle,
2 Chemisches Ionenplattieren,
3 Gaseinlaß,
4 Katodenzerstäubungsquelle,
5 Substrate auf negativem Potential,
6 Hohlkatoden-Verdampfungsquelle,
7 Elektronenstrahl-Verdampfungsquelle,
8 Verdampfungsquelle mit Hochfrequenzheizung

auf die Bildung einer kompakten Schicht wichtigen ersten Atomlagen. Nach dieser Phase kann gelegentlich der Ionenbeschuß eingestellt werden.

4.2 Ionenplattierprozeß

Die Gefügestruktur und die von ihr abhängigen Eigenschaften der sich bildenden Schicht wird beim Ionenplattieren wie bei der Katodenzerstäubung mit negativ vorgespanntem Substrat von der Energie der kondensierenden Teilchen und ihrer Beweglichkeit auf der Oberfläche bestimmt. Dabei ist es im Prinzip gleichgültig, aus welcher Quelle das Beschichtungsmaterial stammt. Es gibt verschiedene Möglichkeiten der Dampferzeugung für das Ionenplattieren. Sie sind schematisch in Bild 4–2 zusammengestellt [4–13] und werden in Abschnitt 4.3 näher erläutert. Bemerkenswert ist das als chemisches Ionenplattieren bezeichnete Verfahren, bei dem das Ausgangsmaterial gasförmig in den Prozeß eingebracht wird.

Der Ionenplattierprozeß läßt sich in drei Abschnitte gliedern, die im zeitlichen Ablauf aufeinander folgen:

– die Vorbereitung und Reinigung der Substratoberfläche durch Ionenbeschuß unter Zerstäubungsbedingungen,

– die Bildung einer für die Gefügestruktur der Schicht wichtigen Zwischenschicht nach Einsetzen des Verdampfens und

– das Wachstum der Schicht mit oder ohne weiteren Ionenbeschuß.

In allen drei Phasen spielt das Plasma eine wesentliche Rolle. Aus ihm stammen die geladenen und neutralen Teilchen hoher Energie, die die Prozesse bei der Reinigung der Substratoberfläche und während des anschließenden Schichtwachstums bestimmen. Außerdem treten die Teilchen aus der Verdampfungsquelle mit dem Plasma in Wechselwirkung, wobei ein Teil ionisiert wird.

4.2.1 Plasmaphysikalische Grundlagen

Als Plasma bezeichnet man allgemein gasförmige Materie, die sowohl Ionen als auch Elektronen enthält und deshalb elektrisch leitend ist, obwohl sie als Ganzes elektrisch neutral sein kann. Energie kann dem Plasma zugeführt werden, indem man durch elektrische Feldgradienten dafür sorgt, daß die Elektronen beschleunigt werden. Die Ionisierung des Plasmas kann durch Anlegen eines elektrischen Gleichfeldes oder eines hochfrequenten Wechselfeldes unterstützt werden (Abschnitt 4.3.2).

Im Hinblick auf das Ionenplattieren sind folgende Prozesse im Plasma von besonderer Bedeutung:

– die Ionisation neutraler Gasatome oder Teilchen aus der Verdampfungsquelle durch Elektronenstoß,

– die Überführung neutraler Teilchen durch Elektronenstoß in metastabile Energiezustände (Penning-Ionisation),

– die Ionisation neutraler Teilchen durch Zusammenstoß mit metastabilen Atomen. Argon hat z.B. metastabile Energiezustände bei 11,55 eV und 11,75 eV. Stößt ein metastabiles Argonatom im Plasma mit einem Kupferatom, dessen Ionisierungsenergie bei 7,86 eV liegt, zusammen, so kann das Kupferatom ionisiert werden.

– Die Dissoziation von Molekülen (z.B. Kohlenwasserstoffe aus dem Restgas als Folge von Elektronenstößen oder Zusammenstößen mit energiereichen Teilchen).

Das Zusammenspiel der beim Ionenplattieren in der Gasentladung, an der Substratoberfläche und der Verdampfungsquelle ablaufenden Prozesse ist insbesondere bei hohem Gasdruck komplex und noch nicht in den Einzelheiten erforscht. Phänomenologisch können die in Bild 4–3 schematisch wiedergegebenen Vorgänge eine Rolle spielen [4–4, 4–15]:

– neutrale Gasatome (G^0) werden durch Elektronenstoß ionisiert und im Dunkelraum der Gasentladung beschleunigt. Sie treffen entweder als Ionen (G^+) oder nach Umladungsprozessen als neutrale Teilchen (G^0) auf die Substratoberfläche, werden dort eingebaut oder als neutrale oder metastabile Atome (G^*) in den Gasraum reflektiert,

– die hochenergetischen Teilchen rufen beim Auftreffen auf die Substratoberfläche Sekundärelektronenemission (e^-) hervor und zerstäuben das Substratmaterial. Die so freigesetzten Atome des Substrats (S^0) können zur Katode zurückgestreut oder nach Ionisation durch Stöße mit Elektronen oder metastabilen Atomen erneut auf die Katode zu beschleunig werden (S^+).

– Die Substratoberfläche ist während des Ionenplattierprozesses einer ultravioletten Strahlung aus dem Plasma (hv) ausgesetzt, die unter Umständen die spätere Schichtbildung beeinflussen kann.

– Die aus der Aufdampfquelle kommenden neutralen Metallatome (M^0) werden infolge des hohen Gasdruckes (10^{-2} bis 10^{-3} mbar) teilweise zur Quelle zurückgestreut. Sie können auch kleine Teilchen bilden (Durchmesser etwa 10 nm), die im Plasma eine negative Ladung annehmen [4–4]. Durch Elektronenstoß oder Stöße von metastabilen Atomen werden die Metallatome im Plasma ionisiert (M^+). Sie diffundieren dann durch den Gasraum, werden gegebenenfalls im elektrischen Feld des Dunkelraumes beschleunigt und treffen auf die Substratoberfläche.

Im Hinblick auf die reproduzierbare Herstellung von Schichten hoher Qualität ist die genaue Kenntnis der Prozeßparameter, die durch die geschilderten Vorgänge bestimmt werden, erforderlich. Vor allem interessiert die Energieverteilung der geladenen und ungeladenen Teilchen, die auf die Substratoberfläche treffen. Der Ionenbeschuß verbes-

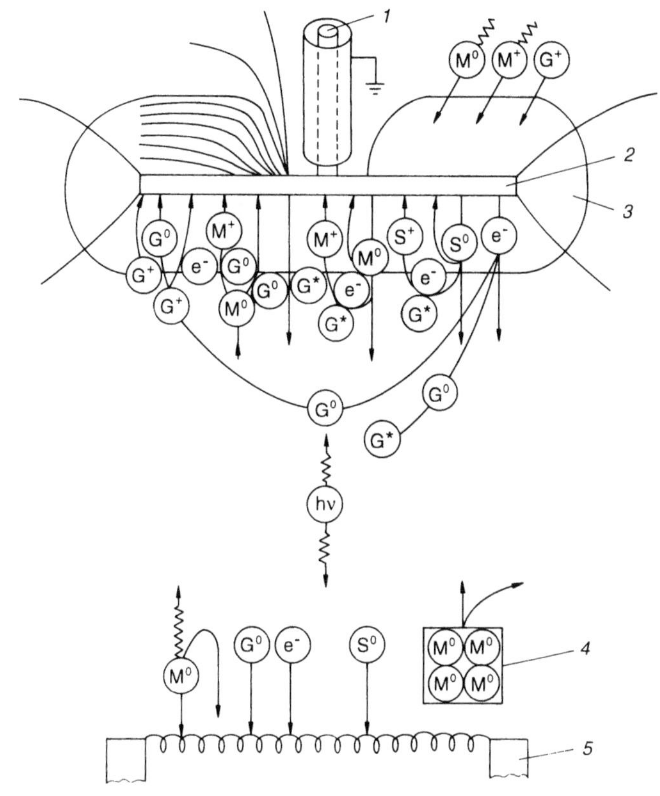

Bild 4–3. Elementarprozesse beim Ionenplattieren.
1 Hochspannung, 2 Substrathalter (Katoden), 3 Dunkelraum, 4 Metallteilchen, 5 Verdampfungsquelle. M Aufdampfmaterial (neutral und ionisiert), S Substratmaterial (neutral und ionisiert), G
Gasatome (neutral und ionisiert), G^* metastabile Gasatome.

sert einerseits, wie später gezeigt wird, den Aufbau und die Dichte der Schichten, kann
aber auch bei ungünstiger Gefügstruktur (Zone 1 des Strukturmodells, Bild 4–8) innere
Spannungen hervorrufen, was in der Regel die Haftfestigkeit der Schichten herabsetzt.

Experimentell findet man bei einer Gasentladung mit Titankatode und negativ vorgespanntem Substrat die in Bild 4–4 gezeigte Energieverteilung der Ionen, gemessen hinter
der Bohrung im Substratteller [4–16]. Als Gas wurde Argon oder ein Argon-Stickstoff-
Gemisch verwendet, wie es zur Herstellung von Titannitridschichten üblich ist. In allen
Fällen liegt das Maximum der Verteilung nahe bei der der jeweilig angelegten Vorspannung entsprechenden Energie. In der Entladung mit dem Argon-Stickstoff-Gemisch ist
das Substrat und die aufwachsende Titannitridschicht einer quasi monoenergetischen
Ionenbestrahlung ausgesetzt.

Wesentlich breiter ist die Energieverteilung der Cu^+-Ionen und neutralen Cu^0-Atome, die in
einem Ionenplattierprozeß nach Durchquerung einer Gasentladung in Argon die als Katode geschaltete Substratoberfläche erreichen [4–17]. Bild 4–5 zeigt die experimentelle
Anordnung. Die Ionenplattierkammer mit widerstandsbeheizter Verdampfungsquelle
befindet sich in einem Ultrahochvakuumsystem, in dem die durch eine feine Bohrung im

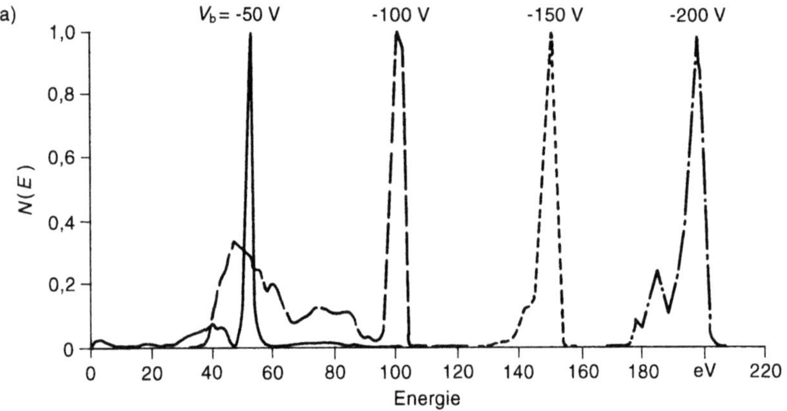

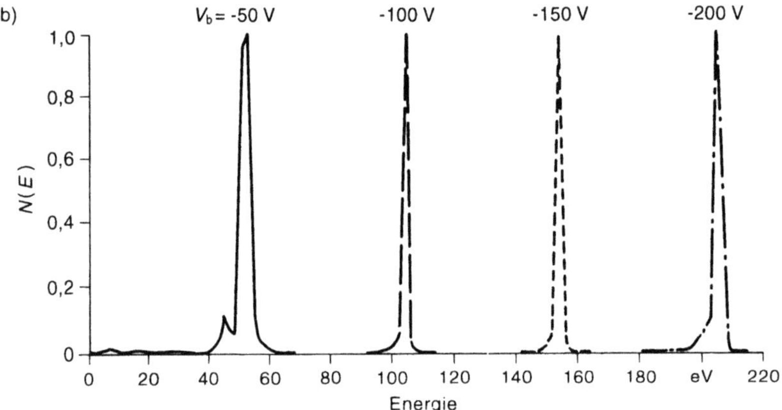

Bild 4–4. Energieverteilung $N(E)$ der Gasionen in einer Gasentladung bei verschiedenen negativen Vorspannungen (V_b) am Substrat [4–15].
a) p (Ar) = $1,9 \cdot 10^{-1}$ mbar
b) p (Ar + N_2) = $1,9 \cdot 10^{-1}$ mbar, p (N_2) = $2,6 \cdot 10^{-3}$ mbar.

Substrat extrahierten Teilchen analysiert werden. Die Meßergebnisse sind in Bild 4–6 wiedergegeben. Die wahrscheinlichste Energie der Teilchen liegt jeweils weit unterhalb der Energie, die der angelegten Spannung entsprechen würde. Bei den Cu^+-Ionen liegt sie etwa bei der halben und bei den Cu^0-Atomen unter einem Drittel der der Enladungsspannung entsprechenden Energie. Welche Prozesse – Stöße im Dunkelraum der Gasentladung in Verbindung mit Umladungen und der Bildung metastabiler Atome etc. – im einzelnen die gemessene Energieverteilung der aus der Verdampfungsquelle kommenden Teilchen bestimmen, läßt sich wegen der Vielzahl der zu berücksichtigenden Einflußgrößen (Druck, Reinheit der Gase, Geometrie etc.) nicht abschließend sagen. Vorläufig kann als Faustformel gelten, daß die Energie der im Ionenplattierprozeß auf die Substratoberfläche treffenden Ionen und Neutralteilchen etwa die Hälfte oder ein Drittel der der Entladungsspannung entsprechenden Energie ist.

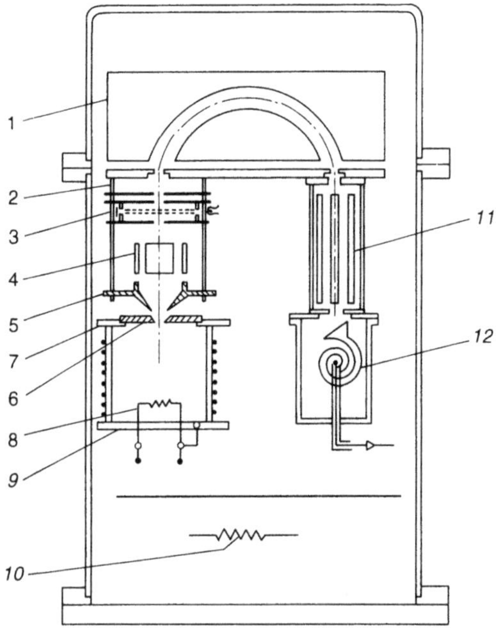

Bild 4–5. Ionenplattier- und Analysesystem [4–23].
1 Energieanalysator,
2 retardierende Linse,
3 Ionisierungseinrichtung,
4 X-Y Ablenkung,
5 Ionenextraktor,
6 Substrat,
7 Katode (geerdet),
8 Verdampfungsquelle,
9 Anode,
10 Titansublimationspumpe,
11 Quadrupolmassenspektrometer,
12 Elektronenvervielfacher.

4.2.2 Reinigung der Substratoberfläche

In der ersten Phase des Ionenplattierens wird die Substratoberfläche durch Ionenbeschuß gereinigt. Der erzielte Reinigungseffekt läßt sich bei Metallen in einfacher Weise durch Messung des Entladungsstromes bei konstantem Druck und konstanter Spannung beurteilen. Bild 4–7 gibt ein Beispiel [4–18]: bei einer angelegten Spannung von 5 kV wurde eine oxidierte Urankatode (Fläche 20 cm^2) mit Argonionen bei verschiedenen Drücken beschossen.

Die Abnahme des Entladungsstromes mit der Zeit resultiert aus der Abnahme der Emission von Sekundärelektronen aus der zu reinigenden Oberfläche. Metalloxide emittieren leichter Elektronen unter Ionenbeschuß als reine Metalloberflächen, so daß mit zunehmender Reinheit der Oberfläche der Entladungsstrom abnimmt und einem stationären Wert zustrebt, der der Elektronenemission der reinen Metalloberfläche entspricht.

Im Falle isolierender Proben ist die Reinigung in einer Hochfrequenzentladung (üblicherweise bei 13,56 MHz) möglich. Sie hält die Isolatoroberfläche auf negativem Potential und ermöglicht so den Ionenbeschuß. Darüber hinaus hat die Verwendung einer Hochfrequenzentladung den Vorteil, daß bei niedrigerem Gasdruck gearbeitet werden kann, was die Rückdiffusion des im Reinigungsprozeß freigesetzten Materials vermindert.

Neben der Desorption von mit geringer Energie (≤ 1 eV) gebundenen Adsorptionsschichten von Wasser, Kohlenwasserstoffen und anderen Gasen hat der Ionenbeschuß des Substrats in der Reinigungsphase folgende Wirkungen:

– Zerstäubung der Oberfläche. Abhängig vom Einfallswinkel, ihrer Masse und Energie übertragen die einfallenden Ionen Impulse auf die Atome in der Oberfläche und lösen

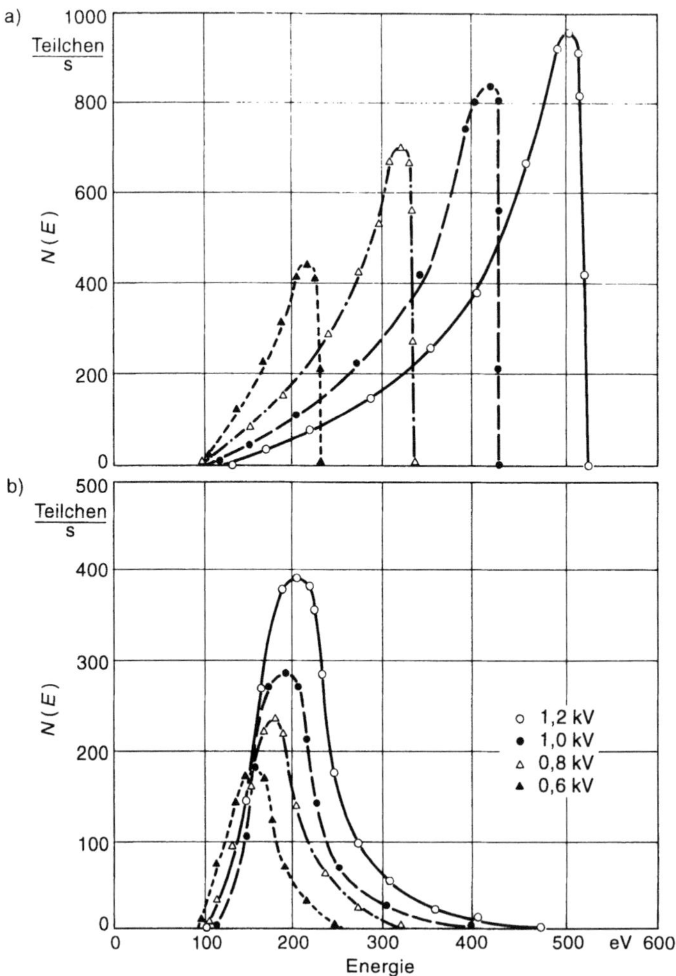

Bild 4–6. Energieverteilung $N(E)$ von Cu^+-Ionen (a) und neutralen Cu^0-Atomen (b) in einer Argonentladung bei verschiedenen Entladungsspannungen [4–16].

Stoßkaskaden aus, die zum Herausschleudern von Substratatomen aus der Oberfläche führen. Der Effekt ist am größten bei Einfallswinkeln zwischen 60 und 70° gegenüber der Normalen. Besteht das Substrat aus Elementen, die sich in ihren Zerstäubungsraten unterscheiden, kann die Zerstäubung zu stöchiometrischen Veränderungen der Oberfläche führen, was unter Umständen den nachfolgenden Schichtaufbau beeinflußt.

– Durch die Zerstäubung wird die Rauheit der Oberflächen verändert. Polykristalline Proben zeigen nach längerem Ionenbeschuß eine erhöhte Rauheit, während amorphe oder einkristalline Proben weniger beeinträchtigt werden.

– Wenn die unter Ionenbeschuß auf das Substrat übertragene Energie den Betrag von ca. 25 eV pro Atom übersteigt, kommt es zur Bildung von Gitterdefekten; Substratatome werden auf Zwischengitterplätze verlagert, und es entstehen Punktdefekte. Die sich so ent-

114

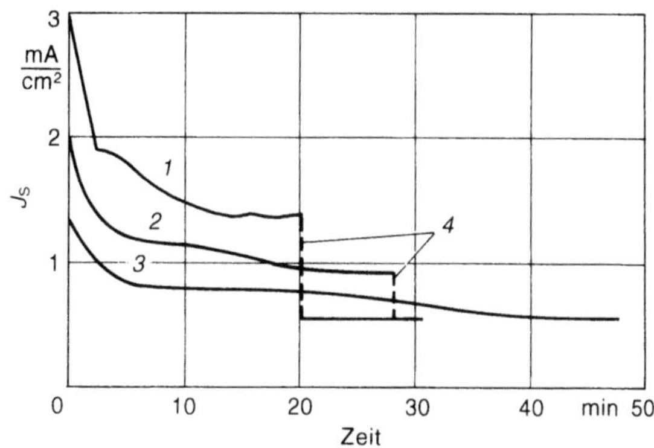

Bild 4–7. Substratstromdichte J_S während der Reinigung einer Urankatode (Fläche 20 cm², angelegte Spannung 5 kV) bei verschiedenen Argondrücken:
1 8,0·10⁻² mbar, 2 5,3·10⁻² mbar, 3 3,3·10⁻² mbar, 4 Druckreduzierung auf 3,3·10⁻² mbar [4–17].

wickelnde Defektstruktur begünstigt in Verbindung mit der Erwärmung des Substrats chemische Reaktionen und Diffusionsprozesse an der Oberfläche.

– Schließlich können Gasionen nach Abgabe ihrer Ladung und Energie als Störstellen in das Substrat eingebaut werden.

Es ist nicht zu erwarten, daß der geschilderte Reinigungsprozeß in einer Ionenplattieranlage mit Gleichstrom-Glimmentladung zu atomar reinen Substratoberflächen führt. Die von der Oberfläche losgeschlagenen Verunreinigungen diffundieren infolge des hohen Gasdrucks teilweise zum Substrat zurück oder werden in der Gasentladung ionisiert. Zusätzliche Verunreinigungen können eingebracht werden, wenn energiereiche Neutralteilchen, die durch Umladungen in der Gasentladung entstehen, in der Umgebung des Substrats Material von Abschirmblechen, Halterungen und ähnlichem zerstäuben. Gleichwohl ist die Reinigung durch Ionenbeschuß die beste Vorbereitung, die man dem Substrat vor der Kondensation der Schicht geben kann. Ein hoher Gasdurchfluß während der Reinigungsphase gewährleistet den Abtransport von Verunreinigungen. Die Verwendung von Argon hohen Reinheitsgrades ist eine weitere Voraussetzung zur Erzielung reiner Substratoberflächen.

4.2.3 Gefügestruktur der ionenplattierten Schicht

Nach Abschluß der Reinigung durch Ionenbeschuß wird die Verdampfungsquelle in Betrieb genommen, ohne die Gasentladung zu unterbrechen. Es treffen dann außer den Gasionen neutrale, angeregte (metastabile) oder ionisierte Teilchen des verdampfenden Materials auf die Substratoberfläche und bilden unter anhaltendem Ionenbeschuß die Schicht. Damit es zum Schichtwachstum kommt, muß die Zerstäubungsrate infolge des Ionenbeschusses kleiner sein als die Kondensationsrate. Die in diesem Stadium an der Substratoberfläche ablaufenden Vorgänge sind noch um einiges komplexer als die während der Reinigungsphase.

Bestimmend für die Gefügestruktur und die physikalischen Eigenschaften der künftigen Schicht sind die Substrattemperatur, die Kondensationsrate, der Druck der umgebenden

Gasatmosphäre, gegebenenfalls das Verhältnis der Partialdrücke bei Gasgemischen und die Energie der ankommenden Ionen und Neutralteilchen. Während beim Katodenzerstäuben mit negativ vorgespanntem Substrat die Energie dieser Teilchen bei einigen zehn eV liegt, kommen beim Ionenplattieren mit einer Gasentladung Energien bis zu einigen hundert eV vor [4–17, 4–20].

Infolge dieser vergleichsweise hohen Energien kann es in einer Übergangszone (Zwischenschicht) zur Implantation hochenergetischer Teilchen aus der Gasphase und Rückstoßimplantation von Oberflächenatomen kommen, einem Vorgang, der als physikalisches Mischen oder Pseudodiffusion bezeichnet wird [4–13].

Letztlich entscheidend für das Schichtwachstum und damit für die Qualität der Schichten ist die Beweglichkeit der kondensierenden Teilchen an der Schichtoberfläche, die ihrerseits im wesentlichen von der Substrattemperatur und der Energie der ankommenden Teilchen abhängt. Angestrebt wird eine kompakte, glasartige Struktur der Schichten, die möglichst keine inneren Spannungen aufweisen und sich durch eine hohe Haftfestigkeit auszeichnen sollen. Durch Variation der genannten Prozeßparameter, die sowohl bei der Katodenzerstäubung mit negativ vorgespanntem Substrat als auch beim Ionenplattieren mit Gasentladung in weiten Grenzen möglich ist, kann dieses Ziel weitgehend erreicht werden.

Der Zusammenhang zwischen der Gefügestruktur der Schichten und den Prozeßparametern läßt sich in Strukturmodellen darstellen. *B. A. Movchan* und *A. V. Demchishin* [4–21] haben anhand von Strukturuntersuchungen an dicken aufgedampften Nickel-, Titan-, Wolfram-, Aluminiumoxid- und Zirkonoxidschichten ein Dreizonenmodell abgeleitet, das in Bild 4–8a wiedergegeben ist. Unabhängige Variable ist das Verhältnis T/T_m, wobei T die Substrattemperatur während der Kondensation und T_m die Schmelztemperatur des Beschichtungsmaterials ist. Die Einführung der Schmelztemperatur an dieser Stelle ist sinnvoll, weil die Bindungsenergie zwischen den kondensierenden Teilchen dieser Größe proportional ist. Ist das Verhältnis kleiner als etwa 0,26 bei Metallen (0,3 bei chemischen Verbindungen), so haben die Adatome eine geringere Beweglichkeit auf der Oberfläche. Abschattungen können nicht ausgeglichen werden, und es entsteht eine poröse dendritische Struktur aus nadelförmigen Kristalliten mit kuppenförmigen Enden (Zone 1). Zone 2 ist gekennzeichnet durch eine dicht gepackte Stengelstruktur (Kolumnarstruktur) mit einer Oberfläche geringer Rauheit, die ihr Entstehen der höheren Beweglichkeit der Adatome im Bereich $0,26 \leq T/T_m \leq 0,45$ verdankt. Volumendiffusion führt schließlich bei Zone 3 ($T/T_m \geq 0,45$) zu einer rekristallisierten Struktur hoher Packungsdichte und glatter Schichtoberfläche.

Das Dreizonenmodell für aufgedampfte Schichten wurde von *J. A. Thornton* [4–22] für bis zu 25 µm dicke Metallschichten (Mo, Co, Ti, Fe, Cu und Al-Legierungen) aus der Katodenzerstäubung in Argon erweitert, Bild 4–8b. Dabei haben die am Substrat ankommenden Teilchen eine wesentlich höhere Energie (etwa 4 bis 40 eV) als beim Aufdampfen (0,1 bis 0,2 eV). Sie hängt auch vom Gasdruck ab, weil die von der Katode kommenden Teilchen beim Durchqueren des Entladungsraumes durch Stöße mit den Gasteilchen Energie verlieren. Je höher der Gasdruck, desto geringer ist die durchschnittliche kinetische Energie der kondensierenden Teilchen und damit ihre Beweglichkeit auf der Substratoberfläche. Unterhalb $T/T_m \leq 0,5$ entsteht eine mit abnehmendem Druck breiter werdende Übergangszone T, die ein dichtes, faserfömiges Gefüge mit glatter Oberfläche aufweist.

116

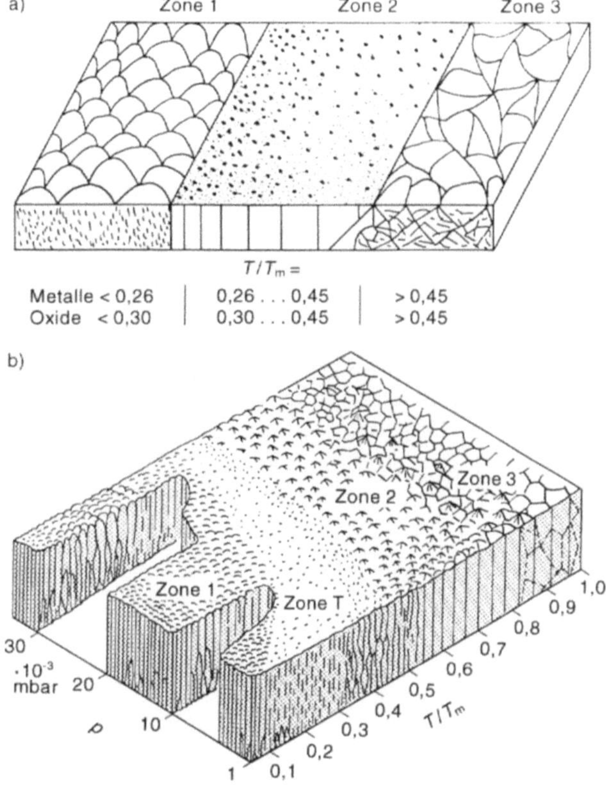

Bild 4–8. Strukturmodelle.
a) nach *B.A. Movchan* und *A.V. Demchishin* [4–20],
b) nach *J.A. Thornton* [4–21].
T = Substrattemperatur, T_m = Schmelztemperatur.

Die aufwachsende Schicht ist einem ständigen Beschuß mit energiereichen Teilchen ausgesetzt, was die Beweglichkeit der Adatome erhöht. Dies gilt besonders bei der Katodenzerstäubung mit negativ vorgespanntem Substrat. Es ist deshalb sinnvoller, die Gefügestruktur in Abhängigkeit von der gesamten Energie, die die Oberfläche erreicht, darzustellen [4–23]. Dies ist in Bild 4–9a für aufgestäubte Germaniumschichten geschehen. Wie die schematische Darstellung zeigt, verschiebt sich die Grenze zwischen den Zonen 1 und T mit zunehmender Energie zu niedrigeren Temperaturen hin.

Ein weiteres Strukturmodell [4–20] zeigt Bild 4–9b für einen höheren Energiebereich (200 bis 550 eV) der einfallenden Ionen, wie er für das Ionenplattieren mit Gasentladung typisch ist. Dargestellt ist die Gefügestruktur von Germaniumschichten (Dicke etwa 1,5 µm, Kondensationsrate ca. 0,4 µm/min) in Abhängigkeit von der mit der Gegenfeldmethode gemessenen Gesamtenergie der auf das Substrat treffenden geladenen Teilchen. Bemerkenswert ist das Fehlen der Zonen 1 und T und das Auftreten der dichtgepackten Schichtstruktur der Zone 3 bei Zimmertemperatur ($T/T_m = 0,25$) und hoher Ionenenergie ($\geq$ 500 eV).

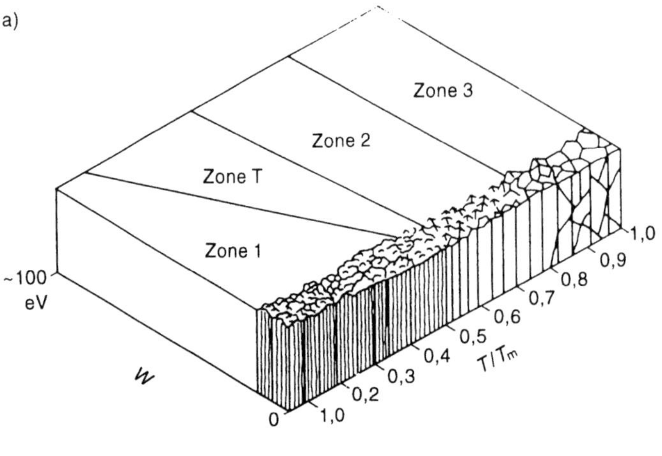

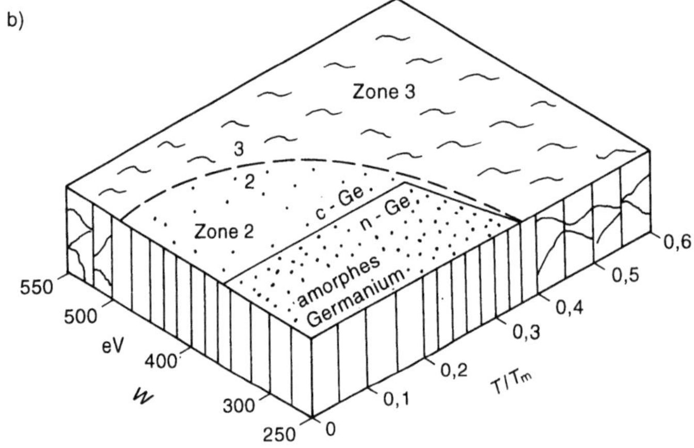

Bild 4–9. Strukturmodelle.
a) nach *R. Messier* et al. [4–22],
b) nach *C. Fountzoulas* und *W. B. Nowak* [4–19].
T = Substrattemperatur, T_m = Schmelztemperatur, W = Ionenenergie.

4.2.4 Haftfestigkeit ionenplattierter Schichten

Grundvoraussetzung für ihre Brauchbarkeit ist eine hohe Haftfestigkeit der Schichten, die ihrerseits vom inneren Spannungszustand abhängt. Bei allen Beschichtungsverfahren können Spannungen auftreten, wenn die Atome beim Aufwachsen der Schicht daran gehindert werden, den Zustand tiefster Energie einzunehmen. Störungen des Gleichgewichtszustandes werden durch Gaseinbau und die Bildung von Defektstrukturen verursacht, wie sie bei den für das Ionenplattieren typischen Herstellungsbedingungen unvermeidlich sind. Andererseits kann gerade durch die Wahl der Prozeßparameter, insbesondere der Ionenenergie, das Schichtwachstum so gesteuert werden, daß dicht gepackte Strukturen entstehen, die vielfältige Möglichkeiten wie Volumendiffusion und Rekristallisation zum Spannungsausgleich bieten.

118

Ionenplattierte Schichten, die unter entsprechend eingestellten Bedingungen hergestellt wurden, zeigen gegenüber Aufdampfschichten wesentlich verbesserte Haftfestigkeiten, auch bei großen Schichtdicken (10 bis 100 µm) und Materialkombinationen, von denen man keine gute Haftung erwarten würde. So konnten ionenplattierte Silberschichten von 12 bis 50 µm Dicke auf rostfreiem Stahl mit einer Haftfestigkeit von 300 Nmm^{-2} aufgebracht werden [4–24].

Selbst den extremen Beanspruchungen bei der Kaltmassivumformung können ionenplattierte Schichten standhalten [4–25]. Als optimale Zwischenschicht zur Vermeidung der Kaltverschweißung beim Napf-Rückwärts-Fließpressen mit einem Umformgrad bis zu 92% erwies sich eine 1,3 µm dicke Kupferschicht mit $MoSi_2$-Gleitlack auf Titan. Elektronenmikroskopische Aufnahmen bestätigen, daß die ionenplattierten Kupferschichten nach der Umformung noch bei einer Oberflächenvergrößerung von 400% das Titan zusammenhängend bedecken. Dabei hingen die mechanischen Eigenschaften der Kupferschichten, insbesondere die röntgenographisch ermittelten Eigenspannungen, stark von der Gasatmosphäre (Argon und Stickstoff) und der Kondensationsrate ab [4–26].

Hohe Haftfestigkeit zeigten auch einige µm dicke ionenplattierte Nickelschichten auf Stahl, die in bezug auf die Dauerschwingfestigkeit galvanisch aufgebrachten Schichten überlegen sind [4–27, 4–28]. Aufgrund ihres günstigen Eigenspannungszustandes setzen sie die Dauerfestigkeit des Grundmaterials nicht herab. Sie sind vor und nach der Umlaufbiegebeanspruchung gut haftend und bei optischer Prüfung rißfrei.

4.2.5 Reaktives Ionenplattieren

Als reaktives Ionenplattieren bezeichnet man Ionenplattierprozesse, die in Anwesenheit reaktiver Gase (z. B. O_2, N_2, C_2H_2) ablaufen. Bereits der von *B. Berghaus* [4–1] beschriebene Ionenplattierprozeß stellt ein Beispiel für reaktives Ionenplattieren dar.

Im Hinblick auf die Bildung von Hartstoffschichten aus Oxiden, Nitriden, Karbiden etc. bietet das Ionenplattieren mit reaktiven Gasen Vorteile gegenüber dem reaktiven Aufdampfen: Der permanente Beschuß mit Ionen und Neutralteilchen fördert die chemischen Reaktionen an der Substratoberfläche durch verbesserte Diffusion, ohne das Substrat als Ganzes zu stark zu erwärmen. So können Oxide, Nitride, Karbide etc. bei Substrattemperaturen um 400 °C entstehen, zu deren Bildung normalerweise Temperaturen zwischen 800 °C und 1000 °C erforderlich sind. Für die Praxis bedeutet das, daß durch reaktives Ionenplattieren Werkzeugstähle unterhalb ihrer Anlaßtemperatur mit Hartstoffschichten versehen werden können, ohne Gefahr zu laufen, die Form und Festigkeit der zu beschichtenden Bauteile zu beeinflussen.

Bisher sind Schichten aus Titannitrid häufig eingesetzt worden, das, je nach Herstellungsbedingungen, in verschiedenen Phasen (TiN und Ti_2N) und Kristallorientierungen auftritt. Abhängig von den Prozeßparametern haben die Schichten unterschiedliche Gefügestrukturen und Härten zwischen 2000 und 3000 HV 0,01 [4–29]. Kritisch bei der Herstellung der Titannitridschichten ist der N_2-Partialdruck. Durch Variation der Herstellungsparameter lassen sich Titannitridschichten unterschiedlicher Farbtönungen herstellen, wie sie für dekorative Zwecke gebraucht werden.

4.3 Anlagentechnik

Die physikalischen Eigenschaften ionenplattierter Schichten hängen in komplexer Weise von den Herstellungsbedingungen ab, die im wesentlichen von folgenden Prozeßparametern bestimmt werden: Dichte, Zusammensetzung und Ionisierungsgrad des Gases und Beschichtungsmaterials, Vorspannung und Temperatur der Substratoberfläche, Kondensations- und Zerstäubungsrate. Die Vielzahl der Parameter ist eher als Vorteil des Ionenplattierens zu sehen, weil sie die Möglichkeit bietet, durch gezielte Variation der Einflußgrößen die Schichteigenschaften im Hinblick auf die Anwendungen zu optimieren. Der Ionenplattierprozeß kann, formal gesehen, auf zweifache Art beeinflußt werden:

– durch die Wahl der Materialquelle,

– durch Maßnahmen zur Erhöhung der Ionisierung des Gases und Beschichtungsmaterials.

Im Laufe der technischen Entwicklung sind unter diesen Gesichtspunkten zahlreiche Verfahrensvarianten bekannt geworden, über die in der Literatur zusammenfassend berichtet wird [4–30, 4–31, 4–9].

4.3.1 Materialquellen für das Ionenplattieren

Unter den in Bild 4–2 gezeigten Materialquellen erfreut sich die widerstandsbeheizte Verdampfungsquelle wegen ihrer einfachen Handhabung weiter Verbreitung. Allerdings ist ihre Anwendung auf Metalle wie Kupfer, Silber, Gold und Aluminium beschränkt, die beim Verdampfen nicht in Lösung gehen und die als Quellen dienenden Wolfram- oder Molybdänschiffchen zerstören.

Eine bedeutende Erweiterung des Anwendungsbereiches des Ionenplattierens hinsichtlich des Beschichtungsmaterials bringt der Einsatz eines Elektronenstrahlverdampfers [4–32]. Aus einem wassergekühlten Kupfertiegel können bei hoher Verdampfungsrate Materialien mit Schmelzpunkten bis zu 3000 °C verdampft werden. Bild 4–10 zeigt die Anordnung schematisch und in einer technischen Ausführung. Wegen des hohen Gasdruckes im Entladungsraum muß die seitlich angeflanschte Elektronenquelle (Pierce-Quelle) separat evakuiert werden.

Weitere Verfahrensvarianten zeigen die Bilder 4–11 bis 4–13. Bei der Hohlkatoden-Verdampfungsquelle, Bild 4–11, wird in einem Wolfram- oder Tantalröhrchen durch Bogenentladung in einem Edelgas mit Magnetfeldunterstützung ein Plasma erzeugt, aus dem Elektronen mit Energien von etwa 200 eV auf das zu verdampfende Material beschleunigt werden. Beim Bogenentladungsverdampfer, Bild 4–12, brennt ein nichtstationärer Bogen zwischen dem als Katode geschalteten Beschichtungsmaterial und einer trichterförmigen Anode. Die hohe Leistungsdichte in den Brennflecken, die 10^7 Wcm^{-2} erreichen kann, führt zum Verdampfen des Materials. Das verdampfende Material unterhält die einmal gezündete Bogenentladung, so daß diese Quelle auch im Hochvakuum betrieben werden kann. Bild 4–13 zeigt schließlich einen Niederspannungs-Elektronenverdampfer [4–33], wie er beim Ionenplattieren, insbesondere auch beim reaktiven Ionenplattieren, eingesetzt wird. Die Verdampfung des Materials aus einem wassergekühlten Tiegel besorgt ein Elektronenstrahl hoher Leistungsdichte (ca. 10 kWcm^{-2}, 140 A, bei einer Beschleunigungsspannung von ca. 70 V). Zum zylindrisch angeordneten Substrat-

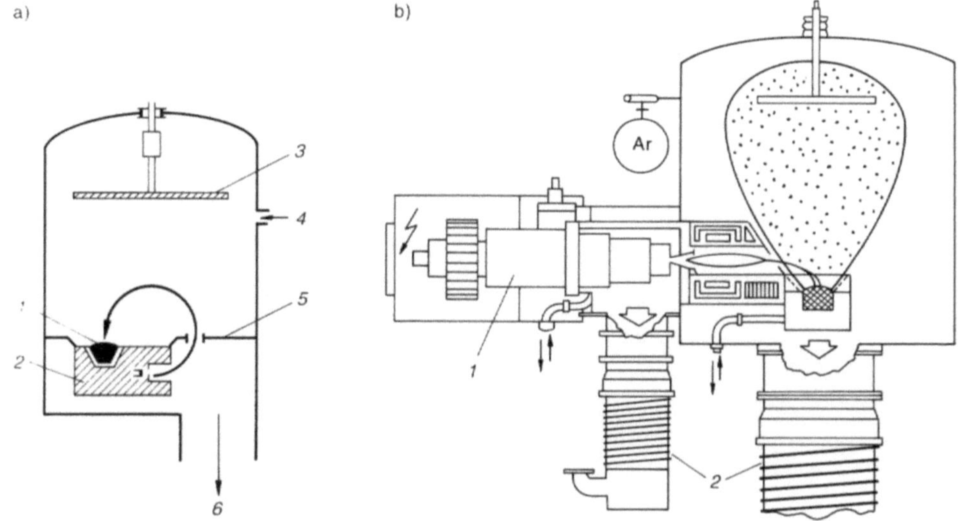

Bild 4–10. Ionenplattieranlage mit Elektronenstrahlverdampfer.
a) schematisch: 1 Schmelztiegel, 2 transversaler Elektronenstrahlverdampfer, 3 Substrat, 4 Gaseinlaß, 5 Vakuumtrennwand mit einer Öffnung für Elektronenstrahl, 6 Vakuumsystem.
b) Anlage nach *B. Heinz* und *H. Kienel* [4–32], 1 Elektronenquelle (Pierce-Quelle), 2 Diffusionspumpen.

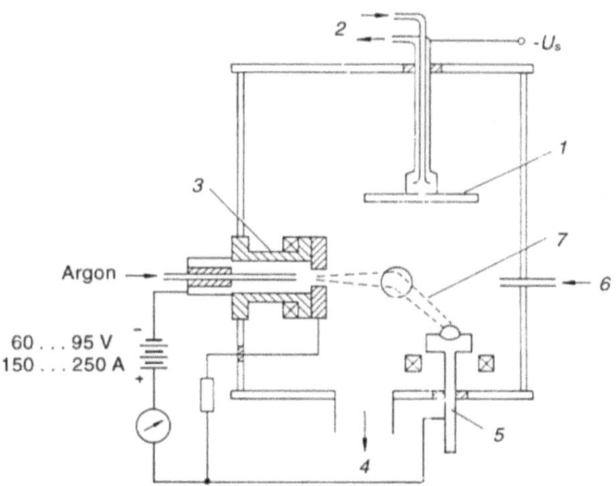

Bild 4–11. Ionenplattieranlage mit Hohlkatoden-Entladung [4–8].
1 Substrathalter, 2 Wasserkühlung, 3 Hohlkatodenentladung im longitudinalen Magnetfeld, 4 Vakuumsystem, 5 wassergekühlter Kupfertiegel, 6 Gaseinlaß, 7 Elektronenstrahl.

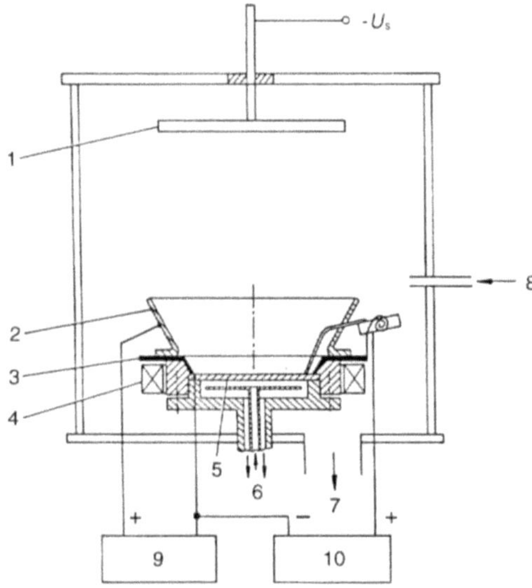

Bild 4–12. Ionenplattieranlage mit thermischer Bogenentladung [4–8].
1 Substrathalter,
2 trichterförmige Anode,
3 Isolator,
4 Magnetspule,
5 Katode,
6 Wasserkühlung,
7 Vakuumsystem,
8 Gaseinlaß,
9 Stromversorgung,
10 Funkengenerator.

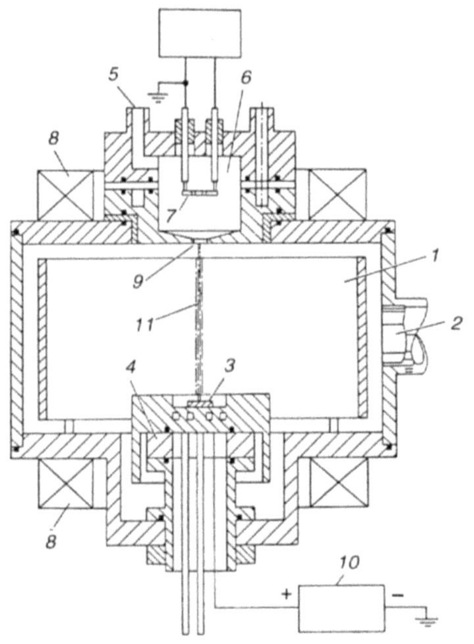

Bild 4–13. Ionenplattieranlage mit einem Niederspannungs-Elektronenstrahlverdampfer [4–8, 4–33].
1 Substrat,
2 Vakuumsystem,
3 Anode mit Beschichtungsmaterial,
4 wassergekühlter Tiegel,
5 Gaseinlaß,
6 Niederspannungsentladung,
7 Glühkatode,
8 Magnetspule,
9 Elektronenaustrittsblende,
10 Stromversorgung,
11 Elektronenstrahl.

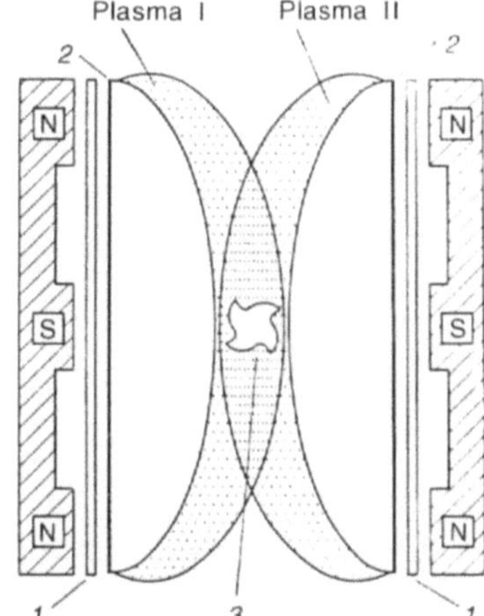

Bild 4–14. Magnetfeldunterstützte Zerstäubungsquellen
(Doppelkatodenanordnung [4–34].
1 Katoden,
2 Beschichtungsmaterial,
3 Substrat.
Plasma I: Plasmakonfiguration mit negativ vorgespanntem Substrat beim Ionenplattieren,
Plasma II: Plasmakonfiguration bei der Katodenzerstäubung.

halter fließen Ionenströme von 15 bis 30 A, bei einer Vorspannung von −200 V. Zur Fokussierung des aus einer Glühkatode kommenden Elektronenstrahls ist eine Helmholtzspule angebracht.

Als Materialquelle für das Ionenplattieren kann auch eine magnetfeldunterstützte Zerstäubungsquelle dienen. In Bild 4–14 ist als Beispiel eine aus der Katodenzerstäubung bekannte Doppelkatoden-Anordnung [4–34] wiedergegeben. Die magnetische Induktion vor den Katoden und die den Katoden zugeführte Leistung kann so aufeinander abgestimmt werden, daß sich eine Plasmakonfiguration ergibt (Plasma I), in der bei negativ vorgespanntem Substrat die aufwachsende Schicht unter einem ständigen Ionenbeschuß mit den für die Gefügestruktur der Schicht positiven Auswirkungen steht. Durch Variation der Prozeßparameter kann bei unterschiedlichen Substrattemperaturen beschichtet werden. Auch die Herstellung von Schichten auf Kunststoffsubstraten ist möglich.

4.3.2 Ionisierungserhöhung beim Ionenplattieren

Die Effektivität der beim Ionenplattieren ablaufenden Prozesse hängt wesentlich von dem Prozeßparameter Ionenstromdichte ab. Das gilt sowohl für die Reinigungsphase als auch das Wachsen der Schicht, besonders beim reaktiven Ionenplattieren. Wird eine der im vorigen Abschnitt beschriebenen Verdampfungsquellen eingesetzt, so erübrigen sich in der Regel Maßnahmen zur Ionisierungserhöhung, weil die Elektronenstrahlen in den Verdampfungsquellen bereits für einen hohen Ionisationsgrad des Gases und des verdampfenden Materials sorgen. Gleichwohl bemüht man sich um zusätzliche Ionisation des Gases und des Metalldampfes [4–35].

Zur Ionisierungserhöhung können verschiedene physikalische Effekte ausgenutzt werden. Das Anlegen eines magnetischen Gleichfeldes zwingt die Elektronen in der Gasentladung auf Spiralbahnen und erhöht die zur Ionisierung neutraler Teilchen führende Stoßionisation. Besonders wirkungsvoll ist die Anwendung eines hochfrequenten Wechselfeldes (z. B. 13,56 MHz). Die dabei erzielte Ionisierungserhöhung läßt das Arbeiten bei niedrigen Drücken zu.

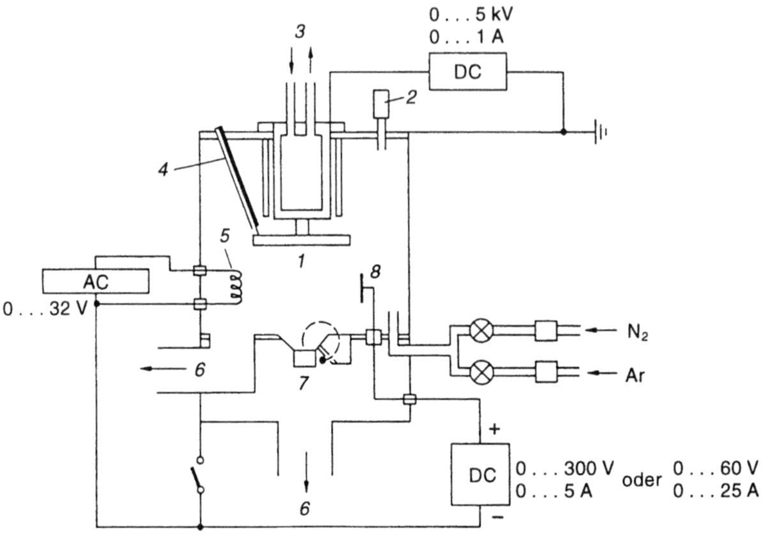

Bild 4–15. Ionenplattieranlage mit Triodenanordnung [4–8].
1 Substrat, 2 Manometer, 3 Wasserkühlung, 4 Thermoelement, 5 Glühkatode der Hilfsentladung, 6 Vakuumsystem, 7 transversaler Elektronenstrahlverdampfer, 8 Anode der Hilfsentladung.

Eine weitere Möglichkeit der Ionisierungserhöhung bietet die in Bild 4–15 dargestellte Triodenanordnung [4–36, 4–37]. Zwischen Substrat aund Verdampfungsquelle wird eine unselbständige Hilfsentladung mit einer Glühkatode quer zum Dampfstrom betrieben. In der gezeigten Anordnung lassen sich am Substrat Ionenstromdichten von mehr als $3\ \mathrm{mA\ cm^{-2}}$ bei einem Ionisationsgrad des Dampfes von über 3% und einem Druck von einigen 10^{-2} Pa erzielen.

4.3.3 Alternierendes Ionenplattieren

Eine interessante Verfahrensvariante stellt das alternierende Ionenplattieren dar [4–38], bei dem die Kondensation des Dampfes und die Einwirkung der Ionen auf die sich bildende Schicht räumlich und zeitlich getrennt werden. Die Probe wird abwechselnd dem Dampf- und Ionenstrom ausgesetzt, wobei die in der Kondensationsphase aufgewachsene Schicht im Ionenstrom wieder teilweise durch Zerstäubung abgetragen wird. Nickelschichten auf Bronze und Stahl, die auf diese Weise aufgebracht wurden, zeichneten sich durch sehr hohe Haftfestigkeit und geringe Porosität aus. Offenbar ist ein permanenter Ionenstrom beim Schichtaufbau im Hinblick auf gute Haftfestigkeit nicht unbedingt erforderlich.

Bild 4–16 zeigt schematisch eine Anlage zum alternierenden Ionenplattieren. Die Probe ist an einem Drahtteller befestigt und kann abwechselnd über die Verdampfungsquelle gebracht und dem Ionenbeschuß in einer magnetfeldverstärkten Gasentladung (Ringspalt-Plasmatron) ausgesetzt werden. Die Prozeßparameter Kondensationsrate und Zerstäubungsrate können bei diesem Verfahren praktisch unabhängig voneinander variiert und optimiert werden. Auch der beim normalen Ionenplattieren unvermeidliche Gaseinbau läßt sich hier über die Einstellung der Entladungsparameter reduzieren. Durch die Wahl

124

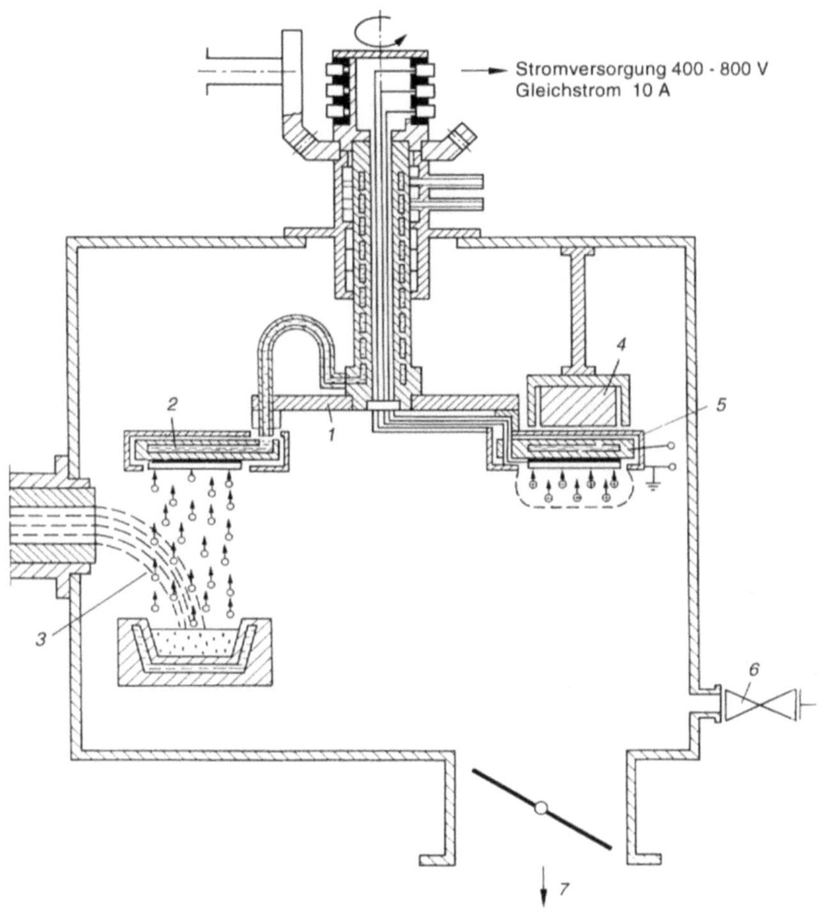

Bild 4–16. Anlage zum alternierenden Ionenplattieren.
1 Drehteller, 2 Wasserkühlung des Substrats, 3 Elektronenstrahlverdampfungsquelle, 4 magnetfeld-
verstärkte Ionisierungseinrichtung, 5 Abschirmung, 6 Gaseinlaß, 7 Vakuumsystem.

geeigneter Verdampfungsquellen und darauf abgestimmter Ionisierungseinrichtungen
lassen sich hohe Kondensationsraten erzielen, wie sie für praktische Anwendungen von
Vorteil sind.

4.4 Entwicklungsstand und Ausblick

Seit der Einführung des Ionenplattierens durch *D.M. Mattox* Mitte der sechziger Jahre als
Variante des Aufdampfens im Hochvakuum und der Katodenzerstäubung sind zahlreiche Modifikationen des Verfahrens entwickelt und praktisch erprobt worden. Obwohl der
Ionenplattierprozeß sehr komplex ist und bei seiner Durchführung viele Parameter kontrolliert werden müssen, wird er, wie die umfangreiche Literatur zeigt, in vielen Labora-

torien angewandt. Ein Grund für die Beliebtheit des Verfahrens ist die Tatsache, daß die erzielten Schichten sehr gute Eigenschaften hinsichtlich Haft- und Verschleißfestigkeit sowie Korrosionsbeständigkeit haben. Insbesondere das reaktive Ionenplattieren liefert sehr befriedigende Ergebnisse. Ein weiterer Grund liegt in dem Umstand, daß eine vorhandene Aufdampf- oder Katodenzerstäubungsanlage mit relativ geringem Aufwand zu einer Ionenplattieranlage erweitert werden kann.

Als Nachteil des Ionenplattierens wird, unter praktischen Gesichtspunkten, die erwähnte Vielzahl der Prozeßparameter angesehen. Hinzu kommen Probleme, die sich aus der Geometrie der zu beschichtenden Bauteile ergeben. Oft ist es nicht leicht, die Proben so anzuordnen, daß sie mit einer konturentreuen gleichmäßig dicken Schicht versehen werden. Eine weitere Schwierigkeit stellen Verunreinigungen dar, die durch unerwünschten Ionenbeschuß in der Umgebung der Probe freigesetzt, in der Gasentladung aktiviert und möglicherweise in die Schicht eingebaut werden. Räumlich und zeitlich begrenzte Ioneneinwirkung und Trennung vom Aufdampfprozeß, wie sie beim alternierenden Ionenplattieren gegeben sind, könnten hier bei technischer Weiterentwicklung und Optimierung Abhilfe schaffen.

Schließlich ist es, vom Standpunkt der Grundlagenforschung aus gesehen, unbefriedigend, daß ein erfolgreich angewandtes technisches Verfahren wie das Ionenplattieren Fragen nach den zugrunde liegenden Elementarprozessen offenläßt. Will man sich nicht mit rein empirischen Erfahrungen, die allerdings für praktische Erfordernisse oft ausreichen, zufriedengeben, so müssen systematische Messungen [4–17] der den Schichtaufbau bestimmenden Energien der Ionen und Neutralteilchen fortgesetzt und auf andere Gas-Metall-Kombinationen erweitert werden. Darüber hinaus bedarf der Zusammenhang zwischen den Schichteigenschaften (Härte, Verschleißfestigkeit etc.) und den Prozeßparametern noch weiterer eingehender Untersuchungen.

5 Ionenzerstäubung von Festkörpern (Sputtering)

G. Kienel, H. Oechsner

5.1 Einführung

Die atomare Erosion einer Festkörperoberfläche durch den Beschuß mit Ionen oder Atomen ausreichender Energie ist seit den Anfängen der Gasentladungsphysik bekannt und wurde zunächst lediglich als Störeffekt beim Betrieb von Gasentladungsröhren eingestuft [5-1]. Wegen der Beschleunigung, die Ionen aus der positiven Säule einer Niederdruckentladung durch den Potentialabfall vor der Katode (Katodenfall) erfahren, tritt dieser Effekt vorwiegend an der Katodenoberfläche auf. Die damit verknüpfte Auslösung von Atomen und – wie man heute weiß – in geringem Maße auch von Molekülen des Katodenmaterials wurde daher als Katodenzerstäubung bezeichnet. Da der Zerstäubungseffekt auch durch den Beschuß einer Oberfläche beispielsweise mit einer Ionenkanone erfolgen kann, verwendet man in der Zwischenzeit die Bezeichnung Ionenzerstäubung. Im Englischen hat sich der Terminus „sputtering" etabliert, der heute im allgemeinen für die teilchenbeschußinduzierte Auslösung von Atomen und Molekülen aus einer Festkörperoberfläche benutzt wird.

Neben der Zerstörung der Katode führt die Ionenzerstäubung des Katodenmaterials auch zur Ausbildung von dünnen metallischen Bedeckungen an Oberflächen in der Umgebung der Katode, die unerwünschte Leitfähigkeiten verursachen. Insbesondere an der Wand des Entladungsgefäßes wurde bereits frühzeitig das Aufwachsen dünner Metallschichten als Folge der Katodenzerstäubung beobachtet. Obwohl es daran anknüpfend schon sehr frühzeitig zu ersten Anwendungen des Zerstäubungseffektes für die Erzeugung dünner Schichten kam [5-2], ist die Ionenzerstäubung erst Ende der 60er Jahre zu einem ernsthaften Konkurrenten für die Aufdampfmethode in der Dünnschichttechnik geworden.

Heute werden Zerstäubungsmethoden in der modernen Dünnschichttechnologie bei weitem häufiger eingesetzt als Aufdampftechniken. Die Gründe hierfür sind mannigfach:

– Unter Hinzunahme der Methode der Hochfrequenzzerstäubung (siehe Abschn. 5.3.1) können beliebige Festkörpertargets, also auch hochschmelzende Werkstoffe oder Dielektrika, für den Sputterprozeß genutzt werden.

– Da die Ionenzerstäubung ein über Atomstöße ablaufender „ballistischer" Prozeß ist, bleibt das Zerstäubungstarget relativ kalt. Segregations- und Entmischungsprozesse nichtelementarer Ausgangsmaterialien, die bei Aufdampfmethoden in der Regel sehr störend in Erscheinung treten, spielen daher keine Rolle. Nach Erreichen des sogenannten Sputtergleichgewichts entspricht die Zusammensetzung des ausgelösten Teilchenflusses der Stöchiometrie des Sputtertargets, die damit im Prinzip in die zu erzeugende Dünnschichtstruktur transferiert wird.

– Führt man die Sputterdeposition in Anwesenheit eines reaktiven Gases oder eines Gasgemisches aus, so kann eine während des Schichtwachstums kontrolliert ablaufende chemische Reaktion eingestellt werden. Damit können auch bei elementaren Ausgangsmaterialien Schichten aus chemischen Verbindungen mit einer vorher festlegbaren Stöchiometrie erzeugt werden.

– Anders als bei Verdampferquellen, die in der Regel den Charakter einer Punktquelle haben, kann die Ionenzerstäubung großflächig erfolgen. Damit wird es möglich, auch große Substrate mit sehr hoher lateraler Homogenität zu beschichten.

– Die zu beschichtenden Substrate können vor dem Beginn der Schichtdeposition durch Ionenbeschuß gereinigt werden. Zusätzlich können durch Ionenbeschuß auch während des Aufwachsens der Schicht deren Eigenschaften definiert beeinflußt werden. Die relativ hohe kinetische Energie der durch atomare Stoßprozesse ausgelösten zerstäubten Teilchen wirkt sich häufig im gleichen Sinne günstig auf die Qualität von aufgesputterten Schichten aus.

Neben der hohen Flexibilität der Methode hat auch die Entwicklung von Hochraten-Sputterverfahren in Form moderner Magnetronanordnungen (siehe Abschn. 5.3.2) entscheidend dazu beigetragen, daß die Ionenzerstäubung heute der wichtigste Prozeß für die Erzeugung von Dünnschichtstrukturen geworden ist. Zusammenfassende Darstellungen zur Ionenzerstäubung finden sich in [5–3 bis 5–8].

5.2 Beschreibung des Zerstäubungsprozesses

5.2.1 Zur Theorie der Festkörperzerstäubung durch Teilchenbeschuß

Ausgehend von der theoretischen Behandlung der Abbremsung energiereicher Projektile in Festkörpern, insbesondere im Zusammenhang mit der Neutronenabbremsung in Reaktormaterialien, hat sich seit etwa 1950 das Konzept der beschußinduzierten Stoßkaskaden als der richtige Weg zur quantitativen Beschreibung des Sputterprozesses erwiesen. Dabei gibt das in den Festkörper eindringende Beschußion seine Energie in Form von elastischen und inelastischen Stößen ab. Für den Sputterprozeß sind insbesondere die als Folge der elastischen „Kernstöße" entstehenden Rückstoßatome wichtig, die durch kaskadenartige Folgestöße ihre Energie weiter verteilen. Wegen der damit verknüpften Umkehr des Beschußteilchenimpulses können Teilchen an der Targetoberfläche einen nach außen gerichteten Impuls erhalten. Reicht die zugehörige kinetische Energie aus, um die zumeist in Form einer ebenen Potentialschwelle angenommene Oberflächenbindungsenergie U_0 zu überwinden, so verläßt das Teilchen die Oberfläche.

Wie man heute aus Computersimulationen zu den Sputterkaskaden weiß, beträgt deren Lebensdauer in der Regel weniger als 10^{-12} s. Dies bedeutet, daß es selbst bei Beschußstromdichten von einigen mA/cm^2 zu keiner Überlappung der einzelnen Stoßkaskaden kommt, deren Ausdehnung bei Projektilenergien um 1 keV in der Größenordnung von wenigen 10 Atomabständen liegt. Der Zerstäubungsprozeß kann daher anhand sogenannter linearer Stoßkaskaden beschrieben werden, bei denen die Energie in Zweiteilchenstößen deponiert wird, wobei das angestoßene Atom vor dem Stoß stets in Ruhe ist. Der durch inelastische, d.h. elektronische Prozesse im Festkörper deponierte Energieanteil beträgt im Energiebereich unter 1 keV lediglich einige Prozent des elastischen Anteils und bewirkt innere Anregungs- und Dissoziationsprozesse. Diese können beispielsweise

128

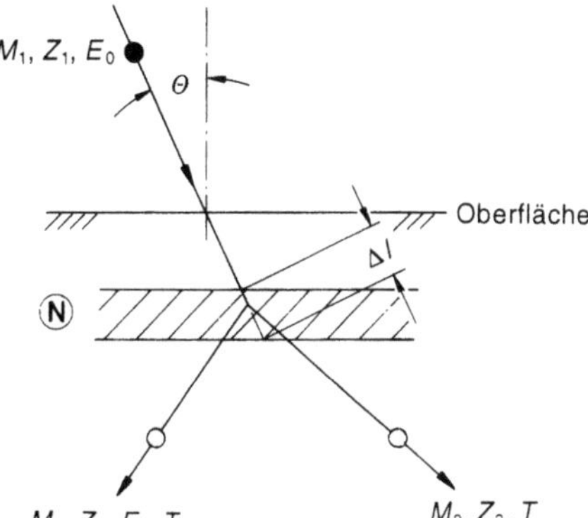

Bild 5–1. Zur Beschreibung des elastischen
Energieübertrags bei der Teilchen-Festkörper-Wech-
selwirkung.

zu einer Änderung der chemischen Bindungsverhältnisse in der Nähe der Targetoberfläche führen und zum anderen den elektronischen Zustand der ausgelösten Oberflächenteilchen beeinflussen.

Bei der Behandlung der linearen binären Stoßkaskaden geht man heute entsprechend den
Arbeiten von *P. Sigmund* [5–3, 5–9] zumeist von transporttheoretischen Ansätzen aus.
Bild 5–1 soll zur Erläuterung der Wahrscheinlichkeit $dP = N\,\Delta l\,d\sigma$ dienen, daß eine elastische Wechselwirkung zwischen einem Projektil der Masse M_1 und der Anfangsenergie E_0
innerhalb eines kleinen Wegintervalls Δl mit einem Targetatom der Masse M_2 stattfindet.
N ist die Teilchenzahldichte im Targetvolumen, $d\sigma$ der (differentielle) Wirkungsquerschnitt für den betrachteten elastischen Atomstoß. Der mittlere Energieverlust, den das
Projektil entlang Δl erfährt, ist dann gegeben durch

$$\langle \Delta E \rangle = \int\limits_0^{T_m} T\,\mathrm{d}P = N\,\Delta l \int\limits_0^{T_m} (\mathrm{d}\sigma\,(E,T)/\mathrm{d}T)\,\mathrm{d}T. \tag{5-1}$$

Dabei ist T die bei einem Stoß an das Targetatom übertragene Energie, deren obere
Grenze T_m durch den elastischen Energieübertrag beim Zentralstoß gegeben ist. Im
Grenzübergang $\Delta l \rightarrow \mathrm{d}l$ geht $\langle \Delta E \rangle / \Delta l$ in den sogenannten spezifischen Energieverlust
oder die „stopping power" $-\mathrm{d}E/\mathrm{d}l$ über, die mit der Teilchendichte N durch den elastischen Bremsquerschnitt („elastic oder nuclear stopping cross section") S_n gemäß

$$\frac{\mathrm{d}E}{\mathrm{d}l} = -N\,S_n(E) \tag{5-2}$$

verknüpft ist. In den Gleichungen (5–1) und (5–2) stellt E die Energie des stoßenden Teilchens dar, die dieses im betrachteten Wegintervall gerade noch besitzt.
Um einen Ausdruck für den energiedifferentiellen Bremsquerschnitt $d\sigma/dT$ (siehe Gl.
(5–1)) zu gewinnen, benötigt man das Wechselwirkungspotential für die betrachteten elastischen Zweiteilchenstöße. Eine vernünftige und gut handhabbare Näherung für den ausschlaggebenden repulsiven Anteil des atomaren Wechselwirkungspotentials stellt ein
sogenanntes Potenzpotential der Form

$$V(r) = \frac{Z_1 Z_2}{r} \frac{k_s}{s} \left(\frac{a}{r}\right)^{s-1} \tag{5-3}$$

dar. Dabei ist r der Abstand der beiden Atommittelpunkte, a der sogenannte Abschirm-
radius und k_s eine charakteristische Konstante. Z_1 und Z_2 sind die Ordnungszahlen der
beiden wechselwirkenden Atome. Berechnet man $d\sigma/dT$ aus Gl. (5–1) anhand der „Im-
pulsnäherung" für das Streuintegral, das den Stoßprozeß bei nicht zu kleinen Stoßpara-
metern b beschreibt, so erhält man schließlich

$$d\sigma(E, T)/dT = C_m E^{-m} T^{-(1+m)} \tag{5–4}$$

und daraus für den elastischen Bremsquerschnitt

$$S_n(E) = \frac{1}{1-m} C_m \gamma^{1-m} E^{1-2m}. \tag{5–5}$$

Dabei ist $m = 1/s$, d.h. die inverse Potenz, mit der der Atomabstand r in das Wechselwirkungspotential $V(r)$ eingeht, und $\gamma = 4 M_1 M_2/(M_1 + M_2)^2$ der Energieübertragungsfaktor
beim elastischen Zentralstoß. Aus Gl. (5–5) wird sofort sichtbar, daß für $m \to 0$, d.h. für
ein steil abfallendes Wechselwirkungspotential (vgl. Gl. (5–3)) für den elastischen
Bremsquerschnitt gilt

$$S_n(E) \simeq C_0 \gamma E. \tag{5–5a}$$

Mit Hilfe der Gl. (5–5) läßt sich dann durch Integration der Gl. (5–2) im Prinzip die Energie berechnen, die von einem Teilchen mit einer bestimmten Anfangsenergie in Form von
elastischen Atomstößen entlang seines Weges im Festkörper abgegeben wird. Neben dem
Projektil mit der Beschußenergie E_0 sind dabei zur Beschreibung der gesamten Stoßkaskade auch sämtliche „recoil"-Atome zu berücksichtigen, die durch das Projektil selbst
oder durch die erzeugten Kaskadenatome angestoßen werden. Die gesamte Stoßkaskade
ergibt sich dann durch die Überlagerung aller einzelnen Abbremsfolgen, durch welche die
Energie und der Impuls, die durch ein Primärteilchen in den Festkörper eingebracht werden, durch elastische Stöße dissipiert werden. Bei den entsprechenden Berechnungen ist
zu berücksichtigen, daß die Potenz m (Gl. 5–5) mit E variiert und die Teilchen nicht nur
durch elastische, sondern auch durch elektronische Energieverluste mit den zugehörigen
Bremsquerschnitten $S_e(E)$ abgebremst werden.

Unter Benutzung eines plausiblen Ansatzes [5–10] läßt sich vereinfachend annehmen,
daß die Gesamtzahl von Kaskadenteilchen im Intervall um eine Energie E, die pro Primärteilchen mit der Energie E_0 im Mittel erzeugt werden, durch

$$n(E_0, E) \sim \frac{\nu(E_0)}{E} \tag{5–6}$$

beschrieben wird.

Dabei ist $\nu(E_0)$ derjenige Anteil von E_0, der in elastischen Atomstößen verbraucht wird.
In einem Zerstäubungsexperiment wird nun das Target mit einem Primärteilchenfluß Ψ
beschossen, wobei diese Größe die Anzahl der Projektile mit der Energie E_0 beschreibt,
die das Sputtertarget in der Zeiteinheit treffen. Die Teilchenzahl $\varrho(E)\,dE$ von Kaskaden-
atomen im Energieintervall dE um die Energie $E \ll E_0$ ist dann gegeben durch

$$\varrho(E)\,dE \sim \Psi\, n(E_0, E)\,dt. \tag{5–7}$$

Dabei ist dt das mittlere Zeitintervall für die Erzeugung der betrachteten Teilchen im
Energieintervall um E, die durch die Abbremsung von Kaskadenteilchen mit der Energie
$E + dE$ bis zur Energie E entstehen.

130

Man sieht leicht, daß unter Benutzung des Ergebnisses in Gl. (5–5) gilt

$$dt = \frac{dE}{v \dfrac{dE}{dl}} \sim \frac{dE}{v\, E^{1-2m}} , \qquad (5-8)$$

wobei v die zu E gehörende Teilchengeschwindigkeit ist. Für $\varrho(E)\,dE$ ergibt sich damit

$$\varrho(E)\,dE \sim \Psi\, v(E_0)\, \frac{dE}{v\, E^{2-2m}} . \qquad (5-7a)$$

Durch Mittelung über die Richtungsänderungen bei den einzelnen Atomstößen, d.h. durch Umrechnung der Wegelemente dl (siehe Gl. (5–2)) in die zugehörigen Tiefenintervalle dx, läßt sich $\varrho(E)$ in eine Funktion $F_D(E_0, x)$ umrechnen, welche die in Form niederenergetischer Kaskadenteilchen deponierte Energie in Abhängigkeit von der Tiefe x unterhalb der Targetoberfläche beschreibt. Der Fluß solcher Kaskadenteilchen mit einer Energie um E in einen Raumwinkel $d\Omega$ in der Tiefe x ist dann gegeben durch

$$\phi(E)\,dE\,d\Omega \sim \Psi\, \frac{F_D(E_0, x)}{E^{2-2m}}\, dE\, \frac{d\Omega}{4\pi} . \qquad (5-9)$$

Für $m \simeq 0$, d.h. für den Bereich kleiner Teilchenenergien erhält man aus Gl. (5–9) das wichtige Ergebnis, daß die Teilchenflußdichte in den Stoßkaskaden, die für die Näherung $E \to 0$ in einem Target mit statistisch verteilten Atomen isotrop werden, mit E^{-2} variiert.

Zur Berechnung der Zerstäubungsausbeute wird schließlich der Fluß ϕ von Teilchen im Energieintervall dE und pro Raumwinkelelement $d\Omega$ an der Stelle $x = 0$ betrachtet, der über die Energieschwelle der Höhe U_0 an der Targetoberfläche hinweg in den Außenraum gelangt (Bild 5–2). Die Oberflächenbindungsenergie U_0 kann bei elementaren Targets in guter Näherung durch die Sublimationsenergie (siehe z.B. [5–11]) ersetzt werden. Beim Übergang vom Innen- in den Außenraum ist der Energie- und Impulssatz zu berücksichtigen, d.h. nur Teilchen mit $E\cos^2\Theta_i > U_0$ (siehe Bild 5–2) können das Target verlassen.

Die totale Zerstäubungsausbeute Y_{tot}, gemittelt über viele Stoßkaskaden, d.h. die mittlere Anzahl von zerstäubten Atomen pro Primärteilchen, erhält man aus

$$Y_{tot} = \frac{\iint \phi(E)\cos\Theta_i\, dE\, d\Omega}{\Psi}\; \frac{\text{Atome}}{\text{Ion}} . \qquad (5-10)$$

Für $E_0 \gg U_0$ ergibt die Rechnung

$$Y_{tot} = \text{const.}\; \frac{F_D(E_0, x = 0)}{N\, U_0} . \qquad (5-11)$$

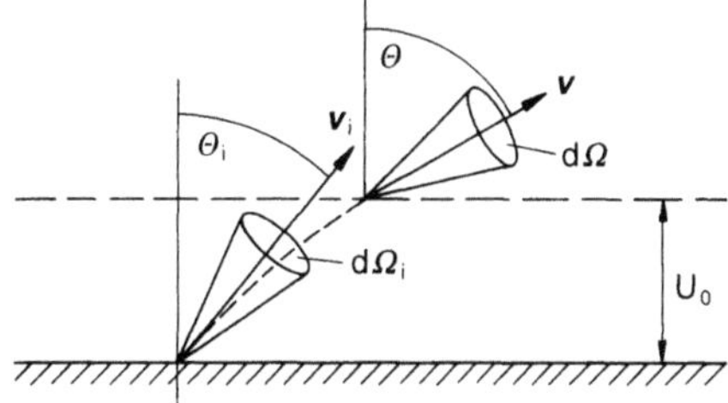

Bild 5–2. Zum Durchtritt von Teilchen aus Zerstäubungskaskaden durch die Energieschwelle U_0 an der Targetoberfläche.

Der Funktionswert $F_D(E_0, x = 0)$ für die deponierte Energie an der Targetoberfläche kann näherungsweise ersetzt werden durch

$$F_D(E_0, x = 0) \simeq \alpha N S_n(E_0), \qquad (5\text{–}12)$$

wobei der dimensionslose Faktor α für den Fall nicht zu hoher Beschußenergien E_0, bei denen die Projektilenergie vorwiegend durch elastische Atomstöße dissipiert wird, nur vom Verhältnis zwischen den atomaren Massen M_2 der Targetatome und M_1 der Projektilionen abhängt. Für diesen Fall folgt $F_D(E_0, x = 0)$ dem Verlauf des elastischen Bremsquerschnittes $S_n(E_0)$ und man erhält für $m \simeq 0$ für die totale Zerstäubungsausbeute [5–9]

$$Y_{tot} = 0{,}042 \, \frac{\alpha \, (M_2/M_1) \, S_n(E_0)}{U_0}. \qquad (5\text{–}11\,a)$$

α variiert für $M_2/M_1 < 1$ nur wenig und liegt bei 0,2 bis 0,3, steigt dann aber an und erreicht für das Massenverhältnis M_2/M_1 um 10 Werte in der Gegend um 1 [5–12].

Für eine Abschätzung von Y_{tot} bei kleinen Beschußenergien E_0 erweist es sich oft als nützlich, die an der Targetoberfläche deponierte Projektilenergie durch die beim ersten Stoß an ein Targetatom der Masse M_2 übertragbare Energie anzunähern. Für Y_{tot} ergibt sich dann mit Hilfe von Gl. (5–5a)

$$Y_{tot} \simeq (3/4\,\pi^2) \, \frac{\alpha \, (M_2/M_1) \, \gamma \, E_0}{U_0}. \qquad (5\text{–}11\,b)$$

5.2.2 Numerische Näherungen

Für eine quantitative Abschätzung der energieabhängigen totalen Zerstäubungsausbeuten von elementaren Targets bei senkrechtem Ionenbeschuß kann eine empirische Näherungsformel der Form [5–13]

$$Y_{tot} = 0{,}42 \, \frac{\alpha \, (M_2/M_1) \, K \, s_n(\varepsilon)}{U_0 \, (1 + 0{,}35 \, U_0 \, s_e(\varepsilon))} \left(1 - \left(\frac{E_s}{E_0} \right)^{1/2} \right)^{2,8} \qquad (5\text{–}13)$$

nützlich sein. Dabei ist ε die sogenannte reduzierte Energie

$$\varepsilon = \frac{0{,}03255}{Z_1 Z_2 (Z_1^{2/3} + Z_2^{2/3})^{1/2}} \, \frac{M_2}{M_1 + M_2} \, E_0(\text{eV}), \qquad (5\text{–}14)$$

$s_n(\varepsilon)$ und $s_e(\varepsilon)$ sind die entsprechenden elastischen und elektronischen Bremsquerschnitte [5–14] mit

$$s_n(\varepsilon) = \frac{3{,}441 \, \sqrt{\varepsilon} \, \ln(\varepsilon + 2{,}718)}{1 + 6{,}355 \, \sqrt{\varepsilon} + \varepsilon \, (-1{,}708 + 6{,}882 \, \sqrt{\varepsilon})} \qquad (5\text{–}15\,a)$$

und $\qquad s_e(\varepsilon) = k \, \varepsilon^{1/2} \qquad\qquad\qquad (5\text{–}15\,b)$

wobei $\qquad k = 0{,}079 \, \dfrac{(M_1 + M_2)^{3/2}}{M_1^{3/2} \, M_2^{1/2}} \, \dfrac{Z_1^{2/3} \, Z_2^{1/2}}{(Z_1^{2/3} + Z_2^{2/3})^{3/4}}.$

$K = S_n/s_n$ beschreibt den Umrechnungsfaktor zwischen dem zu der reduzierten Energie ε (Gl. (5–14)) gehörenden s_n und dem Bremsquerschnitt $S_n(E_0)$ gemessen in $eV\,cm^2/10^{15}$ Atome (d. h. ca. einer Monolage). Es gilt dann

$$K = 8{,}478\ \frac{Z_1 Z_2}{(Z_1^{2/3} + Z_2^{2/3})^{1/2}}\ \frac{M_1}{M_1 + M_2}. \qquad (5\text{–}16)$$

Anhand von Gl. (5–13) wird sofort die Bedeutung von E_s als die Schwellenergie für den Einsatz des Zerstäubungsprozesses deutlich. Aus einer numerischen Anpassung an die verfügbaren Meßergebnisse für E_s erhält man [5–13]

$$E_s = U_0 \left(1{,}9 + 3{,}8 \left(\frac{M_2}{M_1} \right)^{-1} + 0{,}134 \left(\frac{M_2}{M_1} \right)^{1{,}24} \right). \qquad (5\text{–}17)$$

Schließlich läßt sich $\alpha\,(M_2/M_1)$ ebenfalls durch Anpassung an Meßwerte in guter Näherung beschreiben durch [5–13]

$$\alpha \left(\frac{M_2}{M_1} \right) = 0{,}08 + 0{,}164 \left(\frac{M_2}{M_1} \right)^{0{,}4} + 0{,}0145 \left(\frac{M_2}{M_1} \right)^{1{,}29}. \qquad (5\text{–}18)$$

5.2.3 Zerstäubungsausbeuten elementarer Targets bei senkrechtem Ionenbeschuß

Die in Abschnitt 5.2 und 5.2.2 angegebenen Beziehungen für Y_{tot} gelten für den Fall des senkrechten Ionenbeschusses und beschreiben gut das charakteristische Verhalten der zugehörigen totalen Zerstäubungsausbeuten für elementare Targets in Abhängigkeit von der Beschußenergie, der atomaren Masse der Targetatome und der Beschußteilchen sowie der Oberflächenbindungsenergie bzw. der Sublimationsenergie als der maßgeblichen Targeteigenschaft.

Mit Hilfe von Y_{tot} erhält man die Zerstäubungs- oder Abtragrate A, d. h. die mittlere Zahl der pro Zeit- und Flächeneinheit an der Targetoberfläche abgestäubten Atome zu $A = j_{ion} Y_{tot}$. Dabei ist j_{ion} die Stromdichte der Beschußionen mit einer Energie E_0 und Y_{tot} die zugehörige totale Zerstäubungsausbeute. A ist nicht zu verwechseln mit der Aufstäubrate D, dem Produkt aus der mittleren Zahl der pro Zeit- und Flächeneinheit auf ein Beschichtungssubstrat auftreffenden zerstäubten Teilchen und deren mittlerem Haftkoeffizienten.

5.2.3.1 Abhängigkeit von der Beschußenergie

Die Ionenzerstäubung setzt bei einer Schwellenergie E_s ein, die nach Gl. (5–17) bei etwa dem Doppelten der Oberflächenbindungsenergie bzw. der Sublimationsenergie U_0 liegt und ebenfalls vom Massenverhältnis zwischen Projektil- und Targetteilchen abhängt. Y_{tot} ist zunächst in guter Näherung proportional zu E_0, wächst dann bei Beschußenergien E_0 um einige 100 eV schwächer als linear an und erreicht je nach Projektil-Targetkombination bei E_0-Werten von einigen keV bis wenigen 10 keV ein Maximum. Mit noch größer werdendem E_0 fällt Y_{tot} wieder ab. Dieser Verlauf ist im Bild der atomaren Stoßkaskaden plausibel: Mit zunehmendem E_0 wird zwar immer mehr Energie in der Kaskade deponiert, wegen der mit E_0 wachsenden mittleren Eindringtiefe der Projektile wird diese

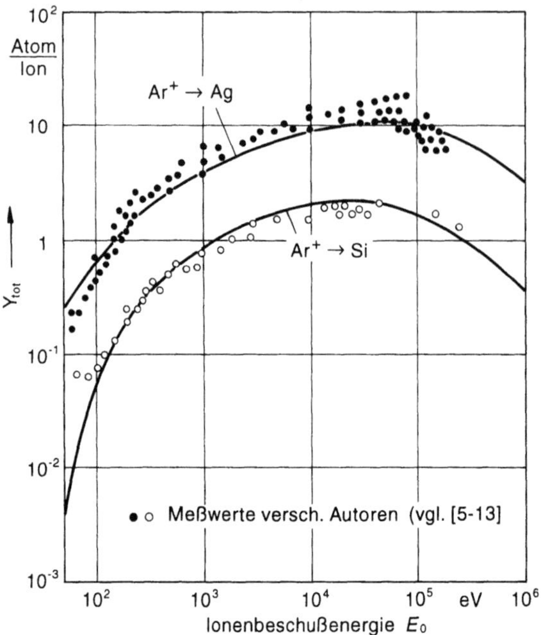

Bild 5–3. Energieabhängigkeit der totalen Zerstäubungsausbeuten Y_{tot} für polykristallines Si und Ag bei senkrechtem Beschuß mit Ar⁺-Ionen. Die eingezeichneten Kurven sind nach Gl. (5–13) berechnet (aus [5–13]).

Energie jedoch immer in größeren Tiefen an die Targetatome übertragen, so daß der Wert von F_D an der Oberfläche (s. Gl. (5–11)) und damit Y_{tot} wieder abnimmt.

Als Beispiele für die Energieabhängigkeit von Y_{tot} sind in Bild 5–3 die totalen Zerstäubungsausbeuten für Ag und Si als Beispiele für Targets mit relativ hohen bzw. relativ niedrigen Zerstäubungsausbeuten für den senkrechten Beschuß mit Ar⁺-Ionen dargestellt. Es zeigt sich, daß die Meßergebnisse verschiedener Autoren für polykristalline Ag- und Si-Targets durch die mit der empirischen Formel in Gl. (5–13) berechneten totalen Zerstäubungsausbeuten Y_{tot} gut beschrieben werden.

5.2.3.2 Abhängigkeit von Y_{tot} vom Targetmaterial und der Beschußteilchenart

Die Abhängigkeit der Zerstäubungsausbeute vom Kehrwert der Oberflächenbindungsenergie U_0 (oder der Sublimationsenergie) nach Gl. (5–11) und (5–13) ist durch die Meßergebnisse ebenfalls gut bestätigt. Da die Sublimationsenergie in den Serien der Übergangsmetalle mit dem Auffüllen der 3d-, 4d- und 5d-Schale abnimmt, erhält man den in Bild 5–4 dargestellten charakteristischen periodischen Verlauf von Y_{tot} über der Ordnungszahl Z_2 der Targetelemente. Von Ti, Zr und Hf mit jeweils 2d-Elektronen steigt Y_{tot} bis zu den Edelmetallen Cu, Ag und Au mit der maximal möglichen Zahl von jeweils 10 d-Elektronen in der M-, N- und O-Schale an [5–15].

Die Abhängigkeit von der Masse M_1 der Beschußteilchen wird im wesentlichen durch die Energie bestimmt, die bei der Abbremsung des Projektils in den ersten Stößen an Target-

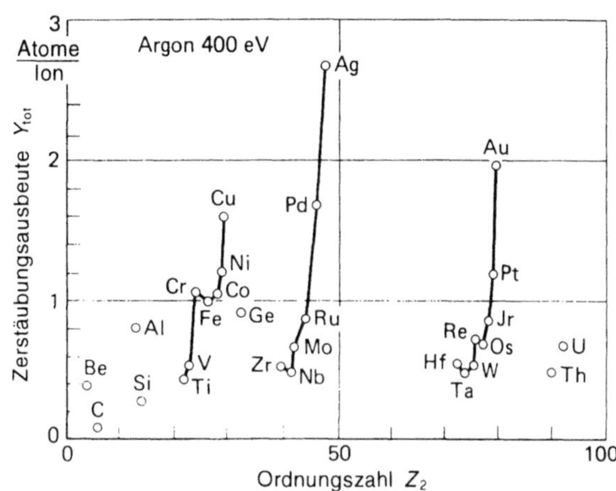

Bild 5–4. Abhängigkeit der Zerstäubungsausbeute Y_{tot} vom Targetmaterial für den senkrechten Beschuß mit Ar$^+$-Ionen von 400 eV (aus [5–15]).

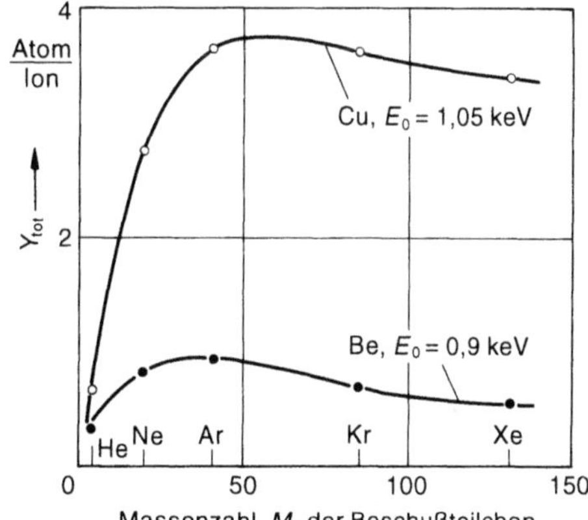

Bild 5–5. Totale Zerstäubungsausbeute Y_{tot} von polykristallinem Cu und Be bei senkrechtem Beschuß mit Ionen der verschiedenen Edelgase für Beschußenergien um 1 keV (aus [5–16]).

atome übertragen wird. In Bild 5–5 sind für Be als leichtes und Cu als ein mittelschweres Targetelement die totalen Zerstäubungsausbeuten Y_{tot} für den senkrechten Beschuß mit den Ionen der unterschiedlichen Edelgase bei Energien um 1 keV aufgetragen [5–16]. Nach den Gl. (5–11a) und (5–13) wird Y_{tot} durch das Produkt aus $\alpha(M_2/M_1)$ und dem elastischen Bremsquerschnitt S_n bestimmt, der ebenfalls vom Massenverhältnis zwischen Projektil und Targetatomen abhängt (vgl. dazu Gln. (5–14), (5–15a) und (5–16)). Da α und S_n über weite Bereiche von M_2/M_1 gegenläufig sind, variiert Y_{tot} in der Regel weniger als bei vereinfachter Betrachtung aus dem Verlauf des Energieübertragungsfaktors beim elastischen Stoß erwartet wird.

In Tab. 5–1 sind für eine Reihe elementarer Targets die Y_{tot}-Werte für den senkrechten Beschuß mit He$^+$-, Ar$^+$- und Xe$^+$-Ionen von 1 keV zusammengestellt (vgl. auch [5–3]).

Tabelle 5-1. Totale Zerstäubungsausbeuten Y_{tot} (Atome/Ion) für elementare polykristalline Targets bei senkrechtem Beschuß mit He$^+$-, Ar$^+$- und Xe$^+$-Ionen von 1 keV. Die Daten sind aus [5-13] und [5-5] entnommen.

Target	He$^+$	Ar$^+$	Xe$^+$
Be	0,2	1,1	0,9
B	0,2		
C	0,1	0,6	1,2
Mg		3,3	
Al	0,2	2,0	1,1
Si	0,1	0,7	0,5
Ti	0,065	0,8	0,8
V	0,08	1,0	1,0
Cr	0,2	2,0	2,0
Mn			3,0
Fe	0,12	1,4	1,8
Co	0,12	1,3	1,8
Ni	0,16	2,0	2,1
Cu	0,5	3,0	3,3
Ge	0,12	1,6	2,0
Zr	0,05	1,0	1,0
Nb	0,05	1,2	1,4
Mo	0,03	1,0	1,4
Rh	0,1	1,6	2,1
Pd	0,16	3,0	3,5
Ag	0,3	5,0	6,0
Cd		11,0	
In		5,0	
Sn		1,2	2,0
Hf	0,035	0,9	1,5
Ta	0,02	0,9	1,1
W	0,02	1,0	1,4
Re		1,0	2,0
Os	0,04	1,1	2,2
Ir	0,05	1,3	2,5
Pt	0,06	1,8	2,6
Au	0,13	3,0	5,0
Pb	1,0	5,0	
Th	0,04	1,0	2,0
U	0,05	1,0	2,0

5.2.4 Beschußwinkelabhängigkeit der Zerstäubungsausbeute

Der bereits frühzeitig gefundene Effekt, daß in Niederdruckplasmen drahtförmige Proben bei identischer Beschußstromdichte stärker zerstäubt werden als ebene Targets [5-17, 5-18], ließ sich nur damit erklären, daß in der zylindrischen Raumladungsschicht um einen Draht die Beschußionen eine tangentiale Geschwindigkeitskomponente erhalten und damit unter schrägem Beschußwinkel die Probenoberfläche erreichen. Die damit gefundene Abhängigkeit der Zerstäubungsausbeute vom Auftreffwinkel der Beschußteil-

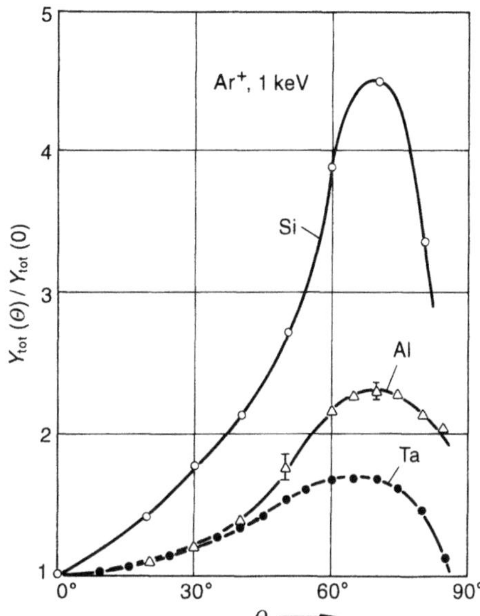

Bild 5–6. Beschußwinkelabhängigkeit der auf den Wert bei senkrechtem Ioneneinfall normierten totalen Zerstäubungsausbeute Y_{tot} für verschiedene polykristalline Proben beim Beschuß mit Ar$^+$-Ionen um 1 keV (aus [5–19] u. [5–20]).

chen lieferte einen der ersten und entscheidenden Hinweise darauf, daß Teilchenstöße und nicht – wie zuvor angenommen – thermische Effekte für den Zerstäubungsprozeß verantwortlich sind. Meßkurven für den Anstieg der Zerstäubungsausbeute verschiedener elementarer Targets mit dem gegen die Oberflächennormale gemessenen Ionenbeschußwinkel Θ zeigt Bild 5–6 [5–19, 5–20].

Im Stoßkaskadenbild (vgl. Abschn. 5.2) sollte sich der Anstieg der Zerstäubungsausbeute bei schiefwinkligem Ionenbeschuß darauf zurückführen lassen, daß die mittlere Eindringtiefe der Beschußteilchen mit $1/\cos\Theta$ zurückgeht. Damit wird der Schwerpunkt der Stoßkaskade angehoben, d.h. die Projektilenergie dichter unterhalb der Targetoberfläche abgegeben. Y_{tot} sollte daher mit $1/\cos\Theta$ ansteigen oder bei genauerer Rechnung mit $\cos^{-f}\Theta$, wobei f mit zunehmendem Massenverhältnis M_2/M_1 monoton von etwa 1,7 bis 0,8 abfällt [5–9].

Systematische Untersuchungen zur Beschußwinkelabhängigkeit von Y_{tot} zeigen jedoch, daß zumindest bis zu Beschußenergien von einigen keV die Kaskadentheorie mit der im Grenzfall völligen Umverteilung des Beschußteilchenimpulses die Ergebnisse nicht erklärt. Vielmehr sind für den Anstieg von Y_{tot} mit Θ kurzreichweitige Stoßfolgen verantwortlich, die zu einer Auslösung von Oberflächenatomen führen, bevor eine isotrope Stoßkaskade aufgebaut ist [5–19]. Die Teilchenauslösung durch kurzreichweitige Stoßfolgen ohne weitgehende Umverteilung des Beschußteilchenimpulses steht im Einklang mit dem experimentellen Befund, daß die Winkelverteilung der zerstäubten Teilchen bei schiefwinkligem Beschuß in die Vorwärtsrichtung der einfallenden Projektilteilchen verkippt wird (s. dazu Abschnitt 5.2.6.1). Geht man davon aus, daß für den Zuwachs ΔY der Zerstäubungsausbeute bei Vergrößerung von Θ die Horizontalkomponente und für die Ausbildung der statistischen Stoßkaskaden die Vertikalkomponente des Beschußteilchenimpulses verantwortlich sind, so variiert der nach wie vor vorhandene Kaskadenbeitrag mit dem Beschußwinkel Θ unter Berücksichtigung der gleichzeitig erfolgenden Anhebung des Kaskadenmittelpunkts insgesamt nur wenig. Dagegen wächst der Anteil $\Delta Y(\Theta)$ aus kurzreichweitigen Stoßfolgen mit dem Beschußwinkel Θ an, bis von einem Grenzwinkel an die Beschußteilchen nicht mehr in die oberste Atomlage eindringen können, sondern durch elastische Stöße mit Oberflächenatomen zurückgestreut werden. Bis zu diesem Grenzwinkel, der einem optimalen Beschußwinkel Θ_{opt} für das Maximum von $Y_{\mathrm{tot}}(\Theta)$ zugeordnet werden kann, gilt

$$Y_{\mathrm{tot}}(\Theta) = Y_0 + \Delta Y(\Theta). \tag{5-19}$$

Für den Zuwachs $\Delta Y(\Theta)$ im Bereich $\Theta < \Theta_{\mathrm{opt}}$ erhält man [5-19]

$$\Delta Y(\Theta) = c\,\sigma_1 \frac{\gamma E_0}{d^2 U_0}\, \Theta^2/\Theta_{\mathrm{opt}}^2. \tag{5-20}$$

Dabei ist σ_1 der elastische Stoßquerschnitt für die erste Wechselwirkung des Projektils der Energie E_0 mit einem Targetatom und d der mittlere Atomabstand im Target. σ_1 liegt z. B. für Ar^+-Ionen von 1 keV bei 2 bis 2,5 Å^2 und variiert nur wenig mit der Targetart. Die Konstante c erhält man durch Anpassung an die Meßergebnisse zu $c \cong 2,5 \cdot 10^{-2}$. Der optimale Beschußwinkel für das Maximum vom $Y_{\mathrm{tot}}(\Theta)$ variiert nur wenig mit den Beschußbedingungen und liegt je nach Rauheit der Targetoberfläche im Bereich von 60 bis 70°.

Ein Vergleich mit den Meßergebnissen zeigt, daß Y_0 in Gl. (5–20) in guter Näherung mit der Zerstäubungsausbeute bei senkrechtem Beschuß gleichgesetzt werden kann, d.h. $Y_0 = Y_{\mathrm{tot}}(\Theta = 0)$. Damit läßt sich anhand von Gl. (5–20) der Einfluß des Beschußwinkels im Anstiegsbereich mit meist ausreichender Genauigkeit abschätzen. Bild 5–7 macht dies für eine größere Zahl von Ion-Target-Kombinationen deutlich.

In der Praxis ist jedoch zu beachten, daß beispielsweise bei schiefwinkligem Beschuß mit einem Ionenstrahl der Anstieg der Zerstäubungsausbeute gegenüber dem senkrechten Fall durch eine Reduktion der Beschußstromdichte kompensiert werden kann, die mit dem Kosinus des Ioneneinfallswinkels Θ gegen die Oberflächennormale abnimmt. Eine echte Erhöhung der Abtragrate ist in einem solchen Fall nur dann zu verzeichnen, wenn $Y_{\mathrm{tot}}(\Theta)$ stärker als mit $1/\cos\Theta$ ansteigt. Für die Sputterdeposition von Dünnschichtstrukturen kann der Übergang zu schiefwinkligem Ionenbeschuß etwa durch den Einsatz großflächiger Ionenstrahlquellen (s. Abschnitt 6.1) deshalb von Vorteil sein, weil die Winkelverteilung der zerstäubten Teilchen in Richtung des Reflexionswinkels $(-\Theta)$ der Beschußteilchen verkippt wird. Damit kann der Fluß der zerstäubten Teilchen in einen wesentlich engeren Raumwinkelbereich konzentriert werden als bei senkrechtem Ionenbeschuß. Weitere Einzelheiten zu den differentiellen Teilchenflüssen in ein Raumwinkelelement $d\Omega$, d.h. zur winkeldifferentiellen Zerstäubungsausbeute $\partial Y/\partial \Omega$, werden weiter unten angegeben (s. Abschnitt 5.2.6.1).

5.2.5 Zerstäubung nichtelementarer Targets und partielle Zerstäubungsausbeuten

Enthält der Fluß der zerstäubten Teilchen unterschiedliche Teilchenarten X, so ist diesen jeweils eine partielle Zerstäubungsausbeute Y_X zuzuordnen. Dabei gilt stets

$$Y_{\mathrm{tot}} = \sum Y_X. \tag{5-21}$$

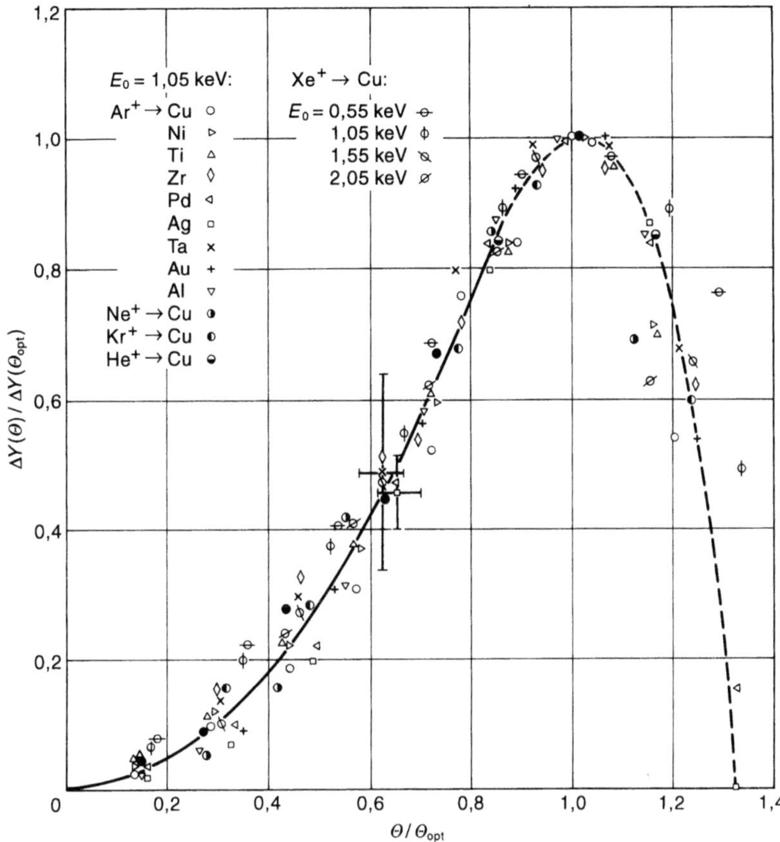

Bild 5–7. Einheitliche Darstellung von Meßwerten zur Beschußwinkelabhängigkeit der totalen Zerstäubungsausbeute Y_{tot} nach Gl. (5–20). Der Ausbeutezuwachs $\Delta Y_{tot}(\Theta)$ gegenüber dem senkrechten Beschuß bei $\Theta = 0^0$ ist stets auf den maximalen Zuwachs $\Delta Y_{tot}(\Theta_{opt})$ im Maximum der Ausbeutekurve, d.h. für den optimalen Ionenbeschußwinkel Θ_{opt} normiert (aus [5–19]).

Bei Zerstäubung elementarer Targets bezieht sich X auf die ausgelösten Atome und die beim Zerstäubungsprozeß gebildeten (homonuklearen) Moleküle. Entsprechende Untersuchungen an Metallen zeigen, daß z. B. für den senkrechten Beschuß mit Ar$^+$-Ionen von 1 keV Dimere und Trimere Me$_2$ bzw. Me$_3$ nur mit partiellen Ausbeuten in der Größenordnung von $Y_{Me_2} = 10^{-2} \ldots 10^{-1}$ und $Y_{Me_3} \simeq 10^{-4} \ldots 10^{-3}$ auftreten [5–21].

Von erheblich größerer Bedeutung sind partielle Ausbeuten für die Zerstäubung nichtelementarer Targets. Für Legierungstargets gilt nach Erreichen des sogenannten Zerstäubungsgleichgewichts, d.h. unter stationären Bedingungen, in guter Näherung

$$Y_X^{(Leg)} = c_X\, Y_{tot}, \tag{5–22}$$

wenn der für Metalle generell sehr kleine Molekülanteil im Zerstäubungsfluß (vgl. [5–21]) vernachlässigt wird. c_x ist hierbei die atomare Volumenkonzentration der Legierungskomponente X. Bei der Zerstäubung von Verbindungen wie Oxiden, Nitriden usw.

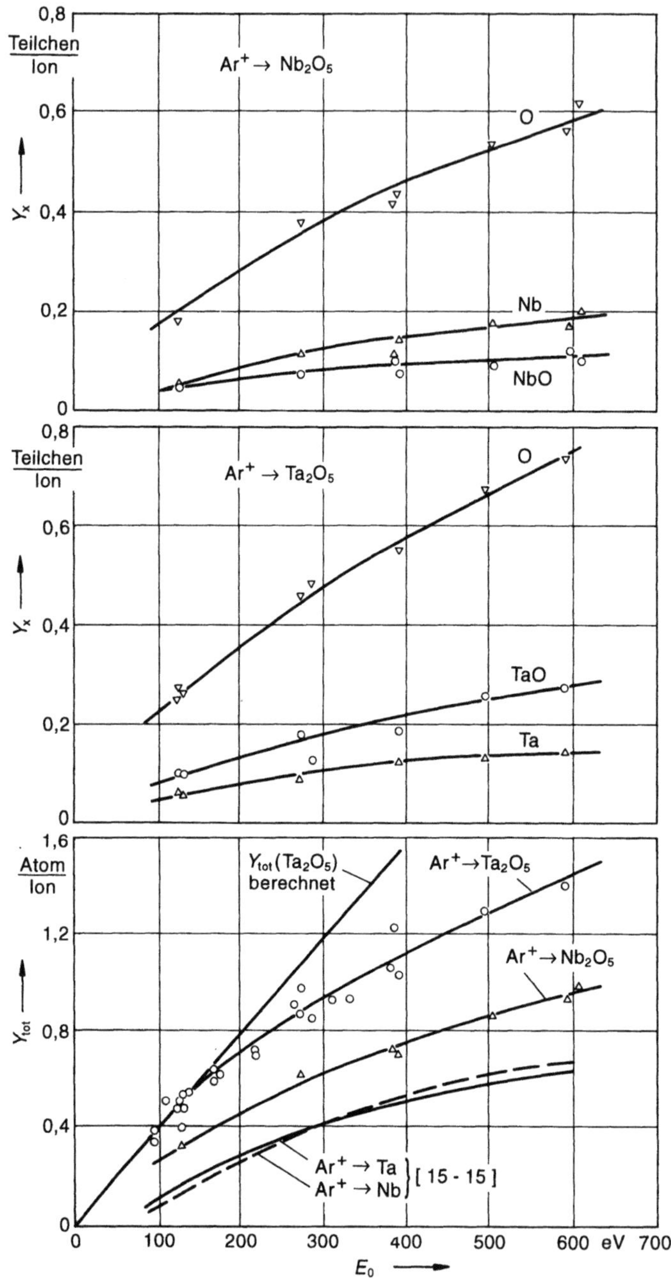

Bild 5–8. Totale und partielle Zerstäubungsausbeuten für den senkrechten Beschuß von Ta_2O_5 und Nb_2O_5 mit Ar^+-Ionen bis 600 eV (aus [5–22]).

gelten die einfachen Voraussetzungen für Gl. (5–22) jedoch nicht mehr, da dann der Anteil der zerstäubten Moleküle durchaus vergleichbar mit dem der Atome der einzelnen Verbindungspartner werden kann. Entsprechende Beispiele für die Zerstäubung von Oxiden zeigt Bild 5–8 [5–22]. Neben den partiellen Ausbeuten für die Hauptkomponenten im Fluß der zerstäubten Teilchen ist dabei auch die totale Zerstäubungsausbeute für den Fall des senkrechten Beschusses mit Ar^+-Ionen im Energiebereich bis zu einigen 100 eV angegeben.

Für oxidische Targets gilt in der Regel, daß die partielle Ausbeute Y_{MeO} für das Monoxid-Molekül MeO mit Y_{Me} für die Atome des oxidbildenden Metalls vergleichbar wird. Die partiellen Ausbeuten für neutrale sauerstoffreichere Oxidfragmente können gegenüber der für MeO in der Regel vernachlässigt werden (vgl. z. B. [5–22]).

Die Berechnung der Gesamtzerstäubungsausbeute eines Verbindungstargets kann naturgemäß nicht mehr auf solch relativ einfache Weise erfolgen wie im Falle elementarer Materialien. Benutzt man die in Gl. (5–11b) angegebene Näherung für Y_{tot} bei kleinen Beschußenergien, so läßt sich ein gewichteter Mittelwert für die maximal übertragene Energie $T_m = \gamma E_0$ zwischen einem Projektil der Masse M_1 und Targetatomen mit den Massen M_2 dadurch gewinnen, daß man die T_m-Werte und die vom Massenverhältnis abhängige Funktion $\alpha(M_2/M_1)$ (vgl. Abschnitt 5.1) mit den jeweiligen Volumenkonzentrationen der einzelnen Targetkomponenten wichtet. Für die Oberflächenbindungsenergie U_0 wird bei Verbindungstargets mitunter eine effektive Atomisierungsenergie ΔH_a pro Targetatom eingesetzt [5–22, 5–23]. Für eine Verbindung der Zusammensetzung Me_mR_n ergibt sich diese Größe aus

$$\Delta H_a = \frac{1}{m+n}\left(\Delta H_f + m\,U_s^{Me} + \frac{n}{z}D_{R_z}\right). \qquad (5\text{–}23)$$

Dabei ist ΔH_f der Betrag der Bildungsenthalpie der jeweiligen Verbindung (vgl. z. B. [5–24]), U_s^{Me} die atomare Sublimationsenergie des beteiligten Metalls (die z. B. in Gl. (5–11)) in der Regel auch für die Oberflächenbindungsenergie U_0 eingesetzt wird) und D_{R_z} die Dissoziationsenergie des (reaktiven) Verbindungspartners R, wenn dieser in Form von Molekülen R_z vorliegt. Für Oxide ist als R_z z. B. O_2 mit $D_{O_2} = 5,16$ eV zu betrachten. In Tabelle 5–2 sind die entsprechenden Werte für einige Oxide zusammengestellt [5–25].

Kennt man die partiellen Zerstäubungsausbeuten der auftretenden Moleküle – im Falle von Ta_2O_5 die des TaO-Moleküls –, so kann man den Wert der Atomisierungsenergie pro

Tabelle 5–2. Zur Berechnung der effektiven Atomisierungsenergien ΔH_a für einige Oxide (nach [5–25]).

Oxid	ΔH_f (eV/Molekül)	U_s^{Me} (eV/Atom)	ΔH_a (eV/Atom)
Ta_2O_5	21,2	8,1	7,19
NbO	4,2		7,19
NbO_2	8,2	7,6	7,00
Nb_2O_5	19,7		6,83
Cu_2O	1,8	3,5	0,32
CuO	1,6		2,01

Tabelle 5-3. Totale Zerstäubungsausbeute Y_{tot} in Atomen/Ion
für verschiedene Oxide bei senkrechtem Beschuß mit Ar$^+$-Ionen
von 1 keV (entnommen aus Literaturzitaten zu Abschn. 5.2).

Oxid	Y_{tot} (Atome/Ion)
Al_2O_3	0,2
SiO_2	1,1
ZrO_2	0,5
Nb_2O_5	1,4
Ta_2O_5	1,7

Targetatom ΔH_a noch hinsichtlich des Anteils korrigieren, der auf den nicht zerlegten Molekülanteil entfällt. Mit einer Paar-Bindungsenergie für das TaO-Molekül von ca. 8,4 eV [5–24] erhält man dann mit Hilfe der Meßergebnisse für Y_{TaO} aus Bild 5–8 als effektive Oberflächenbindungsenergie bei der Zerstäubung von Ta_2O_5 einen Wert von 5,6 eV/Targetatom [5–22]. Der Verlauf der damit anhand von Gl. (5–11b) berechneten totalen Zerstäubungsausbeute für Ta_2O_5 ist in Bild 5–8 ebenfalls eingetragen. Es zeigt sich, daß bei niedrigen Beschußenergien die totalen Zerstäubungsausbeuten von Verbindungstargets auf diese Weise einigermaßen gut abgeschätzt werden können. Eine Zusammenstellung von experimentell ermittelten Werten von Y_{tot} für verschiedene Oxide findet sich in Tab. 5–3.

Für die Messung der partiellen Zerstäubungsausbeuten bei Verbindungstargets ist es naturgemäß erforderlich, die Zusammensetzung des Flusses der zerstäubten Neutralteilchen massenspektrometrisch zu analysieren. Eine hierzu gut geeignete Methode ist die Sekundärneutralteilchen-Massenspektrometrie SNMS (siehe z.B. [5–26, 5–27]), mit deren Hilfe die in Bild 5–8 dargestellten Ergebnisse gewonnen wurden (vgl. dazu auch Abschnitt 4.3, Band 3).

Bei der Zerstäubung nichtelementarer Targets ist noch grundsätzlich zu beachten, daß sich beim Zerstäubungsprozeß Oberflächenkonzentrationen einstellen, die von den Konzentrationen im darunter liegenden Targetvolumen zum Teil erheblich abweichen. Der Grund hierfür ist, daß sich zur Aufrechterhaltung eines stöchiometrischen Abtrags des Targetmaterials die Komponenten mit den kleineren Auslösewahrscheinlichkeiten an der Targetoberfläche so stark anreichern, bis durch eine Erhöhung ihres Konzentrationsanteils an der Oberfläche der Einfluß der geringeren Emissionswahrscheinlichkeit kompensiert ist. Wie Bild 5–9 zeigt, wird z.B. beim Ionenbeschuß von Ta_2O_5 die Konzentration von Sauerstoff als der leichter zerstäubbaren Targetkomponente an der Oberfläche stark reduziert. Das Zerstäubungsgleichgewicht ist dann erreicht, wenn sich die Oberflächenkonzentrationen der einzelnen Targetkomponenten mit wachsender Beschußdauer, d.h. wachsender Beschußionenfluenz, nicht mehr ändern. Die Gesamtzusammensetzung des emittierten Teilchenflusses entspricht nach Erreichen stationärer Oberflächenbedingungen der Volumenstöchiometrie des Targets, sofern Diffusions- und Segregationsprozesse einzelner Targetkomponenten in Richtung Targetoberfläche vernachlässigt werden können.

Die partiellen Zerstäubungsausbeuten Y_x lassen sich dann auch in der Form

$$Y_x = c_x^s \, \Gamma_x \qquad\qquad (5–24)$$

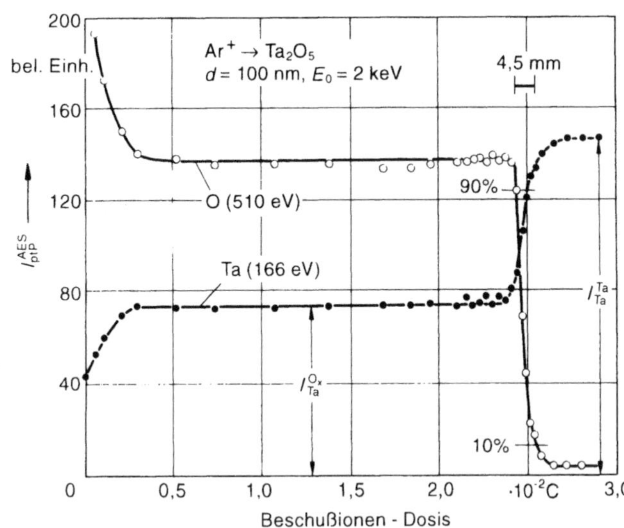

Bild 5–9. Sputtertiefenprofil einer 100 nm dicken Ta$_2$O$_5$-Schicht auf Ta gemessen mit Augerelektronenspektroskopie AES unter senkrechtem Beschuß mit Ar$^+$-Ionen von 2 keV (nach [5–28]).

ansetzen, wobei c^s_x die Oberflächenkonzentration von X und Γ_x die zugehörige spezifische Emissionswahrscheinlichkeit von X ist, die im allgemeinen Fall eine Funktion der Konzentrationsverhältnisse an der Oberfläche und damit auch von c^s_x selbst ist.

Für den Fall der atomaren Zerstäubung gilt mit Gl. (5–22) für 2 Targetkomponenten A und B

$$\frac{\Gamma_A}{\Gamma_B} = \frac{c^{bulk}_A}{c^{bulk}_B} \cdot \frac{c^s_B}{c^s_A} \cdot \qquad (5-25)$$

Zur Abschätzung der beschußinduzierten Stöchiometrieänderungen an der Oberfläche nichtelementarer Zerstäubungstargets werden die – mitunter auch als „Komponentenausbeuten" bezeichneten [5–29] – Emissionswahrscheinlichkeiten Γ_x häufig als konstant angenommen. Wegen der Abhängigkeit der Γ_x-Werte von den jeweiligen Oberflächenkonzentrationen ist dies jedoch nur eine grobe Schätzung.

Eine ausführliche Darstellung der Ionenzerstäubung nichtelementarer Targets findet sich z.B. in [5–29].

5.2.6 Energie- und Winkelverteilung bei der Festkörperzerstäubung

Neben der totalen Zerstäubungsausbeute Y_{tot}, die – wie in Abschnitt 5.2.5 erläutert – bei nichtelementaren Targets die Summe der partiellen Ausbeuten Y_X darstellt, sind für die Anwendungen des Sputterprozesses in der Dünnschichttechnologie auch die durch winkel- und energiedifferentielle Ausbeuten beschriebenen Winkelverteilungen und Energieverteilungen wichtig, mit denen die zerstäubten Teilchen emittiert werden (vgl. [5–31]). Zur vollständigen physikalischen Beschreibung des Zerstäubungsprozesses werden im Prinzip die hinsichtlich Emissionswinkel- und -energie zweifach differentiellen Ausbeuten benötigt, da für verschiedene Emissionsrichtungen unterschiedliche Energieverteilungen auftreten können. Die einfach und zweifach differentiellen Ausbeuten sind überdies für die verschiedenen Spezies X, insbesondere für nichtelementare Targets, separat zu bestimmen. Da die sich dann ergebenden partiellen differentiellen Ausbeuten $\partial Y_x/\partial E$, $\partial Y_x/\partial\Omega$ und $\partial^2 Y_x/\partial E\,\partial\Omega$ (∂E Energie-, $\partial\Omega$ Raumwinkelelement) von den Beschußparametern und den Targeteigenschaften abhängen, stellt die experimentelle Beschreibung des Zerstäubungsprozesses eine anspruchsvolle Aufgabe dar, die auch durch die inzwischen existierende ausgedehnte Zerstäubungsliteratur bei weitem noch nicht abgedeckt ist.

5.2.6.1 Winkelverteilungen gesputterter Teilchen

Die Winkelverteilung der neutralen Atome oder Moleküle, die für senkrechten Ionenbeschuß von einem Punkt der Targetoberfläche ausgesandt werden, weist nur für Beschußenergien im unteren keV-Bereich eine cos-Verteilung auf, wie sie aus der Theorie der isotropen Sputterkaskaden zu erwarten ist. Bei höheren Beschußenergien nimmt der Teilchenfluß in den Raumwinkelbereich um die Oberflächennormale zu; die zugehörigen Winkelverteilungen können dann durch eine $\cos^n\upsilon$-Beziehung mit $n > 1$ angenähert werden. υ ist dabei der gegen die Oberflächennormale gemessene (Polar-)Winkel. Für amorphe oder texturfreie feinkristalline Targets ergeben sich rotationssymmetrische Winkelverteilungen in bezug auf die Oberflächennormale. Einkristalline Einflüsse, die bei Proben mit einer Vorzugstextur hinzukommen können, werden in Abschnitt 5.2.7 separat behandelt. In dem für die Anwendungen in der Dünnschichttechnik häufig wichtigen Beschußenergiebereich unterhalb 1 keV geht die Winkelverteilung der zerstäubten Teilchen meist in eine „Unterkosinus"-Verteilung der Form $\cos^n\upsilon$ mit $\upsilon < 1$ über. Da mit weiter abnehmender Beschußenergie die Zahl der Teilchenstöße, die zur Emission eines Oberflächenteilchens führen, immer kleiner wird, wird der bei senkrechtem Ionenbeschuß zunächst ins Targetinnere hineingerichtete Impulsfluß immer weniger in die Richtung der Oberflächennormalen zurückgedreht. Damit nimmt die Wahrscheinlichkeit für Teilchenemission in seitlicher Richtung immer mehr zu. Insbesondere bei Targetmaterialien mit hoher Oberflächenenergieschwelle nimmt die Winkelverteilung der zerstäubten Teilchen bei Beschußenergien um 100 eV eine torusartige Form mit einer deutlichen Einsenkung in der Umgebung der Oberflächennormalen an, Bild 5–10.

Für die Zerstäubung mit einem Ionenstrahl oder einem Ionenstrahlbündel, in vielen Fällen jedoch auch für die Zerstäubung zerklüfteter oder strukturierter Targetoberflächen sind die Winkelverteilungen unter schiefwinkligem Ionenbeschuß wichtig. Bild 5–11 zeigt, daß bei hinreichend hohen Beschußenergien die Zerstäubung dann hauptsächlich ebenfalls über isotrope Stoßkaskaden erfolgt. Der zugehörigen $\cos^n\upsilon$-Verteilung ist jedoch bereits ein zusätzlicher Anteil überlagert, der in der Umgebung der Reflexionsrichtung für den Beschußteilchenstrahl liegt. Mit abnehmender Beschußenergie übertrifft der Anteil der in „Vorwärtsrichtung" emittierten Teilchen immer stärker den zur Oberflächennormalen symmetrischen Beitrag aus voll ausgebildeten Stoßkaskaden. Der zerstäubte Teilchenfluß wird daher immer stärker in einen begrenzten Raumwinkelbereich in der Umgebung der Reflexionsrichtung der Beschußteilchen konzentriert. Die Hauptachse dieser keulenförmigen Verteilung liegt für Targets mit „statistischer" Atomanordnung stets in der aus der Ioneneinfallsrichtung und der Oberflächennormalen gebildeten Einfallsebene. Bei Vergrößerung des gegen die Oberflächennormale gemessenen Beschußwinkels Θ wird die Winkelverteilung zunehmend von der Oberflächennormalen weg verkippt. Bei größerem Θ kann jedoch das Maximum dieser Verteilung wieder zu kleineren mittleren Emissionswinkeln zurückwandern [5–32].

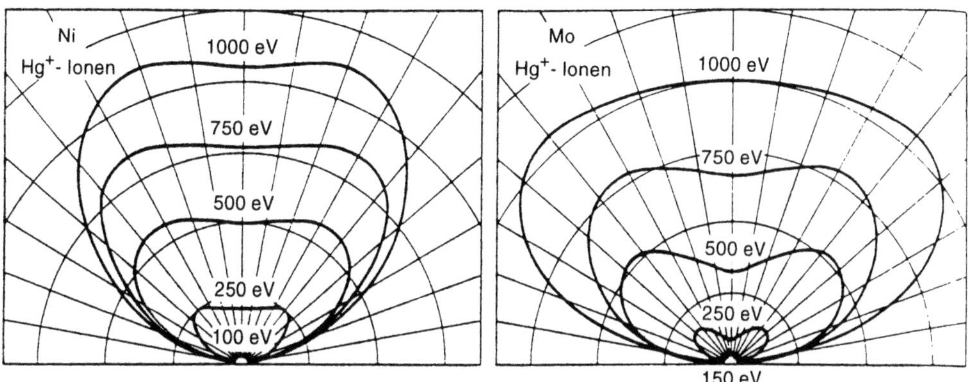

Bild 5–10. Winkelverteilung der zerstäubten Teilchen bei senkrechtem Beschuß von polykristallinem Ni und Mo mit Hg⁺-Ionen unterschiedlicher Energie (aus [5–30]).

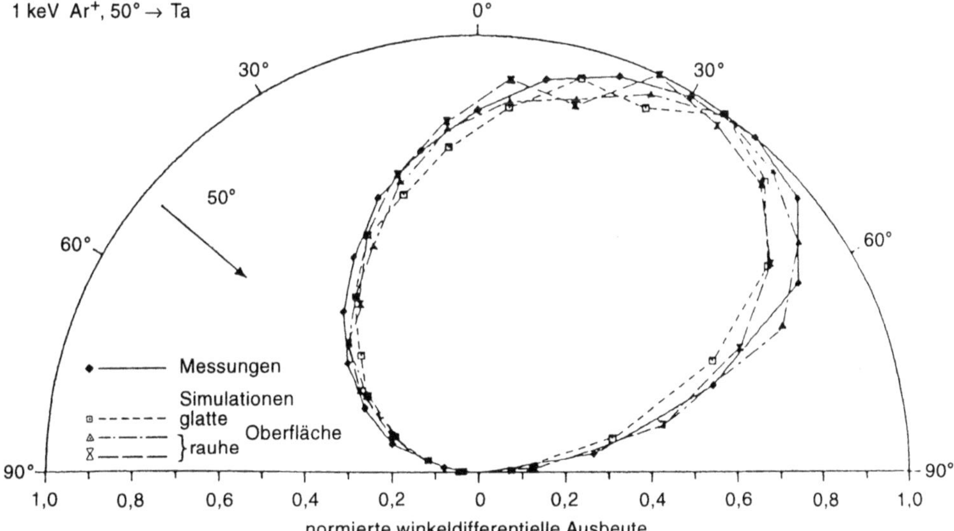

Bild 5–11. Gemessene und mittels Computersimulation berechnete Winkelverteilung für die Zerstäubung von polykristallinem Ta beim Beschuß mit Ar⁺-Ionen von 1 keV unter 50° gegen die Targetnormale. Bei den Rechnungen wurden unterschiedliche Oberflächenrauhigkeiten simuliert (aus [5–20]).

Computersimulationen zum Sputterprozeß erweisen sich auch in diesem Fall als ein nützliches Hilfsmittel zur Bestätigung entsprechender Meßergebnisse oder zur rechnerischen Ermittlung von Winkelverteilungen zerstäubter Teilchen unter Vermeidung der zugehörigen, meist aufwendigen experimentellen Untersuchungen. Bild 5–11 zeigt als Beispiel einen Vergleich zwischen gemessenen Winkelverteilungen bei schiefwinkligem Ionenbeschuß und dem Ergebnis entsprechender Simulationsrechnungen [5–33].

Bei der Zerstäubung nichtelementarer Targets ist zu beachten, daß die verschiedenen Targetkomponenten mit unterschiedlicher Winkelverteilung emittiert werden. Entsprechende

145

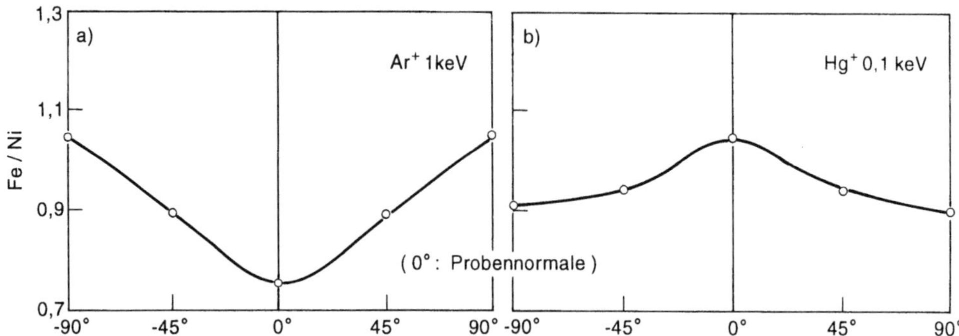

Bild 5–12. Verhältnisse der in verschiedene Raumrichtungen ausgesandten Teilchenintensitäten bei der Zerstäubung einer Fe18Ni82-Legierung unter senkrechtem Beschuß mit Ar⁺-Ionen von 1000 eV (a) und Hg⁺-Ionen von 100 eV (b) (aus [5–34]).

Meßergebnisse zeigt Bild 5–12 [5–34]. Dieser Effekt, der die Übertragung der Targetstöchiometrie bei der Sputterdeposition dünner Schichten erheblich beeinträchtigen kann, tritt mitunter bei höheren Targettemperaturen infolge von Segregationsvorgängen noch verstärkt in Erscheinung (vgl. z. B. [5–35]).

5.2.6.2 Energieverteilungen zerstäubter Neutralteilchen

Neben der bereits erwähnten Abhängigkeit der Zerstäubungsausbeute vom Ionenauftreffwinkel (vgl. Abschnitt 5.2.4) war der experimentelle Befund, daß die kinetischen Energien der zerstäubten Teilchen im eV-Bereich und damit weit über thermischen Energien liegen, der endgültige Hinweis auf den stoßmechanischen Charakter des Zerstäubungsprozesses [5–36]. Seit Ende der 60er Jahre vorliegende Meßergebnisse zur Energieverteilung der bei senkrechtem Beschuß mit Edelgasionen um 1 keV entlang der Targetnormalen ausgesandten Neutralteilchen [5–37 bis 5–39] ergaben eine Verteilung der Emissionsenergien, die in guter Näherung durch

$$N(E') = (27/4) \frac{E'}{(E'+1)^3} \tag{5–26}$$

beschrieben wird [5–39]. Dabei ist $E' = E/U_0$ die auf Oberflächenbindungsenergie U_0 normierte kinetische Energie E der emittierten Neutralteilchen. Die aus den Meßergebnissen abgeleitete Beziehung in Gl. (5–26) wurde unabhängig davon durch *M. W. Thompson* anhand von Überlegungen zur Energieverteilung in den atomaren Stoßkaskaden im Targetinneren und dem anschließenden Durchtritt dieser Teilchen durch eine Oberflächenenergieschwelle der Höhe U_0 in den Außenraum hergeleitet [5–40].

Durch Differenzieren des Ausdrucks in Gl. (5–26) erhält man für die wahrscheinlichste Emissionsenergie im Maximum der Verteilung den Wert $E_W = U_0/2$. Dementsprechend verschiebt sich die Lage des Verteilungsmaximums bei E_W in guter Übereinstimmung mit entsprechenden experimentellen Resultaten [5–39] mit der Oberflächenbindungsenergie bzw. der Sublimationsenergie des jeweiligen Targetmaterials. Für Wolfram mit einem U_0 um 9 eV liegen die experimentellen E_W-Werte bei 4–5 eV, für Cu mit einem U_0 um 4 eV bei 2–3 eV. Für hohe Emissionsenergien mit $E \gg U_0$ verschwindet der Unterschied zwischen den Energieverteilungen im Targetinneren und im Außenraum. In diesem Bereich

146

gilt $N(E) \sim E^{-2}$. Ein solcher E^{-2}-Abfall wurde experimentell für hohe Beschußenergien festgestellt [5–40] und stimmt gut mit den Vorhersagen aus der transporttheoretischen Behandlung des Zerstäubungsprozesses überein (vgl. dazu Gl. (5–9) aus Abschnitt 5.2). Kaskadenteilchen, die von unten schräg in den Potentialwall der Höhe U_0 an der Targetoberfläche eintreten, werden um so stärker aus ihrer ursprünglichen Laufrichtung abgelenkt, je kleiner ihre kinetische Energie wird. Dies führt dazu, daß z. B. in dem betrachteten Raumwinkelbereich um die Targetnormale für Emissionsenergien E unterhalb des Verteilungsmaximums die Verteilung $N(E)$ bis auf Null zurückgeht.

Eine Energieverteilung der Form $N(E) \sim E/(E + U_0)^3$ wie in Gl. (5–26) ist immer dann zu erwarten, wenn es in einem amorphen Target, d. h. in einem Festkörper mit statistischer Atomanordnung, durch eine große Zahl von elastischen Atomstößen zur Ausbildung von isotropen Stoßkaskaden kommt. Die Form der Energieverteilungen wird dann unabhängig von der Beschußenergie E_0 und der Art der Beschußteilchen. Für den senkrechten Beschuß mit nicht zu leichten Teilchen (M_{ion} z. B. oberhalb der Atommasse von Argon) ist dies für Beschußenergien ab 1 keV in der Regel gut erfüllt. Bei kleineren Beschußenergien werden die Energieverteilungen der zerstäubten Teilchen schmaler, da bei niedrigen Primärenergien E_0 nach der erforderlichen Impulsumkehr über eine Reihe von Teilchenstößen keine höherenergetischen Teilchen mehr in Rückwärtsrichtung entstehen. Auch die wahrscheinlichste Emissionsenergie kann sich dann geringfügig zu niedrigeren Werten hin verschieben [5–41]. Die mittlere Teilchenenergie liegt jedoch auch dann immer noch um Größenordnungen über thermischen Werten.

Geht man dagegen – wie etwa bei der Ionenstrahlzerstäubung – zu schiefwinkligem Beschuß über, so treten aufgrund der kurzen Stoßfolgen, die zu einer Teilchenemission in Vorwärtsrichtung führen, höhere Teilchenenergien als im Kaskadenfall auf. Die damit verknüpfte Verschiebung der bei schiefwinkligem Ionenbeschuß erzeugten Energieverteilung (siehe Bild 5–13) kann sich zusammen mit der Bündelung des Teilchenflusses in Vorwärtsrichtung in vielen Fällen auf die Qualität der durch Ionenstrahlzerstäubung erzeugten Schichten günstig auswirken.

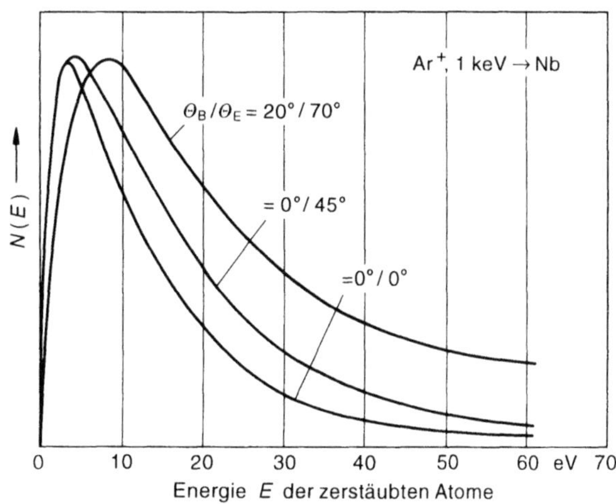

Bild 5–13. Energieverteilungen der aus einem polykristallinen Nb-Target durch 1 keV-Ar$^+$-Ionen ausgelösten Atome für verschiedene Beschuß- und Emissionswinkel Θ_B und Θ_E (aus [5–41]).

Für die Energieanalyse mit elektrischen oder magnetischen Energie- bzw. Geschwindig-
keitsanalysatoren müssen die zerstäubten Neutralteilchen in geeigneter Weise nachionisiert werden. Gut geeignet sind hierfür energiedispersive SNMS-Anordnungen, bei denen
dem Massenspektrometer ein elektrostatischer Energieanalysator vorgeschaltet ist [5−41,
5−42]. Wegen der begrenzten Raumwinkelakzeptanz solcher Analysatoren werden Energieverteilungen nur in einem relativ engen Winkelbereich um eine Emissionsrichtung
gemessen und stellen daher eigentlich energie- und winkeldifferentielle Zerstäubungsausbeuten dar.

5.2.7 Einkristalline Effekte bei der Festkörperzerstäubung

Die regelmäßige Anordnung der Atome im Inneren und an der Oberfläche kristalliner
Zerstäubungstargets beeinflußt naturgemäß den Ablauf der Wechselwirkung zwischen
den Beschußteilchen und den Atomen des Festkörpergitters sowie die Eigenschaften der
atomaren Stoßkaskaden, die zur Emission von Oberflächenteilchen führen. Eine besonders wichtige Rolle spielen dabei die niedrig induzierten Gitterrichtungen. Parallel zu
diesen Gitterrichtungen, die durch ihre geringen Atomabstände gekennzeichnet sind, verlaufen Gitterkanäle mit hoher Transparenz. Wird ein einkristallines Target mit einem Teilchenstrahl hinreichend kleiner Divergenz parallel zu einer solchen Channelrichtung bzw.
einer niedrig induzierten Gitterrichtung beschossen, so tritt ein Teil dieser Teilchen in die
Kanäle zwischen den dichtgepackten Atomreihen ein und gibt die Beschußenergie erst in
relativ großen Tiefen an das Festkörpergitter ab. Da somit die über Kaskadenprozesse in
den obersten Atomlagen deponierte Energie kleiner wird, geht die Zerstäubungsausbeute
Y_{tot} beim Beschuß entlang einer Channelrichtung deutlich zurück.

Ein entsprechendes Beispiel zeigt Bild 5−14 für den Beschuß einer Ge(111)-Oberfläche
mit Ar-Ionen von 1,05 keV [5−43]. Bei einer Probentemperatur oberhalb 250 °C bleibt
die geordnete Atomstruktur an der Oberfläche des Halbleiterkristalls erhalten, da dann
thermische Ausheilprozesse die beschußinduzierte Defektbildung in den obersten Atomlagen überwiegen. Erfolgt der Ionenbeschuß in Richtung der (110)-Gitterrichtung, d.h.
der Richtung mit der dichtesten Atompackung und damit der höchsten Transparenz des
einkristallinen Gitters, so kommt es aufgrund der größeren Eindringtiefe der Beschußionen durch Gitterführungseffekte („Channeling") zu einer deutlichen Absenkung der Zerstäubungsausbeute in der Umgebung des zugehörigen Ioneneinfallswinkels von ca. 35°.
Bei weiterer Erhöhung des gegen die Oberflächennormale gemessenen Ioneneinfallswinkels wird bei der in Bild 5−14 gezeigten Messung bei etwa 70° − wie für $\Theta = 0°$ − eine
weitere (111)-Richtung erreicht. Da die zugehörigen Gitterkanäle weniger weit sind als in
(110)-Richtung, ist die Absenkung der Zerstäubungsausbeute weniger deutlich ausgeprägt. Entsprechende Effekte treten nicht nur an reinen Einkristallen auf, sondern auch an
Proben mit einer mehr oder minder stark ausgeprägten Vorzugstextur, wie sie für Metalle
häufig in der Walzrichtung von dünnen Blechen vorliegt. Dem sonst monotonen Anstieg
der Zerstäubungsausbeute Y_{tot} mit dem Ionenbeschußwinkel Θ sind dann ebenfalls deutliche Einsenkungen überlagert, wenn die Einfallsrichtung der Beschußionen mit einer
offenen Gitterrichtung der einheitlich orientierten Kristallite in der polykristallinen Probe
übereinstimmt [5−19].

Bild 5−14 enthält weiter eine Meßkurve von $Y_{tot}(\Theta)$ bei einer Temperatur der untersuchten Ge-Probe im Temperaturbereich unterhalb 100 °C. Der dann zu verzeichnende glatte
Verlauf der Beschußwinkelabhängigkeit der Zerstäubungsausbeute ist darauf zurückzu-

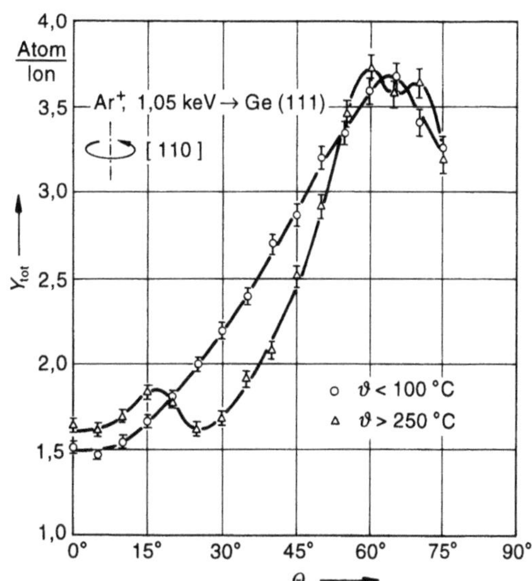

Bild 5–14. Beschußwinkelabhängigkeit der totalen Zerstäubungsausbeute einer einkristallinen Ge-Probe für den Beschuß mit Ar$^+$-Ionen von 1,05 keV bei zwei verschiedenen Targettemperaturen. Für < 100 °C wird die Probenoberfläche durch den Ionenbeschuß amorphisiert, oberhalb 250 °C heilt sie während des Beschusses thermisch aus (aus [5–43]).

führen, daß Halbleiter wie Ge und Si unterhalb einer Ausheiltemperatur, die für Ge bei etwa 250 °C und für Si bei 400 °C liegt, im Eindringbereich der Beschußionen an der Probenoberfläche amorph werden. Im Gegensatz dazu bleiben Metalloberflächen auch bei Raumtemperatur unter Ionenbeschuß weitgehend kristallin.

Für Halbleitermaterialien ergibt sich daher eine charakteristische Temperaturabhängigkeit der Zerstäubungsausbeute mit einem Anstieg von Y_{tot} um etwa 10 % beim Überschreiten der Ausheilstufen, dagegen eine deutliche Absenkung beim Beschuß entlang einer offenen Gitterrichtung. Im Gegensatz dazu kann für Metalle im Bereich bis etwa 70 % der jeweiligen Schmelztemperatur der Einfluß der Probentemperatur auf die Zerstäubungsausbeute vernachlässigt werden[1].

Zusätzliche Effekte, die neben der Gitterführung den Zerstäubungsprozeß an einkristallinen Oberflächen beeinflussen, können sogenannte fokussierende Stoßfolgen in dichtgepackten Gitterrichtungen sein [5–45]. Dabei erfolgt in einem bestimmten Energiebereich eine Fokussierung des durch atomare Stöße längs einer dichtgepackten Atomkette transportierten Teilchenimpulses. Oberflächenatome am Ende solcher Atomketten werden dann bevorzugt entlang der entsprechenden niedrig induzierten Gitterrichtungen ausgesandt. Damit kommt es zu einer mitunter starken Anisotropie der Winkelverteilung der zerstäubten Teilchen, wobei dem stets vorhandenen Beitrag aus statistischen Sputterkas-

---

[1] Dies gilt nicht mehr, wenn sich insbesondere unter Beschuß mit energiereichen Teilchen hoher Masse sogenannte „thermal spikes" [5–44] ausbilden, bei denen in einem engen Volumenbereich um den Auftreffpunkt eine hohe Dichte an Targetatomen erzeugt wird, die sich aus ihren Gitterplätzen herausbewegen.

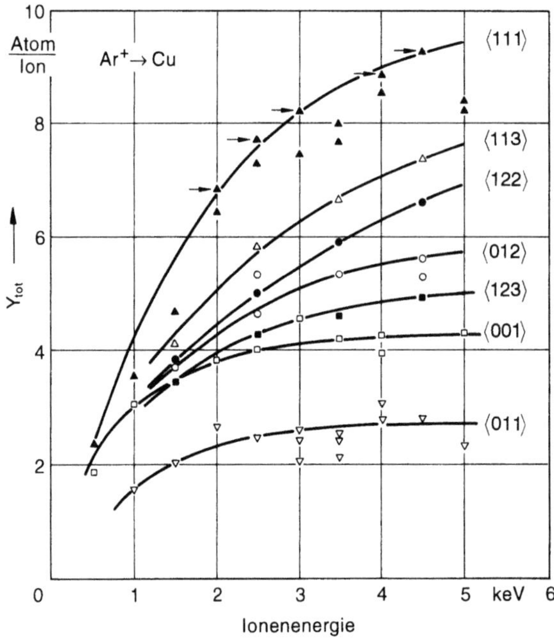

Bild 5–15. Zerstäubungsausbeute verschieden orientierter Cu-Einkristalle bei senkrechtem Beschuß mit Ar⁺-Ionen in Abhängigkeit von der Beschußenergie. Die Pfeile bezeichnen Meßwerte für die frisch elektropolierte (111)-Oberfläche (aus [5–49]).

kaden Maxima entlang dichtgepackter Gitterrichtungen (sogenannte „Wehner-Spots") überlagert sind [5–46].

In ähnlichem Sinne kann sich auch eine Fokussierung durch Oberflächenatome auswirken, die regelmäßig um ein von unten angestoßenes und anschließend emittiertes Atom angeordnet sind [5–47]. Die Verschiebung der Energieverteilungen der entlang dichtgepackter Gitterrichtungen ausgesandten Atome zu höheren Werten hin [5–48] kann jedoch als ein Indiz dafür betrachtet werden, daß der Einfluß fokussierender Stoßfolgen überwiegt. Aufgrund der angeführten einkristallinen Effekte bei der Festkörperzerstäubung kann die Zerstäubungsausbeute und damit der Teilchenfluß auf das Substrat für unterschiedlich orientierte einkristalline Targets oder bei stark texturierten Proben erheblich von den Werten für texturfreie polykristalline Proben abweichen. Dies wird aus Bild 5–15 deutlich, in dem die Zerstäubungsausbeute für unterschiedlich orientierte Cu–Einkristalloberflächen bei senkrechtem Beschuß mit Ar⁺-Ionen dargestellt ist [5–49]. Zum Vergleich ist der Verlauf der Zerstäubungsausbeute für gut polykristalline Cu–Targets eingezeichnet.

5.2.8 Zusätzliche Effekte beim Teilchenbeschuß von Festkörperoberflächen

Neben der Auslösung von neutralen Oberflächenteilchen kommt es beim Ionenbeschuß von Festkörpern zu einer Reihe von Nachbarprozessen, die bei der Anwendung der Festkörperzerstäubung in der Dünnschichttechnologie zu beachten sind.

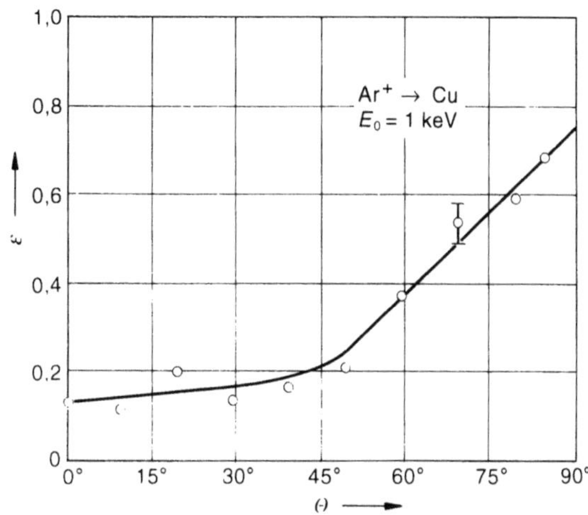

Bild 5–16. Anteil ε der pro Beschußion durch neutralisierte reflektierte Beschußteilchen am Target „rückgestreuten" Beschußenergie für den Beschuß von polykristallinem Cu mit Ar⁺-Ionen von 1 keV in Abhängigkeit vom Beschußwinkel Θ (aus [5–51]).

Beim Zerstäubungsprozeß werden neben den neutralen auch elektronisch angeregte Teilchen oder sekundäre Ionen erzeugt. Abgesehen von den sogenannten metastabilen Zuständen ist die Lebensdauer von Anregungszuständen in der Elektronenhülle der ausgesandten Teilchen in der Regel jedoch so kurz (um 10^{-8} s), daß solche Teilchen nach sehr kurzen Flugstrecken oberhalb der Targetoberfläche ($\leq 10\ \mu$m) in ihren Grundzustand zurückkehren. Die Ausbeute an positiv oder negativ geladenen sekundären Ionen liegt an reinen Metalloberflächen in der Größenordnung von 10^{-6} bis 10^{-3} Ionen/Ion, kann für Verbindungstargets, insbesondere Oxide, jedoch bis zu einige Prozent der gesamten Zerstäubungsausbeute erreichen. Für die Praxis ist dabei zu beachten, daß bei der direkten Zerstäubung in einem Plasma, z. B. in Magnetronanordnungen, positive Sekundärionen gegen den Potentialabfall in der positiven Raumladungsschicht vor dem Target („Zerstäubungskatode") nicht anlaufen können. Negative Sekundärionen werden jedoch durch die Beschußspannung von der Targetoberfläche weg beschleunigt und können als energiereiche Teilchen auf das Substrat auftreffen. Der Beschuß mit solchen energiereichen Teilchen kann durch die Desorption locker gebundener Teilchen und die Zufuhr zusätzlicher Energie die Schichteigenschaften verbessern, wie dies auch durch einen zusätzlichen Ionenbeschuß der aufwachsenden Schicht durch Anlegen einer negativen Biasspannung an das Substrat gezielt ausgenutzt wird. Bei zu hohen Ionenenergien kann es jedoch zur Ausbildung beschußinduzierter Defekte in der Schicht kommen.

Im gleichen Sinne wirken sich auch elastisch rückgestreute Beschußteilchen aus, die an der Targetoberfläche neutralisiert werden und dann unbeeinflußt durch die Potentialverhältnisse am Target mit beträchtlichen Energien auf das Substrat oder andere Oberflächen innerhalb der Sputterapparatur auftreffen können. Entsprechende Untersuchungen zeigten, daß der Anteil der Beschußenergie der durch solche Teilchen im Mittel von der Targetoberfläche weggeführt wird, bei schiefwinkligem Ionenbeschuß bis zu 50–60 % der Beschußenergie beträgt. Bild 5–16 [5–50, 5–51]. Dieser Effekt ist insbesondere bei der Ionenstrahldeposition von dünnen Schichen zu beachten, wenn das Substrat in bezug auf den Beschußionenstrahl in Reflexionsrichtung angeordnet ist. Wegen der Verkippung

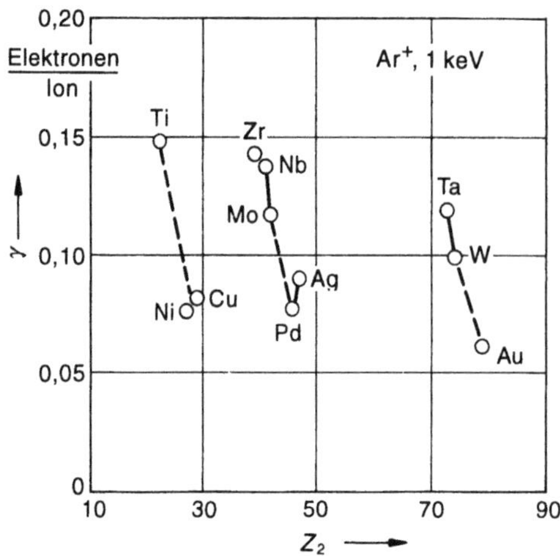

Bild 5–17. Ionenbeschußinduzierte Elektronenausbeuten für verschiedene polykristalline Metalle bei senkrechtem Beschuß mit Ar⁺-Ionen von 1 keV (nach [5–53]).

ihrer Winkelverteilung in Vorwärtsrichtung (vgl. Abschnitt 5.2.6.1) wird dann der Fluß an zerstäubten Teilchen zwar maximal, gleichzeitig jedoch auch derjenige an energiereichen, unter Neutralisation rückgestreuten Primärteilchen. Neben einer Verbesserung der Schichteigenschaften durch die auftreffenden energiereichen Teilchen kann es dann auch durch Rückzerstäubungseffekte zu einer mitunter störenden Reduktion der Aufwachsgeschwindigkeiten kommen. Durch geeignete Wahl der Beschußenergie sowie der Target- und der Substratposition können die jeweiligen Bedingungen optimiert werden. Wegen der hohen Rückneutralisierungswahrscheinlichkeit, die bei der Wechselwirkung von schweren Edelgasionen mit Metalloberflächen praktisch den Wert 1 erreicht, ist die reine Ionenrückstreuung gegenüber dem Rückstreuprozeß unter gleichzeitiger Neutralisation in der Regel vernachlässigbar.

Bei der Ionen-Oberflächen-Wechselwirkung kommt es ferner zu einer ioneninduzierten Auslösung von Elektronen. Bei Beschußenergien bis zu 1 keV ist an Metallen hierfür nahezu ausschließlich die sogenannte Potentialemission verantwortlich [5–52]. Dabei wird die potentielle Energie, die bei der Neutralisation eines Beschußions an der Oberfläche verfügbar wird, über Augerprozesse einem Festkörperelektron zugeführt, das unter Überwindung der Elektronenaustrittsarbeit die Oberfläche verlassen kann. Wie in Bild 5–17 gezeigt, variiert die Elektronenausbeute bei der Potentialemission in charakteristischer Weise mit der Ordnungszahl Z_2 des Targetmaterials [5–53]. Die Elektronenausbeute γ_e bei der Potentialemission wird durch spezifische Targeteigenschaften wie die Elektronenaustrittsarbeit und die Fermienergie bestimmt, die ebenfalls in charakteristischer Weise mit Z_2 variieren. Für eine Abschätzung von γ_e ist eine Interpolationsformel [5–54] der Form

$$\gamma_e \cong (0{,}2/\varepsilon_F)\,(0{,}8\,E_i - 2\Phi) \tag{5–27}$$

gut geeignet. Dabei ist ε_F die auf die Unterkante des Leitungsbandes bezogene Fermienergie des Targetmaterials, E_i die Ionisierungsenergie des Beschußions und Φ die Elektronenaustrittsarbeit. Gl. (5–27) liefert bis auf Abweichungen von ±10% die entsprechenden Werte der ioneninduzierten Elektronenausbeute, wenn gilt $3\Phi < E_i < 2\cdot(\varepsilon_F + \Phi)$ (vgl. auch [5–53]).

Wie aus Gl. (5–26) zu ersehen ist, hängen die Elektronenausbeuten bei der Potentialemission nicht von der Ionenbeschußenergie E_0 ab. Übersteigt E_0 merklich 1 keV, so überlagert sich der Einfluß der sogenannten kinetischen Emission, bei der die Elektronenausbeute zunächst näherungsweise linear mit E_0 ansteigt [5–55].

Bei der direkten Zerstäubung im Plasma ist wiederum zu beachten, daß die durch den Ionenbeschuß ausgelösten Elektronen durch den Potentialabfall vor dem Target auf die volle Beschußenergie beschleunigt werden und damit als energiereicher Elektronenfluß auf das Substrat gelangen. Die damit verknüpfte, häufig störende Temperaturerhöhung am Substrat läßt sich nur vermeiden, wenn die vom Target kommenden Elektronen durch ein geeignetes Magnetfeld vom Substrat ferngehalten werden. Eine Thermalisierung dieser Komponente längs einer hinreichend langen Lauflänge durch das Plasma scheidet in der Regel aus, da damit auch gleichzeitig der Fluß der schichtbildenden Zerstäubungsprodukte zu stark reduziert wird.

5.3 Plasmagestützte Zerstäubungsverfahren

Der in Niederdruckplasmen erfolgende Ionenbeschuß einer Elektrode, die auf negativem Potential gegenüber dem Plasma liegt (Katode), bildet auch heute noch das Grundprinzip aller Plasmamethoden zur Deposition dünner Schichten oder zur Bearbeitung von Oberflächen durch Ionenzerstäubung. In diesem Abschnitt werden zunächst die wichtigsten plasmaphysikalischen Grundlagen für die Wirkungsweise von Sputterapparaturen zusammengestellt. Daran schließt sich ein Überblick über die prinzipielle Arbeitsweise der verschiedenen Typen von Plasma-Zerstäubungsapparaturen an.

5.3.1 Plasmaphysikalische Grundlagen von Zerstäubungsanlagen

Aufgrund der hohen Leitfähigkeit können innerhalb des Volumens eines Gasentladungsplasmas nur geringe makroskopische Feldstärken existieren[1]. Die damit verknüpften Potentialdifferenzen von der Mitte bis zum Rand des Plasmagebietes betragen in der Regel nicht mehr als wenige Volt. Dem Plasma läßt sich daher in guter Näherung ein einheitliches elektrisches Potential zuordnen. Fällt zwischen dem Plasma und einer negativ gepolten Elektrode eine Spannung U ab, so bildet sich vor der Elektrodenoberfläche eine mit positiver Raumladung erfüllte Schicht aus, deren Dicke d im ebenen Fall gegeben ist durch

$$d = c\, j_i^{-1/2}\, U^{3/4}$$

$$\text{mit} \qquad c = \left(\frac{4}{9}\, \varepsilon_0 \sqrt{\frac{2\,e_0}{M_i}} \right)^{1/2}. \tag{5–28}$$

---

[1] Dagegen bestehen innerhalb der Debyelänge l_D um ein elektrisch geladenes Plasmateilchen sehr hohe Mikrofeldstärken, die bis zu 10 kV/cm betragen können. Der zugehörige Potentialabfall längs des Abstandes l_D, ab dem erst die elektrische Ladung eines Teilchens durch die anderer Plasmateilchen weggemittelt wird, liegt in der Größenordnung von kT_e/e_0 (T_e Elektronentemperatur, k Boltzmann-Konstante, e_0 Elementarladung).

Dabei ist j_i die Ionensättigungsstromdichte, die aus dem Plasma auf die Elektrode fließt, M_i das Atom- oder Molekulargewicht des Arbeitsgases, $\varepsilon_0 = 8{,}8542$ As/Vm die elektrische Feldkonstante und $e_0 = 1{,}6 \cdot 10^{-19}$ As die Elementarladung.

Nimmt man an, daß die kinetische Energie der Plasmaionen beim Eintritt in die Raumladungsschicht vernachlässigbar klein ist, so wird die Elektrodenoberfläche mit Ionen beschossen, die entlang d senkrecht zur Oberfläche bis auf die Energie $zU \cdot e_0$ (z Ladungszahl der Plasmaionen, meist $z = 1$) beschleunigt werden. Bei Gleichspannungsplasmen (dc – („direct current")-Plasmen) liegt das Plasma potentialmäßig stets in der Nähe der positiven Elektrode (Anode); die Ionenbeschußenergie an der als Zerstäubungstarget dienenden Katode ist daher näherungsweise durch die zwischen den beiden Elektroden abfallende Spannung bestimmt.

Ist die mittlere freie Weglänge der Elektronen im Plasma vergleichbar mit dessen geometrischen Abmessungen („Freiflugfall"), so ist der innere Potentialabfall von der Plasmamitte bis zu dessen Rand gegeben durch (vgl. z.B. [5–56])

$$\Delta U = \frac{k\,T_e}{2\,e_0}\,.$$ (5–29)

Da die Ionentemperatur in Niederdruckplasmen stets viel kleiner als ΔU ist, werden die Plasmaionen zur Plasmagrenze hin beschleunigt. Ionen aus der Plasmamitte besitzen dort die Geschwindigkeit $v_i^{\mathrm{max}} = \left(\dfrac{k\,T_e}{M_i}\right)^{1/2}$. Der gerichtete Ionenstrom, der aus dem Plasma in die Raumladungsschicht der Dicke d eintritt, hat demnach die Dichte

$$j_i = \alpha\,n_{\mathrm{Pl}}\,e_0 \left(\frac{k\,T_e}{M_i}\right)^{1/2},$$ (5–30)

wobei der Faktor α berücksichtigt, daß nicht alle Ionen in der Plasmamitte starten (n_{Pl}: Plasmadichte). α läßt sich aus der Potential- und Dichteverteilung im Plasma berechnen und liegt in der Größenordnung von 0,8. Wichtig ist, daß die Ionenstromdichte durch die Elektronentemperatur T_e bestimmt wird.

Aufgrund der Quasineutralitätsbedingung als einer der fundamentalen Existenzbedingungen für ein Plasma müssen auf eine stromlose, d.h. elektrisch isolierte Elektrode oder eine Wand aus dielektrischem Material stets vom Betrag her gleich große Elektronen- und Ionenstromdichten fließen. Der Elektronensättigungsstrom aus einem Plasma, der bei einer Maxwellverteilung der Elektronengeschwindigkeiten durch

$$j_e = n_{\mathrm{Pl}}\,e_0 \left(\frac{k\,T_e}{2\,\pi\,m_e}\right)^{1/2}$$ (5–31)

gegeben ist, liegt stets um einige Größenordnungen über j_i. Zwischen der Wand und dem Plasma baut sich daher zur Einstellung des Gleichgewichtes zwischen j_i und j_e stets eine elektronenabbremsende Potentialdifferenz auf, d.h. das Plasma legt sich auf ein positives Potential gegen die isolierte Elektrode oder die Wand, auf die dann ein Elektronenanlaufstrom

$$j_e^{\mathrm{A}} = j_e \cdot \exp\left(-e_0\,U^{\mathrm{is}}/k\,T_e\right)$$ (5–32)

fließt. Der elektronenabbremsende und ionenbeschleunigende Spannungsabfall U^{is} vor einer Wand oder einer isolierten Elektrode läßt sich aus den Gleichungen (5–30) bis (5–32) leicht berechnen zu

$$U^{\mathrm{is}} = \frac{k\,T_{\mathrm{e}}}{2\,e_0} \ln\left(M_{\mathrm{i}}/(\alpha^2\,2\pi\,m_{\mathrm{e}})\right). \qquad (5\text{–}33)$$

Wegen U^{is} bildet sich vor jeder das Plasma begrenzenden Wand ebenfalls eine Plasmagrenzschicht aus, in der die Raumladung durch Elekronen aufgrund deren großen Geschwindigkeit gegenüber der Ionenraumladung vernachlässigt werden kann. Für die Berechnung der Dicke d^{is} dieser Grenzschicht kann daher in guter Näherung wieder Gl. (5–28) angewandt werden.

Für eine Elektronentemperatur in der Größenordnung von 10^5 K, entsprechend einer mittleren Elektronenenergie von etwa 13 eV, ergibt sich für ein Ar^+-Plasma U^{is} zu ca. 40 V. Die zugehörige Raumladungsschichtdicke d^{is} liegt für eine Plasmadichte n_{Pl} um 10^{10} cm^{-3} bei 0,3 mm. Liegt zwischen einem Zerstäubungstarget und dem Plasma eine Spannung U an, so vergrößert sich der Wert von d entsprechend Gl. (5–28). Für $U = 1$ kV beträgt d unter den angegebenen Bedingungen ca. 4 mm. Der Abstand zwischen einem Zerstäubungstarget oder einer anderen Elektrode und der sie umgebenden Abschirmung muß dann kleiner als der zugehörige Wert von d sein, um zu verhindern, daß sich das Plasma in entsprechende Öffnungen hinein fortsetzt.

Besonders wichtig für die Sputtertechnologie ist das Verhalten von hochfrequenzführenden Elektroden oder Einbauteilen im Plasma. Solange die Periodendauer τ der Hochfrequenzspannung größer oder vergleichbar mit den Ionenlaufzeiten durch die Raumladungsschichten bleibt, die sich periodisch vor solchen Elektroden aufbauen, variiert der auf die Elektrode fließende Ionenstrom mit der Frequenz der angelegten Spannung. Voraussetzung ist dabei, daß der zugehörige Elektronenstrom über eine andere Elektrode aus dem Plasma abfließen kann. Dieses Verhalten ändert sich jedoch grundlegend, wenn die Ionenlaufzeit durch die zum Spannungsmaximum gehörende Raumladungsschichtdicke deutlich über der Periodendauer liegt. Während der nunmehr in mehreren Einzelschritten erfolgenden Beschleunigung der auf die Elektrode gezogenen Plasmaionen fließt zusätzlich ein pulsierender Elektronenstrom auf die Elektrode, da sich das Plasma dieser in jeder Hochfrequenzperiode potentialmäßig so weit nähert, daß ein kurzer Elektronenanlaufstrom fließt. Ist in den Stromkreis eine Kapazität geschaltet oder trägt die Elektrode eine dielektrische Auflage, so fließt ein reiner Verschiebungsstrom.

Da aufgrund der stets um einige Größenordnungen höheren Elektronenbeweglichkeit während der elektronenentziehenden Halbperiode ungleich mehr Elektronen als Ionen die Oberfläche einer hochfrequenzführenden Elektrode erreichen könnten, legt sich das Plasma zur Aufrechterhaltung seiner Quasineutralität so weit auf ein elektronenabbremsendes, d.h. ionenbeschleunigendes Gleichspannungspotential gegen eine solche Elektrode, daß der Gesamtstrom aus Elektronen und Ionen null wird. Wie entsprechende Rechnungen zeigen, ist die sich einstellende „Self bias“-Spannung für diesen Fall gegeben durch

$$U^{\mathrm{self}} \simeq U_0^{\mathrm{hf}} + \frac{k\,T_{\mathrm{e}}}{e_0}. \qquad (5\text{–}34)$$

Dabei ist U_0^{hf} die Amplitude der zwischen Plasma und Elektrode abfallenden Hochfrequenzspannung.

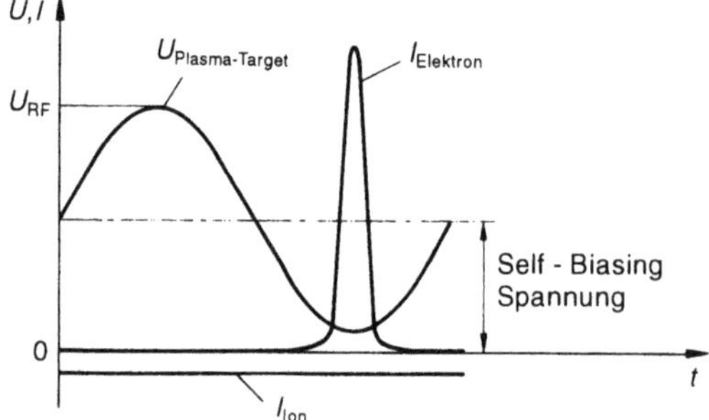

Bild 5–18. Spannungs- und Stromverlauf an einer hochfrequenzführenden Elektrode in Kontakt mit dem Plasma.

Die sich an einer hochfrequenzführenden Elektrode einstellenden Verhältnisse werden anhand von Bild 5–18 erläutert. Aufgrund der entstehenden Gleichspannung U^{self} zwischen Elektrode und Plasma fließt ein konstanter Ionensättigungsstrom. Während jeder Hochfrequenzperiode nähert sich das Plasma bis auf eine Potentialdifferenz in der Größenordnung von kT_e/e_0 (vgl. Gl. (5–34)) der Elektrode. Es fließt dann ein kurzzeitiger Elektronenpuls, dessen zeitliches Integral identisch mit dem während der Periodendauer τ abfließenden Ionensättigungsstrom ist.

Während solche hochfrequenzbedingten Gleichspannungspotentiale Sondenmessungen im Plasma erheblich stören [5–57, 5–58], kann der zugehörige Effekt für den Ionenbeschuß von dielektrischen Oberflächen, d.h. die Zerstäubung von Targets aus Isolatormaterial, ausgenutzt werden [5–59]. Diese Möglichkeit erweitert die Anwendbarkeit von Plasmamethoden für die Festkörperzerstäubung ganz entscheidend, da auf diese Weise nicht nur elektrisch leitende oder halbleitende Stoffe, sondern auch Dielektrika als Targetmaterialien für die Erzeugung von Dünnschichtstrukturen durch Ionenzerstäubung eingesetzt werden können [5–60].

Zur Steigerung der Plasmadichte und damit der Ionenstromdichte auf ein Zerstäubungstarget oder ein auf negativem Potential liegendes Substrat wird dem Plasma oft ein Gleichmagnetfeld $\vec{B}_0$ überlagert. Wegen des im Vergleich zu den Ionen erheblich kleineren Gyrationsradius der Elektronen wird deren Bewegung senkrecht zur Richtung der magnetischen Feldlinien stark behindert. Eine anschauliche Beschreibung hierfür liefert die Größe des magnetischen Druckes, der durch

$$p_{\text{magn}} = \frac{B_0^2}{2\mu_0} \tag{5–35}$$

($\mu_0 = 4\pi \cdot 10^{-7}\,\text{Vs/Am}$, magnetische Feldkonstante)

gegeben ist. p_{magn} wirkt senkrecht zur Richtung von $\vec{B}_0$. Mit seiner Hilfe läßt sich das Plasma auch von den materiellen Gefäßwänden fernhalten oder auf das Gebiet oberhalb einer Elektrodenfläche konzentrieren.

Von erheblich größerer Bedeutung für die plasmagestützten Dünnschicht- und Oberflächenverfahren ist jedoch das Verhalten der elektrisch geladenen Plasmateilchen in gekreuzten elektrischen und magnetischen Gleichfeldern $\vec{E}$ und $\vec{B}$ geworden. Wie sich durch eine einfache Rechnung zeigen läßt, bewegen sich dann die elektrisch geladenen Plasmateilchen mit einer mittleren Geschwindigkeit

156

$$\vec{v} = \frac{\vec{E} \times \vec{B}}{B^2} \qquad\qquad (5-36)$$

senkrecht zu $\vec{E}$ und $\vec{B}$. Diese sogenannte $\vec{E} \times \vec{B}$-Drift ist unabhängig vom Vorzeichen und von der Masse der Ladungsträger. Damit kommt es zu einem einheitlichen Plasmafluß senkrecht zu dem durch die jeweiligen Richtungen von $\vec{E}$ und $\vec{B}$ aufgespannten Ebenen. Die Form der Teilchenbahnen und ihre (periodischen) Abweichungen von der Vorwärtsrichtung hängen vom Verhältnis der Größe von $\vec{E}$ und $\vec{B}$ ab. Damit läßt sich erreichen, daß das Plasma unter entsprechender Dichteerhöhung auf ein enges Volumen konzentriert wird. In entsprechenden Anordnungen, die auch als Magnetrons bezeichnet werden, entsteht $\vec{E}$ durch den ionenbeschleunigenden Potentialabfall oberhalb des Zerstäubungstargets. Das erforderliche, senkrecht zu $\vec{E}$ liegende statische Magnetfeld $\vec{B}$ wird in der Regel durch eine geeignete Konfiguration von Permanentmagneten erzeugt. Solche Magnetronanordnungen können sowohl mit Gleichspannung oder – unter Mitwirkung des erwähnten Self-biasing-Effektes – auch mit hochfrequenten Spannungen betrieben werden.

5.3.2 Ausführungsformen von Zerstäubungsanlagen

Grundsätzlich kann in jedes auf beliebige Weise erzeugte Niederdruckplasma ein Zerstäubungstarget eingebaut werden, an das gegen eine geeignete Gegenelektrode, die ein festes Bezugspotential gegen das Plasma hat, eine ionenbeschleunigende Spannung angelegt wird. Ähnlich kann bei Substraten oder Substratträgern verfahren werden, wenn zur Optimierung oder Kontrolle der Schichteigenschaften die aufwachsende Schicht zusätzlich mit Ionen beschossen werden soll („Ionenplattieren" im erweiterten Sinne, siehe Abschnitt 4).

Eine Entkopplung zwischen der Plasmaerzeugung und dem eigentlichen Beschichtungsstromkreis ist in vielen Fällen wegen der dann möglichen unabhängigen Parameterwahl und der so gegebenen Flexibilität von Vorteil. Beispiele für entsprechende Ausführungsformen sind Triodensysteme, bei denen das Plasma zwischen einer meist heißen Katode und einer geeigneten Anode aufrechterhalten und das Zerstäubungstarget als dritte Elektrode in Kontakt mit der Plasmasäule gebracht wird, Bild 5–19. Als Bezugselektrode zum Anlegen der Zerstäubungsspannung können sowohl die Anode als auch die Katode dienen, wobei es aus praktischen Gründen oft vorteilhaft ist, die Beschußspannung gegen die Katode anzulegen. Die Substrate werden in geeigneter Weise am Plasmarand gegenüber dem Target angeordnet und können bei Anlegen einer ionenbeschleunigenden Spannung ebenfalls mit Ionen aus der Plasmasäule beschossen werden. Besonders vorteilhaft ist die Verwendung elektrodenlos, d.h. in induktiver Ankopplung erzeugter Hochfrequenzplasmen, wobei es günstig ist, für die Plasmaanregung elektrodynamische Resonanzeffekte beispielsweise in Form der Elektronzyklotronwellenresonanz ECWR auszunützen [5–62]. In den zugehörigen geometrisch einfach gestalteten Plasmakammern, die keinerlei Elektroden zur Plasmerzeugung enthalten, können dann Zerstäubungstargets oder Substrate in nahezu beliebiger Weise angeordnet werden.

Aus ökonomischen Gründen wird in kommerziell verfügbaren Sputteranlagen die Plasmaerzeugung meist mit dem eigentlichen Sputterprozeß gekoppelt. In sogenannten Gleichspannungs- oder *dc*-Dioden bilden ein oder mehrere Zerstäubungstargets die Katode, während die Substrate auf der meist geerdeten Anode angeordnet sind. Bei der Hoch-

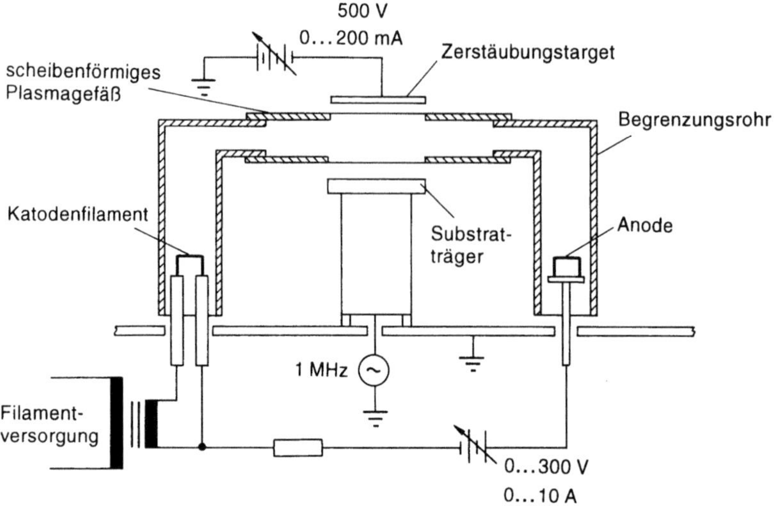

Bild 5–19. Schema einer Zerstäubungsanlage nach dem Triodenprinzip. Durch Anlegen einer Hochfrequenzspannung können die Substrate mit Hilfe des Self-Bias-Effekts ebenfalls mit Plasmaionen beschossen werden (nach [5–61]).

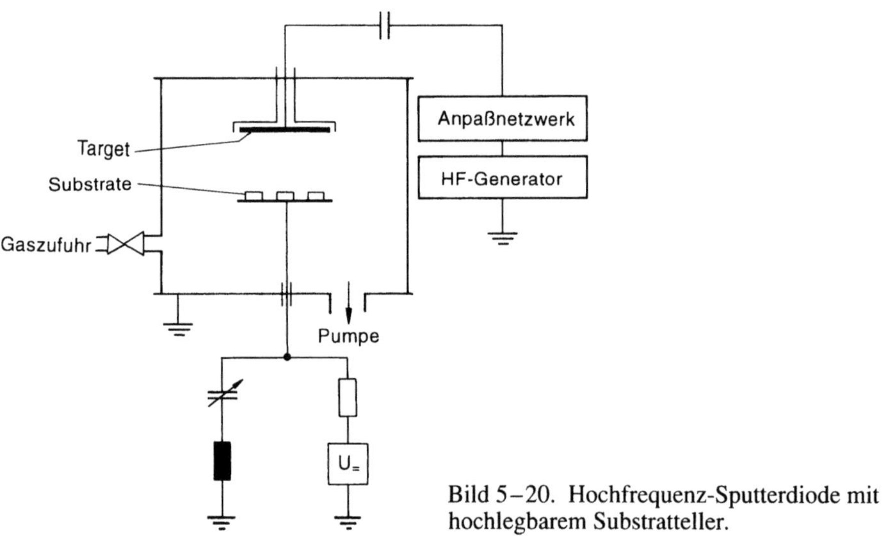

Bild 5–20. Hochfrequenz-Sputterdiode mit hochlegbarem Substratteller.

frequenz-Diodenanlage wird zwischen zwei Elektroden eine kapazitive Hochfrequenzentladung bei Arbeitsfrequenzen im Bereich von einigen bis einigen 10 MHz gezündet [5–63]. Zur Ausnutzung des beschriebenen Self-biasing-Effekts wird der hochliegende Ausgang des Hochfrequenzgenerators über ein Ankoppelnetzwerk an die als Target dienende Elektrode gelegt. Als zweite Elektrode wird in der Regel die geerdete Wand der Plasmakammer benutzt. Die Substrate können entweder direkt auf der Kammerwand montiert oder auf geeigneten Trägern im Plasma angeordnet werden, Bild 5–20.

158

Aufgrund des in Abschnitt 5.3.1 beschriebenen Self-biasing-Effekts an einer hochfrequenzführenden Elektrode im Plasma kommt es zu einem ionenbeschleunigenden Potentialabfall zwischen dem kapazitiv erzeugten Plasma und dem Target oder ebenfalls hochfrequenzführenden Substraten. Um zu vermeiden, daß dies auch an der Kammerwand erfolgt und es damit zu einer unerwünschten Zerstäubung des Wandmaterials kommt, ist darauf zu achten, daß die Gesamtspannung zwischen den beiden Elektroden des kapazitiven Kreises möglichst vollständig am Target (oder gegebenenfalls auch an einem Substrat) abfällt. Dies läßt sich dadurch erreichen, daß die mit dem Plasma in Kontakt stehende Wandfläche groß gegen die mit Ionen beschossene Elektrode gewählt wird. Berechnet man die Spannungsaufteilung zwischen den beiden Elektroden einer HF-Diode, wobei die sich aufgrund des Self-biasing-Effekts ausbildenden Raumladungsschichten als zusätzliche Kapazitäten anzusetzen sind, so ergibt sich, daß das Verhältnis der Hochfrequenzspannungen und der damit verknüpften Self-bias-Spannungen an den beiden Elektroden gemäß

$$U_1^{\text{self}}/U_2^{\text{self}} = (A_2/A_1)^n \tag{5-37}$$

eine inverse Potenz des Verhältnisses zwischen den beiden Elektrodenflächen A_1 und A_2 ist.

Sind die Spannungsabfälle an den beiden Elektroden vergleichbar, d.h. unterscheiden sich deren Flächen A_1 und A_2 nicht so stark, so ergibt sich unter der Annahme gleicher Stromdichten an beiden Elektroden für die Potenz in Gl. (5–37) ein Wert von $n = 4$ [5–64]. Schon wegen der meist unterschiedlichen Plasmadichten an beiden Elektroden sind diese Annahmen jedoch in der Regel nicht erfüllt. Für n ergibt sich dann ein deutlich kleinerer Wert. Betrachtet man den in der Praxis meist vorliegenden Fall, daß der gesamte Verschiebungsstrom auf jede der beiden Elektroden gleich groß ist, so liefert die entsprechende Rechnung einen Wert von $n = 2$ [5–65]. Bei der Auslegung von HF-Sputterdioden sollte daher in der Regel stets von einem Wert um $n = 2$ ausgegangen werden. Wählt man das Sputtertarget als die kleinere der beiden Elektroden und das Flächenverhältnis zwischen dem Target und der zumeist durch die Kammerwand realisierten zweiten Elektrode hinreichend groß, so läßt sich erreichen, daß entsprechend Gl. (5–37) der gesamte Spannungsabfall nahezu ausschließlich am Target abfällt.

Aufgrund des Umstandes, daß über die Elektroden einer kapazitativen Hochfrequenzentladung lediglich Verschiebungsströme fließen, können in HF-Diodenanordnungen auch Isolatormaterialien als Targets verwendet werden. Der Ionenbeschuß erfolgt aufgrund der sich auch dann ausbildenden Self-bias-Spannung U^{self} gemäß Gl. (5–34). Zusammen mit der Möglichkeit, dem Plasmagas reaktive Komponenten beizumischen oder die Entladung direkt in reaktiven Gasen wie Sauerstoff oder Stickstoff zu betreiben und damit kontrolliert reaktive Prozesse bei der Schichtbildung auszunutzen, hat die Möglichkeit der Verwendung dielektrischer Zerstäubungstargets entscheidend dazu beigetragen, daß die Sputtertechniken die Schlüsselmethoden für die modernen Oberflächen- und Dünnschichttechnologie geworden sind.

Die hohe Flexibilität der Zerstäubungsverfahren wird in Magnetronanordnungen mit der für die industrielle Nutzung meist ausschlaggebenden Möglichkeit verknüpft, Schichtaufwachsraten bis zu mehreren $\mu m\ min^{-1}$ zu erzielen. Die entsprechenden Anlagen nutzen die in Abschnitt 5.3.1 bereits beschriebene Möglichkeit aus, mit Hilfe der sogenannten $\vec{E} \times \vec{B}$-Drift Plasmen hoher Dichte in einem eng begrenzten Bereich zu konzentrieren. Von den

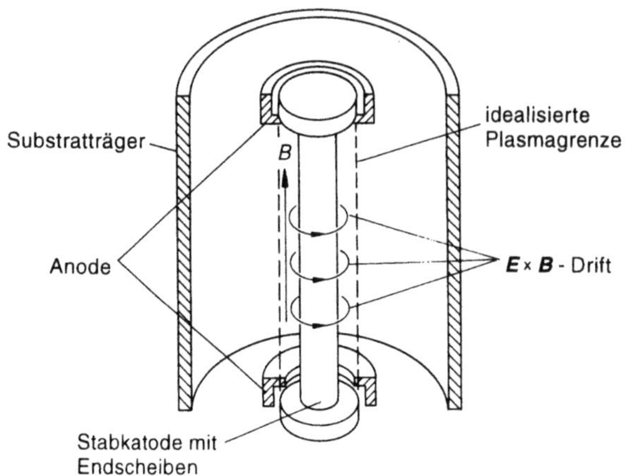

Bild 5–21. Schema eines zylindrischen Magnetrons (nach [5–66]).

praktischen Ausführungen her ist zwischen zylindrischen und planaren Magnetrons zu unterscheiden.

Ein Beispiel für die verschiedenen Ausführungsformen zylindrischer Magnetrons zeigt Bild 5–21. Die Katode besteht in diesem Falle aus einem Rohr, das im Inneren mit Wasser gekühlt werden kann und auf dessen Stirnflächen Magnete zur Erzeugung des erforderlichen Gleichmagnetfeldes $\vec{B}$ parallel zur Katodenoberfläche sitzen. Das axiale Magnetfeld kann alternativ dazu auch durch eine äußere Magnetspule oder eine solche im Inneren des Katodenrohrs erzeugt werden. Zwischen den ringförmigen Anoden und der Katode wird die Entladungsspannung angelegt. Die Komponenten des zugehörigen elektrischen Feldes, die senkrecht zu $\vec{B}$ stehen, bewirken die Plasmakonzentration durch den $\vec{E} \times \vec{B}$-Effekt. Vorteilhaft bei entsprechenden Anordnungen ist noch, daß das axiale Magnetfeld, dessen Größe in der Regel bei einigen 100 Gauß liegt, durch den nach innen wirkenden magnetischen Druck (siehe Gl. (5–35)) die Konzentration des Plasmas in der Nähe der Katodenoberfläche unterstützt. Die Substrate sind auf der Innenseite eines rohrförmigen Mantels montiert, der die Anordnung koaxial umgibt.

Größere Bedeutung als zylindrische Magnetrons haben die sogenannten planaren Magnetrons erlangt, bei denen alternativ gepolte Magnetsysteme unterhalb eines ebenen Zerstäubungstargets angeordnet sind. In der Regel werden großflächige Magnetronkatoden in Form langgestreckter Rechtecke verwendet. Bild 5–22 zeigt einen Schnitt durch eine entsprechende Anordnung. Durch den $\vec{E} \times \vec{B}$-Effekt wird das Plasma in Form eines längsgestreckten Ovals oberhalb der Katode konzentriert, auf deren Oberfläche die an einer Gegenelektrode startenden elektrischen Feldlinien senkrecht münden. Verwendet man ringförmige Magnetsysteme, so lassen sich planare Magnetrons auch für scheibenförmige Targets aufbauen [5–68]. Das eigentliche Targetmaterial wird in geeigneter Weise auf Tragplatten aufgebondet, die zur Abfuhr der durch den Ionenbeschuß eingebrachten Leistung mit Wasser gekühlt werden.

Bei planaren Magnetronanordnungen ist es von Nachteil, daß das Target nur in den Bereichen genutzt wird, oberhalb derer der Plasmaring konzentriert ist. Überdies kommt es an den nichtbeschossenen Bereichen der Targetoberfläche durch die Wechselwirkung mit

160

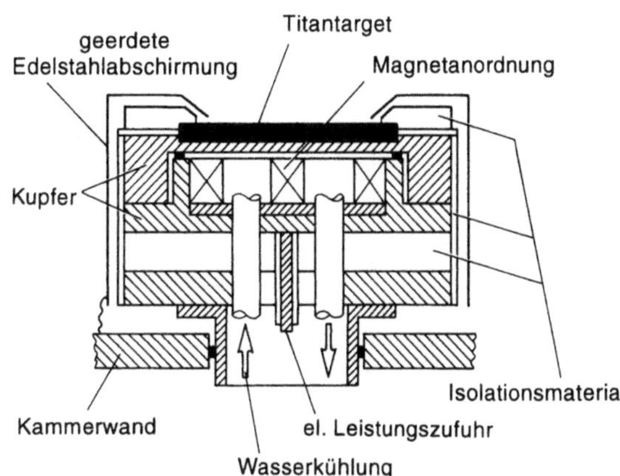

Bild 5–22. Schnitt durch eine planare Magnetronquelle [5–67].

dem Restgas oder einem reaktiven Arbeitsgas zu einer nichtreproduzierbaren Ausbildung von Oberflächenschichten. Handelt es sich dabei um elektrisch nichtleitende Schichten, so behindern Aufladungseffekte und damit verknüpfte statistische Bogenentladungen einen kontrollierten und reproduzierbaren Betrieb. Durch räumliche und mitunter auch zeitliche Variation der Magnetfeldstärke oberhalb des Targets mit Hilfe zusätzlicher felderzeugender Spulen wird versucht, diese nachteiligen Effekte zu vermindern. Entsprechende Anordnungen lassen sich unter dem Sammelbegriff „Unbalanced Magnetron" zusammenfassen, wobei diese Bezeichnung zum Ausdruck bringen soll, daß die magnetische Flußdichte im Targetbereich sich von der am Magnetjoch, das zum Schließen des magnetischen Kreises die Targetanordnung umgibt, in geeigneter Weise unterscheidet [5–69, 5–70]. Dabei werden auch Anordnungen benutzt, in denen durch eine laterale periodische Variation der Magnetfeldstärke am Target ein homogener Sputterabtrag erzielt wird [5–71]. Damit ergibt sich nicht nur eine ökonomischere Targetausnutzung; gleichzeitig läßt sich so auch die Ausbildung störender Bedeckungen an der Targetoberfläche verhindern.

Ein spezifischer Vorteil der „Unbalanced Magnetrons" liegt jedoch darin, daß das Plasma aufgrund des räumlich ausgedehnten Magnetfelds bis in die Nähe der Substrate geführt werden kann [5–70, 5–72]. Damit lassen sich die für Magnetrons typischen hohen Depositionsraten mit den Möglichkeiten verbinden, die sich durch zusätzlichen Ionenbeschuß der Substrate mit der dort aufwachsenden Schichtstruktur ergeben.

Magnetronanordnungen können ebenso wie die bereits erwähnten Diodenanordnungen mit Hochfrequenzspannungen betrieben werden. Weiterhin können bei Verwendung entsprechender Gemische aus inerten und reaktiven Gasen oder beim Betrieb mit ausschließlich reaktiven Arbeitsgasen durch die Bildung entsprechender chemischer Verbindungen an der aufwachsenden Schicht gezielt Schichtsysteme mit bestimmten stöchiometrieabhängigen Eigenschaften erzeugt werden. Als Beispiel zeigt Bild 5–23, wie die elektrischen und optischen Eigenschaften von SnO_x-Schichten, die durch reaktive HF-Magnetronzerstäubung auf Glas deponiert wurden, durch die Zusammensetzung des als Sputtergas benutzten Ar/O_2-Gemisches eingestellt werden können [5–73].

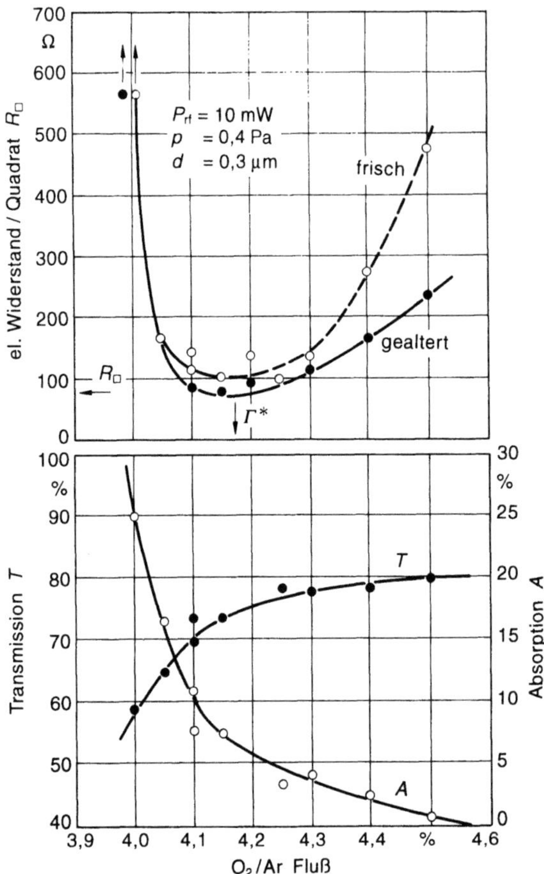

Bild 5–23. Verlauf des elektrischen Widerstands und des optischen Transmissions- und Absorptionsvermögens für reaktiv aufgestäubte SnO_x-Schichten in Abhängigkeit vom verwendeten O_2/Ar-Flußverhältnis [5–73].

5.4 Anlagentechnik

5.4.1 Grundsätzliches

Bei Aufdampfanlagen ist der Abstand der Quelle von den Substraten relativ groß. Mit den zur Verfügung stehenden vakuumtechnischen Hilfsmitteln lassen sich in vertretbaren Zeiten auch sehr große Rezipienten auf so niedrige Drücke evakuieren, daß es kaum zu Zusammenstößen zwischen Dampfteilchen und Restgasteilchen und den damit verbundenen Nachteilen (vgl. Kap. 3) kommt. Der Abstand Quelle–Substrat muß sogar eine Mindestgröße haben, die etwa dem Rezipientendurchmesser entspricht, damit auf möglichst einfache Weise auch größere oder gebogene Substratflächen mit Schichten gleichmäßiger Dicke und mit homogenen Eigenschaften belegbar sind.

Äußeres kennzeichnendes Merkmal von Katodenzerstäubungsanlagen ist die niedrige Bauhöhe der Rezipienten. Der Abstand Target–Substrat ist – Targets sehr kleiner Abmes-

162

sungen ausgenommen – wesentlich kleiner als der Rezipientendurchmesser und muß es aus folgenden Gründen auch sein:

– Zerstäubungsprozesse sind restgasempfindlich, besonders trifft dies für das Zerstäuben von reaktiven Metallen wie Chrom, Titan, Zirkonium und Tantal durch Gleichspannung zu. Bei einem schon verhältnismäßig niedrigem Anteil von Sauerstoff bildet sich auf der Targetoberfläche Oxid, durch das beim konventionellen Gleichspannungszerstäuben die Zerstäubungsrate deutlich reduziert wird.

Das Herstellen einer homogenen metallischen Schicht wird damit unmöglich, ebenso auch das Einhalten einer gewünschten Schichtdicke nur über die Prozeßparameter und die Dauer der Zerstäubung ohne Benutzung eines Meßgerätes.

Da bei hinreichend dichten Hochvakuumanlagen – davon darf man beim heutigen Stand der Technik ausgehen – der Hauptanteil des Restgases von der Desorption herrührt, ist man bemüht, Flächen im Vakuumraum möglichst klein zu halten, u. a. auch durch eine niedrige Bauhöhe des Rezipienten. Erschwerend fällt beim Betrieb von Zerstäubungsanlagen ins Gewicht, daß unter dem Einfluß energiereicher Teilchen die Gasabgabe durch Desorption beschleunigt wird und daher besonders zu Beginn des Zerstäubungsprozesses Änderungen der Zerstäubungsrate, der Schichtreinheit und der Schichteigenschaften die Folge sind. Aber auch bei kleinen Flächen sind bei hohen Ansprüchen an die Schichteigenschaften lange Evakuierungsdauern erforderlich, die durch Benutzung von Schleusenanlagen vermieden werden. Nach einer ausreichenden Konditionierung zu Beginn einer längeren Betriebsperiode ist in solchen Anlagen der durch Desorption anfallende Gasfluß so gering, daß er die Schichteigenschaften nicht beeinflußt.

– Beim konventionellen Diodensputtern nimmt bei gleichem Entladungsquerschnitt die Anzahl der Teilchen, die den Entladungsraum verlassen, mit dem Elektrodenabstand zu. Auch abgestäubte Teilchen gehen „verloren", die Materialausbeute nimmt mit dem Abstand ab.

– Die Energie der kondensierenden Teilchen beeinflußt den Schichtbildungsprozeß und damit die Schichteigenschaften (vgl. Band 4, Kap. 1). Die Energie abgestäubter Teilchen nimmt beim Zusammenstoß mit energieärmeren Restgasteilchen ab.

Bei konstantem Entladungsdruck nimmt sie mit zunehmendem Elektrodenabstand stark ab, bis dann die abgestäubten Teilchen nur noch thermische Energie besitzen und die Vorteile der Katodenzerstäubung gegenüber dem Aufdampfen im Hochvakuum nicht mehr zum Tragen kommen [5–74]. Auch aus diesem Grunde darf der Elektrodenabstand nicht beliebig groß gewählt werden. In Bild 5–24 [5–75] sind für verschiedene Materialien, verschiedene Anfangsenergien, verschiedene Entladungsdrücke und Elektrodenabstände Grenzkurven für die Thermalisierung der abgestäubten Teilchen beim Auftreffen auf der Substratoberfläche angegeben. Danach dürfen bei den üblicherweise angewendeten Entladungsdrücken die Elektrodenabstände höchstens etwa 3 bis 6 cm betragen.

5.4.2 Einkammeranlagen

5.4.2.1 Allgemeines

Einkammeranlagen kommen dann zur Anwendung, wenn die Zeitdauer zur Herstellung gewünschter Restgasverhältnisse ohne Belang ist. Andererseits zeichnen sich Einkam-

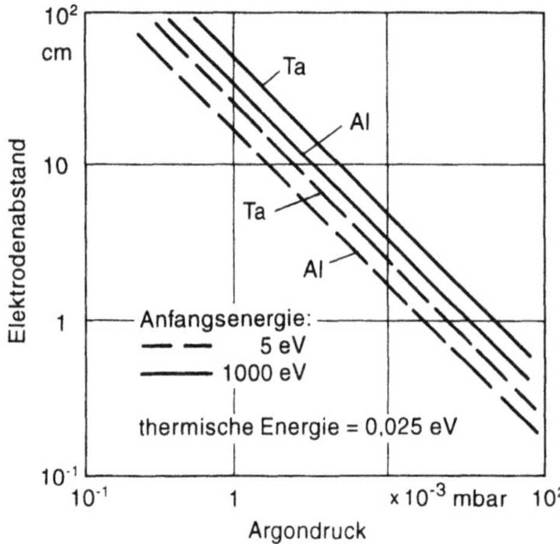

Bild 5–24. Abstand von der Targetoberfläche, bei dem zerstäubte Aluminium- oder Tantalatome mit verschiedenen Anfangsenergien und bei verschiedenen Argondrücken thermalisiert werden.

meranlagen meist durch große Flexibilität aus und sind für die verschiedensten Aufgabenstellungen geeignet. Besonders vorteilhaft sind sie bei orientierenden Versuchen, wenn es darum geht, die für ein bestimmtes Vorhaben günstigere Verfahrensvariante oder die optimalen Prozeßparameter zu ermitteln. In der Regel sind Einkammeranlagen mit den entsprechenden Einrichtungen für alle Varianten der Katodenzerstäubung ausgerüstet oder nachrüstbar. Mehrere Targets zum Herstellen von Schichtsystemen in einem Arbeitsgang, Substratheizung, Ätzstation, Korrektur- und Abschirmblenden, Schwingquarz zur Bestimmung der Rate und optische Meßeinrichtungen zur Schichtdickenmessung sind einige Ausrüstungen, die für manche Versuche erforderlich sind. Darüber hinaus gibt es handelsübliche Versuchsanlagen, in denen sowohl aufgedampft als auch aufgestäubt werden kann. In der Produktion werden große Einkammeranlagen gelegentlich zum Beschichten von Architekturglas (vgl. Band 5, Kap. 1) und von Kunststoffformteilen (vgl. Band 5, Kap. 3) eingesetzt.

5.4.2.2 Ausführungsformen von Einkammeranlagen

Da Einkammeranlagen hauptsächlich für Forschungs- und Entwicklungsaufgaben angewendet werden, müssen sie alle heute üblichen Verfahrensvarianten der Katodenzerstäubung abdecken, z.B. Gleichspannungszerstäuben, Hochfrequenzzzerstäuben, Zerstäuben mit Magnetfeldunterstützung und Bias-Betrieb. Bild 5–25 zeigt symbolisch, daß neben statischer Beschichtung auch eine Relativbewegung zwischen Substrat und Target möglich ist. Zum Herstellen von Legierungsschichten bietet sich eine Simultanzerstäubung mehrerer Targets an. Einrichtungen zum Reinigen der Substrate durch Teilchenbombardement und zusätzliches Beheizen oder Kühlen gehören bei Prozeßentwicklungen zur Standardausrüstung einer Anlage.

Für Serienversuche benutzt man auch bei Laboranlagen häufig eine Schleuse zum Aus- und Einschleusen der Substrate. Dabei kommt es weniger auf den Zeitgewinn durch kürzere Evakuierungszeiten an als darauf, von Versuch zu Versuch immer die gleichen Restgasverhältnisse zu haben. Belüftet man die Zerstäubungskammer nach jedem Versuch, muß man auch dann mit unterschiedlichem Verunreinigungsgrad der Schicht durch Restgase rechnen, wenn die Evakuierungsdauer und Konditionierung gleich bleiben. Durch

164

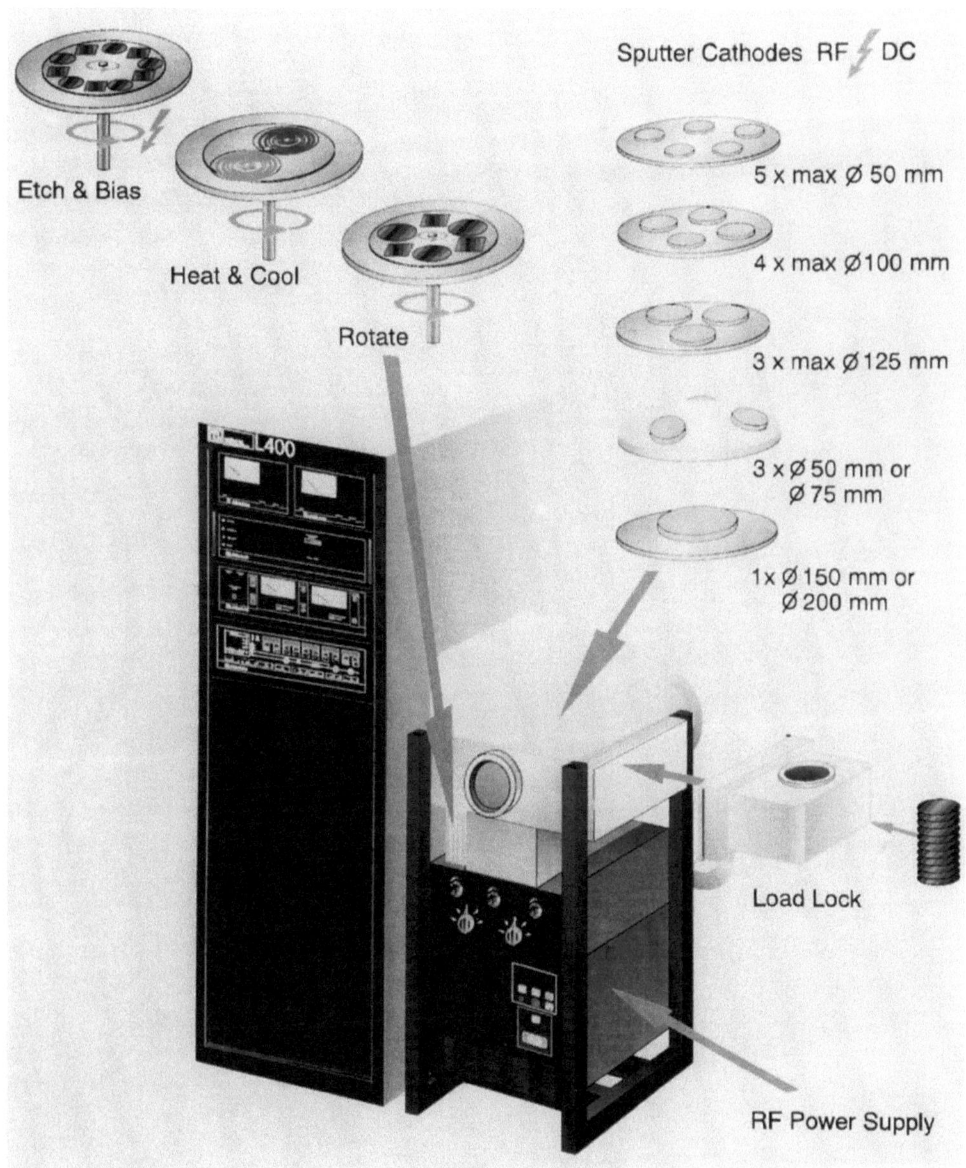

Bild 5–25. Ausrüstungsmöglichkeiten einer Labor-Zerstäubungsanlage (Typ L 400 der Leybold AG, Hanau).

Bild 5–26. Kombinierte Labor-Zerstäubungs- und Aufdampfanlage (Typ L 400 der Leybold AG, Hanau).

Belüftung mit getrockneter Luft oder einem Inertgas bei erhöhter Temperatur (Warmwasser) wird zwar der Einfluß des Wasserdampfes auf die Evakuierungsbedingungen abgeschwächt, aber nicht ausgeschaltet. Auch Oberflächenbeschaffenheit und Reinigungszustand der Einbauten und Rezipientenflächen üben einen nicht zu unterschätzenden Einfluß aus.

Vergleichende Untersuchungen zwischen aufgedampften und aufgestäubten Schichten oder auch die kombinierte Anwendung beider Verfahren lassen sich nach einer in Bild 5–26 dargestellten Anlagenkonzeption durchführen.

5.4.2.3 Anlagenzubehör

5.4.2.3.1 Vakuumausrüstung

Vakuumpumpen

Restgastotaldruck und die Partialdruckverhältnisse beeinflussen den Reinheitsgrad einer dünnen Schicht.

Beim Aufdampfen im Hochvakuum kann man nach gaskinetischen Berechnungen abschätzen, wieviel Gasteilchen in eine Schicht eingebaut werden, wenn Restgasdruck und Sättigungsdampfdruck des verdampfenden Materials – zwei meßbare Größen – bekannt sind. Selbst unter der ungünstigen Annahme, daß jeder Zusammenstoß zu einer „Verunreinigung" führt, läßt sich jeder gewünschte Reinheitsgrad realisieren, wenn nur der Restgasdruck hinreichend niedrig ist (vgl. Abschnitt 3.2).

Bestimmende Größen sind der Gasfluß Q, der sich im wesentlichen aus dem Leckgasstrom, dem Permeationsgasstrom, dem Applikationsgasstrom und dem Desorptionsgasstrom zusammensetzt, und das effektive Saugvermögen S_{eff} der Hochvakuumpumpe am Rezipienteneingang. Restgaspartialdrücke vor und während der Beschichtung sind in gut konditionierten Anlagen nicht sehr unterschiedlich. Bei einem Restgaspartialdruck von z. B. 10^{-8} mbar ist die mittlere freie Weglänge $6 \cdot 10^5$ cm, die durch Stöße während der Transportphase möglichen Verunreinigungen liegen unter der Nachweisgrenze. Nimmt man bei diesem Beispiel weiter an, daß der Dampfpartialdruck in der Nähe der Subtratoberfläche bei 10^{-2} mbar liegt, dann entfällt auf 10^6 Dampfatome ein Fremdgasteilchen. Da aber nur ein von der Art des Verdampfungsmaterials und der Gasart abhängiger Bruchteil der Verunreinigungen in der Schicht verbleibt, ist der Reinheitsgrad noch wesentlich größer als nach dieser Abschätzung.

Auch bei der Katodenzerstäubung gilt für den Einbau von Restgasen in die Schicht die Gleichung

$$p = \frac{Q}{S_{eff}}, \qquad\qquad (5-38)$$

wonach der Restgasdruck in einer Vakuumanlage vom Gasfluß Q und dem effektiven Saugvermögen S_{eff} am Rezipienteneingang abhängig ist. Die Realisierung niedriger Restgasdrücke ist in Zerstäubungsanlagen jedoch schwieriger als in Aufdampfanlagen.

Die in einer Katodenzerstäubungsanlage herrschende Konzentration an unerwünschten Restgasen ist außerdem abhängig von gasförmigen Verunreinigungen, die durch das Entladungsgas, meist Argon, „eingeschleppt" werden. Dieser Anteil ist unabhängig vom Saugvermögen des installierten Vakuumpumpstandes und auch unabhängig vom jeweiligen Entladungsdruck. Bei einem Reinheitsgrad des Argons von z.B. 99,99% ist jedes 10^4-te Teilchen ein Fremdgasteilchen. Dies gilt unabhängig vom jeweiligen Entladungsdruck. Bei einem Entladungsdruck von $1 \cdot 10^{-2}$ mbar beträgt der Fremdgasanteil 10^{-6} mbar, bei $5 \cdot 10^{-3}$ mbar entsprechend $5 \cdot 10^{-7}$ mbar. Bei einem Reinheitsgrad von 99,999% verbessert sich der Fremdgasdruck bei diesem Beispiel auf 10^{-7} bzw. $5 \cdot 10^{-8}$ mbar. Die Reinheit des Entladungsgases ist mehr eine Kostenfrage und im Rahmen der Gesamtproblematik von untergeordneter Bedeutung, weil es einfacher ist, den vom Entladungsgas herrührenden Restgaspegel niedrig zu halten als den von Desorption, Lecks und Permeation herrührenden.

Ähnlich wie beim Aufdampfen ist es zwar einfach, ein „gutes" Ausgangsvakuum zu schaffen, aber ausschlaggebend für die Schichtreinheit ist der Untergrunddruck *während* des Beschichtens. Wünschenswert wäre daher, daß das Saugvermögen der Hochvakuumpumpe während der Evakuierung auf Endvakuum und während des Zerstäubungsvorganges, der bei Drücken um 10^{-2} mbar stattfindet, konstant ist.

Diese Voraussetzung ist bei Verwendung von Öldiffusionspumpen auch nicht annähernd erfüllt. Bei höheren Ansaugdrücken, etwa ab 10^{-3} mbar – die Grenze ist von der Pumpengröße und der Ausführungsform abhängig – nimmt das Saugvermögen stark ab, die Stabilität verringert sich und die Rückdiffusion von Öldampf nimmt stark zu, auch bei Einsatz eines Baffles, weil Dampfmoleküle durch Stöße untereinander und mit Gasteilchen in den Rezipienten gelangen können, ohne vorher auf eine gekühlte Fläche des Baffles aufzutreffen. Weiter sind die Ölverluste der Öldiffusionspumpe bei relativ hohen Ansaugdrücken so erheblich, daß ein Langzeitbetrieb kaum möglich ist. In verstärktem Maße treten diese Nachteile bei Entladungsdrücken um 10^{-2} mbar auf. Zwischen der Öldiffusionspumpe und dem Rezipienten muß daher ein Drosselventil eingebaut werden, das beim Evakuieren auf Endvakuum vollständig geöffnet und dessen Leitwert während des Zerstäubungsvorganges so zu verringern ist, daß im Rezipienten der gewünschte Entladungsdruck herrscht und der Ausgangsdruck direkt über der Diffusionspumpe so niedrig bleibt, daß die vorstehend angegebenen Nachteile nicht auftreten.

Als Beispiel sei angenommen, daß der Argondruck $2 \cdot 10^{-2}$ mbar betrage, die Diffusionspumpe ein Nennsaugvermögen von 1000 ls^{-1} habe und die Leitwerte von Baffle und geöffnetem Ventil je 1000 ls^{-1} betragen. Der Rezipient habe einen Durchmesser von 500 mm, eine Bauhöhe von 200 mm und einschließlich der Einbauten eine dem Vakuum ausgesetzte Fläche von 2 m^2. Erfahrungsgemäß liege die Gasabgabe durch Desorption nach 30 Minuten Evakuierungsdauer bei etwa 10^{-3} mbar $\mathrm{ls}^{-1}\,\mathrm{m}^{-2}$.

Unter diesen Verhältnissen beträgt das effektive Saugvermögen am Rezipienteneingang 333 ls^{-1}, und es stellt sich nach Gleichung (5–38) bei vernachlässigbaren anderen Gasflüssen ein Endvakuum von $6 \cdot 10^{-6}$ mbar im Rezipienten ein; am Ansaugstutzen der Diffusionspumpe herrscht ein Druck von $2 \cdot 10^{-6}$ mbar.

Bei diesem Beispiel werde weiter angenommen, daß in Dauerbetrieb der Druck über der Diffusionspumpe $3 \cdot 10^{-4}$ mbar nicht überschritten werden sollte. Der Gasfluß, der sich im wesentlichen aus der Gasabgabe durch Desorption und dem über ein Nadelventil in den Rezipienten eingelassenen Entladungsgas Argon zusammensetzt, darf dann höchstens $3 \cdot 10^{-4} \cdot 1000 = 3 \cdot 10^{-1}$ mbar ls^{-1} betragen. Nicht größer darf auch der Gasfluß am Rezipienteneingang sein. Nach dem Kontinuitätsgesetz gilt für das vorliegende Beispiel:

$$2 \cdot 10^{-2} \cdot L = 3 \cdot 10^{-4} \cdot 1000 \tag{5–39}$$

wenn L der Leitwert des Gesamtsystems Ventil-Baffle ist.

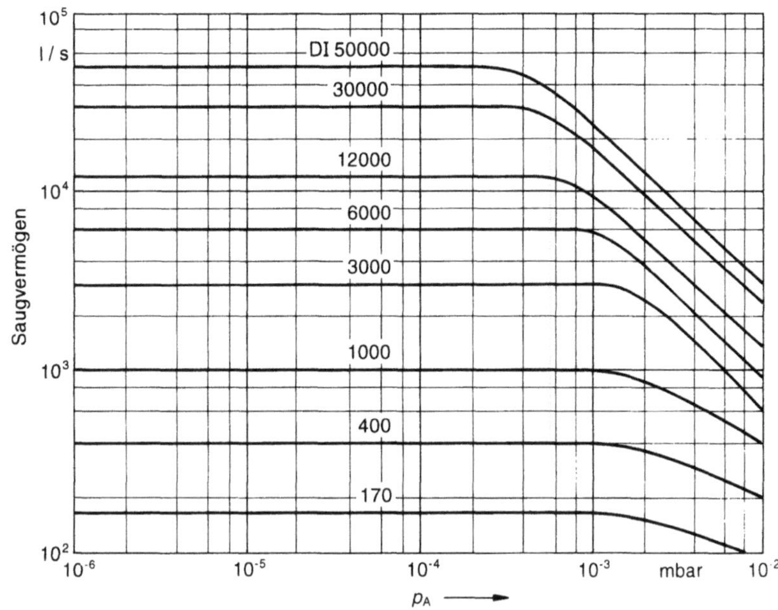

Bild 5–27. Abhängigkeit des Saugvermögens von Öldiffusionspumpen vom Ansaugdruck P_A [5–76].

Er ergibt sich zu 15 ls^{-1}, d. h. der Leitwert des Systems, der bei geöffnetem Ventil 500 ls^{-1} beträgt, muß durch Drosselung des Ventils sehr stark reduziert werden, damit die Bedingungen für den Dauerbetrieb der Öldiffusionspumpe erfüllt sind.

Die Reduzierung des effektiven Saugvermögens am Rezipienteneingang von 333 auf ca. 15 ls^{-1} bedeutet, daß der Fremdgasdruck von $6 \cdot 10^{-6}$ mbar auf $1{,}35 \cdot 10^{-4}$ ansteigt und sich damit die Schichtreinheit drastisch verschlechtert.

Weiterhin ist in diesem Zusammenhang in Betracht zu ziehen, daß beim Bombardement durch energiereiche Teilchen – besonders zu Beginn des Zerstäubungsvorgangs – die Gasabgabe durch Desorption stark zunimmt, was bei metallischen Schichten kleinere Zerstäubungsraten zur Folge hat und außerdem die Schichtreinheit in unkontrollierter Weise noch weiter verschlechtert. Es ist also irrig, beim Betrieb von Katodenzerstäubungsanlagen allein den vor Zerstäubungsbeginn erreichten Enddruck als Maß für die Schichtreinheit heranzuziehen. Öldiffusionspumpen sind aus mehreren Gründen zum Evakuieren von Zerstäubungsanlagen denkbar ungeeignet, insbesondere ist bei noch vertretbarem Aufwand das Herstellen sehr reiner Schichten nicht möglich. Dies ist einer der Gründe dafür, daß die Katodenzerstäubung keine industrielle Anwendung fand, solange es keine Alternative zur Öldiffusionspumpe gab.

Bei Verwendung von Turbomolekularpumpen besteht die Gefahr der Kontamination durch Öldämpfe nicht, ein Baffle ist entbehrlich, es sei denn, man nutzt tiefgekühlte Flächen zum Erhöhen des Saugvermögens für Wasserdampf.

Ein weiterer wesentlicher Unterschied der beiden Hochvakuumpumpen beim Einsatz an Katodenzerstäubungsanlagen besteht darin, daß, Bild 5–27, das Saugvermögen

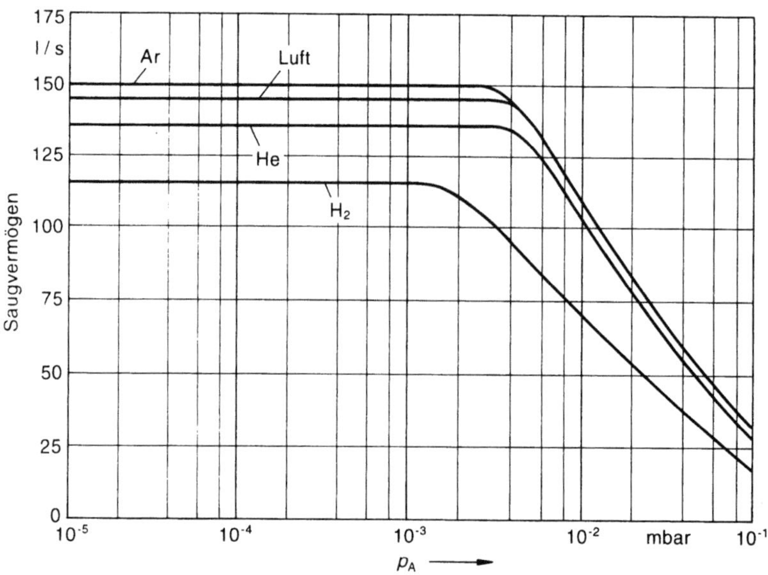

Bild 5–28. Abhängigkeit des Saugvermögens von Turbomolekularpumpen für verschiedene Gase vom Ansaugdruck P_A [5–76].

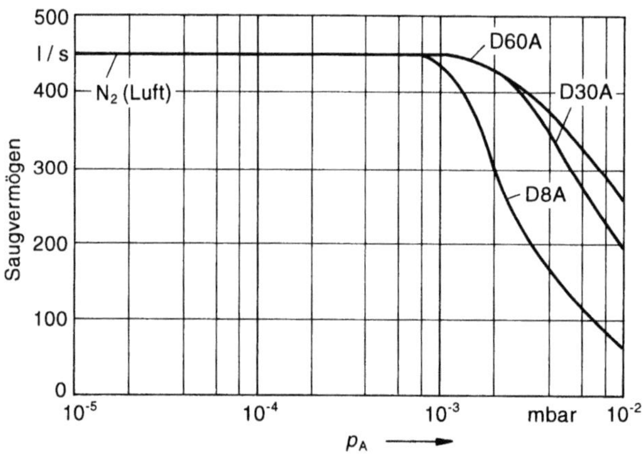

Bild 5–29. Abhängigkeit des Saugvermögens von Turomolekularpumpen in Abhängigkeit vom Ansaugdruck für verschiedene Vorpumpengrößen [5–76].

von Diffusionspumpen in dem für die Zerstäubung wichtigen Druckbereich sehr stark abfällt, während Turbomolekularpumpen bei einem Ansaugdruck von 10^{-2} mbar noch etwa 70 % des Nennsaugvermögens besitzen, Bild 5–28. Durch Vergrößerung der Vorpumpe kann, wie aus Bild 5–29 hervorgeht [5–76], der Abfall des Saugvermögens zu höheren Drücken hin verschoben werden. Die Saugvermögen beim Evakuieren und beim Zerstäuben sind, wenn überhaupt, nur wenig verschieden. Demzufolge ist der vom Saugvermögen abhängige Fremdgasuntergrund im Hochvakuum und unter Entladungsbedingungen nahezu gleich. Eine Erhöhung des Untergrunddruckes bei Teilchenbombarde-

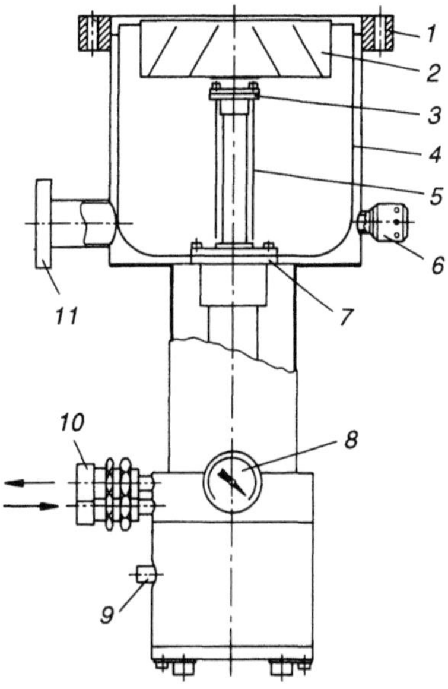

Bild 5–30. Schema einer Kryo-Pumpe mit verstellbaren Strahlungsschutzblechen.

1 Anschlußflansch
2 verstellbare Strahlungsschutzbleche
3 2. Kaltstufe
4 Strahlungsschutz
5 Kryo-Panels
6 Sicherheitsventil
7 1. Kaltstufe
8 Druckmeßgerät
9 Netzanschluß
10 Heliumeinlaß und -auslaß
11 Vorvakuumanschluß

ment ist allerdings unvermeidlich, er fällt jedoch deutlich niedriger aus als bei starker Drosselung des Saugvermögens.

Der industrielle Durchbruch bei der Anwendung der Katodenzerstäubung gelang mit Einführung der Hochleistungszerstäubung, die gegenüber dem konventionellen Sputtern höhere Zerstäubungsraten und niedrigere Substrattemperaturen ermöglicht. Die Schaffung geeigneter Vakuumbedingungen, die erst durch Turbomolekularpumpen realisiert werden konnten, waren ebenfalls Voraussetzung.

Aufgrund der beschriebenen Vorteile ist die Turbomolekularpumpe die Standardpumpe für kleinere und mittelgroße Katodenzerstäubungsanlagen. Obwohl diese Pumpen beim derzeitigen Stand der Technik nur relativ kleine Saugvermögen haben, werden sie wegen ihrer Vorteile auch in Großanlagen durch Parallelschaltung mehrerer kleinerer Pumpen eingesetzt.

Auch der Einsatz von Kryopumpen ist bei Katodenzerstäubungsanlagen vorteilhaft. Im Gegensatz zu Anwendungen im Hoch- und Ultrahochvakuumbereich werden Kryopumpen beim Sputtern über längere Zeiten hohen Gasbelastungen ausgesetzt. Dabei darf die Wärmebelastung durch Wärmeleitung über das Gas, durch Kondensationswärme und Wärmestrahlung die verfügbare Kälteleistung bei der Temperatur des Kühlkopfes von 20 K nicht übersteigen. Bei der Dimensionierung von Kryopumpen für Sputteranlagen muß daher wegen des hohen Argondruckes und wegen des hohen Argondurchsatzes insbesondere die Kälteleistung der zweiten Stufe hinreichend groß sein. Bei den üblichen Entladungsdrücken ist aber der Wärmeverlust durch die Wärmeleitung über das Gas so groß, daß sich auch bei dieser Pumpenart der Einbau eines Drosselventils als notwendig erweist. Die damit verbundenen Nachteile sind ähnlich wie bei Verwendung von Öldiffusionspumpen, fallen jedoch weniger ins Gewicht, weil der Wirkungsgrad von Kryopumpen größer ist und es daher leichter ist, bei gegebenen geometrischen Verhältnissen hohe Saugvermögen zu realisieren. Ein im Bild 5–30 dargestelltes Drosselventil

171

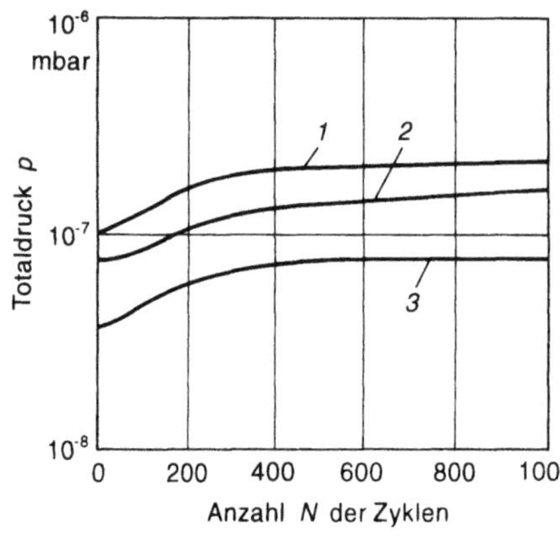

Bild 5–31. Endvakuum mit einer Kryo-Pumpe RPK 3000 S in Abhängigkeit von der Anzahl der gefahrenen Zyklen.
Entladungsgas: Argon
Entladungsdruck: $2,5 \cdot 10^{-3}$ mbar
Gaseinlaßdauer: 10 Minuten.
1 30 Sekunden nach Schließen des Gaseinlaßventils
2 60 Sekunden nach Schließen des Gaseinlaßventils
3 10 Minuten nach Schließen des Gaseinlaßventils.

mit von außen verstellbaren Strahlenschutzblechen ist in die Pumpe integriert und befindet sich auf einer so niedrigen Temperatur, daß die Bleche für Wasserdampf eine ideale Pumpe darstellen und gleichzeitig die Tieftemperaturstufe gegen Wärmestrahlung abschirmen. Der Leitwert dieses Drosselventils ist vom Anstellwinkel der Bleche abhängig und beeinflußt das effektive Saugvermögen der Tieftemperaturstufe für alle Gase. Nahezu unabhängig vom Anstellwinkel ist das Saugvermögen der Bleche für Wasserdampf, der zu einem erheblichen Anteil im Restgas vorhanden ist. Die Vorteile gegenüber Öldiffusionspumpen sind damit offenkundig.

Kryopumpen zählen wie die Ionengetterpumpen zu den Oberflächenpumpen, sie besitzen nur eine begrenzte Gasaufnahmefähigkeit und müssen von Zeit zu Zeit regeneriert werden. Bei industriellen Anwendungen ist eine so hohe Aufnahmefähigkeit erforderlich, daß die zwischen den Regenerierungen liegenden Standzeiten lang genug sind, daß ununterbrochener Betrieb einer Katodenzerstäubungsanlage über Tage oder auch über eine ganze Woche möglich ist, so daß z. B. eine Regenerierung jeweils am Wochenende zusammen mit anderen Wartungsarbeiten an der Anlage durchgeführt wird.

Die in Bild 5–31 dargestellten Kurven wurden unter für Sputter-Anlagen üblichen Betriebsbedingungen aufgenommen [5–77, 5–78]. Zugrunde liegt eine Prozeßdauer von 10 Minuten bei einem Argon-Entladungsdruck von $2,5 \cdot 10^{-3}$ mbar. Nach Schließen des Gaseinlaßventils wurde nach 30 Sekunden, 60 Sekunden bzw. 10 Minuten der Druck im Rezipienten gemessen. Selbst nach 1000 Zyklen, die einer Gaseinlaßdauer von etwa sieben Tagen entsprechen, sind noch keine Sättigungserscheinungen erkennbar.

In Vakuumanlagen mit vernachlässigbarer Leckgaseinströmung besteht das Restgas vorwiegend aus Wasserdampf. Man wird daher beim Betrieb von Katodenzerstäubungsanlagen davon auszugehen haben, daß auch Wasserstoff anfällt. Die Anzahl der möglichen Zyklen ist dann, Bild 5–32, geringer und vom tatsächlichen Wasserstoffgehalt abhängig.

Abschließend zu den Ausführungen über die Schichtverunreinigungen durch Einbau von Restgasen sei bemerkt, daß es nicht sinnvoll ist, sehr reines Argon zu verwenden und dem vom Saugvermögen abhängigen Restgasanteil zu wenig Aufmerksamkeit zu schenken oder auch umgekehrt. Beide Verunreinigungsquellen sollten in der gleichen Größenordnung liegen.

172

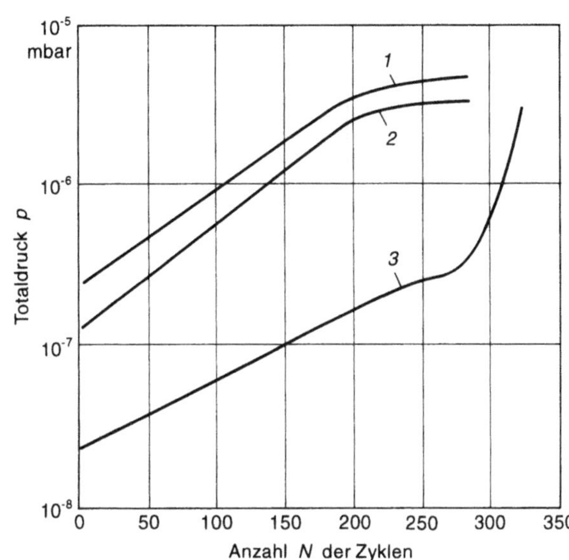

Bild 5–32. Endvakuum mit einer Kryo-Pumpe RPK 3000 S in Abhängigkeit von der Anzahl der gefahrenen Zyklen.
Entladungsgas: 97 % Argon und 3 % Wasserstoff
Entladungsdruck: $2{,}5 \cdot 10^{-3}$ mbar
Gaseinlaßdauer: 10 Minuten.
1 30 Sekunden nach Schließen des Gaseinlaßventils
2 60 Sekunden nach Schließen des Gaseinlaßventils
3 10 Minuten nach Schließen des Gaseinlaßventils.

Vakuummeßgeräte

Zur Pumpstandssteuerung für Katodenzerstäubungsanlagen werden meist Kombinationen aus Kaltkatodenionisationsvakuummeter und Wärmeleitungsvakuummeter benutzt. Für das Messen des Entladungsdruckes sind genauer anzeigende Druckmeßgeräte erforderlich; Membranvakuummeter, Reibungsvakuummeter und Ionisationsvakuummeter mit Glühkatode genügen den Anforderungen.

Um gleichbleibende Schichteigenschaften und gleichbleibende Abstäubraten gewährleisten zu können, genügt es in Einkammeranlagen nicht, neben anderen Prozeßparametern den Totaldruck konstant zu halten, weil aus bereits mehrfach erwähnten Gründen der Restgasdruck unkontrolliert ansteigen kann und u. a. Änderungen der Abstäubrate bewirkt. Daher benutzt man sogenannte Mass-Flow-Meter, mit denen die Gasflüsse von Entladungsgas und Reaktivgas in sehr engen Toleranzen konstant gehalten werden. Gasflußmeßgeräte arbeiten nach dem Prinzip eines Wärmeleitungsvakuummeters. Der Sensor erfährt bei Gasfluß eine Temperaturänderung. Als besonders vorteilhaft haben sich Sensorelemente erwiesen, die so dimensioniert sind, daß laminare Strömung herrscht. Die Temperatur wird konstant gehalten und die dazu notwendige Leistung, die ein Maß für den Gasfluß ist, gemessen. Das Druckmeßgerät übt nur Kontrollfunktion aus. Weicht der Druck von seinem Sollwert ab, so ist dies ein Zeichen für nicht erwünschte Gasquellen. Eine Abweichung zu niedrigeren Drücken hin deutet auf Sorptionseffekte hin, die z.B. auf Temperaturänderungen zurückzuführen sind. Ein zusätzlich eingebautes Partial-

Tabelle 5–4. Anwendungsbereiche der Katodenzerstäubung.

Bereich	Funktion der Dünnschicht	Material
Mikroelektronik	Leiterbahnen und Kontaktierungen, Barriereschichten	Al, Al-Legierungen Ti, W, WTi, Cr Silizide ($TaSi_2$, $MoSi_2$) Edelmetalle
Datenspeicherung	Magnetspeicherschicht für Rigid Disks, optische und magneto-optische Speicher	Co-Legierungen (CoNiCr) Cr, C FeCo-Selten-Erd-Legierungen Al, Si
Glasbeschichtung	Wärmedämmschicht Färbung des Glases Heizbare Glasscheiben	Sn, InSn, ITO (In_2O_3/SnO_2) Ag, NiCr
Displaytechnik	Elektroden für Flüssigkristallanzeigen (Flachbildschirm)	ITO (In_2O_3/SnO_2)
Hartstoffschichten	verschleißmindernde Werkzeugbeschichtung	TiN, TiAlN, HfN
dekorative Beschichtungen	verschleißfeste Dekorativschichten (Goldimitation), Korrosionsschutz	TiN, Au-Legierungen

druckmeßgerät gibt größere Sicherheit und Aufschlüsse über den Gashaushalt im Rezipienten.

5.4.2.3.2 Katoden

Beim Sputtern üben neben den Prozeßparametern auch die Targets Einfluß auf die Schichteigenschaften aus. Die an Targets gestellten Anforderungen sind je nach den Schichteigenschaften unterschiedlich. In Tabelle 5–4 sind einige wichtige Anwendungsbereiche der Sputtertechnik mit den Schichtfunktionen und den verwendeten Materialien [5–79] und in Tabelle 5–5 [5–79] die jeweiligen Anforderungen an die Targets zusammengestellt.

Targets werden durch Induktions- oder Elektronenstrahlschmelzen im Vakuum hergestellt, sie können durch Umformen von Gußteilen (Schmieden, Walzen, Strangpressen) gefertigt werden. Targets aus hochschmelzenden Werkstoffen oder aus schmelztechnisch nicht herstellbaren Zusammensetzungen lassen sich pulvermetallurgisch durch Pressen von Pulvern oder Pulvermischungen und nachfolgendes Sintern bei Temperaturen unterhalb des Schmelzpunktes oder durch druckunterstütztes Sintern in geeigneten Pressen herstellen [5–79].

Targets sind im Handel in unterschiedlichen Formen, Größen und Reinheitsgraden erhältlich. In Laboranlagen kommen meist kreisförmige Targets, Bild 5–33, in standardisierten

174

Tabelle 5–5. Anforderungen an Targets.

Verwendungszweck	bes. Anforderungen/Probleme
Mikroelektronik (Al, Edelmetalle, Cr, WTi, Silizide)	Reinheit (> 5 N) Vermeidung von Alkali-Verunreinigungen Vermeidung von Alpha-Strahlern (U, Th) Vermeidung von Ausscheidungen einheitl. Gefüge (Textur) niedriger O_2-Gehalt
magnet. Schichten (Co-Basis, Ni-Basis)	niedrige magnetische Permeabilität Vermeidung von Ausscheidungen Reinheit Gefüge
Glasbeschichtung (Sn, InSn, ITO)	Homogenität (über 3 m) Vermeidung von Partikelbildung Kosten
Hartstoffschichten *Korrosionsschutzschichten*	Vermeidung von Partikelbildung Kosten

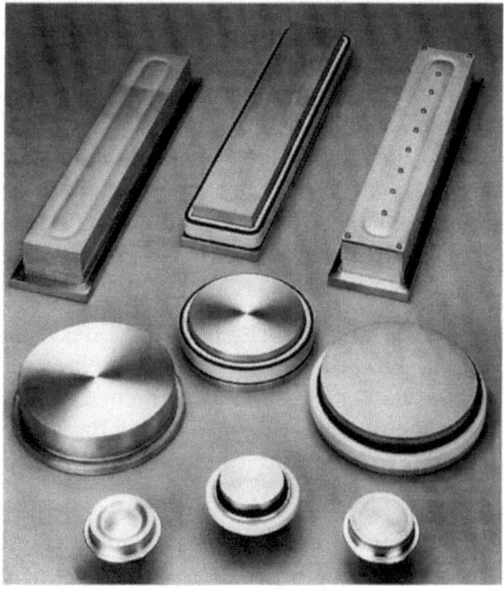

Bild 5–33. Verschiedene Targetformen vor und nach Gebrauch.

Größen zum Einsatz. Üblich sind Durchmesser von 75, 100, 150 und 200 mm und Dicken zwischen etwa 3 und 10 mm. Rechteckförmige Targets eignen sich besonders zum Herstellen von Schichten gleichmäßiger Dicke auf großen Flächen, indem z. B. Papier, Kunststoffolien, Glasscheiben oder andere großflächige Substrate mit konstanter Geschwindigkeit an einem oder auch mehreren Targets vorbeigeführt werden. Zum Gleichspannungszerstäuben werden Magnetronkatoden mit Längen bis zu 350 cm für die Herstellung dünner Schichten benutzt. Bild 5–33 zeigt einige gebrauchsfertige Katoden.

Da mehr als 90% der Entladungsleistung in Wärme umgewandelt werden, ist eine intensive Kühlung der Katoden unerläßlich, und es muß eine gute Wärmeübertragung zwischen der wassergekühlten, meist aus Kupfer bestehenden Halteplatte und dem Target gewährleistet sein. Es kommen verschiedene auf das jeweilige Targetmaterial zugeschnittene Bondverfahren infrage. Gute Wärmeleitfähigkeit und gute elektrische Leitfähigkeit bieten Lötschichten, deren Haftfestigkeit bei Bedarf durch Aufbringen einer Haftvermittlungsschicht verbessert werden kann. Auch aus elektrisch nicht leitenden, organischen Materialien bestehende Kleber finden bei der Hochfrequenzzerstäubung Anwendung. Bei Einlagerung von Silber werden solche Kleber elektrisch leitend und sind dann auch für die Gleichspannungszerstäubung geeignet. Bei rechteckförmigen Magnetronkatoden ist die Abstäubrate an den Rändern und in der Mitte sehr gering. Wenn keine extrem reinen Schichten Bedingung sind, können die Targets an den Stellen mit niedriger Zerstäubungsrate durch Schrauben auf der Kupferhalteplatte befestigt werden (vgl. Bild 5–33, rechts oben). Zu berücksichtigen ist ferner, daß sich das aus dem Erosionsgraben abgestäubte Material nach Umlenkung durch Teilchenstoß auf den Zonen mit Verschraubung niederschlägt und damit die Verschmutzung mindert.

Große Bedeutung kommt dem Ausnutzungsgrad der Targets und damit verbunden der Schichtdickengleichmäßigkeit zu. Dabei bestehen zwischen dem konventionellen Katodenzerstäuben und dem Hochleistungszerstäuben große Unterschiede.

Bei konventioneller Gleichspannungs- oder Hochfrequenzdiodenzerstäubung übt das Abschirmschild entscheidenden Einfluß auf Targetausnutzung und Schichtdickengleichmäßigkeit aus. Um ein Abstäuben von den Seitenflächen und der unteren Stirnseite der Halteplatte zu unterbinden, sollte der Abstand zwischen Abschirmung und Halteplatte so klein sein (< 5 mm), daß sich der für eine selbständige Entladung notwendige Katodenfall nicht ausbilden kann. Wie aus den Bildern 5–34 und 5–35 entnommen werden kann, ist der Verlauf der Äquipotentiallinien am Targetrand vom Überstand der Abschirmung abhängig. Befinden sich das Ende der Abschirmung und die Targetoberfläche auf gleicher Höhe, Bild 5–34a, so ergibt sich ein relativ geringer Ausnutzungsgrad von etwa 50%, Bild 5–34b [5–80].

Der verstärkte Abtrag am Rand des Targets schwächt jedoch den Schichtdickenabfall und bewirkt damit das Bestäuben einer vergrößerten Substratoberfläche mit einer gleichmäßig dicken Schicht. Bei einem Überstand der Abschirmung, Bild 5–35a, ergibt sich eine deutlich bessere Ausnutzung des Targets, Bild 5–35b, der Schichtdickenabfall ist aus leicht ersichtlichen Gründen wesentlich ausgeprägter als bei den in Bild 5–34 dargestellten geometrischen Verhältnissen.

Beim Magnetronsputtern in Standardausführung ist der Targetausnutzungsgrad kleiner. Es bildet sich ein Erosionsgraben mit dem größten Abtrag in der Region, in der elektrisches Feld und Magnetfeld senkrecht aufeinander stehen (vgl. Bild 5–33, links oben und rechts oben). Es bieten sich verschiedene Möglichkeiten an, den Ausnutzungsgrad zu erhöhen.

Bei der bei Rundkatoden am häufigsten angewendeten Methode führen die Magnete Lissajous-Figuren ähnliche Bewegungen aus. Dadurch erhöht sich der Ausnutzungsgrad, der Abtrag des Targets ist gleichmäßiger und es ergibt sich eine verbesserte Schichtdickengleichmäßigkeit.

Beim Beschichten großer Flächen unter Produktionsbedingungen mit rechteckförmigen Magnetronkatoden sind im Dauerbetrieb nicht nur hohe Targetausnutzungsgrade

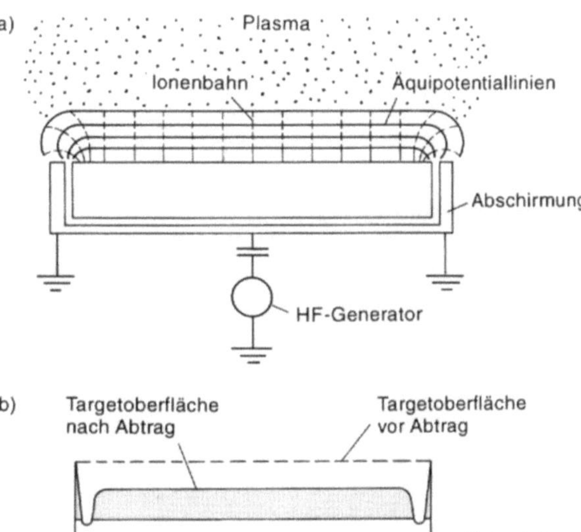

Bild 5–34. Verlauf der Äquipotentiallinien bei Diodenzerstäubung (a) und Targetausnutzungsgrad (b).

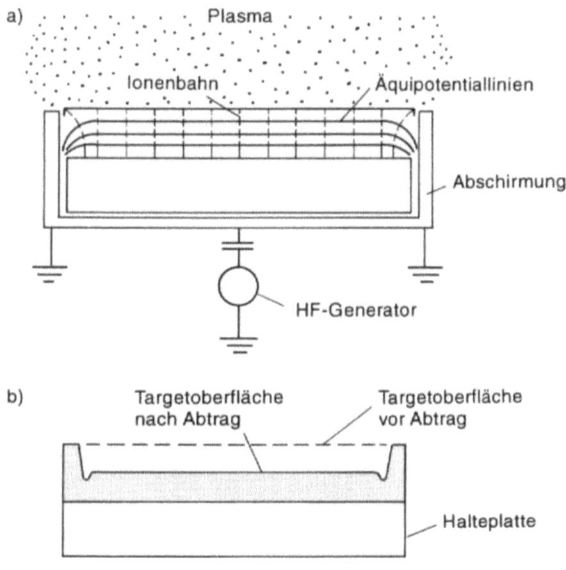

Bild 5–35. Verlauf der Äquipotentiallinien bei Diodenzerstäubung (a) und Targetausnutzungsgrad (b) bei überstehendem Abschirmblech.

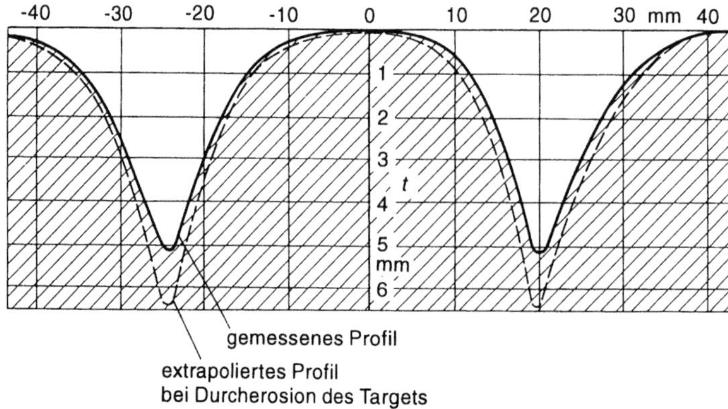

Bild 5–36. Schnitt durch ein erodiertes Target bei einer typischen Targetausnutzung von 25–30%.

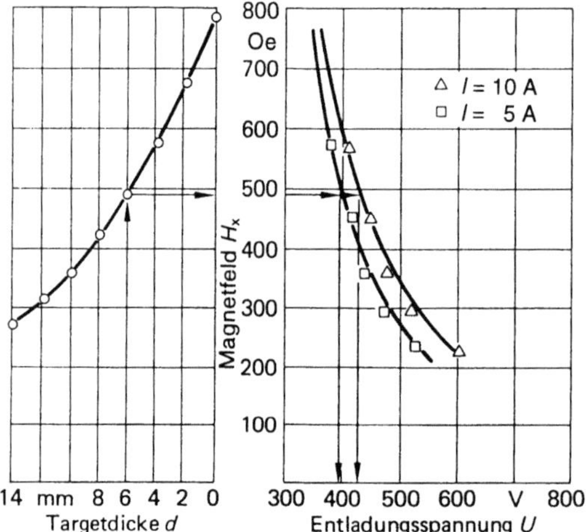

Bild 5–37. Zusammenhang zwischen dem wirksamen Magnetfeld H_X, der effektiven Targetdicke d und der resultierenden Entladungsspannung U (Parameter: Entladungsstrom I)

wünschenswert, sondern auch konstante Sputterbedingungen, um homogene Schichteigenschaften zu erhalten und um ohne Benutzung von Schichtdickenmeßgeräten gewünschte Schichtdicken gewährleisten zu können. Allein durch Konstanthalten der Entladungsparameter ist dies aber nicht möglich, weil beim grabenförmigen Abtrag, Bild 5–36, die an der Targetoberfläche wirksame Magnetfeldstärke zunimmt, wenn das Magnetsystem in seiner Stellung verbleibt.

Für die Entladung bedeutet dies, daß die Ionisierung steigt und die Impedanz des Plasmas sinkt, was ein Absinken der Katodenspannung zur Folge hat. Bild 5–37 zeigt die Abhängigkeit der Magnetfeldstärke für verschiedene Targetdicken und die damit verbundene Abnahme der Entladungsspannung für zwei verschiedene Stromstärken. Die Praxis hat gezeigt, daß der Arbeitspunkt der Entladung über die Leistung der Stromversorgung allein nicht zu regeln ist. Erst das Konstanthalten der Magnetfeldstärke an der Target-

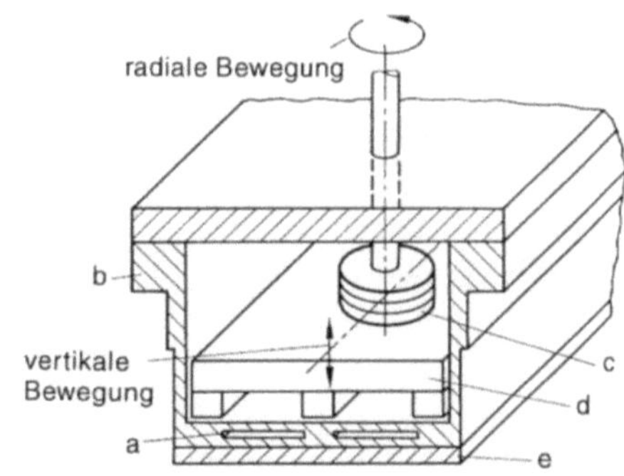

Bild 5–38. Darstellung des Anhebemechanismus
im Schnittbild.
a) Kühlung b) Halteplatte c) Anhebesystem
d) Magnetjoch e) Target

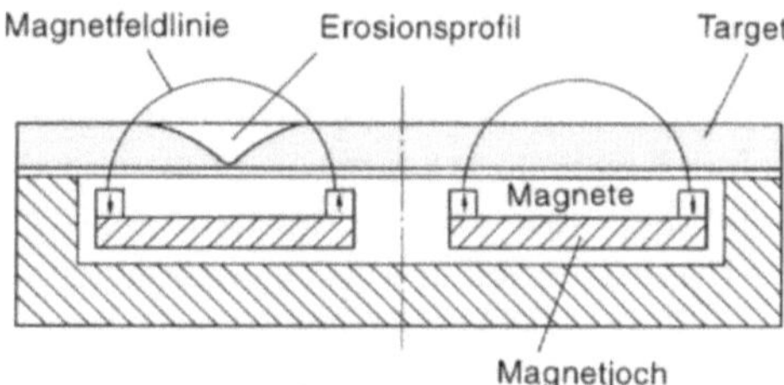

Bild 5–39. Targetausnutzung beim Standard-
Magnetron.

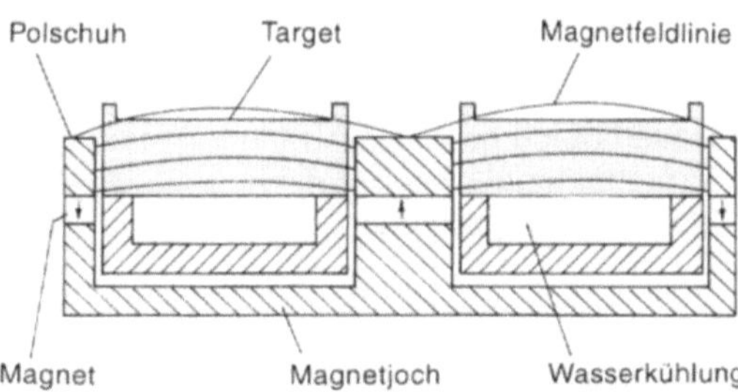

Bild 5–40. Schema eines Interpolmagnetrons

oberfläche ermöglicht einen reproduzierbaren Beschichtungsablauf [5–81]. Konstante
Magnetfeldstärke, bei stromgeregelten Energieversorgungen gleichbedeutend mit konstanter Plasmaimpedanz, wird erreicht, indem das Magnetsystem, dem jeweiligen Stand
der Targeterosion entsprechend, langsam angehoben wird, Bild 5–38 [5–81]. Darüber
hinaus bietet das Anhebesystem den Vorteil, daß die Targetausnutzung um etwa 5–10 %
erhöht wird, da der Erosionsgraben bei Verwendung des Anhebesystems breiter ist (vgl.
Bd. 3, 1.4.6.3).

Bei üblichen Magnetronanordnungen ist der Erosionsgraben auf eine relativ schmale
Zone der Targetoberfläche begrenzt. Die Angaben über den Tagetausnutzungsgrad sind
unterschiedlich, typisch sind 25–30 %. In Bild 5–39 ist rechts das Targetprofil vor Beginn
der Abstäubung und links nach dem Durchsputtern dargestellt.

Drastische Verbesserungen ergeben sich mit dem Interpoltarget, dessen Aufbau aus Bild
5–40 hervorgeht [5–82].

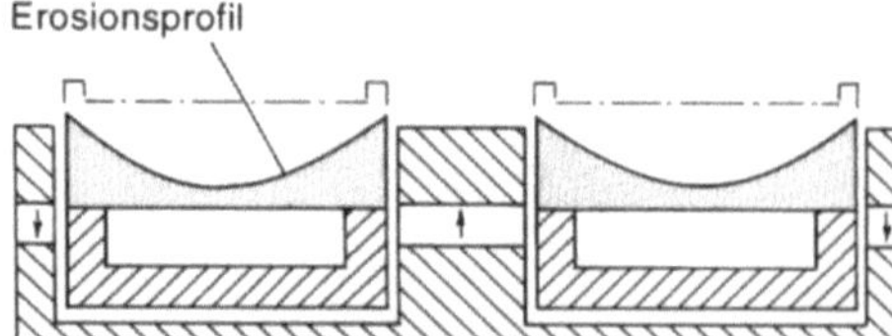

Bild 5-41. Erosionsprofil eines Interpolmagnetrons nach 36 Stunden ununterbrochener Zerstäubung.
Kondensationsrate: 60 nm s^{-1}
Targetausnutzung: 64%

Die Magnetfeldlinien verlaufen nahezu parallel zur Targetoberfläche, der Targetabtrag ist daher gleichmäßiger und erfolgt auf einer größeren Fläche. Damit die Elektronen nicht aus dem Plasma entweichen, befinden sich die Polschuhe auf floatendem Potential. Weiterhin haben Versuche ergeben, daß ein Überstand am Targetrand die Elektronen hindert, das Plasma seitlich zu verlassen, was eine höhere Abstäubrate bewirkt.

Interpol-Targets gibt es sowohl in runder als auch in rechteckförmiger Bauweise. Mit einer Rundkatode konnte eine Leistungsdichte von 205 W cm^{-2} im Dauerbetrieb gehalten und bei einem Substratabstand von 50 mm eine maximale Kondensationsrate von 201 nm s^{-1} erreicht werden. So hohe Leistungsdichten erfordern eine besondere intensive Kühlung. Die Dichte der abgesputterten Teilchen ist so hoch, daß eine ausreichende Anzahl der abgestäubten Teilchen ionisiert ist und der Sputterprozeß aufrechterhalten werden kann, ohne daß ein Inertgas für die Entladung benötigt wird. Bei Kupfer ist bereits bei einer Entladungsleistung von 80 W cm^{-2} die Dichte der Kupferionen so hoch, daß sich der Einlaß von Argon erübrigt [5-82].

In Bild 5-41 ist schematisch das Erosionsprofil eines Kupfertargets nach 36stündigem Dauerbetrieb bei einer Abstäubrate von 60 nm s^{-1} dargestellt. Der Ausnutzungsgrad des Targetmaterials beträgt 64% und ist damit mehr als doppelt so groß wie der bei Standard-Magnetrons.

Eine weitere, für den industriellen Dauerbetrieb sehr wichtige Anforderung, für die es inzwischen mehrere Lösungsmöglichkeiten gibt, ist das Vermeiden von Überschlägen (Arcing). Diese treten beim reaktiven Zerstäuben mit Magnetrons im Gleichstrombetrieb auf und kommen folgendermaßen zustande: In den inneren Bereichen des Erosionsgrabens ist die Ionenstromdichte so hoch, daß es zu keiner Bildung von Oxiden oder anderen Verbindungen kommt. Zu den Seiten des Entladungsgrabens hin fällt die Ionenstromdichte stark ab, bis man schließlich in Bereiche kommt, in denen die Bildung von Oxiden, Nitriden usw. so schnell vonstatten geht, daß die kleine Zerstäubungsrate das Aufwachsen einer aus einer chemischen Verbindung bestehenden Schicht nicht verhindern kann. Da diese Schichten elektrisch nicht oder zumindest nur schlecht leitend sind, kommt es beim Auftreffen von Ionen zu Aufladungen, die zu Lichtbogenentladungen führen. Durch den hohen Entladungsstrom verdampft an den Durchbruchstellen Material, größere Partikel gelangen auf das Substrat und führen zu Schichtfehlern, die Ansatzpunkte zu weiteren Schichtschäden bilden, z.B. Unterwanderungen bei chemischem Angriff oder partielle Ablösung der Schicht bei mechanischer Belastung.

Eine drastische Verminderung von Durchschlägen beim reaktiven Zerstäuben gegenüber dem herkömmlichen Magnetronsputtern wird mit einer erweiterten Version des Interpol-Magnetron erreicht, Bild 5-42.

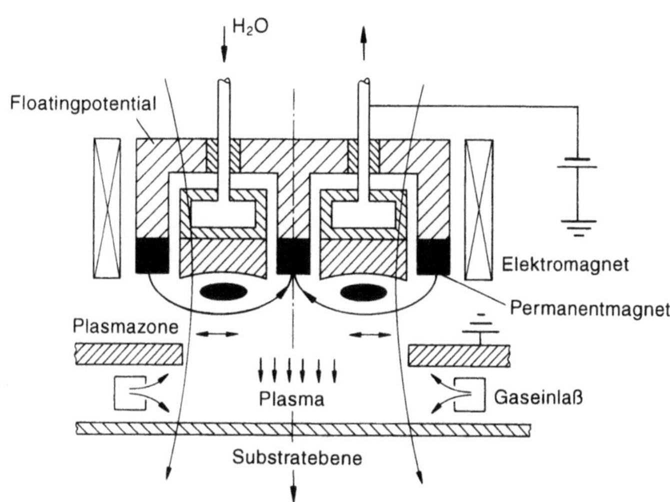

Bild 5–42. Aufbau eines Interpolmagnetrons mit zusätzlich überlagertem elektromagnetischen Wechselfeld.

Eine zusätzliche Blende zwischen Target und Substrat sowie der Gaseinlaß in Substratnähe bewirken eine Verminderung des Reaktivgastransportes zum Target, aber auch eine Verminderung der Kondensationsrate. Ein seitlich vor den Polschuhen angebrachtes elektromagnetisches Wechselfeld ist in zweifacher Hinsicht von Vorteil. Sind beide Felder gleichgerichtet, reicht das Magnetfeld tiefer in den Entladungsraum hinein und kommt damit näher zum Gaseinlaß und zum Substrat. Bei entgegengesetzt gerichteten Feldern verbreitert sich der Sputtergraben. Es verbleibt nur eine schmale Zone mit einer Breite in der Größenordnung von mm, auf der sich eine nicht oder nur schlecht leitende Schicht bildet. Damit ist auch die Anzahl der Durchschläge wesentlich geringer als beim Standard-Magnetron, bei dem die mit nichtleitendem Material belegten Flächen wesentlich größer sind [5–83].

Die größere Plasmadichte bei gleichgerichteten Magnetfeldern in Substratnähe führt unter sonst gleichen Verhältnissen zu einer höheren Rate bei der Bildung von Verbindungs-Schichten. Auf gleiche Schichtdicke bezogen bedeutet dies einen niedrigeren Reaktivgaspartialdruck. Mit der in Bild 5–42 dargestellten Zerstäubungseinrichtung kommt man gegenüber einem Standardmagnetron beim Herstellen von SiO_2-Schichten mit 22 % weniger Sauerstoff aus, was ebenfalls die Langzeitstabilität des Zerstäubungsprozesses verbessert [5–83].

Durchschläge besitzen typischerweise Leistungsdichten von etwa 10^5 bis 10^6 Watt cm^{-2}. Sie können zu schwerwiegenden Schäden an Targets führen und erzeugen pinholes in der Schicht. Durch ein Arc Suppressor Interface [5–83] kann die Durchschlagdauer von einigen Millisekunden auf einige Mikrosekunden verkürzt und die Energie um den Faktor 1000 reduziert werden [5–83]. Auf diese Weise lassen sich Schäden am Target und an der Schicht vermeiden, wobei aber die Energie des Lichtbogens an den Auftreffstellen zur Beseitigung der nichtleitenden Schicht ausreicht.

Das rotierende Magnetron gewährleistet ebenfalls eine gute Targetausnutzung und einen stabilen Langzeitbetrieb. Drei verschiedene Ausführungsformen kommen zur Anwendung [5–84].

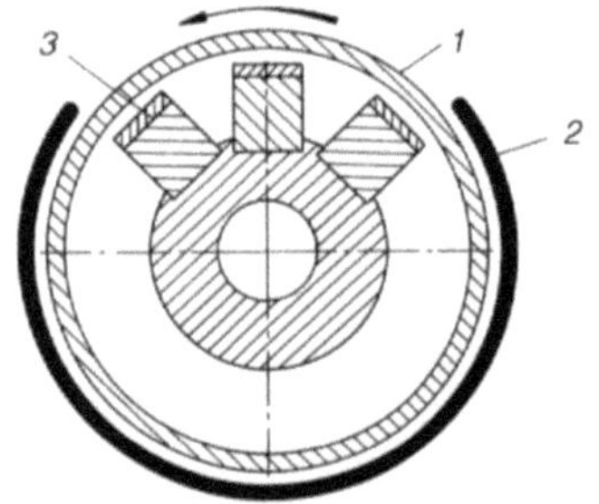

Bild 5–43. Schema eines zylindrischen Magnetrons mit
rotierendem Target.
1 Target
2 Dunkelraumabschirmung
3 Feststehende Permanentmagnete

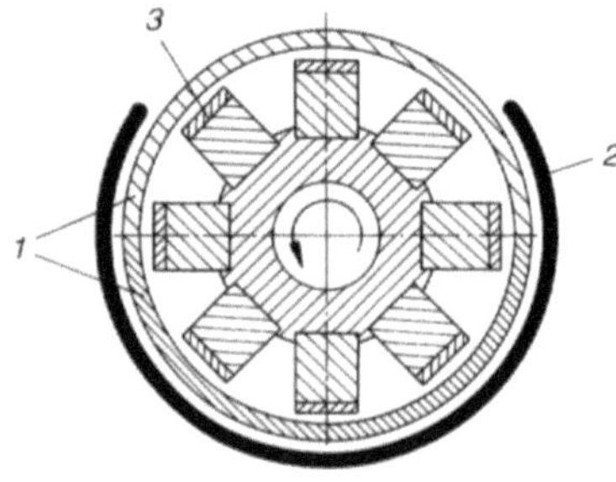

Bild 5–44. Schema eines zylindrischen Magnetrons mit
rotierenden Magneten.
1 Targetmaterialien
2 Dunkelraumabschirmung
3 Rotierende Permanentmagnete

Bei der in Bild 5–43 dargestellten rotiert das Target um ein feststehendes Magnetsystem.
Diese Anordnung ermöglicht eine besonders intensive Targetkühlung, sie ist daher vorteilhaft bei niedrig schmelzenden Materialien wie z.B. In-Sn-Legierungen oder auch bei
Materialien mit geringer Wärmeleitfähigkeit. Bezogen auf ein planares Magnetron darf
die Entladungsleistung beim rotierenden Magnetron bei gleicher aktiver Sputterfläche
50% höher gewählt werden. Durch ein zylinderförmiges Abschirmschild brennt die Entladung nur auf einem frei wählbaren Mantelteil des zylinderförmigen Targets.

In der Literatur [5–84, 5–85] angegebene Targetausnutzungsgrade sind unterschiedlich
und reichen bis 90%. Solche Werte dürften zu hoch gegriffen sein, wenn man allein
schon die Abstäubbedingungen an den Zylinderenden in Betracht zieht. Durch die Target-
rotation wird fast die gesamte Targetoberfläche in der aktiven Zone einem intensiven
Ionenbombardement ausgesetzt. Damit ist ein stabiler Langzeitbetrieb auch in reaktiver
Gasatmosphäre möglich.

In ähnlicher Weise läßt sich eine Anordnung, Bild 5–44, mit feststehendem Target und
rotierendem Magnetfeld anwenden. Interessant ist diese Variante für wechselseitiges
Abstäuben von verschiedenen Materialien. Bei zwei Materialien muß der Dunkelraumschild so ausgelegt sein, daß der Winkel des Sektors, von dem abgestäubt wird, etwas kleiner als 180° ist [5–85].

Bei einer weiteren Ausführungsform mit einem rotierenden Magnetfeld, Bild 5–45
[5–85], kann von einem zylinderförmigen Target allseitig abgestäubt werden, ohne daß
es beim Langzeitbetrieb zu Instabilitäten kommt. Bei rotierenden Magnetrons ist der Aufwand an Mechanik nicht unerheblich und die Targetherstellung aufwendiger als die bei
planaren Targets.

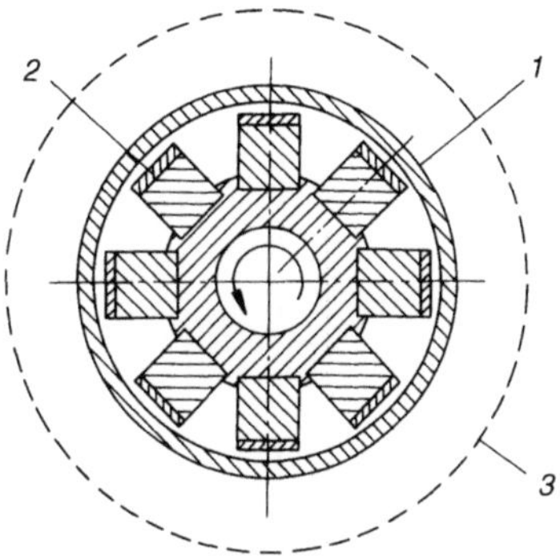

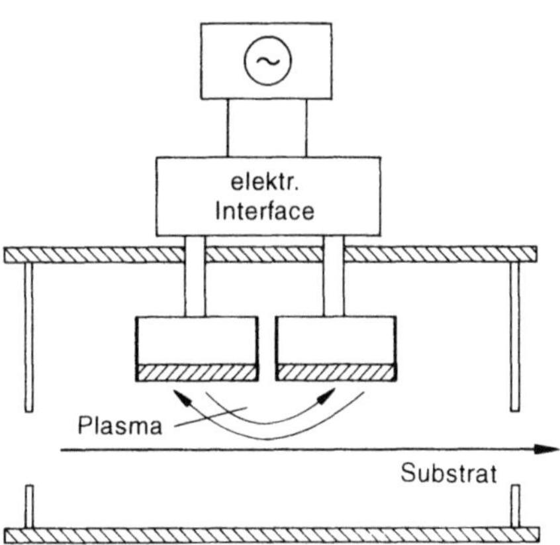

Bild 5–45. Schema eines zylindrischen Magnetrons mit Abstäubung von der gesamten Mantelfläche.
1 Target
2 Rotierende Permanentmagnete
3 Anode

Bild 5–46. Schema eines Twin-MAG Sputter Systems.

Mit allen bisher beschriebenen Varianten des Magnetsputterns ist beim reaktiven Beschichten kein völlig arcingfreier Dauerbetrieb möglich. Besonders kritisch ist das Herstellen von SiO_2- und Al_2O_3-Schichten. Auch das Benutzen einer Blende zwischen Target und Substrat, die die Randzonen des Targets abschattet und die den Sauerstofffluß zum Target mindert, löst das Problem nicht, weil sich nach einer längeren Betriebsdauer die Bleche mit einer elektrisch nicht leitenden Schicht belegen; es kommt zu Aufladungen und zu Durchschlägen. Außerdem wird durch die Blenden die Kondensationsrate nicht unerheblich reduziert.

Hohe Kondensationsraten, großen Targetausnutzungsgrad und arcing freien Langzeitbetrieb bietet das Twin MAG-Sputter-System (Hersteller: Leybold AG, Hanau). In Bild 5–46 ist das Prinzip dieser Magnetron-Anordnung dargestellt, wie sie z.B. in Schleusenanlagen für die Großflächenbeschichtung verwendet wird [5–86]. Zwei identische, eng nebeneinanderliegende Standardmagnetrons bilden eine Einheit. An beiden Katoden liegt eine Wechselfrequenz von einigen kHz. Bei einer Halbperiode dient das eine Magnetron als Katode, das andere als Anode. In der darauffolgenden Halbperiode ist die Polung umgekehrt. Dies hat zur Folge, daß die Targets, die zwar auf einem Randstreifen mit einer oxidischen Schicht belegt sind, während der Halbperiode als Anode entladen werden. Daher baut sich letztendlich keine so hohe Spannung auf, die zu einem Durch-

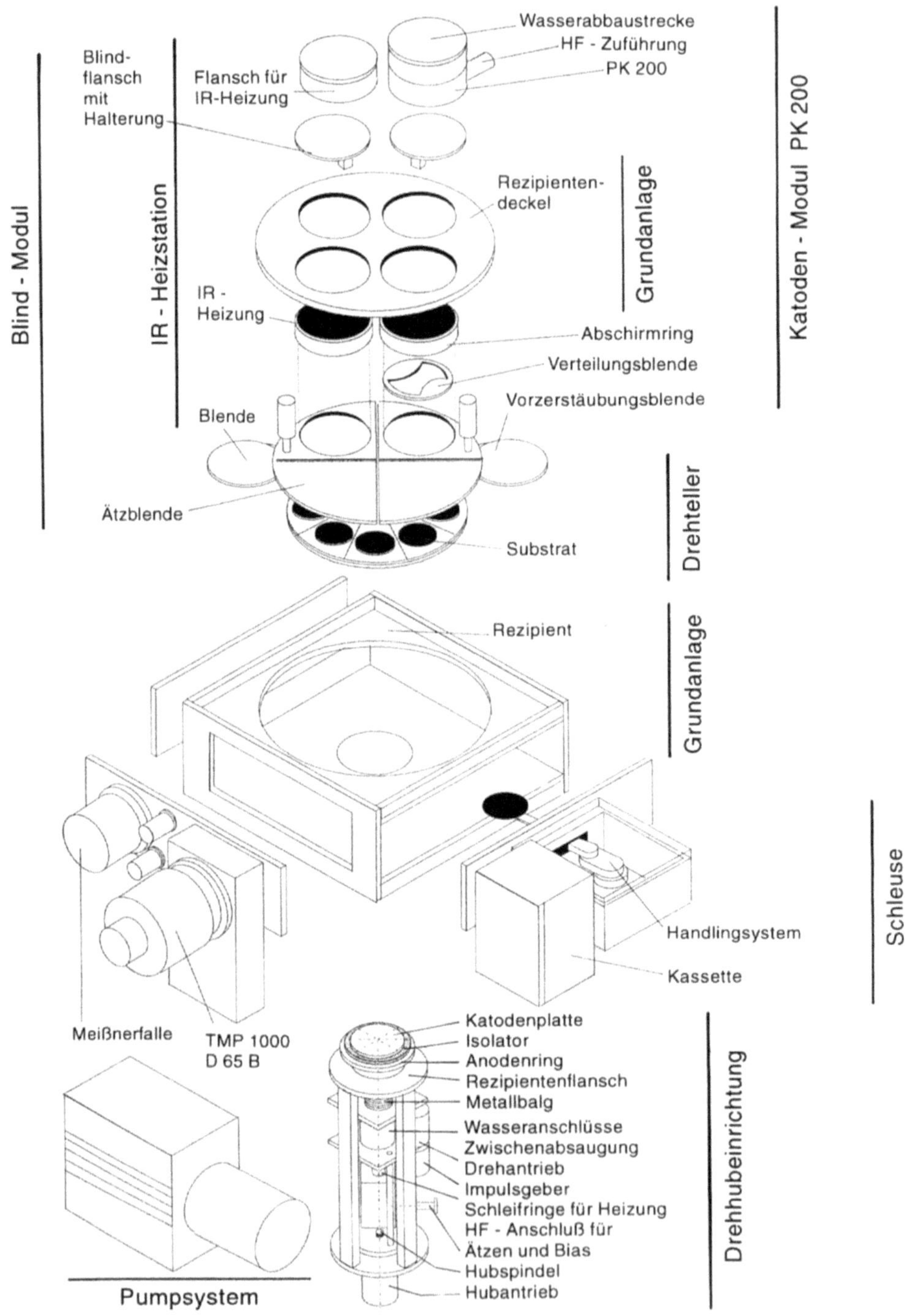

Bild 5–47. Explosionszeichnung einer Katodenzerstäubungsanlage L 400 (Hersteller: Leybold AG, Hanau).

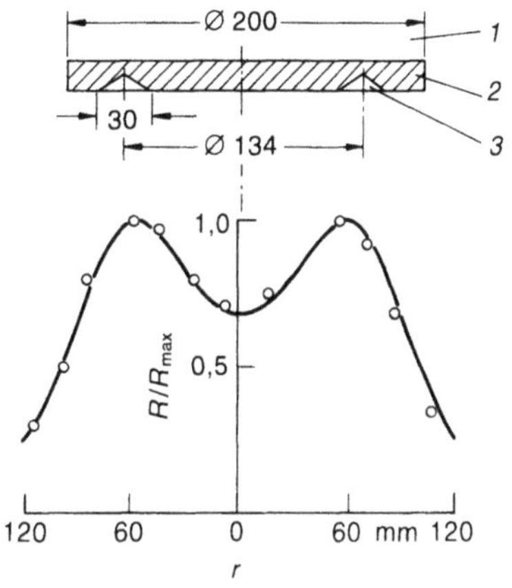

Bild 5–48. Vergleich zwischen gemessener und berechneter Ratenverteilung an einer runden Magnetronkatode PK 200 mit Cu-Target, betrieben bei 10 A, Abstand Target–Substrat 50 mm.
1 Katode
2 Target
3 Erosionsgraben

schlag führen könnte. Da die Targets nur abwechselnd durch Ionen beschossen werden, darf die Entladungsleistung höher sein als bei einem Standardmagnetron. Mit Targetabmessungen von $100 \times 630 \ mm^2$ (planar) betrug bei einem Vorschub des Substrates von $1 \ m \ min^{-1}$ die SiO_2-Schichtdicke 60 nm.

5.4.2.3.3 Blenden

In der Explosionszeichnung in Bild 5–47, die der in Bild 5–25 dargestellten Zerstäubungsanlage entspricht, sind die für verschiedene Funktionen gebräuchlichen Blenden angegeben.

Bei erstmaliger Inbetriebnahme, nach längeren Standzeiten, nach Belüftungen und auch beim Wechsel der Zusammensetzung des Entladungsgases müssen Gasbeladungen oder andere Verunreinigungen von der Targetoberfläche entfernt werden, ohne daß sie auf die Substrate gelangen. In großen Anlagen findet das Vorzerstäuben meistens abseits von den Substraten statt, in kleineren Anlagen wird beim Konditionieren vor die Substrate eine Blende geschwenkt, auf der sich die Verunreinigungen niederschlagen.

Andererseits müssen bei der unerläßlichen Reinigung der Substrate durch Teilchenbombardement oder beim Strukturieren von Schichten durch Trockenätzen die Targets ebenfalls durch Blenden vor Verunreinigungen geschützt werden.

Bei planarer Anordnung und konventioneller Zerstäubung ergibt sich bei statischer Beschichtung bis auf einen Randabfall eine gleichmäßige Schichtdicke, sofern Gesamtdruck und Zusammensetzung des Entladungsgases über dem gesamten Entladungsquerschnitt konstant sind. Auch mit Magnetrons läßt sich bei entsprechender Anordnung oder durch Bewegung der Magnete eine gute Gleichmäßigkeit der aufgestäubten Schichten erreichen.

Beim Beschichten von Substraten auf rotierendem Teller (vgl. Bild 5–25) durch Rundkatoden sind Verteilungsblenden erforderlich, deren Formen sich nach einem bewährten Modell berechnen lassen, wenn die geometrischen Verhältnisse und die Abstäubcharakteristik bekannt sind [5–87, 5–88].

Bild 5–48 zeigt in normierter Darstellung die Kondensationsrate R in 50 mm Abstand von einem Standardmagnetron.

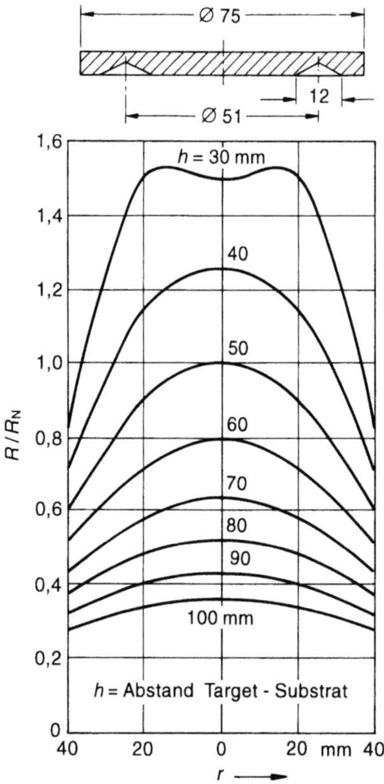

Bild 5–49. Berechnete Ratenverteilung unter einer Magnetronkatode PK 75 bei verschiedenen Target-Substrat-Abständen [5–88], normiert auf den mittleren Ratenwert für einen Abstand von 50 mm.

Bei Rundkatoden mit geringerem Durchmesser, Bild 5–49, ist das Minimum im Zentrum der beschichteten Flächen weniger deutlich ausgeprägt und tritt bei größeren Substratabständen überhaupt nicht mehr auf. Die mit zunehmendem Substratabstand verbesserte Schichtdickengleichmäßigkeit genügt in den meisten Fällen nicht den Anforderungen. Mit größeren Abständen verbunden sind auch zunehmender Materialverlust und stark verlängerte Bestäubungszeiten, so daß es kaum zweckmäßig ist, die Schichtdickengleichmäßigkeit über eine Vergrößerung des Substratabstandes erreichen zu wollen. Weiterhin wichtig ist in diesem Zusammenhang, daß bei vorgegebenem Druck die Anzahl der Stöße der energiereichen abgestäubten Teilchen mit neutralen und energieärmeren Gasteilchen zunimmt, so daß die kondensierenden Teilchen mit einer geringeren Energie auf das Substrat auftreffen. Als Folge davon verschlechtern sich die Schichteigenschaften [5–74].

Bei rotierendem Anodenteller läßt sich mit sektorförmig ausgebildeten Katoden mit Ausnahme eines Randgebietes und einer Region um die Drehachse eine gleichmäßig dicke Schicht herstellen. Da entsprechende Katoden nicht immer zur Verfügung stehen, benutzt man in der Regel standardmäßige Rundkatoden mit Verteilungsblende. In Bild 5–50 ist ein Beispiel einer solchen Verteilungsblende und der zur Schichtbildung beitragende Flächenteil einer Rundkatode angegeben. Selbst beim Anlegen strenger Maßstäbe ist auf einem ziemlich breiten Kreisring eine gute Schichtdickengleichmäßigkeit realisierbar, Bild 5–51. Änderungen der Geometrie erfordern Änderung der Blenden. Die im Bild

186

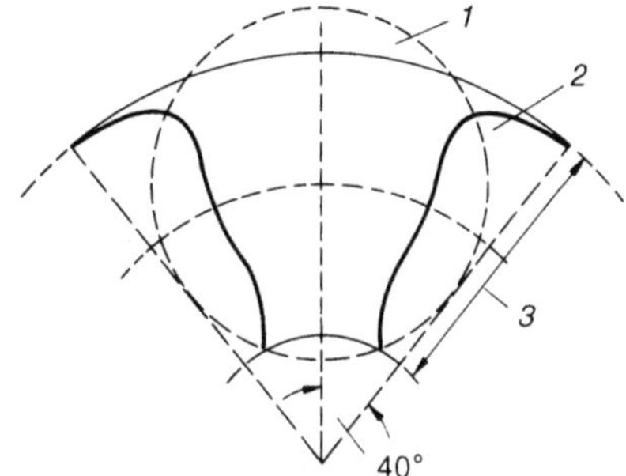

Bild 5–50. Verteilungsblende für eine Magnetronkatode
von 200 mm Durchmesser.
1 Katode
2 Verteilungsblende
3 Mit Substraten belegbarer Kreisring

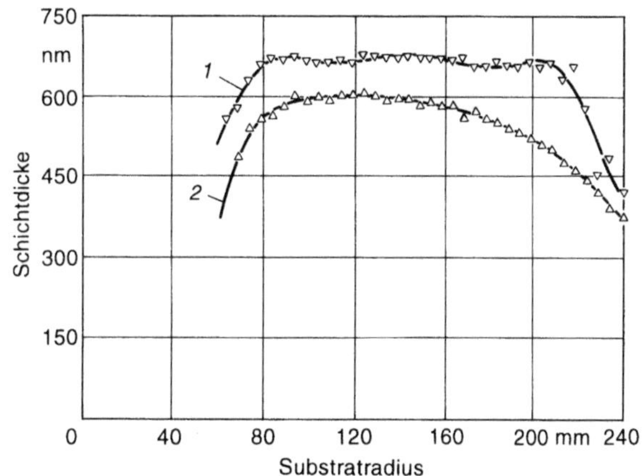

Bild 5–51. Schichtdickengleichmäßigkeit beim Beschichten von Substraten auf einer rotierenden
Anode durch eine Rundkatode mit Verteilungsblende.

Katodendurchmesser:	200 mm
Hochfrequenzleistung:	2,5 kW
Argondruck:	$5 \cdot 10^{-3}$ mbar
Bestäubungsdauer:	30 Minuten
Umdrehungsgeschwindigkeit:	10 Umdr./min.
Substratdicke:	1 mm (Kurve 1)
	27 mm (Kurve 2)

5–50 gezeigte Blendenform ist bei Abstandsänderungen, wie aus Bild 5–51 hervorgeht,
sicher nicht optimal.

5.4.2.3.4 Infrarotheizung

Homogene Schichteigenschaften erfordern nicht nur konstante Entladungsparameter,
sondern auch konstante Substrattemperatur. Beginnt der Bestäubungsprozeß bei niedriger
Substrattemperatur und steigert sich diese durch Teilchenbombardement, bis sich schließlich ein Gleichgewichtszustand einstellt, ändern sich die Morphologie und damit alle
anderen Schichteigenschaften [5–74]. Besonders beim konventionellen Gleichspannungszerstäuben sind die Temperaturänderungen schon bei relativ niedrigen Entladungsleistungen ziemlich groß. Bild 5–52 verdeutlicht diesen Sachverhalt, wobei jedoch von

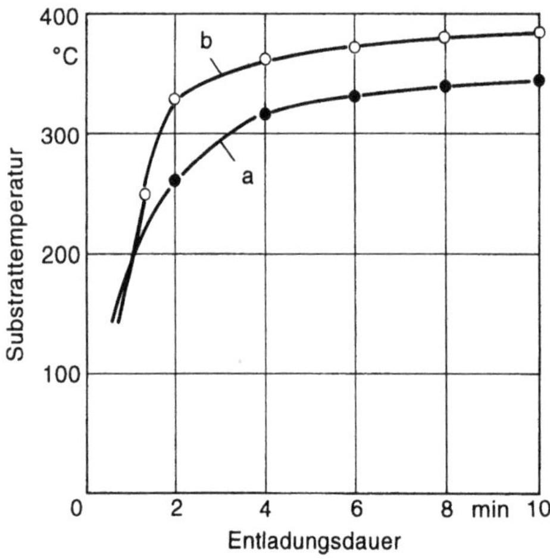

Bild 5–52. Substraterwärmung in einer Gleichspannungs-Entladung.
a: 0,74 W cm^{-2}
b: 1 W cm^{-2}

Fall zu Fall Wärmekapazität, Wärmeleitfähigkeit und Wärmeübergangskoeffizient den Kurvenverlauf beeinflussen. Eine Temperaturanhebung durch eine Infrarotheizung vor Bestäubungsbeginn gewährleistet einen homogenen Schichtaufbau.

Beim Aufstäuben mit niedrigen Entladungsleistungen kann zur Verbesserung der Morphologie eine höhere Substrattemperatur wünschenswert sein. In solchen Fällen bleibt die Infrarotheizung auch während des Beschichtungsvorganges in Betrieb.

5.4.2.3.5 Raten- und Schichtdickenmeßgeräte

Während beim Aufdampfen im Hochvakuum die Verdampfungsrate exponentiell mit der Quellentemperatur zunimmt, ist bei der Katodenzerstäubung die Kondensationsrate weit weniger kritisch von den Entladungsparametern abhängig. Im allgemeinen kann man daher auf Raten- oder Schichtdickenmeßgeräte verzichten und bei den jeweils gewählten Entladungsparametern eine Schicht gewünschter Dicke über die Zeitdauer des Zerstäubungsvorganges herstellen. Beim Ermitteln der Abhängigkeit der Kondensationsrate von den einzelnen Prozeßparametern ist der Einsatz eines Schwingquarzes schon wegen der Zeitersparnis zweckmäßig, weil mit ihm ohne Unterbrechung des Vakuums in einem Arbeitsgang alle für spätere Anwendungen wichtigen Daten aufgenommen werden können.

Es gibt Ausnahmen, bei denen auf eine genaue Kontrolle der Schichtdicke während des Beschichtungsvorganges nicht verzichtet werden kann, z.B. beim Herstellen von optisch wirksamen Schichten mit besonders hohen Genauigkeitsanforderungen. Bei einem Kantenfilter, das aus Wechselschichten mit niedrig und höher brechenden Materialien besteht, verschiebt sich die Kantenlage bei Nichteinhaltung der vorgegebenen Schichtdicken. Die Kondensationsrate ist bei reaktivem Aufstäuben von Ta_2O_5 in ziemlich engen Grenzen konstant. Das Abstäuben von einem SiO_2-Target ist dagegen sehr restgas-sensitiv. Nach Bild 5–53 [5–89] ist die zum Herstellen einer Schicht erforderliche Bestäubungsdauer beim Aufbringen der ersten SiO_2-Schicht wesentlich länger als beim Aufbringen der folgenden Schichten, bei denen die Anlage besser konditioniert war. Bild 5–54 [5–90] zeigt das Schema einer optischen Meßeinrichtung, mit der nach der Minimum-Maximum-Methode eine genaue Einhaltung einer vorgegebenen Schichtdicke

188

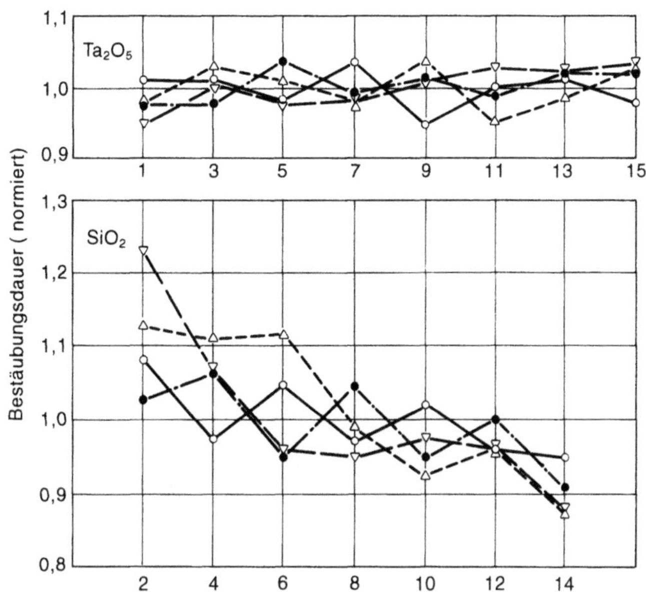

Bild 5–53. Normierte Darstellung der Bestäubungsdauer der einzelnen λ/4-Schichten bei der Herstellung von vier gleichen Kantenfiltern.

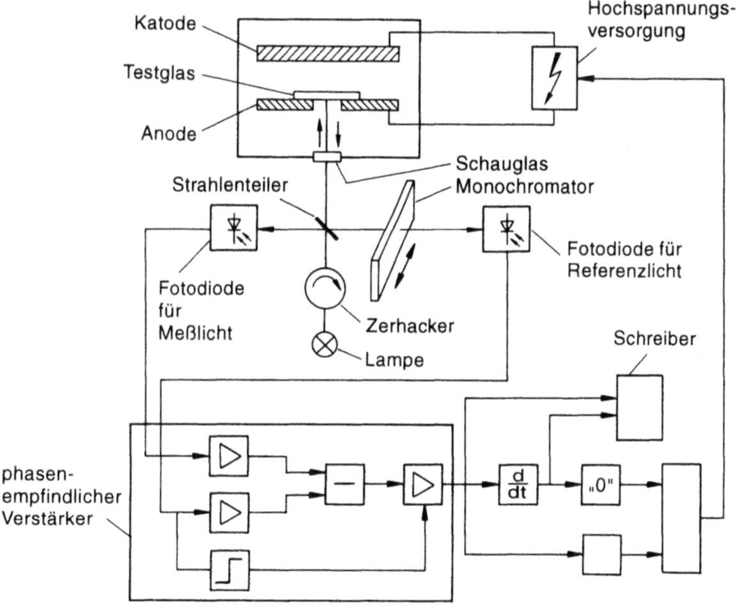

Bild 5–54. Schema einer optischen Meßeinrichtung für Katodenzerstäubungsanlagen.

gewährleistet ist. Die Kondensationsrate beim Herstellen von SiO_2-Schichten ist immerhin noch so konstant, daß man ohne regeltechnischen Aufwand auskommt und das optische Meßgerät lediglich zur Dickenmessung dient.

5.4.3 Zweikammeranlagen

Reproduzierbarkeit der Schichteigenschaften ist nur realisierbar, wenn die Restgasatmosphäre während des Aufstäubens keinen merklichen Einfluß ausübt. Dies erfordert hohe effektive Saugvermögen und ausreichende Konditionierung der Anlagen. Da die Luftfeuchte, die Temperatur des Rezipienten und seiner Einbauten sowie die Sauberkeit im Innern der Anlage nicht immer gleich sind, muß man davon ausgehen, daß nach jedem Belüftungsvorgang auch bei gleichen Konditionierungsbedingungen die Restgaspartialdrücke unterschiedlich sind.

In Schleusenanlagen, in denen der eigentliche Beschichtungsraum immer unter Vakuum bleibt und nur zu Wartungszwecken belüftet wird, treten diese Nachteile nicht auf. Die einfachste Form einer Schleusenanlage ist in Bild 5–25 dargestellt. Rezipient und Schleuse sind durch ein Ventil getrennt. Während des Ausbringens der beschichteten und Einbringens der noch zu beschichtenden Substrate und auch während der Evakuierung der Schleuse bleibt dieses Ventil geschlossen. Die Restgasbedingungen in der Bestäubungskammer können damit konstant gehalten werden, und man erspart sich lange Konditionierungszeiten. Optimale Ausnutzung hinsichtlich des Materialflusses bieten diese einfachen Schleusenanlagen jedoch nicht, denn durch den Substrattransport und das Evakuieren der Schleusenkammer geht Zeit verloren, während der die Prozeßkammer ungenutzt bleibt.

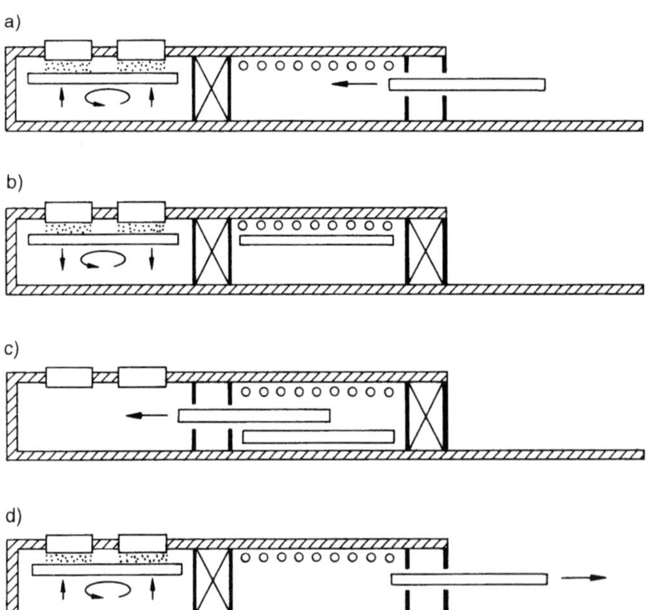

Bild 5–55. Prozeßschritte in einer Katodenzerstäubungsanlage mit Schleuse.

Mit einem Doppeltransportsystem wird dieser Nachteil überwunden. Zwei Substratträger können immer gleichzeitig gehandhabt werden, da die Schleusenkammer zwei Transportebenen besitzt, Bild 5–55 [5–91]. Während der Prozeß in der Beschichtungskammer abläuft, wird der zweite Substratträger in die Schleusenkammer eingeführt (Bild 5–55a) und nach deren Evakuierung vorbehandelt (Heizen, Ätzen), Bild 5–55b.

Nach dem Beschichten erfolgt das Umschleusen der Substratträger, Bild 5–55c. Dabei werden die beschichteten Substrate unter den nicht beschichteten vorbeigeführt. Anschließend folgt das Ausschleusen der beschichteten Substrate, Bild 5–55d. Durch diese Art des Substrataustausches braucht der Sputterprozeß nur kurz unterbrochen zu werden.

5.4.4. Mehrkammeranlagen

Mehrkammerdurchlaufanlagen in Modulbauweise bieten neben bestmöglicher Reproduzierbarkeit große Produktionskapazitäten und Flexibilität hinsichtlich der Herstellung verschiedener Schichtsysteme (vgl. Band 5, Kap. 1 und 9). Alle Vorbehandlungen, Nachbehandlungen sowie die verschiedenen Zerstäubungsvarianten mit einer beliebigen Anzahl von Katoden lassen sich in einer Anlage integrieren. Systeme aus verschiedenen Schichten sind durch eine entsprechende Schleusen- und Katodenanzahl und ent-

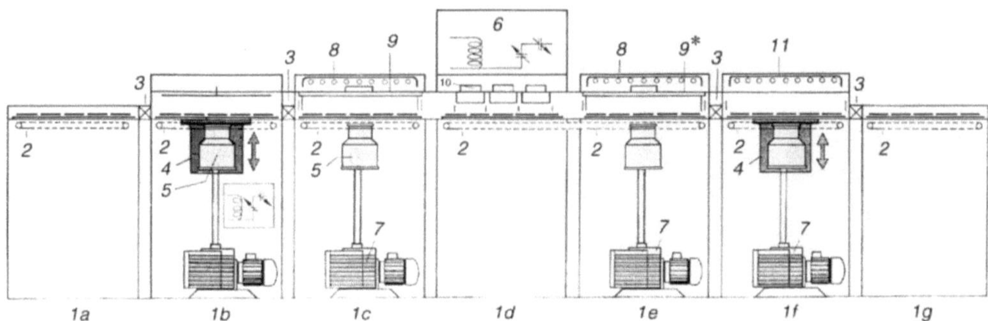

Bild 5–56. Schema einer aus sieben Modulen bestehenden Katodenzerstäubungsanlage.
1a Beladungsmodul
1b Einschleusmodul
1c Prozeß-Modul
1d Prozeß-Modul
1e Prozeß-Modul
1f Ausschleusmodul
1g Umlademodul
2 Transportsystem
3 Ventil
4 Hebevorrichtung für HF-Ätzen oder für Kühlung
5 Turbomolekularpumpe oder Kryopumpe
6 Elektrische Anpassungsglieder
7 Vorvakuumpumpe
8 Substratheizung
9 DC- oder HF-Katode
10 DC- oder HF-Magnetrons
11 Abkühlstation

Bild 5–57. Mehrkammerdurchlaufanlage mit mehreren Bestäubungsmodulen [5–92].

Bild 5–58. Bestäubungskammer mit drei verschiedenen Magnetronkatoden und Blendensystemen im geöffneten Zustand.

sprechende Entladungsleistungen in einem Durchgang herstellbar. Bild 5–56 [5–92] zeigt das Schema einer aus sieben Modulen bestehenden Anlage, Bild 5–57 [5–92] die Ausführungsform einer Mehrkammerdurchlaufanlage, die es in verschiedenen Größen mit senkrecht oder waagerecht transportierten Substraten gibt. Die Targets sind bei hochgeklappten Katoden leicht austauschbar, vor jeder Katode ist eine Blende mit genau definiertem Ausschnitt angebracht, Bild 5–58 [5–92].

6 Teilchenstrahlgestützte Verfahren

H. Oechsner, J. Waldorf, G. K. Wolf

6.1 Einleitung

Teilchenstrahlgestützte Verfahren werden erst seit Mitte der 70er Jahre in der modernen Oberflächen- und Dünnschichttechnologie eingesetzt. Die Entwicklung der hierfür meist benötigten großflächigen Ionenquellen wurde ursprünglich durch Raumfahrtprogramme der NASA und anderer Organisationen Ende der 50er Jahre eingeleitet [6–1 bis 6–3]. Daneben wurden großflächige Ionenstrahlbündel bereits ab etwa 1960 für Grundlagenuntersuchungen zum Sputterprozeß [6–4] oder zum Ionenstrahlätzen unterschiedlicher Materialien [6–5] eingesetzt.

Heute übertrifft der Einsatz großflächiger Ionenstrahlquellen in der Oberflächen- und Dünnschichttechnik bei weitem denjenigen für Raumfahrtzwecke. Nachdem zunächst das Ionenstrahlätzen IBE [6–6] und die Sputterdeposition dünner Schichten durch Ionenstrahlzerstäubung (SIBD) [6–7] mit inerten Arbeitsgasen im Vordergrund standen, werden seit Anfang der 80er Jahre zunehmend auch Reaktivgas-Ionenquellen eingesetzt. Dabei werden beschußinduzierte chemische Oberflächenreaktionen zur Erzeugung von Oberflächenstrukturen oder zur Einstellung spezieller Schichteigenschaften ausgenutzt [6–8].

Der Grund des vermehrten Einsatzes von Teilchenstrahlverfahren in der modernen Oberflächen- und Dünnschichttechnologie liegt in der hohen Flexibilität und Kontrollierbarkeit der Teilchenstrahlen bezüglich

- Energie
- Stromdichte
- Strahlzusammensetzung
- Beschußwinkel.

Viele Anforderungen im Bereich der modernen Oberflächen- und Dünnschichttechnologie und der weiteren Entwicklungen auf diesem Gebiet lassen sich nur unter Zuhilfenahme von Teilchenstrahltechniken erfüllen. Neben der Erzeugung von Mikrostrukturen gilt dies häufig für Dünnschichtstrukturen oder dünne Oberflächenschichten mit speziellen Eigenschaften. Insbesondere können durch kombinierte Verfahren, bei denen der kontrollierte Teilchenbeschuß mit einer geeigneten Depositionsmethode verknüpft und die aufwachsende Schicht gezielt mit Teilchenstrahlen beschossen wird, Schichteigenschaften erzielt werden, die sich mit den üblichen Depositionsmethoden alleine nicht herstellen lassen. Dabei bewirkt neben der Art der Strahlteilchen vor allem die durch den Teilchenbeschuß zugeführte Energie eine Reihe von vorteilhaften Effekten wie

- die Deposition locker gebundener Teilchen und damit eine erhöhte Reinheit sowie vor allem eine Vergrößerung der Dichte der deponierten Schicht [6–9],

– eine erhöhte Beweglichkeit von deponierten Atomen und Molekülen, die ebenfalls zu einer Verbesserung der Schichtdicke beiträgt und daneben auch eine Beeinflussung des Schichtwachstums im Anfangsstadium ermöglicht [6–10].

– die Erzeugung einer bestimmten Schichtmorphologie durch die Beeinflussung des Wachstumsprozesses oder durch gezieltes Einbringen von Gitterdefekten bis hin zum Aufbau amorpher Schichtstrukturen [6–11],

– die Aktivierung chemischer Reaktionen während des Schichtwachstums, bei denen die Strahlteilchen selbst beteiligt sein können,

– die Durchmischung von Schicht- und Substratmaterial am Interface durch ballistische Prozesse oder strahlungsinduzierte Diffusion.

Unter Ausnutzung solcher Effekte kann die Dichte dünner Schichten bis zu den Werten des kompakten Materials gesteigert werden, lassen sich innere Spannungen gezielt auf- oder abbauen oder eine bestimmte Stöchiometrie des Schichtmaterials einstellen. Im Hinblick auf den jeweiligen Einsatzzweck können auf diese Weise Schichteigenschaften wie Härte, elektrische Leitfähigkeit, optische Transparenz oder Strahlungsbelastbarkeit optimiert werden. Dabei ist von Vorteil, daß durch den Teilchenbeschuß die gewünschten Effekte ohne Temperaturerhöhung erzielbar sind. Dies ist insbesondere für thermisch instabile Schicht- oder auch Substratmaterialien von großer Bedeutung.

In Zusammenhang mit der sogenannten direkten Teilchenstrahldeposition von dünnen Schichten, bei denen die Strahlteilchen die Schicht aufbauen, gewinnen die in neuerer Zeit entwickelten Metallionenstrahlquellen an Bedeutung. Bei der direkten Teilchenstrahldeposition ist darauf zu achten, daß die mit dem Teilchenbeschuß verknüpfte Zerstäubungsausbeute (siehe Kapitel 5) in ausreichendem Maße unterhalb von 1 liegt. Daneben können durch Niederenergieimplantation Strahlteilchen in die Oberfläche eingebaut werden. Dies führt etwa beim Beschuß von Metallen mit reaktiven Strahlteilchen zum Aufbau dichter Verbindungsschichten an der Oberfläche. Bei der Verwendung von Metallionenstrahlen lassen sich auf diese Weise bestimmte Oberflächenleitfähigkeiten einstellen.

Die Anforderungen künftiger Technologien wie der Nanotechnologie, bei denen eine immer weiter fortschreitende Miniaturisierung im Vordergrund steht, können nur mit Hilfe der Teilchenstrahltechnik erfüllt werden. Dabei geht es nicht nur um die Mikrostrukturierung dünner Schichten, sondern auch um die Deposition extrem dünner geschlossener und dichter Schichten. Die mit konventionellen Techniken (Verdampfen, Zerstäuben) erzeugten Schichten erreichen wegen ihrer Porosität oder der Ausbildung inselförmiger Bedeckungen diese Eigenschaften meist nicht.

Je nach Anforderungen kommen verschiedene Teilchenstrahlquellen zum Einsatz, die sich grundsätzlich in zwei Kategorien aufteilen lassen:

– Großflächige Quellen, bei denen Festkörperoberflächen mit einem Ionenstrahlbündel beschichtet, geätzt oder implantiert werden. Dabei ist auch eine laterale Strukturierung von Oberflächen oder Beschichtungen mittels Maskentechnik möglich.

– Feinfokussierte Quellen mit Strahldurchmesser um 1 µm oder darunter (Flüssigmetallionenquellen), deren Strahl über Festkörperoberflächen zur lateralen Oberflächenstrukturierung durch Zerstäubung oder zur lokalen Teilchenimplantation über die Oberfläche geführt wird.

Ein wichtiger Einsatzbereich feinfokussierter Ionenquellen ist die ortsauflösende Oberflächen- und Tiefenprofilanalyse mittels massenspektrometrischer (SIMS, SNMS) oder auch elektronenspektroskopischer Methoden (AES, XPS, etc.) (Siehe dazu Kap. 4, Bd. 3). Solche Quellen lassen sich auch erfolgreich [6–12] zur Reparatur integrierter Schaltkreise einsetzen.

Für den Ionenbeschuß elektrisch nichtleitender Oberflächen oder beim Aufbau dielektrischer Schichten ist eine möglichst exakte Kompensation der vom Ionenstrahl mitgebrachten elektrischen Ladung notwendig. Dies erfolgt in der Regel durch eine zusätzliche Elektronenquelle. Im einfachsten Fall ist dies ein thermionischer Emitter in Form eines geheizten Drahtes hinter der Extraktionsoptik [6–3]. Von besonderem Vorteil sind in dieser Hinsicht neuentwickelte Plasmastrahlquellen, die einen bereits vom Extraktionsprinzip her völlig ladungskompensierten Ionenstrahl („Plasmastrahl") liefern [6–13].

Aus der Vielzahl von verschiedenen Ausführungen und möglichen Anwendungen sollen im folgenden wegen der Bedeutung dieses Quellentyps für die Oberflächen- und Dünnschichttechnik großflächige Ionen- und Plasmastrahlquellen mit Teilchenenergien bis ca. 5 keV sowie einige typische Applikationen beschrieben werden.

6.2 Teilchenstrahlquellen

6.2.1 Ionenstrahlerzeugung

Ein Ionenstrahl besteht aus einer großen Zahl geladener Atome oder Moleküle, die sich mit annähernd gleicher Energie und Richtung bewegen. Ihre Flugbahn läßt sich aufgrund ihrer Ladung durch elektrische und magnetische Felder beeinflussen. Die Ionenstrahltechnik benötigt Hochvakuum- oder Ultrahochvakuumbedingungen, da sonst die Streuung mit neutralen Atomen und Molekülen die Ionenbewegung hinsichtlich Energie und Richtung verändern oder eine völlige Zerstörung des Strahls bewirken würde. Charakteristische Größen eines Ionenstrahles sind Art, Ladungszustand und Energie der Ionen sowie die Ionenstromdichte und deren laterale Verteilung. Mit der Strahldivergenz hängt die Verteilung der Ionenauftreffwinkel am Wirkungsort zusammen.

Zur Erzeugung von Ionenstrahlen werden meist mit einer Mehrelektrodenoptik mittels elektrischer Felder Ionen beschleunigt und zu einem Strahl geformt, die aus einer Gasentladung (Plasma) in die Öffnung der Ionenoptik gelangen.

Bei typischen Arbeitsgasdrücken großflächiger Ionenquellen im 10^{-3} mbar Bereich gelten die Gesetzmäßigkeiten von Niederdruckplasmen (vgl. z.B. [6–14]). Aufgrund der Quasineutralität stationärer Plasmen bildet sich wegen der gegenüber den Ionen höheren Elektronenbeweglichkeit zwischen einem Plasma und seinen begrenzenden Wänden stets eine Grenzschicht in Form einer positiven Raumladungsschicht der Dicke d aus, wobei im ebenen Fall gilt:

$$d = \left(\frac{4}{9}\frac{\varepsilon_0}{j_{\text{ion}}}\right)^{1/2} \cdot \left(\frac{2e_0}{M}\right)^{1/4} \cdot U_{\text{pl-E1}}^{3/4} \tag{6–1}$$

(ε_0 Vakuumdielektrizitätskonstante, e_0 Elementarladung, M Ionenmasse).

j_{ion} ist die Dichte des Ionensättigungsstromes, der aus dem Plasma in die Grenzschicht fließt. Der Wert von j_{ion} wird ausschließlich durch die Parameter des verwendeten Plasmas bestimmt, in das wegen seiner hohen elektrischen Leitfähigkeit keine äußeren elektrischen Felder eindringen können. Die plasmaseitige Elektrode E_1 eines Ionenextraktionssystems befindet sich auch dann auf einem negativen Potential Φ_{E1} gegenüber dem Plasmapotential Φ_{pl}, wenn ihr keine äußere Spannung gegenüber dem Plasma erteilt wird. Da die maximal mögliche Elektronenstromdichte aus dem Plasma in der Regel um mehr als 2 Größenordnungen über j_{ion} liegt, muß sich E_1 in diesem Fall wie jede andere Wandfläche auf ein elektronenabbremsendes, d.h. negatives Potential gegen das Plasma legen. Durch Anlegen einer Spannung zwischen einer im Plasma befindlichen Sonde oder einer großflächigen metallischen Plasmabegrenzung und E_1 kann die Potentialdifferenz $U_{pl-E1} = \Phi_{pl} - \Phi_{E1}$ vergrößert werden [6–15]. Sie sollte jedoch nicht zu groß (< 50 V) gewählt werden, da sonst die in der Raumladungsschicht d beschleunigten Ionen die Elektrode E_1 zerstäuben können.

Durch Anlegen einer Spannung U zwischen E_1 und E_2 (negativer Pol der Spannungsquelle an E_2) können Ionen, die in das elektrische Feld zwischen E_1 und der Extraktionselektrode E_2 gelangen, beschleunigt werden. Die Energie der so in einen Beschußraum extrahierten Ionen beträgt bei Vernachlässigung der meist kleinen räumlichen Variationen des Plasmapotentials $e_0 \cdot U_{pl-E2}$. Oftmals ist noch eine dritte Elektrode E_3 hinzugefügt. die gegen E_2 auf schwach positivem Potential liegt. Damit läßt sich verhindern, daß Elektronen, die durch die Raumladung des Ionenstrahls eingefangen wurden, in das Plasma zurückströmen. Durch geeignete Wahl der an E_3 angelegten Spannung kann der Elektronenabfluß aus dem Strahlvolumen in das Plasma und damit die Fokussierung des Ionenstrahls gesteuert werden [6–16]. Erteilt man der plasmaseitigen Extraktionselektrode E_1 und den das Plasma begrenzenden Wänden (sofern diese nicht aus Isolatormaterial bestehen) geeignete Potentiale gegen Masse, so läßt sich das Potential des Plasmas und damit das Startpotential der Ionen ebenfalls auf einen beliebigen Wert gegen Masse legen. Die dann mögliche Extraktion des Ionenstrahls in eine geerdete Beschußkammer ermöglicht häufig eine einfache Handhabung der Substrate.

Die Potentialdifferenz zwischen Plasma oder Elektrode E_1 und der Extraktionselektrode E_2 beeinflußt die Form der ionenemittierenden Plasmagrenzfläche (Bild 6–1b). Bei zu niedrigen Extraktionsspannungen bildet sich eine konvexe Grenzfläche aus. Der überwiegende Teil des extrahierten Ionenstromes trifft in diesem Fall auf die Extraktionselektrode E_2 und führt dort zu Erosionsprozessen (a). In diesem Fall bleibt der extrahierte Ionenstrom unter seinem maximal möglichen Wert. Bei Vergrößerung der Spannung zwischen den beiden Elektroden E_1 und E_2 wird der Strahl immer mehr fokussiert (b), bis schließlich sein Durchmesser in der Ebene von E_2 den Öffnungsdurchmesser dieser Elektrode annimmt (c) und nur mehr sehr wenige Ionen auf E_2 auftreffen. Der Übergang vom divergenten zum konvergenten Strahlverlauf wird von einer entsprechenden Änderung der Form der ionenemittierenden Plasmagrenzfläche begleitet. Bei weiterer Erhöhung der Extraktionsspannung wird die Plasmagrenzfläche immer mehr konkav und damit die ionenemittierende Fläche zunehmend vergrößert ((d) und (e)). Dieser Vorgang wird begleitet von einer Zunahme des aus dem Plasma insgesamt extrahierten Ionenstroms. Die weitere Verformung der Plasmagrenze bedingt aber auch eine stärkere Fokussierung des Ionenstrahls, wodurch seine Taille immer mehr zum Extraktionssystem hin verschoben wird, bis sie schließlich zwischen den Elektroden liegt (e). Bedingt durch die Stromerhöhung ergeben sich in der Strahltaille größere abstoßende Raumladungskräfte, die zur verstärkten Aufweitung des Strahls im Beschußraum führen. Dadurch wird die Stromdichte am Substratort aber wieder erniedrigt. Liegt der Brennpunkt zwischen den Elektroden, so kann die Aufweitung des Strahls in der Ebene von E_2 bereits so groß sein,

196

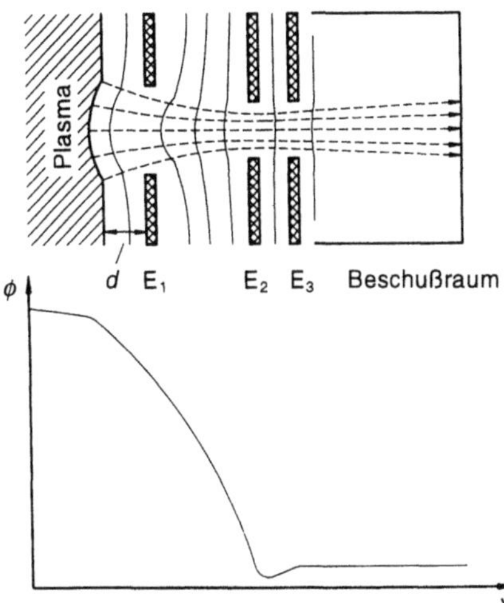

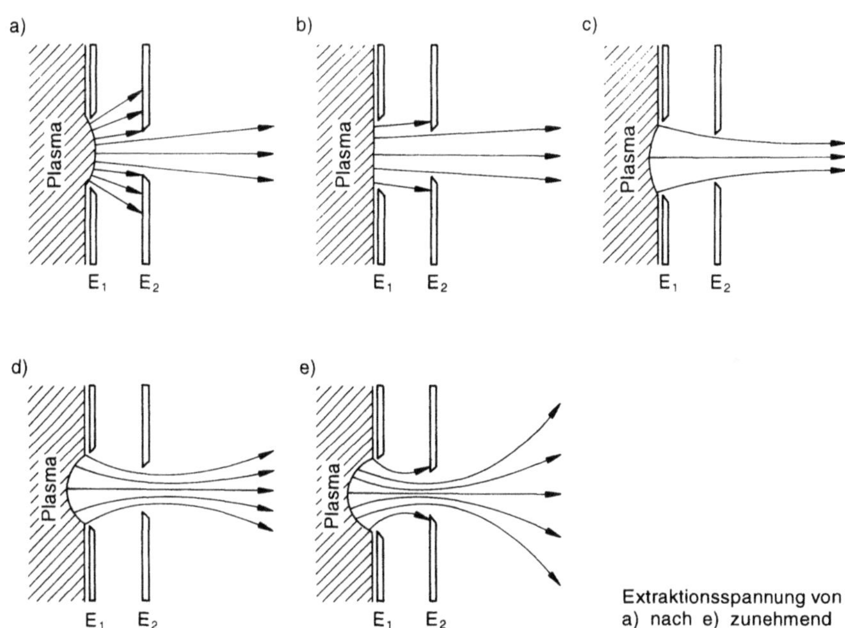

Bild 6–1a. Schema einer Ionenextraktionsoptik mit 3 Elektroden und des Potentialverlaufs (ϕ (X)) zwischen Plasma und Beschußraum.

Bild 6–1b. Einfluß der Extraktionsspannung auf die Form der Plasmarandschicht und des Ionenstrahls. Fall c) entspricht dem optimalen Arbeitspunkt.

daß ein Teil wieder auf E_2 trifft und bei den jetzt hohen Ionenenergien zu einer massiven Erosion des Elektrodenmaterials führt.

Der maximal durch eine Ionenoptik hindurch extrahierbare Ionenstrom ist durch dessen eigene Raumladung begrenzt: Allgemein gilt für den raumladungsbegrenzten Gesamtstrom durch ein Extraktionssystem

$$I = P \cdot U^{3/2}. \tag{6–2}$$

197

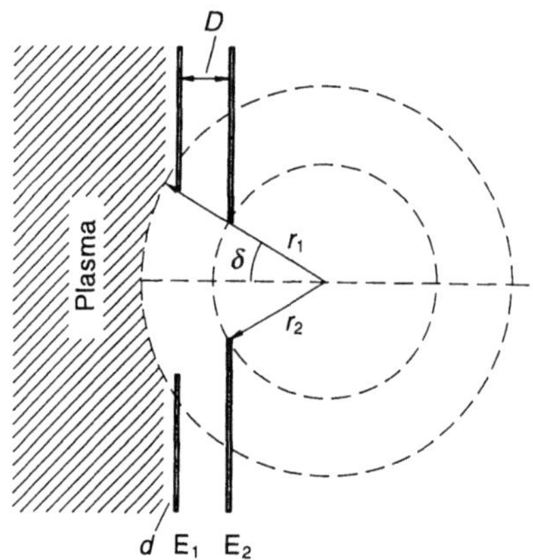

Bild 6–2. Schnittbild durch eine Extraktionslinse. Die angegebenen Größen bestimmen die Perveanz der Anordnung.

Dabei ist P die Perveanz des ionenoptischen Extraktionssystems und U die gesamte ionenbeschleunigende Potentialdifferenz zwischen dem Startort der Ionen und der Austrittselektrode.

Betrachtet man ein konzentrisches Extraktionssystem mit kreisförmigem Elektrodenöffnungen geeigneter Größe als einen Kugelausschnitt (siehe Bild 6–2) mit dem halben Öffnungswinkel δ, so ergibt sich für die Perveanz

$$P = \frac{8\sqrt{2}}{9} \cdot \pi\,\varepsilon_0 \sqrt{\frac{e_0}{M}} \cdot \frac{1 - \cos\delta}{F(r_1/r_2)}\,. \qquad (6\text{–}3)$$

Dabei ist $F(r_1/r_2)$ eine Funktion der beiden in Bild 6–2 angegebenen Kugelradien r_1 und r_2, die in tabellierter Form vorliegt [6–17].

Für den in Bild 6–2 dargestellten Fall gilt für die Potentialdifferenz U in Gleichung (6–2)

$$U = U_{\text{Pl-E1}} + U_{\text{E1-E2}}\,. \qquad (6\text{–}4)$$

Der maximal extrahierbare Ionenstrom ist das Produkt der Ionensättigungsstromdichte j_{ion} aus dem Plasma und der Fläche A der jeweiligen ionenemittierenden Plasmagrenzfläche. Wegen der bereits diskutierten Variation von A mit der Extraktionsspannung U verändert sich das Verhältnis r_1/r_2 und damit auch die Perveanz mit U. Dies bedeutet, daß die Geometrie eines Extraktionssystems den gegebenen Anforderungen bezüglich Ionenstromdichte, Ionenenergie und Strahldivergenz angepaßt werden muß. Ausführliche theoretische Betrachtungen zur Berechnung von Extraktionsoptiken findet man in der Literatur [6–18].

Zur Erzeugung eines großflächigen Ionenstrahlbündels werden eine große Zahl von Einzelextraktionssystemen – meist auf einer Kreisfläche – nebeneinander angeordnet. Für den Einsatz solcher großflächigen Ionenstrahlquellen in der Oberflächen- und Dünnschichttechnologie sind die folgenden Betriebsparameter typisch:

Ionenenergie: 0,5 bis 5 keV

Ionenstromdichte: 0,5 bis 4 mA/cm²

Energiebreite: ca. 10–20 eV.

198

Tabelle 6–1. Eigenschaften großflächiger Ionenstrahlquellen für verschiedene Einsatzfelder.

	Energiebereich	Stromdichte	Stromdichteverteilung	Strahldivergenz
Ionenstrahl-deposition	< 0,5 keV	> 1 mA	mäßig homogen	mäßig
Ionenstrahl-zerstäubung	500 eV – 5 keV	> 1 mA	geringe Anforderungen	mäßig
Ionenstrahl-ätzen	< 0,5 keV	> 1 mA	sehr homogen	sehr klein
Ionen-implantation	> einige keV	μA – mA	sehr homogen	mäßig

Aus diesen Daten ergibt sich, daß die Ionenstrahlzerstäubung der zweckmäßigste Anwendungsbereich solcher Quellen ist. Bei Extraktionsspannungen kleiner 500 eV werden Ionenstrahlbündelquellen auch für die direkte Ionenstrahldeposition sowie das Ionenstrahlätzen eingesetzt. Nach Gleichung (6–2) geht dann der extrahierbare Ionenstrom allerdings drastisch zurück. Eine Übersicht über die unterschiedlichen Anforderungen an den Ionenstrahl für verschiedene Anwendungsbereiche ist in Tabelle 6–1 zusammengestellt.

Zur Erzeugung von großflächigen Ionenstrahlbündeln werden meist Elektroden mit Viellochanordnungen (siehe Bild 6–4 in Kap. 6.2.2.1.1) verwendet. Die laterale Modulation der Ionenstromdichte direkt hinter dem Extraktionssystem verschwindet nach einer gewissen Laufstrecke durch die Überlagerung der leicht divergenten Einzelstrahlen [6–19]. Die Stromdichteprofile großflächiger Ionenstrahlquellen werden durch die Plasmadichteverteilung in den Ionenquellen bestimmt, die in einem runden axial-symmetrischen Gefäß zum Rand hin abfällt. Zusammen mit der gegenseitigen Abstoßung der Einzelstrahlen bewirkt dies eine gaußähnliche Verteilung der mittleren Stromdichte. Das bedeutet, daß für einen lateral homogenen Ionenbeschuß großflächige Substrate bei radialsymmetrischen Quellen in relativ komplizierter Weise bewegt werden müßten. Für einen rationellen Einsatz bei industriellen Applikationen können aber auch schlitzförmige Extraktionsoptiken eingesetzt werden, mit denen sich ein bandförmiger Ionenstrahl mit hoher Homogenität über die gesamte Strahlbreite erzeugen läßt [6–16]. Zur gleichmäßigen Ionenstrahlbehandlung genügt es dann, die Substrate quer zum Ionenstrahl nur noch in einer Richtung unter der Quelle zu bewegen.

Bei der Fertigung und beim Einbau der Extraktionsoptiken ist eine exakte Ausrichtung der Löcher oder Schlitze der Elektroden einzuhalten, da sonst keine optimale Ionenextraktion erfolgen kann [6–20]. Zudem führt eine falsche Justierung der Optik zur Erosion der Extraktionselektrode E_2 durch Zerstäubung, und damit zu einer möglichen Kontamination der Substrate oder Beschichtungen mit Elektrodenmaterial.

Um Veränderungen der Elektrodengeometrie durch thermische Verformung während des Betriebs möglichst gering zu halten, werden Extraktionselektroden häufig aus Graphit [6–20 und 6–21] angefertigt. Dieses Material besitzt zudem sehr kleine Zerstäubungsausbeuten und gewährleistet so die Extraktion relativ reiner Ionenstrahlen und hohe Standzeiten der Quellen. Daneben werden auch Elektrodenanordnungen aus hochschmel-

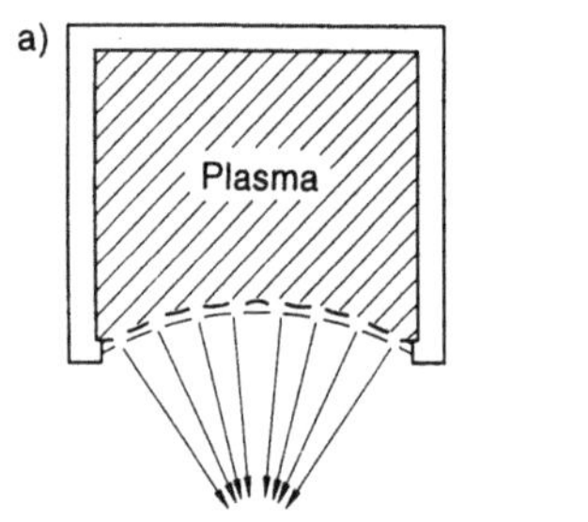
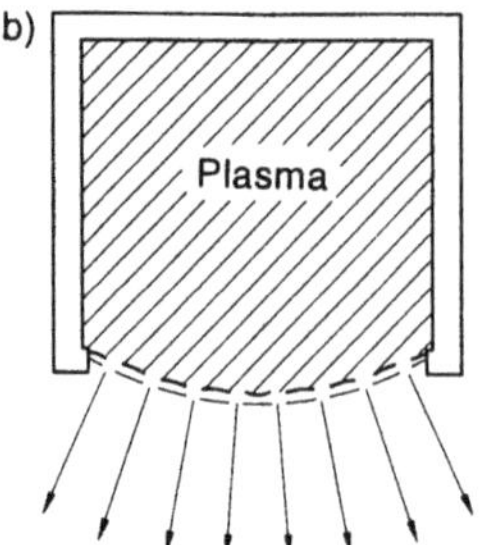

Bild 6–3. Ionenextraktion mit gewölbten Gitteranordnungen in Form einer Kugelkalotte; a) fokussierend, hohe Stromdichte, b) defokussierend, niedrige Stromdichte.

zenden Metallen (Mo, Ti) verwendet, die ebenfalls niedrige Zerstäubungsausbeuten besitzen. Allerdings werden solche Extraktionsanordnungen häufig in gewölbter Form benutzt, da der gegenüber Graphit höhere thermische Ausdehnungskoeffizient bei Erwärmung sonst leicht zu Abweichungen der Elektrodenabstände und damit zu einer nicht reproduzierbaren Beeinträchtigung der Eigenschaften des Ionenstrahls führen würde.

Solche konkav (oder konvex) geformten Extraktionssysteme können dann auch zur Fokussierung (oder Defokussierung) von Ionenstrahlbündeln beitragen [6–22], Bild 6–3. Daneben können auch in den Strahlbereich injizierte Elektronen die Strahldivergenz infolge der eigenen Raumladung der Ionenstrahlen vermindern.

Der Einsatz fokussierter Ionenstrahlen ist speziell bei der Ionenstrahlzerstäubung (siehe Kap. 6.3) vorteilhaft, da bei hohen Stromdichten kleine Targets mit einer hohen Abtragsgeschwindigkeit zerstäubt werden können. Um die durch den Ionenbeschuß verursachte Zerstäubung bei ionenstrahlunterstützten Beschichtungsprozessen (IBAD, siehe dazu Kap. 6.4; oder DIBD, siehe Kap. 6.3) zu verrringern, können neben der Reduktion der Energie auch defokussierte Ionenstrahlen mit einer reduzierten Ionenstromdichte eingesetzt werden.

6.2.2 Großflächige Ionenstrahlquellen

6.2.2.1 Gleichstrom-Ionenquellen

6.2.2.1.1 Ionenquellen mit heißer oder kalter Katode

Die Entwicklung großflächiger Ionenstrahlbündelquellen auf der Grundlage von Gleichstromentladungen geht vor allem auf die Arbeiten von *H.R. Kaufman* in den USA zurück [6–3, 6–20]. Ein Ausführungsbeispiel einer solchen Quelle, bei der ein Gleichstromplasma mit Hilfe von thermionisch, d.h. aus Glühkatoden emittierten Elektronen aufrechterhalten wird, zeigt Bild 6–4.

Dazu sind an der Rückseite der Entladungskammer eine Katode oder, wie bei der in Bild 6–4 gezeigten großen Quelle, mehrere Katoden angebracht. Die Kammerwände sind aus Metall gefertigt und bilden die Anode.

Durch Anlegen einer Gleichspannung zwischen Katode und Anode zündet unter Zufuhr eines Arbeitsgases eine Gasentladung. Hinter der Anodenwand befinden sich Permanent-

200

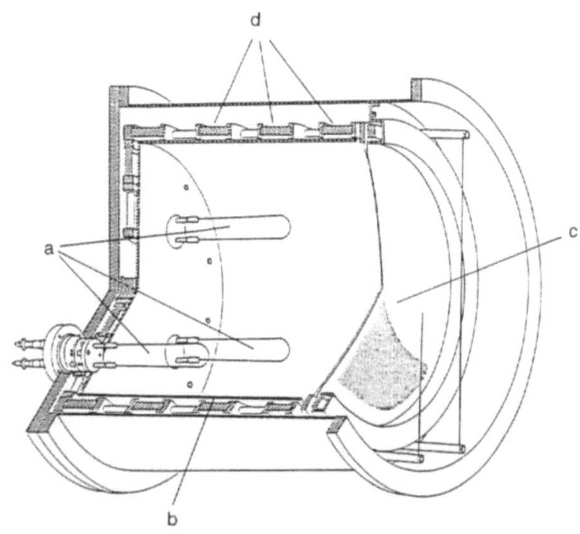

Bild 6–4. Großflächige Ionenquellen (38 cm Durchmesser) nach *Kaufman* (aus [6–20]);
a) Katoden, b) Anode, c) Zweielektrodenextraktionsgitter, d) Permanentmagnete (Multipolanordnung).

magnete in einer sogenannten Multipolanordnung. Unter dem Einfluß des gekreuzten elektrischen und magnetischen Feldes kommt es in Wandnähe zur Ausbildung eines ringförmigen Elektronenstroms mit einer Driftgeschwindigkeit

$$\vec{v} = \frac{\vec{E} \times \vec{B}}{B^2}. \tag{6–5}$$

Die so bewirkte Verlängerung der Elektronenbahnen bzw. der Aufenthaltsdauer der Elektronen vor der Anode erhöht die Wahrscheinlichkeit für die Elektronenstoßionisation neutraler Gasatome in Wandnähe, wodurch die räumliche Homogenität der Plasmadichte in der Entladungskammer verbessert wird. Die Quelle kann z.B. für Argon bei einem Druck zwischen 10^{-3} bis 10^{-4} mbar und Entladungsspannungen < 50 V betrieben werden. Die damit verknüpften niedrigen Elektronenenergien haben den Vorteil, daß nur wenige Prozent mehrfach ionisierter Gasatome entstehen. Die erzielbaren Ionenstromdichten liegen zwischen 1 und 4 mA/cm².

Trotz ihres einfachen Aufbaus weisen Quellen mit heißer Katode Nachteile auf, die ihre Einsatzmöglichkeiten begrenzen. Neben der thermischen Verdampfung des Katodendrahtes führt besonders ein Betrieb mit Reaktivgas zur schnellen Zerstörung der Katoden. Bei Ablagerung isolierender Schichten auf den Anodenblechen kann die Entladung ebenfalls nicht aufrechterhalten werden. Beim Betrieb mit einem Reaktivgas wie z.B. Sauerstoff erreichen die Standzeiten solcher Quellen dann nur noch wenige Stunden [6–3]. Abhilfe kann ein Einsatz von Plasma-Katoden als Elektronenemitter schaffen [6–23]. Dabei werden aus einer an der Quelle angeflanschten und meist mit Ar betriebenen zusätzlichen Entladungskammer Elektronen in das Quellenplasma injiziert. Die „Sekundärentladung" wird entweder durch eine Gleichstrom-, Hochfrequenz- oder Mikrowellenentladung erzeugt.

Als Alternative zu Glühkatoden bietet sich der Einsatz kalter Katoden an, bei denen wie in einer Glimmentladung durch die auf das Katodenmaterial auftreffenden Ionen Elektronen ausgelöst werden (ioneninduzierte Elektronenemission, vgl. [6–24]). Als eine spezielle Ausführungsform können Hohlkatoden aufgefaßt werden. In solchen Anordnungen werden an einem röhrchenförmigen Einsatz aus geeignetem Material durch Ionenbeschuß Elektronen ausgelöst, die durch eine kleine Öffnung in der Stirnfläche der Hohlkatode in den Entladungsraum austreten. Die Elektronenemission wird häufig durch eine Erhöhung der Temperatur des elektronenemittierenden Einsatzes gesteigert.

6.2.2.1.2 Hall-Effekt-Ionenquellen

Wie bereits in Kap. 6.2.1 anhand von Gl. (6–2) gezeigt wurde, können mit Mehrelektroden-Extraktionssystemen bei niedrigen Extraktionsspannungen nur kleine Ionenströme extrahiert werden. Dies führte (vorwiegend in Rußland) zur Entwicklung sogenannter Hall-Effekt- oder offener Ionenquellen [6–25], die speziell für die Erzeugung niederenergetischer stromstarker Ionenstrahlen eingesetzt werden können.

Von den verschiedenen möglichen Ausführungen soll hier nur die End-Hall-Ionenquelle [6–26] beschrieben werden (siehe Bild 6–5). Die wesentlichen Bauteile dieser Quelle sind:

– eine ringförmige Anode, durch die auch das Arbeitsgas einströmt

– ein geheizter elektronenemittierender Katodendraht

– eine ringförmige Magnetfeldspule, mit der ein axiales in Strahlrichtung divergentes, nach außen abnehmendes Magnetfeld erzeugt wird.

Die aus der Glühkatode emittierten Elektronen werden zur Anode hin beschleunigt, wobei sie im wesentlichen den Magnetfeldlinien folgen. Durch Stöße der Elektronen mit Gasteilchen kommt es zur Ionisation und zur Ausbildung eines Plasmas. Der überwiegende Teil der ionisierenden Stöße findet in der Nähe der Anode statt.

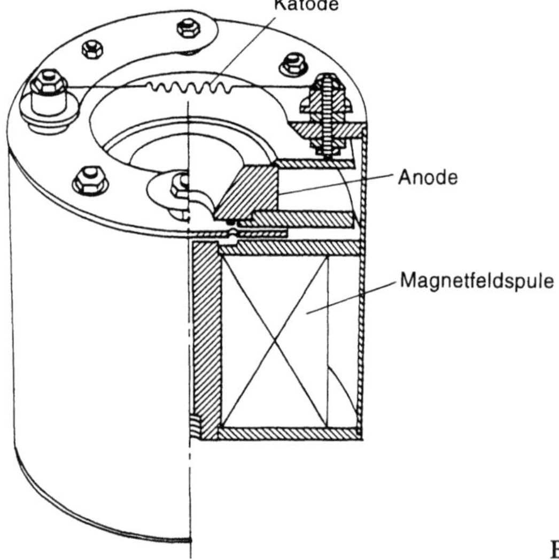

Bild 6–5. End-Hall-Ionenquelle (aus [6–26]).

Die dabei entstehenden Ionen werden in Richtung Katode beschleunigt, wobei dieser Vorgang noch durch die Form der räumlichen Dichte- und Potentialverteilung des entstehenden Plasmas und das divergente Magnetfeld unterstützt wird. Da stets Ionenstromkomponenten senkrecht zu den Magnetfeldlinien auftreten, entstehen wie beim Hall-Effekt elektrische Feldkomponenten, die an der Ionenbeschleunigung in den Außenraum mitwirken.

Wegen des Fehlens fokussierender ionenoptischer Elemente sind die mit diesem Quellentyp erzeugten Ionenstrahlen in der Regel stark divergent. Die Ionenstromdichten erreichen in Strahlmitte einige mA/cm^2 bei Ionenenergien zwischen 30 und 120 eV. Allerdings besitzen auch diese Quellen nur eingeschränkte Betriebsdauern, da der im Strahl befindliche Katodendraht durch den Ionenbeschuß stark erodiert wird. Die maximalen Betriebszeiten liegen beim Betrieb mit Argon bei 20 h und sind bei Verwendung von Reaktivgas nochmals stark eingeschränkt [6-26].

Besser geeignet für einen universellen Arbeitseinsatz mit langen Wartungsintervallen sind elektrodenlose Hochfrequenz- oder Mikrowellenionenquellen. Zudem erlauben diese Quellen neben einem Reaktivgasbetrieb auch die Erzeugung von Metallionenstrahlen. Im folgenden Abschnitt werden einige Typen von Hochfrequenzionenquellen mit induktiver Plasmaanregung sowie sogenannte ECR-Ionenquellen beschrieben, die auf dem Prinzip der parametrischen Elektronen-Zyklotronresonanz in Mikrowellenentladungen basieren.

6.2.2.2 Hochfrequenz-Ionenquellen

6.2.2.2.1 Ringentladungs-Quellen

Bei der einfachsten Ausführungsform elektrodenloser Hochfrequenz-Ionenquellen wird durch induktive Anregung eine hochfrequente Ringentladung erzeugt [6-27].

Bild 6-6 zeigt schematisch den Aufbau sowie das physikalische Prinzip einer Ringentladungs-Ionenquelle. Das Plasmagefäß besteht aus einem topfförmigen dielektrischen Material, das von einer mehrwindigen Hochfrequenzspule umgeben ist. Das hochfrequente axiale Magnetfeld $\vec{B}_{\mathrm{HF}}$ induziert ein elektrisches Hochfrequenz-Wirbelfeld $\vec{E}_{\mathrm{HF}}$ mit geschlossenen Feldlinien. Das Produkt aus der elektrischen Wirbelfeldstärke und

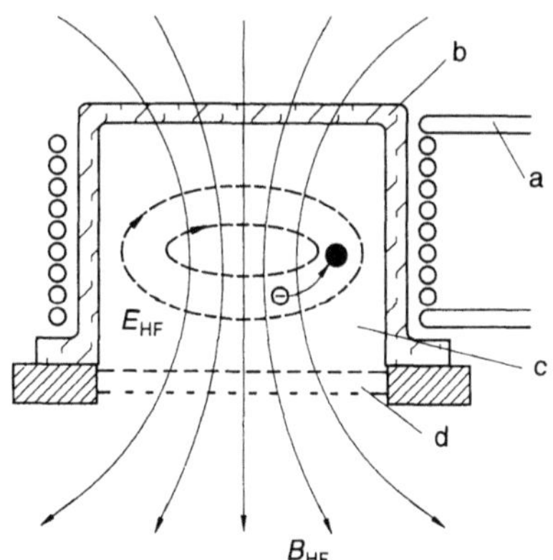

Bild 6-6. Schema einer Ringentladungs-Ionenquelle;
a) Hochfrequenzspule,
b) Plasmagefäß (dielektrisch),
c) Entladungsraum,
d) Zweielektrodenextraktionsgitter.

einem geschlossenen Umlauf wächst mit dem umschlossenen magnetischen Fluß, d.h. mit dem Quadrat des Abstandes r von der Spulenachse. E_{HF} selbst wächst daher mit r an. Da somit die Elektronen in den wandnäheren Bereichen stärker beschleunigt werden, bildet sich eine torusähnliche Plasmadichteverteilung aus (Ringentladung).

Ohne Stöße mit Gasteilchen im Plasmaraum würden sich bei allen HF-Ionenquellen die Elektronen mit einer Phasendifferenz von $\pi/2$ gegenüber dem elektrischen Feld bewegen und daher im zeitlichen Mittel keine Energie aufnehmen. Erst durch Stöße wird die Phasendifferenz verändert und von den Elektronen aus dem elektrischen Feld genügend Energie aufgenommen, um durch Stoßionisation die Plasmaentladung aufrechtzuerhalten. Durch Anpassung des Entladungsdruckes, der Gefäßdimension und der Frequenz ω der das Plasma erzeugenden elektromagnetischen Welle kann die mittlere Stoßzeit τ der Elektronen derart beeinflußt werden, daß eine resonanzartige Plasma-Anregung erfolgt, bei der $\tau \approx \frac{1}{2}\omega$ wird [6–28]. Speziell beim Einsatz von Ionenstrahltriebwerken für Raumfahrtanwendungen ist eine solche Optimierung des Wirkungsgrades notwendig, da die zum Betrieb der Ionenquelle notwendige Leistung in diesem Fall nur sehr begrenzt zur Verfügung steht.

Typische Arbeitsfrequenzen für Ringentladungsquellen liegen bei einigen 100 kHz bis zu wenigen MHz. Von Nachteil ist, daß wegen der hohen Induktivität der um das Plasmagefäß liegenden Hochfrequenzspule zwischen den Spulenenden ein beträchtlicher HF-Spannungsabfall erfolgt. Dies führt zum einen über den sogenannten Self-Biasing-Effekt an den Spulenenden zu störenden Gleichspannungen zwischen der Gefäßwand und dem Plasma, durch die es zur lokalen Zerstäubung des Wandmaterials kommen kann. Zum anderen bildet sich zwischen den Spulenenden eine zusätzliche kapazitive Entladung aus, die zu einer asymmetrischen Plasmadichteverteilung führt.

6.2.2.2.2 ECWR-Ionenquellen

Der in diesem Abschnitt geschilderte Quellentyp nutzt die sogenannte Elektronen-Zyklotronwellenresonanz (oder Helikon-Resonanz), d.h. einen elektrodynamischen Resonanzeffekt, zur Plasmaerzeugung aus [6–29].

Wie in der Literatur beschrieben, kann die Überlagerung eines schwachen Gleichmagnetfeldes $\vec{B}$ geeigneter Größe senkrecht zur Richtung des hochfrequenten B-Feldes zu einer resonanzartigen Erhöhung der Dichte induktiv angeregter Hochfrequenzplasmen [6–29 bis 6–32] führen.

Der typische Aufbau einer solchen Anordnung ist in Bild 6–7a schematisch skizziert. Das Plasmagefäß besteht meist aus einem Glasrohr, das von zwei ebenen Wänden begrenzt wird. Die Querschnittsform des Plasmagefäßes ist nahezu beliebig und kann dem jeweiligen Einsatzzweck angepaßt werden [6–16]. Um das Glasrohr ist eine einwindige mit einem Längsschlitz versehene Hochfrequenzspule gelegt, die das Glasrohr fast völlig überdeckt. Zusammen mit einer über dem Schlitz liegenden veränderbaren Kapazität bildet die Spule einen abstimmbaren Lastkreis, in den entweder induktiv oder galvanisch die Hochfrequenzleistung eingekoppelt wird. Beim Einsatz kommerzieller, kostengünstiger Sender werden dabei üblicherweise Frequenzen von 13,56 oder 27,12 MHz verwendet. Zur Erzielung des gewünschten elektrodynamischen Resonanzeffektes wird der Entladung senkrecht zur Symmetrieachse des Plasmagefäßes bzw. zur Richtung des hochfrequenten Magnetfeldes ein möglichst homogenes statisches Magnetfeld überlagert, das z.B. durch ein Helmholtzspulenpaar erzeugt wird. Die benötigte Magnetfeldstärke beträgt

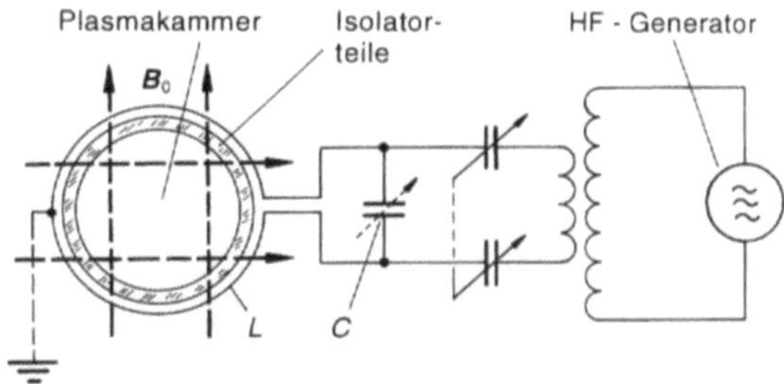

Bild 6–7a. Anordnung zur Plasmaanregung mittels Elektronen-Zyklotronwellenresonanz (ECWR).

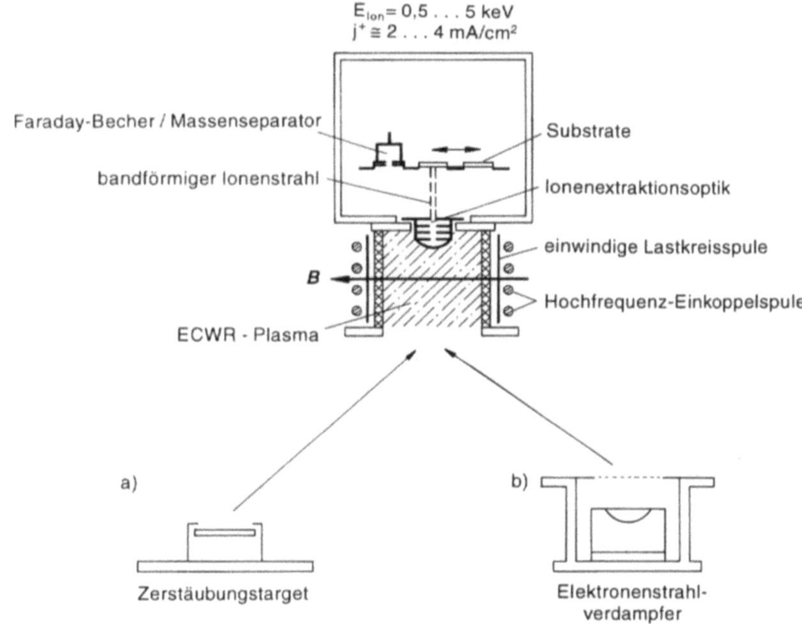

Bild 6–7b. Schematischer Aufbau einer ECWR-Ionenquelle zur Erzeugung bandförmiger Ionenstrahlen beliebiger Zusammensetzung. Die beiden Module zur Injektion von Metallteilchen in das Quellenplasma können alternativ an den Boden der Plasmakammer angeflanscht werden.

hier im Resonanzfall nur wenige (bis zu 20) Gauß und kann somit problemlos auch für größere Plasmagefäße erzeugt werden, was bei der in Kapitel 6.2.2.2.3 beschriebenen Mikrowellenentladung aufgrund der hohen Magnetfeldstärke nicht ohne weiteres möglich ist. Aufgrund seines geringen Wertes stört das zur Einstellung der Elektronen-Zyklotronwellenresonanz (ECWR) erforderliche schwache Gleichmagnetfeld die Ionentrajektorien in der Extraktionsoptik und im weiteren Verlauf der Ionenstrahlen nicht. Von Vorteil ist weiterhin, daß im Gegensatz zur Ringentladung (vgl. Kapitel 6.2.2.2.1) über der einwindigen Lastkreisspule nur eine sehr geringe Hochfrequenzspannung abfällt.

Im Falle der resonanten Anregung kann der Ionisierungsgrad in ECWR-Plasmen bis zu einigen Prozent betragen. Damit ergeben sich Plasmadichten von $10^{10} - 10^{11}$ Ionen beziehungsweise Elektronen pro cm^3 bei typischen Arbeitsgasdrucken von 10^{-4} bis 10^{-3} mbar [6–31]. Die maximal extrahierbaren Ionenstromdichten liegen bei ca. 4 mA/cm². Im Resonanzfall wird die Impedanz der Anordnung aus Lastkreis und Plasma rein reell und damit die Admittanz gegenüber der eingespeisten Hochfrequenzleistung maximal [6–32]. Bei ECWR-Quellen können daher relativ hohe Plasmadichten mit geringen Hochfrequenzleistungen erzeugt werden.

Aufgrund der hohen Dichte und Temperatur der Plasmaelektronen [6–33] werden ECWR-Plasmen auch erfolgreich zur Nachionisation von Neutralteilchen eingesetzt. Wegen des niedrigen Arbeitsdruckes (für Ar bei einigen 10^{-4} mbar) kommt es dabei zu keiner wesentlichen Veränderung der kinetischen Teilchenenergie durch Schwerteilchenstöße im Plasma. Die Nachionisation durch die Elektronenkomponente eines ECWR-Plasmas wird für die Sekundärneutralteilchen-Massenspektrometrie SNMS [6–34 und 6–35] ausgenutzt, die mittlerweile zu einer etablierten Methode in der Oberflächen- und Dünnschichtanalytik geworden ist (siehe dazu auch Kapitel 14).

Zur Erweiterung der Palette teilchenstrahlgestützter Behandlungen von Oberflächen und dünnen Schichten läßt sich die Nachionisation von Neutralteilchen durch das heiße Elektronengas eines ECWR-Plasmas auch zur Erzeugung von Ionenstrahlen mit einer metallischen Komponente bzw. von reinen Metallionenstrahlen ausnützen. Dazu können Metallteilchen auf zwei Arten in das Quellenplasma injiziert werden, nämlich durch

a) Zerstäubung eines Targets

b) Eindampfen von Metallteilchen.

Bild 6–7b zeigt dazu das Schema einer Ionenstrahlquelle zur Erzeugung eines bandförmigen Ionenstrahls, an die ein Zerstäubungsmodul a) oder eine Verdampferkammer b) angeflanscht werden kann. Bei der Injektion mittels Zerstäubung wird an das Target eine negative Gleichspannung von mehreren kV angelegt, wodurch Ionen des Quellenplasmas auf das Target beschleunigt werden und dort Atome auslösen, die dann anschließend durch die Elektronenkomponente des Plasmas teilweise nachionisiert werden. Da die Energieverteilung der zerstäubten nachionisierten Metallteilchen sich zu wesentlich höheren kinetischen Energien erstreckt als die der Plasmaionen [6–34], kann durch ein entsprechendes Abbremspotential bei der Ionenextraktion (siehe Kap. 6.2.1) das Verhältnis von Metall- zu Arbeitsgasionen im Ionenstrahl gezielt variiert werden [6–16]. Bei dieser Methode ist jedoch immer der Einsatz eines Arbeitsgases notwendig.

Dampft man hingegen Metallteilchen in ein Plasma hinein, so ist wegen ihrer geringeren kinetischen Energie die Aufenthaltsdauer im Plasmavolumen und damit ihre Nachionisationswahrscheinlichkeit größer als bei gesputterten Teilchen. Das Verhältnis von Metall- und Arbeitsgasionen im Ionenstrahl ist bei dieser Methode über den in das Plasma hineingedampften Metallteilchenstrom sowie den Druck des Arbeitsgases einstellbar. Nach vollständiger Drosselung der zum Zünden des Plasmas ursprünglich benötigten Arbeitsgaszufuhr lassen sich sogar reine Metallplasmen erzeugen, aus denen reine Metallionenstrahlen mit Ionenstromdichten bis zu 1 mA/cm² extrahiert werden können [6–36].

Bild 6–8. ECR-Ionenquelle:
a) Hohlleiter,
b) Quarzfenster,
c) Entladungsraum,
d) Zweielektrodenextraktionsgitter,
e) Magnetfeldspule.

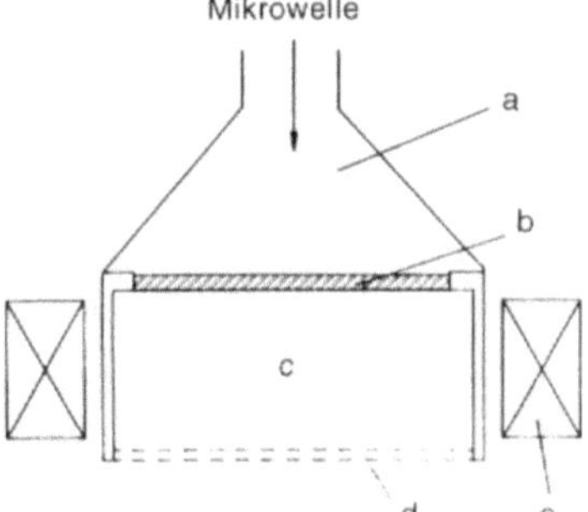

6.2.2.2.3 ECR-Ionenquellen

Die Entwicklung leistungsfähiger und kostengünstiger Mikrowellensender führte in neuerer Zeit zur Entwicklung sogenannter Elektronen-Zyklotronresonanz-(ECR-)-Ionenquellen [6–37 bis 6–39]. Diese arbeiten in der Regel mit einer Anregungsfrequenz von 2,45 GHz.

Die Mikrowelle wird über einen entsprechenden Hohlleiter und ein Quarzfenster in die Plasmakammer eingespeist. Die Form der Kammer muß zur Gewährleistung einer gleichmäßigen Ausbreitung der das Plasma erzeugenden Mikrowelle an diese angepaßt sein, um die Funktion eines Hohlleiters, in dem sich transversale elektromagnetische Wellen in einer bestimmten Art (Mode) ausbreiten können, zu erfüllen. Um das Gefäß sind eine oder mehrere Magnetfeldspulen gelegt, da zur Erzeugung der Resonanzbedingung mit ω (Mikrowelle) $= \omega_c$ (Elektronen) der Entladung bei $\omega = 2\pi \cdot 2{,}45$ GHz ein Magnetfeld von 875 Gauß überlagert werden muß. Die durch das starke Magnetfeld auf Zyklotronbahnen gezwungenen Elektronen des Plasmas werden dann wegen der Gleichheit von Umlauffrequenz und Frequenz der elektromagnetischen Mikrowelle parametrisch beschleunigt, d.h. unter optimalen Bedingungen für die Energieaufnahme aus dem elektrischen Mikrowellenfeld. Durch ionisierende Stöße mit neutralen Gasteilchen geben sie ihre Energie wieder ab. Auch mit solchen Quellen lassen sich typische Ionenstromdichten bis zu einigen mA/cm^2 bei Arbeitsgasdrucken im 10^{-4} bis 10^{-3} mbar-Bereich erzielen. Wegen der relativ hohen Magnetfelder und der notwendigen Formanpassung des Plasmaraumes gestaltet sich dabei die Erzeugung lateral homogener großflächiger Ionenstrahlen im allgemeinen jedoch schwierig.

6.2.3 Plasmastrahlquellen

6.2.3.1 Vorbemerkungen

Die Oberflächenbehandlung elektrisch isolierender Materialien mittels großflächiger Ionenstrahlquellen ist nur bedingt durchführbar. Der intrinsische Ladungstransfer durch den Ionenstrahl zur Substratoberfläche führt bei Isolatormaterialien zu Aufladungseffekten, die schließlich eine völlige Abbremsung des Ionenstrahls bewirken können. Abhilfe schafft dann nur der verfahrenstechnisch aufwendige Einsatz zusätzlicher Elektronenquellen für eine möglichst gut dosierte Strahlneutralisation. Dazu werden im einfachsten Fall thermionische Elektronenemitter in Form von geraden oder gewendelten Drähten über den Austrittsöffnungen der Ionenextraktionsoptik angeordnet, deren Lebensdauer auch bei Verwendung inerter Arbeitsgase infolge der unvermeidlichen Zerstäubung durch auftreffende Strahlionen begrenzt ist. Überdies führt die Zerstäubung zu einer Beimischung („Kontamination") von zerstäubten Fremdteilchen zum Ionenstrahl. Als Alternative werden wiederum Hohlkatodenquellen in der Nähe der Austrittselektrode des Extraktionssystems montiert, die über eine sogenannte Plasmabrücke Elektronen in den Ionenstrahl oder das Ionenstrahlbündel injizieren.

Die mit einer nachträglichen Strahl-Neutralisation, die meist nur unvollständig zu erreichen ist, verbundenen Schwierigkeiten werden bei sogenannten Plasmastrahlquellen vom Prinzip her völlig vermieden. In solchen Quellen wird ein als Ganzes elektrisch völlig neutraler Strahl aus Ionen und begleitenden Elektronen in geeigneter Weise aus einem Niederdruckplasma extrahiert, wobei die elektrische Neutralität durch die Quasineutralitätsbedingungen des Plasmas automatisch vorgegeben ist. Mit einem solchen Plasmastrahl lassen sich dann unabhängig von der elektrischen Leitfähigkeit der zu behandelnden Oberfläche oder von aufwachsenden Schichten Teilchenstrahlbehandlungen unter Beibehaltung der eingestellten Strahlparameter durchführen [6–13].

6.2.3.2 Hochfrequenz-Plasmastrahlquellen

Bei diesem Typ von Plasmastrahlquellen werden zur Erzeugung eines Plasmastrahls physikalische Effekte ausgenutzt, die dann auftreten, wenn zwischen einem Niederdruckplasma und einer angrenzenden Elektrode eine Hochfrequenzspannung abfällt. Dazu wird einem im Prinzip auf beliebige Weise erzeugten Niederdruckplasma durch eine großflächige Ankoppelelektrode ein Hochfrequenzpotential gegen eine als feinmaschiges Netz mit hoher Durchlässigkeit ausgebildete Extraktionselektrode erteilt (s. Bild 6–9a). Ankoppel- und Extraktionselektrode bilden mit dem dazwischenliegenden Plasma einen kapazitiven Hochfrequenzkreis, der von einem Hochfrequenzgenerator mit ausreichend hoher Arbeitsfrequenz versorgt wird, und die erforderlichen Abstimm- und Anpassungskomponenten enthält. Erdet man diesen Kreis an der Extraktionselektrode, so läßt sich ein elektrisch völlig neutraler Plasmastrahl in eine geerdete Beschußkammer extrahieren. In der einfachsten Ausführungsform einer solchen Plasmastrahlquelle dienen Ankoppel- und Extraktionselektrode zugleich zur Plasmaerzeugung nach Art einer Hochfrequenzdiode [6–13].

Das verwendete Extraktionsprinzip wird anhand von Bild 6–9b deutlich, die den zeitlichen Verlauf der Spannung zwischen Plasma und Extraktionselektrode sowie die auf sie

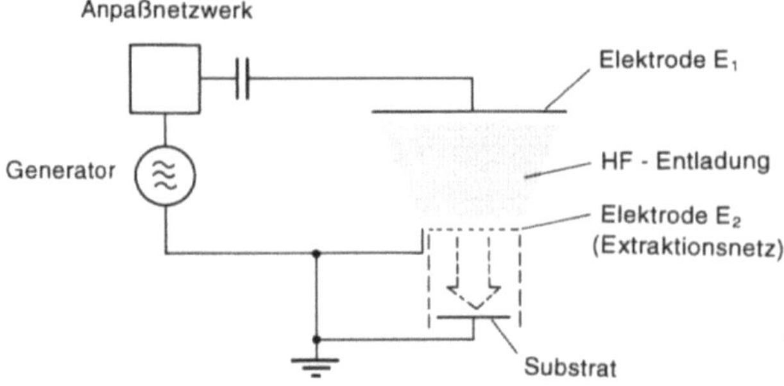

Bild 6–9a. Prinzipskizze zur Extraktion eines Plasmastrahls aus einem Niederdruckplasma.

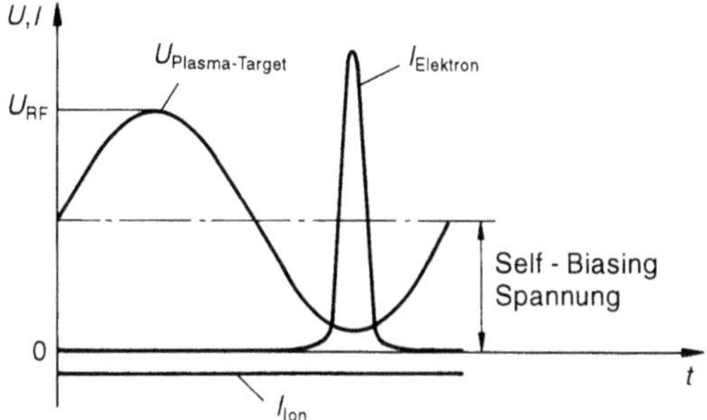

Bild 6–9b. Zeitlicher Verlauf der Spannung V_{pl-E} zwischen einem hochfrequenzführenden Niederdruckplasma und einer Extraktionselektrode sowie das Zeitverhalten der aus dem Plasma abfließenden Ionen- und Elektronenströme.

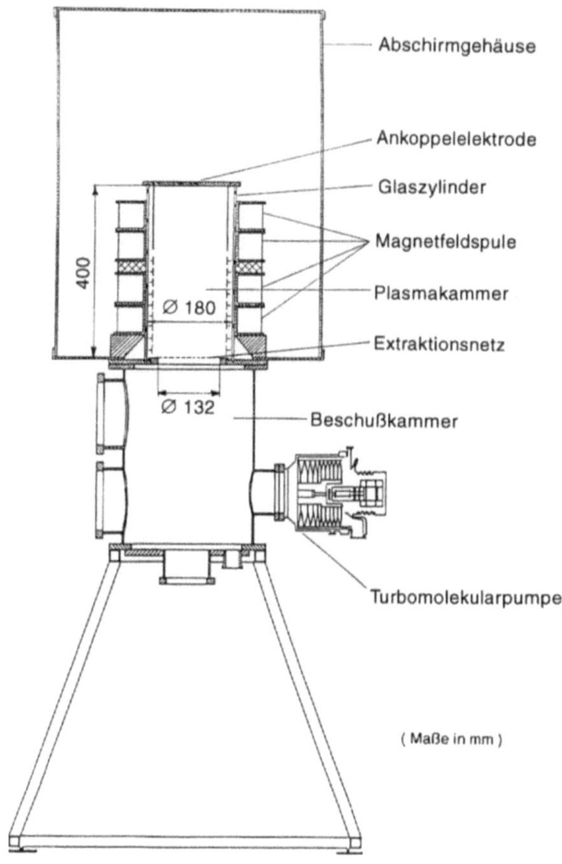

Bild 6–9c. Schematischer Aufbau einer Plasmastrahlquelle (aus [6–13]).

fließenden Ionen- und Elektronenströme zeigt. Wenn man durch eine in den kapazitiven Hochfrequenzkreis geschaltete äußere Kapazität erzwingt, daß über die Elektroden nur hochfrequente Verschiebungsströme fließen, so legt sich das Plasma gegenüber der Extraktionselektrode automatisch auf ein positives Gleichspannungspotential, dessen Höhe durch die Amplitude U_0^{hf} der zwischen Plasma und Extraktionselektrode abfallenden Hochfrequenzspannung und einem zusätzlichen Term von der Größenordnung kT_e/e_0 gegeben ist. Dieser Self-Biasing-Effekt entsteht aufgrund der höheren Beweglichkeit der Elektronen im Vergleich zu den Ionen und bewirkt, daß während der gesamten Dauer einer Hochfrequenzperiode, d.h. zeitlich konstant, der vom Plasma angebotene Ionensättigungsstrom durch die Extraktionselektrode hindurch das Plasma verlassen kann. Wie man aus Bild 6–9b ersehen kann, nähert sich das Plasma in jeder Hochfrequenzperiode potentialmäßig der Extraktionselektrode soweit, daß dem konstant abfließenden Ionenstrom ein kurzer Elektronenstrompuls überlagert wird, der die aus dem Plasma abfließende Ionenladung gerade kompensiert.

Erleben die Ionen längs ihrer Beschleunigungsstrecke zwischen Plasma und Extraktionselektrode eine hinreichend große Zahl von Feldwechseln, so werden sie mit einer Energieschärfe von ca. $\pm 5\%$ aus dem Plasma extrahiert. Die kinetische Energie der Ionenkomponente ist durch $U_0^{hf} + a\,kT_e/e_0$ gegeben ($a \simeq 1$), während die überlagerte Elektronenkomponente, die mit dem Ionenanteil zusammen einen elektrisch völlig neutralen Plasmastrahl bildet, sich geschwindigkeitsmäßig den Ionen anpaßt.

Da im Extraktionskreis nur dielektrische Verschiebungsströme fließen, kann die Ankoppelelektrode von außen auf eine isolierende Gefäßwand z.B. aus Quarz aufgelegt werden. Ebenso können die Stege der gitter- oder netzförmigen Extraktionselektrode in ein dielektrisches Material wie Quarz eingebettet werden. Damit kann die Plasmastrahlquelle bei geeigneter Wahl des Materials für die Gefäßwand und für die Einbettung der Extraktionselektrode auch mit chemisch sehr aggressiven Arbeitsgasen betrieben werden.

In Bild 6–9c ist die Ausführung einer Plasmastrahlquelle skizziert, bei welcher der Extraktionskreis zugleich zur Erzeugung des Quellenplasmas durch kapazitive Ankopplung dient. Das Plasmagefäß besteht aus einem Glasrohr, das von den beiden hochfrequenzführenden Elektroden begrenzt ist. Die Extraktionselektrode besteht aus einem hochtransparenten Netz mit einer Transmission von ca. 89%. Um das Glasgefäß sind ringförmige Magnetfeldspulen gelegt, mit denen der Gasentladung in Längsrichtung ein Gleichstrom-Magnetfeld zur Erhöhung der Plasmadichte überlagert werden kann.

Die Quelle ist universell mit allen Arbeitsgasen im Druckbereich zwischen 10^{-4} und 10^{-3} mbar betreibbar. Mit der gezeigten Anordnung lassen sich Energien der Plasmastrahlionen zwischen ca. 80 eV und 1,5 keV mit der bereits erwähnten Energiebreite von jeweils $\pm 5\%$ der Ionenenergie realisieren. Im Gegensatz zu den in Kapitel 6.2.1 erwähnten Stromdichteproblemen von Ionenquellen bei niedrigen Strahlenergien können mit der Plasmastrahlquelle durch die Überlagerung des Längsmagnetfeldes Strahlstromdichten bis zu 2 mA/cm² unabhängig von der jeweiligen Ionenenergie im Strahl erzeugt werden [6–40]. Die Stromdichteverteilung des Plasmastrahls weist zudem eine sehr hohe laterale Homogenität mit einem breiten Stromdichteplateau auf [6–13]. Die Strahldivergenz ist wegen der Raumladungskompensation sehr gering, was durch eine extrem hohe Anisotropie beim reaktiven „Plasmastrahl"-Ätzen von Mikrostrukturen belegt wurde [6–41].

Die Energie der Ionenkomponente des Plasmastrahls beziehungsweise die Energie, mit der die Plasmaionen auf die Ankoppelelektrode auftreffen, kann auch durch das Verhältnis der Flächen von Ankoppel- und Extraktionselektrode gesteuert werden. Bei Verwendung einer großen Ankoppelelektrode fällt der überwiegende Teil der gesamten Hochfrequenzspannung im Extraktionskreis in der Plasmagrenzschicht vor der Extraktionselektrode ab [6–42]. Wählt man hingegen eine kleine Ankoppelelektrode, so kommt es auch an ihr zur Ausbildung einer größeren Self-Bias-Spannung und damit zu einer Zerstäubung durch den dann stattfindenden Ionenbeschuß. Dies kann zur Injektion des Materials eines auf dieser Elektrode befestigten Sputtertargets in das Quellenplasma genutzt werden. Durch die Nachionisation der zerstäubten Teilchen im Quellenplasma lassen sich niederenergetische und stromstarke gemischte Arbeitsgas-Metall-Plasmastrahlen herstellen, die gut zur Oberflächenmetallisierung dielektrischer Substrate genutzt werden können [6–41].

6.2.3.3 Plasma-Jet-Quellen

Im Gegensatz zu dem im vorangegangenen Abschnitt beschriebenen Typ von Plasmastrahlquellen weisen die verschiedentlich eingesetzten Anordnungen zur Extraktion eines Plasmastroms („Plasma-Jet") keine wohldefinierte Energie und Richtung auf.

Die meisten dieser Quellen [6–39, 6–43 und 6–44] benutzen zur Plasmaerzeugung die bereits in Kapitel 6.2.2.2.3 beschriebene Mikrowellenentladung. Ihr Aufbau entspricht der in Bild 6–8 gezeigten Anordnung, jedoch ohne Ionenextraktionssystem. Die Plasma-Jet-Quellen sind in Strahlrichtung offen. Das zur Einstellung der ECR-Bedingung notwendige starke Magnetfeld dient bei dieser Quellenart gleichzeitig der Strahlerzeugung.

Die „Extraktion" des Plasma-Jet aus der Entladungskammer geschieht mit Hilfe des in Jet-Richtung abnehmenden Magnetfeldes: Geladene, bewegte Teilchen werden durch die Lorentzkraft zu Kreisbewegungen um die Magnetfeldlinien gezwungen. Die Gyrationsbewegung stellt einen Kreisstrom dar, dem ein magnetisches Moment μ zugeordnet werden kann, das durch

$$\mu = m \cdot v_\perp^2 / (2 \cdot B) \tag{6-6}$$

gegeben ist (m Teilchenmasse, $v_\perp$ Geschwindigkeit des Teilchens senkrecht zu den Magnetfeldlinien, B magnetische Flußdichte).

In einem inhomogenen Magnetfeld wirkt auf ein Teilchen mit dem magnetischen Moment μ eine Kraft [6–14]:

$$\vec{F} = -\vec{V}(\vec{\mu}\,\vec{B}) \tag{6-7}$$

Die um die Magnetfeldlinien gyrierenden Plasmateilchen werden so axial in Richtung der abnehmenden Magnetfeldstärke beschleunigt, wobei es durch die vorauseilenden beweglicheren Elektronen über Coulombkräfte zu einer ambipolaren beschleunigten Plasmabewegung in Extraktionsrichtung kommt [6–43].

Die Ionenenergien im Plasma-Jet betragen bis zu einige 10 eV bei Strahlstromdichten bis zu einigen mA/cm². Wegen der elektrodenlosen Plasmaerzeugung können diese Quellen ebenfalls mit Reaktivgas betrieben werden.

Verschiedentlich werden für Plasma-Quellen auch Gleichstromentladungen benutzt [6–45 und 6–46]. Der Jet-Effekt beruht hier ebenfalls auf der Wirkung starker Magnetfeldgradienten, oft in Verbindung mit Plasmadrifteffekten in einem gekreuzten elektrischen und magnetischen Feld (vgl. Gl. (6–5)). Der in Bild 6–10 gezeigte Quellentyp (Gleichstromentladung; vgl. Kap. 6.2.2.1) besteht aus einer heißen elektronenemittieren-

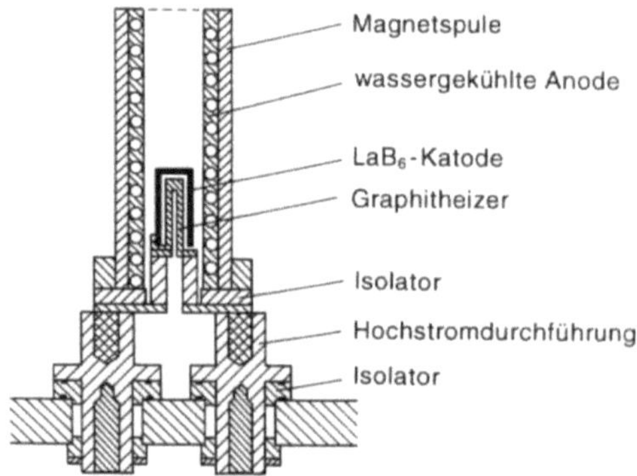

Bild 6–10. Mechanischer Aufbau einer Gleichstromplasma-Jet-Quelle (aus [6–45]).

den Katode, die im Zentrum einer zylinderförmigen wassergekühlten Anode angeordnet ist. Das zur „Strahlextraktion" benötigte Magnetfeld wird durch eine die Anode umgebende Magnetfeldspule erzeugt. Auch solche Anordnungen erlauben einen Betrieb mit Reaktivgas, wenn die elektronenemittierende Katode unter Schutzgasatmosphäre (meist Ar) betrieben wird.

6.3 Anwendung niederenergetischer Ionen- und Plasmastrahlen

6.3.1 Übersicht

Generell lassen sich die Anwendungen von Ionen- und Plasmastrahlen je nach der kinetischen Energie der Strahlteilchen in die Bereiche Ionenstrahlbeschichtung (Ion Beam Deposition IBD), Ionenstrahlätzen (Ion Beam Etching IBE) und Ionenimplantation (Ion Implantation II) einteilen [6–47].

Der Übergang zwischen diesen Bereichen ist fließend, da er naturgemäß von der Beschußionenart und dem behandelten Werkstoff abhängt.

Im Bereich niedriger Teilchenenergien, bei denen das Produkt aus Auftreffrate und Haftwahrscheinlichkeit größer ist als die durch den Teilchenbeschuß bewirkte Zerstäubung, kommt es zum Aufbau von Oberflächenschichten aus den Strahlteilchen. Diese Methode wird auch als primäre Ionenstrahlbeschichtung (Primary Ion Beam Deposition PIBD) bezeichnet, Bild 6–12a.

Eine Erhöhung der Ionenenergie bewirkt eine zunehmende Zerstäubung der beschossenen Oberfläche. Damit lassen sich durch Kondensation zerstäubter Targetatome Schichten durch Ionenstrahlsputtern (Ion Beam Sputtering IBS) deponieren, Bild 6–12b (Secondary Ion Beam Deposition SIBD).

Beide Verfahren unterscheiden sich in wesentlichen Punkten. Bei der PIDB erreichen vorwiegend Ionen mit kontrolliert einstellbarer Energie das Substrat, bei der SIBD überwiegend neutrale Atome mit einer mittleren Energie von wenigen eV und einer bestimmten vom Tagetmaterial abhängigen Energieverteilung. Häufig wird deshalb bei der SIBD das Substrat zusätzlich mittels einer zweiten Ionenquelle beschossen, Bild 6–12c, mit dem

212

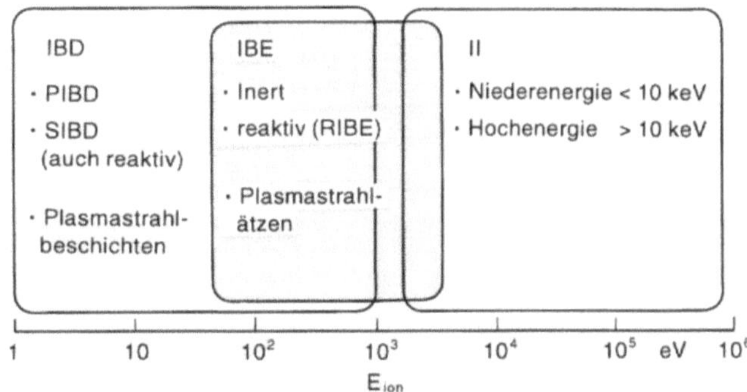

Bild 6–11. Einsatzbereiche von Ionenstrahltechniken in Abhängigkeit von der Energie der auftreffenden Teilchen.
 – Ionenstrahldeposition (IBD)
 – Ionenstrahlätzen (IBE)
 – Ionenstrahlimplantation (II).

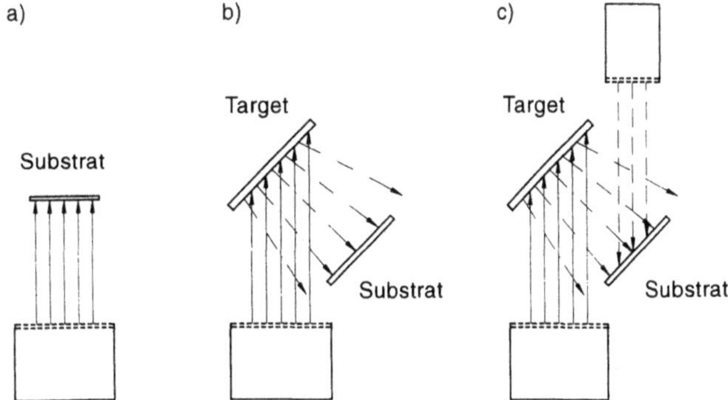

Bild 6–12. Apparative Anordnungen bei verschiedenen Ionenstrahlverfahren:
a) Anwendung eines einzelnen Teilchenstrahlbündels für
   – Primäre Ionenstrahlbeschichtung (PIBD)
   – Ionenstrahlätzen (IBE, RIBE)
   – Ionenimplantation (II)
   – Plasmastrahlbeschichtung, -ätzen
b) Einzelstrahlverfahren bei der sekundären Ionenstrahlbeschichtung (SIBD)
   – Ionen-(Plasma-)strahlzerstäubung (IBS)
c) Zweistrahlverfahren bei der sekundären Ionen- bzw. Plasmastrahlbeschichtung (SIBD).

Ziel, die Schichtbildung durch die Zufuhr zusätzlicher Energie und gegebenenfalls elektrischer Ladung günstig zu beeinflussen.

Weit verbreitet ist der Einsatz von Ionenstrahlquellen zum Ionenstrahlätzen (Ion Beam Etching IBE) bei Strahlenergien zwischen 100 eV und 1 keV in der Mikrostrukturtechnik [6–37 und 6–48] oder zum Dünnen von Substraten für die Transmissionselektronenmikroskopie durch Ionenstrahlzerstäubung, Bild 6–12a. Mit dieser Methode des „Ion Beam Milling" lassen sich Oberflächen auch glätten oder atomar polieren, wenn ein oder

Tabelle 6–2. Übersicht über die in Kapitel 6.3.2 beschriebenen Anwendungsbeispiele großflächiger Ionen- und Plasmastrahlquellen.

Material		Ionenart	Ionenenergie	Target-material	Bemerkungen	Referenz/Jahr	Technik
Schicht	Substrat						
In	Si$_3$N$_4$	In	< 300 eV		Wachstumsverhalten unter Ionenbeschuß, Vergleich mit MBE-Schichten	[6–10] 1987	PIBD
Si$_3$N$_4$	Saphir	Si und N	500 eV		Optische und elektrische Eigenschaften	[6–52] 1989	PIBD
SiO$_2$	Saphir	Si und O			Vergleich mit CVD-Schichten		
	Pb/Mg	Pb und Mg	50 eV		Beliebige Stöchiometrie der Pb/Mg-Legierung	[6–53] 1986	PIBD
a:C–H	Si	CH$_4$/H$_2$-Gemische	120–1600 eV		Diamantähnliche Kohlenwasserstoffschichten; Schichtzusammensetzung	[6–40] 1991	Plasmastrahl-deposition
a:C–H	Si	CH$_4$	120–600 eV		Elektrische, mechanische und tribologische Eigenschaften von a:C–H Schichten	[6–54] 1991	Plasmastrahl-deposition
Mo	Si	Ar	600–1500 eV	Mo	Beschußenergie- und Winkelabhängigkeit von Schichtspannung und optischer Reflektivität	[6–55] 1986	SIBD Einstrahl
Cu	Si	Ar	500 eV	Cu	Wachstumsverhalten der Schichten	[6–56] 1989	SIBD Zweistrahl
YBa$_2$Cu$_3$O$_{7-\delta}$		Ar, Kr und O$_2$		Y, Ba, Cu	Hochtemperatur-Supraleiter	[6–57] 1989	SIBD Zweistrahl
WN$_x$	Si	N	500–3000 eV	W	Stöchiometrie und elektrische Schichteigenschaften	[6–58] 1991	SIBD
W	Borsilikat-glas	Ar	100–1200 eV	W	Mikrostruktur/Phasen, elektrische und mechanische Schichteigenschaften	[6–59] 1989	SIBD Zweistrahl
Si$_3$N$_4$	Si	N	5000 eV		Reichweiteverteilung des Stickstoffs	[6–63] 1991	II
SiOx	Si	O	2000–5000 eV		Ionenfluenzabhängigkeit, Energie-abhängigkeit der implantierten Sauerstoffprofile	[6–64] 1991	II
Photolack auf Si		O	120 eV		Anisotropes Ätzen mit hoher Kantensteilheit	[6–41] 1989	Plasmastrahl-ätzen
Phosphorsilikatglas		CF$_4$/O$_2$-Gasgemische	> 20 eV		Unterschied zwischen isotropem und anisotropem Ätzen je nach Ionenenergie	[6–62] 1990	Plasma-Jet-Ätzen

mehrere Ionenstrahlen unter flachen Winkeln auf ein günstigerweise rotierendes Target gerichtet werden.

Für Ionenenergien > 1 keV und senkrechtem Beschuß erreicht man bereits das sich bis in den MeV-Bereich erstreckende Gebiet der Ionenimplantation: Dabei kann man zwischen Niederenergieimplantation (< 10 keV) und Hochenergieimplantation unterscheiden. Bei der Implantation mit niedrigen Energien werden nur oberflächennahe Bereiche bis zu einigen 10 nm durch direkte Bestrahlung bei gleichzeitiger relativ hoher Zerstäubungsausbeute modifiziert: Zu höheren Energien hin nimmt die Zerstäubungsausbeute im allgemeinen wieder ab, und die Ionen werden je nach Energie bis zu 1 μm tief in die Oberfläche eingeschossen, Bild 6–12a.

In dem folgenden Kapitel 6.3.2 werden aus dem breiten Spektrum neuerer Anwendungen der Ionenstrahltechnik einige Beispiele ohne Anspruch auf Vollständigkeit diskutiert, um Einblicke in die Möglichkeiten dieser Technik [6–49] zu geben. Dabei wird unter anderem der Einfluß der Energie und der elektrischen Ladung der Ionen auf die Keimbildung und das Wachstumsverhalten sowie auf die optischen, elektrischen und mechanischen Eigenschaften dünner Schichten gezeigt. Eine Zusammenstellung der Anwendungsbeispiele wird in Tabelle 6–2 gegeben. Weitere Übersichten über Anwendungen der IBD-Technik finden sich bei [6–47], [6–50], [6–51].

6.3.2 Beispiele

a) Primäre Ionenstrahlbeschichtung (PIBD) und Plasmastrahlbeschichtung

Der Schichtaufbau bei der PIBD erfolgt durch die Teilchen des Ionenstrahls selbst. Die von den Teilchen mitgebrachte kinetische Energie bewirkt eine bessere Verzahnung der Schicht mit der Substratoberfläche, und damit eine erhöhte Haftwahrscheinlichkeit. Zudem wird im Vergleich zu konventionellen Depositionsverfahren, bei denen die auftreffenden Teilchen nur geringe Energien besitzen, auch eine Dichteerhöhung der Schichten beobachtet. Der ionische Charakter der Beschußteilchen bewirkt in einzelnen Fällen verstärkte Oberflächenreaktionen bei der Deposition von Verbindungsschichten.

Die bei Strahlverfahren zusätzlich deponierte Energie verursacht zudem ein verändertes Keimbildungsverhalten zu Beginn des Schichtwachstums aufgrund erhöhter Oberflächenmobilität und -migration der deponierten Teilchen.

M.A. Hasan u.a. [6–10] schlossen aus Beobachtungen bei der Ionenstrahldeposition dünner In-Schichten auf Si_3N_4, daß in diesem Fall im Vergleich zur Molekularstrahlepitaxie (MBE) eine erhöhte Oberflächendiffusion der In-Atome bei Raumtemperatur erreicht wird. Während bei der MBE viele kleine Indium-Inseln bei der Bekeimung des Substrates entstanden, begünstigt die erhöhte Teilchenenergie (≤ 300 eV) der In-Ionen bei der PIBD ein schnelleres Wachstum größerer und gleichmäßigerer Inseln bei gleichzeitiger Verhinderung weiterer sekundärer Keimbildung.

Die kristalline Struktur dünner Schichten kann durch das zusätzliche Angebot energetischer Teilchen bei der Deposition geändert werden. Entsprechende Effekte, die gleichzeitig eine Variation der Massendichte, der optischen Dichte, der Porosität und der Oberflächentopographie der Schichten zur Folge haben können, sind speziell bei dielektrischen Schichten von großem Interesse. Im Vordergrund steht dabei eine gezielte Einstellung des Brechungsindexes. Durch ein verbessertes Korrosionsverhalten der durch den

Beschuß verdichteten Schichten kann auch eine erhöhte Lebensdauer erzielt werden. Die bei der PIBD mögliche Einhaltung niedriger Substrattemperaturen bei der Schichterzeugung ist in vielen Fällen ebenfalls von entscheidender Bedeutung, um unerwünschte Diffusions- oder Segregationsprozesse beispielsweise bei dotierten Substraten oder beim Einbringen von Dotierelementen während der Deposition zu vermeiden.

Si_3N_4-Schichten, die von *J. Ishikawa* u. a. [6–52] bei niedrigen Substrattemperaturen von ca. 100 °C durch den simultanen Beschuß von Saphirsubstraten mit Si-Clustern und energetischen Stickstoffionen (500 eV) hergestellt wurden, zeigten eine deutliche Erhöhung der optischen Transmission gegenüber Schichten, die mittels der Ionized Cluster Beam (ICB)-Technik aus Si-Clustern in Stickstoffatmosphäre abgeschieden wurden. Die optischen und elektrischen Eigenschaften der unter Ionenbeschuß hergestellten Schichten waren mit denen von CVD-Schichten vergleichbar, die bei 800 °C thermisch abgeschieden wurden. Mit derselben Apparatur erzeugten diese Autoren bei Substrattemperaturen von nur 100 °C SiO_2-Schichten, deren Herstellung üblicherweise durch Oxidation von Si in Sauerstoffatmosphäre bei ca. 1000 °C erfolgt.

Mittels der Ionenstrahltechnik lassen sich auch völlig neue, thermodynamisch nicht erzeugbare Legierungen mit neuen Materialeigenschaften herstellen. Da die Substrat- und Schichttemperaturen im Vergleich zu Sinterverfahren niedrig sind, kommt es nicht zu den bei Metallgemischen sonst typischen Ausflockungen der einzelnen Komponenten. Vielmehr werden bei den nicht thermodynamisch ablaufenden Ionenstrahlprozessen die jeweiligen Mischungsverhältnisse der beteiligten Spezies eingefroren.

Von *J. Ahn* u. a. [6–53] wurden Pb/Mg-Schichten durch sequentielle Ionenstrahldeposition von Pb- und Mg-Ionen hergestellt. Die für die direkte Ionenstrahldeposition charakteristische hohe Flexibilität bei der Parameterwahl erlaubt es, die experimentellen Bedingungen so zu wählen, daß auch bei einer sequentiellen Deposition der beiden Schichtelemente sowohl für die Haftwahrscheinlichkeit der auftreffenden Ionen ein Wert um 1 als auch ein völlig homogener Schichtaufbau durch atomare Durchmischung erzielt wird. Beugungsbilder im Transmissionselektronenmikroskop zeigten, daß solche Bedingungen z. B. erfüllt sind, wenn bei einer Ionenenergie von 50 eV jeweils 1 mC an Pb^+- oder Mg^+-Ionen sequentiell aufgebracht wird.

Die direkte Teilchenstrahldeposition mit Hilfe einer Plasmastrahlquelle ist besonders zur Herstellung elektrisch hochisolierender Schichten geeignet. *Kessler* u. a. [6–40] untersuchten bei der Plasmastrahldeposition dünner amorpher hydrogenisierter Kohlenstoffschichten (a: C–H) den Zusammenhang zwischen den Strahlparametern (Energie, Stromdichte, Zusammensetzung des Arbeitsgases) und der chemischen Zusammensetzung und Struktur der Schichten. Als Arbeitsgas benutzten sie CH_4/H_2-Gasgemische. Durch Variation der Energie und der Stromdichte der Ionenkomponente des Plasmastrahls gelang es, den Wasserstoffeinbau in den Schichten reproduzierbar zu steuern. Damit konnten z. B. die tribologischen, mechanischen und elektrischen Schichteigenschaften als Funktion des Wasserstoffgehaltes der Schichten quantitativ bestimmt werden [6–54]. Bei geeignet gewählten Strahlparametern war es möglich, durch Plasmastrahldeposition Schichten mit diamantähnlichen Eigenschaften bei niedrigen Substrattemperaturen (< 50 °C) herzustellen.

b) Sekundäre Ionenstrahlbeschichtung (SIBD)

Den Einfluß der Ionenenergie und der Positionierung des Substrats relativ zum Sputtertarget bei der Schichterzeugung durch Ionenstrahlzerstäubung von Molybdäntargets mit

216

Ar$^+$-Ionen wurde von *S. S. Sun* [6–55] untersucht. Je nach Energie- und Winkel-Kombination erzielte er starke Änderungen des optischen Reflexionsvermögens und der inneren Spannungen der auf Si (100)-Substraten deponierten Molybdänschichten.

B. D. Sartwell [6–56] untersuchte das Wachstumsverhalten von Cu-Schichten, die durch Ionenstrahlzerstäubung auf Si (100) unter gleichzeitigem Ar$^+$-Ionenbeschuß der aufwachsenden Schicht aus einer zweiten auf das Substrat gerichteten Ionenquelle erzeugt wurden. Ohne zusätzliche Ionenbestrahlung des Substrats ergab sich ein inselförmiges Wachstum der Schichten, bei dem sich bis zu einer nominellen Dicke von 18 Monolagen keine geschlossene Kupferschicht ausbildete. Beim Beschuß der aufwachsenden Schicht mit Ar$^+$-Ionen von 500 eV konnten dagegen dichte und nahezu monolagenweise aufwachsende Kupferschichten erhalten werden.

Von großem technischen Interesse ist die Abscheidung dünner stöchiometrischer Schichten aus oxidischen Hochtemperatursupraleitern. *A. I. Kingon* u. a. [6–57] entwickelten dazu eine computergesteuerte Ionenstrahlapparatur, mit der sie mittels sequentieller Ionenstrahlzerstäubung von Kupfer-, Barium- und Yttriumtargets bei simultanem Sauerstoffionenbeschuß der aufwachsenden Schichten supraleitende YBa$_2$Cu$_3$O$_{7-\delta}$-Schichten erzeugen konnten.

A. Bosseboeuf u. a. [6–58] erzeugten auf Si (100) Wafern amorphe WN$_x$ ($0,5 \leq x \leq 1$)-Schichten durch reaktive Ionenstrahlzerstäubung eines Wolfram-Targets mit Stickstoffionenstrahlen. Dabei wurde insbesondere der Einfluß der Ionenenergie im Bereich zwischen 500 eV und 3000 eV auf die Zusammensetzung und die elektrischen Eigenschaften der Schichten untersucht. Die Erhöhung der Ionenenergie bewirkte eine Abnahme der N-Konzentration in den Schichten und gleichzeitig eine Reduktion des elektrischen Widerstands. Die deponierten Schichten eignen sich als Diffusionsbarrieren, da selbst bei Temperaturen bis 700 °C keinerlei Diffusion beobachtet wurde.

Die Mikrostruktur sowie elektrische und mechanische Eigenschaften von Wolfram-Schichten, die mittels der Zweistrahltechnik deponiert wurden, waren Gegenstand einer Arbeit von *A. S. Kao* et al. [6–59]. Bei der alleinigen Ionenstrahlzerstäubung von W-Targets mit Ar$^+$-Ionen entstanden metastabile (β-Phase) Wolfram-Schichten mit hohen inneren Spannungen und niedriger elektrischer Leitfähigkeit. Bei zusätzlichem Ar$^+$-Ionenbeschuß der aufwachsenden Schichten wurde die Schichtspannung erniedrigt. Da sich unter Beschuß die kubisch raumzentrierte α-Phase von Wolfram einstellte, ergab sich weiter eine erhöhte elektrische Leitfähigkeit der Schichten.

c) Ionenstrahlätzen (IBE, reaktiv: RIBE) und Plasmastrahlätzen

Das Ätzen von Mikrostrukturen für Anwendungen in der Halbleiterindustrie basiert heute noch überwiegend auf naßchemischen Methoden. Die zunehmende Miniaturisierung erfordert jedoch in steigendem Maße anisotrope Ätzverfahren, bei denen der Ätzprozeß richtungsabhängig abläuft. Auch die Mikrosystemtechnik als ein neues Arbeitsgebiet zur Herstellung kleinster mechanischer Bauteile ist zunehmend auf anisotrope Strukturierungsmethoden angewiesen.

Hierfür bieten sich Plasma- bzw. Ionenätzverfahren unter Verwendung inerter oder reaktiver Gase an. Diese Methoden werden zusammenfassend als Trockenätzverfahren bezeichnet. Neben den herkömmlichen Plasmaätzverfahren werden immer mehr auch Ionenstrahl- und Plasmastrahlverfahren angewandt. Eine ausführliche Übersicht über verschiedene Trockenätzverfahren findet sich bei *R. A. Powell* [6–48].

Bei der Verwendung von Ionenstrahlen kann es bei der oftmals vorhandenen lateralen Modulation der Oberflächenleitfähigkeit von Ätzstrukturen zu lokalen Aufladungseffekten kommen, da auch beim Einsatz zusätzlicher Elektronenquellen eine vollständige Ladungskompensation schwierig ist. Die Ionentrajektorien in Oberflächennähe werden dann gestört, was zu unerwünschtem Unterätzen der Strukturen führt. Daneben kann es durch Aufladungseffekte zur Zerstörung bereits erzeugter Teilstrukturen aus vorangehenden Arbeitsschritten, wie etwa von Gate-Oxiden, kommen [6–60].

Eine weitere wichtige Anforderung an Trockenätzprozesse ist eine hinreichend niedrige Ionenenergie, um beschußinduzierte Strahlschäden zu minimieren. Wie bereits in Kapitel 6.2.1 diskutiert, liegt gerade hier der Schwachpunkt der Ionenstrahlquellen, da sie bei niedrigen Extraktionsenergien ($<$ 500 eV) nur stromschwache und meist divergente Ionenstrahlen liefern [6–19 und 6–61]. Ätzprozesse werden dann langwierig und kostenintensiv. Zudem ist die Erzeugung anisotroper Strukturen mit einer hohen Kantensteilheit dann nicht mehr gewährleistet.

Abhilfe schafft hier der Einsatz von Plasma-Jets und Plasmastrahlquellen mit ihren insgesamt elektrisch neutralen und auch im Niederenergiebereich ($<$ 150 eV) stromstarken Strahlen (siehe dazu auch Kapitel 6.2.3).

K. H. Kretschmer u.a. [6–62] demonstrierten mit einer ECR-Plasma-Jet-Anlage den Unterschied zwischen anisotropem und isotropem Ätzen von Phosphorsilikatglas mit CF_4/O_2-Gemischen als Arbeitsgas. Beim Betrieb mit Ionenenergien $\leq$ 30 eV erhielten sie wegen des ungerichteten Jets nur isotrop geätzte Strukturen. Nach Anlegen einer kleinen Hochfrequenzspannung an das Substrat erhöhte sich die Ionenenergie senkrecht zur Oberfläche aufgrund des Self-Biasing-Effekts am Substrat (siehe dazu auch Kapitel 6.2.3.2). Der Ätzprozeß konnte dann mit wesentlich erhöhter Anisotropie unter voller Ausnutzung der hohen Ionenstromdichte durchgeführt werden.

J. Waldorf u.a. [6–41] nutzten erstmalig die in Kapitel 6.2.3.2 beschriebene Plasmastrahlquelle zum Ätzen von Halbleiterstrukturen. Mit einem reinen Sauerstoffplasmastrahl gelang es, hochisolierende ca. 2 µm dicke Photolackschichten, die mit einer Spin-On-Glas-Maske mit charakteristischen Strukturen im µm-Bereich bedeckt waren, ohne jegliche Unterätzung mit hoher Kantensteilheit zu strukturieren.

d) Niederenergieimplantation

Beim Beschuß von Festkörperoberflächen für Teilchenenergien unterhalb 10 keV kommt es stets zu einer mehr oder minder starken Zerstäubung der Oberfläche. Bei Verwendung reaktiver Ionenstrahlen oder auch von Metallionen werden die Beschußteilchen jedoch gleichzeitig wegen der dann stattfindenden chemischen Reaktionen oder bei Legierungsbildung in die Oberfläche eingebaut. Oberhalb einer bestimmten Sättigungsfluenz für die Beschußionen kommt es so durch die Implantation der relativ niederenergetischen Strahlteilchen zur Ausbildung von dünnen und gleichzeitig sehr dichten Oberflächenschichten, in denen die Konzentrationsverhältnisse durch die Sättigungsstöchiometrie der aus den reaktiven Beschußteilchen oder den verwendeten Metallionen und dem Substratmaterial gebildeten Verbindung oder Legierung bestimmt wird. Die Dicke solcher Schichten und der Konzentrationsverlauf im Übergangsbereich zum ungestörten Substratmaterial wird zumeist durch das Implantationsprofil für die verwendeten Beschußteilchen festgelegt, d.h. durch die Beschußenergie sowie die Art der Beschußionen und des Substratmaterials.

Von großer praktischer Bedeutung ist, daß auch durch Niederenergieimplantation dichte Oberflächenschichten bei im Prinzip beliebig niedrigen Substrattemperaturen hergestellt werden können. Auf diese Weise erzeugten *H.J. Füßer* u.a. [6−63] sehr dichte stöchiometrische Si_3N_4-Schichten durch den Beschuß von Si-Wafern mit reinen Stickstoffionenstrahlen. Bei einer Strahlenergie von 5 keV und für Fluenzen oberhalb von 10^{18} Ionen/cm^2 betrug die Schichtdicke ca. 120 Å.

Bei entsprechenden Untersuchungen zur Erzeugung von Oberflächenoxiden unter reinem Sauerstoffionenbeschuß bildet sich an Si eine dichte SiO_2-Oberflächenschicht aus, sobald das Gleichgewicht zwischen Zerstäubungsabtrag und Oxidbildung durch Sauerstoffimplantation erreicht wird. Im Gegensatz dazu entsteht beispielsweise an polykristallinem Ti keine stationäre Oberflächenoxidschicht. Vielmehr wird Sauerstoff durch strahlungsinduzierte Diffusionsprozesse unterhalb der sich ausbildenden TiO_2-Oberflächenschicht immer tiefer in das Ti-Substrat hineintransportiert [6−64].

6.4 Teilchenstrahlunterstützte Beschichtung (IBAD)

6.4.1 Grundprinzipien

Die teilchenstrahlunterstützte Beschichtung, meist als IBAD (Ion Beam Assisted Deposition), manchmal auch als IBED (Ion Bean Enhanced Deposition), IAD (Ion Assisted Deposition), IVD (Ion Vapour Deposition), Dynamic Recoil Mixing oder Ion Beam PVD bezeichnet, läßt sich sowohl von der Ionen(strahl)implantation als auch von den PVD-Verfahren ableiten. Im ersteren Fall wird ein Ionenbeschleuniger (siehe Abschnitt 6.5) am Targetende um eine Vakuumbeschichtungskammer ergänzt, im zweiten Fall wird in oder an einer PVD-Anlage eine Ionenquelle ein- oder angebaut. Der Hauptunterschied zwischen Ionenstrahl- und Plasmaverfahren besteht darin, daß die Ionen, die auf den wachsenden Film auftreffen, im ersteren Fall aus einer Quelle mit definierter Öffnung als Strahl, im zweiten Fall aus einem eher diffusen Plasma beschleunigt werden. Das führt dazu, daß beim Ionenstrahlbombardement die Energie, Richtung und Art der Ionen streng definiert und in weiten Grenzen variierbar ist. Beim Plasmabombardement ist das nur in wesentlich engeren Grenzen der Fall. Da der Ionenstrahl diese Technik von anderen Verfahren abgrenzt, sollte er in der Bezeichnung auch auftauchen. In Bild 6−13 ist das Grundprinzip von IBAD − im weiteren soll diese Bezeichnung benutzt werden − dargestellt. Durch den Ionenstrahl wird der wachsenden Schicht Energie zugeführt und zwar entweder in Form von Elektronenanregung (electronic stopping) oder von Atomstößen (nuclear stopping). Ersteres führt bei Substraten und Schichten, die als chemische Verbindung vorliegen, zu chemischen Veränderungen, bei Elementen dagegen nur zu Aufladungserscheinungen.

Letzteres bewirkt eine Reihe von Prozessen, die die Eigenschaften des Schicht/Substrat-Systems stark beeinflussen. Die wichtigsten sind vor bzw. zu Beginn der Abscheidung:

− Reinigung des Substrats,

− Durchmischung und Verbreiterung des Grenzbereichs Schicht/Substrat.

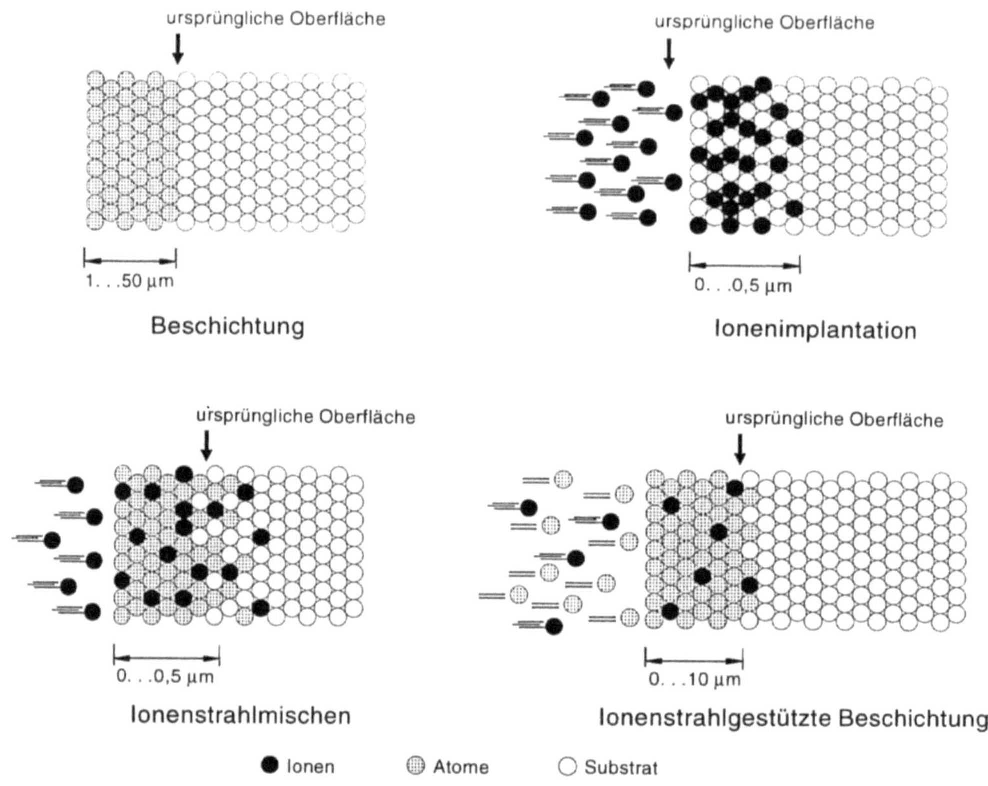

Bild 6−13. Prinzipdarstellung der ionenstrahlgestützten Beschichtung.

Während des Aufwachsens der Schicht:

− Oberflächendiffusion,

− Verdichtung der Schicht,

− manchmal Ausbildung spezieller Morphologien oder Texturen,

− manchmal Phasenbildung oder Amorphisierung.

Beide Wechselwirkungsarten führen zu Defekten in Schicht und Substrat und zur Erhöhung der Substrattemperatur.

Für ein gegebenes System hängen diese Vorgänge direkt von der Ionendosis bzw. Fluenz (Ionen/cm^2) und dem Ionenfluß (Ionen/cm$^2 \cdot$ sec) ab. Die relativen Anteile der elektronischen und Stoßwechselwirkung sind wiederum von der Ionenmasse und Ionenenergie abhängig. So gibt z.B. in Nickel ein 100 keV He$^+$-Ion 99% seiner Energie durch elektronische Wechselwirkung, ein 10 keV Ni$^+$-Ion bereits 90% durch Stoß ab.

Wenn man die ionenstrahlgestützte Beschichtung im einfachsten Fall als eine Kombination einer „Atomquelle" mit einer Ionenquelle begreift, dann gibt es eine Reihe von Möglichkeiten, dies zu verwirklichen. Deren wichtigste sind schematisch in Bild 6−14 zusammengestellt [6−65].

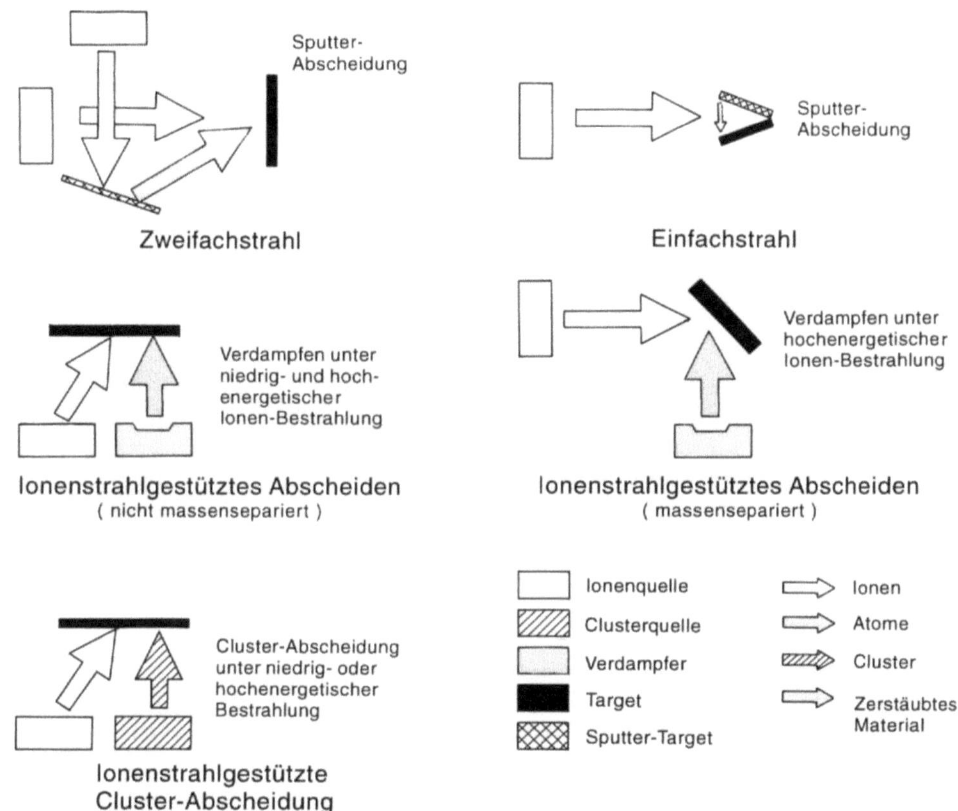

Bild 6–14. Schematische Darstellung von möglichen Kombinationen von „Atomstrahl" und Ionenstrahl bei IBAD.

Oben ist eine Anordnung mit zwei Ionenquellen gezeigt: Die Ionen der Quelle 1 erzeugen über den Beschuß eines Sputter-Targets die Atome, die auf das Substrat auftreffen. Die Ionen der 2. Quelle dienen zum direkten Beschuß der aufgestäubten Schicht.

Darunter ist ein Arrangement gezeigt, bei dem man nur eine Quelle benötigt: Der Strahl trifft sowohl das Sputtertarget als auch das Substrat mit den aufgestäubten Atomen. Diese Anordnung ist schlecht definiert und nicht unabhängig kontrollierbar, sie kann aber für Besitzer eines Ionenbeschleunigers eine preiswerte Möglichkeit sein, IBAD- und Ionenstrahlmischprozesse zu untersuchen.

Eine weitere Möglichkeit ist die Kombination einer Ionenquelle mit einer Verdampferquelle, wobei letztere sowohl ein thermischer als auch ein Elektronenstrahlverdampfer sein kann. Ersetzt man die Ionenquelle durch einen Ionenbeschleuniger, so kann der Beschuß auch mit einem massenanalysierten Ionenstrahl erfolgen. Schließlich ist es möglich, eine Quelle für die Erzeugung von Clusterionen mit einer normalen Ionenquelle zu kombinieren.

Tabelle 6–3. Übersicht über einige für die ionenstrahlgestützte Beschichtung geeigneten Ionenquellen

Quellentyp	Prinzip	Energie + Strombereich	Sonstiges
1 Kaufman	Glühkatode	0,1–5 kV 10–1000 mA	Großflächenquelle für Inertgase
2 MW (ECR)	Mikrowellenanregung (ECR)	0,02–1 kV 1–50 kV 1–100 mA	Großflächenquelle für Inert- und Reaktivgas
3 RF	RF-Anregung	0,1–3 kV 10–1000 mA	Inert- und Reaktivgas
4 Anatech	Filamentlose Elektronenemission	0,1–1,5 kV 20 mA	Großflächenquelle für Inert- und Reaktivgase
5 Multicusp Bucket	Glühkatode + magnet. Konfinement	3–100 kV 10–500 mA	Großflächenquelle für Inertgase
6 Duoplasmatron	Glühkatode	3–50 kV 10 mA	Für Inertgase

6.4.2 Ionenstrahlerzeugung

Ionenquellen der verschiedensten Art dienen der Ionenerzeugung in IBAD-Anlagen. Soweit ein Ionenbeschleuniger zur Strahlerzeugung benutzt wird, sind die wichtigsten relevanten Quellen im Kapitel 6.5 beschrieben. Für die direkte Bestrahlung der wachsenden Schicht kommen naturgemäß im wesentlichen Großflächenquellen bzw. solche mit einem akzeptablen Strahlquerschnitt in Frage. Die wichtigsten in IBAD-Anlagen verwendeten Quellen sind in Tabelle 6–3 zusammengestellt.

Die Quellen 1–3 sind bereits in Kapitel 6.2 beschrieben worden. Daher sollen hier nur die Quellen 4–6 erläutert werden, wobei die Quelle 4 mehr im Niederenergiebereich (< 2 keV), die Quellen 5 und 6 dagegen im Mittel–Hochenergiebereich > 3 keV eingesetzt werden.

Eine Niederenergiequelle ohne Glühkatode wird von der Firma Anatech hergestellt [6–66]. Deren Funktion läßt sich als eine Kombination von Hohlkatoden und Penningquelle auffassen. Der Strahl wird durch eine Lochplatte extrahiert und durch die leichte Divergenz erreicht man einen entfernungsabhängigen Strahlquerschnitt.

In den meisten japanischen und einigen europäischen Anlagen werden sog. Bucket- oder Multicusp-Quellen eingesetzt. Als Beispiel sei in Bild 6–15 die bei GSI-Darmstadt entwickelte MUCIS-Quelle im Querschnitt gezeigt [6–67]. Sie besteht im wesentlichen aus zwei Katoden und einem Anodenkörper. Jede Katode trägt 4–6 geheizte Filamente. Um eine konstante Ionendichte zu erzielen, wird der Plasmagenerator rundum von magnetischen Multipolfeldern gegen Ionen- und Elektronenverlust geschützt. Die Extraktion erfolgt mittels einer Accel-Decel-Elektrodenanordnung durch eine Lochplatte. Derartige Quellen liefern Ionen von einigen keV bis 100 keV, die Ionenströme können leicht 100 mA übersteigen. Der Strahl ist je nach Konstruktion und Abstand über 10–50 cm Durchmesser weitgehend homogen.

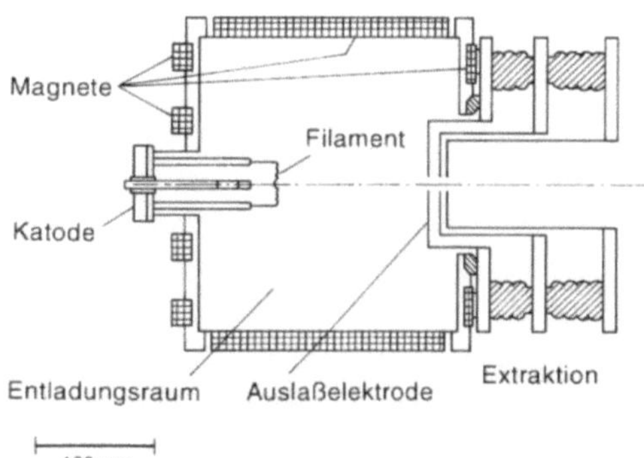

Bild 6–15. Querschnitt einer Multicusp- oder Bucketquelle für hohe Ionenströme bei mittlerer Energie.

Für kleinere Strahlquerschnitte und Ionen mittlerer Energie läßt sich auch das Duoplasmatron einsetzen, das ursprünglich für fokussierte Ionenstrahlen in Beschleunigern entwickelt wurde [6–68]. Es besteht aus einer Glühkatode, einer Zwischenelektrode und der Anode. Durch den zweigeteilten Plasmaraum vor und hinter der Zwischenelektrode läßt sich eine sehr effektive Ionisierung erreichen. Als Extraktion kann wieder eine Accel-Decel-Elektrodenkombination verwendet werden. Mittels einer Defokussierelektrode läßt sich der Strahl bis auf 5 cm Durchmesser aufweiten. Bei dieser Quelle erhält man kein uniformes Strahlprofil wie bei den oben genannten, sondern eine abgeflachte Gausverteilung der Ionen um das Strahlzentrum.

6.4.3 Anlagen für die ionenstrahlgestützte Beschichtung (IBAD)

In Bild 6–14 wurden bereits die prinzipiell möglichen Kombinationen von Ionenquelle und „Atomquelle", die zusammen eine IBAD-Anlage ergeben, zusammengestellt. Mehrere dafür geeignete Ionenquellen sind in Tabelle 6–1 aufgeführt. Da als „Atomquelle" verschiedene Sputteranordnungen und verschiedene Verdampfer in Frage kommen, sind die Möglichkeiten, eine Anlage zusammenzustellen, beliebig groß. Daher sollen in diesem Abschnitt nur die verschiedenen Grundtypen beschrieben werden. Das Auswechseln des Ionenquellentyps oder des Verdampfers bzw. der Sputterquelle bleibt der Fantasie des Lesers überlassen.

Weitere Unterscheidungsmerkmale ergeben sich aus der unterschiedlichen Art der Prozeßkammern und Substratmanipulatoren.

Anlagen auf der Basis Oberflächenzerstäubung:

Typische Anlagen dieser Art werden meist als Zweiquellen- oder Zweistrahlanlagen bezeichnet. Der Strahl einer Quelle dient der Zerstäubung eines geeigneten Targets, der der anderen dem Bombardement des aufwachsenden Films. Eine typische Anordnung ist in Bild 6–16a zu sehen [6–69]. Die beiden Quellen können z. B. Kaufmannquellen sein. Die stärkere Quelle wird mit Argon im Energiebereich 0,5 keV betrieben und zum Sputtern verwendet, die schwächere, die aber einen breiteren Energiebereich abdecken sollte, zum Bombardement des Films. Eine höhere Flexibilität für Experimente erhält man, wenn sich mit der zweiten Quelle auch reaktive Ionen (Stickstoff, Sauerstoff, Fluor usw.) erzeu-

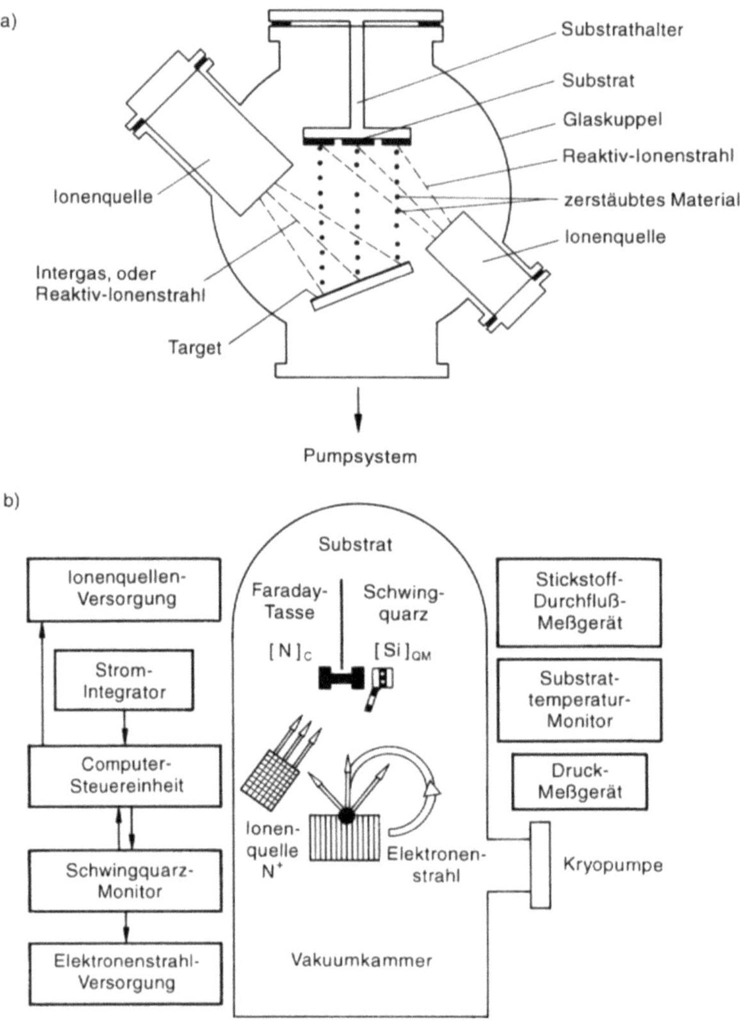

Bild 6–16.
a) Typische Zweistrahl-(Dual Beam)-Anordnung für ionenstrahlgestützte Beschichtung.
b) Kompakte IBAD-Anlage, die mit einer Elektronenstrahlkanone und einer kleinen Kaufmanquelle für 500–1000 eV Ionen nach [6–70] ausgerüstet ist.

gen lassen, wie es z. B. bei Mikrowellenquellen der Fall ist. Neben vielen Vorteilen haben
die Zweistrahlanlagen den Nachteil, daß bei den üblicherweise verwendeten Quellen das
Schichtwachstum ziemlich langsam ist. Daher gibt es Tendenzen, Ionenquellen mit
Magnetronsputteranlagen zu kombinieren. Hier taucht jedoch das Problem auf, daß die
meisten Ionenquellen bei Drücken oberhalb 10^{-4} bar keine definierten Ionenstrahlen mehr
liefern. Hier muß entweder aufwendig differenziell gepumpt werden oder man bewegt das
Substrat schnell zwischen Sputterbereich und Ionenquellenbereich hin und her (Flip-Flop

oder Pseudo-IBAD-Methode). Interessante Bemühungen in dieser Richtung sind in mehreren Labors im Gange.

Anlagen auf der Basis Verdampfung

Die Kombination einer Ionenquelle mit einer Verdampferquelle bietet sich besonders an, weil beide im gleichen Druckbereich optimal arbeiten und weil sich die kleineren der geigneten Ionenquellen in der Regel problemlos in kommerzielle Aufdampfanlagen einer bestimmten Mindestgröße einbauen lassen.

Bild 6–16b zeigt schematisch eine kompakte Anlage, bei der ein Elektronenstrahlverdampfer mit einer kleinen Kaufmanquelle (E 0,5–1 keV) kombiniert wurde [6–70]. Die entsprechenden Versorgungen bzw. Kontrollen sind angegeben.

Während die Mehrzahl der bisher aufgebauten Anlagen mit Niederenergiequellen (E < 2 keV) arbeitet, haben einige Arbeitsgruppen – mit eindeutigem Schwerpunkt in Japan – auch Hochenergiequellen mit Verdampfern gekoppelt. Die Darstellung in Bild 6–17 zeigt als Beispiel die Anlage, die im Labor des Verfassers aufgebaut wurde, und sich durch besondere Flexibilität auszeichnet [6–71]. Als Basisgerät dient die Leybold-Beschichtungsanlage A 1100, die hier mit einem 6 kW-Springtiegelelektronenstrahlverdampfer ausgerüstet ist. Für die Ionenbestrahlung der wachsenden Schicht stehen zwei Quellen zur Verfügung: eine Multicusp-Anordnung, die im Energiebereich 3–35 keV bis zu 100 mA Strahlstrom über eine Fläche von ca. 30 cm Ø liefert und eine Anatech-Niederenergiequelle (0,1–1,3 keV), deren Strahlstrom von maximal 20 mA Bestrahlungen von ca. 15 × 15 cm² großen Flächen erlaubt. Durch die Doppelquellenanordnung läßt sich die Anlage auch in „Dual Beam Mode" betreiben. Dabei dient die Hochenergiequelle als Sputterquelle, deren Ionen auf ein geeignet angeordnetes Sputtertarget fallen, und die Niederenergiequelle in einer räumlich anderen Anordnung, wie in Bild 6–17 gezeigt, zur Bestrahlung des aufgestäubten Films.

Anlagen unter Verwendung von Ionenbeschleunigern

Wie schon weiter oben erwähnt, läßt sich auch ein Ionenbeschleuniger als Ionenquelle für eine IBAD-Anlage verwenden [6–72]. Bei derartigen Systemen kann der Strahl aus dem Beschleuniger in eine Beschichtungskammer eintreten, die einen Verdampfer oder eine Sputterquelle enthält. Dadurch ist sowohl Zerstäubung als auch Bedampfung simultan bzw. alternierend mit Ionenbestrahlung möglich. Als Vorteil derartiger Anlagen erweist sich der massenanalysierte Ionenstrahl, als Nachteil der 90°-Winkel zwischen Ionen- und Atomeinfallsrichtung und die für Beschleuniger typische gute Fokussierung des Strahls, die für größere Flächenbombardements ungünstig ist.

Substrathalterung, Schichtdiagnostik

Der größere Teil der weltweit aufgebauten IBAD-Anlagen besitzt nur relativ kleine Bestrahlungskammern und ist nur für die Beschichtung kleiner Flachproben optimal ausgerüstet. Will man auch Zylinderproben behandeln, so ist wegen der geringen Streuung des Ionenstrahls eine motorgetriebene Rotationseinrichtung notwendig. Anlagen für die Beschichtung größerer und komplex geformter Werkstücke benötigen größere Vakuumkammern und komplexe Manipulationseinrichtungen, wie kippbare rotierende Probenteller, Planetengetriebe, Verschiebetische, Wickelvorrichtungen usw. Auf die Beschich-

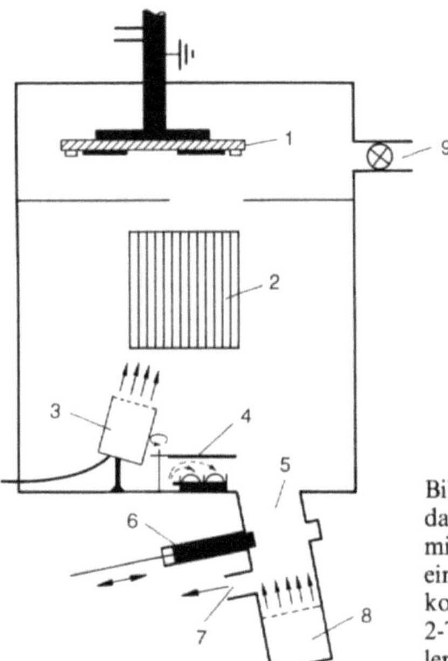

Bild 6-17. Schema einer IBAD-Anlage, in der eine Verdampferquelle (Elektronenstrahl-Zweitiegelverdampfer) mit einer Niederenergie-Ionenquelle 3 (0,1–1,3 keV) und einer Breitstrahlmittelenergie-Ionenquelle 5, 8 (3–35 keV) kombiniert ist [6–71]. Substrathalter 1, Pumpöffnung 2, 2-Tiegel-Elektronenstrahlverdampfer 4, Ventil zur Quellenabschottung 6, Pumpstutzen 7, 9.

tung von Pulvern wird in Kapitel 6–6 eingegangen. Als Beispiel für eine dafür geeignete Kammer sei die in Bild 6–17 schematisch dargestellte Anlage in Bild 6–18 fotografisch reproduziert. Der Kammerdurchmesser beträgt hier ca. 1 Meter.

Zusätzlich zu der Probenmanipulation müssen die Kammern genügend Platz für die Beschichtungskontrolleinrichtungen bieten. Hier sind zu nennen:

– Schichtdickenkontrolle für die Bedampfung, in der Regel ein Schwingquarz, eventuell auch eine Einrichtung zur Dampfdichtemessung wie Quadrupolmassenfilter oder Sentinel.

– Ionenstrommessung, meist eine Faradaytasse mit Stromintegrator, zur Strahlhomogenitätsmessung muß diese lateral beweglich sein.

– Druckmessung und Gasdurchflußmessung für eventuelle Reaktivgase sowie Substrattemperaturmessung.

Ein bisher noch nicht befriedigend gelöstes Problem ist hierbei die Schichtdickenmessung unter Ionenbestrahlung. Da der Schwingquarz vom Ionenstrahl abgeschirmt werden muß, kann der durch Oberflächenzerstäubung bewirkte Dickenverlust nur abgeschätzt oder durch Eichung bestimmt werden. Hier sind „in situ"-Prozeßkontrollmethoden (Optische Methoden, Röntgenfluoreszenz usw.) gefordert [6–73], die jedoch z. T. nicht kommerziell erhältlich sind. Ein weiteres meßtechnisch schwer zu erfassendes Problem sind die Neutralteilchen im Ionenstrahl, durch die insbesondere die laterale Homogenität über den Strahlquerschnitt beeinflußt wird. Dieser Parameter ist stark druckabhängig und daher schlecht reproduzierbar. Bei Drücken $< 10^{-4}$ bar dürfte er jedoch vernachlässigbar sein.

226

Bild 6–18. Blick in die IBAD-Anlage
im Labor des Verfassers. Eine Multi-
cusp-Ionenquelle ist rechts unten an
die Kammer der Leybold A 1100 angeflanscht, eine Anatech-Niederenergiequelle hinter den Elektronenstrahlverdampfer montiert.

6.4.4 IBAD-Verfahrenstechnik

Mittels der IBAD-Technik lassen sich praktisch alle Beschichtungsarten aufbringen, die
auch mittels anderer PVD-Verfahren zugänglich sind. Besonders zu unterscheiden ist zwischen Schichten aus einem Element und solchen, die aus chemischen Verbindungen
bestehen. Während die elementaren Schichten in der Regel durch Kondensation unter
Beschuß mit Edelgasionen aufwachsen, gibt es bei den Verbindungsschichten mehrere
Möglichkeiten. Entweder der Beschuß erfolgt mit reaktiven Ionen, während das Element
aufgedampft bzw. aufgestäubt wird – ein Beispiel wäre eine Chromverdampfung und ein
Beschuß mit Stickstoffionen zur Erzeugung von Cr_2N-Schichten – oder Edelgasionen
werden aus der Quelle extrahiert und das Schichtwachstum findet in einer reaktiven
Atmosphäre statt; z.B. kann Titan bei 10^{-4} bar Stickstoffdruck unter Beschuß mit Argonionen zur Erzeugung von TiN aufgedampft werden.

Wenn die Affinität des reaktiven Ions zum kondensierenden Metall nicht sehr hoch ist,
führt nur die Methode 1 oder eine Kombination von 1 und 2 zum Ziel. Falls die erwünschte Stöchiometrie der Beschichtung nicht erreicht wird, kann das Verdampfen oder Zerstäuben einer Verbindung weiterhelfen. So kann CrN als Schicht durch Zerstäuben von
CrN und Stickstoffionenbeschuß erhalten werden.

6.4.4.1 Prozeßführung

Ein besonderer Vorteil von IBAD liegt in der großen Flexibilität der Prozeßführung und
der guten Parameterkontrolle. Nur einige der vielfältigen Möglichkeiten sind in Bild
6–19 zusammengestellt. Zunächst läßt sich die Ionenquelle einfach zur Reinigung des
Substrats durch Zerstäuben einsetzen, die eigentliche Schicht wird dann durch Aufdampf-

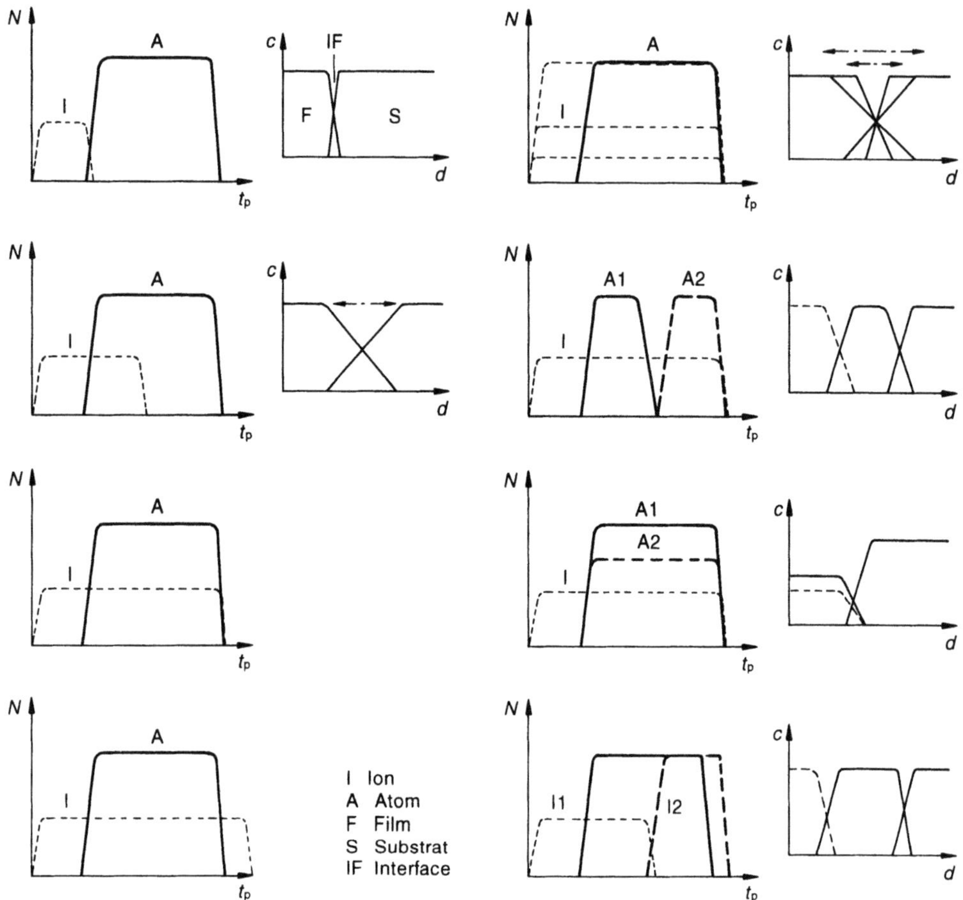

Bild 6–19. Verschiedene Möglichkeiten, um einen ionenstrahlgestützten Verdampfungsprozeß ablaufen zu lassen (nach [6–65]). Die Zahl der am Substrat ankommenden Atome oder Ionen sind gegen die Zeit aufgetragen. Daneben sind schematisch die entstehenden Schichten aufgezeigt (c = Konzentration, d = Abstand von der Oberfläche).

fen oder Aufstäuben aufgebracht. Da beides in derselben Vakuumkammer abläuft, läßt sich der Ionenbeschuß auch noch während der Anfangsphase der Schichtkondensation aufrecht erhalten, so daß es zu einer Durchmischung des Grenzbereichs Schicht/Substrat kommt.

Der Regelfall der Prozeßführung ist die Ionenbestrahlung vor und während der Schichtkondensation. Dabei dient der Beschuß einmal zur Grenzschichtdurchmischung, zum anderen zur Beeinflussung zahlreicher anderer Schichteigenschaften (siehe auch Abschnitt 6.4.5). Um hier die gewünschten Effekte zu erzielen, läßt sich sowohl die Energie als auch die Intensität der Ionenbestrahlung in weiten Grenzen variieren. Letzteres wird meist als Ionen/Atomverhältnis (I/A) oder Ionen/Atom-Ankunftsrate ausgedrückt. Dabei kann diese auch während des Prozesses geändert werden, z.B. um eine intensive Grenzschichtdurchmischung mit einem moderaten Schichtbombardement zu kombinie-

228

ren. Neben den genannten Parametern kann, wie oben schon ausgeführt, auch noch die Ionenart variiert werden, was den Impulsübertrag auf die Atome und bei reaktiven Ionen die „Chemie" des Systems beeinflußt. Ebenso wird letzteres durch den Restgasdruck im Rezipienten verändert.

Weitere Möglichkeiten der Prozeßführung liegen in der Herstellung von Mehrkomponentenschichten:

Ein Metalloxinitrid läßt sich entweder durch Beschuß mit Sauerstoffionen in stickstoffhaltigem Restgas, bzw. umgekehrt, oder durch Beschuß mit einem Ionengemisch oder durch Edelgasionenbombardement in einem sauerstoff- und stickstoffhaltigen Restgas herstellen. Die aus den verschiedenen Methoden resultierende stöchiometrische Zusammensetzung hängt von den Partialdrücken bzw. Ionenintensitäten und der Reaktivität zwischen Metall- und Nichtmetall ab. Als allgemeine Regel läßt sich postulieren, daß Reaktionen mit dem Restgas eine hohe Reaktionsfähigkeit des Metalls voraussetzen, während mit dem Reaktivionenstrahl grundsätzlich auch Reaktionen mit stark positiver Bildungsenthalpie möglich sind. So sind Titanverbindungen (Nitrid, Karbid, Karbonitrid, Oxinitrid) mit allen Methoden machbar, während man für Bornitrid eine Stickstoffionenbestrahlung benötigt.

Schichten, die mehrere Metallarten enthalten (TiAlN etc.) erfordern eine kontrollierte Verdampfung oder Zerstäubung der Metallmischung aus einem oder besser mehreren Tiegeln bzw. Sputtertargets. Schließlich sollen noch Zwei- oder Mehrlagenschichten erwähnt sein, die mittels IBAD ebenfalls leicht zugänglich sind. Besonders interessant ist die Möglichkeit, den Übergangsbereich zwischen den Einzelschichten breit oder schmal zu machen (durch I/A-Variation).

Außerdem können die verschiedenen Teilschichten mit unterschiedlichen Ionenintensitäten beschossen werden. Ein Beispiel für Mehrlagenschichten [6–74] ist Ti/TiC/C, bei der zunächst Titan unter Argonionenbeschuß augedampft wird, gefolgt von Argonionenbeschuß unter Äthyleneinleitung in die Targetkammer, gefolgt von Kohlenstoffverdampfung unter Argonionenbeschuß aus einem zweiten Tiegel. Eine derartige Schicht ist sowohl verschleißmindernd (TiC) als auch reibungsarm (amorpher Kohlenstoff).

Ein Beispiel für Multilagenschichten ist $Cr/CrN_x/Cr/CrN_x\ldots$ Diese wird durch Aufdampfen von Chrom unter Argonionenbeschuß und periodisches Einspeisen von Stickstoffgas in die Targetkammer hergestellt. Moduliert man den Ionenstrahl in geeigneter Weise, so kann die Chromteilschicht mit wesentlich geringerem I/A-Verhältnis als die CrN_x-Teilschicht hergestellt werden. Das hat den Vorteil, daß die Druckspannungen der CrN_x-Teilschicht durch Zugspannungen in der Cr-Teilschicht gemildert werden können (siehe Abschnitt 6.4.5).

Bei der Variation der Ionen/Atom-Auftreffrate ist zu beachten, daß diese nicht beliebig hoch gewählt werden kann, weil durch den Sputtereffekt die Dicke der aufwachsenden Schicht gegenüber einer reinen Verdampfung oder Zerstäubung vermindert wird. Bei zu hohem I/A-Verhältnis bildet sich dann überhaupt keine Schicht mehr, es kommt nur noch zur Ionenimplantation. Bei einem Sputterkoeffizienten von 10 wäre z.B. ein I/A-Verhältnis 0,1 nicht mehr sinnvoll. Diese Sputterlimitierung ist natürlich wie der Sputterkoeffizient von der Ionenenergie und dem Filmelement abhängig. Im Niederenergiebereich < 1 keV lassen sich daher wesentlich höhere I/A-Verhältnisse realisieren.

Zum Schluß soll noch auf Gleichmäßigkeitsprobleme eingegangen werden. Durch die erwähnte Oberflächenzerstäubung des Films durch die Ionen kann es zu ungleichmäßiger Filmschichtdicke kommen [6–75], und zwar:

1. Wenn das Strahlprofil nicht gleichmäßig ist, wird die Probenmitte stärker durch Sputtern verdünnt als die Probenseiten [6–73].

2. Wenn das Strahlprofil zwar gleichmäßig, die Probenoberfläche aber gekrümmt ist, fällt der Strahl unter verschiedenen Winkeln ein. Der vom Einfallswinkel abhängige Sputterkoeffizient bewirkt dann ebenfalls eine ungleichmäßige Schichtdicke.

Da auch weitere Effekte (siehe 6.4.5) von der Strahlintensität abhängen, ist auf die Homogenität und auf eine sorgfältige Manipulation nicht ebener Proben unbedingt zu achten.

6.4.4.2 Vor- und Nachteile, Verfahrensvergleich

Die IBAD-Technik hat eine Reihe von Vor- und Nachteilen gegenüber anderen Methoden, von denen die wichtigsten hier genannt seien:

Vorteile:

- Niedertemperaturverfahren (< 250 °C);
- sehr gute Schichtadhäsion;
- innerhalb bestimmer Grenzen einstellbare Interfacebreite bzw. Schichtüberlappung;
- Nichtgleichgewichtsverfahren, metastabile und amorphe Strukturen sind möglich;
- Energie, Intensität und Einfallswinkel der Ionen sind weitgehend frei wählbar;
- Multifunktions- und Multilagenschichten sind leicht herstellbar;
- Stöchiometrieabweichungen von Verbindungsschichten können durch reaktiven Ionenstrahl ausgeglichen werden;
- mittels Mikrostrahlen sind lokal begrenzte Beschichtungen im µm-Maßstab möglich;
- umweltfreundliche Gasphasentechnik.

Nachteile:

- Zusätzliche Kosten entstehen durch Einbau einer Ionenquelle;
- Ionenbestrahlung ist ein „Sichtlinienprozeß“, daher ist eine aufwendige Probenmanipulation nötig;
- Bei einigen Verfahrensvarianten sind die Beschichtungsraten niedrig;
- Der Entwicklungsstand der Verfahrenstechnik ist noch nicht befriedigend.

Aus dieser Aufzählung ergibt sich als derzeit am besten geeignetes Anwendungsfeld:

„Die Beschichtung von High-Tech-Erzeugnissen in Fällen, in denen niedere Substrattemperatur, hohe Adhäsion, dichte Schichten und gezielte Einstellung von Schichteigenschaften eine besondere Rolle spielen. Dazu kommen Mehrlagen- oder Multischichten mit kontrolliert gradiertem Übergangsbereich zwischen den Einzelschichten“.

Im Vergleich mit CVD-Verfahren kann IBAD zwar deren Streukraft und Aufwachsraten nicht erreichen, ist aber bezüglich geringer Substrattemperatur und Umweltfreundlichkeit überlegen.

Bei den PVD-Verfahren bieten das reine Aufdampfen und Magnetronsputtern höhere Aufwachsraten oder ermöglichen die Beschichtung größerer Flächen im Vergleich mit modernen IBAD-Anlagen. Dafür sind wieder die gute Adhäsion bei niedrieger Substrattemperatur, die geringe Schichtkontamination und die exakte Kontrollierbarkeit des Ionenbeschusses (z.B. zur Erzielung spezieller Schichteigenschaften) positiv zu bewerten.

Für den Ionenbeschuß gibt es zwei grundsätzliche Möglichkeiten: Entweder man verwendet Niederenergiequellen (z.B. $0,1-5$ keV Ionenenergie) und befindet sich damit in dem Energiebereich der Ionen in Plasmaanlagen, oder man arbeitet in dem aus der Ionenimplantation bekannten Energiebereich (z.B. einige keV bis einige 100 keV) und erweitert damit die Wirkungen des Beschusses.

Die Niederenergiequellen haben dabei einige Vorteile, z.B. sind sie preiswerter, kompakter und verursachen weniger Strahlenschäden im Substrat oder in der Schicht. Man wird sie daher immer dann einsetzen, wenn Substrat oder Schicht empfindlich sind – wie Halbleiter, optische Materialien usw. – oder, wenn man die Möglichkeiten der hohen Energie nicht benötigt. Als deren Vorzüge wäre zu nennen:

– Erzeugung einer breiten Grenzschicht zwischen Substrat und Beschichtung mit besonders guter Adhäsion;

– Möglichkeit, in der Grenzschicht spezielle Phasen oder Verbindungen zu erzeugen;

– Bereitstellung von Energie für einen wachsenden Film mit nur geringem Einbau an Beschußteilchen;

– zusätzliche Verwendung der Ionenquelle für effektives Oberflächenzerstäuben (Substratreinigung, Sputterbeschichtung).

Diese Vorteile sind eher bei robusten Materialien wie Keramiken und Metallen ohne die genannten Nachteile anwendbar.

6.4.5 Exemplarische Beispiele für Anwendungen

Entsprechend der methodischen Auslegung dieses Bandes soll auf eine umfassende Behandlung der IBAD-Anwendung verzichtet werden. Statt dessen mögen einige wenige Beispiele das Anwendungspotential der Methode illustrieren. Für eingehende Studien sei auf eine Reihe von neueren Büchern und Übersichtsarbeiten verwiesen [6–76 bis 6–79]. Den interessantesten Aspekt der ionenstrahlgestützten Beschichtung bietet die Möglichkeit, aufgrund der in weiten Grenzen variierbaren Ionenstrahlparameter zahlreiche Eigenschaften eines Films oder einer Beschichtung unabhängig variieren und optimieren zu können. Bei den anderen PVD-Verfahren bedingt eine Änderung der Ionenbeschußdichte meistens auch eine Änderung weiterer Prozeßgrößen.

In Tabelle 6–4 wird versucht, die komplizierten Zusammenhänge zu illustrieren. Makroskopische Eigenschaften wie Adhäsion oder Eigenspannungen einer Beschichtung hängen demnach von mikroskopischen Eigenschaften wie Zusammensetzung, Reinheit, Struktur und Morphologie ab. Diese lassen sich durch Prozeßgrößen wie Gasdruck,

Tabelle 6-4. Die wechselseitige Abhängigkeit von makroskopischen und mikroskopischen Filmeigenschaften von den IBAD-Prozeßparametern.

Filmeigenschaft	abhängig von	modifiziert durch
Adhäsion	Interface-Reinheit	Ionenstrom
	Interface-Chemie	Ionenart
	Interface-Breite	Auftreffrate
	Film Stress	Ionenenergie
		Temperatur
Stress	Film-Reinheit	Gasdruck
	Film-Struktur	Auftreffrate
	Film-Zusammensetzung	Ionenenergie
	Film-Morphologie	Ionenart
	(Dichte, Korngröße etc.)	Auftreffwinkel
	Temperatur	
Chemische und	Film-Adhäsion	alle obigen Parameter
mechanische Resistenz	Film-Stress	
	Film-Porosität	
	Film-Härte	
	Interfaceeigenschaften	

Ionenenergie, Ionen/Atom-Verhältnis (I/A) etc. beeinflussen. Beide Arten von Eigenschaften bedingen wiederum das gesamte chemische oder mechanische Verhalten des Materials. Während eine Schicht, die aus einem einzigen Element besteht, die unabhängige Veränderung aller Prozeßparameter erlaubt, ist das bei Schichten aus Verbindungen oder Multischichten nicht ohne weiteres der Fall. Wird z.B. eine TiN-Schicht durch Titanverdampfung und Kondensation unter Ionenbeschuß erzeugt, muß das I/A-Verhältnis so eingestellt werden, daß stöchiometrisches TiN entsteht. Damit ist die Intensität des Stickstoffionenstrahls weitgehend festgelegt und nicht mehr veränderbar. Nur die Ionenenergie oder der Auftreffwinkel bleiben als Variable erhalten.

Im folgenden sollen die Beispiele hauptsächlich die Möglichkeiten zur gezielten Modifikation der Schichteigenschaften aufzeigen. Als exemplarisch wurde dabei die Adhäsion, die Eigenspannung, die Textur (Struktur) und die Korrosionsresistenz von Schicht bzw. Schicht/Substratsystem ausgewählt. Es handelt sich dabei nur um einen kleinen Ausschnitt aus der Vielfalt der bisher erzeugten und untersuchten Schichten, wobei neben Metallen auch Glas, Polymere und Keramiken als Substrate benutzt werden. Einige wichtige Übersichten und Beiträge seien unter [6–80 bis 6–89] zitiert. Der Bereich der Halbleiterbeschichtung soll jedoch weitgehend ausgeklammert bleiben, da er den Rahmen dieser Darstellung sprengen würde.

6.4.5.1 Beeinflussung der Schichtadhäsion gezeigt am Beispiel TiC auf Stahl

Die Adhäsion einer Schicht läßt sich durch Reinigung und Aktivierung des Substrats (Oberflächenzerstäubung), durch ein Durchmischen des Interface (Reißverschlußeffekt), durch Phasen- oder Verbindungsbildung im Film/Substrat-Grenzbereich und durch Minimierung von Eigenspannungen beeinflussen. Die IBAD-Technik mit höheren Ionenenergien (> 1 keV) erlaubt es, alle diese Effekte auszunutzen [6–84, 6–85], wobei jedoch bei

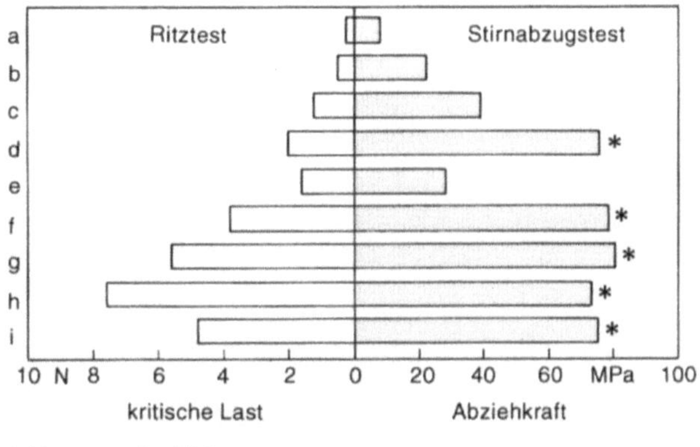

Bild 6–20. Adhäsion von unterschiedlich aufgebrachten TiC-Schichten auf Stahl, gemessen mittels Ritztest (links) oder Stirnabzugstest (rechts).
a) aufgedampftes Ti (Vergleichsschicht), b) in C_2H_4-Atmosphäre aufgedampftes Ti; c) wie b, aber Sputterreinigung mit niedriger Dosis; d) wie b, aber Sputterreinigung mit hoher Dosis; e) Sputterreinigung, Ti-Verdampfung, Ti-Verdampfung in C_2H_4-Atmosphäre unter Argonbeschuß; f) wie e), aber Sputterreinigung mit hoher Dosis.

Einschicht-Verbindungsfilmen der Eigenspannungszustand durch andere erwünschte Filmeigenschaften weitgehend fixiert ist. Bild 6–20 zeigt, wie eine Veränderung der Prozeßtechnik auf die mit dem Ritztest (links) bzw. Stirnabzugstest (rechts) bestimmte Adhäsion von TiC-Schichten auf Stahl wirkt. Während aufgedampfte Schichten ohne Substratvorbehandlung schlecht haften, läßt sich schon durch Substratreinigung und -aktivierung eine beachtliche Verbesserung erzielen. Eine Zwischenschicht aus metallischem Ti bringt eine weitere Verbesserung, während eine Ti/TiC-Schicht, die unter kontinuierlichem Ionenbeschuß abgeschieden wird, die bei weitem besten Haftungswerte zeigt. Ein zu hoher Ionenstrom kann dabei jedoch wieder haftungsvermindernd wirken, vermutlich wegen der dadurch induzierten Druckspannungen. Neben metallischen Substraten lassen sich auch auf Keramiken und Polymeren haftfeste Metallschichten erzeugen [6–86, 6–87]. Dabei ist jedoch zu beachten, daß es beim Mischen im Interface zu Ausfällungen von Metallclustern kommen kann. Bei den Kunststoffen ist eine sorgfältige Optimierung der Sputterreinigungs- und der Ionenstrahlparameter nötig, da durch bestrahlungsbedingte Substratschädigungen Gasblasen und Kohlenstoffinseln auftreten können, die die Adhäsion stark herabsetzen.

6.4.5.2 Beeinflussung der Schichteigenspannungen am Beispiel Chrom auf Stahl

Mehrere Autoren konnten feststellen, daß durch Ionenbestrahlung während der Kondensation der Eigenspannungszustand von Elementfilmen beeinflußbar ist [6–88 bis 6–92]. Dieses gilt sowohl für niedere als auch hohe Ionenenergien. In den meisten Fällen nehmen Zugspannungen mit zunehmendem Bombardement ab bzw. es entstehen Druckspannungen. Als Beispiel sei das Aufdampfen von Chrom auf Stahl unter Argonbestrahlung in Bild 6–21 dargestellt. Ohne Ionenbestrahlung zeigt das Substrat eine starke Durchbiegung, welche Zugspannungen signalisiert. Zunehmender Ionenbeschuß vermindert die Zugspannungen und induziert schließlich Druckspannungen. Die Lage der Kurven ist von

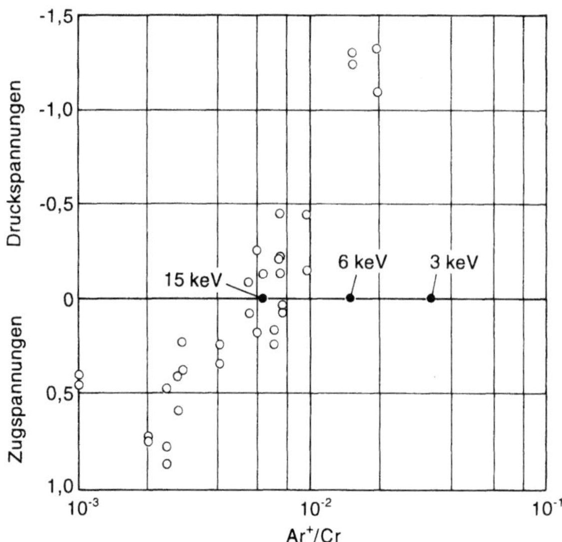

Bild 6–21. Eigenspannung von IBAD-Chromschichten, gemessen anhand der Substratdurchbiegung als Funktion des Ionen/Atom-Verhältnisses. Die Ionenenergie ist Parameter.

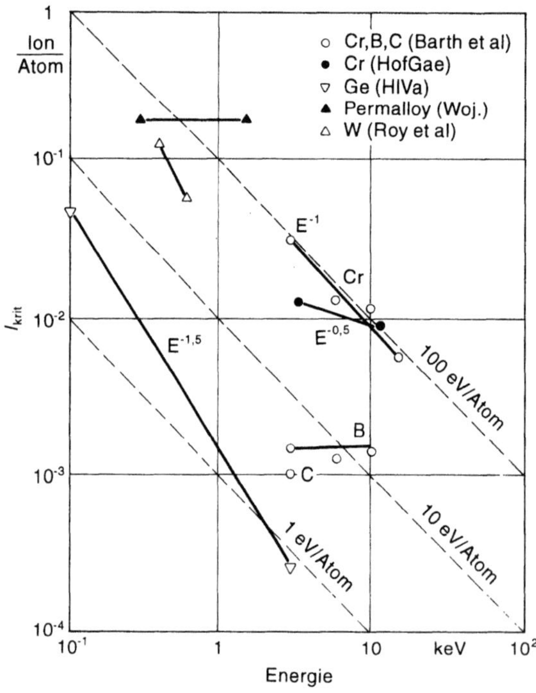

Bild 6–22. Das zur Einstellung von „Null-Stress" notwendige Ionen/Atom-Verhältnis als Funktion der Ionenenergie für verschiedene Materialien (nach [6–88 bis 6–92]).

der Ionenenergie abhängig, so daß sich ein gewünschter Spannungszustand sowohl durch Energievariation als auch durch Veränderung des Ionen/Atomverhältnisses einstellen läßt [6–88]. Ein Vergleich mehrerer in der Literatur zitierter Ergebnisse [6–89 bis 6–92] läßt sich machen, indem das zur Erzeugung von „Nullstreß" nötige Ionen/Atomverhältnis gegen die Ionenenergie aufgetragen wird, wie in Bild 6–22 geschehen.

Hier sieht man, daß die Energieabhängigkeit des Effekts bei den verschiedenen Autoren bzw. Systemen stark variiert. Sie reicht von E^0 bis zu einer $E^{-1,5}$-Abhängigkeit. Es ist anzunehmen, daß im ersten Fall der Massentransfer zum oder aus dem Film (durch Sputtern, Gaseinbau usw.) die dominierende Komponente ist, für die man nur eine schwache Energieabhängigkeit erwartet. Im zweiten Fall ist der Energie- oder Impulsübertrag auf den Film dominierend. Er kann zu einer Filmverdichtung, zur Erzeugung von Defekten oder einer Veränderung von Korngröße und Textur führen. Es fällt bei Betrachten von Bild 6–22 auf, daß Metalle mehr Energie (10–100 eV/pro kondensierendem Atom) für diesen Effekt benötigen als Elemente mit kovalenter Bindung (1–10 eV/Atom). Beim Vergleich der verschiedenen Messungen ist jedoch zu berücksichtigen, daß der Arbeitsdruck den Streßzustand beeinflußt und daß dieser recht unterschiedlich war.

Für Verbindungsschichten z. B. TiN, Cr_2N usw. läßt sich der Eigenspannungszustand nicht frei wählen. Stöchiometrische Verbindungsschichten haben fast immer Druckspannungen. Hier kann eine Spannungseinstellung nur über Multischichten mit Metalleinlagerung erfolgen (z. B. Ti/TiN/Ti/TiN…), bei der die Druckspannung der TiN-Teilschicht von Zugspannungen in der Ti-Schicht kompensiert wird.

Eine Wahl des Spannungszustandes ist für die Anwendung natürlich von großem Wert, da, wie zahlreiche Untersuchungen gezeigt haben, der Spannungszustand starke Auswirkungen auf Korrosion, Verschleiß, Adhäsion, Härte und andere Systemeigenschaften hat. Im allgemeinen Fall sind schwache Druckspannungen für die meisten Anwendungen ein guter Kompromiß.

6.4.5.3 Beeinflussung der Schichtstruktur bzw. Textur am Beispiel TiN

In einer Reihe von Studien hat sich gezeigt, daß sowohl die Struktur (Kristallgitter) als auch die Textur (bevorzugte Schichtwachstumsorientierung) von Element- und Verbindungsschichten durch die Prozeßparameter, insbesondere die des Ionenbeschusses, erheblich beeinflußt werden. Sowohl die Ionenart als auch die Energie und das Ionen/Atomverhältnis haben Auswirkungen auf den Aufbau der entsprechenden Schicht. Ein besonders eindrucksvolles Beispiel ist die Bildung von Bornitrid beim Aufsputtern von Bor unter Stickstoffionenbeschuß [6–93, 6–94]. Nur in einem sehr schmalen Energie- und Temperaturfenster (z. B. 500 eV, 300 °C) entsteht die kubische Version, während außerhalb dieses Fensters sich hexagonales oder amorphes Bornitrid bildet. Ein sehr gut untersuchtes Beispiel ist die Bildung von TiN durch Aufdampfen von Titan unter Stickstoffionenbeschuß bzw. Argonionenbeschuß in Stickstoffatmosphäre [6–74, 6–75, 6–95]. Im ersten Fall erhält man ein stöchiometrisch aufgebautes TiN, das hauptsächlich aus (111) orientierten Kristallen mit etwas (200) und (220) Beimischung besteht. Im letzteren Fall wächst die Schicht fast 100%ig mit (200) Orientierung in Bestrahlungsrichtung auf. Auch bei einer Variation des Argonionen/Titanatomverhältnisses erhält man eine Variation der Textur. In Bild 6–23 wird dieser Sachverhalt verdeutlicht. Hier wurde TiN durch Bestrahlung der aufwachsenden Schicht mit einem Argonionenstrahl in Stickstoffatmosphäre erzeugt, der in lateraler Richtung eine unterschiedliche Intensität besaß. Im

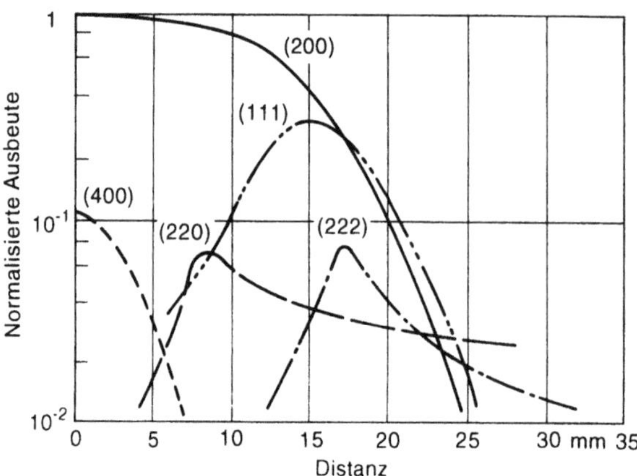

Bild 6–23. Textur eines IBAD-TiN-Films als Funktion des Abstands vom Zentrum des Ionenstrahls. Das I/A-Verhältnis nimmt über den gezeigten Abstand um einen Faktor 5 ab (nach [6–74]).

Bereich des maximalen Ionen/Atomverhältnisses dominieren die (200) und (400) Orientierungen, bei einem um den Faktor 2–5 verminderten I/A bilden sich auch die (111), (220) und (222) Orientierungen aus. Es wird in Übereinstimmung mit anderen Autoren geschlossen, daß sich bei starker Bestrahlung die „offenen" Orientierungen, z. B. (200), in Strahlrichtung orientieren, da diese weniger stark zerstäubt werden als die „geschlossenen" (z. B. (111)).

6.4.5.4 Korrosionsschutzvermögen von IBAD-Schichten

Das Korrosionsschutzvermögen von PVD-Schichten ist weit weniger gut untersucht als deren Verschleißschutzpotential, so daß Zusmmenhänge mit der Schichtstruktur und Morphologie im Detail noch nicht verstanden werden. Es besteht jedoch kein Zweifel, daß die Adhäsion und die Porosität der Schicht den dominierenden Einfluß ausüben, wenn man von elektrochemischen Einflüssen aufgrund von Potentialinhomogenitäten einmal absieht. Die Möglichkeit, Adhäsion durch Ionenbestrahlung zu optimieren wurde bereits oben erwähnt. Die Porosität ist schwerer gezielt zu verändern. Das wohlbekannte Patentmittel, diese über die Schichtdicke zu vermindern, verbietet sich bei einer ausgesprochenen Dünnschichttechnik von selbst. Ein weiterer Weg beruht auf der Schichtverdichtung durch Ionenbeschuß, welche in mehreren Arbeiten diskutiert wird, z. B. [6–96]. Hier muß ein Optimum zwischen der Verdichtung, welche mit dem Ionen/Atomverhältnis und der Ionenenergie zunimmt, und der Defektbildung, welche den gleichen Trend zeigt, gefunden werden. Dieses Optimum scheint bei kleinen bis mittleren Energien (z. B. 1 keV) und mittleren I/A-Verhältnissen zu liegen, wobei bisher kaum systematische Untersuchungen vorliegen. Des weiteren ist die Porosität aber auch von der Eigenspannung der Schicht abhängig. Arbeiten in Heidelberg [6–97] an Silizium-, Chrom- und Ti/TiN-Schichten auf Stahl zeigten, daß beim Übergang von Zug- zu Druckspannungen die Korrosionsneigung in wäßrigen Lösungen systematisch um mehr als eine Größenordnung abnimmt. Eine weitere gute Möglichkeit zur Verminderung der Korrosionsrate ist der Ersatz von Einfachschichten durch Multischichten [6–98], was sich sowohl auf die Eigenspannungen als auch auf die Porosität auszuwirken scheint. Mäßiger Ionenbeschuß erlaubt dabei eine gute Verzahnung der Einzelschichten und eine Beeinflussung des Eigenspannungszu-

236

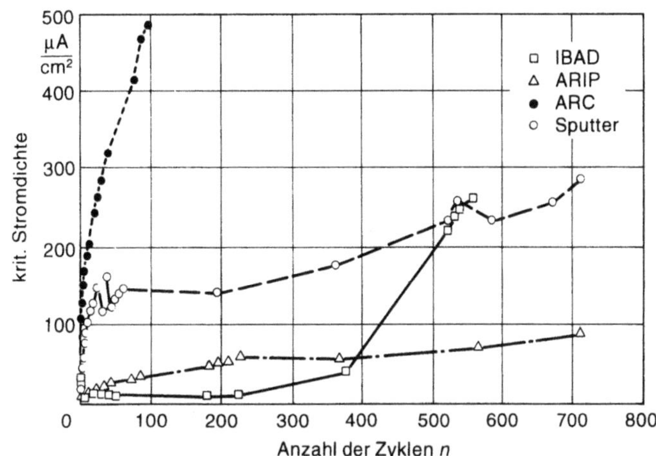

Bild 6–24. Kritische Stromdichten für die Eisenauflösung in Azetatpuffer (pH = 5,6) von 100Cr6-Substraten durch verschieden präparierte TiN-Schichten hindurch als Funktion der Voltammogrammzyklen (nach [6–99]).

standes. Als Beispiel sei die Verbesserung des Korrosionsverhaltens von CrN durch Einbau von Cr-Zwischenschichten oder von TiC durch Ti-Zwischenschichten genannt. Während erstere Druckspannungen aufweisen, lassen sich in letztere durch den Ionenbeschuß Zugspannungen induzieren. Besonders geeignet zur Herstellung von Korrosionsschutzschichten ist IBAD dann, wenn niedrige Substrattemperaturen verlangt werden, z.B. bei Al-Legierungen (T < 150 °C) oder harten Stählen wie 100Cr6 (T < 250 °C).

Bild 6–24 zeigt die Ergebnisse eines Korrosionsversuchs an TiN-Beschichtungen auf 100Cr6, die mit unterschiedlichen Methoden aufgebracht wurden [6–99]. Um die Langzeitkorrosion zu simulieren, wurden zyklovoltametrische Strom-Potentialkurven über mehrere 100 Zyklen aufgenomen und die kritischen Stromdichten für die Eisenkorrosion durch die Schicht hindurch in wäßrigen Lösungen bei PH = 5,6 aufgezeichnet. In diesem Wert spiegeln sich sowohl die Schichthaftung als auch die Porosität. Es ist deutlich zu sehen, daß eine durch das Arc-Verfahren aufgebrachte Schicht wegen der Tröpfchenbildung relativ schnell korrodiert. Magnetronzerstäubung liegt im Mittelfeld, während ARIP (activated reactive ion plating) und IBAD die geringsten Korrosionsraten aufweisen. Dabei wurde die ARIP-Schicht etwas oberhalb der zulässigen Temperatur aufgebracht. Der Anstieg der Korrosionsrate nach 400 Zyklen ist darauf zurückzuführen, daß die IBAD-Schicht nur halb so dick war wie die übrigen. Dieses gute Verhalten wurde durch eine Schichtfolge Substrat – dünne Ti-Zwischenschicht – graduierter Übergang – dickere TiN-Schicht erzielt, ohne daß die mechanischen Eigenschaften einer reinen TiN-Schicht merkbar verschlechtert wurden.

6.4.6 Bewertung und zukünftige Trends

Die ionenstrahlgestützte Beschichtung ist, was ihren Entwicklungsstand und ihre derzeitigen Anwendungsmöglichkeiten betrifft, noch keineswegs mit den CVD- oder meisten PVD-Verfahren zu vergleichen. Für diese gibt es eine Vorlaufzeit der Entwicklung von mehr als 20 Jahren, während jene erst seit zehn Jahren diskutiert und bearbeitet wird.

Noch stärker ist der Unterschied bei den Anwendungen zu merken. CVD- und PVD werden in der Mikroelektronik, Optik, für Werkzeugbeschichtungen und zunehmend auch bei der Bauteilbeschichtung in breitem Maße eingesetzt. IBAD dagegen findet gerade seine ersten Nischenanwendungen im Bereich optischer und Verschleiß- bzw. Korrosionsschutzschichten. Bei den optischen Schichten dienen Niederenergieionenstrahlen dazu, die Adhäsion zu verbessern, ohne die optische Qualität von Schicht oder Substrat wesentlich zu verschlechtern. Bei den Verschleiß- bzw. Korrosionsschutzschichten wird die gute Steuerbarkeit des Verfahrens zur Erzielung spezieller Effekte bzw. die geringe Temperaturbelastung des Substrats ausgenutzt.

Als Hauptnachteil der Ionenstrahlverfahren wird häufig die Kostenseite ins Feld geführt. Diese ist jedoch durchaus differenziert zu betrachten. Selbstredend kann und soll nicht mit reinem Aufdampfen verglichen werden. Auch für die Beschichtung großer Objekte (Architekturglas, Gehäuse usw.) ist das Magnetronsputtern weit überlegen. Dagegen lohnt es sich, die Kostensituation für die Beschichtung kleiner Teile im Batchverfahren zu vergleichen.

Bereits mit derzeit installierten größeren Forschungsanlagen lassen sich für eine Hartstoffschicht Vergütungskosten von ca. 3 DM/cm^2 realisieren (Abgeschätzt für 3 µm TiN, eine Titanaufdampfrate von 200 nm/min, eine Ionenquelle mit 1 mA Stromstärke, ein Ionen/Atom-Verhältnis von 1:100 und Einschichtbetrieb). Mit konventionellen Verbesserungsmethoden wie stärkere Verdampfer mit höheren Aufdampfraten, Breitstrahlionenquellen mit wesentlich höheren Stromstärken und Reduzierung der Rüstzeit durch stärkere Pumpen oder Zweikammersysteme sollte eine Kostensenkung auf 0,50 DM/cm^2 kein Problem sein. Weitere Verbesserungsmöglichkeiten sind in zukünftigen konstruktiven Entwicklungen zu sehen: Ionenquellen mit Stromstärken von 1 A sind im Versuchsbetrieb in vielen Labors bereits gelaufen, die prinzipiellen konstruktiven Probleme von Durchlaufanlagen sind gelöst und auch mit Probenmanipulationen im Vakuum liegen Erfahrungen vor, so daß bei entsprechendem Bedarf eine kostengünstige Durchlaufgroßanlage im Bereich des Möglichen liegt.

Natürlich können die obigen Zahlen nur als grober Anhaltspunkt dienen; jede Schicht, jeder Substratwerkstoff und jede Werkstückgeometrie stellen andere Anforderungen. Wenn man dann noch berücksichtigt, daß die Investitionen in der gleichen Größenänderung liegen wie die gängiger PVD-Batch-Anlagen und die Beschichtungsraten mit den genannten Großflächenquellen ebenfalls übliche Werte erreichen, lassen sich leicht grobe Kostenvergleiche vornehmen. Als Beispiel sei eine Ionenplattieranlage für die Beschichtung optischer Gläser angeführt, die durch Einbau einer leistungsfähigen Niederenergiequelle um ca. 70–150 TDM teurer wird, d.h. um 10–15%.

Entsprechend dieser Überlegungen zielt der zukünftige Trend ganz eindeutig auf die Entwicklung bzw. Optimierung von Ionenquellen und Anlagen mit höherem Durchsatz. Stichworte bei der Ionenquellenweiterentwicklung sind Breitstrahlquellen für hohe Stromstärken von Metallionen, z.B. die Arc- und Meva-Quelle oder Mikrowellenquellen mit bandförmiger oder großflächiger Extraktionsgeometrie für den gesamten interessanten Energiebereich. Bei den Anlagen stehen Durchlauf- oder Wechselladungsanlagen im Vordergrund des Interesses, eine Entwicklung, die in Japan bereits zu geeigneten Konstruktionen führt. Schließlich sollten die noch bestehenden Probleme bei der Kombination Magnetronsputtern und Ionenstrahlbeschuß in Zukunft lösbar sein.

Eine Prognose für die zu erwartenden Anwendungsbereiche ist naturgemäß schwierig. Es spricht jedoch vieles dafür, daß IBAD mit Niederenergiequellen breiteren Eingang in die Herstellung hochwertiger optischer Schichten finden wird. Weitere erfolgversprechende Gebiete sind die Metallisierung von Keramik, Polymeren und temperaturempfindlichen Legierungen wie Aluminiumwerkstoffe. Auch zur Herstellung von verzahnten Kombinations- und Multischichten, z. B. solchen, bei denen guter Korrosions- und Verschleiß-schutz gefragt sind, zeigt die Methode gute Ansätze. Weitere Anwendungsbereiche können auf der exzellenten Fokussierbarkeit der Ionenstrahlen und Kantenschärfe entsprechende Strukturen aufbauen, z. B.:

– Submikronstrukturierung und -metallisierung von Polymeren und Keramik,

– Reparaturen in Mikrobereichen von Schichtsystemen,

– Aufbringen von Verschleiß- oder Korrosionsschutzschichten für Bauteile der Mikro-mechanik, um nur diese wenigen Möglichkeiten zu nennen.

6.5 Ionenstrahlimplantation

Die Dotierung von Materialien, insbesondere Halbleitern, durch Beschuß mit energie-reichen Ionen, ist heute aus der modernen Halbleiterfertigung nicht mehr wegzudenken. Auch in vielen anderen Bereichen der Materialforschung und -vergütung finden Ionen-strahlen breite Anwendung. Dabei ist insbesondere die Ionenimplantation bzw. der Ionen-beschuß von Metallen, Keramiken und Kunststoffen zu nennen, um deren mechanische und chemische Oberflächeneigenschaften zu verbessern.

Nach einer Einführung in die physikalischen Grundprozesse wird unter 6.5.2 die Erzeu-gung von Ionenstrahlen (Ionenquellen) behandelt und unter 6.5.3 die Anlagentechnik. Nach einem verfahrenstechnischen Abriß (6.5.4) folgen einige wenige exemplarische Anwendungsbeispiele. Der Technik des Ionenstrahlmischens, die sich fast der gleichen Anlagetechnik bedient, ist ein eigenes Kapitel (6.6) gewidmet.

6.5.1 Grundprinzipien

Energiereiche Ionen werden in einem Festkörper im wesentlichen durch zwei grundsätz-lich verschiedene Mechanismen abgebremst [6–100, 6–101].

1. Anregung der Elektronen des Festkörpers (electronic stopping). Das entspricht einer inelastischen Energieübertragung.

2. Stöße der Ionen mit den Atomen des Festkörpers (nuclear stopping). Das entspricht einer elastischen Energieübertragung (Stoß) mit inelastischen Komponenten (Vibration, Bindungsbruch).

Während der erstere Vorgang bei hoher Energie und kleiner Ionenmasse überwiegt, domi-niert der letztere bei niederer Energie und großer Ionenmasse. Bei dem Elektronen-anregungsvorgang bewegt sich das Ion praktisch geradlinig durch den Festkörper, während es durch Stoßprozesse stark abgelenkt wird. Die Kombination beider Prozesse führt zu einer charakteristischen gaußförmigen Tiefenverteilung der implantierten Ionen. Bei hohem Anteil an „electronic stopping" liegt die Gaußverteilung tief unter der Ober-fläche, bei starkem „nuclear stopping" kann sie bereits an der Oberfläche einsetzen.

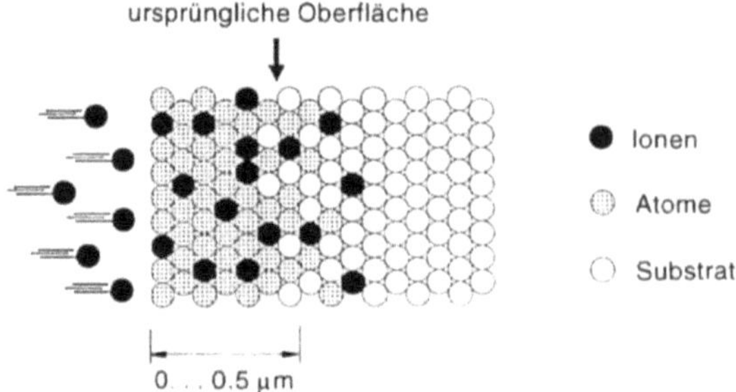

Bild 6–25. Schematische Darstellung der Implantation energiereicher Ionen.

In Bild 6–25 ist der letztere Fall schematisch dargestellt. Gemäß der oben skizzierten Abbremsungsprozesse beschränkt sich die Wirkung des Ionenstrahls nicht nur auf die Dotierung des Substrats. Die Elektronenanregung führt in nichtmetallischen Substraten (z.B. Kunststoffe, Keramiken) zum Bruch chemischer Bindungen und zur Bildung von Ionen oder Radikalen. Die Atomstöße und die dem Erststoß folgenden Sekundärstöße erzeugen in Substraten aller Art Punktdefekte, Versetzungen und Cluster von Leerstellen oder Zwischengitteratomen. Finden die Stöße in Oberflächennähe statt, können sie zur Ejektion von Atomen [6–102] in den Gasraum führen (Oberflächenzerstäubung). Dieser Vorgang ist für die Ionenimplantation von großer Bedeutung, da das gaußförmige Implantationsprofil durch langsames Abtragen der Oberfläche in Richtung auf ein gaußförmig auslaufendes Kastenprofil hin verändert wird. Gleichzeitig wird die maximal erreichbare Dotierungskonzentration im Profilmaximum durch den Sputterkoeffizienten limitiert. Als sehr grobe Faustregel läßt sich der Wert N/S (N = atomare Dichte; S = Sputterkoeffizient) zur Abschätzung der Maximalkonzentration verwenden. Wird die Implantation nach deren Erreichen fortgesetzt, so stehen die zerstäubten mit den neu implantierten Atomen bzw. Ionen im Gleichgewicht und die Konzentration erhöht sich nicht mehr. Zur genauen Ermittlung der Tiefenprofile implantierter Ionen mit oder ohne Zerstäubungskorrektur gibt es mehrere auf den Arbeiten von *Biersack* et al. beruhende Computerprogramme [6–103, 6–104].

Es bleibt also festzuhalten, daß die Ionenstrahlimplantation eine Methode zur Randschichtdotierung oder -modifikation ist, jedoch keine Beschichtungsmethode. Von Diffusionsverfahren unterscheidet sie sich durch ein ganz anderes Dotierungsprofil, von Plasmaimplantationsverfahren durch den gerichteten, energetisch genau definierten Strahl, meist höhere Ionenenergien und niederen Prozeßdruck.

Für die Anwendung von Ionenstrahlen sind sehr unterschiedliche apparative Konzeptionen möglich: Die Dotierung von Halbleitern und anderen Materialien erfordert einen Ionenbeschleuniger, bestehend aus Ionenquelle, Beschleunigungsstecke, Magnet zur Strahlanalyse und Massentrennung und Prozeßkammer, wie er in Bild 6–26 in allgemeiner Form dargestellt ist. Für spezielle Anwendungen genügen auch Anlagen ohne Separationsmagnet. Geht es darum, mittels Ionenbestrahlung Oberflächen abzuätzen, benötigt man nur eine Ionenquelle und eine Extraktion der Ionen mit mäßiger Energie (10 keV). Schließlich sind Anlagen im Einsatz, die fokussierte Ionenstrahlen mit bis zu 100 nm Strahldurchmesser liefern. Diese werden zu maskenloser Strukturierung und zur Maskenreparatur für die Mikroelektronik eingesetzt.

240

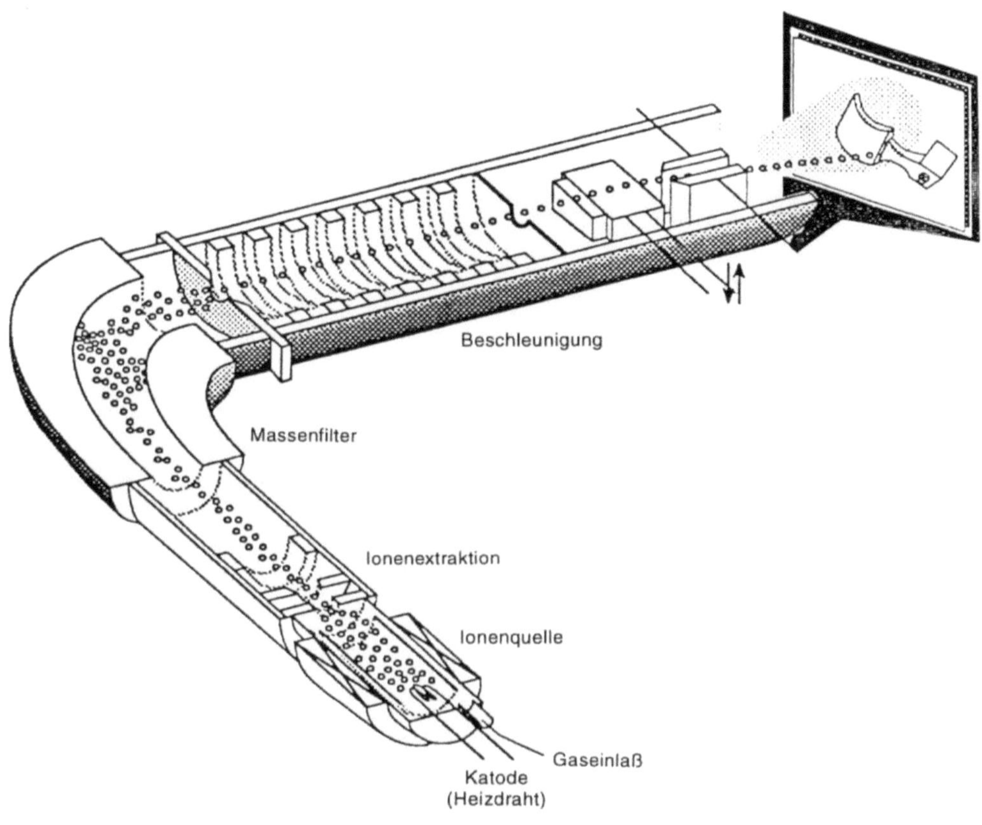

Bild 6-26. Schematischer Aufriß eines Ionenbeschleunigers mit Ionenquelle, Massenfilter, Beschleunigungstrecke und Prozeßkammer.

Ionenstrahlätzprozesse und mikroelektronische Anwendungen sollen in diesem Kapitel nicht weiter behandelt werden. Es sei auf andere Kapitel dieses Buches und die einschlägige Literatur verwiesen [6–105 bis 6–107].

6.5.2 Ionenstrahlerzeugung

Die Erzeugung eines Ionenstrahls erfordert eine Ionenquelle mit einem Extraktionssystem, welches die Ionen zu einem engen Bündel fokussiert. Die Extraktionsöffnung der Quelle ist quasi der Objektpunkt eines ionenoptischen Systems, welches auf das Substrat abgebildet wird.

Falls nicht noch weitere Fokussierelemente in die Anlage integriert sind, bestimmt also die Form der Extraktionsöffnung die geometrische Form des Ionenstrahls auf dem Substrat. Diese kann ein kleines Loch, ein Schlitz oder ein Gitter sein. Dementsprechend lassen sich auch die Ionenquellen einteilen. Daneben ist auch eine Einteilung nach Energie oder nach Anwendungszweck möglich.

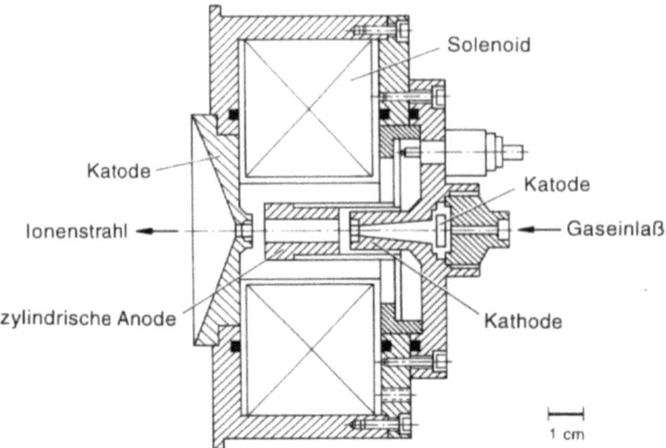

Bild 6–27. Querschnitt der Bethge-Baumann-Quelle zur Ionisation von Gasen ohne Glühkatode.

Die wichtigsten Niederenergiequellen, die z.B. für das Ionenstrahlätzen oder die ionenstrahlgestützte Beschichtung (IBAD) verwendet werden, wie die Kaufmannquelle, RF-Quelle, ECR-Quelle usw. werden bereits in den Kapiteln 6.2 und 6.4 beschrieben. Ebenso wurden die Duoplasmatronquelle und ein Beispiel für eine Multicusp- oder Bucketquelle wegen ihrer Verwendung für IBAD bei höherer Energie in Kapitel 6.4 erwähnt. Für die Ionenimplantation sind zahlreiche weitere Mittel-Hochenergiequellen im Gebrauch, von denen hier nur die wichtigsten genannt werden sollen.

Die sog. Nielsenquelle ist ein Beispiel für eine klassische Niederstromquelle [6–108], charakterisiert durch eine elektronenemittierende Glühkatode, eine zylindrische Anode, ein Magnetfeld für die Elektronenverdichtung und eine runde kleine Extraktionsöffnung. Diese Quelle, die nicht mehr oft verwendet wird, liefert fokussierte Ionenstrahlen im Stromstärkebereich Mikroampere (µA). Für den gleichen Bereich bis hin zu einem Milliampere (mA) wird häufiger die Penningquelle eingesetzt, die ohne Glühkatode auskommt und damit auf ein limitierendes Verschleißteil verzichtet. Eine Schemazeichnung einer weiterentwickelten Version dieser Quelle ist in Bild 6–27 dargestellt [6–109]. Eine häufig verwendete Quelle für den unteren Milliamperebereich (1–20 mA) ist die Freemanquelle [6–110], die eine langgezogene Glühkatode enthält und infolge ihrer schlitzförmigen Extraktionsöffnung mehr der im Plasma gebildeten Ionen zu extrahieren vermag als die vorgenannten Konstruktionen. Ein Schema dieser Quelle zeigt Bild 6–28.

Während in der Regel das zu ionisierende Element dem Entladungsraum der Quelle gasförmig zugeführt wird, existieren zu einigen Quellentypen sog. Sputterversionen. Dabei werden positive Gasionen im Plasma der Quelle auf einen Metalleinsatz in der Entladungskammer beschleunigt (Sputterkatode), schlagen dort Metallatome heraus, die ihrerseits ionisiert und extrahiert werden. Derartige Versionen gibt es z.B. von oben genannter Penningquelle und vom Duoplasmatron bzw. der Abart Duopigatron. Sie eignen sich besonders zur Ionisierung schwer verdampfter Elemente.

Auch die Chordisquelle [6–111] kann als Gasionen und – mit Sputtereinsatz – als Metallionenquelle mit extrahierten Ionenströmen von 10–20 mA betrieben werden. Sie besitzt eine thermoionische Katode und enthält sowohl Elemente des Duoplasmatrons als auch

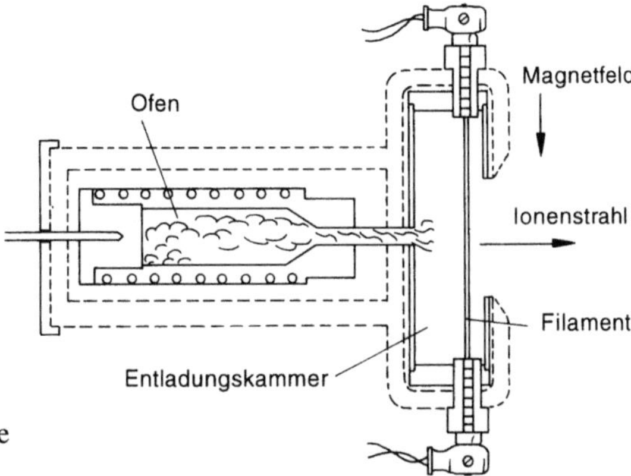

Bild 6–28. Darstellung der Freeman-Quelle mit schlitzförmiger Extraktionsgeometrie.

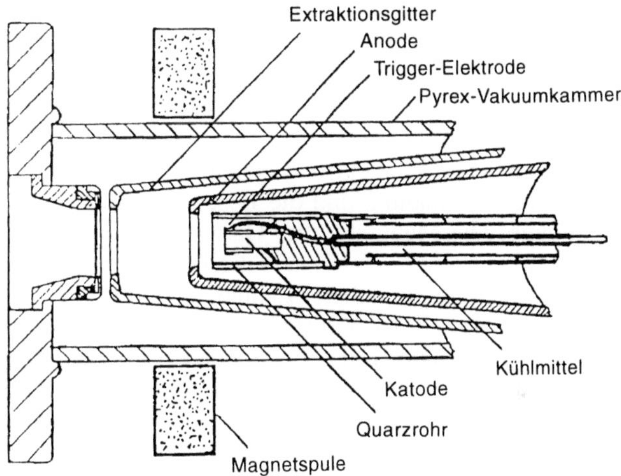

Bild 6–29. Querschnitt der MEVVA-Ionenquelle zur Erzeugung reiner Metallionenstrahlen.

der Multicuspquelle. Eine weitere Möglichkeit, höhere Stromstärken von Metallionen zu erhalten, stellt die von *I. Brown* entwickelte MEVVA-Quelle dar [6–112], die in Bild 6–29 gezeigt ist. Hier wird das Katodenmaterial durch eine Bogenentladung direkt in den Plasmaraum verdampft. Dadurch erhält man Metallionen ohne Gasbeimischung. Da die Quelle gepulst ist, stellt ein Betrieb mit hohem Strom einige Anforderungen an die Steuerung.

Als Breitstrahlionenquellen im höheren Stromstärkebereich eignen sich schließlich die bereits in Kapitel 6.4 erwähnten Mikrowellenquellen und Bucketquellen. In Kombination mit geeigneten Extraktionssystemen lassen sich sowohl fokussierte Ionenstrahlen für eine nachfolgende magnetische Trennung als auch schwach fokussierte oder defokussierte Strahlen für direktes Bombardement erzeugen. Die volle Stromstärke – in einigen Fällen Ampere – läßt sich wegen der Raumladungsprobleme jedoch nur in der letzteren Betriebsart ausnutzen. Eine besondere Technik hat sich für die Erzeugung feinstfokussierter Ionen

für Strahlen mit sub-µm-Abmessungen entwickelt. Hier sind einmal die Flüssigmetallquellen zu nennen, bei denen Metallionen von der Spitze eines Flüssigkeitstropfens (z. B.
Ga) durch hohe Felder „verdampft" werden [6–113], zum anderen Quellen für Gasionenstrahlen, bei denen die Ionisierung ebenfalls durch die hohen Feldstärken an extrem feinen Spitzen erfolgt [6–114]. Heute sind Stromdichten von 1 A/cm^2 und Strahlen mit
Halbwertsbreiten von 100 nm erreichbar.

6.5.3 Anlagen für die Ionenstrahlimplantation

Die Konzeption von Nieder- und Mittelenergie-Ionenbeschleunigern wird von ihrem
Aufgabengebiet, der gewünschten Endenergie und der gewünschten Ionenart bestimmt.

Sie reichen von der sog. „Stickstoffschleuder", mit deren Hilfe man möglichst hohe
Ströme von Gasionen ohne magnetische Separation auf Werkstücke schießt, über flexible
Laboranlagen, mit denen möglichst alle Elemente zu wohl fokussierten und massengetrennten Strahlen geformt werden können, meist auf Kosten der Intensität, bis hin zu
aufwendigen Maschinen, die Ionen im 1-MeV-Bereich liefern und neben Implantation
auch für einfache Kernstrahlenanalytik eingesetzt werden können. Eine detaillierte
Beschreibung würde hier zu weit führen. Statt dessen sollen nur grundlegende Zusammenhänge erläutert werden (siehe auch Bild 6–26]. In Tabelle 6–5 sind einige gängige
Anlagen nach Komponenten aufgegliedert, wobei der Schwerpunkt auf Einsatzgebiete
außerhalb der Mikroelektronik gelegt wird. Die Energie eines Ionenbeschleunigers wird
durch die Ionenladung und die Beschleunigungsspannung bestimmt nach E = Ladung ·
Spannung. Die Mehrzahl aller Geräte arbeitet mit einfach positiv geladenen Ionen, da
damit ein einfaches, leicht magnetisch zu trennendes Ladungsspektrum gewährleistet ist.
Die Beschleunigung höherer Ladungszustände, die sich aus einigen Quellentypen gezielt
extrahieren lassen, ist natürlich eine „preiswerte Methode" zu höheren Ionenenergien,
weil Beschleunigungsspannung teuer ist. Bis ca. 100 kV kommt man mit einer einzigen
Beschleunigungsstrecke aus, d. h. nur Quelle und Extraktion liegen auf hohem Potential,
der Rest der Anlage ist geerdet. Über 100 kV benötigt man eine längere Beschleunigungsstrecke. Dabei liegt meist auch der Separationsmagnet auf Potential und erst die
separierten Ionen werden auf die Endenergie beschleunigt. Bei MeV-Maschinen werden
auch andere Konzepte, wie die des Tandem- oder RFQ-Beschleunigers verwirklicht,
worauf hier nicht näher eingegangen werden soll.

Die laterale Ausdehnung des Strahls wird sowohl von der Extraktionsgeometrie als auch
vom Gesamtkonzept der Anlage beeinflußt. Da eine magnetische Massentrennung einen
fokussierten Strahl erfordert, kann bei entsprechenden Anlagen eine Auffächerung des
Strahls durch geeignete Elektroden erst nach dem Magneten erfolgen. Alternativ dazu
kann auch der fokussierte Strahl durch horizontales und vertikales Wobbeln über eine
größere Fläche geführt werden.

Bei Anlagen ohne Magnet kann die gewünschte geometrische Strahlform auch durch eine
geeignete Auslegung der Extraktion erhalten werden. Das reicht von einer defokussierenden zylindrischen Geometrie über Vielloch- bzw. Gitterextraktion bis zu schlitzförmigen
Geometrien, die einen breiten „Ionenstreifen" erzeugen.

Für Anlagen mit Massenseparation wird die Magnetauslegung von den Anforderungen
bestimmt. Die Größe und Qualität des Magneten ist durch die gewünschte Massenauflösung vorgegeben. Wenn die Anlage für eine Massenseparation mit hoher Reinheit ein-

Tabelle 6–5. Zusammenstellung von Ionenimplantationsanlagen für typische Anwendungsbereiche.

Ionenquelle	Energie pro Ladung	Stromstärkebereich	Komponenten	Charakteristikum
Freeman	$\leq 100\,keV$	$< 10\,mA$	Große Targetkammer	„Gasionenschleuder"
Nielsen, Baumann	$\leq 100\,keV$	$< 1\,mA$	Magnet Labortargetkammer	flexible Laboranlage
Diverse Feinfokusquellen	$\leq 400\,keV$	$< 10\,mA$	Magnet Waverstation	Halbleitervergütungsanlage
Diverse Feinfokusquellen	$\leq 1\,MeV$	$< 1\,mA$	Magnet Beschleunigungsstrecke, Targetkammer	Hochenergieimplanter für Halbleiter und Materialien
MEVVA	$\leq 100\,keV$	10 mA gepulst	Magnet Targetkammer	Implanter für Metallionen
Chordis	$\leq 200\,keV$	$< 20\,mA$	Magnet Gr. Targetkammer	Implanter für Materialmodifikation
Multicusp (Bucket)	$\leq 100\,keV$	$< 500\,mA$	Große Targetkammer	Hochstromionendusche
Feinstfokusquelle (Flüssigmetall oder Edelgas) Strahl $\varnothing = 1\,\mu m$	200 keV	$1\,A/cm^2$	Linsensystem Magnet Targetkammer mit genauen Positionen	Spezialanlage für μ-Elektronik + Strukturierung

gesetzt wird, muß hier ein größerer Aufwand getrieben werden. Für die übliche Anwendung der Massentrennung zum Herausfiltern des gewünschten Elements aus weiteren Plasmakomponenten genügt in der Regel ein relativ einfacher Magnet. Mit noch wesentlich kleineren Magneten kommt man aus, wenn zwar der Strahl magnetisch analysiert wird, die Implantation jedoch mit einem nicht separierten Strahl stattfindet.

Eine weiter wichtige Anlagenkomponente ist die Target- oder Substratkammer, die meist auch die Strahldiagnose enthält. Die üblichen Diagnoseelemente sind die Faradaytasse zur Messung des Ionenstroms und ein Stromintegrator zur Bestimmung der Dosis. Dabei muß auf die Unterdrückung der Sekundärelektronen geachtet werden. Die räumliche Ionenstromverteilung und damit auch die Strahlfokussierung können über eine verfahrbare Faradaytasse, ein Leuchttarget oder ein Profilgitter diagnostiziert werden. Als indirekte Relativmethode ist auch der Schwärzungsgrad einer Kunststoffolie oder die Interferenzfarbenänderung durch Oberflächenzerstäubung an Oxidschichten (TiO_2, Ta_2O_5) verwertbar. Temperaturabschätzungen am Target können durch Thermoelemente oder mittels Infrarotthermometer vorgenommen werden. Es muß jedoch darauf hingewiesen werden, daß eine exakte Temperaturkontrolle während der Bestrahlung derzeit noch zu den ungelösten Problemen der Implantationstechnik gehört.

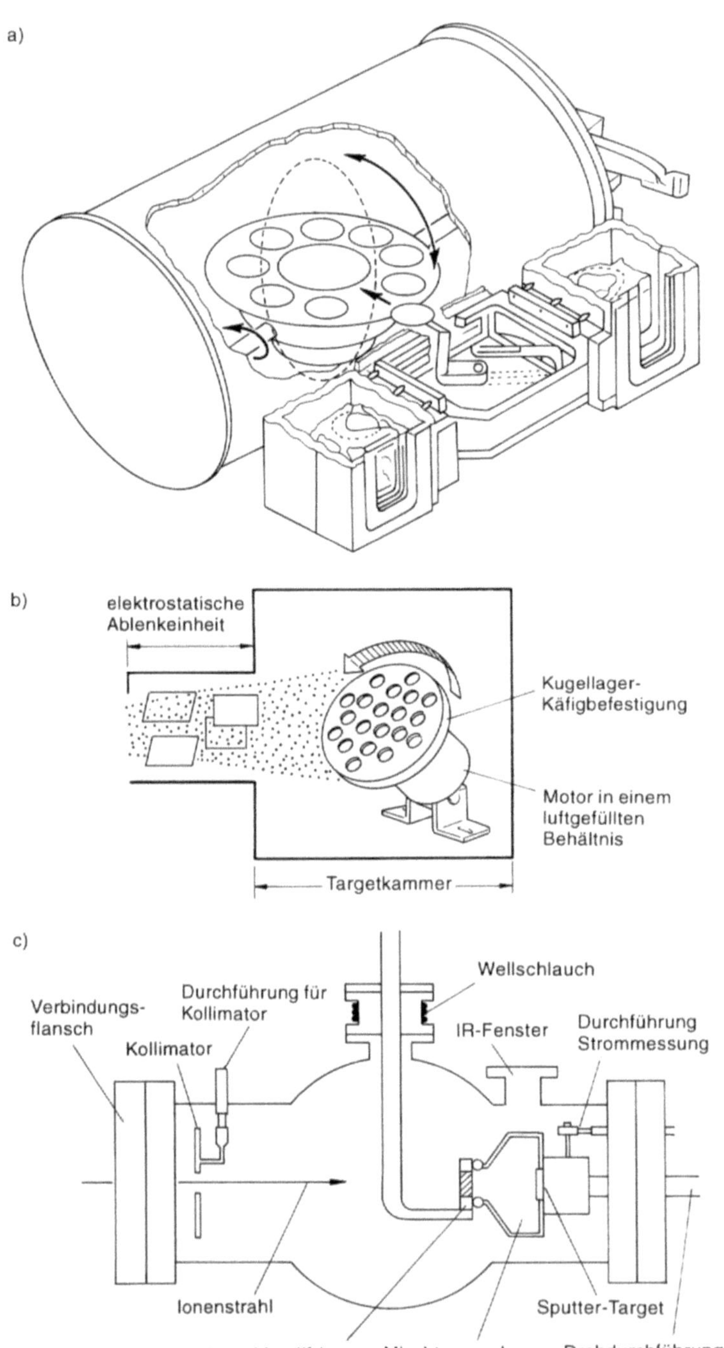

Bild 6–30. Targetkammern für die Bestrahlung von verschiedenen Materialien. a) Halbleiterwaver, b) Kugellagerimplantation, c) Pulver- und feines Schüttgut (rechts).

Die Prozeßkammern sind nur für den Bereich der Halbleiterfertigung standardisiert. Da die üblichen Siliziumwaver flache Scheiben einheitlicher Größe sind, kommt man mit Wechselmagazinen oder Kassettensystemen gut zurecht. Für die Bestrahlung von Gewinden, Proben, Werkzeugen und Werkstücken ist dagegen eine aufwendige Manipulation notwendig. Hier gibt es keine Standardisierung, jeder Hersteller oder jedes Forschungsinstitut hat seine eigenen Lösungen. Diese reichen von Einbaumotoren oder Planetengetrieben für die Bestrahlung von Rotationskörpern über positionierbare Verfahrtische mit Winkeleinstellung bis zu rotierenden Käfiggehäusen z. B. für Wälzlagerbestrahlungen. Da fast jedes Werkzeug oder Werkstück eine eigene Problemlösung erfordert, ist es zweckmäßig, in die Kammer eine möglichst universelle Halterung für Rotation, x-y-Positionierung und Kippung einzubauen, an die dann das spezielle Problem angepaßt werden kann. Bei Mittel- und Hochstrombeschleunigern ist eine Substratkühlung wünschenswert. Dies macht keine Schwierigkeiten für die Grundhalterung, ist jedoch problematisch für Bestrahlung rotierender Substrate. Bild 6–30 zeigt drei Bestrahlungskammern, für Halbleiterimplantation, für Werkzeugbestrahlungen und für Pulverimplantation [6–115 bis 6–117].

Zusammenfassend kann man die Anlagenkonzepte auf folgenden Nenner bringen: Für Halbleiterdotierung mit ihren hohen Ansprüchen an Strahlreinheit und -gleichmäßigkeit benötigt man Anlagen im 200 keV-Bereich mit guter Massenseparation. Für Werkzeug- und Werkstückbestrahlungen kommen sowohl massenanalysierte als auch direkte Ionenstrahlen ab 60 keV-Energie in Frage. Bei häufig wechselnder Ionenart, besonders bei Metallionen, ist Massentrennung notwendig. Hier sind auch höhere Ströme und geschickte Manipulation gefragt, um den Durchsatz akzeptabel zu gestalten. Forschungsanlagen sollten flexibel und universell sein, d. h. sie benötigen Massentrennung, kommen aber mit niedrigeren Stromstärken aus.

6.5.4 Verfahrenstechnik und Verfahrensvergleich

Die Ionenimplantation ist, wie schon oben erwähnt, nicht direkt mit PVD oder anderen Beschichtungsverfahren zu vergleichen, da das Implantat nicht auf der Substratoberfläche aufwächst, sondern in dieses eindringt. Da keine Schicht entsteht, gibt es auch keinerlei Adhäsionsprobleme.

Grundsätzlich wäre das Verfahren also eher den Wärmebehandlungsmethoden wie Gas- oder Plasmanitrieren gleichzustellen. Da die modifizierten Randschichten aber wesentlich dünner sind und die Behandlungstemperaturen viel niedriger als bei der Wärmebehandlung, kommen eher Anwendungen in Frage, für die auch PVD diskutiert wird.

Ein weiterer wichtiger Unterschied zu Diffusionsverfahren ist die Nichtgleichgewichtsnatur der Ionenstrahlimplantation. In der Regel entstehen metastabile Legierungen oder Verbindungen mit dem Substrat, gelegentlich auch atomar oder in feinen Clustern verteilte Mischungen einer im Substrat unlöslichen Komponente. In allen Fällen besteht eine starke Wechselwirkung mit Defekten. Auch in Bereichen des Substrats, in denen das Implantat nicht konzentriert ist (z. B. beim Durchschuß durch einen dünnen Film), entstehen Punktdefekte, Versetzungen, Leerstellenagglomerate usw. Daher lassen sich viele Materialien auch leicht durch Ionenbeschuß amorphisieren. Die detaillierte Mikrostruktur einer implantierten Randschicht ist meist sehr komplex und hängt von Ionenart, Ionenenergie, Ionenstromdichte, Substratart aund Temperatur ab. Die wichtigsten Vor- und Nachteile der Ionenimplantation, die bei den verschiedensten Anwendungen eine Rolle spielen, sind in Tabelle 6–6 zusammengestellt.

Tabelle 6–6. Vor- und Nachteile der Ionenimplantation.

Vorteile der Ionenstrahlimplantation

universell:	Jede Ion-Substratkombination möglich
haftfest:	Keinerlei Haftungsprobleme
Temperatur:	Prozeß bei < 300 °C durchführbar
metastabil:	Metastabile und amorphe Randschichten herstellbar
Fertigungstoleranz:	Produkte erleiden keine Dimensionsänderungen
Oberflächenmorphologie:	Keine makroskopische Veränderung des Oberflächenzustands
umweltfreundlich:	Als Gasphasenprozeß wenig umweltbelastend

Nachteile der Ionenstrahlimplantation

teuer:	Erheblicher gerätetechnischer Aufwand nötig
geringe Schichtdicke:	Randschichtmodifikation beschränkt auf < 1 µm
keine Streukraft:	Sichtlinienprozeß. Nicht ebene Proben müssen manipuliert werden.

Eine Reihe verfahrenstechnischer Gesichtspunkte wurden bereits im vorhergehenden Unterkapitel anhand der Anlagen diskutiert. Im folgenden sollen die wichtigsten Verfahrensparameter im Zusammenhang betrachtet werden:

1. Ionenenergie

Sie bestimmt wesentlich das Anwendungsresultat und sollte daher möglichst variabel sein. Der durch die Ionenquellen und Anlagenkonzeption vorgegebene Energiebereich (z.B. 30–100 keV für einfach geladene Ionen bei einer Anlage mit 100 kV Beschleunigungsspannung) läßt sich durch einige Tricks nach oben und unten erweitern.

– Extraktion mehrfach geladener Ionen aus der Quelle, bei den meisten Quellen mit erheblicher Reduktion der Intensität verbunden.

– Abbremsen der Ionen durch Anlegen einer Gegenspannung an den Substrathalter. Dabei muß bei geringer Endenergie eine Strahlaufweitung in Kauf genommen oder eine weitere Fokussiereinheit eingebaut werden.

– Nachbeschleunigen der Ionen durch Anlegen einer negativen Spannung an den Substrathalter.

– Abbremsen der Ionen durch eine Bremsfolie oder eine dünne Beschichtung des Substrats. Eine starke Verminderung der Energieschärfe muß dabei in Kauf genommen werden.

– Schrägeinschuß der Ionen vermindert die Eindringtiefe um so stärker, je flacher der Winkel ist. Allerdings erhöht sich dabei auch die Zerstäubungsrate und damit die maximale Gleichgewichtskonzentration des Implantats.

2. Ionenstrom und Ionenstromdichte, Dosis

Der Ionenstrom wird durch die Konstruktion der Quelle, die Größe der Extraktionsöffnung und die Extraktionsspannung bestimmt. Er kann in derselben Quelle sehr stark von der Art der zugeführten gasförmigen Komponente abhängen und damit von Element zu Element um Größenordnungen schwanken. Ein hoher Ionenstrom ist aus Gründen der Strahlzeit und der Bestrahlungskosten wünschenswert. Dagegen ist die Ionenstromdichte nach oben durch die davon abhängige Substrattemperatur begrenzt. Bei 100 keV Energie

248

und 1 mA/cm^2 Ionenstromdichte wird pro cm^2 Substrat immerhin eine Leistung von 100 Watt zugeführt, die weggekühlt werden muß.

Dementsprechend ist bei der Implantation häufig nicht der erreichbare Ionenstrom, sondern die tolerierbare Temperaturbelastung bzw. die Kühlkapazität der limitierende Faktor. Um die effektive Ionenstromdichte herabzusetzen, kann man entweder einen fokussierten Strahl über eine größere Fläche führen („wobbeln oder sweepen") oder ihn defokussieren bzw. eine Breitstrahlextraktion anstreben. Während die Ionendosis, d. h. die akkumulierte Ionenstromdichte die Konzentration des Implantats im Substrat bestimmt und damit neben der Energie die wichtigste Verfahrensgröße ist, ist abgesehen vom Temperatureffekt der Einfluß der Ionenstromdichte auf die resultierenden Materialeigenschaften wenig untersucht. Da jedoch die Gleichgewichtskonzentration an Defekten während der Bestrahlung davon abhängt, ist ein Einfluß auf defekt- und diffusionsabhängige Materialeigenschaften zu erwarten.

3. Ionenart

Wenn alle Elemente bei Raumtemperatur gasförmig vorlägen, würde unter identischen Bedingungen nur noch das Ionisationspotential die Ionenausbeute bestimmen. Da dies aber nur bei wenigen Elementen der Fall ist, wurde viel Mühe auf deren Überführung in die Gasphase verwendet.

Die wichtigsten dafür entwickelten Methoden sind:

– Verwendung von Quellen, in denen die Verdampfung bedingt durch das Arbeitsprinzip automatisch stattfindet (siehe unter MEVVA-Quelle). Diese Quellen sind jedoch häufig nicht zur Erzeugung von Gasionen geeignet.

– Verwendung von Zerstäubungstargets in den Quellen. Fast jeder Feststoff kann zerstäubt werden. Die Ionenstromausbeute ist meist relativ niedrig.

– Verwendung eines externen Ofens, mit dessen Hilfe verdampfbare Elemente oder Verbindungen in die Gasphase überführt und in die Ionenquelle geleitet werden können. Bei der Verwendung von Verbindungen muß mit verringerten Ionenausbeuten gerechnet werden, da sich der Gesamtionenstrom aus mehreren Ionenarten, eventuell auch aus Molekülionen zusammensetzt. Eine Massentrennung ist hier notwendig.

– In situ-Bildung einer flüchtigen Verbindung durch Überleiten von reaktiven Gasen über ein Element oder dessen nicht flüchtige Verbindungen, z.B. Bildung von Metallfluoriden oder -chloriden durch Reaktion der Oxide mit Chlor, HCl, Fluor, HF, CCl$_4$, CF$_4$ und ähnlichen Gasen. Hier wird die Ionenausbeute zusätzlich zu den oben genannten Effekten noch von der temperaturabhängigen Reaktivität und unerwünschten Nebenreaktionen, z.B. Hydrolyse, beeinflußt.

4. Strahlprofil und Homogenität der Bestrahlung

Im Normalfall entspricht das laterale Strahlprofil einer Gaußverteilung und ist damit zu einer gleichmäßigen Dotierung einer Probe nicht geeignet. Ist eine solche notwendig, muß der Strahl über eine größere Fläche gewobbelt werden bzw. die Zielfläche in x- und y-Richtung mechanisch bewegt werden. Für weniger hohe Anforderungen an Gleichmäßigkeit genügt häufig auch ein Defokussieren des Strahls. Bei Breitstrahlquellen kann man durch geeignete Konstruktion der Extraktion ein abgeflachtes Profil erreichen. Ein weiteres Problem sind Neutralteilchen, die sich sowohl der dosimetrischen Bestimmung in der Faradaytasse entziehen als auch der Fokussierung bzw. Defokussierung. Dagegen hilft nur eine magnetische Ablenkung der geladenen Strahlkomponenten in die Substratkammer, während der ungeladene Anteil geradeaus fliegt und ungenutzt aufgefangen wird.

Auch bei vollkommen abgeflachtem Strahlprofil hat man Gleichmäßigkeitsprobleme bei gewölbten Substraten. Ein Teil der Ionen trifft im 90°-Winkel zur Oberfläche auf, der größere Teil jedoch in Winkeln, die durch die Substratgeometrie bestimmt sind. Da, wie schon erwähnt, die Zerstäubungsausbeuten winkelabhängig sind, muß man mit einer lateralen Verteilung der maximal erreichbaren Implantatkonzentration rechnen. Abhilfe schafft wieder eine geeignete Substratbewegung, z.B. die Rotation eines zylindrischen Substrats. Schließlich sei noch einmal auf die ungleichmäßige Tiefenverteilung des Implantats im Substrat hingewiesen. Ist eine gleichmäßige Verteilung notwendig, hilft entweder Bestrahlung bis zum Zerstäubungsgleichgewicht oder eine geeignete Superposition verschiedener Ionenenergien.

6.5.5 Exemplarische Anwendungsbeispiele

Es ist nicht Aufgabe dieses Kapitels über die Technik der Ionenstrahlimplantation, alle Anwendungen des Verfahrens umfassend darzustellen. Stattdessen soll anhand von einigen exemplarischen Beispielen das Potential und die Anwendungsbreite der Methode erläutert werden. Zweifellos ist die Ionenstrahldotierung von Halbleitern für mikroelektronische Belange die wichtigste Anwendung, die Eingang in die industrielle Fertigung gefunden hat. Da es sich dabei aber um eine sehr spezialisierte und etablierte Fertigungstechnik handelt, soll diese hier nicht näher behandelt werden. Es sei auf die umfangreiche Spezialliteratur verwiesen, z.B. [6−106, 6−107]. In Tabelle 6−7 wird ein etwas breiterer Kurzüberblick mit Schwerpunkt auf der Materialmodifikation außerhalb der Mikroelektronik gegeben. Die Mehrzahl der Arbeiten beschäftigt sich mit Metallsubstraten [6−120, 6−121] und hier wieder mit Stickstoffimplantation, was sicher auf die leichte Handhabbarkeit dieser Technik zurückzuführen ist. Mit der besseren Verfügbarkeit geeigneter Ionenquellen nimmt neuerdings auch der Einsatz von Metallionenimplantation zu. Letzteres ist besonders wichtig für die Modifikation der mechanischen Eigenschaften von Keramiken [6−122, 6−123], bei denen in der Regel Stickstoffionen oder Edelgasionen wirkungslos sind. Auch die Bestrahlung von Polymeren, um deren mechanische und elektronische Eigenschaften zu verändern, hat in den letzten Jahren die Aufmerksamkeit der Wissenschaft erregt [6−124, 6−125].

Im folgenden sollen drei ausgewählte Beispiele etwas detaillierter beschrieben werden.

6.5.5.1 Stickstoffimplantation in künstliche Gelenke gegen Verschleiß

Von den vielen erfolgreichen Versuchen, mit der Implantation von Stickstoffionen Legierungen zu härten und verschleißfester zu machen, sind neben Edelstählen und Werkzeugstählen [6−126] besonders Titanlegierungen (z.B. TiAl6V4) zu nennen, die als Material für künstliche Implantate z.B. Kniegelenke oder Hüftgelenke eingesetzt werden. Beim Verschleiß werden häufig Partikel, z.B. Ti-Oxide, auf die Gegenkörper aus Kunststoff übertragen, die dann ihrerseits abrasiv auf die Titanlegierung wirken. Durch die Stick-

Tabelle 6–7. Typische Beispiele für Anwendungen der Ionenimplantation in der Materialforschung.

Werkzeug oder Bauteil	Material	Ionen-implantation	Bemerkungen
Orthopädische Implantate	TiAl 6 V 4	Stickstoff	Verschleißminderung
Kugellager	Lagerstähle	Ti + C, Cr	Verschleißminderung, Korrosionsschutz
Kugellager	Lagermetalle	Ag	Reibungsminderung für Trockenlauf
Kolben für Kühlaggregate	Stahllegierung	Ti + C	Verschleißschutz im ungeschmierten Zustand
Düsen und Extruder für Kunststoff-verarbeitung	hochlegierter Stahl	Stickstoff	Verschleißschutz
Umformwerk-zeuge	Werkzeugstähle	Stickstoff, Bor	Verschleißminderung
Kunststoffe	zahlreiche Polymersorten	Ar, N, usw.	Widerstandsminderung um bis zu 10 Größen-ordnungen
Keramik	Al_2O_3 Si_3N_4 ZrO_2	Ti, Cr, Co, Ni	Verschleißminderung Amorphisierung

stoffionenimplantation bilden sich Titannitride an der Gelenkoberfläche, die von den abgeriebenen Oxidpartikeln wesentlich weniger angegriffen werden. Da neben der Verschleißresistenz auch die Korrosionsresistenz der Legierung zunimmt, werden oberflächenmodifizierte Implantate heute in USA und einigen anderen Ländern in größeren Serien produziert. Bild 6–31 [6–127] zeigt derartige orthopädische Prothesen.

Auch bei den Edelstählen und Werkzeugstählen ist der verschleißsenkende Mechanismus auf die Bildung und Ausfällung von feinverteilten Eisen- und Chromnitriden sowie auf Austenit–Martensitumwandlung zurückzuführen [6–128].

6.5.5.2 Pt- und Pd-Implantation in Übergangsmetalle gegen Wasserstoffversprödung

Der Einsatz der Ionenimplantation zum Korrosionsschutz in wäßrigen Medien wird meist durch die geringe Dicke der modifizierten Schicht oder die nicht ausreichende Maximalkonzentration des Implantats behindert.

Neben einigen Spezialfällen wie Chromanreicherung in Wälzlagerrandschichten oder Oberflächenlegierungen von Titan mit Tantal eignen sich Implantationslegierungen hauptsächlich für Fälle, bei denen über einen katodisch wirkenden Mechanismus die Korrosion inhibiert wird. Dabei kommt es nur zu geringer Materialabtragung, d.h. zu keinem schnellen Verlust an Implantat, und häufig sind bereits Konzentrationen von wenigen Atomprozent des Implantats wirksam.

Bild 6–31. Orthopädische Prothesen, – Kniegelenke aus TiAl6V4, die durch Ionenimplantation verschleißresistenter werden (nach [6–127]).

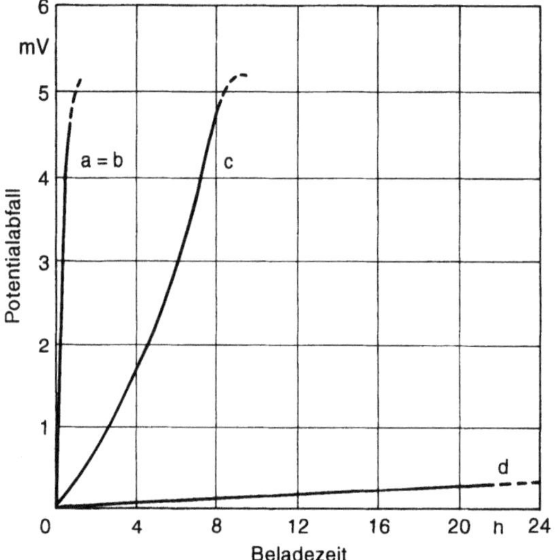

Bild 6–32. Widerstandsmessungen an Tantalfolien mit 200 nm Ta_2O_5 Deckschicht, die definiert angeritzt wurde, als Funktion der Wasserstoffbeladungszeit (100 mA/cm^2).
a, b: unbehandelt und mit $5 \cdot 10^{16}$ Xe$^+$/cm^2 und 80 keV bestrahlt; c: mit $5 \cdot 10^{16}$ Pt$^+$/cm^2 und 80 keV bestrahlt; d: mit 20 nm Pt bedampft und anschließend mit $1 \cdot 10^{16}$ Ar$^+$/cm^2 und 70 keV bestrahlt.

Ein typisches Beispiel ist die Implantation von Platin in Tantal [6–129], um dessen Wasserstoffversprödung in Säuren zu inhibieren, ein Korrosionsmechanismus, der den Einsatz von Tantal als Behälter für stark saure Lösungen erschwert. Bestrahlt man Tantal mit z. B. $5 \cdot 10^{16}$ Pt$^+$ Ionen pro cm^2, so läßt sich nach Beladung mit katodisch erzeugtem Wasserstoff in verdünnter Säure eine erhöhte Resistenz gegen Versprödung, die sich z. B. in Rißbildung oder Biegebrüchen manifestiert, nachweisen. Auch Leitfähigkeitsmessungen, Bild 6–32, bewiesen eine wesentlich verringerte Hydridbildungsrate im Vergleich zu platinfreien Tantaloberflächen. Das Platin wirkt hier mehrfach, nämlich einmal als Desorptionskatalysator, der die Desorption von H_2 von der Metalloberfläche verstärkt, zum anderen als Beschleuniger für die Repassivierung im Falle einer beschädigten Passiv-(Ta_2O_5)-Schicht.

6.5.5.3 Implantation in Polymere zur Erzeugung von Leitfähigkeit

Die überwiegende Mehrzahl aller Polymeren sind ausgezeichnete Isolatoren mit Widerstandswerten im Bereich $> 10^{12}\,\Omega\,$cm. Durch Ionenimplantation läßt sich im Randschichtbereich eine Modifikation der Leitfähigkeit über einen weiten Bereich erzielen. Wie Bild 6–33 zeigt, fällt der Widerstand ab einer energieabhängigen Schwellendosis steil ab, um dann in einen Grenzwert einzumünden, der im Bereich der Leitfähigkeit des amorphen Kohlenstoffs liegt, d.h. 2 bis 3 Größenordnungen unter den besten metallischen Leitern [6–124].

Mit höheren Ionenenergien im MeV-Bereich erreicht man meist die besten Genzwerte und benötigt die niedrigste Ionendosis, um einen bestimmten Widerstandswert zu erreichen. Daher ist davon auszugehen, daß der elektronische Anteil an der Energieübertragung beim Abbremsen der Ionen hier der bestimmende Parameter ist. Es wird vermutet, daß die Ionenbestrahlung zur Ausbildung von kleinen Kohlenstoffinseln führt und es durch Perkolation zur Elektronenleitung kommt. Zunehmende Dichte der Inseln verstärkt diesen Effekt. Interessante Anwendungen dieser Methode zeichnen sich in der Mikroelektronik

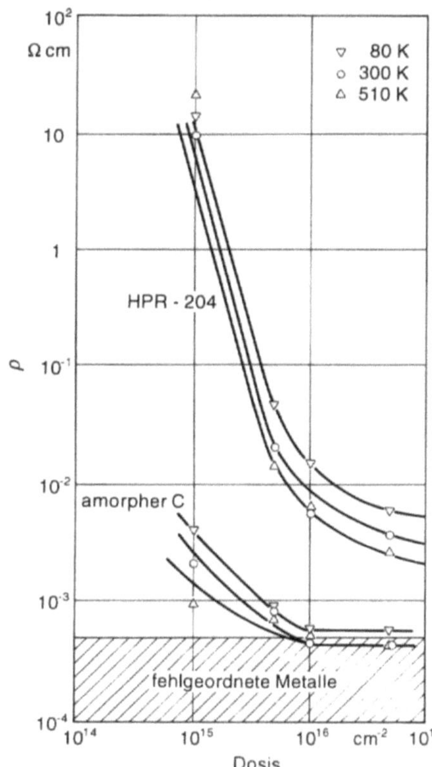

Bild 6–33. Widerstandsänderung an ionenbestrahlten Polymeren (HPR-204) als Funktion der Ionendosis nach Bestrahlung mit 2 MeV-Ar^+-Ionen im Vergleich mit amorphem Kohlenstoff (nach [6–124]).

und der Abschirmtechnik ab. Im ersteren Bereich ist ein Einsatz von Mikrostrahlen zur Strukturierung denkbar, in letzterem eine moderate, gezielte Widerstandsverminderung über große Flächen, für die bereits relativ niedere Ionendosen ausreichen.

6.5.6 Bewertung und zukünftige Trends

Die Ionenimplantation hat weit verbreitete Anwendungen im Bereich der Mikroelektronik gefunden, wo es um die Vergütung relativ kleiner hochwertiger Produkte geht.

Auch bei der Vergütung von anderen Werkstoffen wie Metallen, Legierungen, Polymeren und Keramiken wird man aus Kostengründen hauptsächlich kleinere High-Tech Werkzeuge oder Bauteile heranziehen. Dies trifft auf die wichtigsten Anwendungen der Metallvergütung auch zu, nämlich künstliche Gelenke, teure Werkzeuge, kleine Spezialbauteile, Kugellager für den Trockenlauf, Bauteile der Luft- und Raumfahrttechnik.

Für Keramik und Polymere besteht, was praktische Anwendungen betrifft, noch ein Entwicklungsrückstand, da die entsprechenden Grundlagenarbeiten wesentlich später eingesetzt haben als bei Metallen. Gerade für die Polymermodifikation sind die Aussichten aber recht günstig, weil man mit relativ niedrigen Bestrahlungsdosen auskommt, oft 2 bis 3 Größenordnungen niedriger als die für Metallmodifikation notwendigen. Konkurrenzlos ist die Implantation immer dann, wenn exzellente Haftung, niedrige Verfahrenstemperatur und nur geringe makroskopische Veränderungen der Fertigungstoleranzen bzw. der Oberflächenmorphologie gefordert sind. Das gleiche gilt für die Ausbildung von metastabilen oder amorphen Legierungen bzw. Verbindungen.

Auf dem apparativen Sektor geht der Entwicklungstrend hin zu Hochstrom- und Durchlaufanlagen, da nur so Kosten gesenkt werden können. Bei nicht zu komplexer Bauteilgeometrie kann man heute mit Vergütungskosten von einigen DM/cm^2 rechnen, wobei die gewünschte Ionenart, Energie usw. sehr stark in die Kosten eingehen. Falls sich das Kühlproblem bei Hochstromanlagen befriedigend lösen läßt, können die Kosten in Zukunft um eine Größenordnung unter 1 DM/cm^2 gesenkt werden.

Weitere Trends gehen hin zu leistungsfähigen Metallionenquellen, die eine Erweiterung der Anwendung „Oberflächenlegierungen" erlauben werden und zu Mikrostrahlquellen. Letztere gestatten es, Struktur, Korrosions- und Verschleißschutz, Leitfähigkeit usw. in oder auf kleinsten Dimensionen zu erzeugen und werden damit wichtige Beiträge zu zukunftsträchtigen Entwicklungsbereichen wie Nanotechnologie, Mikromechanik und Mikrostrukturierung leisten.

6.6 Ionenstrahlmischen

Ionenstrahlmischen nimmt zwischen der Ionenimplantation auf der einen und der teilchenunterstützten Beschichtung auf der anderen Seite eine Mittelposition unter den Ionenstrahlverfahren ein. Während die teilchenunterstützte Beschichtung ein einstufiger Prozeß ist – Teilchenbestrahlung und Schichtabscheidung finden gleichzeitig statt – ist Ionenstrahlmischen ein Zweistufenprozeß – zunächst wird eine Schicht- oder Schichtfolge abgeschieden, dann erfolgt die Ionenbestrahlung. Von der Ionenimplantation unterscheidet sich Ionenstrahlmischen technisch kaum, jedoch wird ersterer Begriff nur benutzt, wenn die Ionen durch eine Schicht hindurch in den Grenzbereich Schicht/Substrat (Interface) oder gänzlich in das Substrat eindringen. Bei vollständiger Ionenabbremsung in der Schicht wird man von Ionenimplantation sprechen. Ähnliches gilt für Schichtfolgen. Dementsprechend ist Ionenstrahlmischen eine Methode, um das Interface eines Schicht/Substratsystems zu modifizieren oder das Zusammensetzungs-Tiefenprofil einer Mehrschichtfolge zu verändern.

Unter 6.6.1 werden die Grundprinzipien der Methode erläutert. Apparatives und Verfahrenstechnik sind in 6.6.2 zusammengefaßt. Hier kann meist auf das Kapitel 6.5 (Ionenimplantation) verwiesen werden. In 6.6.3 werden die Anwendungsmöglichkeiten skizziert und mit zwei exemplarischen Beispielen illustriert und in 6.6.4 eine kurze abschließende Bewertung gegeben.

6.6.1 Grundprinzipien

Durchdringt ein Strahl energiereicher Ionen den Grenzbereich oder die Grenzfläche zwischen einer dünnen Schicht und einem Substrat oder zwischen zwei dünnen Schichten, so wird es aufgrund der in Abschnitt 6.5.1 erläuterten Wechselwirkungsmechanismen zu einer Modifikation dieser Grenzfläche kommen. Man kann grundsätzlich drei Fälle unterscheiden.

– Gibt das Ion seine Energie ausschließlich durch Elektronenanregung ab (electronic stopping), dann kommt es in der Grenzfläche hauptsächlich zu elektronischen Prozessen wie Aufladungen, Bindungsbruch, Bindungsbildung. Eine reine Metall/Metallgrenzfläche sollte sich z.B. dadurch nur wenig verändern.

– Gibt das Ion seine Energie dagegen durch Stoßprozesse ab (nuclear stopping), dann ist eine Verbreiterung der Grenzfläche zu einem Grenzbereich und ein Durchmischen der Schicht mit den Substratatomen zu erwarten.

– Kommen die beschleunigten Ionen im durchmischten Bereich zur Ruhe, so können sie selbst, falls reaktiv, an der Phasenbildung im Grenzbereich teilnehmen.

Die Schichtdicke, die Ionenenergie und die Ionenmasse bestimmen, welcher dieser Prozesse dominiert. Das Ausmaß des Mischvorgangs läßt sich zusätzlich über die Intensität der Bestrahlung, d.h. die Ionendosis steuern.

Der Mischvorgang bei vorherrschendem „nuclear stopping" ist in Bild 6–34a schematisch dargestellt.

Durchmischt man eine Folge mehrerer Schichten so, daß die Ionen alle Schichten durchqueren, dann kann es, je nach Ionenart oder Dosis, entweder zu einem multiplen Interfacemischen, d.h.zu einer Verbreiterung aller Grenzschichten kommen oder zu einer vollständigen Durchmischung der Schichten unter Bildung einer oder mehrerer Legierungsphasen. Dieser Sachverhalt ist in Bild 6–34b dargestellt. Bei der Beurteilung der Mischvorgänge ist zu beachten, daß die Temperatur des Systems während der Bestrahlung von ausschlaggebender Bedeutung ist. Sind Diffusionsvorgänge über mehrere Gitterabstände eingefroren, dann werden sich meist metastabile, amorphe oder einfache kristalline Phasen bilden. Bei höheren Temperaturen mit reger Diffusion sind metastabile Phasen seltener und auch komplexere Gitterstrukturen möglich [6–130].

Das Ionenstrahlmischen wird also hauptsächlich durch Stoßprozesse verursacht und sollte daher den Gesetzen der Ballistik folgen. Neben Befunden, die für diese Annahme

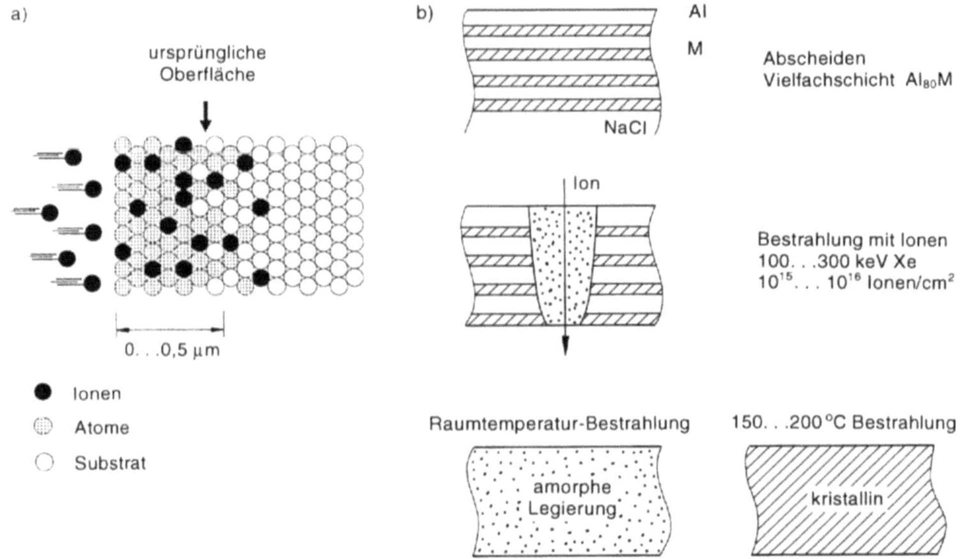

Bild 6–34. Prinzip des Ionenstrahlmischens einer Zweifach- (a) und einer Mehrfachschicht (b).

sprechen, gibt es aber eine Reihe von Arbeiten, in denen ein bevorzugtes Mischen in Vorwärts- oder Rückwärtsrichtung gefunden wurde. Daher ist die heutige Meinung die, daß ballistische und thermodynamische Effekte sich überlagern. Letztere kann man sich durch die Ausbildung sog. „thermal spikes" erklären, in denen lokal thermodynamische Größen wie Mischungswärme und Kohäsionsenergie eine Rolle spielen. Welcher der genannten Effekte im Gesamtsystem dominiert, kann, abhängig vom jeweils betrachteten System, sehr unterschiedlich sein [6–131, 6–132].

6.6.2 Geräte- und Verfahrenstechnik

Die Verfahren und die dafür notwendigen Geräte unterscheiden sich, soweit es die Ionenbestrahlung betrifft, nicht von der Ionenimplantation, d.h. die unter 6.5 beschriebenen Ionenquellen und Ionenbeschleuniger können eingesetzt werden. Die zu mischenden Schichten werden mit den üblichen Dünnschichttechniken aufgebracht, nämlich Aufdampfen und Zerstäuben. Galvanische Verfahren kommen wegen der geringen Schichtdicke und der geforderten Schichtgleichmäßigkeit nur ausnahmsweise in Frage.

Die für den Mischvorgang notwendigen Energien sind durch die gewünschte Schichtdicke vorgegeben, bzw. beide müssen aufeinander abgestimmt werden. Da die Reichweite von z.B. Argonionen, die häufig eingesetzt werden, bei Verwendung der üblichen Ionenbeschleuniger nur einige 10 bis einige 100 nm beträgt, müssen die Grundschichten sehr dünn sein. Nur mit Beschleunigern im MeV-Bereich lassen sich Schichten > 1 µm mischen. Grundsätzlich läßt sich die Reichweite bei vorgegebener Energie erhöhen, indem man zu leichteren Ionen geht, z.B. Neon- oder gar Heliumionen. Das erkauft man sich aber durch eine wesentlich geringere Mischeffektivität, da der spezifische Energieverlust durch Stoßprozesse mit der Masse abnimmt. Generell sollte man für Mischexperimente Beschleuniger mit Massentrennung und mindestens 100 kV, besser noch 200 kV Beschleunigungsspannung einsetzen. Ein Vorteil des Ionenstrahlmischens gegenüber der Implantation liegt in der wesentlich geringeren Ionendosis, die notwendig ist, um den gewünschten Effekt zu erzielen. Bei Metallschichten auf Polymersubstraten genügen bereits 10^{14} Argonionen/cm^2 und auf Metall- oder Keramiksubstraten 10^{15} bis 10^{16} Ionen/cm^2. Dagegen erfordert Stickstoffimplantation oder Metallionenimplantation in Metalle oder Keramiken $> 10^{17}$ Ionen/cm^2 für eine durchgreifende Materialmodifikation.

Eine besondere Technik hat sich für die Untersuchung metastabiler Phasendiagramme etabliert. Dabei wird ein Substratstreifen durch eine keilförmige Maske bedampft. Dadurch kann man alternierende Schichtfolgen zweier Elemente mit unterschiedlichem Verhältnis aufbringen. An einem Ende des Streifens liegen 100 % Element A, am anderen 100 % Element B vor, während in der Mitte alternierende Schichten ABAB in gleicher Dicke auftreten. Nach dem Mischen findet man dann auf dem Streifen alle überhaupt möglichen Konzentrationen von A in B und damit auch alle möglichen Phasenzusammensetzungen [6–130, 6–133].

Eine praktische Anwendung des Ionenstrahlmischens in industriellem Maßstab erfordert mehrstufige Durchlaufanlagen, die zwar schon in der Diskussion, aber noch nicht auf dem Markt sind. Dabei muß das Substrat zunächst in einer Reinigungskammer vorbehandelt werden, z.B. durch Plasma oder Sputtern, danach folgt ein Aufdampfen oder -sputtern einer dünnen Schicht, gefolgt von Ionenstrahlmischen mittels einer Großflächen- oder Bandstrahlionenquelle. Als letzter Schritt ist die Mischschicht dann durch Aufdampfen oder -sputtern auf die gewünschte Dicke zu bringen.

6.6.3 Anwendungen und exemplarische Beispiele

Die Technik des Ionenstrahlmischens wurde bisher hauptsächlich für Fragestellungen aus der anwendungsorientierten Grundlagenforschung eingesetzt. Details können der umfangreichen Originalliteratur entnommen werden, z.B. [6–134 bis 6–136]. In neuerer Zeit wurden jedoch auch anwendungsnahe Fragestellungen aufgegriffen, wie die Herstellung leitfähiger oder reibungsmindernder Schichten auf Polymeren und Keramiken [6–137] als Substraten oder auf Metallkomponenten [6–138, 6–139].

6.6.3.1 Verfahrensführung für verschiedene Anwendungen

Grundsätzlich ergeben sich drei Möglichkeiten der Durchführung des Verfahrens:

1. Durch Aufdampfen bzw. Sputtern werden Multischichten, aufgebaut aus einer Folge sehr dünner Schichten, hergestellt. Anschließend wird mit dem Ionenstrahl durch den gesamten Schichtstapel geschossen. Dabei kommt es bei niedriger Ionendosis zu einer Durchmischung aller Grenzflächen, d.h. einer periodischen Modulation der Zusammensetzung. Bei höherer Dosis entsteht eine vollständige Mischschicht unter Bildung neuer, häufig metastabiler kristalliner oder amorpher Phasen. Diese Art der Experimentführung erlaubt es, Nichtgleichgewichtsmetallurgie zu betreiben oder bei Halbleitern Phasen mit besonderen Eigenschaften wie $PtSi_2$ zu erzeugen. Daneben können Schichten mit periodisch wechselnden Eigenschaften, z.B. optische Filter, aufgebaut werden.

2. In einem Zweistufenverfahren wird zunächst eine Beschichtung auf das Substrat aufgebracht und anschließend der Grenzbereich durch Ionenbestrahlung mehr oder weniger stark durchmischt. Dadurch erreicht man eine Verbesserung der Adhäsion. Dementsprechend bietet sich diese Technik für dünne ($< 1\ \mu m$) Verschleißschutzschichten, Metallisierungen, Isolierschichten oder optische Schichten an, soweit ein gewisses Maß an Strahlenschäden im Substrat in Kauf genommen werden kann.

3. In einem Dreistufenverfahren wird zuerst eine dünne Schicht aufgebracht und durch Ionenbestrahlung mit dem Substrat verzahnt. Danach wird diese sog. Leitschicht in einem weiteren Verfahrensschritt auf die gewünschte Dicke verstärkt. Die Verstärkung kann z.B. durch reines Aufdampfen erfolgen. Dabei ist jedoch darauf zu achten, daß sich zwischen der Leitschicht und der Verstärkungsschicht keine Oxidschicht bildet, d.h. vorzugsweise sollte die Verstärkung im Vakuum ohne zwischenzeitliche Druckerhöhung erfolgen. Weiterhin kann man auch galvanisch verstärken. Hier muß man jedoch Rücksicht auf die geringe Dicke der Leitschicht nehmen und das galvanische Verfahren entsprechend modifizieren. Sonst kann es leicht zu einer Ablösung der Leitschicht vom Substrat im Verstärkungsbad kommen. Typische Leitschichtdicken liegen bei $10-100$ nm, typische Verstärkungen auf $5-50\ \mu m$. Die Dreistufentechnik bietet sich für dickere Metallisierungen auf Kunststoffen oder Keramiken an, bei denen die konventionellen galvanischen Verfahren wegen schlechter Haftung oder ungenügender Umweltverträglichkeit nicht mehr anwendbar sind.

6.6.3.2 Adhäsionsverbesserung am Beispiel von temperaturresistenten Polymeren

Sowohl bei Keramiken als auch bei vielen Polymeren ist die Adhäsion von aufgedampften oder chemisch abgeschiedenen Metallschichten, die leitfähige Strukturen bilden sollen, oft nicht ausreichend. Eine Haftungsverbesserung durch intensives Ätzen verbietet sich immer mehr aus Gründen der Umweltverträglichkeit. Deshalb gewinnen physikalische Verfahren zur Haftungsverbesserung immer mehr Freunde. In Bild $6-35$ sind die wichtigsten, die Haftung beeinflussenden Parameter schematisch dargestellt [6-140].

Während ein Elektronenstrahl oder ein durch reine Elektronenanregung abgebremster Ionenstrahl beim Durchgang durch die Grenzschicht hauptsächlich die Interfacechemie beeinflußt, werden durch Atomstöße auch Verunreinigungen verteilt und die Interfacemorphologie verändert.

Schließlich kann der Teilchenstrahl auch die Eigenspannungen im Film abbauen [6-141]. Benutzt man reaktive Ionen und sorgt dafür, daß sie ihre Ruheposition im Grenzschichtbereich erhalten, so sind auch reaktive Zwischenschichten erreichbar.

Als Beispiel für Adhäsionsverbesserung sei das System Kupfer auf Polyimid oder auf Hochtemperaturthermoplasten erwähnt. Deren Metallisierung macht auf konventionellem Wege Schwierigkeiten. Deshalb hat man versucht, die Situation durch Plasmaätzen oder Ionenstrahlmischen zu verbessern. Bild $6-36$ zeigt einige mit letzterem Verfahren erzielte Ergebnisse [6-142].

Hier wurden dünne Kupferfilme auf Polyäthersulfon aufgedampft und mit verschiedenen Ionen von He^+ bis Ar^+ durchschossen. Eine Energie von 120 keV genügt, um die Ionen das Interface vollständig passieren zu lassen, bei 60 keV landen sie jedoch mit dem Verteilungsmaximum genau im Interface. Die so aufgebrachten Leitschichten wurden dann galvanisch auf $20\ \mu m$ verdickt und mittels des Schältests abgezogen.

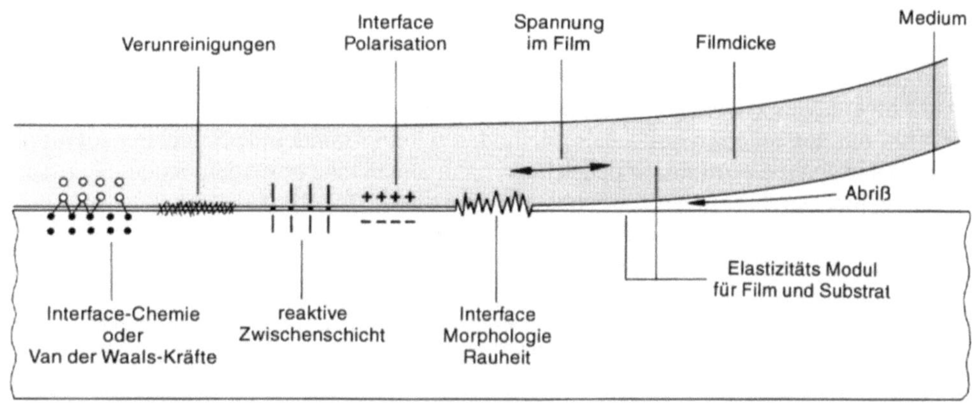

Bild 6–35. Schematische Darstellung der Faktoren, welche die Adhäsion eines Metallfilms auf einem Substrat beeinflussen (nach [6–140]).

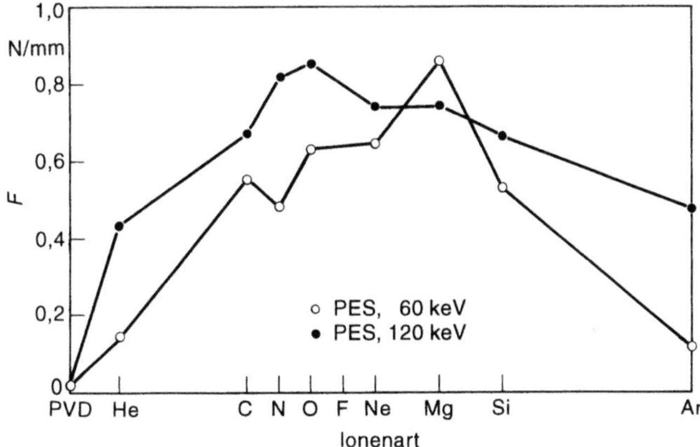

Bild 6–36. Adhäsion von Kupfer auf Polyäthersulfon nach Durchstrahlung mit verschiedenen Ionenarten, im Schältest gemessen (Ionendosis jeweils $1 \cdot 10^{14}/cm^2$, Ionenenergie 60 keV bzw. 120 keV).

Die gemessenen Schälkräfte zeigen einen typischen Anstieg von He^+ bis O^+ und danach einen Abfall zum Argon. Der Anstieg folgt genau dem Ansteigen des spezifischen Energieverlustes durch Elektronenanregung, der sichtlich für die Haftungsverbesserung maßgeblich ist. Dieser Parameter läßt sich jedoch nicht beliebig erhöhen, da bei größeren Massen gleichzeitig die Energieabgabe durch Atomstöße zunimmt, die zur langsamen Zerstörung des Polymersubstrates führt und für den abfallenden Ast der Kurve verantwortlich ist. Bei der 60 keV-Kurve fallen ausgeprägte Haftungssspitzen, besonders beim Mg, das schon im abfallenden Ast liegt, auf. Hier ist davon auszugehen, daß den eben beschriebenen physikalischen Effekten ein chemischer überlagert ist. Das Magnesium wird anscheinend in eine reaktive Zwischenschicht im Sinne des Bildes 6–34 integriert.

6.6.3.3 Keramikoberflächen-Modifikation durch ionenbestrahlte Gleitschichten

Ein besonderes Problem für den Einsatz von Keramiken im Motoren- und Turbinenbau sind deren relativ schlechte Gleiteigenschaften insbesondere bei höheren Temperaturen. Als Folge davon kommt es zu erhöhtem Verschleiß. Daher hat es nicht an Versuchen gefehlt, mit den unterschiedlichsten Methoden reibungsmindernde Schichten aufzubringen. Dabei spielt die Adhäsion der Schicht naturgemäß eine besondere Rolle. Hier bietet sich das Ionenstrahlmischen zur Problemlösung an.

Als Beispiel seien die Arbeiten von *Wei* und *Lankford* genannt [6–143], die Si_3N_4 und Yttriumstabilisiertes ZrO_2 (PSZ) mit einer Reihe von Metallen beschichteten und nach Ionenstrahlmischen mit Argonionen (E = 140 keV, Dosis $10 \cdot 10^{17}/cm^2$) bei 800 °C in einer oxidierenden Atmosphäre („Dieselmotorbedingungen") den Reibungskoeffizienten und Verschleiß bestimmten. Eine Ni/Ti-Doppelschicht erwies sich als besonders wirkungsvoll gegenüber TiC als Gegenkörper ($\mu = 0{,}1$ bzw. 0,06 auf Si_3N_4 bzw. PSZ gegenüber 0,6 bzw. 0,4 ohne Modifikation). In einer weiteren Arbeit der Autoren [6–144] wird spekuliert, daß bei der Verschleißprüfung ein Mehrschichtsystem entsteht. Schicht 1 soll dabei eine Nickel-Titan-Phase repräsentieren, die beim Ionenstrahlmischen auf dem Substrat entsteht und Schicht 2 eine bei der 800 °C-Beanspruchung entstehende Oxidphase (eventuell amorph). Diese wird auf den TiC-Gegenkörper übertragen und haftet auf dem ebenfalls teiloxidierten TiC. Dabei entsteht also eine Art selbstschmierendes System, das die Verschleißreduktion bewirkt.

6.6.4 Bewertung und zukünftige Trends

Prinzipiell hat das Ionenstrahlmischen einen stärkeren Grundlagencharakter als die teilchenstrahlgestützte Beschichtung oder die Ionenstrahlimplantation. Es eignet sich besonders für das Studium der Bildung metastabiler Legierungen, der Phasenbildung im Grenzbereich Schicht/Substrat und des Einflusses von Misch- und Phasenbildungsvorgängen auf die Adhäsion von Schichten.

Darüber hinaus ist das Ionenstrahlmischen aber durchaus für die Anwendung geeignet und zwar insbesondere für Fälle, bei denen zunächst eine Haftvermittlungs- oder Leitschicht aufgebracht wird, auf die dann eine Verdickungsschicht folgt. Dabei kann die Schichtverdickung mittels derselben Gasphasenabscheidung erfolgen, mit der die dünne Primärschicht vor dem Mischen aufkondensiert wird, nämlich meist Sputtern oder Aufdampfen. Es sind jedoch auch andere Verfahrenskombinationen möglich wie Aufdampfen, Ionenstrahlmischen und Verdickung durch galvanische oder chemische Abscheidung.

7 Erzeugung von Mikrostrukturen an Oberflächen und dünnen Schichten

U. Behringer

7.1 Plasmamethoden

7.1.1 Einleitung

Der fortwährende Trend in der hochintegrierten Halbleiterschaltungstechnik zu immer kleineren Strukturen erfordert immer besser kontrollierte Strukturierungsprozesse, um Strukturen kleiner 1 µm herstellen zu können. Die Lithographie und die darauffolgenden Ätzprozesse gehören zu den wichtigsten Schritten bei der Strukturierung von dünnen Oberflächenschichten, die auf der Oberfläche z. B. einer Siliziumscheibe (Wafer) aufgebracht werden.

Bild 7–1 veranschaulicht den Lithographieprozeß sowie den nachfolgenden Ätzprozeß am Beispiel der Strukturierung einer dünnen Oxidschicht (1). Diese Oxidschicht wird mit einer lichtempfindlichen Lackschicht, dem sogenannten Photoresist beschichtet (2). Bei Verwendung eines positiven Photoresist können die belichteten Bereiche im Lack durch einen anschließenden Entwicklungsprozeß weggelöst werden (3, 4). Der so strukturierte Resist dient nun als resistente Maske für den nachfolgenden Ätzprozeß, der das Bild des Lackes in die darunterliegende Oxidschicht überträgt (5). Danach wird der restliche Lack entfernt und die strukturierte Oxidschicht (6) kann nun ihrerseits als Maske z. B. für einen Implantationsprozeß dienen.

In Kapitel 7.2 wird die Lithographie in der Halbleitertechnik an einigen speziellen Anwendungen näher erläutert. Die Übertragung der durch die Resistschicht definierten Strukturen in die, wie im Beispiel hier, darunterliegende Oxidschicht wird heute noch in vielen Fällen in einem naßchemischen Prozeßschritt durchgeführt. Naßchemisch bedeutet, daß die Strukturübertragungen mit Hilfe geeigneter Flüssigkeiten erfolgt, z. B. gepufferte Flußsäure (BHF) für das Ätzen von Siliziumdioxid (SiO_2) oder heiße Phosphorsäure für Siliziumnitridschichten (Si_3N_4).

Diese Art, Strukturen mittels naßchemischer Prozesse in die darunterliegende Schicht zu übertragen, ist sehr kostengünstig, hat aber den Nachteil, daß der Ätzprozeß isotrop abläuft, d. h. daß die Ätzung sowohl in vertikaler als auch in horizontaler Richtung mit annähernd gleicher Ätzrate erfolgt.

Das Bild 7–2 verdeutlicht die Problematik beim isotropen Ätzen. Bild 7–2a zeigt die strukturierte Resistschicht. Bild 7–2b zeigt die darunterliegende Oxidschicht, die in gepufferter Flußsäure isotrop geätzt wurde und eine starke Unterätzung (undercut) aufweist. Beendet man den Ätzprozeß beim Erreichen der Siliziumoberfläche, so entspricht die Fläche des freigelegten Siliziums zwar der Fläche der Resistöffnung; als Maske für eine z. B. spätere Implantation ist diese Oxidschicht aber untauglich, da der „Rahmen" um die freigelegte Siliziumoberfläche viel zu dünn ist, um das Eindringen der Ionen in das Silizium in diesem Bereich zu verhindern.

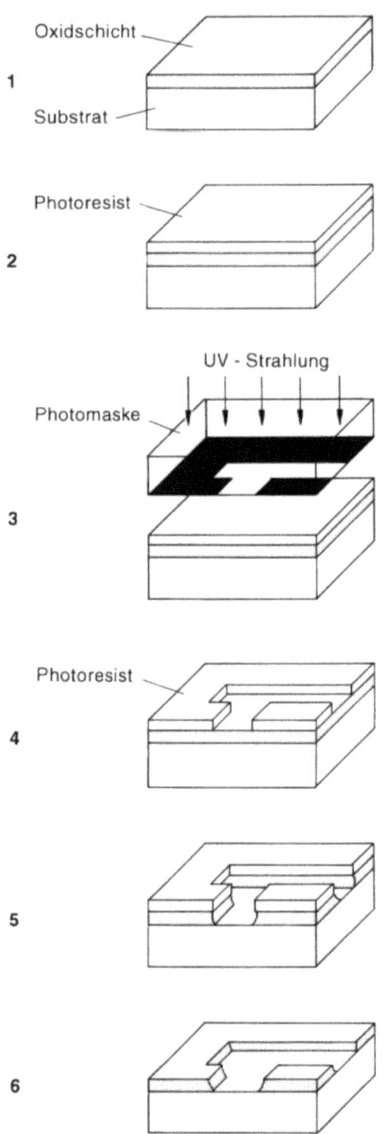

Bild 7–1. Prozeßschritte beim Lithographieprozeß.

Die gewünschte Strrukturdimension wird also verfälscht. Da die Ätzrate für verschiedene Lochgrößen außerdem oft unterschiedlich ist, muß häufig überätzt werden, um sicherzustellen, daß alle Löcher durchgeätzt sind.

Eine Überätzung ist ebenfalls erforderlich, wenn Schichtdickenschwankungen vorliegen. Die Strukturverbreiterung dabei ist oft so gravierend, daß sie außerhalb der Spezifikation für die Schaltkreistoleranzen liegt, Bild 7–2c. Man kann diesem Problem vorbeugen, indem man schon bei der Strukturierung der Resistschicht die einzelnen Öffnungen

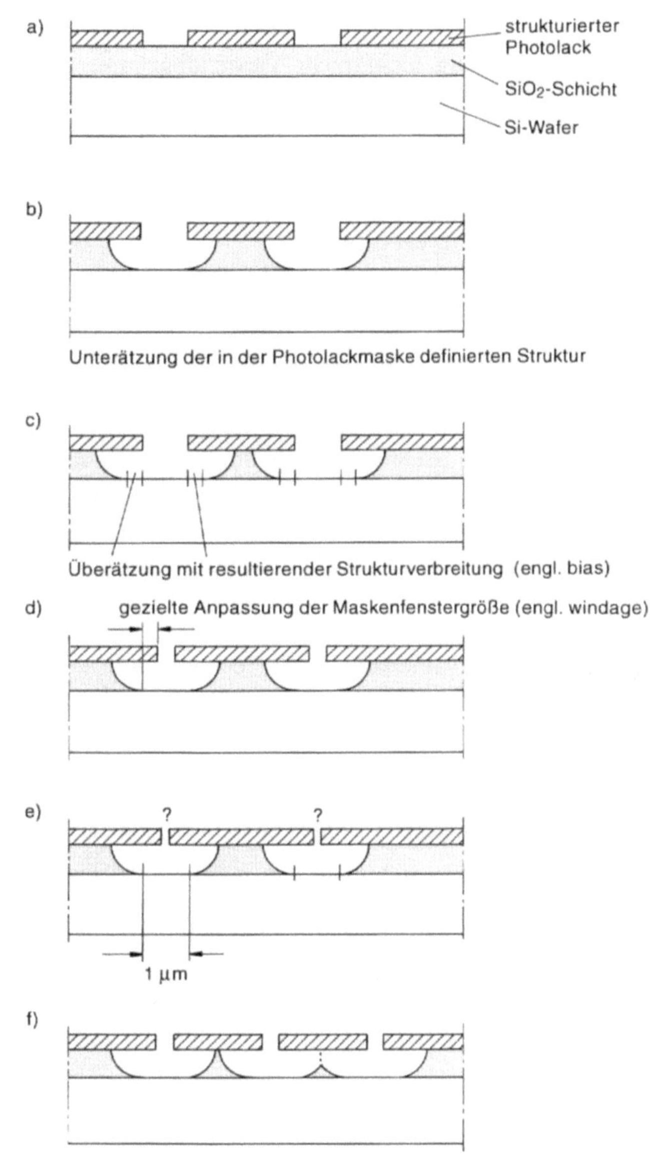

Bild 7-2. Problematik
bei isotropem Ätzen.

(Fenster) gezielt kleiner herstellt (engl. windage), Bild 7-2d. Bei Strukturdimensionen unterhalb 1,0 µm sind die Strukturen zu klein, um noch eine gezielte Vorabverkleinerung zu erlauben, Bild 7-2e.

Sehr kritisch wird der Einsatz von isotropen Ätzprozessen, wenn die Strukturen im Resist sehr eng beieinanderliegen. Dann bleibt wegen der Unterätzung kaum noch etwas von der Oxidschicht übrig und die Strukturen zerfließen ineinander, Bild 7-2f.

Spätestens beim Erreichen einer Technologie mit kleinsten Strukturdimensionen von 2 µm und darunter waren die meisten isotropen naßchemischen Ätzprozesse für die Halbleiterfertigung nicht mehr verwendbar und mußten durch Ätzprozesse ersetzt werden, die ein deutlich gerichteteres Ätzverhalten aufweisen. Dies führte zum Einsatz von sogenannten Trockenätzverfahren, bei denen an Stelle von Flüssigkeiten Gase zum Ätzen von Metallen, Dielektrika und Halbleitern eingesetzt werden.

7.1.2 Trockenätzverfahren

Bild 7–3 zeigt die unterschiedlichen Kantenprofile, die beim naßchemischen und trockenchemischen Ätzprozeß auftreten.

Bild 7–3a zeigt das Kantenprofil eines typisch isotropen Ätzprozesses, wie er sich beim naßchemischen Ätzprozeß ausbildet. Dieses kann aber auch bei den trockenchemischen Prozessen auftreten und wird im Abschnitt 7.1.2.2 besprochen. Die beim trockenchemischen Ätzen interessanten Fälle sind in Bild 7–3b und c illustriert.

Bild 7–3b zeigt den Fall des gerichteten Ätzens. Dieser anisotrope Ätzprozeß zeigt eine deutlich höhere Ätzrate in vertikaler als in horizontaler Richtung. Den idealen Fall zeigt Bild 7–3c. Hier herrscht große Anisotropie vor und die Ätzung erfolgt praktisch nur in die vertikale Richtung.

Die Namen der einzelnen Ätzarten und der Ätzgeräte sind sehr mannigfaltig und kennzeichnen oft schon die verwendete Technologie. Die Verfahren werden dabei nach ihren chemischen Reaktionsarten, den verwendeten Druckbereichen sowie den jeweiligen Elektrodenanordnungen unterschieden.

Die Tabelle 7–1 zeigt einige Beispiele; die englischen Namen wurden übernommen [7–1]. Die Trockenätzverfahren, die in der VLSI (Very Large Scale Integration) Halbleitertechnologie eingesetzt werden, sind hier nach den Reaktortypen unterteilt.

Eine gute Methode, sich in all den vielen unterschiedlichen Ätztechniken zurechtzufinden, ist die Unterteilung der Technologien nach ihren jeweiligen Ätzmechanismen. Dabei stellt sich heraus, daß es im Prinzip nur drei plasmaunterstützte Ätzarten gibt:

1. das physikalische Ätzen (Ion Sputtering und Ion Milling),
2. das chemische Ätzen (Plasma Etching),
3. das chemisch-physikalische Ätzen (Reactive Ion Etching/RIE).

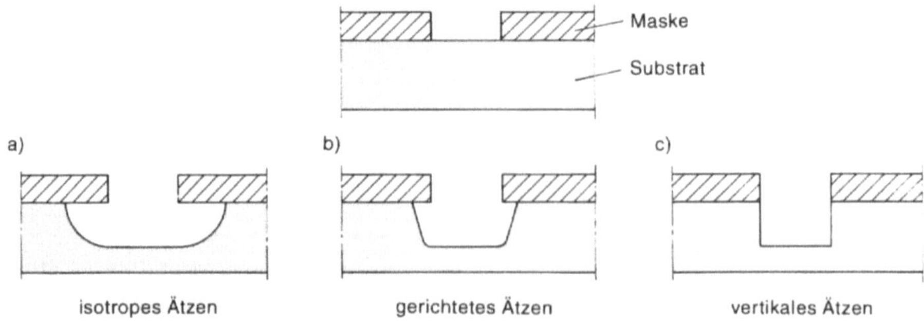

Bild 7–3. Kantenprofile beim naßchemischen (a), und trockenchemischen Ätzprozeß (b, c).

Tabelle 7–1. Ätzmechanismen und ihre Prozeßparameter.

Name der Anordnung für das Trockenätzen	chemische Aktivität des Ätzgases	Ionen Energie (eV)	Ätzgaskomponenten	Arbeitsdruckbereich in mbar	Elektrodenanordnung	Lage des Substrates	RF oder DC Ätzen	Reaktorprodukt	Selektivität
IBE: Ion Beam Etching, Ion Beam Milling (Ionenstrahlätzen)	inert	300–1500	Neutralteilchen + hochenerg. Ionen	ca. 10^{-4}	Planardiode gekippt	auf geerdeter Elektrode (Katode)	DC	nicht flüchtig	mäßig
RIBE: Reactive Ion Beam Etching (reaktives Ionenstrahlätzen)	reaktiv	300–1500	Neutralteilchen + niederenerg. Ionen	ca. 10^{-4}	Planardiode	auf geerdeter Elektrode (Katode)	DC	nicht + flüchtig	gut
CAIBE: chemically assisted Ion Beam Etching (chem. unterst. Ionenstrahlätzen)	reaktiv	300–1500	Neutralteilchen + niederenerg. Ionen, Radikale	ca. 10^{-4}	Planardiode	auf geerdeter Elektrode (Katode)	DC	nicht + flüchtig	gut
PE: Plasma Etching (Planar Plasma Etching)	reaktiv	10–100	Neutralteilchen + niederenerg. Ionen, Radikale	10^{-1}–10^{+1}	Planardiode	auf geerdeter Elektrode (Anode)	RF	flüchtig	sehr gut
Barrel Etching	reaktiv	gering	Neutralteilchen	10^{-1}–10^{+1}	Elektroden sind außerhalb der Kammer	in isoliertem Halter innerh. des Plasmas	RF	flüchtig	excellent
Downstream Plasma Etching	reaktiv	gering	Neutralteilchen + niederenerg. Ionen, Radikale	10^{-1}–10^{+1}	Elektroden sind außerhalb der Kammer	in isoliertem Halter außerh. des Plasmas	RF	flüchtig	gut

Tabelle 7–1 (Fortsetzung)

Name der Anordnung für das Trockenätzen	chemische Aktivität des Ätzgases	Ionen Energie (eV)	Ätzgaskomponenten	Arbeitsdruckbereich in mbar	Elektrodenanordnung	Lage des Substrates	RF oder DC Ätzen	Reaktorprodukt	Selektivität
RIE: Reactive Ion Etching (reaktives Ionenätzen)	reaktiv	100–700	Neutralteilchen und hochenerg. Ionen	10^{-3}–10^{-2}	Planardiode oder zylinder. Hexode, Pentode	auf der Katode	RF	nicht + flüchtig	gut
Magnetron Ion Etching	reaktiv	>100	Neutralteilchen + hochenerg. Ionen	10^{-4}–10^{-3}			RF	nicht + flüchtig	gut
Microwave Plasma Etching	reaktiv	~20	Neutralteilchen + niederenerg. Ionen	10^{-4}–10^{-3}			MW + RF	nicht + flüchtig	gut
ECR	reaktiv	0–200		10^{-3}			MW + RF	nicht + flüchtig	gut

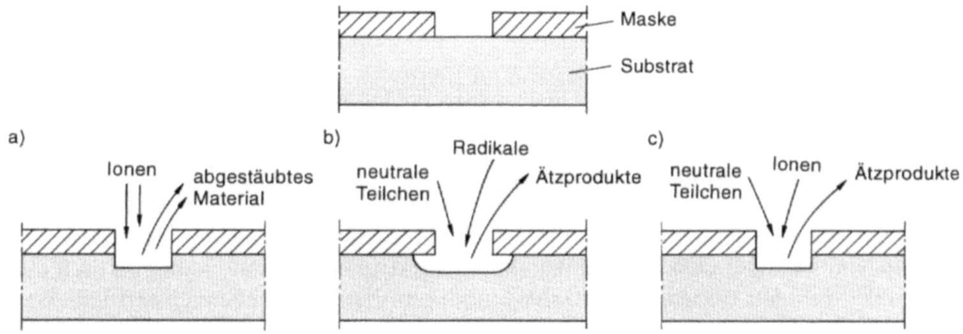

Bild 7–4. Ätzmechanismus
a) Physikalisches Ätzen
b) Chemisches Ätzen
c) Reaktives Ionenätzen.

In Bild 7–4 sind die einzelnen Ätzmechanismen schematisch dargestellt.

Die Trockenätzprozesse weisen also entweder eine physikalische oder eine chemische Komponente auf. Bei entsprechender Wahl des Ätzgases und der Prozeßparameter ist aber auch eine Kombination von beiden möglich. Dieser letzte Fall ist der interessanteste. Um auf diese drei Ätzmechanismen näher eingehen zu können, müssen noch einige Begriffe definiert, andere genauer erklärt werden.

Die wichtigsten Begriffe sind hier:

Die Isotropie
Der Ätzprozeß erfolgt in alle Richtungen gleich (bis auf Kristallorientierungseffekte).

Die Anisotropie
Der Ätzprozeß erfolgt gerichtet. Eine Ätzrichtung, meist die senkrechte, wird bevorzugt oder tritt häufig sogar allein auf.

Die Selektivität
Da bei den meisten Strukturierungsprozessen der nicht zu ätzende Bereich des Substrates mittels einer Ätzmaske vor dem Ätzgas geschützt wird, ist es sehr wichtig zu wissen, wie groß die Ätzrate der zu ätzenden Schicht im Vergleich zur Ätzrate des Maskenmaterials ist. Selektiv heißt, daß die Ätzraten verschieden sind. Bei einem „guten" Ätzprozeß sollte die Ätzrate der Maske kleiner sein als die der zu ätzenden Schicht.

Das Plasma
Unter einem Plasma versteht man ein teilweise ionisiertes Gas, in dem sich positive und negative Ladungsträger in gleicher Anzahl befinden.
Plasmen, die für trockenchemische Ätzprozesse Verwendung finden, weisen gegenüber thermischen Plasmen nur sehr geringe Ionisationsgrade auf (10^{-3} bis 10^{-6} Ionen pro Neutralteilchen) [7–2]. Die Erzeugung der Ionen erfolgt durch Gleichstrom- oder Wechselstromanregung. Dabei können die Elektronen durch die Beschleunigung im elektrischen Feld so hohe Energien erreichen, daß sie Neutralteilchen ionisieren, anregen oder in Radikale zerlegen können.

Diese Gasentladung bleibt beim Trockenätzen nur brennen, wenn durch ständige Energiezufuhr der Ionisationsgrad aufrechterhalten bleibt. Dies ist notwendig, da durch die

Wechselwirkung mit dem Substrat und durch das Abpumpen dem Plasma Teilchen entzogen werden.

Das Niederdruckplasma

Die bei den trockenchemischen Ätzverfahren verwendeten Druckbereiche liegen zwischen 10^{-4} bis 10^{+1} mbar. Das Plasma ist quasi-neutral, da wegen der hohen Beweglichkeit der Elektronen im Plasma, gegenüber den ebenfalls dort befindlichen Ionen, im zeitlichen Mittel keine Raumladungen existieren. In diesem Druckbereich kommt es außerdem nur sehr selten zu Stößen zwischen den Elektronen und den Ionen bzw. Neutralteilchen, wodurch eine Rekombination der Elektronen mit den Ionen praktisch nicht stattfindet. Für den Betrieb von Ätzanlagen, die im Niederdruckbereich arbeiten, ist zu beachten, daß Gasmenge und Pumpenleistung den Ätzprozeß stark beeinflussen; ist das Gasangebot zu gering, nimmt die Ätzrate ab, da nicht genügend Spezies für den Ätzprozeß am Substrat zur Verfügung stehen. Ist die Pumpenleistung zu groß, so ist die mittlere Verweilzeit der Ätzgase an der Substratoberfläche zu kurz. Das Saugvermögen der Pumpe wird deshalb im allgemeinen durch ein Drosselventil geregelt.

Wie kommen nun die chemisch aktiven Teilchen zum Substrat?

Die im Plasma erzeugten Ionen und Elektronen treffen aufgrund ihrer kinetischen Energie auf die Target- bzw. Substratoberfläche auf. Da die Elektronen sehr viel schneller sind als die Ionen, treffen die Elektronen vermehrt auf der Substratoberfläche auf, wodurch sich diese negativ auflädt. Diese Elektronen fehlen nun dem Plasma, wodurch es sich gegenüber der Substratoberfläche positiv auflädt. Es bildet sich eine Raumladungszone aus. Die Spannung V_p, die entsteht, stellt sich so ein, daß im stationären Gleichgewicht die beiden Ströme (Elektronen + Ionen) gleich groß sind.

In einem Reaktor entstehen dabei drei Bereiche mit unterschiedlichem Potential:

1. Das quasi-neutrale Plasma. Hier entstehen durch Anregung fortwährend Ionen und Elektronen. Da die Elektronen aber sehr viel schneller abwandern als die Ionen, verarmt der Rand des Plasmas an Elektronen.

2. Es entsteht dadurch eine Raumladungszone zwischen dem Plasma und der Substratoberfläche. Die Raumladungszone besteht aus positiven Ionen. Da praktisch keine Elektronen vorhanden sind, kommt es zu keiner Anregung der Neutralteilchen durch Elektronenstöße. Hier „brennt" also keine Gasentladung. Diese Zone wird deshalb auch Dunkelraum genannt.

3. Die gegenüber dem neutralen Plasma negativ aufgeladene Substratoberfläche ($\cong$ Katode) stößt nun die Elektronen ab und trägt somit zur Bildung eines Gleichgewichtes bei.

Zusammengefaßt: Befindet sich eine isolierte Oberfläche im Plasma, so lädt sich diese wegen des sehr viel größeren Elektronenstromes gegenüber dem Ionenstrom negativ auf. Das neutrale Plasma erscheint gegenüber dieser Oberfläche positiv geladen, und es bildet sich eine elektronenarme, positive Raumladungszone aus. Ist der Elektronenstrom gleich dem Ionenstrom, so stellt sich im stationären Zustand eine Spannung ein. Diese Spannung ist in der Größenordnung von 10 Volt [7–2].

Die heute hauptsächlich verwendeten Plasmaarten sind das DC-Plasma und das Hochfrequenzplasma (RF-Plasma) mit all ihren Varianten.

Beim DC-Plasma stehen sich in vielen Reaktoren die Elektroden, ähnlich wie bei einem Plattenkondensator, parallel gegenüber. Legt man an eine der Elektroden eine negative

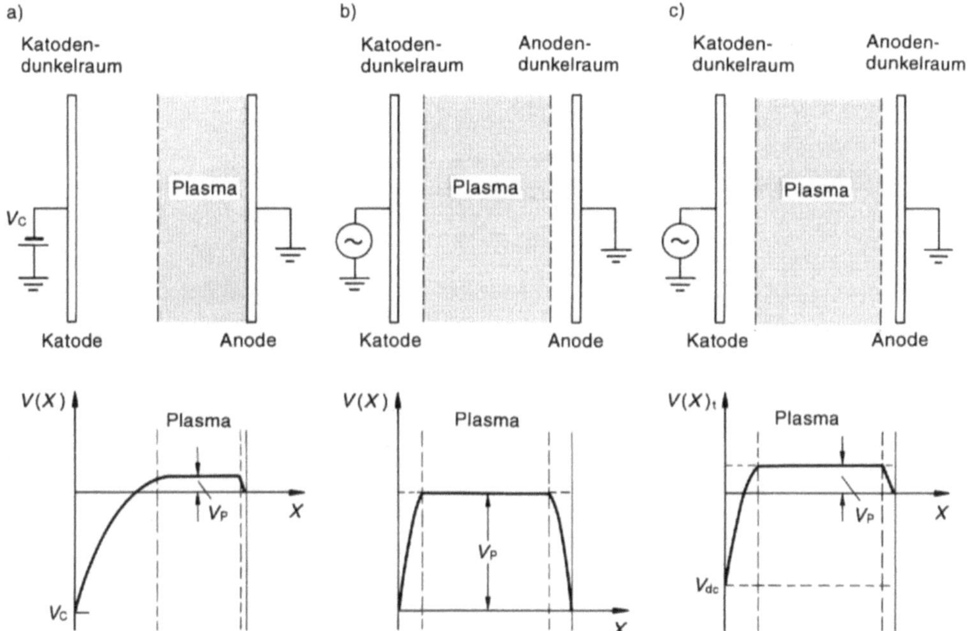

Bild 7–5. Plasmaarten im Reaktor.
a) DC-Plasma
b) Hochfrequenz-Plasma
c) Hochfrequenz-Plasma mit DC-Bias.

Spannung an (Katode), so werden die Elektronen im elektrischen Feld beschleunigt. Ist ihre Energie groß genug, so können sie durch Stoß Neutralteilchen ionisieren. Diese zur negativ geladenen Katode hin beschleunigten Ionen schlagen dort Elektronen aus, die nun ihrerseits im elektrischen Feld beschleunigt werden und wieder Neutralteilchen ionisieren. Werden genug Elektronen an der Katode ausgelöst, kann sich die so erzeugte Gasentladung selbst aufrechterhalten.

Im Bild 7–5a ist dieser Fall skizziert. Der Raum zwischen den beiden Elektroden wird gefüllt durch die Plasmazone und den neben der negativen Elektrode (Katode) befindlichen Dunkelraum.

Beim Hochfrequenz-Plasma legt man, im Gegensatz zu einer Gleichspannung wie bei DC-Plasma, eine Wechselspannung an eine der Elektroden an. Ist die Frequenz der Wechselspannung groß genug, so können die Ionen der Umladung nicht mehr folgen. Sie kommen der erzwungenen Schwingung nicht mehr nach und legen nur noch kurze Wege zurück, wobei sie nur wenig Energie aus dem Feld aufnehmen. Die Elektronen dagegen können wegen ihrer geringen Masse dem Spannungswechsel folgen. Da sie zwischen den Platten oszillieren, steigt die Wahrscheinlichkeit, daß sie trotz niedrigem Druck im Rezipienten ein Neutralteilchen ionisieren.

Bild 7–5b illustriert diesen Fall. Zu bemerken ist, daß die Ladungsträger die Elektroden im Prinzip nicht erreichen, daß es sich also hier um einen Verschiebestrom handelt.

frequenz (RF) Spannung fällt praktisch ausschließlich in den beiden Dunkelräumen
Anode und der Katode ab.

7.1.2.1 Physikalisches Ätzen

Beim physikalischen Ionenstrahlätzen, IBE = Ion Beam Etching oder Ion Milling, kon
ein chemisch inaktives Gas für das Plasma zum Einsatz. Das Plasma dient allein
Erzeugung der Ionen und steht nicht im Kontakt mit der Substratoberfläche. Die im P
ma erzeugten Ionen stoßen gegen die Atome der Substratoberfläche des zu zerstäuben
Materials [7–3, 7–6]. Da die Beschleunigungsspannung der Ionen direkt einges
werden kann, lassen sich die Ionenenergie und der Ionenstrom separat einstellen –
Grad des gerichteten Ätzvorgangs kann also variiert werden. Der Ätzvorgang ist
isotrop, aber wenig selektiv, Bild 7–4a.

Letzteres hat seinen Grund in der Tatsache, daß die Ionen bei diesen Stößen zwischen (
maskierenden Material und dem zu ätzenden Material nicht unterscheiden, da beide M
rialien physikalisch zerstäubt werden.

Reakortypen für das Ionenstrahlätzen

Eine Anordnung der Prozeßkammern für das IBE zeigt schematisch Bild 7–6, [7–2].
Substratteller kann gekippt werden, um Channeling zu vermeiden.

Verwendet man beim Ionenstrahlätzen dagegen reaktive Gase, so nennt man den ,
prozeß
RIBE: Reactive Ion Beam Etching, das reaktive Ionenstrahlätzen; oder
CAIBE: Chemical Assisted Ion Beam Etching, chemisch unterstütztes Ionenstrahlätz
In beiden Fällen werden die Ionen mit Hilfe eines Gitters aus dem Plasma herausgezc
und zur Substratoberfläche hin beschleunigt, Bild 7–7a, b. Beim chemisch unterstüt.

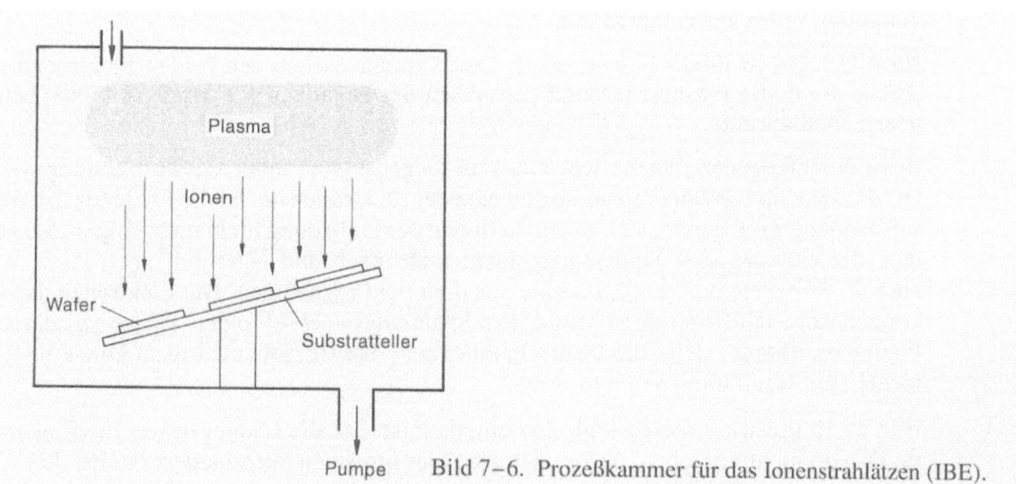

Bild 7–6. Prozeßkammer für das Ionenstrahlätzen (IBE).

Bild 7–5c zeigt den Fall, daß das sich normalerweise selbsteinstellende negative Potential an der Katode mit Hilfe eines Kondensators großer Kapazität definiert wird. Je nach dessen Einstellung kann das negative Potential (DC-Bias) variiert werden. Die Hochfrequenz (RF) Spannung fällt praktisch ausschließlich in den beiden Dunkelräumen der Anode und der Katode ab.

7.1.2.1 Physikalisches Ätzen

Beim physikalischen Ionenstrahlätzen, IBE = Ion Beam Etching oder Ion Milling, kommt ein chemisch inaktives Gas für das Plasma zum Einsatz. Das Plasma dient allein zur Erzeugung der Ionen und steht nicht im Kontakt mit der Substratoberfläche. Die im Plasma erzeugten Ionen stoßen gegen die Atome der Substratoberfläche des zu zerstäubenden Materials [7–3, 7–6]. Da die Beschleunigungsspannung der Ionen direkt eingestellt werden kann, lassen sich die Ionenenergie und der Ionenstrom separat einstellen – der Grad des gerichteten Ätzvorgangs kann also variiert werden. Der Ätzvorgang ist anisotrop, aber wenig selektiv, Bild 7–4a.

Letzteres hat seinen Grund in der Tatsache, daß die Ionen bei diesen Stößen zwischen dem maskierenden Material und dem zu ätzenden Material nicht unterscheiden, da beide Materialien physikalisch zerstäubt werden.

Reakortypen für das Ionenstrahlätzen

Eine Anordnung der Prozeßkammern für das IBE zeigt schematisch Bild 7–6, [7–2]. Der Substratteller kann gekippt werden, um Channeling zu vermeiden.

Verwendet man beim Ionenstrahlätzen dagegen reaktive Gase, so nennt man den Ätzprozeß
RIBE: Reactive Ion Beam Etching, das reaktive Ionenstrahlätzen; oder
CAIBE: Chemical Assisted Ion Beam Etching, chemisch unterstütztes Ionenstrahlätzen.
In beiden Fällen werden die Ionen mit Hilfe eines Gitters aus dem Plasma herausgezogen und zur Substratoberfläche hin beschleunigt, Bild 7–7a, b. Beim chemisch unterstützten

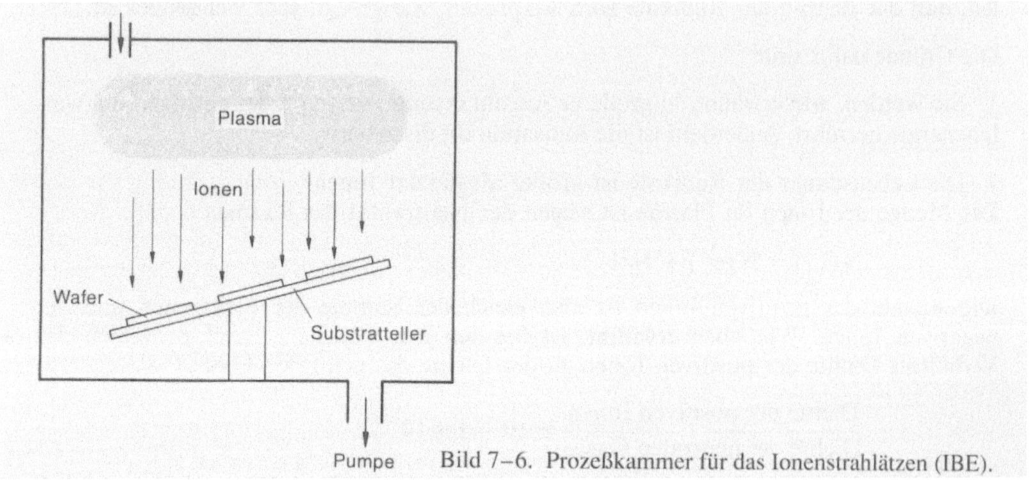

Bild 7–6. Prozeßkammer für das Ionenstrahlätzen (IBE).

zu i) Die Elektronen bewirken eine Dissoziation

$$e^- + O_2 \;\rightarrow\; O + O + e^-$$
oder $\qquad e^- + CF_4 \;\rightarrow\; CF_3 + F + e^-.$

Dieser Prozeß wandelt relativ inaktive Ätzgasmoleküle in sehr reaktive Radikale um. Als Radikal bezeichnet man ein Atom (oder einen Zusammenschluß von Atomen) mit einer unvollständigen, offenen chemischen Bindung. Radikale sind elektrisch neutral.

Beispiele hierfür sind

$$H,\ O,\ F,\ OH,\ Cl,\ CF_x \qquad (x = 1,\ 2,\ 3).$$

Es ist zu erwähnen, daß die wichtigsten Prozesse bei der „Plasma Substrat Chemie" durch Radikale bewirkt werden.

zu ii) Die Elektronen bewirken eine Ionisation, z. B.

$$e^- + Ar \;\rightarrow\; Ar^+ + 2e^-$$
$$e^- + O_2 \;\rightarrow\; O_2^+ + 2e^-$$
$$e^- + Cl_2 \;\rightarrow\; Cl_2^+ + 2e^-$$

Oft werden die Moleküle durch den Elektronenstoß in einem Schritt dissoziiert und ionisiert:

$$e^- + O_2 \;\rightarrow\; O^+ + O + 2e^-$$
$$e^- + CF_4 \;\rightarrow\; CF_3^+ + F + 2e^-.$$

Gewisse Moleküle gehen den umgekehrten Weg und lagern Elektronen an:

$$e^- + SF_6 \;\rightarrow\; SF_6^- \;\rightarrow\; SF_5^- + F.$$

Bild 7–8 zeigt das Prinzip dieses chemischen Ätzens (Plasmaätzen) [7–18]. Im Beispiel wird Silizium mit Hilfe von CF_4-Gas geätzt. Das anfänglich inerte Gas wird im Hochfrequenzfeld ionisiert. Die freien Elektronen im Plasma stoßen mit dem immer neu zuströmenden CF_4-Gas.

Vergleicht man die Wirkung der Radikale im Plasma mit der der Ionen, so ist festzustellen, daß der Beitrag der Radikale zum Ätzprozeß, wie gesagt, sehr viel größer ist.

Die Gründe dafür sind:

1. Sie werden, wie erwähnt, in größerer Anzahl erzeugt, was von der geringen Schwellenenergie herrührt. Außerdem ist die Ionisation oft dissoziativ.

2. Die Lebensdauer der Radikale ist größer als die der Ionen
Die Menge der Ionen im Plasma ist wegen der Neutralität des Plasmas

$$N(I^+) = N(e^-) + N(I^-).$$

Die Anzahl der positiven Ionen ist also gleich der Summe der Elektronen und der negativen Ionen. Wie oben erwähnt, ist bei den hier üblichen Plasmaprozessen das Verhältnis Dichte der positiven Ionen zu der Dichte des neutralen Gases

$$\frac{\text{Dichte der positiven Ionen}}{\text{Dichte des neutralen Gases}} \approx 10^{-6} \text{ bis } 10^{-3}.$$

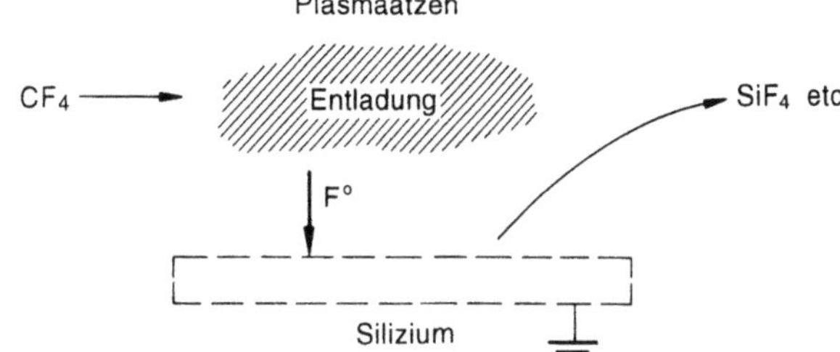

Bild 7–8. Siliziumätzen mit CF_4.

Die positiven Ionen sind wichtiger als die negativen Ionen, die Anzahl an positiven Ionen ist auch größer. Hier einige Beispiele für die verschiedenen positiven Ionenarten [7–19].

Argon Plasma

- Ar^+ überwiegt.
- Ar^{++} und Ar_2^+ sind in geringer Anzahl vorhanden.

Sauerstoff-Plasma

- O_2^+ überwiegt.
- O^+ kann in großer Menge vorkommen.
- O_3^+ ist gewöhnlich gering.

Freon 14-Plasma

- CF_3^+ überwiegt.
- CF_2^+, CF^+, $C_2F_5^+$ sind vorhanden, tragen aber wenig bei.

Der Fluß der Ionen zur Substratoberfläche

Obwohl die Konzentration der Radikale im Plasma größer ist als die der Ionen, können ähnlich große Ionenstromdichten auftreten, da sich die Ionen durch das elektrische Feld sehr viel schneller bewegen als die Radikale.

zu iii) die Elektronen bewirken eine Anregung, z. B.:

$$e^- + F \rightarrow F^x + e^-$$
$$F^x \rightarrow F + h\upsilon_F.$$

Die Stöße der Moleküle mit den Elektronen kann sowohl zu Vibrationen und Rotationen führen als auch zu elektronischer Anregung. Die Bedeutung der angeregten Spezies ist heute noch nicht ganz verstanden.

Reaktortypen für das Plasmaätzen

Schon in den 60er Jahren wurde der sogenannte Barrel-Reaktor entwickelt (= Volume Reactor [7–4, 7–5]). Er wird zum Veraschen organischer Schichten, meist Photolacken verwendet. Dabei wird das Ätzgas, in diesem Falle Sauerstoff, durch die angelegte Hochfrequenz ionisiert. Die hauptsächlich erzeugten Radikale diffundieren zur Substratoberfläche. Im Falle von Photoresist oxidiert der Kohlenstoff im Sauerstoffplasma zu flüchtigem CO und CO_2. Der Arbeitsdruck ist verhältnismäßig hoch (≈ 1 bis 10 mbar), die eingespeiste Hochfrequenz beträgt 13,56 MHz.

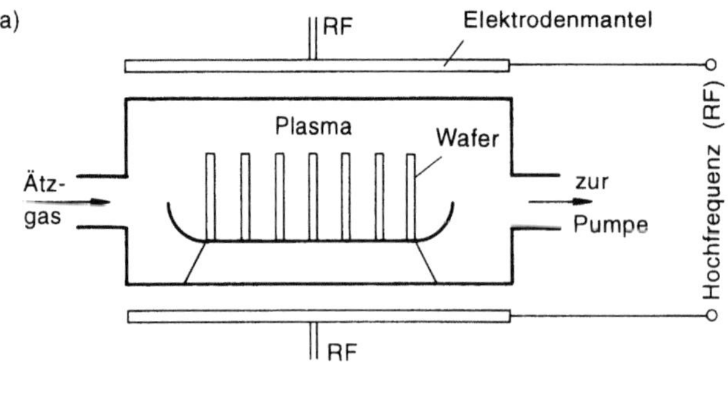

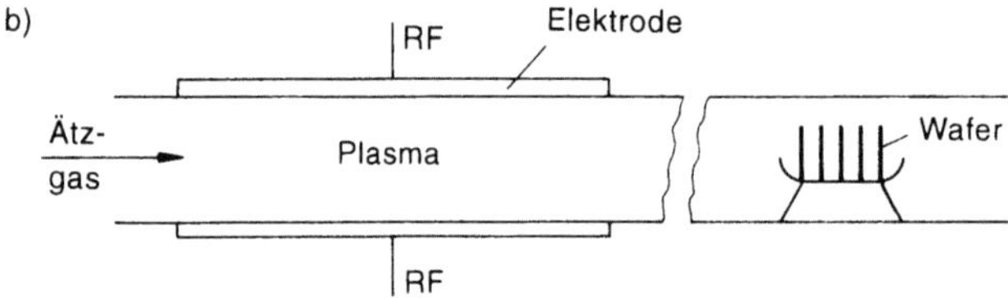

Bild 7–9. a) Barrel-Reaktor, b) Downstream-Reaktor.

Die zu ätzenden Substrate sind in einem Quarzhalter angeordnet, der sich direkt im Plasma befindet. Ätzraten von 1 μm/min und mehr sind in einem solchen Reaktor erzielbar. Die Ätzung ist im allgemeinen isotrop und eignet sich besonders für ganzflächiges Ätzen einer Schicht. Für maskierte strukturierte Schichten ist dieser Reaktor wegen seines isotropen Ätzverhaltens weniger geeignet. Bild 7–9a zeigt schematisch die Anordnung in einem Barrel Reaktor.

Einen weiteren Reaktortyp zeigt Bild 7–9b. Er basiert auf dem „Downstream-Etching" und unterscheidet sich vom Barrel Reaktor dadurch, daß sich die Substrate hier nicht im Plasma selbst befinden. Hier wird also Wert darauf gelegt, daß das zu ätzende Material nicht mit dem Plasma in Berührung kommt, sondern nur mit den Radikalen und ionisierten Neutralteilchen.

Der Planar-Dioden-Reaktor, ein Parallelplattenreaktor, eignet sich ebenfalls hervorragend für das Plasmaätzen. Der Planar-Dioden-Reaktor, auch als „Radikal-Flow-Reactor" bezeichnet (Bild 7–10a) [7–4, 7–12], arbeitet im Prinzip wie beim Plasmaveraschen, nur daß hier außer Sauerstoff auch andere reaktive Gase verwendet werden. Die Substrate liegen auf der geerdeten Elektrode. Das Plasma brennt zwischen den beiden Elektroden. Ursprünglich wurde diese Art von Reaktor von *A.R. Reinberg* für die Abscheidung von Materialien aus dem Plasma entwickelt. Der Arbeitsdruck liegt zwischen 10^{-1} und 1 mbar.

7.1.2.3 Chemisch-physikalisches Ätzen

Zwischen dem physikalischen Ätzen und dem chemischen Plasmaätzen liegt das chemisch-physikalische Ätzen, dessen Hauptvertreter das reaktive Trockenätzen oder reaktive Ionenätzen ist, Bild 7–4c. Man kann das reaktive Ionenätzen (Reactive Ion Etch = RIE) wie folgt charakterisieren:

> Reaktives Ionenätzen = Plasmaätzen + Bombardement mit positiven energiereichen Ionen.

274

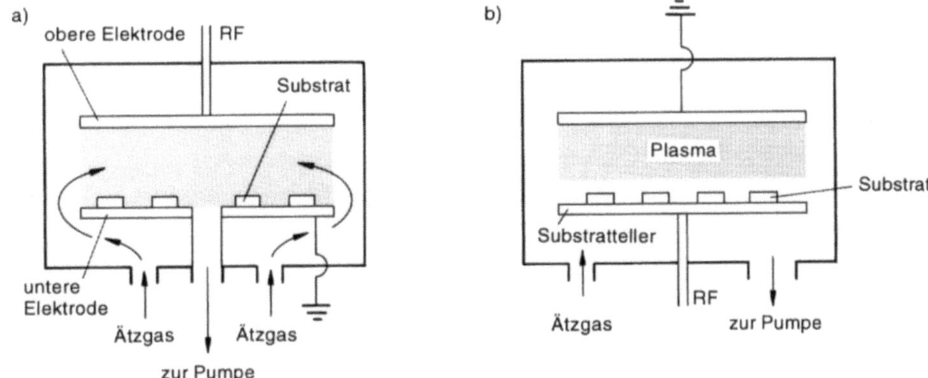

Bild 7–10. a) Planar Dioden Reaktor für das Plasmaätzen
b) Planar Dioden Reaktor für das reaktive Ionenätzen (RIE)

Man kann diesen Ätzmechanismus auch „chemisch unterstütztes physikalisches Zerstäuben" oder „chemisches Zerstäuben" nennen [7–8, 7–9]. Was nun überwiegt, hängt von dem jeweiligen Gas-Festkörper-System, also von den Ätzbedingungen und der Reaktorkonfiguration ab.

7.1.2.3.1 Elektrisch (RF) unterstütztes reaktives Ionenätzen (RIE)

Bild 7–11 zeigt einen Parallelplatten-Ätzreaktor, in dem die verschiedenen Ätztypen ablaufen, je nachdem welche Elektrode an die RF-Leistung angekoppelt wird.

Plasmaätzen: $(RF)_1 \neq 0$, $(RF)_2 = 0$

Reaktives Ionenätzen: $(RF)_1 = 0$, $(RF)_2 \neq 0$

Triodenätzen: $(RF)_1 \neq 0$, $(RF)_2 \neq 0$.

Die Möglichkeit, beim chemisch-physikalischen Ätzprozeß gerichtet und gleichzeitig selektiv ätzen zu können, macht diesen Ätzmechanismus zum wichtigsten der drei Ätzmechanismen.

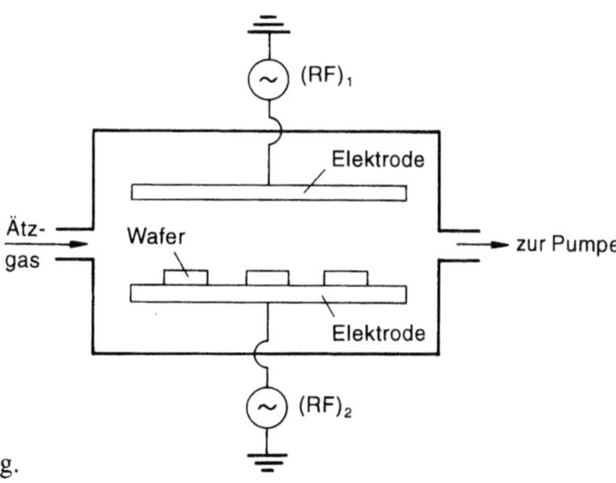

Bild 7–11. Parallelplattenreaktor mit
verschiedener Einspeisung der RF Leistung.

Bild 7–12. Isotropes Ätzen zur Beseitigung einer Schicht mit unterschiedlicher Dicke (Topologie).

Es soll nun aber nicht der Verdacht aufkommen, daß in der Halbleitertechnologie nur Ätzprozesse mit vertikalem Ätzprofil erwünscht sind. Zwar verlangen viele Prozesse wegen der benötigten Dimensionstreue (kein Ätzbias) einen möglichst senkrechten Profilverlauf, aber auch die beiden anderen Profilverläufe in Bild 7–3a, b können erwünscht sein. Bild 7–12 zeigt den Fall, daß eine Schicht mit Topologie entfernt werden soll. Ein vertikal ausgerichteter Ätzprozeß kann die Schicht (ohne Überätzung) nur teilweise entfernen. Hier ist ein isotroper Ätzprozeß zu bevorzugen.

Der Planar-Dioden-Reaktor wie in Bild 7–10a eignet sich auch hervorragend für das reaktive Ionenätzen, RIE. Er wird auch als reaktiver Ionenätzreaktor oder Niederdruckdiodenreaktor bezeichnet [7–7]. In diesem Falle befinden sich die zu ätzenden Substrate auf der an die Hochfrequenz angekoppelten Elektrode (Katode). Der Arbeitsdruck ist mit 10^{-3} bis 10^{-1} mbar relativ niedrig. Bild 7–10b zeigt seinen schematischen Aufbau [7–1].

Reaktoren mit unsymmetrischer Elektrodenanordnung gibt es in vielen Variationen (siehe auch Bild 7–19). Dieser Reaktortyp eignet sich besonders gut für das reaktive Ionenätzen.

Bedeutung des Prozeßdruckes beim RIE

Bild 7–13 zeigt zwei verschiedene Ätzkantenprofile, je nachdem ob man mit hohem Druck im Plasma ätzt ($10^{-1} - 10^{+1}$ mbar) oder mit niedrigem Druck ($10^{-4} - 10^{-1}$ mbar).

Bei hohem Druck sind die Ionen duch Zusammenstöße miteinander nur wenig zur Substratoberfläche hin ausgerichtet. Wie Bild 7–13a zeigt, kommt es zu einer deutlichen Unterätzung (undercut), und es besteht die Gefahr, die Kontrolle über das Kantenprofil zu verlieren.

Anders in Bild 7–13b: Bei Verwendung von Niederdruckplasmen kommt es wegen der großen freien Weglänge der Ionen nur selten zu Stößen zwischen den im Feld ausgerichteten und beschleunigten Ionen. Sie bleiben also zum Substrat hin ausgerichtet und

276

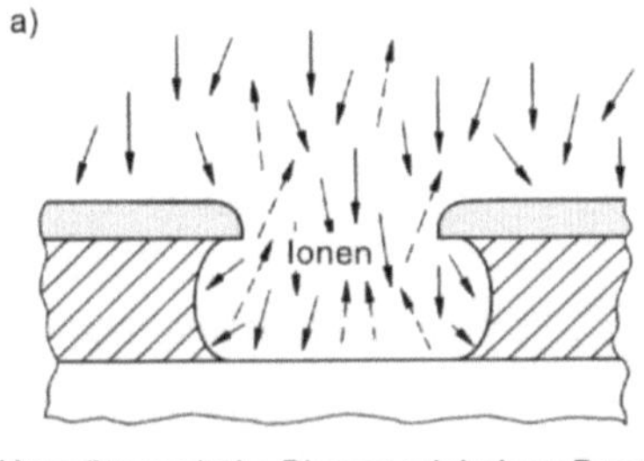
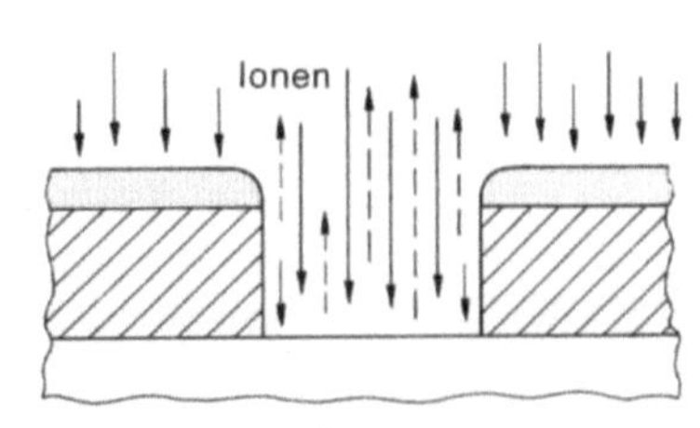

Bild 7–13. Kantenprofil a) beim Hochdruck-, b) beim Niederdruck-Trockenätzen.

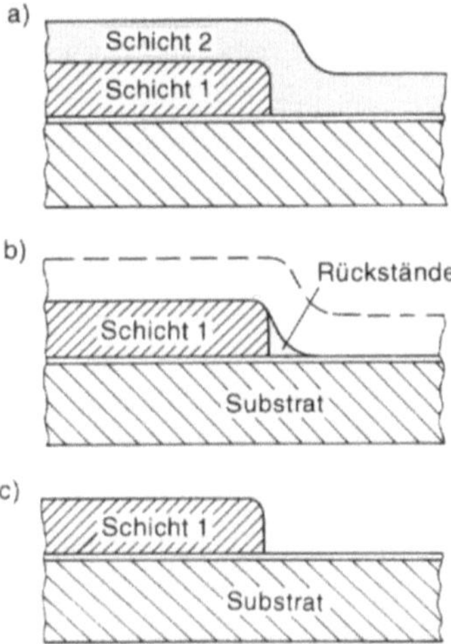

Bild 7–14. a) Schicht mit Topologie
b) ohne Überätzung
c) mit 100% Überätzung.

garantieren eine präzise Replikation des Maskenbildes, indem der Ätzprozeß senkrechte Kantenprofile erzeugt.

Spätestens bei Erreichen einer kleinsten Strukturdimension von ca. 2 μm und darunter mußten große Anstrengungen unternommen werden, das Bild der maskierenden Schicht exakt in die darunterliegende Schicht zu übertragen. Die heutigen und zukünftigen VLSI Schaltkreise verlangen eine noch größere Präzision beim Ätzprozeß, speziell unter Einbeziehung der Topologie auf der Substratoberfläche.

Das heißt, der Ätzprozeß soll weiterhin exakte Kantenprofile aufweisen und zwar auch dann, wenn die zu ätzende Schicht eine Dickenvariante aufweist, die z.B. durch eine Strukturstufe hervorgerufen wird oder durch Unregelmäßigkeiten, die während des Abscheideprozesses entstanden sind.

Auch bei immer feiner werdenden Strukturen und einem immer größeren Dickenverhältnis von zu ätzender Schicht und Maskenmaterial (aspect ratio) dürfen diese Dickenschwankungen die Dimensionstreue nicht beeinflussen.

Oft ist es so, daß Ätzprozesse bei einem ebenen Substrat hervorragend arbeiten, aber vollkommen versagen, sobald die Oberfläche eine Topologie aufweist (Bild 7–14).

Bild 7–14a zeigt die zu ätzende Schicht 2 über der Schicht 1. Man sieht deutlich die Dickenschwankungen in der Schicht 2. In Bild 7–14b sind noch Reste der zu ätzenden Schicht vorhanden. Um diese zu beseitigen, muß überätzt werden, oft bis zu 100%. Dabei darf es während dieser Überätzung zu keiner Schädigung oder Unterätzung anderer Schichten kommen, Bild 7–14c.

Hier sieht man, daß manchmal auch Ätzprozesse erwünscht sind, die einen mehr isotropen Ätzverlauf aufweisen, Bild 7–12.

Die Notwendigkeit der Überätzung stellt somit auch immense Forderungen an die Selektivität des Prozesses. Da die darunterliegenden Schichten oft sehr dünn sind, ist eine hohe Selektivität notwendig. Das heißt, daß Ätzprozeßsysteme sehr schmale Strukturen definieren müssen, ohne daß die darunterliegende Schicht, sogar bei einer intensiven Überätzung, in Mitleidenschaft gezogen wird. Das heißt, die wichtigste Voraussetzung für einen Ätzprozeß mit notwendigem „Overetch" ist eine sehr große Selektivität gegenüber der darunterliegenden Schicht, verbunden mit einer möglichst 100%igen Dimensionserhaltung und Homogenität in der Ätzrate.

Eine weitere Forderung an die Ätzqualität resultiert aus der Tatsache, daß in jüngster Zeit immer häufiger Mehrschichtsysteme verwendet werden. Dies rührt einmal von den komplexer werdenden Produkten her, die immer mehr Schichtfolgen aufweisen, aber auch von den immer feiner werdenden Strukturen. Schon heute sind z.B. in der Lithographie Mehrlagen-Resistsysteme im Einsatz, da die Übertragung von sehr feinen Strukturen in der Maske in eine dicke, einlagige Resistschicht wegen der geringen Tiefenschärfe große Probleme verursacht. So wird in diesem Falle nur eine dünne, oben aufliegende Resistschicht belichtet und entwickelt, Bild 7–15a.

Neben der Selektivität kommt jetzt noch dazu, daß die Dimensionstreue durch mehrere Lagen hindurch gewährleistet werden muß, unabhängig welches Material geätzt wird und welche Prozeßparameter die einzelnen Schichten benötigen. Bild 7–15b zeigt die belichtete und entwickelte obere Resistschicht. Die darunterliegenden Schichtfolgen aus Nitrid- und dicker Resistschicht wurden mit reaktiven Ionenätzen strukturiert. Die dünne Nitridschicht diente dabei als Maske für das reaktive Ionenätzen der 7 µm dicken Resistschicht [7–25]. So entsteht aus einem doch recht mäßigen oberen Resistbild (runde Kantenprofile) ein senkrechtes Kantenprofil in der zweiten dicken Resistschicht, welche nun ihrerseits als Maske für nachfolgende Ätzprozesse dienen kann.

Ein anderes Beispiel ist die Halbleiterkontaktierung. Hier befinden sich zwischen den einzelnen Metallisierungsebenen der Schaltkreise ein Dielektrikum aus mehreren Schichten (z.B. SiO, Si_3N_4), die alle durchgeätzt werden müssen.

7.1.2.3.2 Magnetisch unterstütztes Trockenätzen
(MERIE = Magnetically Enhanced Reactive Ion Etching)

In Abschnitt 7.1.2 wurde erläutert, daß im Reaktor die Elektronen im elektrischen Feld beschleunigt werden und durch Stöße die Gasmoleküle dissoziieren, ionisieren und manchmal auch anregen. Die Wahrscheinlichkeit solcher Stöße nimmt, wie erwähnt, mit sinkendem Druck im Reaktor ab und zwar wegen der geringer werdenden Dichte der Neutralteilchen und der größer werdenden mittleren freien Weglänge. Da auch die Möglichkeit von Ionen/Ionen-Stößen mit abnehmendem Druck geringer wird, verbessert sich die Winkelverteilung der zum Substrat hinfliegenden Ionen zu immer senkrechteren und

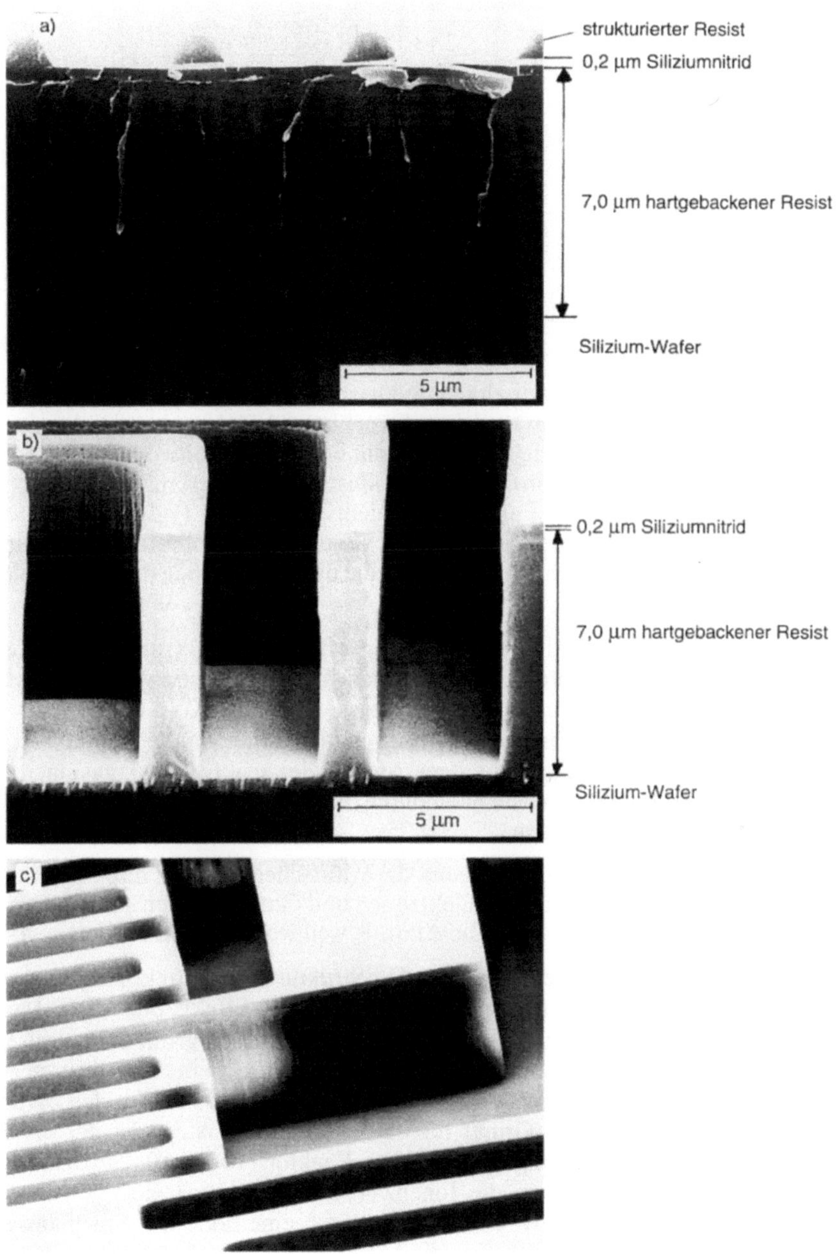

Bild 7–15. Dimensionsgetreue Strukturübertragung bei Mehrschichtsystemen.

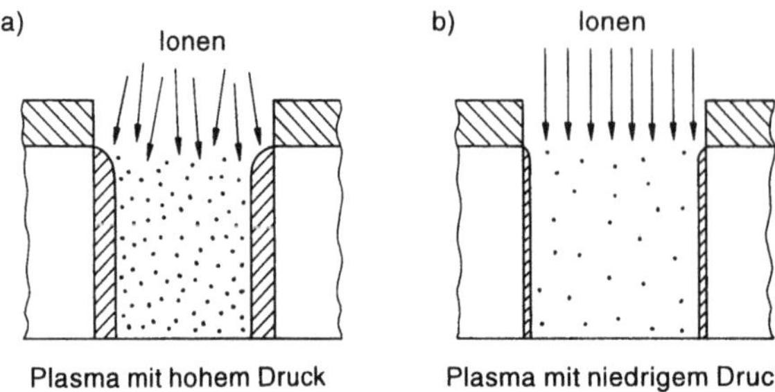

Bild 7–16. „Sidewall-Protection" und Ionenbahnen beim
a) Hochdruckätzen
b) Niederdruckätzen.

damit „anisotroperen" Flugbahnen und garantiert das gewünschte senkrechte Ätzprofil. Das reaktive Ionenätzen im niedrigen Druckbereich < 100 µbar ist also der Schlüssel für das anisotrope Ätzen von feinen Linien mit enger CD-Kontrolle (CD = Critical Dimension, Linienbreitenvariation). Bild 7–16 illustriert den Verlauf der Ionenbahnen im Fall (a) bei hohem Druck, im Falle (b) bei niedrigem Druck (vgl. auch Bild 7–13). Da bei Niederdruck-RIE fast alle Ionen senkrecht zur Substratoberfläche einfallen, kann man auch die Dicke von Schichten reduzieren, die die Seitenwände der zu ätzenden Strukturen schützen.

Diese „Side-Wall-Protection" ist heute ein oft notwendiger in-situ ablaufender Prozeß, um ein senkrechtes Ätzprofil zu garantieren. Dabei wachsen während des Ätzprozesses durch die Ätzgase oder Zusätze in den Ätzgasen oder aus Komponenten der entstehenden flüchtigen Ätzprodukte Polymerschichten an den Seitenwänden der zu ätzenden Schichten auf und schützen diese vor dem Angriff der reaktiven Ätzgasionen. Die Ätzwelt scheint also in Ordnung – wenn nicht durch die immer kleiner werdenden Strukturen neue Probleme auftauchen würden.

Denn wenn beim Niederdruckplasma die Wahrscheinlichkeit, daß Stöße zwischen Ionen und Ionen und ebenso zwischen Elektronen und Gasmolekülen stattfinden, immer weiter abnimmt, sinkt zweifellos auch die Ätzrate, weil weniger reaktive Ionen vorhanden sind.

Damit wird bei immer kleiner werdenden Strukturen ein Effekt beim reaktiven Ionenätzen immer kritischer, der sogenannte „Microloading Effekt" oder „RIE-Lag". Er besagt, daß die Ätzrate in kleinen Strukturen geringer ist als in großen Strukturen, Bild 7–17. Dies bedeutet, daß stark überätzt werden muß, um die kleinen Strukturen zu öffnen, und daß es damit in den großen Strukturöffnungen zu Ätzschäden in den darunterliegenden Schichten kommen kann. Grund für dieses ungleiche Ätzen ist der erwähnte geringe Anteil der Ionen bei niedrigem Druck im Reaktor ($10^{-4} - 10^{-3}$ mbar). Der Ausweg zu höherem Druck würde zwar die Ionenzahl erhöhen, macht aber gleichzeitig den Ätzprozeß isotroper. Der Ausweg, die Ionen durch eine hohe DC-Spannung schneller und gerichteter zu machen, erhöht aber die Möglichkeit, Ätzschäden zu erzeugen.

Der richtige Weg ist: möglichst niedrige DC-Spannung, um eine gute Selektivität zu garantieren und um Ätzschäden zu vermeiden; möglichst niedriger Druck, um die Anisotropie zu gewährleisten, und das alles bei möglichst großer Ionendichte.

Beim normalen RIE ist die Ionendichte im Plasma nur $10^{+6} - 10^{+8}$ Ionen/cm³. Es müssen also Ätzprozesse entwickelt werden, die eine sehr viel höhere Ionendichte im Plasma

280

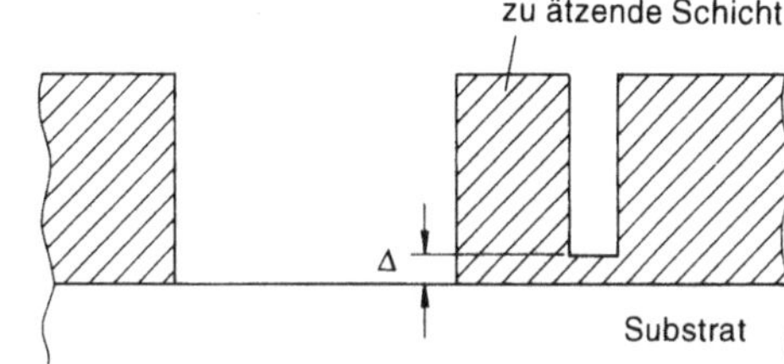

Bild 7-17. Microloading oder RIE-lag.

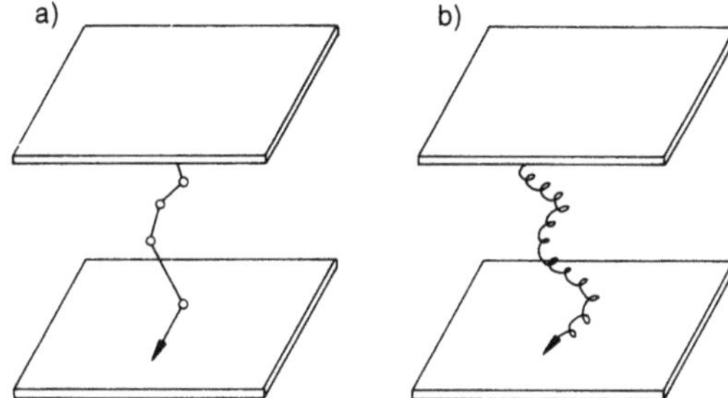

Bild 7-18. Verlauf der Elektronenbahnen,
(a) im elektrischen Feld,
(b) im kombinierten elektrischen und
magnetischen Feld.

erzeugen, ohne daß der Druck im Rezipienten erhöht werden muß. Dies geschieht, indem man die Wahrscheinlichkeit erhöht, daß Moleküle durch die Stöße mit den Elektronen ionisieren.

Ein Weg dahin ist das magnetisch unterstützte Trockenätzen (MERIE).

Bild 7-18 illustriert den Unterschied der Elektronenbahn im Falle (a) eines angelegten elektrischen Feldes und eines im Falle (b) zusätzlich angelegten magnetischen Feldes. Im magnetischen Feld wird durch die Kreisbewegung der Elektronen deren Weg im Reaktor stark verlängert, so daß die Stoßwahrscheinlichkeit zunimmt und damit die Anzahl der reaktiven Ionen ansteigt.

Dieses magnetisch unterstützte Ätzen hat noch andere Vorteile. Da die Ätzrate hochgehalten wird, ist eine Erhöhung der RF-Leistung im Niederdruckbereich nicht nötig, was eine zusätzliche Erwärmung der Wafer vermeidet.

Die Verbindung von einem Magnetfeld mit dem Plasma reduziert auch die DC-Spannung für eine gegebene Leistungseinstellung und reduziert damit Schäden in den darunterliegenden Schichten oder im Siliziumgitter, da die Ionenenergie geringer ist. Es ist im allgemeinen auch zu erwarten, daß die Schicht, die als Maske wirkt, durch den reduzierten Ionenbeschuß weniger angegriffen wird; d.h. daß auch die Selektivität in einem magnetisch unterstützten Prozeß verbessert wird.

Ein weiterer Grund, Ätzprozeßkammern zu entwickeln, in denen große Ionendichten und damit hohe Ätzraten erzeugt werden können, ist der Trend weg vom „Batch Tool" und hin zum „Single Wafer Tool". Der Wandel zum „Single Wafer Tool", in dem nur ein Wafer pro Prozeß geätzt wird, ist in der Tatsache begründet, daß im „Batch Mode", wo viele Wafer gleichzeitig geätzt werden, die Ätzrate sowohl über die gesamte Prozeßfläche, also von Wafer zu Wafer, variiert als auch über den einzelnen Wafer selbst. Dazu kommt, daß

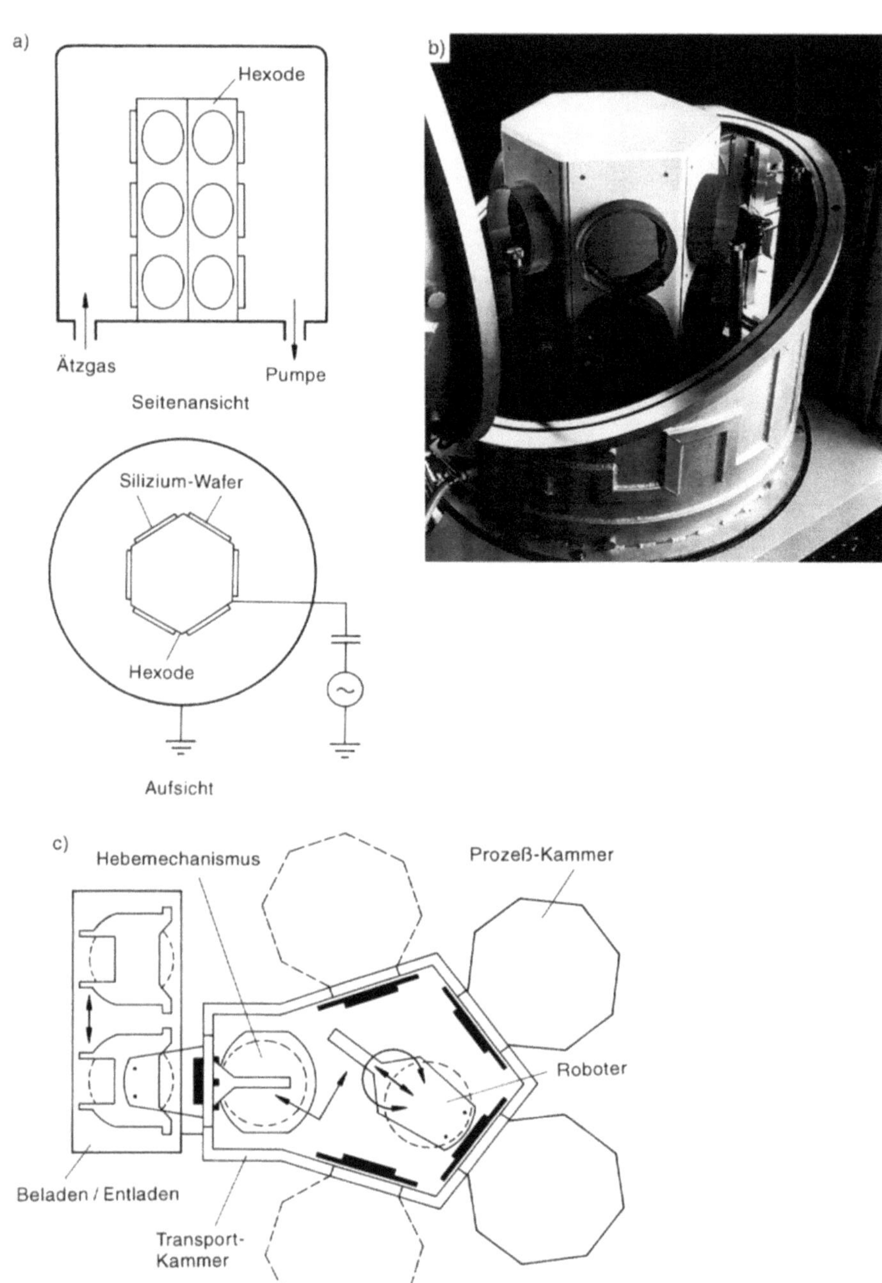

Bild 7–19. a) Hexoden-Batch-Mode-Reaktor (schematisch).
b) Beispiel des AME 8300 Ätzreaktors der Firma Applied Materials, Santa Clara
(Informationsmaterial der Firma AMAT, Santa Clara, USA)
c) „Single Wafer Mode" Reaktor, AME 5000.

282

mit dem immer größer werdenden Waferdurchmesser im Batch Tool immer weniger Substratfläche genutzt wird.

Da im „Batch Mode"-Reaktor 10 bis 20 Wafer gleichzeitig geätzt werden, war der Durchsatz der Geräte bei moderaten Ätzraten meist zufriedenstellend. Bei „Single Mode"-Reaktoren mußte nun sehr viel mehr Wert auf die Ätzrate gelegt werden – hohe Ätzraten und damit hohe Ionendichten im Plasma waren absolut notwendig.

Bild 7–19 zeigt einen Vergleich zwischen einem „Batch Mode"-Reaktor und einem „Single Mode"-Reaktor. Bild 7–19a zeigt schematisch den Aufbau eines hexodenförmigen Ätzreaktors. Bild 7–19b zeigt den Reaktortyp 8300 der Firma Applied Materials, Santa Clara. Hier sind die Wafer senkrecht auf der hexodenförmigen Katode angeordnet. Im Falle des hier abgebildeten Reaktors lassen sich 18 Wafer gleichzeitig ätzen. Im Falle eines Reaktors, der 200 mm Wafer aufnehmen kann, ist die Katode pentodenförmig, und es können nur zehn Wafer gleichzeitig geätzt werden. Bild 7–19c zeigt schematisch den „Single Mode"-Reaktor 5000 der Firma Applied Materials. Die Wafer werden einzeln in eine der Prozeßkammern mittels eines Roboters geladen. Vorteil dieses Gerätes ist, daß in den verschiedenen Prozeßkammern verschiedene Prozesse ablaufen können, ohne daß der Wafer an Atmosphäre kommt, da sich auch die Vorkammern mit dem Ladearm im Vakuum befinden. So kann der Wafer von einer Kammer zu einer anderen Kammer umgeladen werden, ohne mit den Atmosphärengasen reagieren zu können. Bei diesem Gerät handelt es sich um einen magnetisch unterstützten Trockenätzreaktor (MERIE).

Ein Nachteil beim MERIE-Verfahren ist die Tatsache, daß das rotierende Magnetfeld über dem Wafer außen am Rand des Wafers eine höhere Bahngeschwindigkeit aufweist als in der Nähe des Wafermittelpunktes. Dies bewirkt, daß die Ätzrate am Rand größer ist als in der Mitte. Dadurch ist auch die Möglichkeit von Ätzschäden am Rand größer als in der Mitte des Wafers. Letzteres konnte stark reduziert werden, indem man die DC-Spannung bis fast auf Null Volt zurückdrehte.

7.1.2.3.3 Elektronen-Zyklotron-Resonanz-Trockenätzen
(Electron Cyclotron Resonance, ECR)

Eine weitere Verbesserung beim magnetisch unterstützten Trockenätzen bietet das „Elektronen-Zyklotron-Resonanz-Trockenätzen" (ECR). Diese Technologie erlaubt es, noch größere Ionendichten im Plasma zu erzeugen. Erreicht wird das durch die sogenannten Elektronen-Zyklotron-Resonanz-Quellen.

Bei dem alten Parallel-Platten-Konzept ist stets ein starker Zusammenhang zwischen elektrischer Leistung und der daraus resultierenden DC-Bias-Spannung zu finden, wobei die elektrische Leistung die Ionendichte, die Bias-Spannung die Ionenenergie bestimmt.

Bei quellenbezogenen Prozessen dagegen können die Ionendichte und die Ionenenergie unabhängig eingestellt werden, was eine bessere Prozeßkontrolle erlaubt. Da die Erzeugung des Plasmas außerhalb der Substratumgebung erfolgt und mit sehr niedrigem Druck ($10^{-4} - 10^{-3}$ mbar) gearbeitet wird, kann anisotrop geätzt werden. Die Erzeugung von ECR-Plasmen ist in der Halbleiterindustrie deswegen auf immer größeres Interesse gestoßen. Grund dafür ist das zu erwartende „Low Defekt"-Prozessieren, d. h. der Kontaminationsgrad ist sehr gering. In jüngster Zeit bieten deshalb immer mehr Hersteller diese Quellen sowohl für das Ätzen als auch für das Abschneiden von Schichten an [7–20 bis 7–22].

Tabelle 7–2. Vergleich der drei Trockenätzmechanismen: RIE, MERIE, ECR.

	RIE	MERIE	ECR
Ätztiefenverhältnis	o	+	+ +
Loading-Effekt	o	+	+ +
Ätz-/Depositions-Rate	+ +	+ +	o
Ätz-Selektivität	+	+	+
Ätz-Homogenität	o	o	+
Device-Schädigung	o	+	+ +

Die ECR-Quellen arbeiten alle mit einer Mikrowellenfrequenz von 2,45 GHz. Dabei werden die optimalen ECR-Bedingungen für diese Frequenz bei einem Magnetfeld von 87,5 mT erzielt [7–23, 7–24]. Bei vielen Quellen wird dieses magnetische Feld durch Elektromagnete erzeugt, was den Vorteil hat, sehr viele Parameter variieren zu können. Für eine kompakte Quelle ist es aber besser, Permanentmagnete zu verwenden [7–23, 7–24].

Die Tabelle 7–2 zeigt einen Vergleich der drei unterschiedlichen reaktiven Tockenätztechnologien [7–24]:

– das reaktive Ionenätzen (RIE),

– das magnetisch unterstützte Ionenätzen (MERIE),

– das Elektronen Zyklotron Resonanz Ionenätzen (ECR).

Gemäß Tabelle 7–2 ist das ECR Trockenätzverfahren in allen aufgeführten Punkten, bis auf einen, in der Qualität dominierend. Dieser eine Punkt, in dem das ECR-Verfahren noch verbessert werden muß, ist die Ätz- bzw. Abscheiderate. Das heißt, daß trotz einer Erhöhung der Ionendichte im Plasma ($10^{10} - 10^{11}$ Ionen $\cdot$ cm^{-3}) die Ätz- bzw. die Abscheiderate weiterhin ein Problem bleibt.

Ursprünglich war beim ECR-Verfahren die Mikrowelle, die in den Reaktor eingespeist wurde, linear polarisiert. Es war aber zu erwarten, daß eine zirkular polarisierte Mikrowelle noch höhere Ionendichten liefern würde. Dies führte zur Entwicklung einer ECR-Quelle, die mit einer zirkular polarisierten Mikrowelle betrieben wird [7–23, 7–24].

Bild 7–20 zeigt den Unterschied zwischen einer linear polarisierten ECR-Quelle (a) und einer zirkularpolarisierten ECR-Quelle (b) [7–24]. Im Falle der linear polarisierten ECR-Quelle gibt es nur zwei Punkte, wo die Bedingungen optimal sind, nämlich da, wo die Elektronen parallel zur linear polarisierten Mikrowelle fliegen. Im Falle der zirkular polarisierten ECR-Quelle folgen die kreisenden Elektronen der zirkular polarisierten Welle, so daß die Energie optimal übertragen wird.

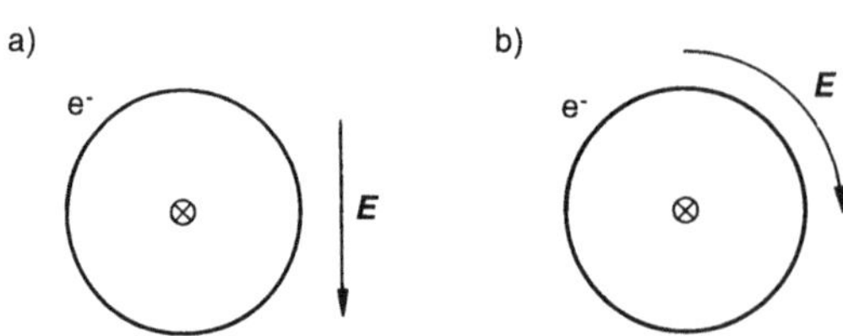

Bild 7–20. Plasmaanregung
a) mit linear polarisierter Mikrowelle
b) mit zirkular polarisierer Mikrowelle.

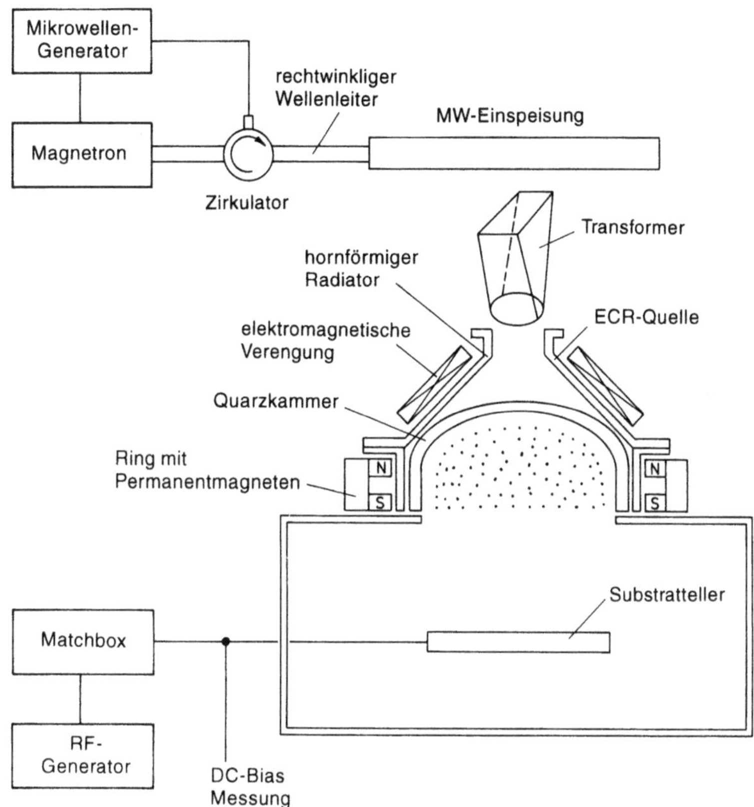

Bild 7–21. Schematischer Aufbau einer ECR-Quelle.

Die maximale Ionendichte hier ist ca. $1{,}5 \cdot 10^{11}\,\text{cm}^{-3}$ und erlaubt eine ca. 30 % höhere Ätzrate als bei der linear polarisierten ECR-Quelle.

Bild 7–21 zeigt schematisch den Aufbau der ECR-Quelle, die in Zusammenarbeit der Firmen Leybold AG und IBM Deutschland GmbH entwickelt wurde, [7–23, 7–24]. Ein bei 2,45 GHz arbeitendes Magnetron mit einer Leistung bis zu 1,2 kW wird als Mikrowellengenerator verwendet. Dieser Generator regt einen rechtwinkligen Wellenleiter an, der als die eigentliche Quelle fungiert. Die Welle passiert dabei einen Zirkulator, welcher das Magnetron vor der reflektierten Leistung schützt und gleichzeitig diese zu messen erlaubt [7–23, 7–24]. In der nachfolgenden Mikrowelleneinspeisung wird die H_{10}-Welle in eine H_{01}-Welle transformiert [7–23, 7–24]. Der von hier ausgesandte lineare Wellenzug wird im Transformer in einen zirkular polarisierten Modus transformiert. Der hornförmige Radiator erlaubt eine möglichst breitbandige Anpassung der Mikrowellenleistung an das Plasma. Innerhalb des zirkularen Wellenleiters (inklusiv Horn) befindet sich eine Kammer aus Quarz, in der Plasmen mit reaktiven Gasen wie Fluor oder Chlor brennen können. Um die Kammern herum sind ringförmig Permanentmagnete angeordnet, welche ein statisches Magnetfeld erzeugen. Außerhalb des Horns sind ebenfalls Magnete angeordnet, die die Wellenfront so einengen, daß sie nicht in Berührung mit den Wänden kommt. Die Anregungsfrequenz von 2,45 GHz, verbunden mit dem statischen Magnetfeld, erzeugt die Bedingungen für die optimale Elektronenzyklotron-Resonanz, welche dem Plasma seine hohe Ionendichte verleiht. Liegt keine DC-Spannung am Substratteller an, kann die Kammer im Downstream-Modus betrieben werden. In diesem Falle ist der Substratteller geerdet. Legt man dagegen eine 13,56 MHz RF-Spannung an, so werden die Ionen zum Substratteller hin beschleunigt, und man erzielt ein anisotropes Ätzen. Die DC-Bias Spannung beträgt dabei nur 100 bis 200 Volt.

Anwendung

Schaut man zurück und bildet ein Resümee, so zeigt es sich, daß für fast jeden Ätzmechanismus und Druckbereich ein separates Reaktorsystem entwickelt wurde. Je nach Anwendung unterscheiden sie sich in der Anregungsfrequenz (13,5 MHz und 2,45 MHz), in der Anordnung der Elektroden und ihrer Einspeisung (induktiv, kapazitiv, intern, extern), in der Art der angelegten Felder (elektrisches Feld, magnetisches Feld, linear/zirkular polarisiertes Feld...), in ihrem Arbeitsdruck (10^{-4} mbar bis 10^{1} mbar) sowie in der Ätzrate (10 nm/min bis 1 µm/min) und dem Ätzprofil (vertikal bis isotrop). Allen gemeinsam ist, daß sie Gasentladungssysteme sind.

Die Substrate können sich dabei, je nach Gerätetyp, auf unterschiedlichen Elektroden befinden. Dabei wird ebenfalls unterschieden, ob sich die Substrate innerhalb oder außerhalb des Plasmas befinden. Neben der Entwicklung von neuen Prozeßgeräten wurden auch viele Ätzgase und Ätzgasmischungen untersucht und in ihren Mischverhältnissen optimiert. In Tabelle 7–3 sind einige Ätzgase bzw. Ätzgasmischungen aufgelistet.

Obwohl viele physikalische Fragen bei den Trockenätzprozessen noch nicht beantwortet werden können, sind diese Prozesse aus der Halbleitertechnologie nicht mehr wegzudenken. Bild 7–2 zeigt die Problematik bei immer feiner werdenden Strukturen. Neben dem blanken, strukturlosen Ätzen sind vor allem strukturierte Schichten oder Schichtenfolgen mit verschiedener Dichte und Höhe (= Topologie) zu ätzen. Die Bilder 7–12, 7–13 und 7–14 verdeutlichen die dabei zu lösenden Probleme. Wie Bild 7–15 zeigt, muß gewährleistet sein, daß der Ätzprozeß auch bei unterschiedlichem Schichtmaterial nicht das Flankenprofil der Strukturen verändert. Bild 7–15c zeigt eine 10 µm dicke Resistschicht, die mit Hilfe eines Dreischichtsystems strukturiert wurde [7–25]. Die Resist-

Tabelle 7–3. Ätzgase und Ätzgasmischungen in der Halbleiterfertigung.

Silizium	$CF_4 + O_2$, $NF_3 SF_6 + O_2$, $SF_6 + He_2 + Cl_2$, $SiF_4 + HBr + NF_3 + He_2 + O_2$
Polysilizium	CF_3Br, $CF_4 + O_2$, $CFCl_3 + SF_6$ $BCl_3 + HCl + Cl_2$
SiO_2 (selektiv)	$CHF_3 + O_2$, $C_2F_6 + CHF_3$ $CHF_3 + CO_2$
Polymere	O_2, $O_2 + CF_4$
Si_3N_4	CF_4, $CF_4 + O_2$, $CHF_3 + CO_2 CCl_2F_2$
Silizide	$SF_6 + Cl_2$, $CF_4 + O_2$
TiW	$CHCl_3 + O_2$, $BCl_2 + Cl_2 + CHCl_3 + N_2$, SF_6
Aluminium	$BCl_3 + Cl_2$

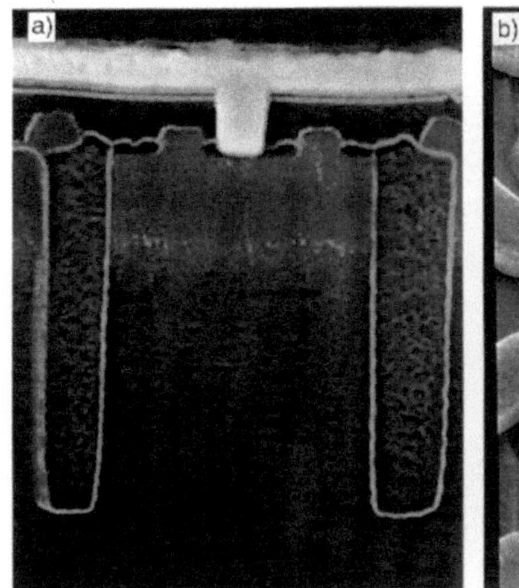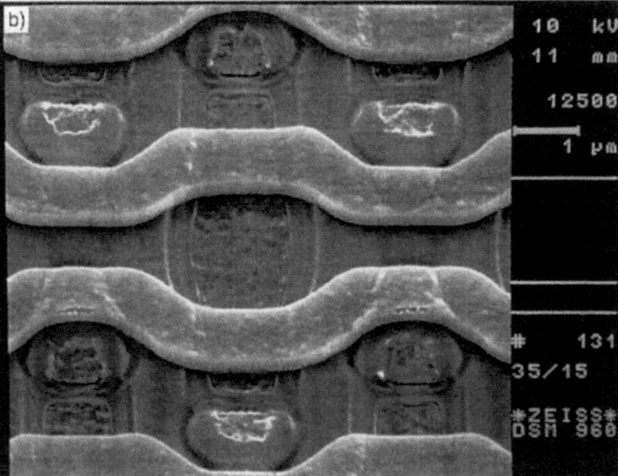

Bild 7–22. a) Silizium-Graben (Trench), b) Wordline aus Polysilizium (Informationsmaterial der IBM Pressestelle).

schicht ist hier zur Demonstration des Prozesses extrem dick. Normalerweise genügt eine ca. 1 µm dicke Lackschicht. Sie dient als Maske für das Ätzen einer darunterliegenden Oxidschicht, welche ihrerseits als Maske für einen darauffolgenden Silizium-Trench-Ätzprozeß dient. Bild 7–22a zeigt zwei ca. 8 µm tiefe Gräben in einem Siliziumsubstrat. Ein solcher Graben kann die einzelnen Schaltkreise im Chip voneinander elektrisch trennen, oder er wird mit einer dünnen Oxidschicht oxidiert und mit Polysilizium aufgefüllt und übernimmt dann die Funktion eines senkrecht stehenden Kondensators für die Speicherung eines Bits. Bild 7–22b zeigt eine geätzte Wordlinie. Um die Schaltgeschwindigkeit des Chips sowie seine Schwellspannung genau einstellen zu können, müssen Höhe und Breite der Polysiliziumlinie exakt eingehalten werden.

Für viele Anwendungen sind aber auch flache Flanken erwünscht, deren Winkel gezielt über das Ätzratenverhältnis erzeugt werden.

Die Bilder 7–23a bis d verdeutlichen, wie sich das Kantenprofil einer geätzten Schicht mit dem Ätzratenverhältnis zwischen Maske (z.B. Photolack) und der zu ätzenden Schicht (z.B. SiO_2) verändert [7–26].

Hier ist ein üblicherweise nicht senkrechtes Lackprofil angenommen. Die aufgeführten Ätzratenverhältnisse sind übliche Werte in Reaktoren für das reaktive Trockenätzen. Werte bis zu 1:30, ja sogar 1:100 sind je nach Schichtenkombination erzielbar.

Aus Bild 7–23a, b, c geht hervor, daß die Flanke der Oxidschicht um so steiler wird, je größer ihre Ätzrate gegenüber dem Photolack ist. Bild 7–24e zeigt, was passiert, wenn die maskierende Schicht bei schlechtem Ätzratenverhältnis zu dünn gewählt wird.

Die Möglichkeit, mit Hilfe des Prozeßdruckes, der DC-Bias-Spannung, der RF-Leistung und der Plasmadichte das Ätzratenverhältnis zu variieren, macht sich das sog. Via-Ätzen zunutze. Diese Kontaktlöcher in einer isolierten Schicht zwischen zwei Metallschichten dürfen keine zu steilen und scharfen Flanken aufweisen. Bild 7–24a zeigt ein senkrechtes Kantenprofil des Via-Loches. Hier ist kein Kontakt zwischen den beiden Metall-

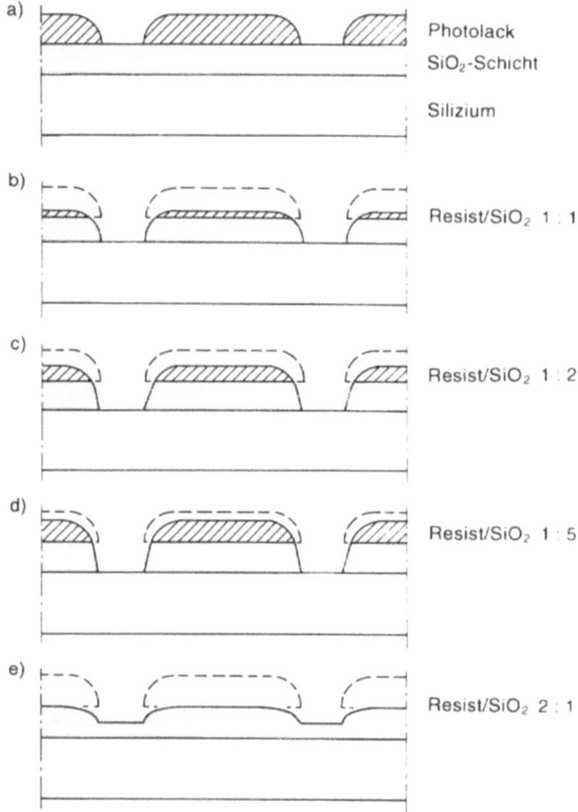

Bild 7–23. Ätzkantenwinkel in Abhängigkeit von dem Ätzratenverhältnis.

schichten möglich. Beim Ätzen eines Vias muß deshalb sowohl isotrop als auch anisotrop geätzt werden, was gewisse Anforderungen an das System und den Prozeßingenieur stellt, um eine Unterbrechung der Metallschicht an der Lochwandkante zu vermeiden, Bild 7–24b. Bild 7–24c zeigt eine REM-Aufnahme solch eines geätzten Via-Loches [7–26].

7.1.2.4 Photonenunterstütztes chemisches Trockenätzen

Dieser vierte, noch in der Entwicklung befindliche Ätzmechanismus ist eigentlich kein Plasmaätzprozeß. Er soll aber hier erwähnt werden, da er in der Zukunft eine Rolle spielen wird. Bild 7–25 zeigt schematisch den Ätzvorgang [7–26]. Die chemische Reaktion an der Oberfläche entsteht durch die ankommenden Photonen, die nach [7–1, 7–17] durch folgende Reaktionen den Trockenätzprozeß auslösen können:

a) Anregung der chemischen Gaskomponenten,
b) Anregung der absorbierten Teilchen,
c) Anregung des Festkörpers.

Dabei ist zu beachten, daß diese Vorgänge ohne Verwendung eines Plasmas ablaufen. Tabelle 7–4 versucht das Photonenätzen ähnlich den anderen Ätzmechanismen zu cha-

288

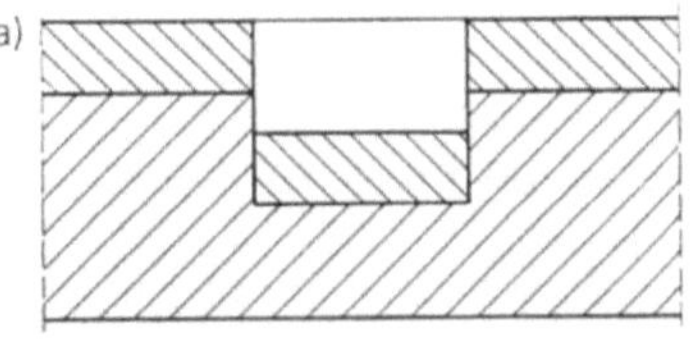

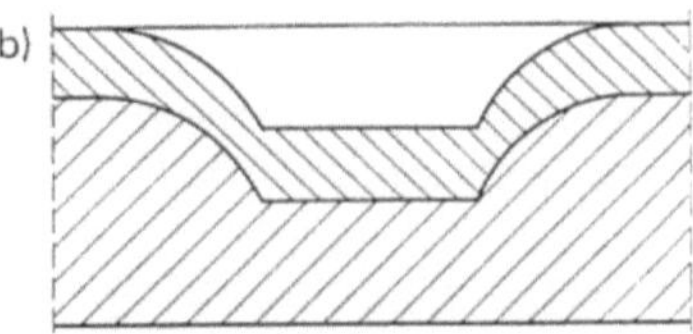

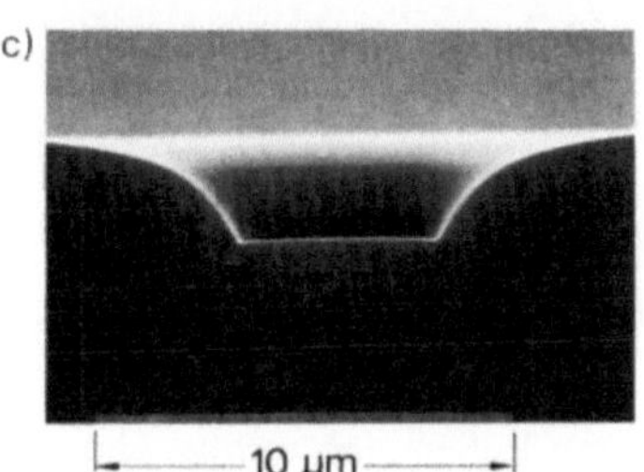

Bild 7–24. Verschiedene Kantenprofile eines Kontaktloches
a) senkrechtes Profil, die Metallschicht ist unterbrochen,
b) durch das flachere Profil bleibt der Zusammenhang der
   Metallschicht erhalten
c) REM Aufnahme eines Kontaktloches vom Typ b).

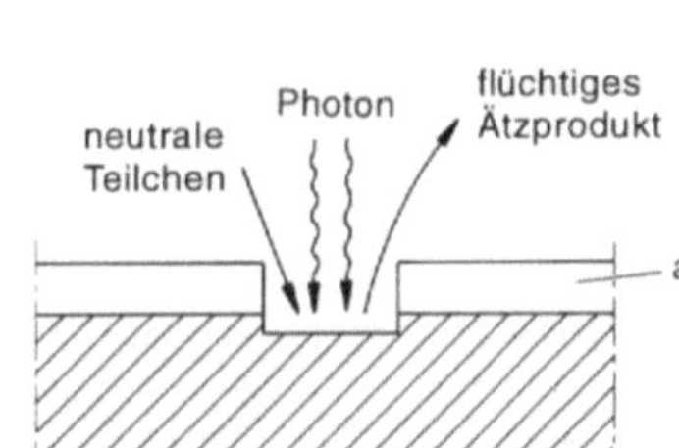

Bild 7–25. Skizze zum photonenunterstützten Trockenätzen.

Tabelle 7–4. Charakteristiken beim Photonenätzprozeß.

Chemische Aktivität des Ätzgases	reaktiv
Arbeitsdruck	abhängig vom Aufbau
Elektrodenanordnung	normalerweise nicht elektrisch betrieben
Lage des Substrates	normalerweise nicht elektrisch betrieben
RF oder DC Ätzen	normalerweise nicht elektrisch betrieben
Art des Ätzmechanismus	photo-chemisch
Substrate im direkten Kontakt mit dem Plasma	–
Selektivität	grundsätzlich möglich
Kantenprofil	prinzipiell ist sowohl isotrop als auch anisotrop möglich
Ätzrate für thermisches SiO_2	–

rakterisieren [7–1, 7–26]. Verwendet man beim photonenunterstützten Trockenätzprozeß einen Laser, so kann der Nachteil dieser Technologie –nämlich das zum Teil starke Aufheizen des Wafers – vermieden werden. In diesem Falle regen die Laser-Photonen in Zeitintervallen von einigen Nanosekunden die Festkörperoberfläche an. Eine sehr interessante Methode ist es, wenn man den Laser für eine resistfreie Übertragung von Schaltkreismustern verwendet [7–1].

Neue Trockenätzsysteme sind in der Entwicklung. Alle haben die Aufgabe, die Ätzraten und damit den Durchsatz zu verbessern, aber dies ohne Verluste bei der Selektivität, der Anisotropie und der Dimensionstreue und das alles bei möglichst geringen Defektdichten und Ätzschäden.

7.2 Teilchenstrahlmethoden in ihrer Anwendung in der Lithographie

7.2.1 Einleitung

In Kapitel 7.1 wurden die Plasmamethoden behandelt, die eine gezielte Strukturierung von Oberflächen und dünnen Schichten erlauben. Diese sogenannten Trockenätzverfahren ließen sich in drei Hauptgebiete unterteilen, je nachdem ob mehr eine physikalische oder mehr eine chemische Plasmakomponente dominant ist.

Im Prinzip sind die Trockenätzverfahren auch Teilchenstrahlmethoden, da die ätzenden Ionen und Radikale, ja sogar die Elektronen, Teilchen sind. Die Unterscheidung zwischen den Trockenätzverfahren und den hier zu behandelnden Teilchenstrahlmethoden definiert das Plasma. Bei den Teilchenstrahlmethoden brennt kein Plasma in der Prozeßkammer, sondern es herrscht ein Vakuum von 10^{-5} bis 10^{-7} mbar.

Die Verwendung von Teilchenstrahlen soll in diesem Kapitel an Hand der Elektronenstrahl- und der Ionenstrahllithographie gezeigt werden, wobei jedes Verfahren noch in einzelne Lithographietechnologien unterteilt wird.

In beiden Fällen werden die Elektronen bzw. Ionen in einer Elektronen- bzw. Ionenquelle erzeugt, von dort abgezogen und zum Substrat hin beschleunigt. Die Beschleunigungsspannungen liegen zwischen 5 und 100 kV.

Das ist weitaus mehr als die DC-Spannungen bei den Plasmamethoden – neben dem niedrigen Druck in der Prozeßkammer ein weiterer Unterschied.

Bevor aber die einzelnen Lithographieverfahren näher untersucht werden, soll zuerst auf die Lithographie ganz allgemein eingegangen werden. Dabei sollen die Möglichkeiten, aber auch die Grenzen am Beispiel der optischen Lithographie aufgezeigt werden.

7.2.2 Die optische Lithographie in der Mikroelektronik

Bei der Strukturierung von Speicher- und Logikchips spielt die Lithographie oder eigentlich Mikrolithographie eine bedeutende Rolle und wird bei der Herstellung des 64 Mbit und 256 Mbit Speicherchips bis zu 65 % der Gesamtkosten verschlingen. Die Lithographie ist eine Drucktechnik, die auf der Erzeugung eines dreidimensionalen Reliefbildes

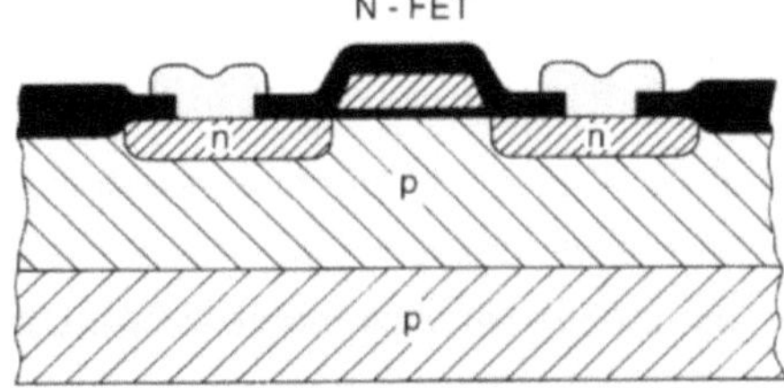

Bild 7–26. Schematischer Aufbau einer Speicherzelle.

auf einem Substrat basiert. Mit ihrer Hilfe werden in der Halbleiterindustrie die ultrafeinen Strukturen erzeugt, aus denen die Bauelemente aufgebaut sind. Bild 7–26 zeigt eine Speicherzelle. Sie besteht aus mehreren Bauelementen wie z.B. Drain, Source und Leiterzügen, die nach und nach in bzw. auf der Siliziumscheibe aufgebaut werden. Der Ort, wo sich die einzelnen Bereiche der Speicherzelle befinden, wird durch die Lithographie definiert.

Dabei muß die Lithographie neben der eigentlichen Strukturerzeugung, die im Sub-Mikrometerbereich liegt, auch die Dimensions- und Paßgenauigkeit garantieren. Das heißt, eine Lithographietechnologie muß die engen Dimensionstoleranzen der Strukturen gewährleisten und dabei bis zu 20 strukturierte Ebenen präzise übereinander zur Passung bringen. Dabei definiert die Lithographie die Topologie auf der Siliziumscheibe in den meisten Fällen durch die Strukturübertragung des Musters einer Maske in den Resist auf dem Wafer.

Das Bild 7–27 zeigt stark vereinfacht den prinzipiellen Aufbau eines Projektionssystems. Das durch die Kondensorlinse gebündelte Licht durchstrahlt die Maske. Die Strukturen der Masken werden mittels der Objektivlinse in den Photolack, der sich auf der Siliziumscheibe befindet, abgebildet. Unter dem Begriff Linse ist in diesem Zusammenhang immer ein ganzes Linsensystem zu verstehen.

Bild 7–1 zeigt, wie in Kapitel 7.1 bereits besprochen, am Beispiel der Strukturierung einer Oxidschicht die einzelnen Prozeßschritte: (1) zeigt die Oxidschicht auf einem Siliziumsubstrat. Zur Strukturierung wird sie mit einem Photolack beschichtet (2). Die anschließende Belichtung, d.h. Strukturierung, erfolgt mit Hilfe einer Photomaske (3). Bei Verwendung eines Positivlackes werden die belichteten Stellen im Lack löslich und können in einem Entwickler entfernt werden (4). Der strukturierte Photolack, auch Photoresist genannt, dient nun als resistente Schicht für das nachfolgende Ätzen der

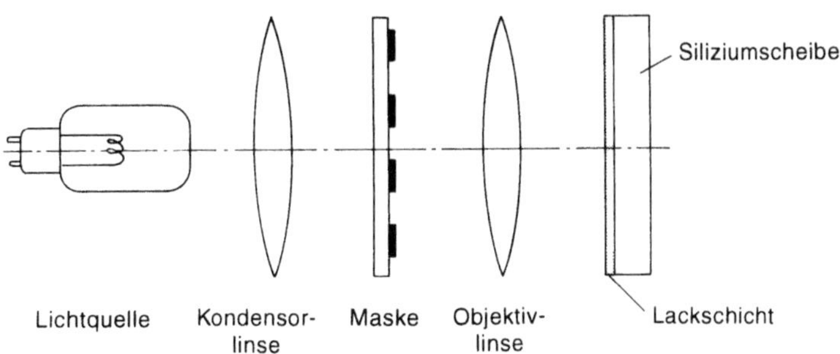

Bild 7–27. Allgemeiner Aufbau eines Projektionssystems.

Oxidschicht (5). Bei Strukturen größer 2 μm erfolgt der Ätzprozeß meist naßchemisch, bei feineren Strukturen dagegen mit Hilfe von reaktiven Ionenätzprozessen (reactive ion etching, RIE). Im letzten Schritt wird die restliche Lackschicht entfernt (6).

Bei der Wahl eines Belichtungssystems, ja einer ganzen Belichtungstechnologie, müssen viele Punkte berücksichtigt werden; die wohl wichtigsten sind:

– die im System verwendete Wellenlänge λ des Lichtes,

– die Feldgröße, d.h. die maximale ausgeleuchtete Fläche pro Belichtungsschritt,

– die numerische Apertur,

– die Auflösung (kleinste noch auflösbare Struktur),

– die Linienbreitenkontrolle,

– die Paßgenauigkeit (Overlay),

– der Durchsatz.

Die meisten dieser Punkte sind eng miteinander verknüpft.

Die Auflösung zum Beispiel hängt unmittelbar von der verwendeten Wellenlänge λ und der numerischen Apertur ab. Die Funktionalität des späteren Bauelementes wird unmittelbar von der Kontrolle der Linienbreite und der Paßgenauigkeit beeinflußt.

In Tabelle 7–5 sind einige Daten für die einzelnen Chipgenerationen aufgelistet: Die Werte können bei den verschiedenen Chipherstellern etwas variieren.

Inwieweit die Werte für die Linienbreitentoleranz und die Paßgenauigkeit für die 64 Mbit, die 256 Mbit und die 1 Gbit Chipgenerationen einzuhalten sind, läßt sich noch nicht mit Sicherheit sagen, hängen sie doch neben der Lithographie noch von vielen anderen Prozessen in der Halbleitertechnologie ab.

In diesem Abschnitt sollen die wichtigsten der oben genannten Begriffe erläutert sowie die physikalischen Grenzen ihrer Anwendung genauer untersucht werden.

Diese genaue Betrachtung der Lithographie ist sicher gerechtfertigt, ist sie doch, wie bereits erwähnt, der teuerste und technologisch aufwendigste Einzelprozeß in der Halbleiterfabrikation.

Tabelle 7–5. Vergleich der Technologiedaten der einzelnen Chipgenerationen.

Chip-Generation	1 Mbit	4 Mbit	16 Mbit	64 Mbit	256 Mbit	1 Gbit
Linienbreite (Auflösung) (μm)	1,0	0,7	0,5	0,35	0,25	0,18
Linienbreitentoleranz (μm)	0,1	0,07	0,05	0,04	0,03	0,02
Paßgenauigkeit (Overlay) (μm)	0,4	0,28	0,20	0,14	0,10	0,07
kBit/mm^2	18	47	145	410	1200	3200
Chipgröße (mm^2)	57	85	120	170	240	340

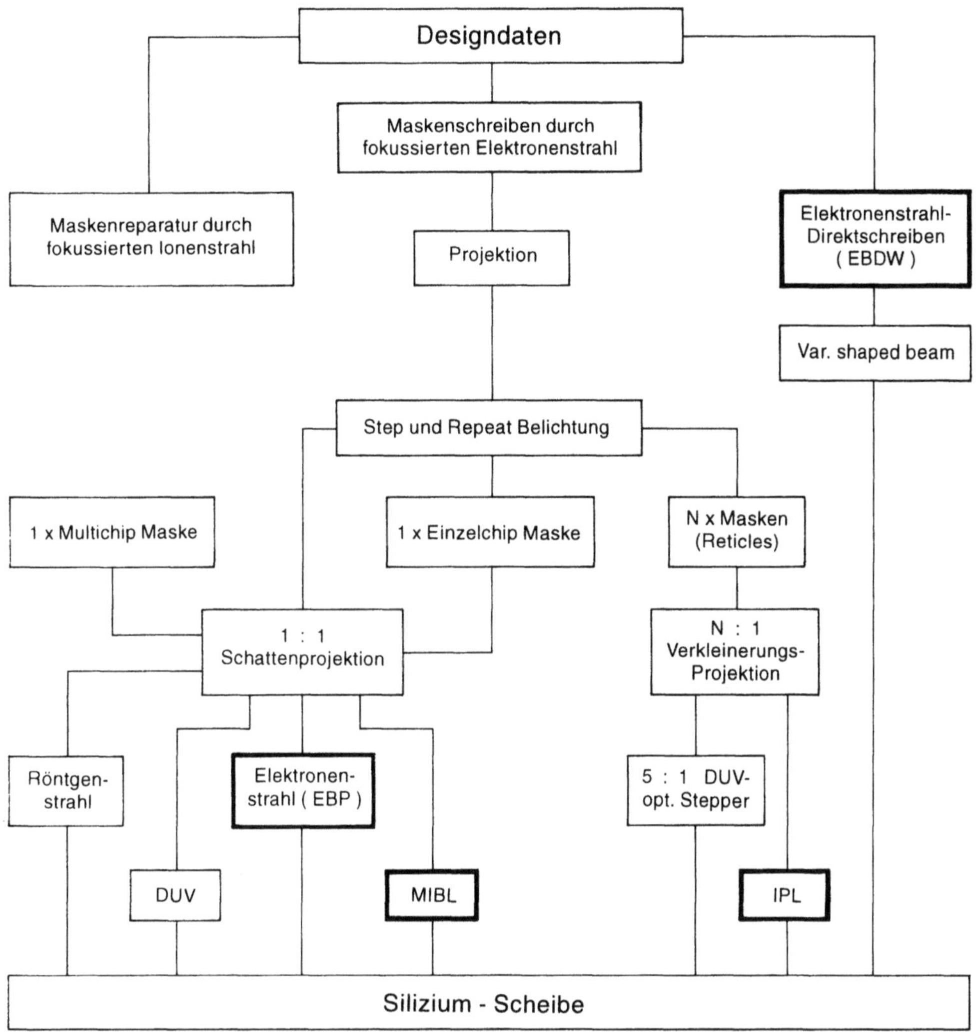

Bild 7–28. Diagramm der wichtigsten Lithographieverfahren.

In Bild 7–28 sind die wichtigsten Lithographieverfahren aufgezeigt. Bis auf das Elektronenstrahl-Direktschreib-Verfahren ist allen gemeinsam, daß sie Glas- bzw. Quarzglasmasken oder Siliziummembranmasken verwenden, mit deren Hilfe die Strukturierung der Halbleiterscheiben erfolgt. Oben im Diagramm sind die im CAD-System erstellten Designdaten. Sie erhalten alle Daten für die einzelnen Strukturebenen (engl. Layer). Dies können, wie schon erwähnt, bis zu 20 Ebenen sein, die durch die Lithographieprozesse exakt übereinander gebracht werden müssen (Paßgenauigkeit, engl. Overlay).

Die Lithographiesysteme, die eine Maske zur Übertragung der Strukturen in den Resist verwenden, werden danach unterschieden, ob sie die Strukturen in der Maske 1:1 oder verkleinert abbilden. Im zweiten Falle befindet sich zwischen der Maske und dem Wafer ein verkleinernd abbildendes (meist 5:1) optisches System (siehe auch Bild 7–27). Bei den meisten 1:1 abbildenden Systemen wird der gesamte Wafer auf einmal belichtet. Dies hat den Vorteil, daß bei einem Waferdurchmesser von 125 mm bis 150 mm bis zu 50 Wafer pro Stunde belichtet werden können. Wegen der immer feiner werdenden Strukturen und den immer größer werdenden Siliziumscheiben ist aber eine „Full Waver"-Belichtung heute in den meisten Fällen nicht mehr möglich. Der Grund dafür sind die Anforderungen an die Paßgenauigkeit, das Overlay.

In Tabelle 7–5 sind für die einzelnen Chip-Generationen die Anforderungen an die Paßgenauigkeit aufgelistet.

Im allgemeinen gilt, daß der Wert für den Fehler im Overlay höchstens 35% der feinsten Linienbreite (engl. groundrule) betragen darf. Das heißt, zwei Strukturen auf zwei unterschiedlichen Ebenen, die übereinander belichtet werden, müssen mindestens zu 65% übereinander liegen. Betrachtet man nun einen 200 mm Wafer, so reicht schon ein Temperaturunterschied von 1 °C, um den er während der Belichtung wärmer wird, aus, um seinen Durchmesser wegen der thermischen Ausdehnung des Siliziums um ca. 0,4 µm zu vergrößern.

Dieses Problem läßt sich umgehen, indem man auf der großen Siliziumscheibe nicht alles auf einmal, sondern nur Teilfelder belichtet. Dabei fährt der x-y-Tisch mit dem Wafer immer um ein zu belichtendes Feld weiter (engl. step and repeat). Bei dieser Art des Belichtens ist in fast allen Systemen eine verkleinernde Abbildungsoptik installiert. Bild 7–29 zeigt den prinzipiellen Aufbau eines 5:1 Wafersteppers. Da die Strukturen in der Maske fünfmal größer sind als später auf dem Wafer, beinhaltet das Reticle (alle nicht 1:1 Masken werden mit Reticle bezeichnet) im zu belichtenden Bildfeld nur zwei oder drei Chips, die mit Hilfe des optischen Systems pro Belichtungsschritt auf den Wafer verkleinert abgebildet werden. Bei den 5:1 Wafersteppern beträgt der Bildfelddurchmesser des Linsensystems zwischen 18 und 22 mm.

Bei der Herstellung von Speicher- und Logikchips finden heutzutage fast ausschließlich lichtoptische Belichtungssysteme dieser Art ihren Einsatz (vgl. Bild 2–28). Aber auch andere Verfahren wie die Röntgenstrahllithographie, das Elektronenstrahl-Schattenwurfdrucken sowie das Elektronenstrahldirektschreiben und die Ionenstrahllithographie sind im Einsatz oder werden zur Zeit entwickelt.

Wenn man von Lithographie spricht und deren Qualität diskutiert, fragt man vorrangig nach der Auflösung, d.h. nach den feinsten Strukturen in der Maske, die noch in die Photoschicht übertragen werden können sowie nach der Tiefenschärfe, d.h. welche Resistdicke noch scharf (im Fokus) belichtet werden kann.

Nach *Abbe* gilt für die kleinste noch auflösbare Strukturdimension (Strukturweite):

$$W \text{ (min)} = k \, \frac{\lambda}{NA} \qquad (7–1)$$

mit λ: Wellenlänge des Lichts
    NA: numerische Apertur
    k: k-Faktor.

Die numerische Apertur NA entspricht dem Sinus des halben Öffnungswinkels der Linse, deren Öffnungsdurchmesser durch eine Aperturblende begrenzt wird. Der k-Faktor ist nicht fest bestimmt. Sein Wert ist Ausdruck des Prozeß-know-hows.

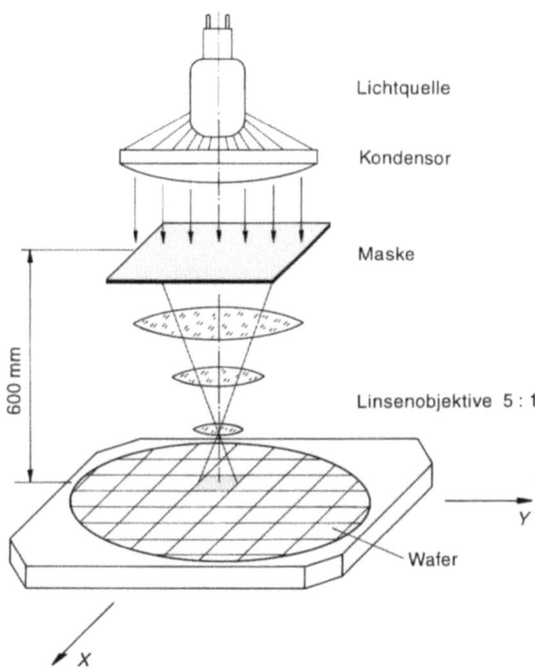

Bild 7–29. Prinzipieller Aufbau eines
5:1 Wafersteppers.

Der kleinste theoretische Wert für kohärente Beleuchtung ist $k = 0,5$. In einer Prozeßlinie arbeitet man mit $k = 0,8$, bei gutem Prozeß-know-how mit 0,6 bis 0,7.

Der Weg zu feineren Strukturen scheint damit klar: Verkürzung der Wellenlänge bei gleichzeitiger Vergrößerung der numerischen Apertur. Die Hersteller von Belichtungssystemen gehen diesen Weg. Dabei haben sie mehrere technologische Hürden zu überwinden.

Zwei davon sind:

1. Das heute verwendete Linsenmaterial ist für die kürzeren Wellenlängen nicht mehr geeignet, da sie für diese Wellenlängen nicht mehr genug durchlässig sind, sondern einen großen Teil der Lichtenergie absorbieren und in Wärme umwandeln. Es müssen also neue Gläser für das Linsenmaterial entwickelt werden.

2. Mit der Vergrößerung der numerischen Apertur wird die Tiefenschärfe (engl. DOF = depth of focus) kleiner, wie aus der Gleichung 7–2 hervorgeht. Für die Tiefenschärfe gilt nämlich

$$DOF = k\,\frac{\lambda}{2\,(NA)^2}\,. \qquad\qquad (7\text{–}2)$$

Das heißt, daß die Tiefenschärfe bei fester Wellenlänge mit dem Quadrat der numerischen Apertur kleiner wird. Die Belichtungssysteme verbessern also mit größer gewählter Apertur zwar ihre Auflösung, verlieren dabei aber stark an Tiefenschärfe.

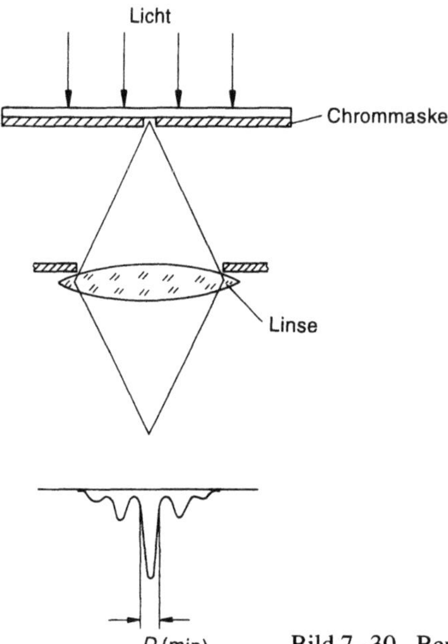

Bild 7–30. Beugung des Lichtes an einer schmalen Maskenstruktur.

Da die zu belichtenden Lacke eine endliche Dicke besitzen, muß die Tiefenschärfe eines Systems als ein sehr kritischer Punkt bei der Wahl einer Lithographietechnologie berücksichtigt werden.

Um trotz der geringen Tiefenschärfe auch dicke Photolacke belichten zu können, wurden in den letzten Jahren Lacke entwickelt, die nach dem Verfahren der „Top Surface Imaging" Technologie arbeiten. Hier wird nur ein sehr dünner Bereich der obersten Lackschicht belichtet. Dabei wird das Lackmaterial so gewählt, daß die gesamte Absorption des Lichtes schon im obersten Teil der Schicht erfolgt. Ein darauffolgender chemischer Prozeß schwärzt den belichteten (bzw. unbelichteten, je nach Lacktyp) Bereich. Diese so strukturierte oberste Schicht des Lackes (= Top Surface Imaging) dient dann als eigentliche Maske für die Strukturierung der restlichen Lackschicht durch reaktives Ionenätzen [7–27].

In Bild 7–27 erkennt man, daß neben der Lichtquelle, dem Linsensystem und dem beschichteten Substrat auch die Maske eine wichtige Komponente des Gesamtsystems ist. Bild 7–30 zeigt, wie ein schmaler Spalt in der Chromschicht der Maske durch die Beugung des Lichtes an den Maskenstrukturen tatsächlich im Resist abgebildet wird. Man sieht neben dem Hauptmaximum noch Nebenmaxima, die den Kontrast der Abbildung verschlechtern.

Was kann also in der Maskentechnologie getan werden, um die Nebenmaxima zu unterdrücken und damit die Auflösung des Belichtungssystems zu verbessern?

Das in jüngster Zeit häufig verwendete Zauberwort heißt „Phasenschiebende Maske (Phase Shifting Mask)" [7–28, 7–29]. Die Idee ist, die Phase des Lichtes an den Strukturkanten der Maske gegenüber dem normal durchstrahlten Licht in seiner Phase um 180° zu verschieben, so daß sich die Nebenmaxima des Beugungsbildes durch destruktive

296

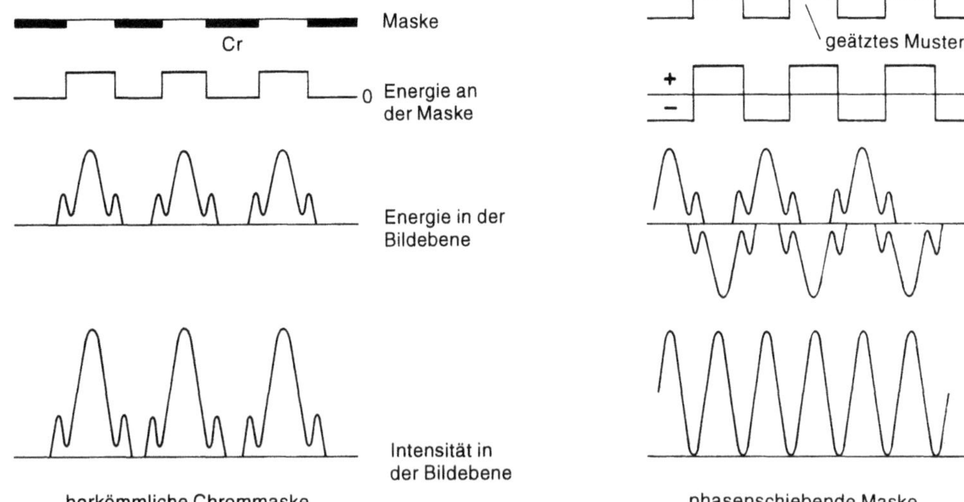

Bild 7–31. Kontrastvergleich einer herkömmlichen Maske mit einer Phasenmaske.

Interferenz gerade aufheben. Dadurch kann der Kontrast erhöht werden. Das bedeutet eine bessere Auflösung, ohne die numerische Apertur zu vergrößern, also ohne Verlust an Tiefenschärfe. Dabei wurden viele unterschiedliche Methoden entwickelt. Bild 7–31 zeigt das Beispiel einer alternierend phasenschiebenden Maske. Die optische Weglänge des Lichtes ist in den geätzten Bereichen der Quarzglasmaske um so viel geringer, daß die Phase des Lichtes gegenüber dem Licht, das durch den dicken Bereich der Maske hindurchgeht, genau um 180° verschoben ist. Der Vergleich einer herkömmlichen Maske mit einer phasenschiebenden Maske zeigt einen deutlich verbesserten Kontrast [7–28].

Durch all diese technischen Weiterentwicklungen werden die lichtoptischen Belichtungssysteme wahrscheinlich noch für mehrere Chipgenerationen einsetzbar sein. Was aber kommt danach?

Eine Antwort für die Tiefenschärfe läßt sich wie folgt geben: Löst man Gleichung 7–1 nach der numerischen Apertur auf und setzt NA in die Gleichung 7–2 ein, so erhält man für die Tiefenschärfe

$$\text{DOF} \sim \frac{(W(\min))^2}{\lambda} . \tag{7–3}$$

Die Gleichung besagt, daß der Verlust an Tiefenschärfe bei kleiner werdenden Strukturdimensionen durch gleichzeitige Reduzierung der verwendeten Wellenlänge λ kompensiert werden kann. Damit ist der Weg für die zukünftigen Lithographiesysteme aufgezeigt. In der Tabelle 7–6 wird die Tiefenschärfe eines lichtoptischen Systems den Tiefenschärfen gegenübergestellt, die in der Röntgenstrahl-, der Elektronenstrahl- und der Ionenstrahllithographie erzielt werden.

Man sieht sofort, daß die mit Elektronen und Ionen betriebenen Belichtungssysteme eine deutlich größere Tiefenschärfe gegenüber den lichtoptischen Systemen aufweisen und damit eine deutliche Verbesserung der Auflösung zu erwarten ist. Dies war auch der Grund für ihre Entwicklung. Deshalb sollen diese beiden Lithographieverfahren, die

Tabelle 7–6. Tiefenschärfe D* und Strukturweite W für verschiedene Lithographieverfahren.

UV-Licht $\lambda = 0,3\ \mu m$		Röntgenstrahl $\lambda = 1\ nm$		E-Strahl (10 keV) $\lambda = 12\ pm$		Ionenstrahl (100 keV) (H$^+$) $\lambda = 0,1\ pm$	
$W\,[\mu m]$	$D\,[\mu m]$	$W\,[\mu m]$	$D\,[\mu m]$	$W\,[\mu m]$	$D\,[\mu m]$	$W\,[\mu m]$	$D\,[\mu m]$
1	± 3	1	± 1000	1	$\pm 83\,000$	1	$\pm 10\,000\,000$
0,5	$\pm 0,83$	0,5	$\pm\ 250$	0,5	$\pm 20\,833$	0,5	$\pm\ 2\,500\,000$
0,2	$\pm 0,13$	0,2	$\pm\ 40$	0,25	$\pm\ 5\,208$	0,25	$\pm\ 625\,000$
0,1	$\pm 0,033$	0,1	$\pm\ 10$	0,1	$\pm\ 833$	0,1	$\pm\ 100\,000$

*Tiefenschärfe D (DOF = Depth of Focus).

Elektronenstrahl- und die Ionenstrahllithographie, bei der Diskussion der Teilchenstrahlmethoden zur Strukturierung von Oberflächen und dünnen Schichten genauer betrachtet werden.

7.2.3 Elektronenstrahl-Lithographie

Bei der lichtoptischen Lithographie erfolgt die Strukturübertragung in den Photolack durch Photonen, die die langkettigen Polymermoleküle in kürzere aufspalten und damit im Entwicklerbad löslich machen. Ähnlich ist es in der Elektronenstrahllithographie, nur sind es hier Elektronen anstatt Photonen. Da die Elektronen negativ geladen sind, lassen sie sich in elektrischen und magnetischen Feldern beschleunigen und ablenken. Durchläuft ein Elektron eine Potentialdifferenz von 1 Volt, so beträgt seine Geschwindigkeit bereits $5,93 \cdot 10^5$ m/s.

Bei 25 kV ist die Geschwindigkeit $9,35 \cdot 10^7$ m/s und das Elektron würden den Mond in weniger als 31 Sekunden erreichen.

Unter Berücksichtigung des Dualismus für Elementarteilchen läßt sich einem Elektron eine Wellenlänge λ zuordnen. Für die Wellenlänge gilt:

$$\lambda = \frac{h}{\sqrt{2\,e\,m_0\,U \left(1 + \dfrac{e\,U}{2\,m_0\,c^2}\right)}} \tag{7–4}$$

mit e = Elektronenladung ($1,602 \times 10^{-19}$ Coulomb)

      m_0 = Elektronenruhemasse ($9,035 \times 10^{-31}$ kg)

      h = Planck'sches Wirkungsquantum (6.624×10^{-34} Js)

      U = Beschleunigungsspannung

      c = Lichtgeschwindigkeit.

Die Gleichung Gl. 7–4 gilt auch für Ionen. Mit der entsprechenden Ionenmasse und Beschleunigungsspannung kann man auch ihnen eine Wellenlänge zuordnen.

Aus der Tabelle 7–6 ersieht man, daß einem Elektron mit einer Energie von 10 keV eine Wellenlänge von $\lambda \approx 12$ pm zugeordnet werden kann. Bei einem Wasserstoffion mit einer Energie von 100 keV beträgt die Wellenlänge $\lambda \approx 1$ pm.

In der Elektronenstrahl-Lithographie sind mehrere Lithographieverfahren untersucht und entwickelt worden. Die wichtigsten zeigt Tabelle 7–7.

Auf die Elektronenstrahl-Direktschreiber- und auf die Elektronenstrahl-Proximity-Printing-Technologie soll näher eingegangen werden. Die anderen Technologien werden nur gestreift.

7.2.3.1 Photokatoden – Elektronenstrahlprojektion

Eines der ersten Lithographieverfahren, das mit einem Elektronenstrahl arbeitete, war das 1:1 Elektronenprojektionsverfahren. Bild 7–32 zeigt schematisch die Anordnung der Photokatode und des zu belichtenden Wafers. Eine Quecksilberlampe bestrahlt die Photokatode mit den Schaltkreismustern. Durch die Bestrahlung der Photokatode werden in der Schicht Elektronen ausgelöst, die im elektrischen und magnetischen Feld zum Wafer hin nicht nur beschleunigt, sondern auch abgebildet, fokussiert, werden.

Eine großtechnische Anwendung ist aber heute nicht zu sehen, da diese „Full-Wafer"-Technologie alle die Probleme der Paßgenauigkeit aufweist, die auch bei der optischen Lithographie angesprochen wurden. Außerdem müssen die elektrischen und magneti-schen Felder extrem homogen über der Waferoberfläche sein, sonst kommt es, speziell am Rande des Wafers, zu Abbildungsfehlern. Ein gravierender Nachteil dieses Verfahrens ist außerdem die Kontamination der Photokatode durch die während der Belichtung teilweise verdampfende Photolackschicht. Dadurch wird der Austritt der Elektronen aus der Photokatode stark reduziert, was die Lebensdauer der Photokatode oft nur auf

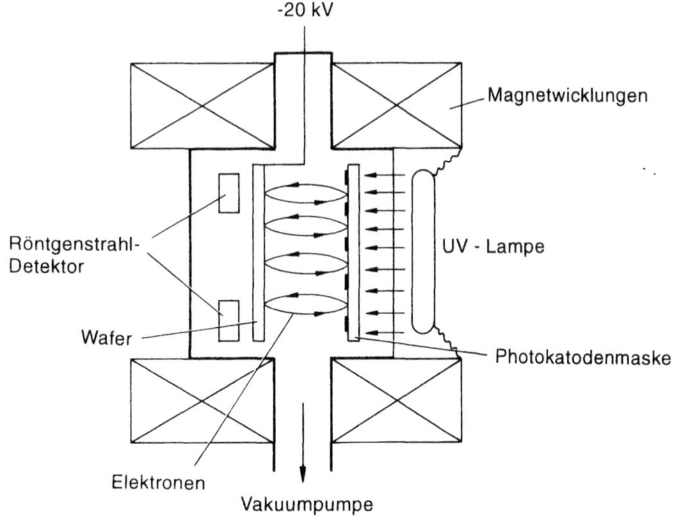

Bild 7–32. Skizze des Strahlenganges beim Elektronenstrahl-Katodenverfahren.

wenige Waferbelichtungen begrenzt. Ein weiterer Nachteil ist das Auftreten von Elektronen, die an der Photolackschicht rückgestreut werden und jetzt, vom elektrischen und magnetischen Feld wieder erfaßt, an anderer Stelle in die Photolackschicht zurückkehren und dort eine unkontrollierte zusätzliche Belichtung verursachen.

7.2.3.2 Elektronenstrahl-Direktschreiben

Dieses Elektronenstrahllithographieverfahren verwendet einen fokussierten Elektronenstrahl, der durch elektrische und magnetische Felder abgelenkt und gesteuert wird. Ähnlich wie beim Fernsehapparat wird er abgeblockt oder er trifft auf das Substrat. Mit einem Durchmesser von normalerweise einigen zehn nm schreibt der Elektronenstrahl die Strukturen in die Resistschicht.

Bild 7–33 zeigt schematisch den Aufbau eines Elektronenstrahlschreibers mit Gauß'schem rundem Strahl. Der aus der Elektronenquelle kommende Elektronenstrahl wird durch eine Aperturblende in seinem Austrittswinkel begrenzt. In der ersten Verkleinerungslinse wird der Strahl in die Ebene der Abblockeinheit fokussiert. Mit Hilfe der zweiten und dritten Verkleinerungslinse sowie der strahllimitierenden zweiten Aperturblende wird der Strahl in die Substratebene fokussiert. Die Ablenkeinheiten erlauben eine Strahlführung in der x- und y-Richtung.

Bild 7–34 zeigt schematisch die Anordnung in einer herkömmlichen Elektronenstrahlquelle. Die Elektronen treten aus dem geheizten Wolframdraht aus, wobei im Innern der Apparatur ein Vakuum von ca. 10^{-7} mbar herrscht. Der Wehneltzylinder, der gegenüber den Elektronen ein regelbares negatives Potential besitzt, wirkt für die zur geerdeten Anode hin beschleunigten Elektronen wie eine Linse. Der „Cross over" d_0 definiert den eigentlichen Strahldurchmesser.

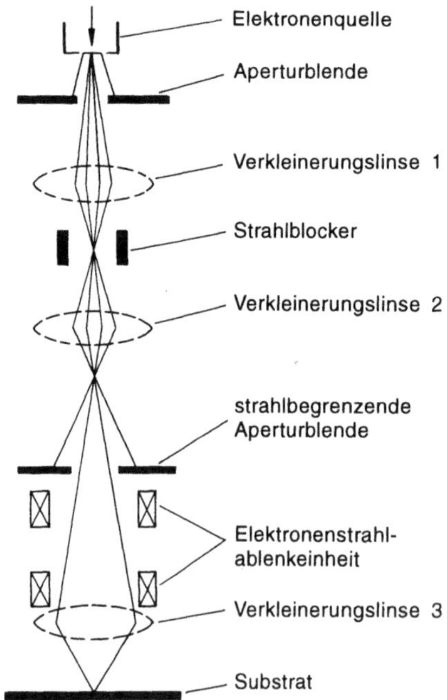

Bild 7–33. Skizze des Strahlenganges beim Elektronenstrahl-Direktschreiber.

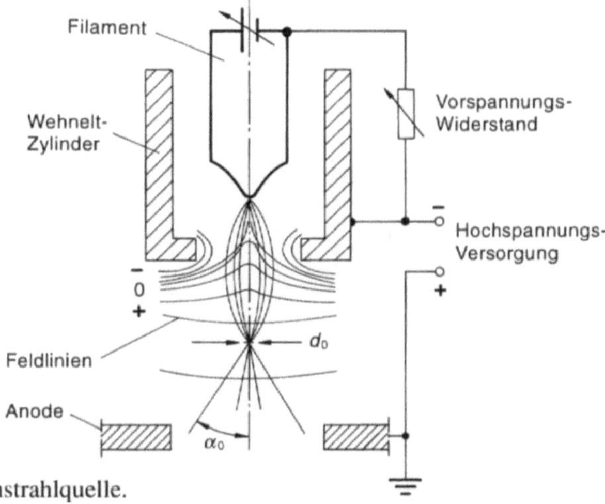

Bild 7–34. Konventionelle Elektronenstrahlquelle.

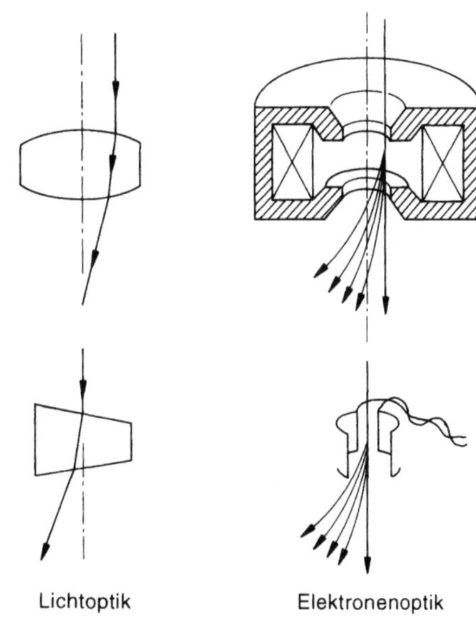

Bild 7–35. Vergleich von lichtoptischen und elektronenoptischen Linsen und Strahlauslenkern.

Bild 7–35 zeigt einen Vergleich zwischen einer optischen Glaslinse und einer in der Elektronenoptik verwendeten magnetischen Linse; außerdem wird der Unterschied zwischen einem optischen Prisma und einem elektrischen Ablenkfeld gezeigt. Letzteres dient dem Auslenken des Elektronenstrahles.

Zu Beginn der Entwicklung der Elektronenstrahlschreiber wurde der fokussierte Elektronenstrahl, wie in der Fernsehtechnik, rasterförmig über das zu belichtende Feld „gescant". Das heißt der Strahl durchläuft das gesamte Bildfeld, ist aber nur an wenigen

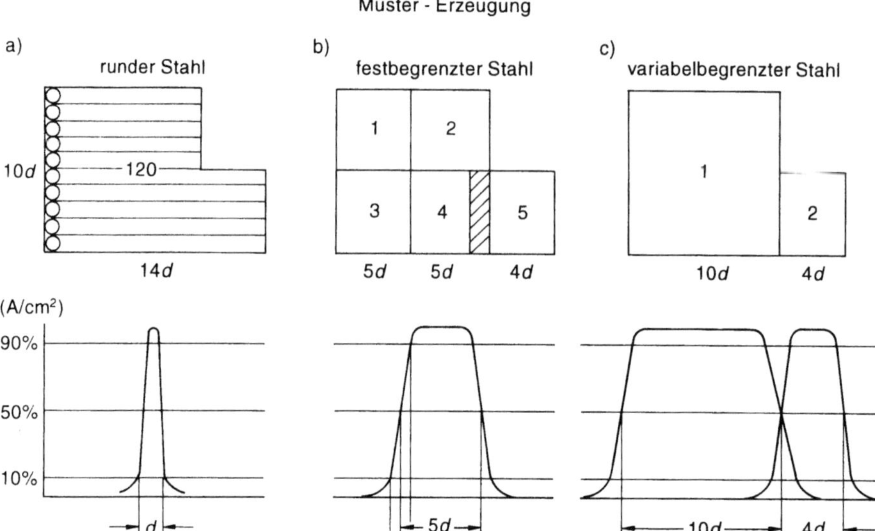

Bild 7–36. Vergleich der Strukturbelichtung in einem Elektronenstrahlsystem mit
a) rundem Strahl,
b) fest begrenztem Strahl und
c) variabel begrenztem Strahl.

Stellen, die er zu belichten hat, „an", sonst ist er ausgeblendet. Dies bewirkt bei sehr feiner
Rasterung immense Schreibzeiten. Um die Schreibzeit zu verkürzen, wurden sogenannte
„Vectorscan"-Anlagen entwickelt. Hier fährt der Strahl nur noch die Koordinaten an, wo
eine belichtete Struktur entstehen soll. Dadurch konnte die Schreibzeit um den Faktor 5
reduziert werden.

Eine weitere Verringerung der Schreibzeit wird dadurch erreicht, daß der kleinere runde
Strahlfleck in einen größeren quadratischen Strahlfleck umgewandelt wird. Dies hat aber
den Nachteil, daß sich die quadratischen Felder zum Teil überlappen, was an dieser Stelle
zu einer Doppelbelichtung führt. Dem kann abgeholfen werden, indem man die Technik
eines variabel begrenzten Strahles (variable shaped beam) installiert. Bild 7–36 zeigt die
Verhältnisse a) beim runden Strahl, b) beim fest begrenzten Strahl und c) beim variablen
begrenzten Strahl.

Bild 7–37 zeigt schematisch den Aufbau eines Elektronenstrahlschreibers EL3 mit variabel begrenztem Strahl, wie er von der Firma IBM in den USA entwickelt wurde [7–30,
7–31]. Der „variable shaped beam" wird dadurch erreicht, daß die erste quadratische
Aperturblende mit Hilfe der ersten Linse und der Ablenkplatten auf eine zweite quadratische Aperturblende abgebildet wird. Je nachdem wo die Ablenkfelder das Bild der
ersten Blende auf die zweite abbilden, kommt nur ein Teil des Strahles durch die zweite
Blende und damit durch die zweite Linse zum Wafer. So können alle möglichen Rechtecke und Quadrate, neuerdings auch 45° Strukturen, in den Resist belichtet werden.
Strukturen kleiner als 0,1 µm lassen sich so mit den Elektronenstrahlschreibern erzielen.

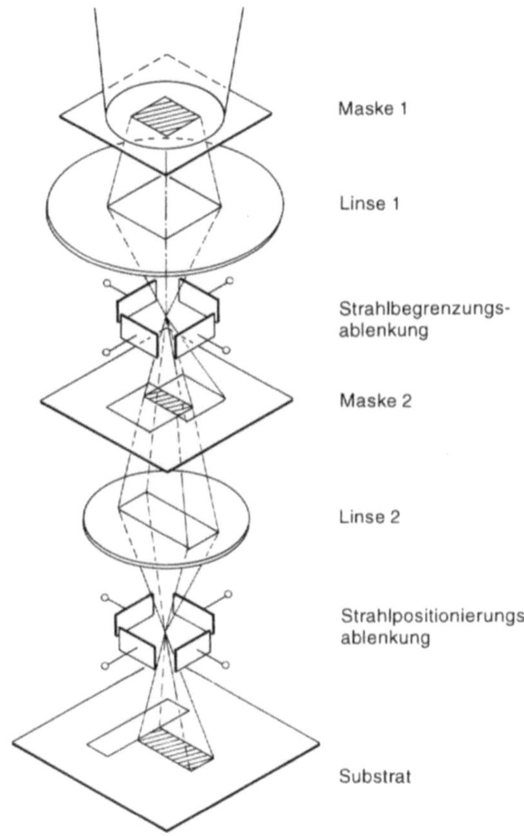

Bild 7–37. Schematischer Aufbau eines
Elektronenstrahlschreibers mit „variable
shaped beam".

Die wichtigste Anwendung des Elektronenstrahlschreibers ist das Masken- bzw. Reticle-
schreiben, Bild 7–27.

Die aus dem CAD-Sytem kommenden Designdaten enthalten alle Daten für die einzelnen
Strukturebenen (Layers). Diese Daten werden in den Elekronenstrahlschreibern in geo-
metrische Muster umgesetzt und mit Hilfe des fokussierten Elektronenstrahles in den
Photolack auf dem Maskensubstrat geschrieben. Danach werden die Strukturen im
Photolack mittels eines Ätzprozesses in eine dünne Chromschicht unterhalb des Photo-
lackes übertragen (siehe auch Bild 7–1).

Die so gefertigten Masken werden nach ihrer Inspektion und einer gegebenenfalls notwendigen Reparatur in die eigentlichen Belichtungssysteme eingebaut.

Eines der wohl bekanntesten Maskenschreibsysteme auf dem Markt ist das MEBES-
System, ein von der Firma ETEC (ehemals Perkin Elmer) entwickelter Elektronenstrahlschreiber.

Ein weiterer großer Hersteller von Elektronenstrahlschreibern ist die Firma Jenoptik,
Jena. Hier ist besonders das Modell ZBA 23 zu erwähnen.

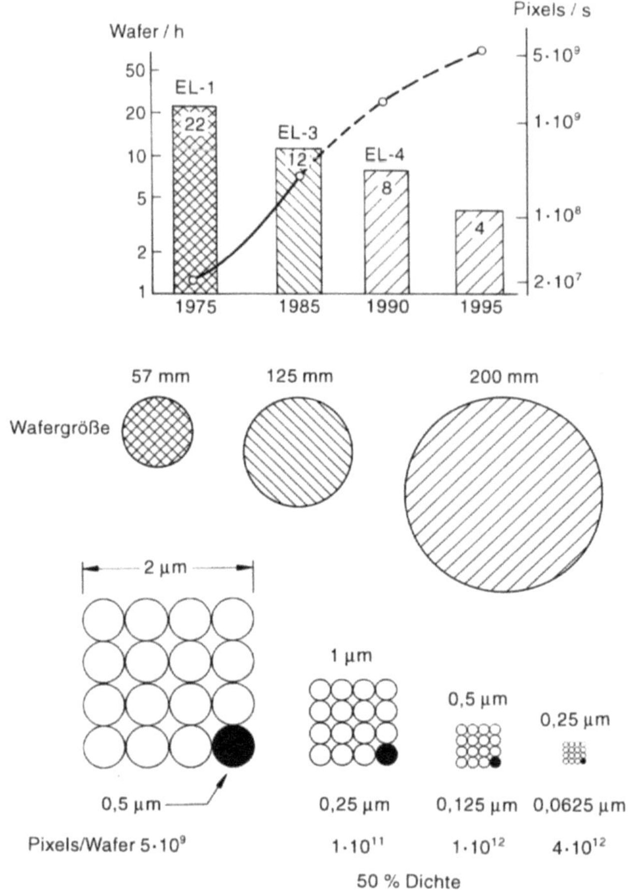

Bild 7–38. Entwicklung der Schreibgeschwindigkeit für Elektronenstrahlschreiber [7–30, 7–31].

Die, wie oben erwähnt, von der Firma IBM in den USA entwickelten Elektronenstrahlsysteme EL 3 mit der „variable shaped beam" Technologie [7–30, 7–31] haben sich ebenfalls ausgezeichnet bewährt. Aber auch andere Firmen wie Hitachi und Philips bieten Elektronenstrahlschreiber an. Für kleinere Stückzahlen und speziell während der Testphase einer neuen Chipgeneration können die Elektronenstrahl-direktschreibenden Systeme (EBDW = electron beam direct write) direkt zur Strukturierung von Halbleiterbauelementen herangezogen werden.

Für die Massenproduktion von Speicherschaltkreisen in großen Stückzahlen sind sie aber zu langsam. Daran wird sich auch in Zukunft nicht viel ändern, da der angestrebte Durchsatz (Wafer pro Stunde) trotz der dramatischen Verbesserung der Schreibgeschwindigkeit durch die Reduktion der Strukturdimensionen und die Erhöhung der Packungsdichte nicht erreichbar ist.

Bild 7–38 zeigt dieses Dilemma: Trotz einer Steigerung der Schreibgeschwindigkeit in den letzten Jahren um den Faktor 200 sank die Anzahl der belichteten Wafer pro Stunde drastisch von 22 Wafern im Jahre 1975 auf voraussichtlich 4 Wafer im Jahre 1995. Dies hängt natürlich auch mit dem Anstieg des Waferdurchmessers und der damit verbundenen Erhöhung der Chipanzahl pro Wafer zusammen. Dies gilt übrigens auch für viele andere Systeme.

7.2.3.3 Elektronenstrahl-Schattenwurf-Lithographie (Electron Beam Proximity Printing)

Ein Elektronenstrahlverfahren, das alternativ zur Lichtoptik entwickelt wurde, ist die Elektronenstrahl-Schattenwurf-Lithographie. Mit einer Beschleunigungsspannung von 10 kV arbeitet dieses System mit einer Wellenlänge von $\lambda = 12$ pm, hat also eine um den Faktor 30 000 kürzere Wellenlänge als heute gängige lichtoptische Systeme.

Im Gegensatz zu den mit einem fokussierten Elektronenstrahl schreibenden Systemen verwendet das Elektronenstrahl-Schattenwurf-Verfahren (Electron Beam Proximity Printing, EBP) 1:1 Masken. Die Strukturen werden durch die Maske im Schattenwurf in den Photolack übertragen [7–32, 7–33].

Die abzubildenden Muster in der Maske sind physikalische Löcher, durch die die Elektronen zum Photolack gelangen. Dabei rastert der ca. 1 mm durchmessende Elektronenstrahl über die Maske. Durch die große Tiefenschärfe können Maske und Substrat mehr als 500 µm Abstand haben. Dieser große Abstand erlaubt einen Belichtungsmodus mit der Möglichkeit, etwaige Maskenverzerrungen während der eigentlichen Belichtung durch gezielte Strahlkippung während des Rasterns zu kompensieren [7–31, 7–32, 7–34, 7–35].

Bild 7–39 zeigt eine Skizze dieses Belichtungssystems. Das Grobablenkungssystem dient der Auslenkung des Elektronenstrahls während der rasterförmigen Belichtung durch die Lochmaske. Die Feinablenkung (Feinpositionierung) erlaubt neben der Registrierung für die Lagenpassung (Overlay) auch die Kippung des Strahles, die die oben erwähnte Korrektur des Maskenbildes ermöglicht.

Bild 7–40a zeigt schematisch eine Skizze einer Silizium-Transmissionsmaske. Sie besteht aus einem Siliziumwafer mit 100 mm Durchmesser. Im Bereich, in dem sich die Designstrukturen befinden, wurde der Siliziumwafer bis auf eine 2 µm dicke Siliziummembrane naßchemisch abgedünnt. Die die Schaltkreisstrukturen darstellenden Löcher werden mit Hilfe eines Elektronenstrahlschreibers und unter Verwendung von reaktivem Ionenätzen durch die Membrane geätzt.

Bild 7–40b zeigt eine REM Aufnahme einer so hergestellten Silizium-Transmissionsmaske.

In dieser dünnen Siliziummembrane, strukturiert mit Millionen von Löchern, kann es zu Verzerrungen kommen, die von den Löchern herrühren [7–25, 7–35, 7–37].

In Bild 7–41 sind schematisch einige Möglichkeiten von Maskenverzerrungen aufgereiht, wobei a) das unverzerrte Muster darstellt [7–35, 7–37].

Diese Verzerrungen und auch Kombinationen aus mehreren Verzerrungsarten können bei geeigneter Strahlführung korrigiert werden. Die Maskenverzerrung ist ein immenses Problem, wenn sie, wie im Falle der Röntgenstrahllithographie, praktisch nicht korrigiert werden kann.

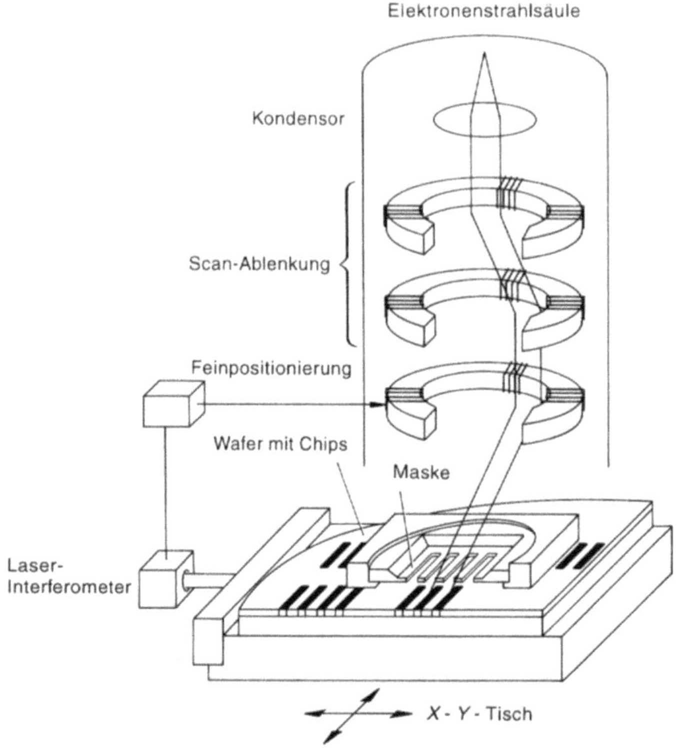

Bild 7–39. Schematischer Aufbau eines Elektronenstrahl Proximity Printers.

Bild 7–42a zeigt eine REM-Aufnahme einer Maske mit 0,35 µm Strukturen, einer Strukturdimension, wie sie für das 64 Mbit Chip benötigt wird.

Bild 7–42b zeigt 0,25 µm Linien und Abstände (lines and spaces) im Photolack, die mit Hilfe des Elektronenstrahl-Schattenwurfverfahrens belichtet wurden. Diese feinen Linienbreiten sind ausreichend für die 256 Mbit Chipgeneration. Bild 7–42c zeigt sogar Strukturen, die mit 0,17 µm selbst der Auflösung für den 1 Gbit Chip genügen [7–36, 7–37].

Die Siliziumtransmissionsmasken-Technologie hat ein besonderes technisches Problem, das sie von allen anderen Maskentechnologien unterscheidet. Dieses „Stencil"- oder „Donat"-Problem ist die Tatsache, daß keine ringförmigen Strukturen in der Maske hergestellt werden können – das innere Teil würde herausfallen. Um dieses Problem zu umgehen, wurde von der IBM-Deutschland ein Softwarepaket entwickelt, das den gesamten Datensatz in zwei zueinander komplementäre Datensätze aufteilt.

Bild 7–43 zeigt schematisch, wie die Daten in zwei Blöcke aufgeteilt werden. Dabei werden nicht nur die ringförmigen Strukturen zerlegt, sondern alle Strukturen, die eine gewisse Länge übersteigen. Je nach eingestellten Parametern werden z.B. lange Leiterbahnen in Stücke von 5 bis 30 µm zerteilt. Das Programm zerlegt dabei den Datensatz in

306

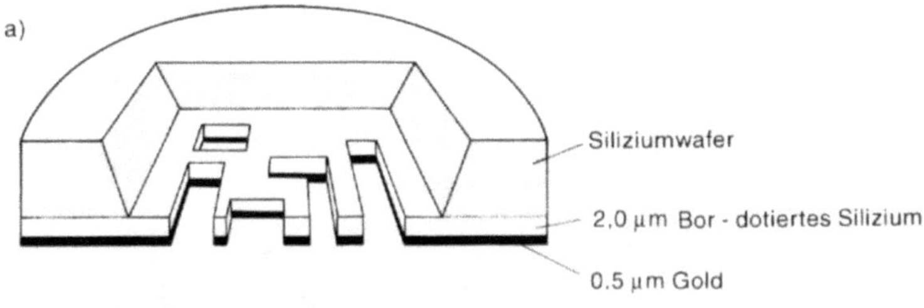

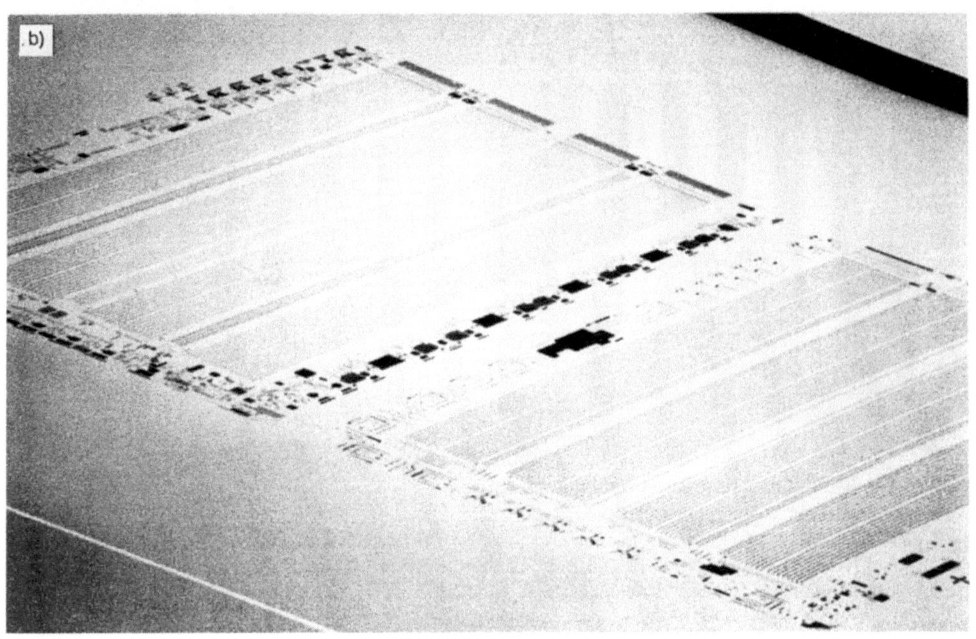

Bild 7–40. a) Skizze einer Siliziumtransmissionsmaske
b) REM-Aufnahmen einer Siliziumtransmissionsmaske.

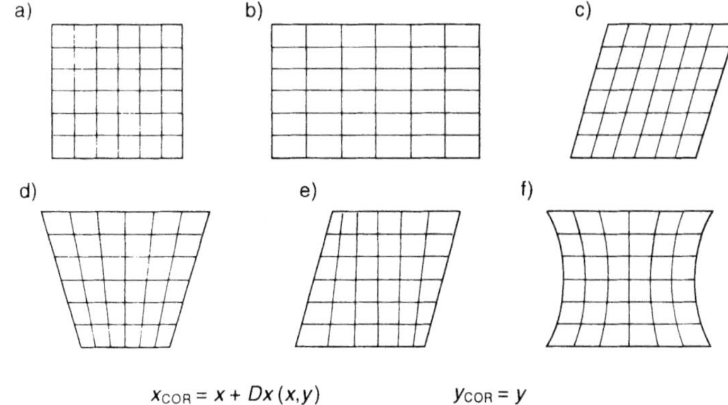

$$x_{COR} = x + Dx\,(x,y) \qquad y_{COR} = y$$

Bild 7–41. Einige Beispiele für Maskenverzerrungen, die korrigiert werden können.

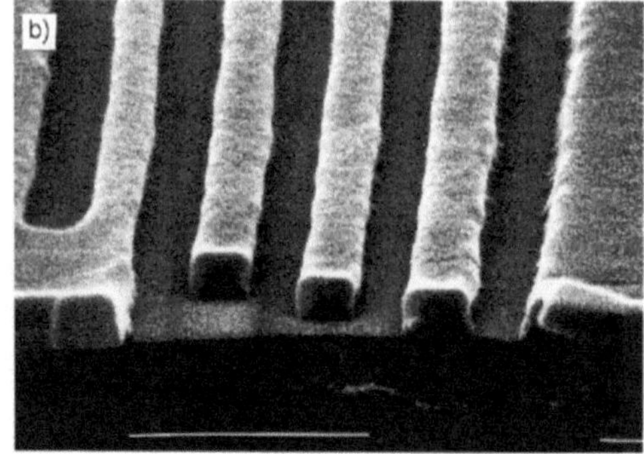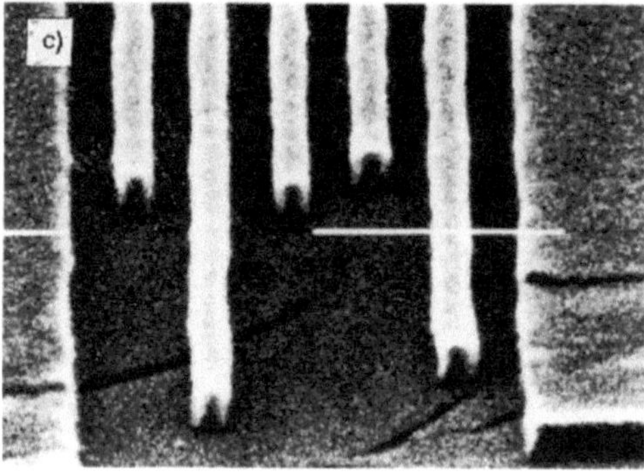

Bild 7–42. REM-Aufnahmen von Speicherstrukturen
a) in einer Siliziumtransmissionsmaske,
b) REM-Aufnahmen von 0,25 µm „Lines and Spaces" Lackstrukturen, die mit der Elektronenstrahl Proximity Printing Lithographietechnologie belichtet wurden,
c) 0,17 µm „Lines and Spaces" Lackstrukturen [7–35].

möglichst zwei gleiche Teile, was eine ungleiche Maskenerwärmung während des Belichtungszyklus minimiert. Die beiden zu einander komplementären „Halbmaskenstrukturen" sind in der Maske getrennt nebeneinander im gleichen Absand angeordnet wie die zu belichtenden Chips auf den Wafern. Der Elektronenstrahl rastert über beiden Halbmuster A und B, wobei er während der Belichtung die erwähnten Korrekturen vornimmt, so daß auch kleinste Maskenverzerrungen kompensiert werden. Nach der Belichtung fährt der x-y-Tisch mit dem Wafer um eine Chipposition weiter (step and repeat). Das latente Muster B im Resist kommt unter die Position A in der Maske. Danach erfolgt die nächste Belichtung. Vergleicht man die Schreibzeit eines Elektronenstrahlschreibers mit der Druckzeit des Elektronenstrahl Proximity Printers, so schreibt eine MEBES 3 – der meist verwendete Elektronenstrahlschreiber in der Maskentechnologie – ca. 40 Minuten lang für einen zerlegten Datensatz eines 1 Mbit-Chips. Der Elektronenstrahl Proximity Printer benötigt für das Drucken eines Chips inklusive Chipregistrierung nur ca. 150 Millisekunden.

Mit einem Durchsatz von 30 bis 40 Wafern von 200 mm Durchmesser pro Stunde und einer Auflösung von 0,1 µm ist die Elektronenstrahl Proximity Printing Lithographie-Technologie ein ernstzunehmender Kandidat für die 1 Gbit Speicherchip-Technologie.

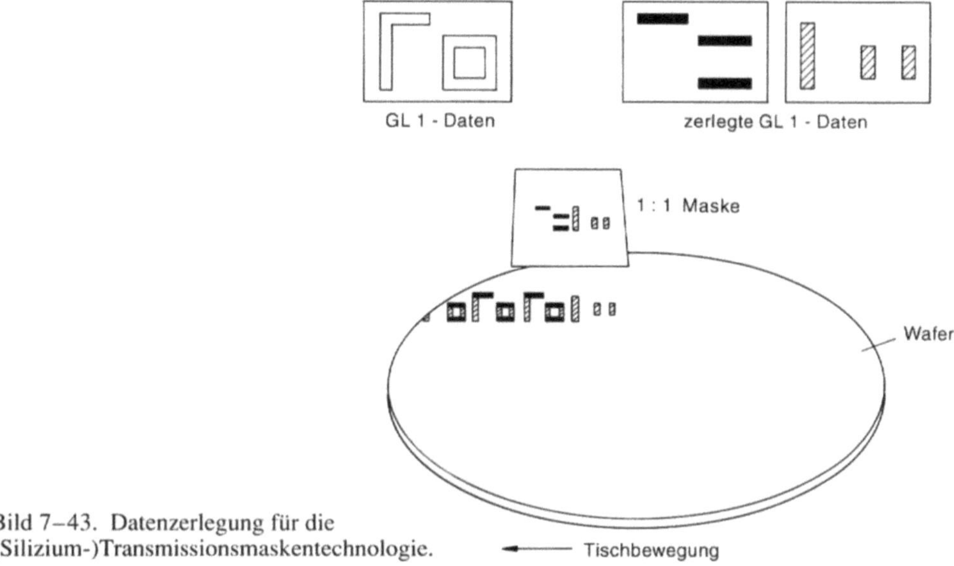

Bild 7–43. Datenzerlegung für die (Silizium-)Transmissionsmaskentechnologie.

7.2.3.4 N:1 Elektronenstrahl-Projektion

Dieses Verfahren soll hier nur kurz gestreift werden.

Die Elektronenstrahl-Projektions-Lithographie-Technik ist elektronenoptisch ein Zwischending zwischen dem Elektronenstrahlschreiber und dem Elektronenstrahl Proximity Printer.

Bild 7–44 zeigt schematisch ein Beispiel für den Aufbau eines Elektronenprojektionssystems. Hier wird der Elektronenstrahl durch drei Kondensorlinsen parallel ausgerichtet und durchstrahlt ganzflächig die abzubildende Maske. Das Bild der Maske wird mit Hilfe von zwei Projektionslinsen in die Resistschicht auf dem Wafer abgebildet.

Wie läßt sich diese Technologie nun zu der Elektronenstrahlschreib-Technologie und der Elektronenstrahl Proximity Printing Technologie einordnen? Ein Vorteil gegenüber dem Elektronenstrahlschreiber ist der höhere Durchsatz, der ähnlich groß wie beim Proximity Printing sein dürfte. Ein Nachteil gegenüber den Schreibern ist die durch die Maske verlorene große Flexibilität des Schreibers, der im Prinzip jeden Chip anders schreiben kann. Ein Nachteil gegenüber dem Proximity Printing ist, daß sich zwischen Maske und Wafer ein elektronenoptisches Abbildungssystem befindet, das zu Abbildungsfehlern führen kann. Außerdem können auch Fehler durch eine nicht parallele Strahlführung oberhalb der Maske entstehen. Da die Abbildungsfehler in der Elektronenoptik stark ansteigen, sobald man die optische Achse verläßt, ist sehr zu bezweifeln, ob vor und hinter der Maske nicht immense Abbildungsprobleme entstehen. Die Verkleinerung des Maskenbildes hat aber auch Vorteile. Eine etwaige ungenaue Schreibpositionierung des fokussierten Elektronenstrahls bei der Herstellung der Maske wird um den Faktor der Verkleinerung reduziert. Dies macht die Herstellung der N:1 Maske gegenüber der 1:1 Maske wie beim Proximity Printing etwas leichter. Außerdem ist die Auflösung beim Schreiben der Maske nicht so kritisch wie bei der 1:1 Maske.

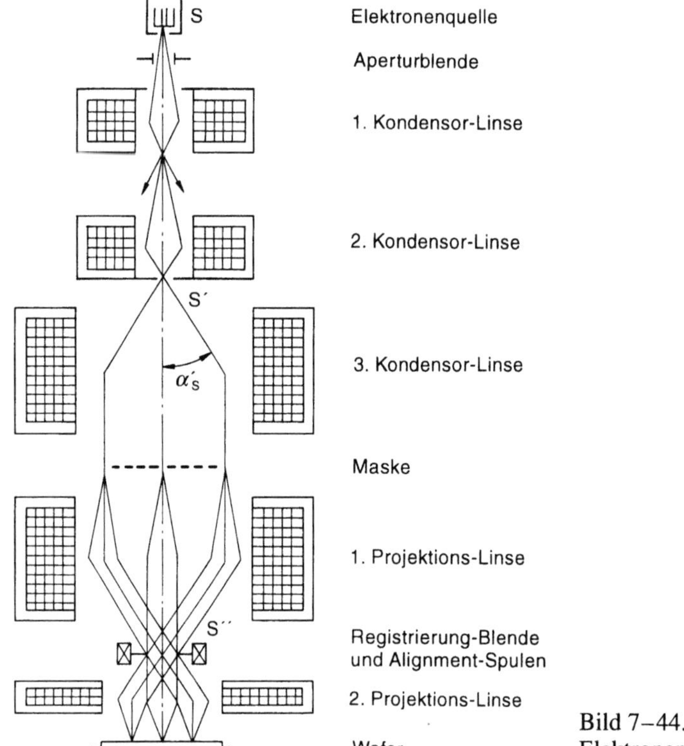

Bild 7–44. Strahlengang bei einem N:1
Elektronenstrahl-Projektionssystem.

Ob die Maske ähnlich wie beim Proximity Printing in zwei komplementäre Halbmasken
zerlegt wird oder ob die Muster mit einem Stützgitter unterlegt werden und damit die
Ringstrukturen unterstützt, ist noch nicht geklärt. Bei sehr feinem Stützgitter und verklei-
nerter Optik wird dieses vielleicht nicht abgebildet, eine gewisse Elektronenstreuung ist
dadurch aber zu erwarten.

7.2.3.5 Elektronenstrahl Cell Printing

Diese Lithographie-Techologie ist eine Mischung aus einem Elektronenstrahl-Projektionssystem, einem Elektronenstrahl-Schreiber und einem Elektronenstrahl-Proximity
Printer. Der große Unterschied ist die Maske. Enthält bei der N:1 Elektronenstrahlpro-
jektion und beim Proximity Printing die Maske die gesamten Strukturen des zu belichtenden Chips, so ist das hier anders. Die Maske enthält hier nur gewisse Mustersorten.
Dabei geht man davon aus, daß im Array eines Speicherchips sich immer wiederholende
Muster vorkommen. Diese sind in einem kleinen Bereich einmalig in der Maske vorhanden. Durch entsprechende Strahlablenkung wird das sich stets wiederholende Muster auf
dem Wafer aneinander gedruckt. Alle sich nicht ständig wiederholenden Muster werden
direkt mit einem fokussierten Elektronenstrahl in die Resistschicht geschrieben. Der
fokussierte Elektronenstrahl tritt dabei ähnlich wie beim „shaped beam" durch ein qua-
dratisches Loch in der Maskenmitte hindurch. Bild 7–45 zeigt den Strahlengang sowie
die Musteranordnung in der Maske. Man sieht die quadratische Apertur in der Mitte der
Maske sowie die typischen Array-Strukturen für vier verschiedene Prozeßebenen.

310

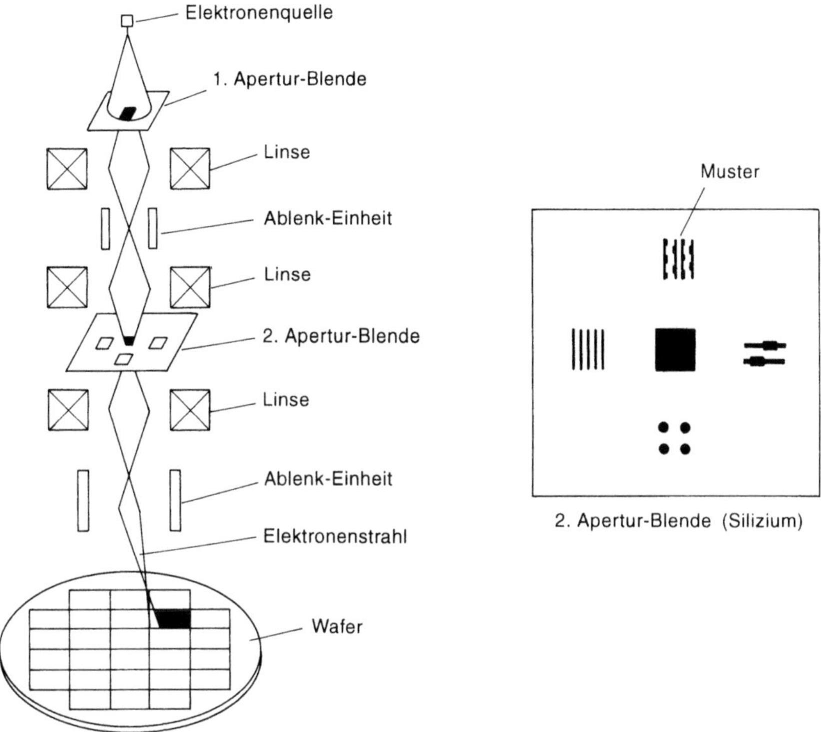

Bild 7–45. Strahlengang und Maskenstrukturen bei der Elektronenstrahl „Cell" Projektionstechnologie.

Das Elektronenstrahl „Cell" Projektionsverfahren muß zeigen, ob es dieses Aneinanderreihen der einzelnen Blöcke erreichen kann, ohne die Overlay Spezifikation zu verletzen. Außerdem muß daran gezweifelt werden, ob dieses doch recht komplexe Verfahren den nötigen Durchsatz an Wafern erzielen kann [7–38].

7.2.4 Proximity Effekt in der Elektronenstrahl-Lithographie

Die Bilder in 7–42 demonstrieren die hohe Auflösung der Elektronenstrahl-Belichtungssysteme. Trotzdem hat die Elektronenstrahl-Lithographie auch physikalische Grenzen, welche mit der Streuung der Elektronen im Festkörper zusammenhängen. Bild 7–46a zeigt ein Bündel eingestrahlter Elektronen, die im Resist und im darunterliegenden Material gestreut werden. Man erkennt, daß trotz des fein gebündelten Elektronenstrahles die entstehende Streubirne am Ende die belichtete Fläche definiert. Die den Resist durchdringenden Elektronen werden im darunterliegenden Material gestreut und belichten die Resistschicht von unten ein zweites Mal. Dadurch erhält jede zu belichtende Resistfläche durch die rückgestreuten Elektronen eine zusätzliche Belichtungsdosis. Ist die zu belichtende Fläche groß, so ist die zusätzliche Dosis höher als bei kleinen Flächen.

Dieser sogenannte Intra-Proximity Effekt bewirkt, daß große Strukturen mehr Dosis erhalten als kleine Strukturen. Oder anders ausgedrückt, erhält eine große Struktur die

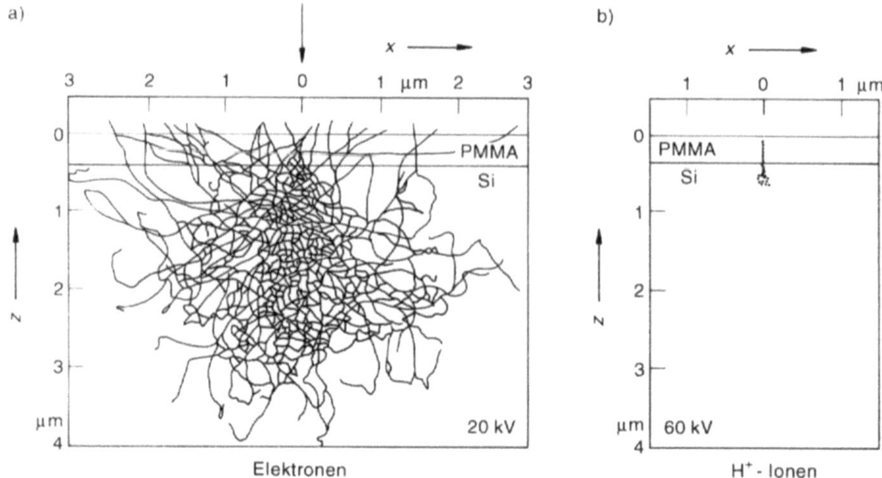

Bild 7–46. a) Elektronenstreuung im Festkörper (Monte Carlo Modell)
b) Ionenstreuung im Festkörper.

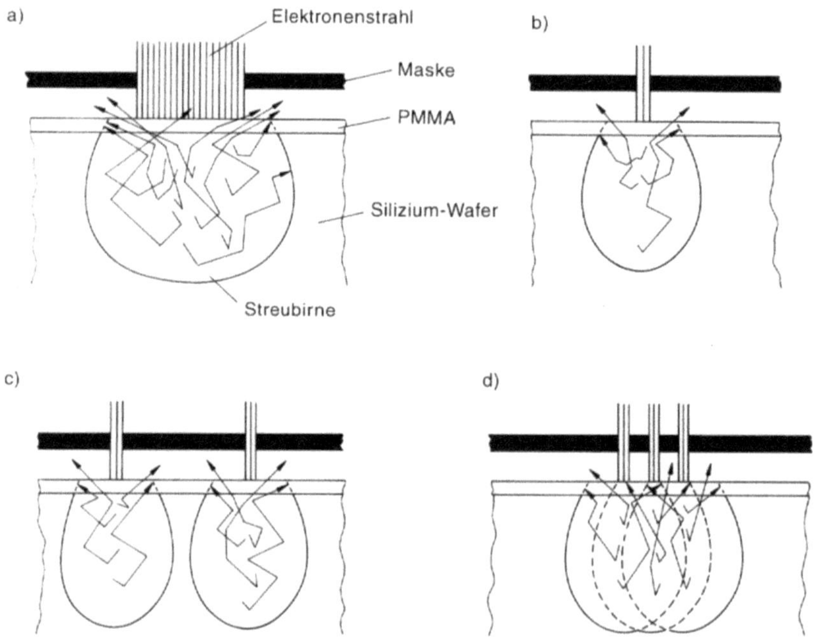

Bild 7–47. Auswirkungen des Proximity-Effektes bei
a) und b) isoliert stehenden Mustern
c) und d) Mustergruppen

312

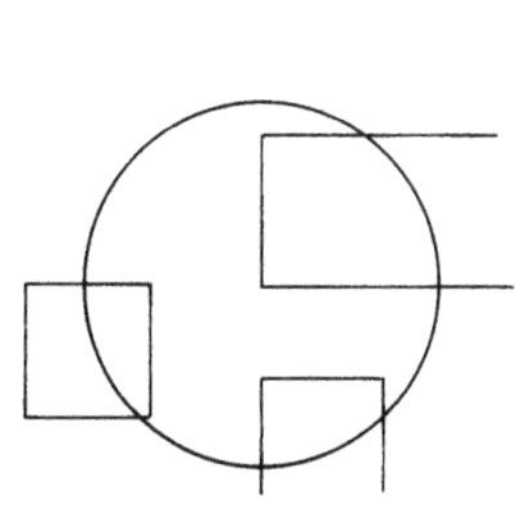

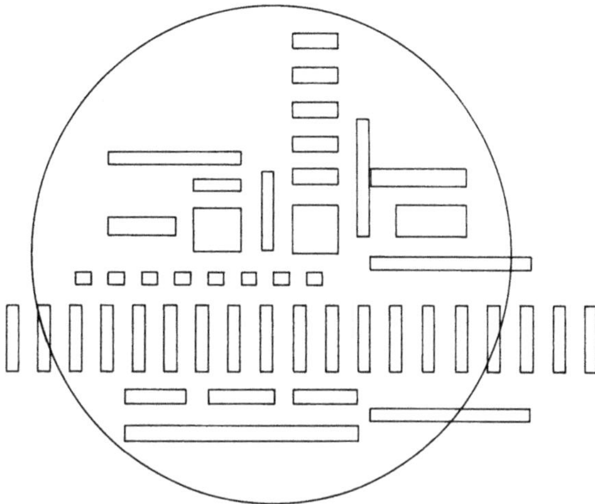

Bild 7–48. Einzugsbereich bei der Proximity-Effekt Korrektur.

richtige Dosis, so ist eine kleine Struktur unterbelichtet. Der Inter-Proximity-Effekt besagt, daß dicht zusammenstehende Strukturen durch ihre Wechselwirkung miteinander mehr Dosis erhalten als alleinstehende Strukturen. Bild 7–47 zeigt die verschiedenen Konstellationen. Bild 7–47a und b zeigen den Fall von isoliert stehenden Mustern, c und d zeigen den Fall von dicht stehenden Mustern. Diese verschiedene Dosis bei großen und kleinen Strukturen sowie bei einzelstehenden und dichtzusammenstehenden Mustern zwang die Elektronenoptiker, eine sog. „Proximity-Effekt Korrektur" einzuführen. Das heißt jede zu belichtende Struktur mußte auf ihre Größe und ihre Nachbarschaft hin untersucht werden. Bei niedriger Beschleunigungsspannung von 10 kV wie beim Elektronenstrahl Proximity Printing, ist die Streubirne der Elektronen so gering, daß praktisch kein Proximity Effekt zu erkennen ist. Nicht so bei Beschleunigungsspannungen von 50 kV bzw. 100 kV.

Bild 7–48 zeigt, daß die zu korrigierende Fläche bei größer werdender Beschleunigungsspannung schnell anwächst. Dazu kommt, daß immer feinere Strukturen eine immer ausgeklügeltere Dosiskorrektur erfordern. Viele CPU Stunden sind notwendig, die komplexe Korrektur zu berechnen.

Dieser Effekt kann grundsätzlich vermieden werden, wenn man anstatt Elektronen Ionen für die Belichtung heranzieht.

7.2.5 Ionenstrahl-Lithographie

Die Ionenstrahl-Lithographie ist wohl die jüngste Lithographietechnologie und wurde als alternative Belichtungsart für die Speicherchipherstellung erstmalig Ende der 70er Jahre vorgestellt [7–39]. Wie in Abschnitt 7.2.4 erwähnt, zeigt diese Lithographietechnologie keinen oder zumindest einen nur sehr geringen Proximity Effekt – also das Streuen der belichteten Ionen im Festkörper.

Bild 7–46b zeigt die Ionenstreuung im Festkörper. Gegenüber Bild 7–46a sieht man eine deutlich geringere Streuung der Ionen. Im nächsten Abschnitt soll das an zwei Beispielen demonstriert werden.

7.2.5.1 Demonstration des fehlenden Proximity-Effekts in der Ionenstrahl-Lithographie

Im ersten Beispiel soll die Vermeidung einer Überbelichtung dicht zusammenstehender Strukturelemente gegenüber einem einzeln stehenden demonstriert werden. Dazu wurde eine 0,6 µm dicke PMMA-Schicht durch einen einzelnen Spalt belichtet. Die Spaltweite betrug maximal 1 µm. Die unregelmäßigen Kanten des Spaltes ermöglichten es, unterschiedliche Strukturen in die PMMA-Schicht zu übertragen. Die Belichtung erfolgte mit Lithiumionen bei einer Beschleunigungsspannung von 60 kV und einer Dosis von $6 \cdot 10^{-7}\,Cb \cdot cm^{-2}$. Das Testmuster wurde im „step and repeat"-Verfahren hergestellt, indem die Maske gegenüber dem Wafer mit Hilfe eines Piezokristalls lateral verschoben wurde.

Zur Demonstration des fehlenden Proximity-Effektes wurde eine einzelstehende Spaltstruktur sowie bis zu 10 dicht beisammenstehende Spaltstrukturen in die PMMA-Schicht belichtet. Der Abstand der Einzelstruktur von der Gruppe betrug 10 µm. Die Gruppe selbst wurde im „step and repeat"-Verfahren hergestellt. Die jeweilige Schrittweite betrug 1,2 µm. Bild 7–49 zeigt einige der erzeugten Spaltbilder. Links befindet sich das einzelstehende Spaltbild, rechts die Gruppe. Beim Vergleich der Aufnahmen ist kein Unterschied in der Spaltdimension festzustellen. Die Spaltbilder innerhalb der Gruppe weisen keinerlei Verbreiterung gegenüber dem einzelstehenden Spaltbild auf. Es findet also keine zusätzliche Belichtung der einzelnen Strukturen der Gruppe während der Erzeugung der Nachbarstrukturen statt.

Zur Demonstration des weiten Bereiches der verwendbaren Ladungsdichte, innerhalb der die PMMA-Schicht belichtet und entwickelt werden kann, ohne daß es zu einer Veränderung der Strukturdimension kommt, wurden im zweiten Beispiel mehrere Belichtungen mit zunehmender Ladungsdichte durchgeführt. Bild 7–50 zeigt einige Aufnahmen der Spaltstruktur in der PMMA-Schicht. Selbst eine Dosiserhöhung um das 30fache bewirkt keine Strukturverbreiterung, da keine Ionen gestreut werden.

Bild 7–50a hat mit $3 \cdot 10^{-6}\,Cb \cdot cm^{-2}$ schon eine 5fach höhere Dosis als die zur Belichtung notwendigen Dosis von $6 \cdot 10^{-7}\,Cb \cdot cm^{-2}$. Bild 7–50d zeigt die unveränderte Spaltstruktur mit einer mehr als 30-fachen Dosis. Bei noch höherer Dosis trat eine Vernetzung des Lackes auf.

7.2.5.2 Ionenstrahl Proximity Printer Lithographie (1:1 Ionenstrahl-Maskenprojektion)

Der Ionenstrahl Proximity Printer ist in seinem Aufbau sehr ähnlich dem in der Elektronenstrahllithographie verwendeten Elektronenstrahl Proximity Printer (vgl. 7.2.3.3).

Bild 7–51 zeigt den Aufbau eines Ionenstrahl Proximity Printers [7–39]. Aus der Ionenquelle, einem Triodensystem ähnlich dem Strahlerzeuger bei der Elektronenstrahllithographie, werden die Ionen mit Hilfe einer Zeiss-Kaskade gesaugt und zur Maske hin beschleunigt. Die Beschleunigungsspannung in diesem Gerät variierte zwischen 30 kV und 100 kV. Als Strahlerzeuger dient ein herkömmlicher Siemens Strahlkopf. In dem hier

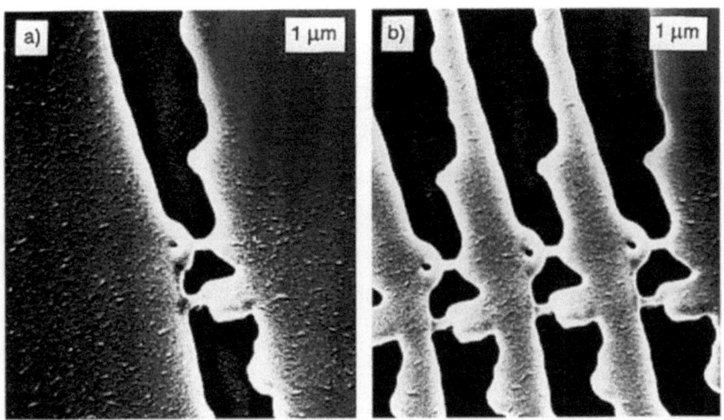

Bild 7–49. Demonstration des fehlenden Proximity-Effekts bei der Ionenstrahllithographie (links: eine einzeln stehende Spaltstruktur, rechts: eine Gruppe).

Bild 7–50. Demonstration des weiten Bereiches der Dosis bei der Ionenstrahlbelichtung.

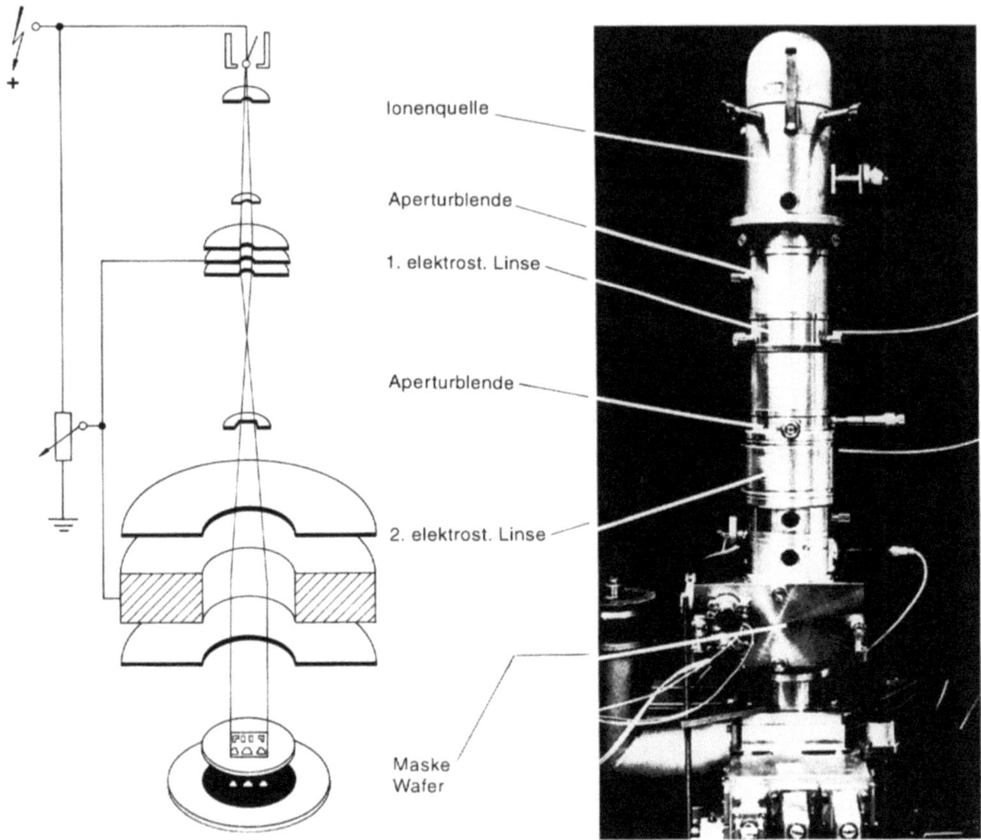

Bild 7–51. Prinzipieller Aufbau eines Ionenstrahl-Proximity-Printers.

gezeigten Gerät befindet sich die thermisch geheizte Lithium-Ionenquelle, die hier trotz ihres positiven Potentials mit Katode bezeichnet wird.

Der in Höhe der geerdeten Anode erzeugte Cross-Over der Ionenquelle wird durch die erste elektrostatische Linse verkleinert in die vordere Brennebene der zweiten elektrostatischen Linse abgebildet. Diese Anordnung erzeugt in einem aberrationsfreien System einen annähernd parallelen, aufgeweiteten Ionenstrahl hinter der zweiten Linse.

Es sei hier angemerkt, daß wegen der mehrere 1000mal größeren Masse der Lithiumionen gegenüber den Elektronen keine magnetischen, sondern elektrostatische Linsen verwendet werden müssen. Grund sind die schwachen Ablenkfelder in magnetischen Linsen.
Die hier verwendete Siliziumtransmissionsmaske ist nahe der hinteren Brennebene der zweiten Linse angeordnet und kann mit Hilfe von Piezokristallen in x- und y-Richtung verschoben werden. Der Wafer befindet sich in einem festen Abstand von 1 mm unterhalb der Maske auf einem x-y-Tisch.

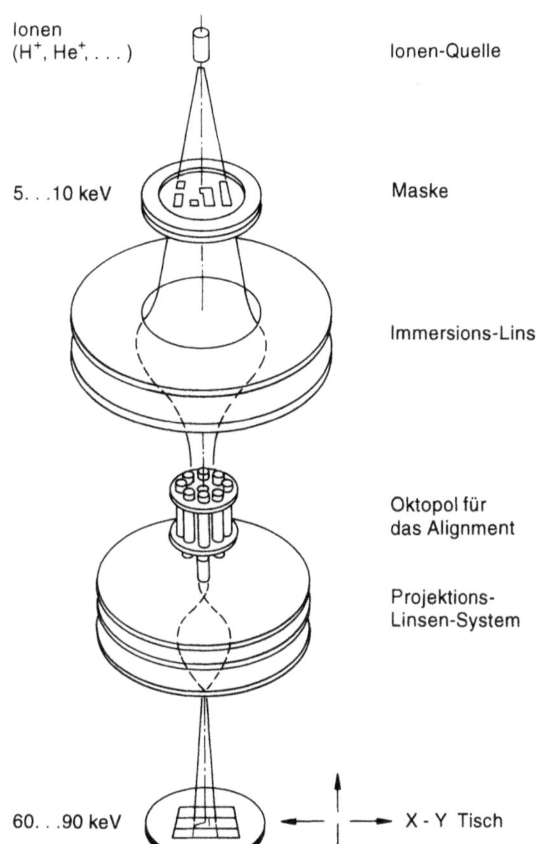

Bild 7–52. Prinzipieller Aufbau eines N:1 Ionenprojektors

Zur Begrenzung der Strahlapertur befindet sich vor der ersten und zweiten Linse jeweils eine Aperturblende. Dieser Aufbau entstand im Jahre 1979 im Institut für angewandte Physik der Universität Tübingen [7–39]. Durch den großen Wirkungsquerschnitt der Ionen im Resist konnten Belichtungszeiten pro Chipfläche von ca. 20 ms erreicht und damit ein vergleichbarer Durchsatz wie beim Elektronenstrahl Proximity Printing erzielt werden. Die Bilder 7–49, 7–50 in Abschnitt 7.2.5.1 demonstrieren die hohe Auflösung des Systems.

Die hier verwendete Maske besteht aus einem Siliziumwafer, dessen strukturtragender Bereich identisch aufgebaut ist wie bei der Siliziumtransmissionsmaske, die in der Elektronenstrahl Proximity Printing Lithographie Technologie verwendet wird.

7.2.5.3 N:1 Ionenprojektions-Lithographie (IPL)

Bild 7–52 zeigt den prinzipiellen Aufbau eines N:1 Ionenstrahlprojektors, wie er von der Firma IMS, Ionen-Mikrofabrikations-System, in Wien entwickelt wurde. Die Ionen aus der mit H⁺ und He⁺ Gas betriebenen Duoplasmatron-Ionenquelle bestrahlen die Transmissionsmaske, deren Membrane aus Nickel, oder, wie in der Elektronenstrahl Proximity Printing Lithographie, aus Silizium besteht. Die elektrostatische Immersionslinse und das

Projektionslinsensystem bilden die Strukturen der Maske je nach Gerätetyp 3:1, 5:1 oder 10:1 verkleinert auf den Wafer ab. Ein Oktopol zwischen den beiden Linsensystemen erlaubt das Alignment sowie Korrekturen der Bildverzerrung vorzunehmen [7–40, 7–41]. Wegen der hier verwendeten ionenoptischen Verkleinerung werden die Membranflächen mit den Strukturen entsprechend größer als bei 1:1 Masken. Dies hat zur Folge, daß nicht beide komplementären Maskenhälften in einer Maske Platz finden, sondern nur eine Hälfte. Dies fordert, daß bei jeder Chipbelichtung die Maske gewechselt werden muß. Der Maskenwechsel erfolgt dabei nach folgendem Muster:

Maske:	A B B A A B B A ...	Reticle
Wafer:	1 1 2 2 3 3 4 4 ...	Chip

Da die ionenoptischen Linsensysteme nur eine begrenzte Dimension haben und somit durch die Maske nur ein endliches Feld belichtet werden kann, hängt das belichtbare Feld auf dem Wafer vom Verkleinerungsfaktor ab.

Dazu einige Daten der unterschiedlichen Systemtypen:

Maskendurchmesser	aktiver Maskenbereich	Chipgröße beim Verkleinerungsfaktor		
		10 : 1	5 : 1	3 : 1
100 mm	70 mm $\varnothing$	5 mm □	10 mm □	16 mm □
125 mm	100 mm $\varnothing$	7 mm □	14 mm □	23 mm □
150 mm	130 mm $\varnothing$	9 mm □	18 mm □	30 mm □

Die Gerätewerte der IMS-Ionenstrahlprojektionssysteme sind:

Ionenenergie:	50 keV – 100 keV, 200 keV, 400 keV
Auflösung:	im sub 0,1 µm Bereich
Schärfentiefe:	größer 100 µm
Ionenstromdichte:	bis 1 mA/cm^2

Elektronisches DIE zu DIE Alignment in X, Y, φ, sowie Maßstabskorrektur.

Die Ionenstrahllithographie steckt noch in ihren Kinderschuhen, zeigt aber das Potential, Strukturen von 0,1 µm und kleiner in eine ionenempfindliche Schicht zu belichten. Weltweit wird schon über den Einsatz von ionenoptischen Systemen nachgedacht. In Europa existiert bereits ein EUREKA Projekt, das vom Bundesministerium für Wissenschaft und Forschung in Wien und vom Bundesministerium für Forschung und Technologie in Bonn gefördert wird. Erstes Interesse zeigt sich auch in den USA und Japan.

7.2.5.4 Untersuchung der Maskenbelastung während der Ionenstrahlbelichtung

In diesem Kapitel wird die Strahlungsbelastung der strukturtragenden Maske während des Ionenbeschusses untersucht. Diese Strahlenbelastung wird unterteilt in:

1. die thermische Belastung, die dadurch entsteht, daß die Ionen des Strahles in den undurchlässigen Bereichen der Maske absorbiert werden. Ihre kinetische Energie überträgt sich dabei auf das Maskenmaterial und heizt dieses auf. Das Interesse liegt hier in der Festlegung der maximalen Leistung bzw. des maximalen Ionenstroms, der bei gegebener Beschleunigungsspannung verwendet werden darf, ohne eine Zerstörung oder kurzzeitige Deformation der Maske zu bewirken. Dieser Ionenstrom bestimmt die Belichtungszeit und damit den Durchsatz des Ionenstrahl-Proximity-Printers [7–42].

318

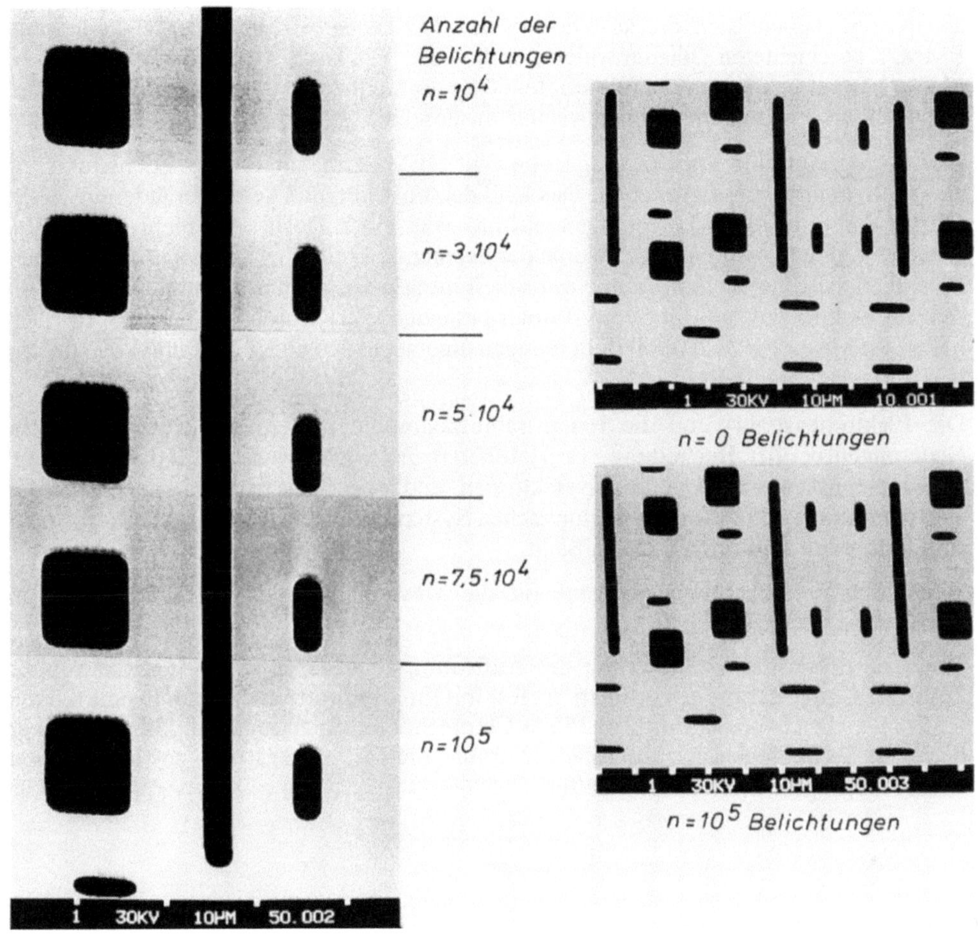

Bild 7–53. Untersuchung der Lebensdauer einer Siliziumtransmissionsmaske mit bis zu 100 000 Belichtungen.

2. die Belastung durch die Ionenimplantation, d. h. die Aufnahme z. B. der Lithiumionen in das Festkörpergitter des Maskenmaterials. Die erste Belastung hält nur während der jeweiligen Belichtungszeit an und ist somit kurzzeitig. Die zweite dagegen beeinflußt die Maske nachhaltig, da das Festkörpergitter des Maskenmaterials nicht unbegrenzt neue Teilchen aufnehmen kann, ohne daß es zu Gitterstörungen und damit zu Verzerrungen in den Maskenstrukturen kommt. Diese Strukturveränderungen würden eine Maske unbrauchbar machen. Die zweite Belastung begrenzt somit die Lebensdauer der Maske.

Um die Auswirkungen der fortwährenden Lithiumionen-Implantation in der Maske auf die Lebensdauer der Siliziummaske zu untersuchen, wurde die Maske 100 000 Belichtungen ausgesetzt und nach jeweils 30 000, 50 000, 75 000 und 100 000 Belichtungen auf ihre Strukturtreue untersucht.

Um den Belastungstest so nahe wie möglich den Bedingungen bei der Chipbelichtung anzupassen, befand sich die strukturtragende Maske ca. 100 µm oberhalb eines mit PMMA beschichteten Siliziumwafers, wobei der x-y-Tisch kontinuierlich unter der Maske bewegt wurde, um die verdampfende Restschicht zu berücksichtigen. Damit wurde ständig neuer Resist dem Ionenbeschuß ausgesetzt.

Bild 7–53 zeigt eine Photomontage von fünf REM-Aufnahmen einer Lochstruktur in einer Siliziumtransmissionsmaske. Das Bild demonstriert, daß keine Veränderung in der Maske durch 100000 Belichtungen auftrat, was einer Dosis von mehr als $3 \cdot 10^{17}$ Ionen/cm^2 gleichkommt. Danach wurde der Versuch aus zeitlichen Gründen abgebrochen. Eine ähnliche Untersuchung wurde mit Siliziumtransmissionsmasken unternommen, die sich im Elektronenstrahl Proximity Printer befanden. Hier wurde im Dauertest das Verhalten der Maske bis zu 200000 Belichtungen untersucht und ebenfalls keine Veränderung in der Maske festgestellt [7–42].

Die Elektronenstrahl- und die Ionenstrahllithographie fordern große technologische Neuerungen bei der Herstellung von Halbleiterbauelementen wie die Entwicklung der Membranmaskentechnologie sowie elektronen- und ionenoptischer Systeme. Sie werden sich nur durchsetzen, wenn die lichtoptischen Systeme wirklich an ihre Grenzen gestoßen sind, und diese sind noch nicht in Sicht.

Heute werden lichtoptische Systeme für die Massenfertigung von 1 µm und 0,7 µm Speicherchips eingesetzt.

Wenn sie neben der Verbesserung der Auflösung auch die Overlay Spezifikation zukünftiger Chipgenerationen erfüllen, ist fest mit ihrem Einsatz auch noch für die 0,5 und 0,35 µm, vielleicht sogar für die 0,25 µm Chiptechnologien zu rechnen. Dann aber werden neue Technologien wie die Röntgenstrahl-, die Elektronenstrahl- sowie die Ionenstrahllithographie ihren Einzug halten.

8 Plasmabehandlungsmethoden

R. Grün, G. K. Wolf

8.1 Plasmadiffusionsverfahren

8.1.1 Einleitung und historischer Hintergrund

Zur Verbesserung des Verschleiß- und Korrosionsverhaltens von Stahlwerkstücken kann neben metallischen Legierungszusätzen auch die Eindiffusion von nichtmetallischen Elementen wie Stickstoff oder Kohlenstoff eingesetzt werden. Es ist dabei das Ziel, die Oberfläche des Werkstückes gezielt zu beeinflussen, ohne die sonstigen Eigenschaften des gesamten Werkstückes zu verändern. Durch eine solche thermochemische Oberflächenbehandlung kommt es zu einer Härtesteigerung in der Randschicht. Es handelt sich somit nicht um einen Auftrag einer Schicht, sondern – durch die Eindiffusion und durch chemische Reaktionen in der äußersten Randschicht – um eine Veränderung der Bauteileigenschaften.

Um eine Diffusion von Stickstoff oder Kohlenstoff in den Werkstoff hinein zu ermöglichen, ist es erforderlich, daß die stickstoff- und/oder kohlenstoffabgebenden Medien ausreichend aktiviert sind, um reaktions- und diffusionsfähig zu sein. Dabei können diese Medien fest, flüssig oder gasförmig sein. Das Nitrieren bzw. Nitrocarburieren ist das älteste industriell genutzte Verfahren zur Oberflächen- bzw. Randschichtbehandlung von Stahl [8-1]. Die verschiedenen Verfahren lassen sich nach dem Aggregatzustand des Stickstoffspenders unterscheiden und sind in Tabelle 8-1 dargestellt [8-2, 8-3].

Die Aktivierung der Stickstoffspendermedien erfolgt beim Pulver-, Salz- und Gasnitrieren ausschließlich über die Zufuhr thermischer Energie, um eine ausreichend hohe Temperatur zu erreichen. Der an der Oberfläche der Werkstücke angebotene Stickstoff oder Kohlenstoff diffundiert dadurch in die Werkstücke hinein. Diese Temperatur liegt je nach Verfahren in der Größenordnung von 400 °C bis 600 °C.

Die Nutzung des Plasmas als vierter Aggregatzustand ist bereits seit den zwanziger Jahren dieses Jahrhunderts bekannt. Die Aktivierung erfolgt hierbei durch eine elektrische Anregung, wodurch eine Gleichstromglimmentladung entsteht.

Das Plasmanitrieren ist das am weitesten verbreitete Verfahren zur Plasmadiffusion und wurde in der Vergangenheit auch mit Glimmnitrieren, Ionennitrieren bzw. Ionitrieren bezeichnet. Es ist das älteste Verfahren, welches mit Hilfe eines Plasmas die Oberfläche bzw. Randschicht von Werkstücken modifizieren kann. Die Umsetzung dieser Technik in die Praxis war anfangs sehr schwierig, da die Handhabung einer stromstarken Glimmentladung bei größeren Oberflächen zu erheblichen Problemen führte. Um das für eine indu-

Tabelle 8–1. Gegenüberstellung verschiedener Nitrierverfahren zur Behandlung von Stahl.

Nitrier-verfahren	Nitriermittel	Behandlungs-temperatur (°C)	Behandlungs-dauer (h)	Ergebnis
Pulver	Calciumcyanamid	500–570	3–30	Carbonitride
Salz-schmelze	Cyanid, Cyanat	560–580	0,2–3	Carbonitride
Gas	NH_3	510–540	20–100	Nitride
	$NH_3 + CO_2$	550–620	1,5–4	Carbonitride
Plasma	$N_2 + H_2$	300–590	0,2–30	Nitride
	$N_2 + H_2 + CH_4$	500–590		Carbonitride

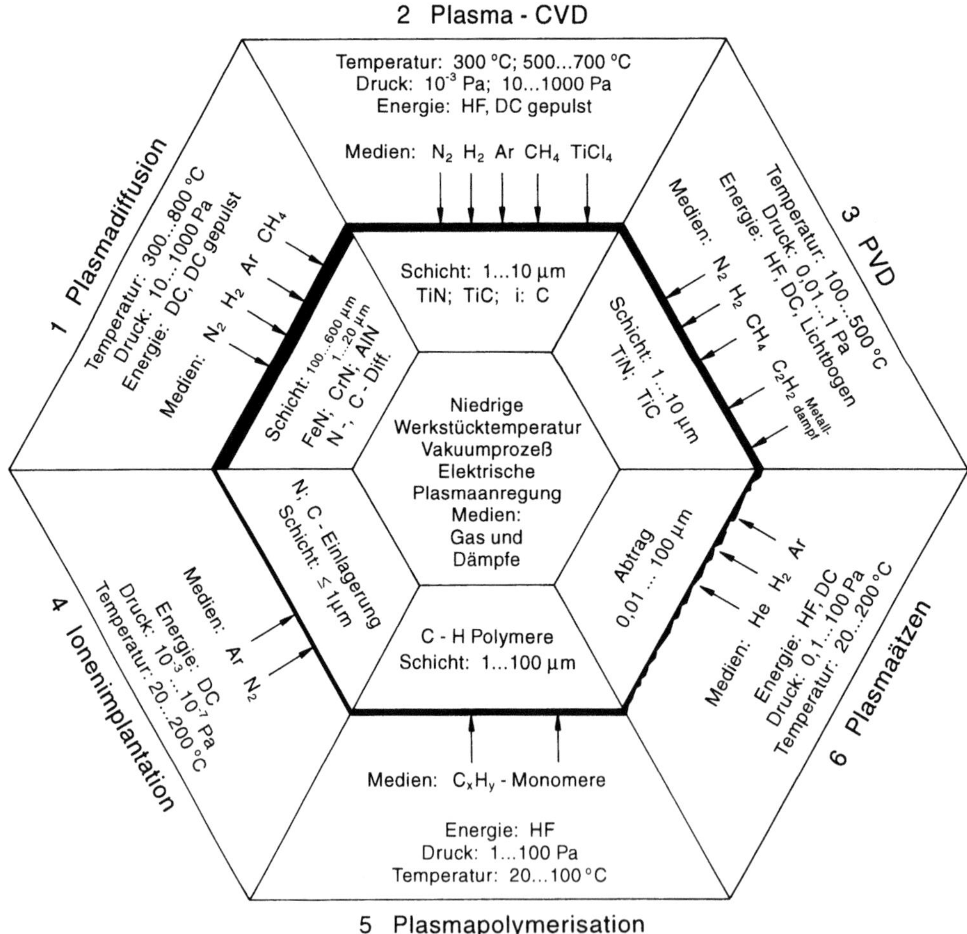

Bild 8–1. Gegenüberstellung verschiedener plasmagestützter Verfahren zur Oberflächenbehandlung von Werkstücken.

strielle Nutzung erforderliche Verständnis einer Glimmentladung zu erhalten, wurden in den fünfziger Jahren gezielte Forschungsarbeiten geleistet [8–4]. Die industrielle Nutzung begann sich erst in den sechziger Jahren durchzusetzen, wobei intensive Weiterentwicklungen von Anlagen- und Verfahrenstechnik erst in den siebziger Jahren zum weiteren Durchbruch im industriellen Maßstab führten [8–5].

Heute lassen sich Stickstoff, Kohlenstoff, Bor und metallische Legierungselemente mit den verschiedensten Verfahren nachträglich in Werkstückrandzonen eindiffundieren. Die Plasmaanregung der Spendermedien hat dabei eine besondere Bedeutung.

Inzwischen gibt es eine Reihe anderer verschiedener Verfahren zur Oberflächenbehandlung, die das Plasma als Hilfsmittel nutzen. Eine Gegenüberstellung der verschiedenen plasmagestützten Verfahren mit ihren Gemeinsamkeiten und ihren charakteristischen Merkmalen bzw. Unterschieden sind in Bild 8–1 dargestellt [8–6].

8.1.2 Verfahrensbeschreibung der Plasmadiffusionsbehandlung

Die Beschreibung des Verfahrens zur Plasmadiffusion, insbesondere des Plasmanitrierens, wird anhand des in Bild 8–2 dargestellten Schemas erläutert.

Die zu behandelnden Werkstücke werden in einem Vakuumbehälter, elektrisch vom Gehäuse isoliert, an einem Chargiergestell aufgehängt oder aufgestellt. Der Behälter wird bis zu einem Druck von etwa 100 Pa bis 500 Pa evakuiert. Zwischen Charge und Behälterwand wird eine elektrische Gleichspannung von 300 V bis 600 V angelegt, so daß das Prozeßgas in dem Behälter ionisiert und dadurch elektrisch leitend wird. Dadurch ergibt sich eine stromstarke Glimmentladung, die durch gasartabhängige Leuchterscheinungen gekennzeichnet ist. Das so entstandene Plasma enthält elektrisch positive Ionen, also Gasteilchen, von denen ein oder mehrere Elektronen abgetrennt wurden, Elektronen sowie Neutralgasteilchen.

Die elektrische Spannung zwischen der Charge und der Behälterwand wird so geschaltet, daß die Charge katodisch ist, d.h. elektrisch negativ geladen. Positive Ionen im Plasma

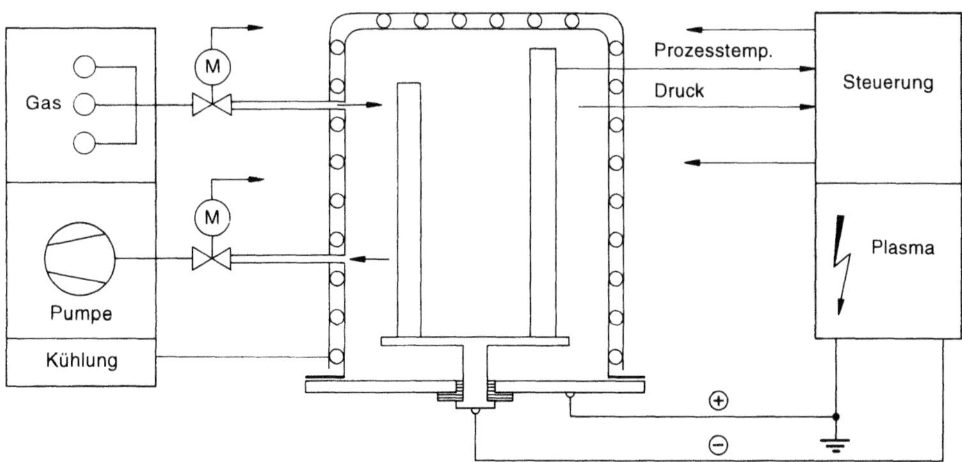

Bild 8–2. Schema einer Anlage zur Plasmadiffusionsbehandlung mit Kaltwandretorte.

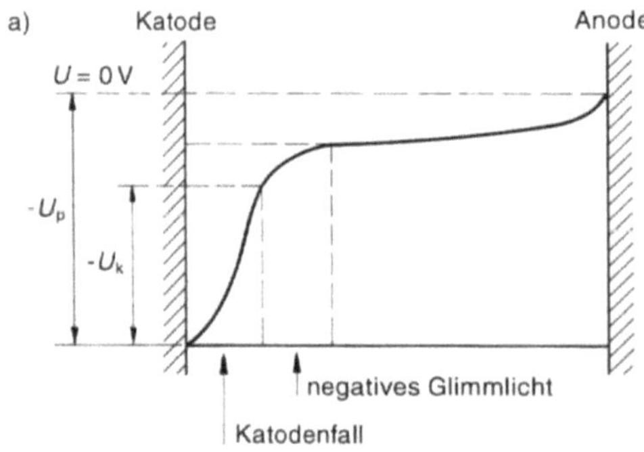

Bild 8–3.
(a) Potentialverlauf zwischen Anode (Retorte) und Katode (Werkstück); U_p: Prozeßspannung, U_k: Katodenfall
(b) Beispiel einer Glimmentladung auf einem Werkstück

werden dadurch angezogen. Demgegenüber ist die Behälterwand anodisch, d.h. elektrisch positiv, so daß negative Teilchen wie Elektronen angezogen werden. Die spezielle nichtlineare Charakteristik einer Glimmentladung in dem oben genannten Druckbereich bewirkt, daß der überwiegende Teil der angelegten Spannung in einem kleinen Bereich vor den katodischen Werkstücken abfällt. Dieser als Katodenfall bezeichnete Bereich ist durch besonders intensive Leuchterscheinungen – der Glimmhaut – gekennzeichnet, Bild 8–3. Die Ausdehnung dieses Saumes liegt wegen des üblicherweise genutzten Druckbereichs von 100 Pa bis 500 Pa bei einigen mm. Daher ist die Konturenfolgung bei der Plasmadiffusion gegenüber PVD-Beschichtungen sehr gut.

Die positiven Gasionen erhalten beim Durchlaufen dieses Katodenfalls eine kinetische Energie und prallen mit dieser Energie auf die Oberfläche der Werkstücke auf. Die daraus resultierende Energieübertragung führt zu einer Aufheizung der Charge.

Die bei der Ionisation entstandenen freien Elektronen führen zum Teil weitere Ionisationsakte durch und werden schließlich von der Behälterwand absorbiert.

Entsprechend den Anforderungen und den gewünschten Ergebnissen wird ein spezielles, meist stickstoffhaltiges Gasgemisch während der gesamten Prozeßlaufzeit in den Behälter eingeleitet. Je nach Art dieser Gasmischung gehen die chemisch reaktiven Ionen und Atome mit dem Material eine chemische Verbindung ein. In Abhängigkeit von der Chargentemperatur und der Intensität der angebotenen Teilchen und in Abhängigkeit vom Werkstoff kommt es zu einer Diffusion in das Innere des Materials. Zur gezielten Behandlung der Werkstücke wird das Behandlungsgas in speziellen Zusammensetzungen und Mengen in den Behälter eingelassen, wobei der Prozeßdruck im Behälter ständig aufrecht erhalten werden muß. Für das Nitrieren oder Nitrocarburieren werden Stickstoff- und Wasserstoffgasgemische oder Ammoniak bzw. stickstoffhaltige Gase mit Kohlenstoffzusätzen wie Methan verwendet.

Im Bereich der äußersten Randschicht des Werkstückes kommt es zur Ausbildung einer Diffusionszone, d.h. einer mit Stickstoff und/oder Kohlenstoff angereicherten Randschicht. Darüber hinaus bilden sich auch Metallnitride verschiedener Zusammensetzungen, welche als kleine Inseln, Zeilen oder als geschlossene Schicht – der Verbindungsschicht – in Erscheinung treten.

324

Während der Behandlung werden die positiv geladenen Ionen durch das elekrische Feld zum Werkstück beschleunigt und treffen mit hoher kinetischer Energie auf die Oberfläche auf. Dabei laufen die folgenden Prozesse ab:

– Herauslösung von Elektronen

– Ablösung von Fremdatomen von der Oberfläche und Herauslösung von Atomen des Grundwerkstoffes (Sputtering)

– Reaktion der reaktiven Ionen und Atome mit den Elementen im Grundwerkstoff

– Diffusion der in den Festkörper eingedrungenen Elemente in den Werkstoff hinein.

8.1.3 Voraussetzungen und Randbedingungen zur Prozeßführung

Für den hier beschriebenen Prozeß sind wesentliche Voraussetzungen zu erfüllen:

– Aufrechterhaltung des Drucks im Reaktionsgefäß von 100 Pa bis 1000 Pa bei einer Genauigkeit von ca. ±50 Pa.

– Dosierbare Gasdurchflußmenge durch das Reaktionsgefäß während der Behandlung

– Einstellung von bestimmten Gasmischungen

– Gewährleistung einer reproduzierbaren und konstanten Stromdichte durch den Gasraum auf die Werkstückoberfläche

– Gewährleistung einer einstellbaren und konstanten Temperatur für die einzelnen Werkstücke bzw. Werkstückteile innerhalb einer Charge.

Die drei erstgenannten Voraussetzungen Druck, Gasmenge und Gasmischung sind relativ problemlos zu beherrschen und können heute bei der indusriellen Umsetzung einer Anlagentechnik durch die verschiedensten Regeleinrichtungen gewährleistet werden. Demgegenüber sind die Erfüllung der weiteren Voraussetzungen schwieriger, denn die Beherrschung einer Glimmentladung erfordert einigen Aufwand. Anhand der Strom-Spannungskennlinie, Bild 8–4, können Möglichkeiten und Grenzen erläutert werden.

Die besondere Charakteristik dieser Kennlinie ist in den in einem Plasma ablaufenden speziellen Vorgängen begründet. Dabei gibt es verschiedene technisch nutzbare Bereiche.

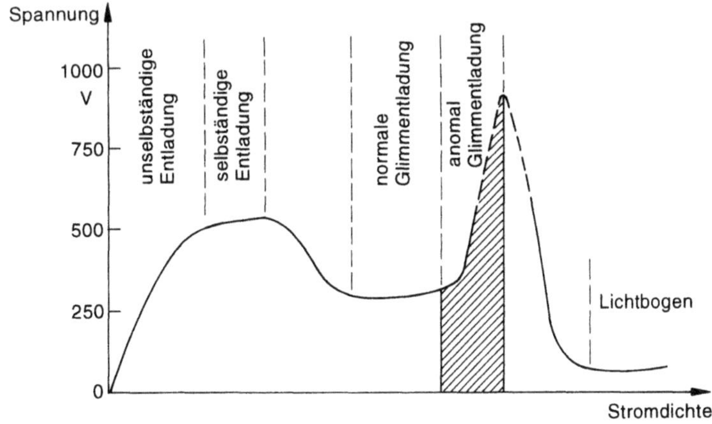

Bild 8–4. Charakteristik der Strom-Spannungskennlinie einer Glimmentladung

Zur Plasmadiffusionsbehandlung wird der anomale Glimmentladungsbereich einer stromstarken Glimmentladung genutzt. In diesem Bereich ist es gewährleistet, daß die zu behandelnde Oberfläche vollständig von einem Glimmsaum bedeckt ist, was für eine gleichmäßige Oberflächenbehandlung unabdingbar ist.

Der angrenzende normale Glimmentladungsbereich mit geringeren Stromdichten ist demgegenüber dadurch gekennzeichnet, daß die Oberfläche nur teilweise bedeckt wird und die nichtbeglimmten Flächen unbehandelt bleiben. Es ist somit erforderlich, daß während der gesamten Behandlung die Strom- und Spannungswerte oberhalb des normalen Entladungbereichs liegen. Dies hat zur Konsequenz, daß ständig eine minimale Energiezufuhr auf die jeweilige Werkstückoberfläche gewährleistet sein muß. Durch diese konstante Energiezufuhr pro Oberflächeneinheit kommt es bei gleichzeitiger Behandlung von Werkstücken mit unterschiedlichem Oberflächen/Volumenverhältnis zu unterschiedlichen Aufheizungen der Werkstücke bzw. Werkstückbereiche.

Auf der anderen Seite des nutzbaren Bereiches einer anomalen Glimmentladung zu höheren Stromdichten hin schließt sich der Bereich einer Lichtbogenentladung an. Dieser kann gegenüber dem labilen anomalen Entladungsbereich stabil brennen. Beim Überschreiten des in der Kurve dargestellten Maximums kommt es zum Umkippen der Glimmentladung in eine Lichtbogenentladung. Dabei konzentriert sich der ursprünglich gleichmäßig über die Oberfläche verteilte Stromfluß durch das Plasma auf eine Stelle, wodurch es dort zu einer außerordentlichen Überhitzung des Materials kommt. Dieses Umkippen in eine Lichtbogenentladung ist eine der wesentlichen Schwierigkeiten bei der Handhabung eines Glimmentladungsprozesses. Erschwerend kommt hinzu, daß die Lage des dargestellten Maximums in der industriellen Praxis nicht exakt definiert werden kann und auch durch verschiedene Einflüsse verändert wird.

Für den praktischen Behandlungsprozeß zur Plasmadiffusion ist es jedoch zwingend erforderlich, die Entstehung eines Lichtbogens zu verhindern, da sonst die Beschädigungen der Oberflächen zum Ausschuß des Bauteils führen. Aus diesem Grund wurden Abschalteinrichtungen entwickelt, um schnellstmöglich den gesamten Entladungsprozeß zu unterbrechen, wenn sich ein Lichtbogen ausbilden sollte oder dessen Entstehung erkennbar wird.

Für eine industriell einsetzbare Verfahrens- und Anlagentechnik lassen sich einige allgemeine Forderungen formulieren:

- Die physikalischen Bedingungen einer anomalen Glimmentladung mit ihrer minimalen und maximalen Stromdichte müssen immer eingehalten werden, während die Glimmentladung brennt.

- Die Oberflächenbehandlung verschiedener Werkstücke muß auch bei unterschiedlichen Geometrien gleichmäßig erfolgen.

- Das Aufheizen der Werkstücke muß gleichmäßig erfolgen und die Temperaturverteilung während der Behandlung homogen sein.

- Die Ausbildung von Lichtbögen muß rechtzeitig erkannt und unterdrückt werden, bevor die Oberfläche beschädigt wird.

Diese genannten Forderungen gleichzeitig zu erfüllen, ist schwierig, da die Änderung einzelner Plasmaparameter, wegen ihrer festen Beziehungen zueinander, nicht unabhängig voneinander vorgenommen werden kann.

8.1.4 Korrelationen zwischen verschiedenen Plasmaparametern

Einige Gründe für die oben genannten praktischen Handhabungsprobleme sollen anhand von folgenden Beispielen verdeutlicht werden [8–7]:

Im Falle einer niedrigen Chargen- und Behältertemperatur ($< 100\,°C$) oder eines relativ hohen Gasdruckes im Rezipienten (> 200 Pa) oder beider Voraussetzungen gleichzeitig ist die Gas- bzw. Plasmadichte hoch. Daraus ergeben sich für den Prozeß die folgenden Konsequenzen:

- Der Bereich für die Spannung und Stromdichte zur Aufrechterhaltung einer anomalen Glimmentladung ist schmal, woraus sich ergibt:

– Stabilität des Plasmas problematisch

– größere Gefahr der Lichtbogenbildung.

- Die Stromdichte im Plasma auf die Werkstückoberfläche ist groß. Daraus ergibt sich:

– starke Aufheizung der Werkstücke, insbesondere bei goßem Oberflächen/Volumenverhältnis

– starke Materialabstäubung von der Werkstückoberfläche durch Ionenbeschuß.

- Die Ausdehnung des Glimmsaums um die Werkstücke ist gering, woraus sich ergibt:

– gute Konturenfolgung bei komplexen Werkstückgeometrien

– gutes Eindringen in Löcher und Spalten von Werkstücken.

In den meisten Fällen wird der dritte, zuletzt genannte Punkt erwünscht, jedoch die kritischen Aspekte der beiden zuerst genannten Punkte sind in vielen Fällen sehr schwierig zu handhaben.

Gegenüber diesem Beispiel ergibt sich im Falle einer hohen Chargen- und Behältertemperatur ($> 200\,°C$) oder eines relativ geringen Gasdrucks im Rezipient (< 100 Pa) die folgende Situation:

- Der Stromdichtebereich für eine anomale Glimmentladung ist groß, daher:

– gute Stabilität des Plasmas

– geringe Gefahren einer Lichtbogenbildung

– höhere Spannungen können genutzt werden.

- Die Stromdichte auf die Werkstückoberfläche ist gering, daher:

– geringe Aufheizung der Werkstücke

– geringe Abstäubung von Werkstückoberfläche durch Ionenbeschuß.

- Die Glimmentladung ist ausgedehnt, daher:

– schlechte Konturenfolgung bei komplexen Werkstückgeometrien

– geringes Eindringen der Glimmentladung in Löcher und Spalten.

Zur einfachen Handhabung des Prozesses ist diese zuletzt genannte Situation gewünscht, insbesondere während der Aufheizperiode. Zu Beginn eines Prozesses bei relativ niedriger Temperatur wird deshalb üblicherweise mit niedrigem Druck begonnen, woraus sich

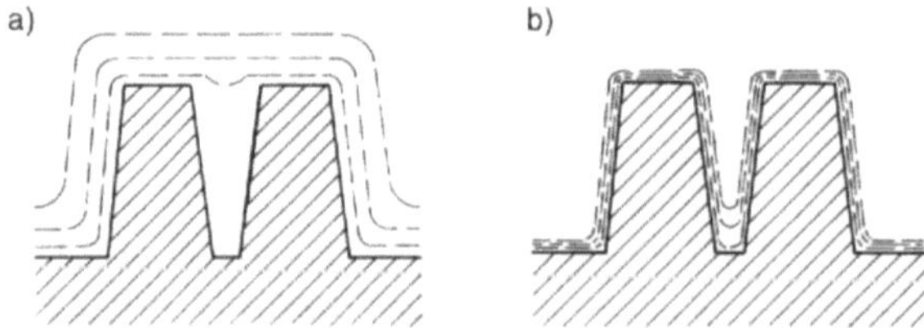

Bild 8–5. Ausdehnung und Konturenfolgung der Glimmentladung auf der Oberfläche eines Werkstückes bei
(a) niedrigem Druck,
(b) hohem Druck

die genannten Vor- und Nachteile ergeben. Im Falle einer ausschließlichen Heizung der Chargen durch die Glimmentladung ergibt sich daraus eine relativ lange Aufheizperiode. Bei höher werdender Temperatur wird dann üblicherweise der Gasdruck im Reaktionsgefäß erhöht, um die genannten Vorteile nutzen zu können.

Durch Änderung des Behandlungsdruckes im Rezipienten ist es möglich, die Oberflächenbedeckung durch die Glimmentladung zu beeinflussen. In Bild 8–5 ist die Bedeckung einer Bauteiloberfläche mit komplexer Geometrie dargestellt. Bei gewünschter guter Konturenfolgung ist ein höherer Druck einzusetzen. Ist es jedoch andererseits gewünscht, eine Behandlung innerhalb von Löchern oder Spalten zu vermeiden, so kann der Druck entsprechend niedrig gewählt werden.

Zwischen diesen beiden Bereichen gibt es auch kritische Verhältnisse, falls die Ausdehnung des Glimmsaums in der Größenordnung der Loch- oder Spaltengeometrie sein sollte. Dabei entsteht der sogenannte Hohlkatodeneffekt, wodurch es zu einer extremen Überhitzung des Gases innerhalb des Loches oder der Spalte kommt. Diese kritische Situation ist während der Behandlung zu vermeiden, um eine Instabilität der Glimmentladung und eine Überhitzung des Werkstückes zu verhindern.

Sofern erforderlich, können Teilbereiche von Werkstücken abgedeckt werden, so daß dort keine Glimmentladung brennt und somit auch keine Behandlung stattfindet. – Solche Abdeckungen können durch direkten Kontakt metallischer Teile oder das Auftragen spezieller Pasten auf der Oberfläche erfolgen.

Zusätzlich zu den genannten Wechselwirkungen beeinflußt auch die Gaszusammensetzung Art und Verhalten des Glimmsaums. So ergeben sich beispielsweise durch einen hohen Wasserstoffanteil (>90%) ähnliche Verhältnisse wie bei hoher Temperatur bzw. niedrigerem Druck, d.h. der Glimmsaum ist relativ diffus und die Plasmastabilität relativ gut. Die Zugabe von Gasen wie Stickstoff und Argon führen zu einer größeren Plasmadichte und somit zu den Verhältnissen ähnlich den vorher beschriebenen bei niedriger Temperatur und hohem Druck.

8.1.5 Neuere Entwickungen der Plasmadiffusionsverfahren

Wie in den vorherigen Abschnitten dargestellt, sind die Behandlungsergebnisse auch von den während des Prozesses genutzten Plasmaparametern, wie Stromdichte, abhängig. Wegen der Korrelationen der verschiedenen Parameter untereinander ist es jedoch im allgemeinen nicht möglich, diese Parameter unabhängig voneinander zu variieren. So sind beispielsweise bei dem grundlegenden in Bild 8-2 dargestellten Anlagenschema mit einer Gleichstromversorgung die Chargentemperatur und die Prozeßspannung mit der sich ergebenden Stromdichte gekoppelt. Bei unterschiedlicher Beladungsdichte einer Anlage ergeben sich zwangsläufig auch unterschiedliche Ergebnisse.

Zur Lösung dieses Problems kann ein Sensor für die Stromdichte in der Anlage genutzt werden, um für verschiedene Chargen eine erforderliche Stromdichte reproduzierbar zu gewährleisten [8-8]. Dieser Sensor besteht aus einer definierten Referenzfläche, mit welcher die aktuelle Stromdichte pro Fläche registriert wird, um erforderlichenfalls die Gesamtstromdichte des Plasmagenerators zu korrigieren.

Bei einer solchen Anlage ist es erforderlich, eine separate, von der Plasmaenergiezufuhr unabhängige Heizung einzusetzen. Weiterhin ist zu gewährleisten, daß der Energieverlust der gesamten Anlage so geplant wird, daß der Prozeß im Bereich der in Bild 8-4 dargestellten anomalen Glimmentladung arbeitet. Zur Vermeidung einer Temperaturüberhöhung in der Charge ist die überschüssige Energie durch eine ausreichend dimensionierte Kühlung abzuführen, damit für die Zusatzheizung eine passende Bandbreite zur Temperaturregelung zur Verfügung steht.

Eine Alternative zur Gewährleistung einer reproduzierbaren Strom- bzw. Leistungsdichte pro Chargenoberfläche besteht darin, daß für den Prozeß eine feste Spannung vorgewählt wird. Dadurch ergibt sich bei sonst gleichen Plasmaparametern wie Druck, Temperatur und Gasart für unerschiedlich große Flächen je Charge automatisch eine Anpassung der Stromdichte, denn die Stromdichte und Spannung stehen über die übrigen Parameter im direkten festen Zusammenhang miteinander. Diese Art der Anpassung wird üblicherweise bei der im folgenden beschriebenen Technik mit pulsierendem Gleichstrom genutzt.

Die Entwicklung von speziellen Stromversorgungen mit pulsierendem Gleichstrom stellt eine andere Lösung zur Entkopplung der Parameter Temperatur und Stromdichte im Behälter zur Sicherstellung einer anomalen Glimmentladung dar [8-2, 8-9 bis 8-12]. Durch Erfüllung einiger Randbedingungen ist es durch die Pulstechnik möglich geworden, die für einen stabilen Plasmaprozeß erforderliche Energie erheblich zu reduzieren, ohne die Diffusionsergebnisse zu beeinträchtigen.

Die charakteristischen Unterschiede einer pulsierenden Gleichstromquelle gegenüber einer konventionellen Gleichstromquelle sind in Bild 8-6 dargestellt. In diesen Diagrammen ist die in den Prozeß eingebrachte Leistung auf die Werkstücke als Funktion der Zeit dargestellt. Der Existenzbereich der oben beschriebenen anomalen Glimmentladung (Kap. 8.1.3; Bild 8-4) ist aus den genannten Gründen einzuhalten und liegt bei diesen Diagrammen zwischen P_{min} und P_{max}, d.h. es ist für jede Charge eine minimale Energiezufuhr erforderlich, um die physikalischen Bedingungen für eine vollständige Oberflächenbedeckung der Glimmentladung zu gewährleisten.

Zur Aufrechterhaltung einer gewünschten Behandlungstemperatur in einem Rezipienten mit der Charge sind die gesamten Verlustleistungen der Anlage auszugleichen. Die dafür erforderliche Leistung beträgt P_{temp} und muß über die durch das Plasma eingebrachte Leistung P_{pla} ausgeglichen werden. Bei einer Anlage mit Gleichstrombetrieb (Bild 8-6a), bei welcher der Strom ununterbrochen auf die Charge einwirkt, steht der Regelbereich zwischen P_{min} und P_{max} zur Verfügung, d.h. die Verlustleistung des gesamten Systems

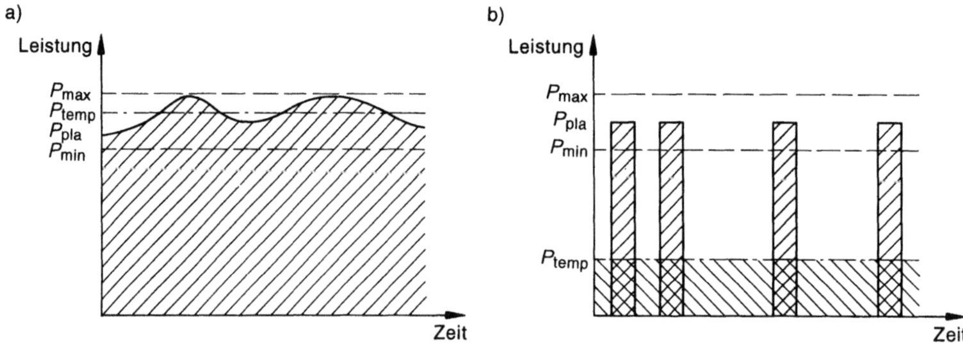

Bild 8–6. Leistungscharakteristik eines Plasmagenerators mit
(a) konstantem Gleichstrom und
(b) pulsierendem Gleichstrom

muß ebenfalls zwischen diesen beiden Grenzwerten liegen. Deshalb müssen geeignete Methoden gewählt werden, um eine passende, hinreichend große Verlustleistung zu erhalten.

Durch Nutzung eines pulsierenden Gleichstroms ergibt sich die in Bild 8–6b dargestellte Charakteristik. Hierbei wird während eines Pulses so viel Leistung P_{pla} eingebracht, daß eine vollständige Glimmbedeckung der Oberfläche gewährleistet ist. Während der sich daran anschließenden Pause fließt kein Strom durch das Plasma, so daß auch keine Energie eingebracht wird. Die in diesem Falle zur Aufrechterhaltung der Temperatur im Behälter erforderliche Leistung P_{temp} kann hierbei erheblich niedriger gehalten werden, denn die Temperatursteuerung erfolgt über ein variables Verhältnis zwischen Pulsdauer und Pausendauer. Innerhalb der Charge stellt sich ein Temperaturgleichgewicht ein, wenn die Fläche unterhalb der Linie P_{temp} genau so groß ist wie die Summen der einzelnen Flächen während der jeweiligen Stromimpulse. Durch den Einsatz einer pulsierenden Gleichspannung mit variablem Tastverhältnis gelingt somit eine Trennung der Parameter für eine anomale Glimmentladung und die Einstellung der Chargentemperatur, welche dadurch unabhängig voneinander geregelt werden können.

Beim Einsatz einer pulsierenden Gleichstromtechnik sind einige Randbedingungen zu erfüllen, um einen optimalen Erfolg zu gewährleisten und alle Vorteile der Pulstechnik zu nutzen [8–10, 8–12]:

– Die Form der einzelnen Stromimpulse sollte möglichst einem Rechteck entsprechen, um in diesem Zustand ausschließlich innerhalb des anomalen Glimmentladungsbereichs zu arbeiten. Damit sollen die übrigen Bereiche mit geringeren Stromdichten, Bild 8–4, übersprungen werden.

– Die Pulsdauer sollte weniger als 0,1 ms betragen. Hierdurch wird erreicht, daß eine mögliche Lichtbogenentwicklung, für welche 1 ms bis 10 ms benötigt werden, ständig gestört wird.

– Die nach einem Puls folgende Pausenzeit sollte kürzer als 1 ms sein. Damit wird erreicht, daß die Neuzündung des Prozesses nach jeder Unterbrechung ausreichend sicher gewährleistet ist. Denn nach dieser Zeit sind noch ausreichend aktive, nicht rekombinierte Ladungsträger vorhanden.

330

- Das Tastverhältnis von Puls- zu Pausenzeit ist in einem weiten Bereich variabel zu halten. Dadurch wird erreicht, daß die Bandbreite zur Temperaturregelung ausreichend groß ist. In der Praxis haben sich Pulswiederholfrequenzen zwischen 5 kHz und 15 kHz besonders bewährt.

Durch Erfüllen dieser Randbedingungen ist es möglich, ein stabil brennendes Plasma mit den folgenden Vorzügen zu erhalten:

- Eine Lichtbogenentstehung wird zuverlässig verhindert, da die Entwicklung eines Lichtbogens, welche bei einigen Millisekunden liegt, ständig unterbrochen wird.

- Die Gefahr einer Überhitzung im Falle des oben beschriebenen Hohlkatodeneffektes ist ebenfalls erheblich zu reduzieren, da die eingebrachte mittlere Energie gegenüber einer Gleichstromentladung verringert ist.

- Bei der Behandlung von Werkstücken mit Sacklöchern durch eine gepulste Gleichstromentladung wurde festgestellt, daß die Nitrierwirkung in die Löcher hinein deutlich tiefer reicht als bei einer Gleichstromentladung. Dabei wurden die übrigen plasmabeeinflussenden Faktoren gleichgehalten [8–9, 8–13].

Durch die Pulstechnik eröffnen sich eine Vielzahl neuer Entwicklungen zur Prozeßhandhabung, da die Parameter Spannung, Pulsstrom, mittlerer Strom, Leistungsdichte, Pulszeit und Pausenzeit weitgehend unabhängig voneinander vorgegeben und kontrollierte Plasmaanregungen erreicht werden können. Für solche Entwicklungen werden in Zukunft weitere Prozeßerkenntnisse erforderlich und zu erwarten sein.

Als Konsequenz aus der in weiten Bereichen dosierbaren Energiezufuhr ergibt sich für den Anlagenbau die Nutzung von Rezipienten mit einer Wärmedämmung und darüber hinaus auch einer Zusatzheizung. Mit Hilfe dieser Heizung können die Chargen vorgewärmt werden, um den für die Plasmastabilität kritischen niedrigen Temperaturbereich bis ca. 200 °C zu überbrücken und die Charge insgesamt schneller aufzuheizen. Als weiterer Effekt ergibt sich dabei auch eine erhebliche Energieeinsparung während des Prozeßbetriebes. In Bild 8–7 ist das Schema einer solchen Anlage mit Warmwandsystem und Zusatzheizung dargestellt, welches sich auf den ersten Blick kaum von dem in Bild 8–2 dargestellten Schema mit Kaltwandretortensystem unterscheidet. Die scheinbar geringfügigen Unterschiede haben jedoch deutlichen Einfluß auf die Handhabung der Prozeßführung, wie im folgenden dargestellt.

In Bild 8–8 sind schematisch beide Retortensysteme im Vergleich dargestellt. Während in einem Kaltwandsystem der Temperaturabfall von dem äußersten Teil einer Charge im Behälter auf unter 100 °C absinkt, bleibt die Wandtemperatur bei einer Heißwandretorte nur knapp unterhalb der Behandlungstemperatur. Der eigentliche Temperaturabfall auf Raumtemperatur erfolgt in der außen liegenden Wärmedämmung.

Durch die über das Plasma zugeführte Energie heizt sich die gesamte Charge über die Oberfläche der Einzelteile auf. Je nach Position innerhalb der Charge können die einzelnen Teile ihre Wärme nur durch Strahlung wieder abgeben. Im Innern erwärmen sich die Teile durch gegenseitige Bestrahlung erheblich mehr als außen, da sie kaum Wärme an ihre ebenfalls heißen Nachbarn abgeben können. Bei einem Kaltwandsystem verlieren jedoch die außen liegenden Teile wesentlich mehr Energie in Richtung der kalten Wand als die außen liegenden Teile bei einem Warmwandsystem. Für das Warmwandsystem ergibt sich daher eine günstigere Energiebilanz, eine gleichmäßigere Temperaturverteilung sowie die Möglichkeit einer dichteren Chargenbelegung.

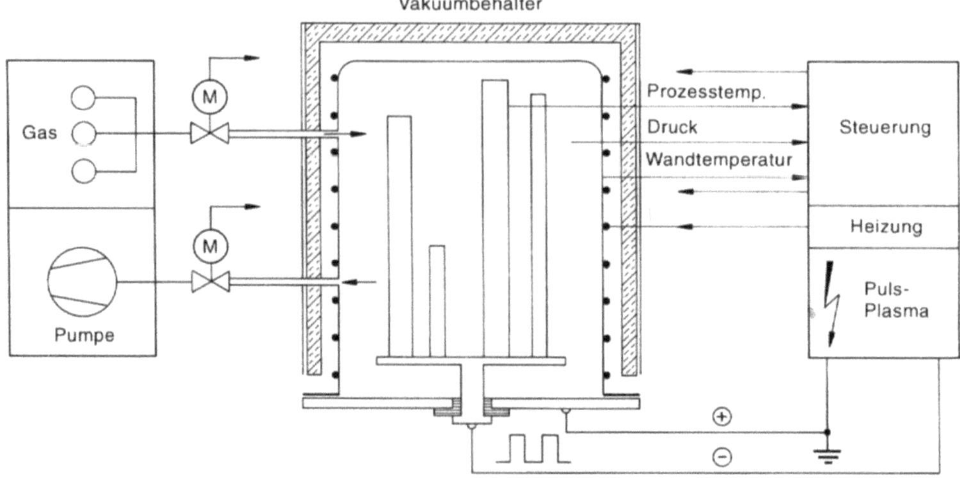

Bild 8–7. Schema einer Anlage zur Plasmadiffusionsbehandlung mit Warmwandretorte.

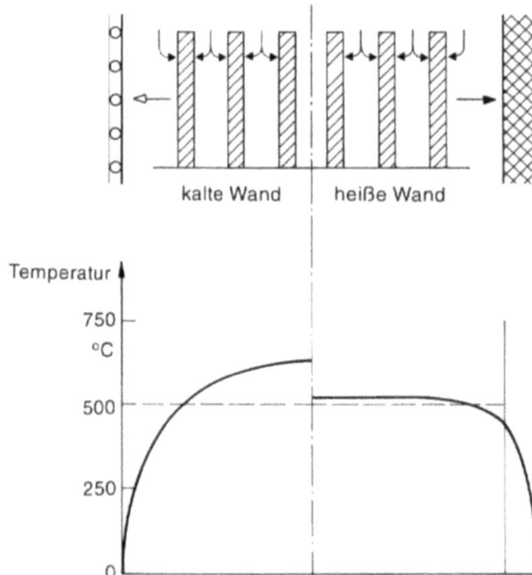

Bild 8–8. Gegenüberstellung der Temperaturverteilung der Anlagen-Systeme mit Kaltwand- und Warmwandretorte.

Besondere Schwierigkeiten bereiten häufig Bauteile mit großen Unterschieden des Oberflächen/Volumenverhältnisses in einem Bauteil. Wenn bei solchen Teilen über das Plasma viel Energie in das Werkstück eingebracht wird, kann es zu erheblichen Temperaturüberhöhungen an den Bereichen kommen, welche ein großes Oberflächen/Volumenverhältnis haben. Die gleiche Problemstellung ergibt sich bei der Zusammenstellung von Chargen mit Bauteilen sehr unterschiedlicher Geometrie. Bei speziellen Behandlungen oder Chargenbelegungen mit den Erfordernissen einer großen Wärmeabfuhr sowie für eine beschleunigte Abkühlphase einer Charge ist demgegenüber ein Kaltwandretortensystem vorteilhaft zu nutzen.

Ein weiterer Aspekt für die Nutzung eines Kaltwandretortensystems besteht darin, daß mehrere zylindrische Retortenelemente übereinanderzusetzen sind, um extrem lange Teile behandeln zu können. Bei einem Heißwandsystem wäre eine durchgehend beheizte Retorte einzusetzen, was nur bei überwiegender Behandlung solcher Geometrien wirtschaftlich sinnvoll ist.

Im industriellen Einsatz werden Vakuumretorten verschiedener Bauarten genutzt:

– Haubenretorten, wie in Tab. 8–2, Bild 8–7 und Bild 8–9a und b dargestellt mit Beladung von der Seite oder von oben und aufgesetzter Haube.

– Schachtretorte als Umkehrung der Haubenversion, mit Beladung von oben und aufgesetztem Deckel

– Horizontal liegende Retorte mit Beladung durch Öffnung von der Seite und seitlichem Deckel, Bild 8–9c.

Unabhängig von diesen drei Varianten werden die folgenden alternativen Ausführungsformen eingesetzt, wobei die oben beschriebenen Randbedingungen für Plasmaprozesse erfüllt sein müssen [8–14, 8–15].:

– Kaltwandretorte ohne separate Heizung, Bild 8–9a

– Kaltwandretorte mit innenliegendem Schirm, welcher alternativ zur Charge durch eine Beglimmung als Strahlungsheizung genutzt werden kann, um die Charge vorzuwärmen, Bild 8–9a

– Kaltwandretorte mit innenliegender separat betriebener Zusatzheizung, Bild 8–9c

– Heißwandretorte mit außenliegender Zusatzheizung und Wärmedämmung, Bild 8–9b.

Tabelle 8–2. Gegenüberstellung verschiedener plasmagestützter Diffusionsverfahren zur Behandlung von Stahl.

Plasmadiffusions-Verfahren	Spendergas	Behandlungs-temperatur (°C)	Behandlungs-zeit (h)	Ausscheidungsschicht		Diffusionstiefe (µm)
				Art	Dicke (µm)	
Nitrieren	NH_3, N_2	300–600	0,2–100	Fe_4N, $Fe_{2-3}N$	0–10	100–800
Nitrocarburieren	NH_3, N_2, + CH_4, CO_2	500–600	0,5–30	Fe_4N	2–20	100–800
Carburieren	CH_4, C_3H_8	850–1000	0,5–3	–	–	500–1500
Carbonitrieren	CH_4, C_3H_8, + N_2	850–1000	0,5–3	–	–	500–1500
Borieren	BCl_3, BF_3, B_2H_6	800–1000	1–10	FeB, Fe_2B	20–200	100–1000
Legieren	Al-, Cr-, Mo-, Ti-, W-Dampf	900–1050	3–6	–	–	10–300

Bild 8–9. Anlagen zur Plasmadiffusionsbehandlung.
(a) Haubenofen mit Kaltwandretorte ($\varnothing$ 1800 × 2000 mm) und Gleichstromplasmagenerator zum Plasmanitrieren
(b) Haubenofen ($\varnothing$ 1200 × 2000 mm) mit Puls Plasma Generator zum Plasmanitrieren
(c) Vakuumofen mit Fronttüre (600 × 500 × 9000 mm) mit Kaltwandsystem und innen liegender Heizung zum Plasmaaufkohlen
[a, c: Werkbilder Klöckner Ionen,
b: Werkbild Plasma Technik Grün (PlaTeG)].

Transportsystem für kalte Chargen					
Evakuieren Aufheizen Plasma- nitrieren Abkühlen	Evakuieren Aufheizen Plasma- nitrieren Abkühlen	Evakuieren Aufheizen Plasma- nitrieren Abkühlen	Evakuieren Aufheizen Plasma- nitrieren Abkühlen	Evakuieren Aufheizen Plasma- nitrieren Abkühlen	Evakuieren Aufheizen Plasma- nitrieren Abkühlen

Transportsystem für kalte und warme Chargen					
Aufheizen (1 bar)	Evakuieren Plasma- nitrieren	Evakuieren Plasma- nitrieren	Evakuieren Plasma- nitrieren	Evakuieren Plasma- nitrieren	Abkühlen (1 bar)

Bild 8–10. Anlagenschema zum Plasmanitrieren von Serienteilen
(a) durch Verkettung von kompletten Einzelanlagen,
(b) durch Verkettung von Anlagen für einzelne Behandlungsschritte.

Zur Optimierung der Anlagennutzung kann bei verschiedenen Systemen eine interne Gasumwälzung zur konvektiven Erwärmung oder Abkühlung der Chargen eingesetzt werden. Die Auswahl der günstigsten Alternative ist im wesentlichen von der Art und Geometrie der Bauteile sowie dem Teilespektrum und der erforderlichen Flexibilität im Einsatz abhängig.

Für einen Großserienbetrieb lassen sich komplette Anlagen durch Addition von Einzelanlagen über Handhabungsvorrichtungen so miteinander verbinden, so daß auch ein automatischer Betrieb einschließlich Vorbereitung und Chargierung möglich ist [8–12]. Bei den hier bisher beschriebenen Anlagensystemen ist grundsätzlich der gesamte Bearbeitungszyklus Aufheizen – Behandeln – Abkühlen in einer Retorte durchzuführen. Hierbei ist für die Retortenauslegung ein Kompromiß zu finden, um die teilweise einander widersprechenden Aufgaben bei den Einzelphasen Aufheizen, Behandeln und Abkühlen umzusetzen, Bild 8–10a.

Abweichend von diesem konventionellen Anlagenaufbau gibt es auch ein Konzept, insbesondere für die Großserienfertigung, um eine Optimierung der einzelnen Stufen zu ermöglichen. Dabei wird von folgenden Grundgedanken ausgegangen, Bild 8–10b:

– Aufheizen komplett vorbereiteter Chargen in einem Schachtofen mit konvektiver Umwälzung unter Schutzgas

– Umsetzung der heißen Charge unter Schutzgas in einen Schachtofen zur Durchführung der Plasmadiffusionsbehandlung

– Übernahme der fertig behandelten Charge unter Schutzgas in einen separaten Schachtofen zum Abkühlen.

Bei diesem Konzept werden für die einzelnen Stationen jeweils spezielle Ofentypen genutzt. Die Zahl der einzelnen Öfen richtet sich dabei nach den Verhältnissen des Zeitaufwandes für Aufheizen, Behandeln und Abkühlen. Da die Behandlungsphase üblicherweise ein Mehrfaches der Aufheiz- und Abkühlphase beträgt, sind mehrere Behandlungsöfen mit jeweils einem Aufheiz- und Abkühlofen zu versehen.

Bei Einsatz eines solchen Systems mit getrennten Komponenten für die verschiedenen Funktionen Aufheizung – Behandeln – Abkühlen sind diese Komponenten jeweils für eine spezielle Funktion ausgelegt und optimiert. Dies führt zur vereinfachten Ausführung der einzelnen Komponente, was für eine reproduzierbare Großserienfertigung von Vorteil ist.

Die Handhabung einer solchen Gesamtanlage geschieht vollautomatisch, so daß für den Betreiber ein quasi kontinuierlicher Durchlaufbetrieb entsteht.

8.1.6 Mechanismen zur Schichtbildung bei der Plasmadiffusion

Der Übergang der im Gas befindlichen Elemente in den Werkstoff hinein ist bis heute durch kein Modell vollständig zu beschreiben. Einige Modelle führen zwar zur Erklärung einiger Phänomene, jedoch bleiben Widersprüche durch verschiedene experimentelle Ergebnisse.

Die durch eine Plasmaanregung stimulierten Diffusionsprozesse sind von einer Vielzahl verschiedenster Vorgänge im Gas und an der Grenzschicht zu den katodisch geschalteten Werkstücken begleitet. Diese können in einzelnen Teilprozessen betrachtet werden, wenn auch eine scharfe Trennung nicht möglich ist.

Aktivierung der Gasteilchen

Durch die elektrische Spannung im Gasraum kommt es teilweise zur Ionisierung der Atome und Moleküle. Der Ionisierungsgrad liegt im Bereich von höchstens einigen Prozent der vorhandenen Teilchen. Durch Wechselwirkungen der Elektronen und Ionen mit Neutralteilchen und Molekülen kommt es zur Neuionisierung und Anregung. Die verschiedensten stabilen und metastabilen Reaktionsprodukte stehen damit im Gas zur Verfügung. Vor allem der relativ hohe Anregungsgrad und die damit verbundene sehr hohe Reaktivität des Gases bzw. der Komponenten unterscheidet diese Prozesse von anderen Diffusionsprozessen.

Abstäuben vom Festkörper (Sputtern)

Die im Gas vorhandenen positiven Ionen werden durch die angelegte Spannung zu den katodischen Werkstücken hin beschleunigt. Dieser Beschuß führt, je nach Intensität, zur Ablösung oder Herauslösung von Teilchen von der Oberfläche bzw. aus der Randschicht des Werkstoffes. Zunächst werden dadurch die auf einer Oberfläche haftenden Fremdkörper abgetragen und in den Gasraum verdampft. Weiterhin werden durch den Beschuß auch einzelne Teilchen aus dem eigentlichen Werkstoff herausgelöst. Diese Teilchen sind ebenfalls sehr reaktiv und gehen mit den im Gas vorhandenen Elementen unterschiedliche Verbindungen ein. Dadurch ist eine Vielzahl von Reaktionspartnern und Reaktionsprodukten mit unterschiedlichen Anregungszuständen vorhanden.

Adsorption an Festkörperoberflächen

Die auf die oben beschriebene Art freigelegten Oberflächen sind gegenüber den im Gasraum befindlichen Elementen sehr aufnahmefähig. Durch Physisorption und Chemisorption können die im Gas vorhandenen Ionen, Neutralteilchen und Radikale adsorbiert

336

werden. Je nach Aufnahme- und Diffusionsfähigkeit der verchiedenen Elemente im Festkörper kommt es zur Einlagerung und Diffusion in den Werkstoff hinein. Neben der Einlagerung einzelner Elemente in die Gefügematrix des Festkörpers bilden sich auch chemische Verbindungen der eindiffundierten Elemente mit dem Festkörper in der Randzone.

Durch das Auftreten der Ionen sind in mikroskopischen Bereichen des Festkörpers Energieinhalte zu beobachten, welche Temperaturen bis zu 50000 K entsprechen.

Weiterhin entstehen durch die heftige Einwirkung der Ionen Defeke an der Oberfläche, und die Versetzungsdichte im Werkstoffgitter nimmt zu. Die Reaktions- und Aufnahmefähigkeit der Festkörperoberfläche wird hierdurch deutlich erhöht [8–17, 8–40].

In der Literatur gibt es eine Reihe von Modellen, welche den Plasmanitrierprozeß als eine der am häufigsten benutzten Plasmabehandlungen beschreiben. Zusammenfassende Darstellungen dieser Modelle werden durch verschiedene Autoren durchgeführt [8–16 bis 8–18].

Das am weitesten verbreitete Modell wurde von *Kölbel* [8–19] erarbeitet. Obwohl durch dieses Modell einige Phänomene nicht beschrieben werden können, ist es für viele praktische Anwendungsfälle hilfreich. Danach sind die einzelnen Prozesse während der Behandlung wie folgt:

– Stickstoffionenbeschuß der Werkstückoberfläche

– Herauslösen von elementarem Eisen

– Bildung von metastabilen FeN

– Adsorption von FeN an der Oberfläche

– schrittweiser Zerfall des FeN in Eisennitride mit geringerem Stickstoffgehalt (Fe_2N, Fe_3N, Fe_4N, Fe) unter Abgabe von N in den Werkstoff und in den Gasraum hinein.

Nach diesem Modell ist die Anwesenheit anderer Elemente im Gasraum nicht erforderlich. *Szabo* und *Wilhelmi* [8–21] hatten mit Hilfe von massenspekrometrischen Untersuchungen die Rolle von Wasserstoff als Katalysator bei den Reaktionsmechanismen festgestellt. Als Zwischenverbindungen wurden hiernach $FeNH_{2-3}$ gefunden. Eine katalytische Wirkung von einigen Prozent Wasserstoff im Reaktionsgas war vorher empirisch bekannt und konnte bei diesen Untersuchungen nachgewiesen werden.

Der Plasmaaufkohlungsprozeß von Stahl wurde in Anlehnung an das oben beschriebene Kölbel'sche Modell von *Rembges* [8–22] beschrieben. Dabei wird die Bildung von Fe_3C im Plasma angenommen. Die anschließende Adsorption an der Oberfläche und der Zerfall durch Abgabe von Kohlenstoff in den Werkstoff und in den Gasraum wird hierbei unterstellt.

Demgegenüber wurde von *Edenhofer* [8–23] ein Modell vorgestellt, bei welchem davon ausgegangen wird, daß im Plasma des Katodenfalls durch Stoßprozesse ionisierte und angeregte Kohlenwasserstoffmoleküle entstehen. Durch Adsorption der Kohlenwasserstoffe bzw. deren Radikale an der Werkstückoberfläche kann Kohlenstoff in den Festkörper diffundieren.

Im allgemeinen ist die Geschwindigkeit der Diffusionsschichtbildung bei plasmagestützten Prozessen erheblich größer als bei üblichen temperaturgesteuerten Gasprozessen

[8–3]. Als entscheidende Ursache hierfür kann die Konditionierung der Oberfläche durch den vorherigen sowie dauernden Ionenbeschuß und die damit verbundene Aktivierung der Oberfläche angesehen werden. Weiterhin ist das Angebot an aktivierten Diffusionselementen in der Gasatmosphäre deutlich erhöht.

Die Erwärmung der Werkstücke in der Glimmentladung erfolgt nicht ausschließlich durch die Übertragung der kinetischen Energie der Ionen, sondern auch wesentlich durch Impulse von Neutralteilchen [8–24].

Durch den direkten Beschuß der Oberfläche können auch die Ionen direkt implantiert werden. Die üblicherweise eingesetzten Beschleunigungsspannungen reichen jedoch lediglich dazu, einige Atomlagen zu durchdringen. Daher kann die Ionenimplantation zur Einlagerung in die Werkstücke gegenüber der Adsorption und anschließenden Diffusion vernachlässigt werden.

In der Vergangenheit wurde davon ausgegangen, daß die Anwesenheit der Ionen zur Nitrierwirkung von Stahl notwendig und der wesentlich bestimmende Faktor ist. Demgegenüber konnte nachgewiesen werden [8–25 bis 8–28], daß auch eine vergleichbare Nitrierwirkung erfolgt, wenn die Anwesenheit von Ionen zuverlässig verhindert wird. Gegenüber dem relativ geringen Ionenanteil von einigen Prozent sind demnach angeregte Neutralteilchen für die eigentliche Nitrierwirkung verantwortlich. Bei der praktischen industriellen Anwendung wird ebenfalls festgestellt, daß beispielsweise die anodisch geschaltete Retorte ebenfalls nitriert wird, obwohl positive Stickstoffionen die Anode nicht erreichen können. Gegenüber der Nitrierung einer Katode ist diese Einwirkung jedoch sehr schwach.

Ein weiteres Indiz dafür, daß für eine Nitrierung kein direkter Ionenbeschuß erforderlich ist, ist an der Belegung von Isolatoren im Bereich der katodisch geschalteten Werkstücke zu erkennen. Darauf kommt es zur Belegung durch abgetragene Metallatome und deren Reaktion mit dem Spendergas. Diese Belegung kann soweit führen, daß die Isolatoren eine nennenswerte Leitfähigkeit an der Oberfläche erhalten.

Die plasmagestützten Prozesse zur Diffusion von verschiedenen Elementen in Werkstücke hinein reagieren häufig sehr empfindlich auf kleinste Zugaben von anderen Elementen oder von Verunreinigungen. Solche gezielten oder unbeabsichtigten Verunreinigungen können über die Gasphase in den Reaktionsraum eingeleitet werden, oder sie können durch den oben beschriebenen Abstäubungsprozeß von belegten Oberflächen abgetragen werden. Vor allem aus dem zuletzt genannten Grund ist daher in allen Fällen darauf zu achten, daß die Oberflächen vor der eigentlichen Behandlung weitestgehend gereinigt sind, um unkontrollierte Beeinflussungen des Prozesse zu vermeiden.

8.1.7 Anwendungen der Plasmadiffusionsbehandlungen

Die verschiedenen Verfahren zur Plasmadiffusionsbehandlung werden für die unterschiedlichsten Werkstoffe und ein großes Spektrum von Bauteilen eingesetzt.

Als allgemeine Merkmale der Plasmadiffusionsbehandlungen lassen sich die folgenden Punkte hervorheben:

– Keine Umwelt- und Sicherheitsprobleme, da keine schädlichen umweltbelastenden Substanzen eingesetzt oder erzeugt werden.

338

– Die Werkstücktemperatur kann bei Bedarf sehr niedrig gehalten werden, um eine thermische Belastung des Grundwerkstoffes zu vermeiden.

– Geringer Gasverbrauch, da durch die Ionisierung das eingesetzte Gas besonders effektiv genutzt wird.

– Die Maßänderung und Rauheitszunahme der Oberflächen ist meist vernachlässigbar.

– Der Aufbau der Diffusions- und Verbindungsschichten kann gezielt gesteuert werden.

Die maximalen Abmessungen von Bauteilen zur Behandlung nach den hier beschriebenen Techniken sind durch das Verfahren praktisch nicht begrenzt. Da die Behandlung im Vakuum stattfindet, ist es lediglich erforderlich, daß eine ausreichend große Retorte zur Aufnahme der Teile zur Verfügung steht. Durch die Bauform der Retorte kann man sich den jeweiligen Anforderungen der unterschiedlichsten Bauteile anpassen.

Mit Hilfe der Plasmadiffusionsbehandlungen lassen sich die verschiedensten Elemente aus der Gasphase in die unterschiedlichsten Werkstoffe eindiffundieren.

Die Ergebnisse einer Plasmadiffusionsbehandlung, wie das Plasmanitrieren, werden von den folgenden Parametern beeinflußt und können zur gezielten Behandlung genutzt werden, um spezielle Ergebnisse zu erzielen:

– Behandlungstemperatur

– Behandlungsdauer

– Gasmischung

– Gasdurchflußmenge

– Druck im Rezipienten

– angelegte Spannung

– Plasmastromdichte.

Die hier aufgeführte Reihenfolge kann auch als abnehmende Gewichtung auf die Einflüsse der Ergebnisse gewertet werden.

Im folgenden sind verschiedene Anwendungen aufgeführt, welche in Tabelle 8–2 und 8–3 zusammenfassend dargestellt sind.

Tabelle 8–3. Gegenüberstellung verschiedener plasmagestützter Diffusionsverfahren zur Behandlung von Nichteisenmetallen.

Plasmadiffusions-Verfahren	Spendergas	Behandlungstemperatur (°C)	Behandlungszeit (h)	Ausscheidungsschicht		Diffusionstiefe (μm)
				Art	Dicke (μm)	
Nitrieren von Titan	N_2	800–1000	1–20	TiN	1–5	20–80
Nitrocarburieren von Titan	N_2, CH_4	800–1000	1–20	TiC-N	1–5	20–80
Carburieren von Titan	CH_4, C_3H_8	800–1000	1–20	TiC, a-C	1–5	20–80
Nitrieren von Aluminium	NH_3, N_2	450–500	1–10	AlN	1–5	1–5

Tabelle 8–4. Auswahl verschiedener Stahlwerkstoffe mit erzielbaren Ergebnissen durch das Plasmanitrieren.

Werkstoff	DIN-Nr.	Kernhärte (HB/HRC)	Temperatur (°C)	Zeit (h)	Oberfl. Härte (HV 1)	Nietrierhärtetiefe (mm)	Ausscheidungsschicht Dicke (µm)	Art
1. Unlegierter Baustahl								
St 50	1.0052	160–180 HB	550–580	4–12	200–400	0,3–0,8	4–10	$\varepsilon + \gamma'$
2. Gußeisen								
GG 25	–	240–250 HB	510–560	4–20	350–500	0,1–0,2	5–10	$\varepsilon; \varepsilon + \gamma'$
GGG 60		290–300 HB	510–560	4–20	400–600	0,1–0,3	5–10	$\varepsilon; \varepsilon + \gamma'$
3. Einsatzstahl								
CK 15	1.1141	130–150 HB	540–580	4–120	300–400	0,2–0,6	4–10	$\varepsilon; \varepsilon + \gamma'$
16 MnCr 5	1.7131	190–200 HB	500–550	10–24	600–700	0,3–0,7	4–8	$\varepsilon; \varepsilon + \gamma'$
4. Vergütungsstahl								
34 CrNiMo 6	1.6582	250–350 HB	500–550	2–24	550–700	0,2–0,5	4–8	$\gamma'; \gamma' + \varepsilon$
42 CrMo 4	1.7225	250–350 HB	450–570	2–24	550–750	0,2–0,6	4–8	$\gamma'; \gamma' + \varepsilon$
5. Nitrierstahl								
31 CrMo 12	1.8515	300–350 HB	500–550	10–70	750–900	0,2–0,5	3–8	$\gamma'; \gamma' + \varepsilon$
31 CrMoV 9	1.8519	300–350 HB	–	10–70	750–900	0,3–0,6	3–10	$\gamma'; \gamma' + \varepsilon$
34 CrAlNi 7	1.8550	260–330 HB	–	10–70	900–1100	0,3–0,8	3–10	$\gamma'; \gamma' + \varepsilon$
6. Kaltarbeitsstahl								
X 155 CrVMo 12 1	1.2379	53–60 HRC	400–520	8–24	1000–1200	0,1–0,2	–	–
X 165 CrMoV 12	1.2601	56–58 HRC	400–480	8–40	1000–1300	0,1–0,2	–	–
7. Warmarbeitsstahl								
X 38 CrMoV 5 1	1.2343	35–55 HRC	500–560	4–24	900–1100	0,1–0,3	2–6	$\gamma'; \gamma' + \varepsilon$
X 32 CrMoV 3 3	1.2365	35–51 HRC	500–560	4–24	900–1100	0,1–0,3	2–6	$\gamma'; \gamma' + \varepsilon$

Tabelle 8–4 (Fortsetzung)

Werkstoff	DIN-Nr.	Kernhärte (HB/HRC)	Temperatur (°C)	Zeit (h)	Oberfl. Härte (HV 1)	Nietrierhärte-tiefe (mm)	Ausscheidungsschicht	
							Dicke (μm)	Art
8. Schnellarbeitsstahl								
S 6-5-2	1.3343	63–66 HRC	500–530	0,3–2	1000–1300	0,02–0,05	–	–
9. Martensitaushärtender Stahl								
X 2 NiCoMoTi 18 12	1.6356	52–55 HRC	480	15–20	850–1000	0,1–0,2	2–4	γ'
X 2 NiCoMo 18 8	1.6359	52–55 HRC	480	15–20	850–1000	0,1–0,2	2–7	γ'
10. Rost-, säure- und hitzebeständiger Stahl								
X 35 CrMo 17	1.4122	190–200 HB	520–570	10–20	950–1200	0,1–0,2	–	–
X 5 CrNi 18 10	1.4301	240–250 HB	520–580	10–20	950–1200	0,05–0,1	–	–

8.1.7.1 Plasmanitrieren und Plasmanitrocarburieren von Eisenwerkstoffen

Die Plasmanitriertechnik ist grundsätzlich bei allen Stahl- und Eisenwerkstoffen anwendbar. Im Vergleich zu Nitriertechniken mit anderen Einsatzmedien ist eine technische wie wirtschaftliche Abwägung im Einzelfall erforderlich [8–29 bis 8–34].

Neben der Stickstoffdiffusion kommt es auch zu chemischen Reaktionen des Stickstoffs mit Elementen im Grundwerkstoff. Dabei bilden sich Nitride, beispielsweise mit Eisen, Chrom, Bor, Titan, Aluminium etc. Diese Nitride können als kleine Inseln, Zeilen im Gefüge oder auch als geschlossene Schicht auftreten. Ein charakteristisches Beispiel einer solchen Schicht ist als Schema eines metallografischen Anschliffs in Bild 8–11 oben dargestellt. Die jeweiligen Schichten werden dabei in Diffusionszonen und Verbindungsschichten bzw. Ausscheidungsschichten unterschieden.

Durch Vorgabe bestimmter Gasmischungen mit stickstoff- und kohlenstoffhaltigen Gasen kann der Einbau von Stickstoff und Kohlenstoff gezielt gesteuert werden. Die Bildung dieser Schichten führt zu einer Härtesteigerung in der Randzone, welche in den Werkstoff hinein kontinuierlich abnimmt. Bild 8–11 unten. Die Diffusionstiefe und die damit verbundene Härtetiefe sind stark abhängig von den eingesetzten Werkstoffen mit den darin enthaltenen Legierungselementen (Bild 8–12).

In Tabelle 8–4 sind verschieden Stahlsorten mit typischen Behandlungsdaten und den damit erzielbaren Ergebnissen aufgeführt. Einige spezielle Anwendungen (Tab. 8–5) des

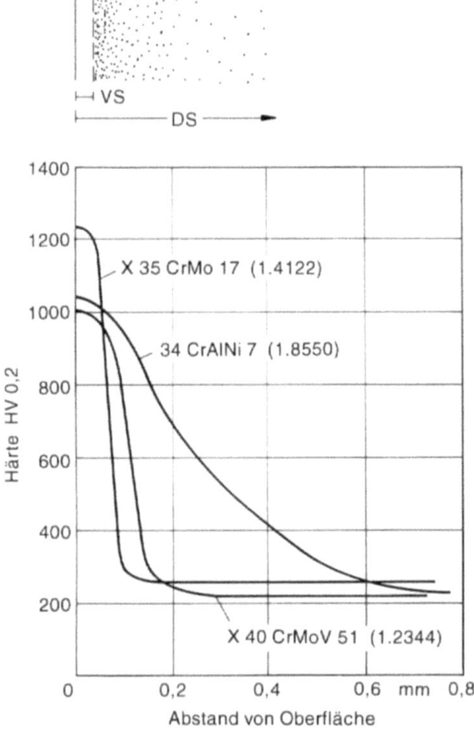

Bild 8–11. Randzone eines plasmanitrierten Werkstückes mit entsprechendem Härte-Tiefenprofil.
VS: Verbindungs- bzw. Aussscheidungsschicht
DS: Diffusionsschicht

Tabelle 8–5. Anwendungen der Plasmanitrierverfahren im Werkzeug- und Maschinenbau.

Werkzeuge	Maschinenteile
Umformwerkzeuge	Zahnräder
Gesenke	Kurbelwellen
Strangpreßmatrizen	Nockenwellen
Stempel	Ventile, Ventilstößel
Loch- und Ziehdorne	Spindeln
Schneidwerkzeuge	Zahnstangen
Fräser	Pumpenkolben und -gehäuse
Bohrer	Hochdruckkolben, -zylinder, -buchsen
Spritzgußformen	Extruderschnecken, -zylinder
	Rückstromsperren

Plasmanitrierens gegenüber klassischen Nitrierverfahren von verschiedenen Stählen sind im folgenden herausgegriffen:

Kaltarbeitsstahl

Die Behandlungstemperaturen bei üblichen Nitrierprozessen liegen bei 500 °C – 580 °C. Daher ist es im allgemeinen nicht möglich, niedriger angelassene Kaltarbeitsstähle zu behandeln. Wird von einem Grundwerkstoff eine hohe Kernfestigkeit erwartet, so ist deshalb ein normaler Nitrierprozeß zur Randschichtverfestigung nicht einsetzbar. Beim Plasmanitrieren ist es jedoch möglich, die Behandlungstemperatur so weit zu senken, daß die Kernfestigkeit des Werkstoffes erhalten bleibt und für die relativ dünne Randschicht eine hinreichende Unterstützung darstellt. Es gibt beispielsweise Wärmebehandlungen, welche eine Anlaßtemperatur von 450 °C – 480 °C nutzen, so daß eine anschließende Plasmanitrierung bei 20 °C – 30 °C geringerer Temperatur durchgeführt werden kann. Dadurch ist eine Verschleißminderung und die Reduktion von Kaltverschweißungen an der Oberfläche erreichbar.

Edelstahl

Das Plasmanitrieren von Edelstahl ist im allgemeinen mit Gasnitrier- und Salzbadnitrierverfahren kaum oder nicht möglich, da insbesondere die auf der Oberfläche vorhandene Passivschicht ein gleichmäßiges Nitrieren verhindert. Diese Passivschichten müssen daher vorab entfernt werden. Beim Plasmanitrieren ist diese Entpassivierung aufgrund des Ionenbeschusses durch den Prozeß gegeben, so daß eine anschließende Nitrierung relativ einfach wird. Die erreichbaren Nitridschichten bei Edelstahl sind verhältnismäßig dünn, haben jedoch eine außerordentlich hohe Oberflächenhärte. Ziel von solchen Behandlungen ist neben der Verschleißminderung auch die Reduzierung von Kaltverschweißneigungen während des Einsatzes.

Schnellarbeitsstahl

Gehärtete Schnellarbeitsstähle zeichnen sich durch eine besonders hohe Festigkeit aus. Eine zusätzliche Nitrierung führt zu einer weiteren Erhöhung der Oberflächenhärte. Bei Schneidwerkzeugen mit scharfen Kanten besteht jedoch durch das Nitrieren die Gefahr einer Versprödung, welche zu Ausbrüchen führen kann. Aus diesem Grund ist es üblich, die Behandlung so einzurichten, daß die Bildung einer Verbindungs- bzw. Ausscheidungsschicht verhindert wird, was durch die Plasmanitrierbehandlung gut realisiert werden kann.

Martensitaushärtender Stahl

Spezielle Stahlsorten lassen sich durch Auslagern, d.h. einem abschließenden Tempern bei ca. 470 °C behandeln. Dabei kommt es zu einer Gefügeumwandlung, verbunden mit einer Härtesteigerung des gesamten Werkstoffes. Diese Auslagerung kann auch mit einer Plasmanitrierbehandlung bei diesen Temperaturen verbunden werden, so daß gleichzeitig eine zusätzliche Randschichthärtesteigerung erzielt wird, ohne einen zusätzlichen Arbeitsgang zu erfordern. Mit den herkömmlichen Nitrierverfahren ist dieses wegen der höheren Behandlungstemperatur nicht möglich.

Sinterstahl

Werkstücke, welche aus gesinterten Stahlpulvern hergestellt sind, haben üblicherweise eine gewisse Porosität. Bei der klassischen Salzbadnitrierung lagern sich Salze in die Poren ein, welche durch Reinigungsprozesse nicht mehr zu entfernen sind, d.h. später blüht das Salz an der Oberfläche aus. Beim Gasnitrierprozeß kommt es in den Poren im Inneren des Werkstoffes zur Nitrierung, wodurch der Gesamtwerkstoff versprödet und somit bruchgefährdet ist.

Gegenüber diesen beiden Verfahren erfolgt beim Plasmanitrieren ausschließlich an der Oberfläche eine Behandlung, da die Glimmentladung nicht in die offenen Poren eindringen kann. Damit wird erreicht, daß die Eigenschaften des Kernwerkstoffes erhalten bleiben [8–35, 8–36].

8.1.7.2 Plasmacarburieren und Plasmacarbonitrieren von Stahl

Kohlenstoffarme Stähle können durch Eindiffusion von Kohlenstoff in die Randzone so verändert werden, daß sie durch anschließendes Abschrecken zu härten sind. Für diesen Carburier- bzw. Aufkohlungsprozeß werden Temperaturen > 850 °C benötigt. Anschließend ist das behandelte Werkstück direkt oder nach nochmaligem Erwärmen in einem anderen Ofen in Öl oder anders abzuschrecken. Dieser Prozeß, auch Einsatzhärten genannt, führt zu einem ähnlichen Härteverlauf wie beim Nitrieren, mit einer Härtesteigerung zur Oberfläche hin. Die erreichbaren Härteverlaufsprofile unterscheiden sich jedoch von den nitrierten Werkstoffen dadurch, daß die Oberflächenhärte üblicherweise geringer und die Tiefe der Aufkohlung meist größer ist [8–23, 8–37 bis 8–39].

Wegen der relativ hohen Behandlungstemperatur von ca. 900 °C und dem anschließenden Abschrecken ist bei bearbeiteten Werkstücken ein nennenswerter Verzug kaum zu vermeiden, so daß häufig eine Nachbearbeitung erforderlich wird. Dadurch wird jedoch die äußerste Zone mit der größten Härte teilweise abgetragen, was unerwünscht ist.

Die konventionellen Aufkohlungsprozesse in der Salzschmelze oder im Gas sind wegen der umgebenden Luftatmosphäre bzw. des Einsatzes von CO_2 als Kohlenstoffspendergas immer von einer Oxidation begleitet. Im Unterschied hierzu ist das Plasmaaufkohlen oxidationsfrei möglich, da üblicherweise Methan oder Propan als Kohlenstoffspendergas genutzt wird. Auch sind die Aufkohlungsgeschwindigkeiten durch die Plasmaunterstützung deutlich höher.

Wird während des Prozesses dem Gas zusätzlich Stickstoff beigemischt, so spricht man vom Carbonitrieren. Durch diese Stickstoffzugabe wird eine Diffusionsbeschleunigung des Kohlenstoffs in den Werkstoff erreicht.

Die Anlagenausführung zum Plasmaaufkohlen unterscheidet sich von den oben beschriebenen relativ einfach aufgebauten Nitrieranlagen. Wegen der hohen Temperatur und der anschließend erforderlichen Abschreckung werden meist Vakuumhärteöfen mit innen liegender Heizung und einer integegrierten Abschreckvorrichtung eingesetzt. Zusätzlich ist – wie beim Plasmanitrieren – der elektrisch isolierte Chargenaufbau und der Anschluß an einen Plasmagenerator erforderlich, Bild 8–9c.

8.1.7.3 Plasmaborieren von Stahl

Durch die Eindiffusion von Bor in die Randzonen von Stahl bildet sich eine Verbindungsschicht aus Eisenboriden. Im industriellen Einsatz werden heute Borierbehandlungen meist mit Pulvern oder Pasten durchgeführt. Das Plasmaborieren ist bisher überwiegend im Labormaßstab eingesetzt worden [8–40 bis 8–42].

Borierte Randzonen zeichnen sich durch besonders hohe Oberflächenhärten von ca. 2000 HV aus. Die Schichtdicke beträgt bis zu 200 µm.

Die für eine Borierbehandlung erforderliche Temperatur liegt bei ca. 900 °C.

Der prinzipielle Aufbau solcher Anlagen entspricht denen zur Nitrierbehandlung wie in Bild 8–2 und 8–7 dargestellt.

8.1.7.4 Sonstige Plasmadiffusionsbehandlungen von Stahl

Neben den drei genannten Gruppen zur Plasmadiffusionsbehandlung von Stahl sind auch die verschiedensten Gasmischungen einsetzbar. So werden u.a. Sauerstoff für Oxidschichten oder Schwefel als Zugabe für unterschiedliche Anwendungen genutzt [8–43].

Sofern es sinnvoll ist, bieten die Plasmadiffusionsverfahren auch die Möglichkeit, hintereinander verschiedene Gase diffundieren zu lassen. Dazu ist es lediglich erforderlich, Mischungen des Spendergases entsprechend zu variieren.

Alternativ zu den hier beschriebenen Verfahren für die Eindiffusion von Nichtmetallen wie N, C, B, O und S kann auch die Randschicht durch Einlagerung von metallischen Elementen wie Ni, Cr, Ti, Mo und W legiert werden [8–44, 8–45]. Hierdurch sind die Werkstoffeigenschaften in der Randzone besonderen Anforderungen anzupassen, ohne den gesamten Werkstoff bei der Herstellung der Schmelze zu legieren.

Die Verdampfung der Metalle erfolgt bei diesen Verfahren, wie bei PVD-Beschichtungsprozessen, mittels einer separat brennenden Glimmentladung. Die in den Gasraum einer Argonatmosphäre eintretenden Atome und Ionen werden, wie bei den übrigen Plasmadiffusionsverfahren, durch eine Gleichstromglimmentladung auf die Werkstücke hin beschleunigt.

Ergänzend zu der Legierung der Randschicht kann auch anschließend eine Behandlung mit Nichtmetallen, wie oben beschrieben, erfolgen.

Die Behandlungstemperaturen liegen bei ca. 800 °C – 1000 °C, wodurch je nach Werkstoff und Legierungselement Diffusionstiefen im Bereich 40 µm – 100 µm zu erreichen sind.

Zur Anlagenausführung bieten sich, ähnlich wie beim Plasmaaufkohlen, wegen der hohen Behandlungstemperatur, Vakuumhärteöfen an. Diese sind lediglich mit entsprechenden Stromdurchführungen, Isolatoren und Plasmageneratoren zu versehen.

8.1.7.5 Plasmanitrieren von Titan

Um auf Titanwerkstoffen eine verschleißfeste Titannitridschicht zu erhalten, sind die Teile direkt im Plasma nitrierbar. Gegenüber einer separaten TiN-Beschichtung ist auf diese Art eine besonders feste Verbindung zum Grundwerkstoff zu erreichen [8–46 bis 8–49]. Die erreichbaren Nitridschichten sind in ihrem Aufbau stark von den verwendeten Temperaturbereichen und Plasmaparametern abhängig. Wegen der großen Affinität zu Sauerstoff ist bei diesem Prozeß eine besonders sauerstoffarme Atmosphäre zu gewährleisten.

Die Behandlungtemperaturen liegen im Bereich 800 °C – 1100 °C. Die erreichbaren Verbindungsschichtdicken liegen bei 2 µm – 5 µm.

Die darüber hinaus erreichbaren Diffusionszonen liegen bei 20 µm – 80 µm. Die Oberflächenhärte der Schichten liegen im Bereich von 1000 HV – 2000 HV.

Die Anlagenausführungen für das Plasmanitrieren von Titan entsprechen denen zum Plasmanitrieren, sind jedoch für eine höhere Temperatur auszulegen.

8.1.7.6 Plasmanitrieren von Aluminium

Aluminiumlegierungen werden üblicherweise durch anodische Oxidation an der Oberfläche verschleißbeständiger gemacht. Alternativ hierzu bietet sich auch eine Oberflächennitrierung an. Wegen der immer vorhandenen stabilen Oxide auf der Oberfläche ist eine Nitrierung mit normalen Verfahren nicht möglich. Erste Untersuchungen haben gezeigt, daß mit Hilfe einer gezielten Vorbehandlung Aluminiumoberflächen so aufbereitet werden können, daß eine anschließende Nitrierung im Plasma erfolgen kann [8–50 bis 8–52]. Eine besondere Schwierigkeit bei der Vorbehandlung besteht darin, die Oberfläche durch das Sputtern nicht zu überhitzen oder zu beschädigen.

Zum Plasmanitrieren von Aluminium werden Temperaturen im Bereich 450 °C – 500 °C genutzt.

Die erzielbaren Oberflächenhärten liegen bei ca. 1000 HV. Die erreichbaren Verbindungsschichtdicken liegen bei ca. 5 µm, wogegen eine darunterliegende Diffusionszone nicht auftritt.

Die Anlagen zum Plasmanitrieren von Aluminium sind im Aufbau vergleichbar mit den Anlagen zum Nitrieren von Stahl. Bisher wurden lediglich Laboruntersuchungen durchgeführt, da die Probleme zur Vorbehandlung der Oberflächen noch nicht ausreichend bekannt und beherrscht sind.

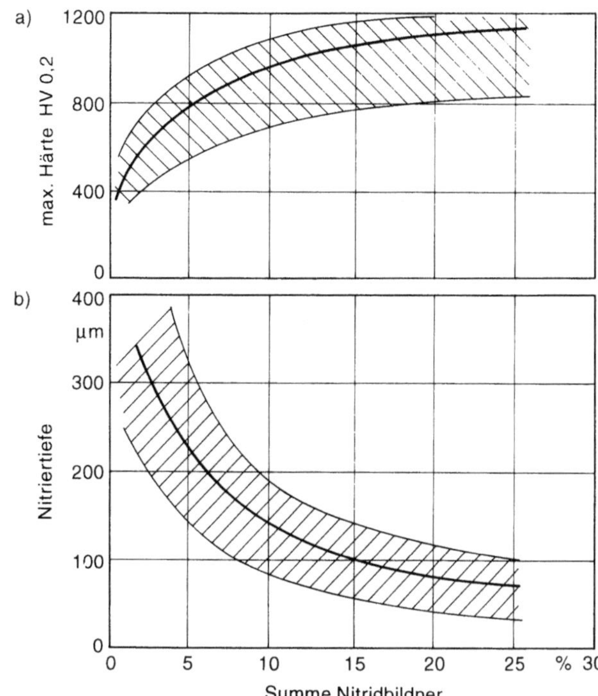

Bild 8–12. Abhängigkeit
(a) maximaler Oberflächenhärte und
(b) maximale Nitriertiefe bei Stahlwerkstoffen von den zulegierten Nitridbildnern.

8.1.7.7 Kombinationen von Plasmadiffusionsbehandlungen mit Hartstoffbeschichtungen

Plasmadiffusionsverfahren lassen sich auch als Ergänzung zu anderen Beschichtungsverfahren nutzen. So bietet sich eine Plasmanitrierung von Stahlrandschichten an, um für eine anschließend aufgebrachte Hartstoffschicht eine tragfähige Grundlage zu bilden. Mittels PVD abgeschiedene Hartstoffschichten wie TiN sind beispielsweise sehr hart (2000 HV – 3000 HV) und relativ dünn (einige µm). Die Tragfähigkeit eines üblichen Werkzeugstahles ist mit einer Härte von 200 HV – 300 HV nur begrenzt. Durch eine Plasmanitrierung läßt sich die Randschichthärte auf 100 µm – 500 µm Tiefe steigern (Tabelle 8–2). Dabei nimmt die Härte vom Kern des Werkstoffes zur Oberfläche hin kontinuierlich zu, Bild 8–12. Je nach Werkstoff werden dabei Oberflächenhärten von ca. 1000 HV erreicht. Damit ist der Härteabfall von der Hartstoffschicht zum Grundwerkstoff deutlich reduziert. Durch eine derartige Kombination wird eine erhebliche Standzeiterhöhung bei den verschiedensten Bauteilen erreicht [8–53].

Für die relativ junge PA-CVD Prozeßtechnik (Plasma Assisted Chemical Vapor Deposition), mit welcher ebenfalls ähnliche Hartstoffschichten wie beim PVD abgeschieden werden können, bietet sich eine derartige Kombination mit Plasmanitrieren besonders an. Der PA-CVD-Prozeß wird in Anlagen durchgeführt, welche dem Puls-Plasma-Diffusionsprozeßschema (Bild 8–7) vergleichbar sind [8–54, 8–55]. Daher kann zunächst ein Nitrierprozeß mit sofort anschließender Beschichtung durchgeführt werden, ohne die

Bauteile von einer Anlage in die andere umladen zu müssen. Damit ist jeglicher Einfluß durch einen Kontakt mit der Atmosphäre ausgeschlossen und eine kontrollierte Verbindung zur Hartstoffschicht gewährleistet.

Andere Kombinationen der verschiedensten Plasmadiffusionsbehandlungen mit Hartstoffbeschichtungsverfahren sind denkbar, und es kann von weiteren Entwicklungen in dieser Richtung ausgegangen werden.

8.2 Pulsimplantation

Die Pulsimplantation, auch Plasmaimmersionsimplantation genannt, ist ein neues Verfahren, das in den letzten Jahren an Bedeutung gewonnen hat. Es ist sowohl vom Prinzip her als auch apparativ zwischen den Plasmadiffusionsverfahren und der Ionenstrahlimplantation einzuordnen. Die physikalischen Wechselwirkungen der Ionen mit Substraten sind dieselben wie bei der Ionenstrahlimplantation (Kapitel 6.5) und sollen daher hier nicht mehr behandelt werden.

Im Abschnitt 8.2.1 wird auf Methoden und Apparate eingegangen, im Abschnitt 8.2.2 auf einige Anwendungsbeispiele. Unter 8.2.3 wird schließlich eine Methodenbewertung gegeben.

8.2.1 Geräte und Verfahrenstechnik

Die Pulsimplantation wurde aufgrund der Überlegung entwickelt, Nachteile der Ionenimplantation und solche der Plasmadiffusionsverfahren zu vermeiden und deren Vorteile beizubehalten. Die Implantation arbeitet mit gerichteten, häufig in ihrer Ausdehnung beschränkten Ionenstrahlen. Daher wurde versucht, die Werkstücke, wie bei den Plasmadiffusionsverfahren, in das die Ionen liefernde Plasma einzutauchen. Das bringt den Vorteil einer gleichmäßigen Rundumbestrahlung komplex geformter Substrate. Um die bei Diffusionsverfahren notwendigen relativ hohen Temperaturen zu vermeiden, sollten die Ionen jedoch mit höherer Energie implantiert werden, was im Plasma nur mit einem Pulsverfahren möglich ist. Damit verzichtet man natürlich auf einen Hauptvorteil der Ionenimplantation, den massenanalysierten Ionenstrahl. Außerdem ist man mit der Ionenenergie auf den Bereich < 100 keV beschränkt.

Die apparativen Voraussetzungen für diese Methode wurden von *J. Conrad* und Mitarbeitern geschaffen und immer weiter verfeinert [8−56 bis 8−59]. In Bild 8−13 ist eine der von *Conrad* et al. entwickelten Apparaturen schematisch dargestellt. Dabei handelt es sich im wesentlichen um eine Vakuumkammer, wie sie auch für plasmagestützte Prozesse Anwendung findet, in der das Werkstück oder die zu behandelnde Probe auf der Targetstation angebracht ist. Die Targetstation wird gepulst auf bis zu − 100 keV Vorspannung gebracht. Das Arbeitsgas wird über eine Gasentladung ionisiert und gemäß der Pulsung auf das Werkstück hin beschleunigt. Bei − 100 kV ist die maximale Energie für z. B. N$^+$ 100 keV oder N$_2^+$ (2N) 50 keV. Diese Energien sind jedoch wegen des Kammerdrucks von typischerweise $2 \cdot 10^{-4}$ Torr nach niederen Werten hin etwas verschmiert. Die Abweichungen gemessener Werte von für monoenergetische Ionen gerechneten sind jedoch

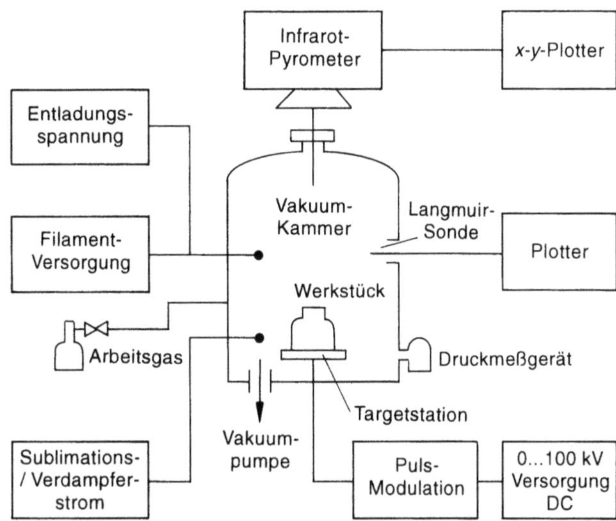

Bild 8–13. Schematische Darstellung einer Apparatur für die Pulsimplantation mit den dazugehörigen Versorgungs- und Meßgeräten (nach [8–59]).

nicht sehr groß. Bei entsprechenden Versuchen erwies sich die Gleichmäßigkeit der Implantation über eine Zylindergeometrie als befriedigend. Im Laufe einiger Jahre wurden Technik und Geräte immer weiter entwickelt, so daß heute eine funktionsfähige Technologie für die kommerzielle Pulsimplantation von Stickstoff zur Verfügung steht.

Während die von *Conrad* et al. verwendeten Geräte im wesentlichen Ionen gasförmiger Elemente, besonders Stickstoff, auf die Substrate beschleunigen, wurde von *I. G. Brown* eine ähnliche Methode für die Implantation von Metallionen entwickelt, die Plasmaimmersionsimplantation mittels Metallplasma [8–60 bis 8–62].

Dabei wird, wie in Bild 8–14 schematisch dargestellt, ein Metallplasmastrom mittels einer oder mehrerer Plasmaquellen nach dem Bogenentladungs- (ARC-)Prinzip erzeugt und auf das Substrat gerichtet. Die Plasmaquellen werden gepulst betrieben. Gleichzeitig erhält das Substrat eine negative Vorspannung von einigen 10 kV, was nur bei gepulstem Betrieb möglich ist. Da die mittlere Ionenladung zwischen +1 und +3 liegt, werden die Ionen aus dem Plasma mit der ein- bis dreifachen Energie auf das Substrat beschleunigt bzw. implantiert. Je nach Abstimmung der Pulslängen für die Plasmakanone bzw. Substratvorspannung kommt es zu einer reinen Ionenimplantation oder zu einer Art Ionenstrahlmischen.

Bei dem in Bild 8–14 gezeigten Beispiel ist der Metallplasmapuls ca. dreimal so lang wie der Substratspannungspuls. Das bedeutet, daß zunächst eine Metallplasmadeposition stattfindet mit einer nachfolgenden Implantation. Dieses kann man als Ionenstrahlmischen des Kondensats auffassen. Je nach Betriebsbedingungen lassen sich der eine oder der andere Effekt durch Änderung der Pulslängen verstärken.

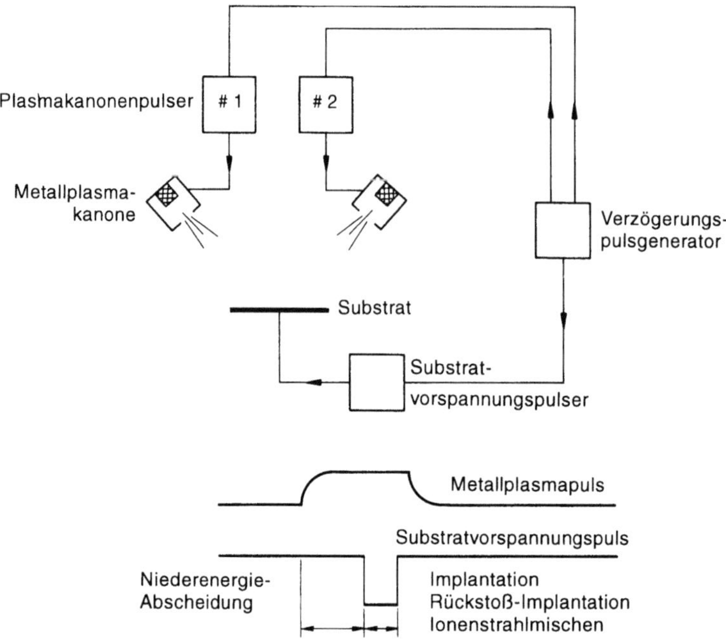

Bild 8–14. Schema einer Anlage für Metallionenimplantation bzw. Metallionenmischen nach der gepulsten Plasmaimmersionsmethode (nach [8–67]).
Ein Beispiel für die Pulslängen ist angegeben.

8.2.2 Anwendungen der Pulsimplantation

Da diese Technik erst in den letzten Jahren zur Einsatzreife entwickelt wurde, beschränkten sich die experimentellen Anwendungen zunächst auf die Demonstration der Machbarkeit und den Nachweis, daß es zu einer gleichmäßigen Implantation von komplex geformten Substraten kommt. Die resultierenden Implantationsprofile unterschieden sich etwas von denjenigen, die für die klassische Ionenimplantation bekannt sind. Durch den höheren Druck bei der Plasmaimmersion und die gleichzeitige Beschleunigung einfach und mehrfach geladener Ionen oder Molekülionen kommt es zu einer „verwaschenen" Ionenverteilung, die meist bis an die Oberfläche des Substrats reicht. Das kann, je nach Anwendungsfall, sowohl vorteilhaft als auch nachteilig sein.

Neuerdings wurde die Pulsimplantation von Stickstoffionen, d.h. eine Materialnitrierung erfolgreich in der Praxis für Werkstücke und Werkzeuge aus Stahl eingesetzt, z.B. für Kettensägen, Stauchwerkzeuge und Teile aus dem Automobilbau [8–63, 8–64]. Ein weiteres interessantes Beispiel ist die Titanlegierung Ti-6Al-4V, die in der Luftfahrt und für medizinische Implantate Verwendung findet [8–65, 8–66]. Für letztere Anwendung wurden Proben aus dem Werkstoff einer Pulsplasmanitrierung unterzogen. Dabei wurde sowohl bei Raumtemperatur als auch bei 600 °C gearbeitet und eine Kombination, erst 600 °C, dann Raumtemperatur angewandt.

Die Substratvorspannung betrug 50 kV, der Arbeitsdruck $3{,}5 \cdot 10^{-4}$ Torr. Das entsprach bei 3 h Implantationsdauer einer Gesamtdosis von einigen 10^{18} Atomen/cm². In Bild 8–15

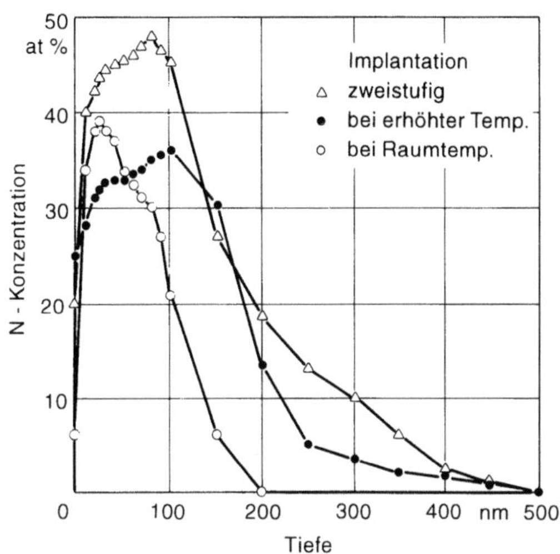

Bild 8–15. Stickstofftiefenprofile nach Stickstoff-Pulsimplantation in Ti-6 Al-4 V bei Raumtemperatur, bei 600 °C und bei einer Kombination 600 °C + RT (nach [8–66]).

sind die resultierenden Stickstofftiefenprofile, erhalten über Augerspektroskopie, abgebildet. Man erkennt deutlich, daß sich die Stickstoffverteilung bis fast an die Oberfläche erstreckt und im Maximum 30–50 Atom% beträgt. Die höhere Temperatur führt zu einer überlagerten strahlungsinduzierten Diffusion bis zu $\approx$ 0,5 µm unter der Oberfläche. Mit der kombinierten Implantation erhält man die höchste „Peak"-Konzentration. Begleitende Messungen der Mikrohärte und Modellverschleißtests zeigten eine erhebliche Härteerhöhung, insbesondere nach der Hochtemperatur bzw. kombinierten Behandlung. Auch der Verschleiß war, bis zur Aufzehrung der Nitrierschicht, bei der kombinierten Prozedur am niedrigsten und entsprach einer ionitrierten Vergleichsprobe. Experimente mit Originalbauteilen sind in Vorbereitung.

Praktische Anwendungen der Metallplasma-Pulsimplantation sind noch nicht bekannt geworden. Hier wurde das grundsätzliche Funktionieren der Methode demonstriert. So konnten z. B. [8–67] die Abscheidung von Yttrium auf Siliziumproben nachgewiesen und deren Implantation bis ca. 50 nm unter die Oberfläche (bei 70 kV Substratvorspannung) gemessen werden. Diese Eindringtiefe stimmt gut mit der theoretisch zu erwartenden überein.

8.2.3 Bewertung und zukünftige Trends

Die Pulsimplantation hat zweifellos Vorteile gegenüber der Ionenstrahlimplantation, wie die leichtere Behandlung komplex geformter Teile und die geringeren Investitionskosten bezogen auf die behandelbare Fläche. Sie wird daher in Zukunft stärker für Anwendungen insbesondere für die Werkstoffnitrierung herangezogen werden. Entsprechende Anstrengungen für den Bau größerer Reaktoren werden derzeit in USA gemacht. Eine momentan noch offene Frage ist, inwieweit die Methode gegenüber dem Ionitrieren konkurrenzfähig ist bzw. welche Vorteile sie bringt. Für Anwendungen, bei denen ein wohl definiertes Tiefenprofil oder ein isotopenreiner Strahl verlangt werden, sollte jedoch die

Ionenstrahlimplantation die Methode der Wahl sein. Dasselbe gilt für Fälle, bei denen eine höhere Eindringtiefe der Ionen notwendig ist, ohne daß erhöhte Substrattemperaturen toleriert werden können (z. B. Halbleiterfertigung, Tiefenimplantate usw.). Über die Pulsimplantation mit Metallplasmen liegen für eine endgültige Beurteilung noch nicht genügend Erfahrungen vor. Sollten sich die ersten positiven Experimente bestätigen, dürfte einer breiteren Anwendung für die Metallvergütung und Materialmetallisierung nichts im Wege stehen.

9 Plasmaspritzen

E. LUGSCHEIDER, M. KNEPPER

9.1 Vorbemerkungen

Seitdem es im Jahre 1939 zum ersten Male gelang, mit einem Lichtbogenplasma als Wärmequelle Beschichtungen zu erzeugen [9–1], hat sich die Plasmaspritztechnik ein enormes Anwendungspotential erschlossen [9–45]. Einer der Hauptgründe hierfür liegt in der universellen Einsetzbarkeit dieses Verfahrens, das hinsichtlich der verwendeten Grundwerkstoffe und Beschichtungsmaterialien fast beliebige Kombinationsmöglichkeiten erlaubt.

Alle zur Zeit eingesetzten Verfahrensvarianten des Plasmaspritzens (Kap. 9–3) bieten die Möglichkeit, die prozeßrelevanten Parameter mit Rechnern zu steuern und zu regeln und so einen hohen Automatisierungsgrad bei der Fertigung beschichteter Bauteile zu erreichen.

Die kontinuierliche Weiterentwicklung der Plasmatechnologie und -technik zu einem universellen Beschichtungsverfahren, das in nahezu allen Industriebereichen eingesetzt wird (Bild 9–1), erlaubt es heute, die unterschiedlichsten Werkstoffe zu verarbeiten, deren Bandbreite von den niedrigschmelzenden Kunststoffen bis hin zu höchstschmelzenden Keramiken reicht, [9–46].

Plasmaspritztechnisch gefertigte Oberflächenschichten dieser Werkstoffe findet man heute in den Bereichen Oxidations-, Verschleiß- und Heißgaskorrosionsschutz und thermische und elektrische Isolation, aber auch bei verschiedenen Sonderanwendungen.

Mit dem Plasmaspritzen werden dünne bis mitteldicke Schichten mit Stärken ab etwa 50 µm realisiert. Die obere Grenze für die Schichtdicke ist stark werkstoff- und verfahrensabhängig, Schichten bis zu 2 mm Stärke z. B. für thermische Isolationsanwendungen sind möglich, stellen aber eine Ausnahme dar.

Das Plasmaspritzen gehört zur Familie der Thermischen Spritzverfahren, zu der auch die artverwandten Verfahren Flammspritzen und Lichtbogenspritzen gehören, wie Bild 9–2 zeigt.

Allen diesen Verfahren ist gemein, daß der Schichtwerkstoff entweder in Draht- oder meist in Pulverform durch die Wärmeenergie und Temperatur der Energiequelle des entsprechenden Verfahrens in den flüssigen Zustand überführt wird und dann auf das zu beschichtende Bauteil aufgebracht wird.

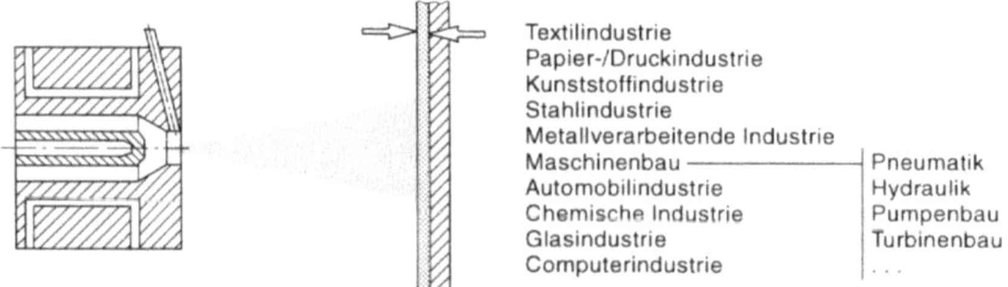

Bild 9–1. Die universellen Anwendungsmöglichkeiten der Plasmaspritztechnologie finden Anwendung in verschiedenen Industrien.

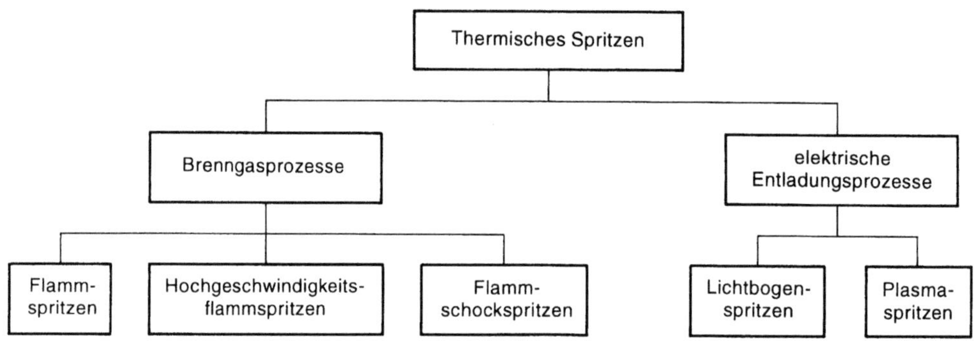

Bild 9–2. Prozeßvarianten des Thermischen Spritzens.

9.2 Funktionsprinzip des Plasmaspritzens

Beim Plasmaspritzen wird ein pulverförmiger Schichtwerkstoff mit Hilfe einer Plasmaflamme vom festen in den flüssigen Zustand überführt und anschließend auf die im allgemeinen nicht erwärmte Substratoberfläche aufgetragen. Das Prinzip des Plasmaspritzens ist in Bild 9–3 dargestellt.

Als Energiequelle dient ein Lichtbogen, der mit Hilfe eines Hochspannungs- bzw. Hochfrequenzfunkens gezündet wird. Der Lichtbogen brennt zwischen den intensiv wassergekühlten Elektroden, einer fingerförmigen Wolframkatode und einer zu einer Düse ausgebildeten Kupferanode. In diese Düse wird das Plasmagas eingeleitet, das aus Argon oder aus Gemischen von Argon, Helium, Stickstoff und Wasserstoff besteht. Durch den Zusammenstoß der von der Katode emittierten und durch ein Potential beschleunigten Elektronen mit den Gasatomen bzw. -molekülen dissoziiert und ionisiert das Gas, während es den elektrischen Lichtbogen durchströmt; es wird elektrisch leitend und damit in den Plasmazustand überführt.

Bei der Einströmung der Plasmagase koaxial zur Katode wird die Gasströmung über eine entsprechende Gasdüsenform verdrallt, so daß zusammen mit dem durch elektromagnetische Effekte umlaufenden Lichtbogenfußpunkt eine zu hohe lokale thermische Belastung von Katode und Anode vermieden wird. Der elektrische Lichtbogen ist durch thermische Effekte (thermal pinch) und durch sein eigenes Magnetfeld (magnetic pinch) im Querschnitt eingeschnürt.

354

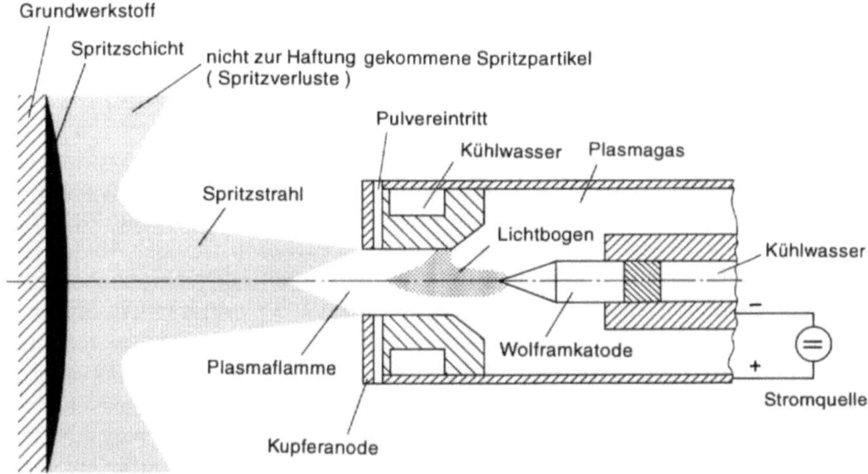

Bild 9–3. Prinzip des Plasmaspritzens.

An der Düsenmündung, nach Verlassen des Lichtbogens, erfolgt die Rekombination der Atome und Moleküle des Plasmagases, durch die freiwerdende Rekombinationswärme werden im Kern des Plasmas Temperaturen bis zu 20 000 K erreicht. Der Energieinhalt und die Temperatur des Plasmas hängen von dem verwendeten Plasmagas oder Gasgemisch ab. Die Enthalpie der einatomigen Gase Argon und Helium ist dabei wesentlich niedriger als diejenige der zweiatomigen Gase Wasserstoff und Stickstoff. Andererseits ist die Temperatur im Plasma wesentlich höher als bei Wasserstoff und Stickstoff [9–2].

Mit Hilfe des Trägergasstromes wird der pulverförmige Schichtwerkstoff in den energiereichen Plasmastrahl eingeblasen. Nach erfolgter Injektion werden die Pulverpartikel in den flüssigen Zustand überführt und beschleunigt. Die axiale Geschwindigkeitskomponente der Pulverpartikel wird dabei durch die Durchflußmenge des Plasmagases und durch die enorme Volumenausdehnung bei der Überführung des Gases in den Plasmazustand realisiert, so daß die Partikelgeschwindigkeit nach der Beschleunigungsphase je nach Gaszusammensetzung und Verfahrensvariante in einem Bereich zwischen 300 und 700 m/s liegt. Die hohe Partikelgeschwindigkeit hat zur Folge, daß die Flugphase der Pulverpartikel bis zum Aufprall auf die Substratoberfläche nur wenige ms dauert.

Der Plasmastrahl mit dem transportierten Spritzpulverzusatz wird nun über die Oberfläche des zu beschichtenden Bauteils geführt, wobei die Schichtdicke durch die zugeführte Menge Pulver pro Zeiteinheit, die Verfahrensgeschwindigkeit des Brenners sowie durch die Zahl der Übergänge über die zu beschichtende Fläche bestimmt wird.

Aufgrund des Bauraumes, den ein Plasmabrenner beansprucht, sind Beschichtungen nur auf frei zugänglichen Flächen sowie auf rotationssymmetrischen Bauteilen möglich. Eine Innenbeschichtung von Rohren beim atmosphärischen Plasmaspritzen ist ab einem Innendurchmesser von 30 mm möglich, wobei jedoch die Beschichtungstiefe aufgrund der Brennerkonstruktion beschränkt ist. Eine Beschichtung von Hinterschneidungen ist prinzipiell nicht möglich.

Ein weiterer Vorteil des Plasmaspritzverfahrens ist durch die zeitgleiche Verarbeitung von mehr als nur einem pulverförmigen Werkstoff zu einer Schicht gegeben. Dies wird reali-

Bild 9–4. Mechanische Verklammerung.

siert, indem die verschiedenen Werkstoffe über getrennte Injektionsorte dem Plasma zugeführt werden. Dabei ist es auch möglich, durch die geeignete Wahl der einzelnen Injektionsorte die verschiedenen physikalischen Eigenschaften der Werkstoffe zu berücksichtigen und so einer möglichen Entmischung durch unterschiedliche Flugbahnen der verschiedenen Pulverpartikel entgegenzuwirken [9–3]. Somit ist ein örtlich und zeitlich gleiches Auftreffen der Pulverpartikel gewährleitet. Mit Hilfe einer geeigneten Prozeßsteuerung lassen sich durch sich ändernde Anteile der einzelnen Werkstoffkomponenten auch gradierte Schichtstrukturen herstellen, wodurch kritische Eigenschaftsänderungen, wie zum Beispiel unterschiedliche Härtewerte order Ausdehnungskoeffizienten von Grund- und Schichtwerkstoff, nicht sprunghaft, sondern gleichmäßig erfolgen.

Eine wichtige Voraussetzung zur Erzielung einer ausreichenden Haftung der Plasmaspritzschichten auf dem Grundwerkstoff ist eine Oberflächenvorbereitung z. B. durch Strahlen mit Korund. Die so aktivierte Oberfläche ist gekennzeichnet durch eine hohe Oberflächenenergie und eine große Anzahl von Gitterfehlstellen wie Versetzungen, Mikrohohlräumen, Grenzflächen oder Gitterdeformationen. Auf diese Oberfläche treffen die aufgeschmolzenen Pulverpartikel auf, die aufgrund ihrer hohen kinetischen Energie und der Kapillarwirkung in Unebenheiten und Hinterschneidungen eindringen. Dort erstarren sie sehr schnell, was zu einer mechanischen Verklammerung als wesentlichen Haftungsmechanismus führt, die noch durch Schrumpfspannungen an vom Spritzgut umschlossenen Rauheitsspitzen verstärkt wird (Bild 9–4) [9–4, 9–5].

Das Verhalten der Pulverpartikel beim Aufprall auf das Substrat ist abhängig von der Geschwindigkeit und der Viskosität der aufgeschmolzenen Pulverteilchen. Nur ein vollständig aufgeschmolzenes Partikel kann sich flach ausdehnen und an die Oberflächenstrukturen anpassen. Durch Überlagerung der Teilchen bildet sich eine dichte Schicht aus, Bild 9–5. Durch nicht völlig aufgeschmolzene Partikel kann es zu einer Aufbauporosität kommen, wenn diese Partikel in die Schicht eingelagert werden. Daneben bleibt ein Teil der unaufgeschmolzenen Partikel nicht auf der Substratoberfläche haften, sondern prallt

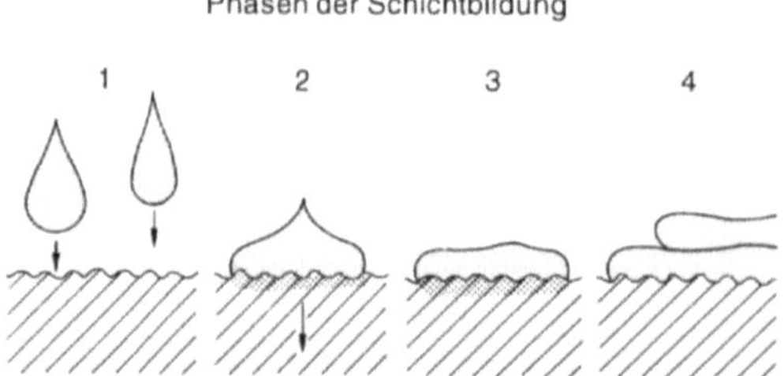

Bild 9–5. Entstehung der Plasmaspritzschicht.
1 Flug der flüssigen Pulverpartikel, 2 Aufprall auf der Substratoberfläche, 3 Wärmeübertragung auf das Substratmaterial, 4 Erstarrung und Schrumpfung des Schichtwerkstoffes.

wieder ab, wodurch sich die Pulverausbeute, bzw. der Auftragwirkungsgrad verschlechtert [9–6].

Bei der Beschichtung metallischer Grundwerkstoffe mit metallischen Schichtwerkstoffen kommt es auch zu metallurgischen Wechselwirkungen zwischen Spritzpartikeln und Grundwerkstoff.

Dabei sind vor allem Diffusionsvorgänge zu nennen, die an die Zufuhr thermischer Energie sowie eine große Fehlstellendichte der aktivierten Substratoberfläche gebunden sind. Diffusionsvorgänge treten sowohl beim Spritzprozeß selber als auch bei auf den Spritzprozeß ggf. folgenden Einschmelzprozessen auf. Nach Überschreiten der Aktivierungsenergie der Atome ist es möglich, daß diese ihre Gitterplätze verlassen und Wege zurücklegen, die größer als ihr Atomabstand im Gitter sind. Dabei können Atome, ohne sich im schmelzflüssigen Zustand zu befinden, vom Schicht- in den Grundwerkstoff eindringen oder umgekehrt. Die Diffusion ist aufgrund des Materialtransportes, der damit verbundenen Stoffvermischung und der Erhöhung der Bindungsenergien ein wichtiger Haftungsmechanismus thermischer Spritzschichten.

Bei sehr hohen Pulverpartikelgeschwindigkeiten kommt es innerhalb einer Spritzschicht auch zu partiellen Verschweißungen der Spritzpartikel untereinander, aber auch im Übergangsbereich zwischen Schicht- und Grundwerkstoff kann es zu Mikroverschweißungen kommen.

Generell von untergeordneter Bedeutung für die Haftung der Spritzschichten sind die Mechanismen Adhäsion, Epitaxie und Reaktion. Diese Mechanismen spielen nur in Sonderfällen eine Rolle.

Das Plasmaspritzen zeichnet sich durch eine große Anzahl von Einflußgrößen aus, deren Wechselwirkungen untereinander in Bild 9–6 dargestellt sind. Bei einer Optimierung der Plasmaspritzparameter zum Erzielen einer funktionellen Schicht sind alle diese Größen zu berücksichtigen und aufeinander abzustimmen.

Eine erfolgreiche Optimierung der zahlreichen Parameter kann mit Hilfe der Faktorenanalyse der mathematischen Statistik durchgeführt werden [9–8 bis 9–10]. Die Vorteile dieser Methode bestehen nicht nur in der Feststellung des Einflusses von Versuchsparametern auf die Änderungstendenz der Zielgröße, sondern sie beschreiben auch die Wechselwirkungen verschiedener Parameter untereinander und minimierten somit die Anzahl der notwendigen Optimierungsversuche. Ein anderer Weg zur Optimierung der Beschichtungsparameter hinsichtlich des Aufschmelzverhaltens der Pulverpartikel ist der Wipe-Test. Mit Hilfe dieses Tests, bei dem der Plasmastrahl mit dem transportierten Spritzpulverpartikel das Substrat wie ein Scheibenwischer nur einmal kurz streift, wird die Verteilung der Pulverpartikel im Plasmastrahl bildlich festgehalten und so ihr Aufschmelzgrad im Rasterelektronenmikroskop ermittelt. Dabei zeigt sich, wie stark die Qualität einer Spritzschicht vom Aufschmelzgrad des Spritzpulvers beeinflußt wird [9–11].

Entscheidenden Einfluß auf die Wechselwirkung zwischen Plasma und Pulverpartikel und damit auf die Qualität der Spritzschicht haben neben anlagenbedingten Parametern Partikelgröße, Korngrößenverteilung und Morphologie des Spritzpulvers [9–12]. Um eine homogene Aufschmelzung der Pulverpartikel im Plasmastrahl zu realisieren, werden Plasmaspritzpulver werkstoff- und verfahrensbedingt in Korngrößenklassen unterteilt. Übliche Einteilungen sind dabei die Klassen $-90+45\ \mu m$, $-45+22{,}5\ \mu m$, $-45+5{,}6\ \mu m$

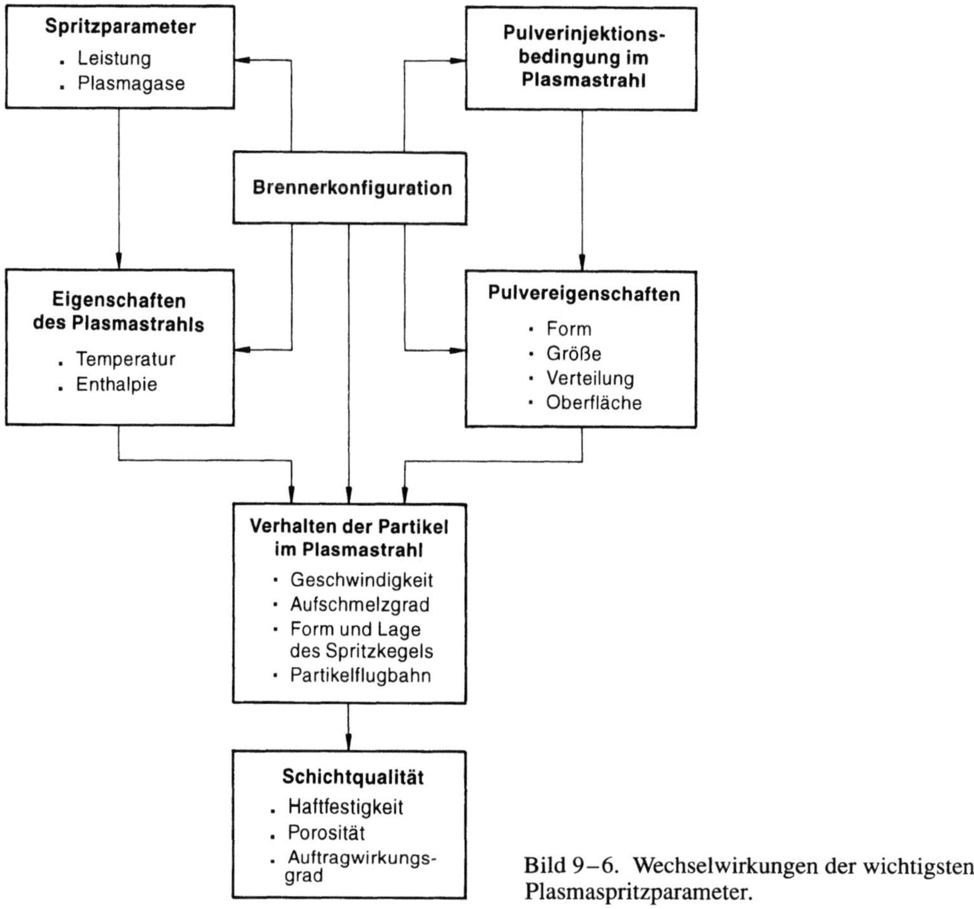

Bild 9–6. Wechselwirkungen der wichtigsten Plasmaspritzparameter.

oder $-22,5+5,6\,\mu$m. Die Klassifizierung von Pulvern, die sich im Bereich unterhalb 45 μm bewegen, gestaltet sich aufwendig, denn für eine sichere Analyse mit Hilfe von Röntgen- und Lasermethoden spielt auch die Kornform eine wichtige Rolle [9–7]. Die weitentwickelte Pulvertechnologie mit ihren verschiedenen Pulverherstellungsmethoden bietet eine Vielzahl an Möglichkeiten zur Herstellung von Pulvern zum Plasmaspritzen. Abhängig von dem angewandten Verfahren ist dabei die Charakteristik der Pulver stark unterschiedlich. Auch ist die Kombination von stark unterschiedlichen Werkstoffen zu Verbundpulvern möglich. Neben Korngröße, Korngrößenspektrum und Kornform charakterisieren auch chemische Zusammensetzung, Gasgehalt sowie Verunreinigungen ein Pulver [9–12]. Die verschiedenen Herstellungsmethoden zur Gewinnung der Ausgangspulver werden ergänzt durch zahlreiche Methoden zur Pulvermodifikation und -veredelung. Zu diesen neuen Verfahren zur Pulvermodifikation gehören das Mikropellitisieren, das Umhüllen sowie die Plasmaveredelung.

Beim Mikropellitisieren können Metalle, Keramiken, Kunststoffe, metallische und nichtmetallische Hartstoffe mit sich selbst oder untereinander bei relativ geringen Temperaturen in beliebiger Verteilung kombiniert werden. Neben der Einstellung einer definierten

358

chemischen Zusammensetzung kann das Pulver auch hinsichtlich seiner mechanischen Förderfähigkeit, der Fließfähigkeit beeinflußt werden. In Abhängigkeit von der Dichte der Werkstoffe werden dabei Korngrößen von ca. 5 µm bis 200 µm erreicht.

Ein weiteres Verfahren zur Verbundpulverherstellung ist das Sherit-Gordon-Verfahren, mit dessen Hilfe sich umhüllte Pulver erzielen lassen. Das Verfahren beruht auf der Reduktion von Metallsalzlösungen unter Druck und Temperatur. Das reduzierte Metall bildet im Verlauf der Reduktion entweder selber Pulverpartikel oder es umhüllt Partikel, die der Lösung zuvor zugegeben worden sind, mit einer dichten, gleichmäßigen und fest anhaftenden Schicht. Dabei können als Ausgangswerkstoffe Metalle, Legierungen, Keramiken, Hartstoffe oder Kunststoffe umhüllt werden. Umhüllungswerkstoffe können z.B. Ni, Co, Cu oder Edelmetalle sein.

Das Plasmaveredeln eines Werkstoffes wird realisiert, indem ein bereits mikropelletisierter Werkstoff in Pulverform der thermischen Energie des Plasmas ausgesetzt wird. Dabei kann die Plasmanachbehandlung unter verschiedenen Umgebungsbedingungen (Atmosphäre, Inertgas, Vakuum, Unterwasser) durchgeführt werden.

Durch gezielte Parametervariation läßt sich die Energieübertragung von Plasma auf die Mikropellets, die Verweilzeit im Plasma sowie die Abkühlgeschwindigkeit steuern. So können auch Werkstoffe mit hohen Schmelztemperaturen kombiniert werden. Für Plasmaspritzpulver, die auf diese Weise hergestellt werden, ergibt sich somit unter Einbeziehung des Herstellverfahrens und dem Beschichtungsprozeß eine Verdoppelung der Verweilzeit im Plasma gegenüber konventionell hergestellten Pulvern. Dadurch lassen sich in der Spritzschicht stabilere Gefüge realisieren und ebenso können unerwünschte Fremdphasen, die sich bei schmelzmetallurgischer Herstellung einstellen würden, durch die hohen Abkühlgeschwindigkeiten unterdrücken. Bei der Plasmaveredelung kommt es neben der Verdichtung der Mikropellets zu einer Sphärodisierung der Pulver, was eine hervorragende Förder- und Fließfähigkeit der Pulver zur Folge hat [9–13].

Aufgrund der bereits beschriebenen Wechselwirkungen der Plasmaspritzparameter, aber auch aufgrund unterschiedlicher Eigenschaften der Spritzwerkstoffe müssen die Beschichtungsparameter für jeden Werkstoff und jedes Pulver angepaßt werden. Auch die Funktion der herzustellenden Schicht ist schon in die Parameterauswahl mit einzubeziehen. So ist bei einer Wärmedämm- oder einer Einlaufschicht eine gewisse Porosität erwünscht, während eine heißgaskorrosionsbeständige oder elektrisch isolierende Schicht nahezu porenfrei sein muß.

Plasmaspritzschichten zeichnen sich prozeßbedingt durch eine charakteristische lagenförmige Struktur aus. Nachdem die einzelnen Pulverpartikel im aufgeschmolzenen Zustand während des Fluges eine kugelige Form annehmen, entsteht durch den hochenergetischen Aufprall der Teilchen auf dem Bauteil ein lamellarer, feinkristalliner Schichtaufbau. Dieser ist in erster Linie beeinflußt durch die Energie der Spritzteilchen und die Viskosität der aufgeschmolzenen Partikel. Mit abnehmender Viskosität gestaltet sich der lamellare Aufbau der Schichten günstiger, wobei sich die Lamellen senkrecht zum Temperaturgradienten der Oberfläche aufbauen. Dieser lamellare Aufbau ist für Plasmaspritzschichten charakteristisch und kann nur durch besondere thermische Nachbehandlungsverfahren in eine kompakte kristalline Struktur überführt werden [9–14]. Plasmaspritzschichten weisen aber auch fast immer eine gewisse Restporosität auf, die abhängig von der jeweiligen Verfahrensvariante und der Bauteilgeometrie ist. Beim atmosphärischen Plasmaspritzen liegt die Porosität im allgemeinen zwischen einem und fünf

Prozent, beim Vakuumplasmaspritzen unter einem Prozent. Bei den Poren handelt es sich um geschlossene Poren, weshalb ab einer bestimmten Schichtdicke sichergestellt ist, daß die Schichten dicht sind. Die Porositätsermittlung erfolgt heute computergestützt [9–15 bis 9–17].

Ein weiteres Kriterium zur Beurteilung der Qualität einer Plasmaspritzschicht ist mechanische Schichtstabilität oder Schichthaftung. Neben den Beschichtungsparametern ist dabei vor allem die Schichtdicke von Bedeutung. In der Regel nimmt die Kohäsion und Adhäsion einer Spritzschicht mit zunehmender Schichtdicke ab, da die Eigenspannungen zunehmen. Die Schichtdicke plasmagespritzter Schichten liegt im allgemeinen zwischen 50 µm und 500 µm [9–7], in Sonderfällen können diese auch geringer sein, bei einigen Werkstoffen können aber auch Schichtdicken im Millimeterbereich realisiert werden.

Im plasmagespritzten („as sprayed") Zustand ist die Oberfläche rauh und direkt abhängig von der Oberflächengüte des Grundwerkstoffes und der Pulverkorngröße. Die Rauheit R_z liegt im nicht nachbehandelten Zustand zwischen 5 µm und 30 µm. Daher ist für viele Anwendungsfälle, um spritzbedingte Oberflächenrauheiten zu beseitigen, eine mechanische Nachbearbeitung der Schichten durch Schleifen und Polieren notwendig. Bei einer entsprechend geringen Porosität einer Spritzschicht sind dabei Oberflächengüten erzielbar, deren Qualität mit derjenigen von geschliffenen und polierten Vollmaterialien vergleichbar ist, es lassen sich R_z-Werte von bis zu 0,1 µm realisieren. Die Nachbehandlungsmethoden Schleifen und Polieren werden somit als Endfertigungsverfahren für Plasmaspritzschichten eingesetzt.

Thermische Nachbehandlungen werden sowohl im Bereich oberhalb als auch unterhalb der Schmelztemperatur des entsprechenden Schichtwerkstoffes durchgeführt. Abhängig von dem Werkstoff und der Temperatur wird dabei die lamellare Struktur der Spritzschicht in eine feinkörnige umgewandelt. Der Nachbehandlungsprozeß kann dabei auch in einer inerten Atmosphäre oder im Vakuum stattfinden.

Für niedrigschmelzende selbstfließende Legierungen wird im allgemeinen das Einschmelzen als thermisches Nachbehandlungsverfahren eingesetzt. Voraussetzung für dieses Verfahren ist allerdings, daß der Schmelzpunkt der Schicht niedriger ist als der des Grundwerkstoffes.

Das heißisostatische Pressen (HIP) wird ebenfalls für die Nachbehandlung von Plasmaspritzschichten eingesetzt. Dadurch lassen sich dichtere Schichten mit einer höheren Haftfestigkeit zwischen Substrat und Schichtwerkstoff erzeugen. Bei metallischen Werkstoffen kann es dabei zur Ausbildung einer Diffusionszone zwischen Schicht und Substrat kommen. Das Verfahren wird auch bei der Reparatur beschädigter Turbinenschaufeln verwendet. Zunächst wird das Material auf die beschädigten Flächen aufgebracht, und anschließend werden diese Bauteile heißisostatisch gepreßt, um den Werkstoffverbund zu festigen und die gleiche Struktur in dem Reparaturbereich und dem übrigen Werkstück zu erzielen [9–18].

Eine weitere Methode der Nachbehandlung thermischer Spritzschichten ist das Lasereinschmelzen, das sich zu einer eigenständigen Technologie entwickelt hat [9–19]. Abhängig von der Leistung des Lasers können unterschiedliche Eindringtiefen, Abkühlraten und verschiedene Gefügestrukturen erreicht werden. Bei dem Einsatz des Verfahrens unterhalb der Schmelzemperatur kann eine Umwandlung der Korngrößen sowie eine Neuorientierung der Körner erfolgen. Bei einer Nachbehandlung oberhalb der Schmelztemperatur kann neben der Verglasung, also Amorphisierung der Schicht auch, je nach Prozeßführung, eine kristalline Umwandlung mit oder ohne Aufschmelzen des Grundwerkstoffs erfolgen [9–20, 9–21].

Als Substratwerkstoffe werden metallische und nichtmetallische Werkstoffe eingesetzt. Außer der großen Anzahl von Stählen und Legierungen sind natürlich auch keramische Werkstoffe beschichtbar. So sind z.B. Borcarbidspritzschicht auf Aluminiumoxidsubstraten herstellbar [9–22]. Ebenso sind Beschichtungen auf CFK-Bauteilen möglich. Ein erfolgreicher Einsatz von CFK-Bauteilen ist oft nur in Verbindung mit einer funktionellen Oberfläche möglich, die auch mit Hilfe des Plasmaspritzverfahrens realisiert werden kann [9–23].

Das Schichtwerkstoffspektrum, das in der Plasmaspritztechnologie Anwendung findet, ist fast unbegrenzt. Einschränkungen hinsichtlich des Einsatzes bestehen nur bei solchen Werkstoffen, die nicht kongruent schmelzen. In beschränktem Umfang können solche Werkstoffe aber trotzdem verarbeitet werden, indem man sie entweder umhüllt oder aber durch Beschichtungsparameteranpassung nur thermisch duktilisiert und durch die hohe kinetische Energie der Teilchen beim Aufprall eine Anformung an die Oberflächenstrukturen erreicht.

Einen Überblick über die in der Thermischen Spritztechnologie eingesetzten Schichtwerkstoffgruppen gibt Bild 9–7.

Hartlegierungen auf Eisen-, Cobalt- oder Nickelbasis werden zum Verschleiß- und Korrosionsschutz auch durch Plasmaspritzen verarbeitet. Durch Zusatz von artfremden Hartphasen, meist Wolframcarbide und Chromcarbid, entstehen sogenannte Pseudolegierungen mit verbesserten Verschleißeigenschaften [9–25]. Durch Kombination metallischer Hartstoffe mit einem metallischen Binder entstehen sogenannte Hartmetalle. Das bekannteste Hartmetallsystem ist das System Wolframcarbid-Cobalt (WC-Co), das hauptsächlich zum Verschleißschutz eingesetzt wird [9–7]. Ein weiteres Hartmetallsystem, auch für tribologische Banspruchung bei höheren Temperaturen, ist das System Chromcarbid (Cr_3C_2)-Nickel/Chrom. Hochschmelzende und sauerstoffempfindliche Refraktärmetalle wie z.B. Tantal, Niob und Titan können durch Nutzung der Verfahrensvorteile des Vakuumplasmaspritzens zu sehr dichten, oxidarmen und damit phasenreinen Schichten verspritzt werden. Mit dem atmosphärischen Plasmaspritzverfahren werden insbesondere große Mengen an hochlegierten Stählen zum Verschleiß- und Korrosionsschutz spritztechnisch verarbeitet. Zum Schutz gegen Heißgaskorrosion, der z.B. in Gasturbinen erforderlich ist, werden sogenannte MCrAlY-Legierungen (M = Ni, Co, oder Fe) plasmagespritzt. Die Schutzwirkung solcher Schichten beruht auf der Bildung von dünnen Oxidschichten während des Betriebes. Durch diese hauptsächlich aus Chrom- und Aluminiumoxid bestehenden sehr dichten Oberflächenschichten wird der darunterliegende Schichtwerkstoff sowie der Grundwerkstoff gegen weitere Korrosion geschützt [9–18].

Die Verfahrensvorteile des hochenergetischen Plasmaspritzens kommen natürlich besonders bei den hochschmelzenden Keramiken zum Tragen. Eine Vielzahl von Oxidkeramiken wie z.B. Al_2O_3, Al_2O_3-TiO_2, Cr_2O_3 oder stabilisierte ZrO_2-Qualitäten werden zur Realisierung vielfältiger Schichtfunktionen im Verschleiß- und Korrosionsschutz, der Wärmedämmung sowie der elektrischen Isolation durch Plasmaspritzen an der Atmosphäre verarbeitet. Ebenfalls zu den keramischen Werkstoffen gehören die neuen Hochtemperatursupraleiter. Als Ergebnis umfangreicher Untersuchungen hinsichtlich der

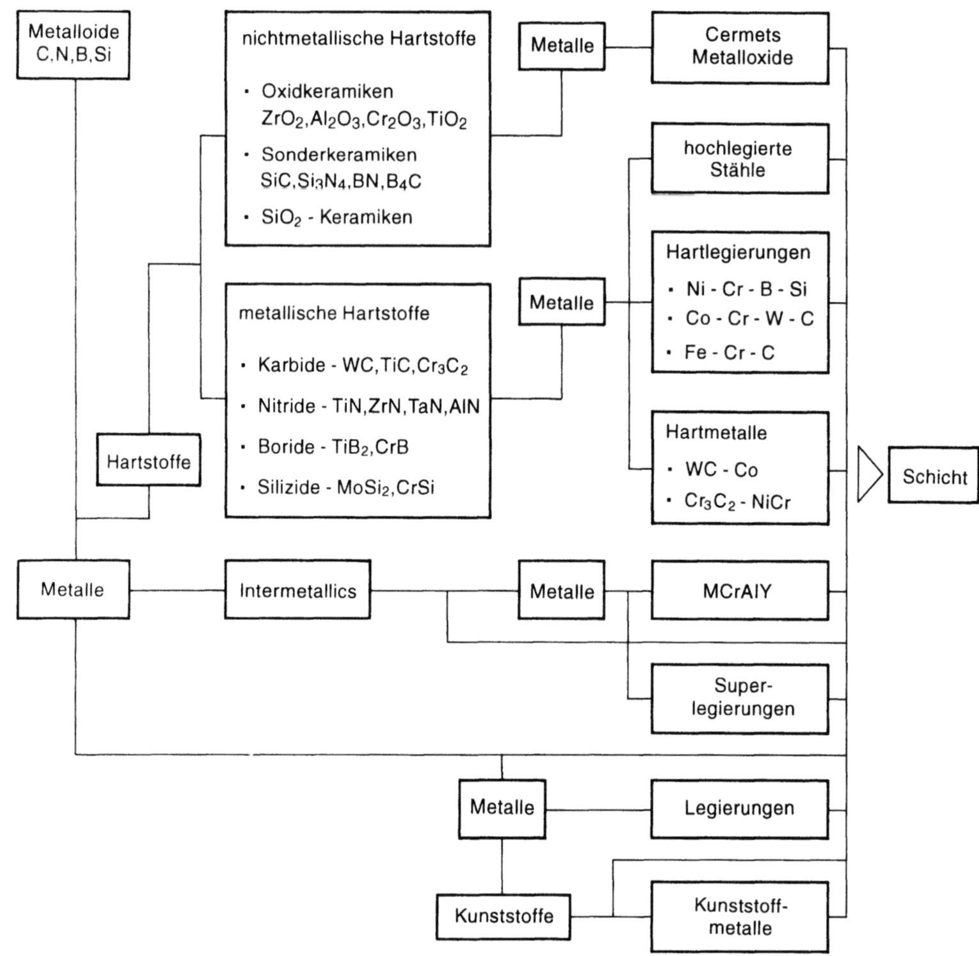

Bild 9–7. Übersicht über die Schichtwerkstoffe, die beim Plasmaspritzen eingesetzt werden können [9–24].

Werkstoff- und Prozeßoptimierung konnten supraleitende Schichten der Systeme Y-Ba-Cu-O und Bi(Pb)-Sr-Ca-Cu-O mit Sprungtemperaturen oberhalb der Temperatur des flüssigen Stickstoffs realisiert werden [9–26]. Zahlreiche Untersuchungen beschäftigen sich mit der plasmaspritztechnischen Verarbeitung von Sonderkeramiken, wie AlN, B₄C, BN, SiC und Si₃N₄ mit interessanten Anwendungsperspektiven. Änliches gilt für metallische Hartstoffe auf Carbid und Nitridbasis, wie TiC, WC, NbC, TaC, VC, MoC und Komplexcarbiden sowie TiN und ZrN. Zersetzungs- bzw. Entkohlungsprobleme werden durch Spritzen im Vakuum oder im Inertgas gelöst. Neuesten Untersuchungen zufolge zeigen Plasmaspritzschichten aus TiN und ZrN ausgezeichnete hochtemperatur-tribologische Eigenschaften. Intermetallische Phasen zeichnen sich durch besondere physikalische und mechanische Eigenschaften aus und eröffnen spezielle Anwendungen dieser Werkstoffgruppe, zu der u.a. Verbindungen aus den Systemen Nickel-Aluminium, Titan-Aluminium sowie Silizide gehören [9–27]. Hohe mechanische Festigkeit und Oxidations-

362

beständigkeit auch bei höchsten Temperaturen eröffnen ein Anwendungspotential bei Temperaturen, die höher liegen als die Einsatztemperaturen der Superlegierungen. Die Eigenschaften der Intermetallics lassen sich zwischen denjenigen von Metallen und Keramiken einordnen.

Die modernen Methoden der Verbundpulverherstellung, wie Agglomerierung und Mikropelletisierung oder Umhüllung, erlauben vielfältige Kombinationsmöglichkeiten auch von metallischen Komponenten mit Keramiken unter Bildung sogenannter Cermets. Bewegungs- und prozeßgesteuerte Plasmaspritzanlagen erlauben auch für Cermets neue Herstell- und Anwendungsmöglichkeiten [9–12]. Durch eine kontrollierte Mehrfachförderung verschiedener Pulver in die Plasmaflamme lassen sich auch gradierte Schichtsysteme realisieren, d.h. Beschichtungen, bei denen von einer Schichtkomponente ausgehend kontinuierlich in eine andere übergegangen wird.

Die Entwicklung maßgeschneiderter Werkstoffe wird ständig verbessert und geprüft und betrifft sowohl konventionelle als auch spezielle Anwendungen wie z.B. die Beschichtung von Implantaten mit Hydroxylapatit [9–28 bis 9–30].

9.3 Verfahrensvarianten

Alle Varianten der Plasmaspritztechnologie lassen sich in zwei Hauptgruppen unterscheiden:

Zunächst gibt es diejenigen Prozesse, bei denen der Prozeßraum mit Luft bei einem Umgebungsdruck von 1 bar umgeben ist, das Atmosphärische Plasmaspritzen (APS) und das Hochleistungsplasmaspritzen (HPPS). Im Gegensatz dazu gibt es die Gruppe der Prozesse, die in einer kontrollierten Atmosphäre stattfinden. Die Umgebungsatmosphäre wird hier vorgegeben und kann von einem Inertgas, einem Reaktivgas oder auch von Wasser gebildet werden, der Druck ist dabei variabel und kann sowohl größer als auch kleiner 1 bar sein. Zu dieser Verfahrensgruppe zählen das Inertgasplasmaspritzen (IPS), das Vakuumplasmaspritzen (VPS), das Reaktivplasmaspritzen (RPS) und das Unterwasserplasmaspritzen (UPS). Bild 9–8 gibt einen Überblick über die heute gebräuchlichen oder in der Entwicklung befindlichen Verfahrensvarianten der Plasmaspritztechnologie.

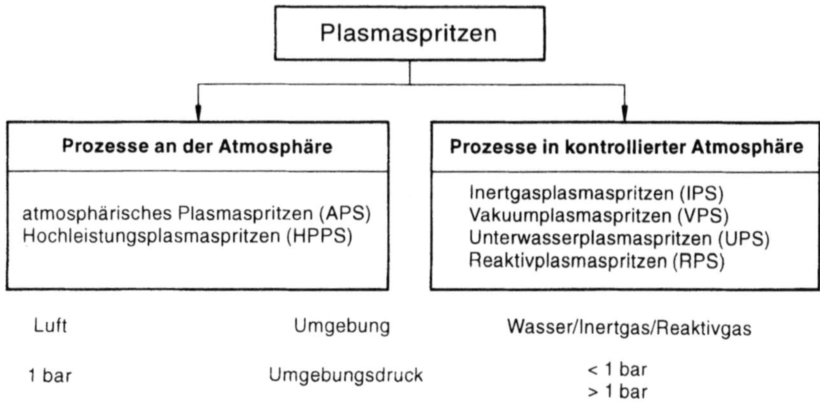

Bild 9–8. Plasmaspritzverfahren.

9.3.1 Prozesse an der Atmosphäre

Man unterscheidet an der Atmosphäre die beiden Verfahren Atmosphärisches Plasmaspritzen und Hochleistungsplasmaspritzen.

9.3.1.1 Atmosphärisches Plasmaspritzen (APS)

Die wirtschaftlich bedeutendste Variante des Plasmaspritzens ist das atmosphärische Plasmaspritzen. Die Spritzpartikel können dabei mit der umgebenden Atmosphäre reagieren, was die verarbeitbaren Werkstoffe auf solche beschränkt, die keine oder nur eine geringe Neigung zum Oxidieren haben, Bild 9–9. Der während des Beschichtungsprozesses entstehende Oxidanteil wird mit in die erzeugte Spritzschicht eingebaut.

Der Spritzabstand vom Brenner zum Bauteil beträgt in Abhängigkeit vom Werkstoff und den Beschichtungsparametern zwischen 100 und 150 mm. Tpische Werkstoffe für das APS-Verfahren sind Keramiken, Metalle und auch Legierungen. Die Schichtporositäten liegen im allgemeinen zwischen einem und fünf Prozent.

Moderne atmosphärische Plasmaspritzanlagen arbeiten in Kammern, um so die Umgebung vor Lärm und Strahlung zu schützen und verfügen über leistungsfähige Absaug- und Filteranlagen zur Beseitigung der Spritzstäube. Häufig übernimmt ein Roboter die Brennerführung, um so auch komplexe Geometrien beschichten zu können.

9.3.1.2 Hochleistungsplasmaspritzen (HPPS)

Das Hochleistungsplasmaspritzen (HPPS) ist eine Erweiterung des bisherigen konventionellen atmosphärischen Plasmaspritzens. Insbesondere bei der Verarbeitung hochschmelzender keramischer Werkstoffe stellt die kinetische Energie der Teilchen beim Aufprall auf das Substrat eine entscheidende Einflußgröße auf die Schichtqualität hinsichtlich Haftung und Porosität dar [9–31].

Zu diesem Zweck wurde ein Brenner mit einer speziellen Düsengeometrie konstruiert, der es erlaubt, Leistungen bis zu 200 kW umzusetzen, Bild 9–9. Neben einer höheren Dichte und Härte gerade in hochschmelzenden Keramikschichten, beispielsweise Chromoxidschichten, ist aber auch eine größere Pulverförderrate möglich, da der Pulverdurchfluß deutlich erhöht werden kann.

9.3.2 Prozesse in kontrollierter Atmosphäre

9.3.2.1 Inertgasplasmaspritzen (IPS)

Auch beim Inertgasplasmaspritzen lassen sich ebenfalls zwei Varianten unterscheiden. Zunächst läßt sich der Prozeß in geschlossenen Kammern durchführen, das eigentliche Inertgasplasmaspritzen (IPS), aber eine zweite Variante erlaubt es, die Plasmaflamme und den Pulverstrahl durch einen umgebenden Schutzgasmantel vor der Atmosphäre zu schützen, das Shrouded- oder Schutzgasplasmaspritzen (SPS). Bei beiden Varianten besteht die Umgebungsatmosphäre aus einem inerten Gas, und der Arbeitsdruck liegt bei 1 bar, Bild 9–9.

Beim Inertgasplasmaspritzen in geschlossenen Kammern muß die Prozeßkammer zunächst auf einen Restgasdruck von $< 10^{-2}$ mbar evakuiert werden, um anschließend für

	atmosphärisches Plasmaspritzen	Hochleistungs-plasmaspritzen	Inertgas-plasmaspritzen	Vakuum-plasmaspritzen	Unterwasser-plasmaspritzen	Reaktiv-plasmaspritzen
Atmosphäre	Luft	Luft	Ar, N_2	Ar, N_2	Wasser	Ar - H_2 - C_2H_2 Ar - N_2 Ar - H_2 - C_2H_4
Druckbereich	$p = 1000$ hPa	$p = 1000$ hPa	$p < 4000$ hPa	$p < 1000$ hPa	$p < 1000$ hPa	40 hPa $< p <$ 4000 hPa
Abstand Brenner-Substrat	100 . . . 200 mm (Innenbrenner bis 30 mm)	150 . . . 250 mm	100 . . . 200 mm	250 . . . 350 mm	18 . . . 30 mm	30 . . . 250 mm
Leistungsbereich	15 . . . 80 kW	bis 200 kW	15 . . . 80 kW	15 . . . 60 kW	15 . . . 60 kW	15 . . . 60 kW
Werkstoffe	nicht bzw. gering oxidationsempfindliche Werkstoffe		auch oxidationsempfindliche Werkstoffe		keine Einschränkungen	reaktionsfähige Werkstoffe
Beispiele — Metalle: Legierungen: Keramiken: Hartstoffe:	Al, Cu, Mo, . . . NiCr, NiCoCrAlY, CuAl, . . . Al_2O_3, Zr_2O, TiO_2, Al_2O_3 - TiO_2, . . . WC / Co, . . .		Ti, Ta, V, . . . MCrAlY, Ti - Al, . . . Al_2O_3, Zr_2O, TiO_2, Al_2O_3 - TiO_2, . . .			
Bemerkungen	wirtschaftlich bedeutendste Variante	dichte Schichten für höchstschmelzende Werkstoffe		übertragender Lichtbogen zur Substratreinigung möglich	gefährliche Werkstoffe	

Bild 9–9. Die Prozeßvarianten des Plasmaspritzens im Vergleich.

den Spritzprozeß mit einem Inertgas (Argon) auf Atmosphärendruck geflutet zu werden. Entstehende Stäube und einströmige Plasmagase werden über Absaugvorrichtungen abgesaugt. Durch den geringen Sauerstoffpartialdruck, der durch die Qualität der Gase und den Evakuierungsprozeß bestimmt wird, wird eine Oxidation von leicht reaktiven Werkstoffen unterdrückt.

Während des Spritzens kann auch mit hohen Kühlgasmengen, bestehend aus Inertgas, gearbeitet werden, so daß die Substrattemperatur ähnlich niedrig wie beim APS-Verfahren gehalten werden kann. Dies ist besonders bei der Verarbeitung von harten und spröden Werkstoffen mit geringen Wärmeausdehnungskoeffizienten von Bedeutung. Bei der Verwendung von konventionellen Substratmaterialien (ferritischer und austenitischer Stahl) kann eine zu hohe Werkstücktemperatur zum Abplatzen der Plasmaspritzschicht aufgrund unterschiedlicher Ausdehnungskoeffizienten führen.

Beim Schutzgasmantelplasmaspritzen oder Shrouded-Plasmaspritzen (SPS) findet der Prozeß nicht in einem geschlossenen Kammersystem statt. Es handelt sich prinzipiell um einen APS-Prozeß, bei dem der Plasmastrahl durch einen inerten Gasstrom geschützt wird, der das Plasma koaxial umhüllt und so eine Wechselwirkung der Spritzpartikel und des Plasmas mit der umgebenden Atmosphäre weitgehend verhindert. Der zusätzliche Gasstrom wird nicht ionisiert und erfüllt zugleich die Kühlfunktion des Substrates.

Ein Vorteil dieses Verfahrens gegenüber dem Inertplasmaspritzen in geschlossenen Kammern ist vor allem durch den erheblich geringeren maschinellen Aufwand gegeben. Den dadurch deutlich geringeren Investitionskosten können aber höhere Kosten für das Schutzgas gegenüberstehen.

9.3.2.2 Vakuumplasmaspritzen (VPS)

Beim Vakuumplasmaspritzen (VPS), Bild 9–9, findet der Beschichtungsprozeß in einem geschlossenen Kammersystem statt. Nach dem Evakuieren der Kammer auf $< 10^{-2}$ mbar findet der Plasmaspritzprozeß in einer Inertgasatmosphäre bei Drücken zwischen 50 und 400 mbar statt. Da der Druck während des Beschichtens konstant gehalten werden muß, werden die einströmende Plasmagase mit leistungsfähigen Pumpsystemen abgepumpt. In der inerten Atmosphäre sind sowohl die flüssigen Spritzpartikel, die zu beschichtenden Bauteile als auch die noch reaktionsfähigen Spritzschichten vor Oxidation geschützt.

Ein weiterer Vorteil gegenüber dem APS-Verfahren ist die Möglichkeit, einen übertragenden Lichtbogen zur Reinigung der Substratoberfläche, z. B. zum Entfernen von Oxidresten, sowie zum Vorwärmen des Substrates einzusetzen [9–32, 9–44].

Bedingt durch den niedrigen Druck kommt es beim VPS-Verfahren zu günstigeren aerodynamischen Verhältnissen gegenüber dem APS-Verfahren. Wegen einer größeren Gasexpansion im Vakuum kann der Plasmastrahl schneller ausströmen und sich wegen der abgeschwächten Wechselwirkung mit der umgebenden Atmosphäre ungestört ausbilden. Ein Lavaldüsenvorsatz verstärkt diesen Effekt [9–33].

Durch die geringere Anzahl von umgebenden Gasmolekülen in der Niederdruckatmosphäre wird der Plasmastrahl länger und die Gasgeschwindigkeit höher als unter Atmosphärendruck.

Eine Verwirbelung des Plasmastrahls tritt erst in größerer Entfernung von der Düse auf.

Dadurch verlängert sich die heiße Zone des Plasmastrahls [9–34]. Die größere Ausdehnung des Plasmastrahls ist aber mit einer Verringerung der Energiedichte verbunden. Bei hochschmelzenden Metallen wirkt sich ein erhöhter Druck über 200 mbar positiv auf den Aufschmelzgrad aus, wobei die Partikelgeschwindigkeit gleichzeitig abnimmt und so die Verweilzeit erhöht wird [9–33].

Beim Vakuumplasmaspritzen wird auch der Grundwerkstoff auf höhere Temperaturen erhitzt, da durch fehlende Kühlung und die geringere Anzahl umgebender Moleküle nur wenig Wärme abgeführt werden kann. Dies hat aber auch den Vorteil, daß durch die niedrigere Abkühlgeschwindigkeit Wärmespannungen zwischen Schicht- und Substratwerkstoff gering bleiben. Die höheren Temperaturen fördern auch die Diffusion zwischen Schicht- und Grundwerkstoff, mit dem Ergebnis einer verbesserten Schichthaftung.

Der Spritzabstand beim VPS-Verfahren liegt zwischen 250 und 350 mm. Typisch sind Schichten mit Porositäten im Bereich von weniger als einem Prozent.

Eine aus dem Vakuumplasmaspritzen in Verbindung mit dem Inertgasplasmaspritzen und dem Atmosphärischen Plasmaspritzen entstandene Entwicklung ist ein System, das mehrere Plasmaspritzverfahren in einer Anlage integriert. Das als CAPS (Controlled Atmosphere Plasma Spraying) bezeichnete Verfahren zeichnet sich dadurch aus, daß in einem geschlossenen Kammersystem der Prozeß unter verschiedenen Bedingungen durchgeführt werden kann. Dabei kann in einem Druckbereich zwischen 50 und 400 mbar das Vakuumplasmaspritzen, im Normaldruckbereich das Inertgas-Plasmaspritzen und im Druckbereich zwischen 1 und 4 bar das Druckplasmaspritzen angewendet werden.

Von besonderem Vorteil ist dabei, daß in einem solchen System Bauteile mit einer APS- und VPS-Schichtkombination in einem Arbeitsgang beschichtet werden können. Durch die Möglichkeit des Arbeitens im Überdruckbereich ergeben sich Vorteile bei der Innenbeschichtung [9–35] und bei der Verarbeitung von Werkstoffen, die zur Sublimation oder zur druckabhängigen Zersetzung neigen.

9.3.2.3 Unterwasser-Plasmaspritzen (UPS)

Eine neuere Entwicklung innerhalb der Plasmaspritztechnologie ist das Unterwasser-Plasmaspritzen (UPS), Bild 9–9. Bei dieser Prozeßvariante ist der Plasmastrahl völlig von Wasser umschlossen.

Durch die ausströmenden heißen Plasmagase entsteht ein Gaskanal, der sich zwischen dem Brenner und dem Substrat schlauchförmig ausbildet. Hierdurch wird die zu beschichtende Oberfläche getrocknet, so daß ein Verbund zwischen Substrat und Spritzschicht möglich wird [9–36]. Die Partikel werden dann innerhalb dieses Gaskanales aufgeschmolzen und dann auf das Substrat aufgebracht, Bild 9–10.

Unabhängig von den Plasmaspritzparametern erfolgt das UPS bei stark verkürztem Spritzabstand zwischen 15–30 mm. Auch die makroskopische Geometrie der Plasmaspritzschicht verändert sich im Vergleich mit dem atmosphärischen Verfahren und ähnelt dem Aussehen von Schweißraupen [9–36].

Das Unterwasser-Plasmaspritzen bietet aber auch Vorteile hinsichtlich der Arbeitsplatzbedingungen, denn Geräuschpegel und Strahlenbelastung werden auf ein Minimum reduziert. Beim Unterwasser-Plasmaspritzen entstehende Spritzverluste fallen als Schlamm an und können dann auf einfache Weise entfernt werden [9–37]. Perspektiven der Anwen-

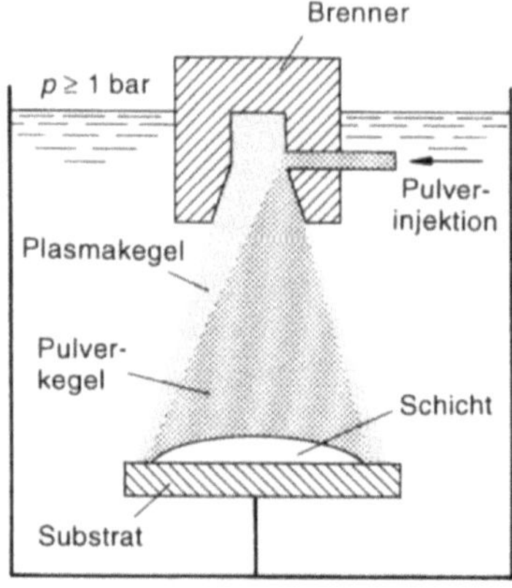

Bild 9–10. Schema des Unterwasserplasmaspritzens.

dungen der UPS-Technologie liegen u. a. in der Off-Shore-Industrie und bei der Verarbeitung gefährlicher Stoffe.

9.3.2.4 Reaktivplasmaspritzen (RPS)

Plasmaprozesse im Reaktivgasbetrieb sind aus der Plasmasynthese von Werkstoffen seit längerem bekannt und finden in jüngster Zeit auch Eingang in die Beschichtungstechnik. Durch kontrollierte Reaktion des im Plasmastrahl aufgeschmolzenen pulverförmigen Schichtwerkstoffes mit dem Plasma zugeführten reaktiven Gasen gelingt eine den Beschichtungsprozeß überlagerte ergänzende Werkstoffsynthese, Bild 9–9. Das Ergebnis sind Verbundwerkstoffschichten mit eingelagerten Hartphasen wie Carbiden, Nitriden, Oxiden oder Siliciden.

Reaktivgase wie Methan, Propan, Stickstoff, Sauerstoff, Silane, werden möglichst außerhalb der Plasmadüse zugeführt. So wird ein verstärkter Elektrodenverschleiß verhindert. Das Reaktivgas kann als Pulverträgergas bei externer Pulverinjektion zugeführt werden, aber auch in einem der Düse nachgeschalteten Reaktorraum.

Verbundwerkstoffe, wie z. B. TiC verstärkte NiCr-Werkstoffe, $MoSi_2$ verstärktes Molybdän, oder ODS-Legierungen werden heute versuchsweise auch durch reaktives Formspritzen zu Bauteilen verarbeitet. Unter Nutzung einer reaktiven Vakuumplasmaspritzvariante gelingt es heute bereits, diamantähnliche Beschichtungen mit sehr hohen Auftragsleistungen zu realisieren [9–37, 9–38].

9.4 Anlagentechnik

Eine moderne Plasmaspritzanlage ist aus mehreren Elementen aufgebaut. Diese Einzelelemente sind im folgenden aufgelistet:

– Plasmabrenner

– Pulverfördereinrichtung

– Plasma-Hochfrequenzstarter

- Plasma-Stromquelle

- Steuereinheiten

- Brennermanipulationssystem

- Substratmanipulationssystem

- Periphere Einrichtungen.

Bei Verfahren, die in kontrollierten Atmosphären arbeiten, ist diese Liste noch zu ergänzen um:

- Prozeßraum

- Steuer- und Kontrolleinheiten für die Atmosphäre.

Bild 9–11 zeigt schematisch den Aufbau einer Plasmaspritzanlage am Beispiel einer Vakuumplasmaspritzanlage.

9.4.1 Plasmabrenner

Hauptfunktionselement einer Plasmaspritzanlage ist der Brenner. Dieser setzt die eingebrachte elektrische Energie im Wärme um, wobei jedoch die elektrische Leistung nicht nur für die Dissoziation, Ionisation und Temperaturerhöhung des Plasmagasgemisches benötigt, sondern auch über die Wasserkühlung des Brenners sowie durch Gehäusekonvektion und Strahlung abgeführt wird. In Bild 9–12 wird die Energiebilanz des Brenners gezeigt.

Zur Zündung des eigentlichen Lichtbogens wird zunächst durch einen Hochspannungs-/Hochfrequenzzündimpuls ein ionisierter Entladungskanal in der Argongasströmung zwischen den Elektroden erzeugt. Durch eine Gleichspannung, die zwischen der Katode und der Anode anliegt, kann nun ein Gleichstromlichtbogen erzeugt werden, der den ursprünglichen dünnen Entladungskanal stark aufweitet. Der Fußpunkt des Lichtbogens wird durch die Gasströmung des nachfolgenden Plasmagases zur Düsenmündung hin getrieben, wodurch ein stabiler Zustand erzeugt wird. Nach der Zündung des Plasmabrenners kann die Gasdurchflußmenge erhöht werden, ebenfalls die Stromstärke. Ebenso kann ein zweites Gas beigemischt werden (Helium, Stickstoff oder Wasserstoff), um so die für den Beschichtungsprozeß erforderliche Temperatur, Enthalpie und Geschwindigkeit des Plasmastrahls zu erreichen.

Die Plasmacharakteristik hinsichtlich Temperatur, Geschwindigkeit und Wärmeinhalt der Gasströmung beeinflußt das Aufschmelzverhalten der Pulverpartikel und bestimmt somit die Schichteigenschaften.

Die Leistung eines Plasmabrenners wird entscheidend von mehreren Einflüssen bestimmt:

- Art des Plamagases, Gasmischungen
- Stromstärke zwischen den Elektroden
- Brennergeometrie
- Wärmeabfuhr durch Brennerkühlung.

Im folgenden wird der prinzipielle Aufbau des Plasmabrenners dargestellt, Bild 9–13.

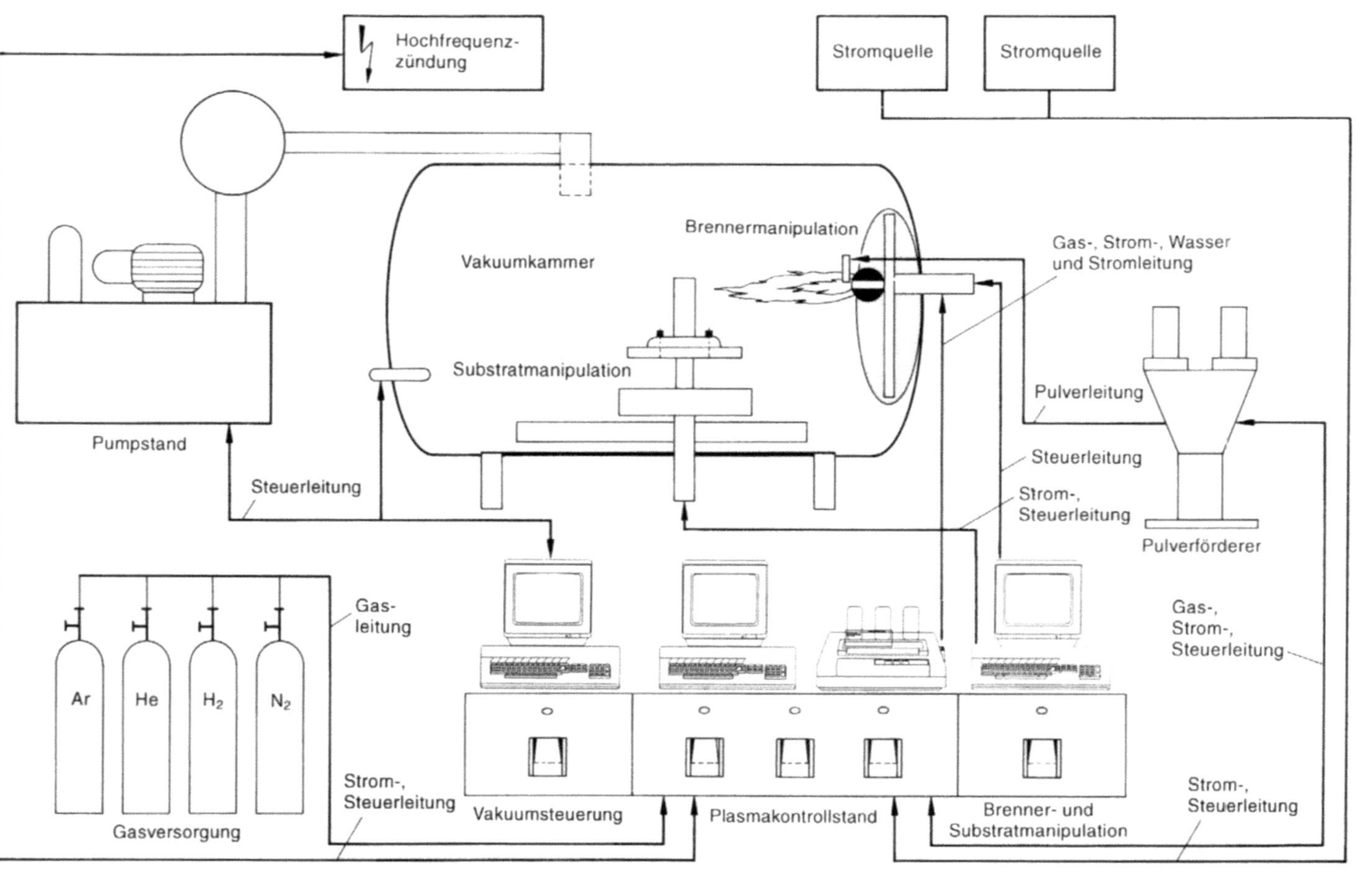

Bild 9–11. Anlagenschema einer Plasmaspritzanlage.

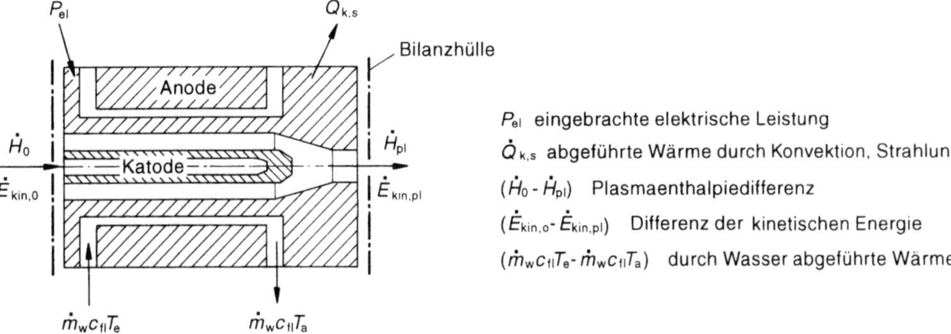

Bild 9–12. Energiebilanz des Plasmabrenners.

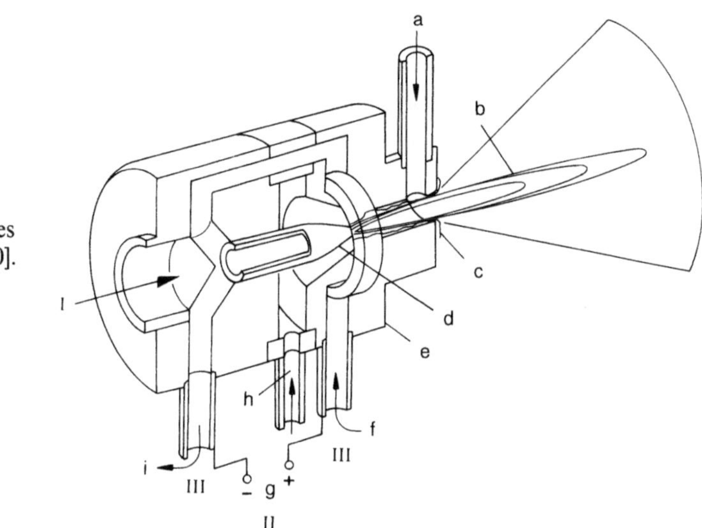

Bild 9–13. Aufbau eines Plasmabrenners nach [9–40].
a pulverisiertes Spritzmaterial in Trägergas
b Plasmaflamme
c Lichtbogen
d Katode
e Anode
f Kühlwassereintritt
g Gleichspannungsquelle
h Plasmagas
i Kühlwasseraustritt.

Erkennbar sind drei Versorgungsanschlüsse innerhalb des Systems. Die Gasversorgung (I) sorgt für die Zufuhr mit Plasmagas. Dieses strömt durch einen perforierten Isolierring, der zur Trennung der Kupferanode und der Wolframkatode notwendig ist. Bei Durchströmen des Lichtbogens zwischen den Elektroden wird das Gas unter Volumenausdehnung stark erhitzt, was zur Folge hat, daß das Gas die Düse mit hoher Geschwindigkeit verläßt. Hier wird nun das aufzuschmelzende Pulver mit Hilfe eines Trägergasstromes injiziert, von der schnellen Plasmaströmung beschleunigt und aufgeschmolzen. Der Stromfluß (II) führt vom Pluspol der Quelle über die Anode zur Gasentladungsstrecke, dem Lichtbogen, in die fingerförmige Katode und zum Minuspol zurück. Der Kühlwasserkreislauf (III) durchfließt vom positiven Anschluß her die Kanäle innerhalb der Düse. Daran anschließend wird das Wasser bis zur Elektrodenspitze geführt, bevor es wieder zum Austritt des negativen Anschlusses geführt wird.

Brennertypen gibt es für die verschiedenen Anwendungsgebiete der Plasmaspritztechnologie: Man unterscheidet Brenner für den Einsatz an der Atmosphäre (Hand- und Maschinenbrenner), für den Einsatz im Vakuum, als Schutzgas- oder als Unterwasserbrenner.

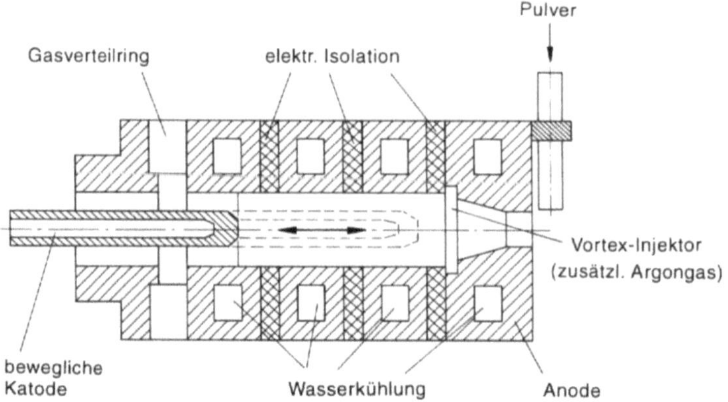

Bild 9–14. Plasmabrenner mit variabler Katode (Perkin-Elmer-Metco GmbH).

Üblicherweise ist der Abstand zwischen Anode und Katode durch Brennerkonfiguration festgelegt, jedoch gibt es auch Entwicklungen zur Gestaltung von Brennern mit axial verschiebbarer Elektrode, Bild 9–14, was zur Erzeugung eines längeren Lichtbogens sowie zur Kompensierung von Verschleiß an Katode und Anode führt [9–41].

Einen bedeutenden Einfluß auf das Aufschmelzverhalten der Pulverteilchen hat die Art der Pulverinjektion. Die Pulverinjektion soll so ausgelegt sein, daß das Pulver in das Zentrum des Plasmastrahls gelangt. Während des Beschichtungsvorganges kommt es zu einer Überlagerung der radialen Injektionsgeschwindigkeit mit der axialen Plasmagasgeschwindigkeit. Dies führt in Verbindung mit unterschiedlichen Eigenschaften der Spritzpulver, wie Korngrößenverteilung und Dichte, zu verschiedenen Flugbahnen durch das Plasma. Da das Temperaturfeld (Bild 9–15) des Plasmastrahls durch extreme Temperaturgradienten gekennzeichnet ist, kommt es auch zu verschiedenen Aufschmelzgraden der Pulverpartikel. Die Überlagerung der einzelnen Geschwindigkeitskomponenten führt dazu, daß es zu einer Abweichung der Symmetrieachsen von Plasma- und Pulverkegel um den Winkel β kommt, Bild 9–15. Der Winkel β ist dabei eine Funktion der Pulvereigenschaften und der Injektionsgeschwindigkeit.

Bei der radialen Pulverinjektion unterscheidet man verschiedene Varianten. Bei einer Injektion innerhalb der Düse (Anode) spricht man von einer internen Pulverinjektion, bei einer Injektion außerhalb von einer externen, Bild 9–16. Desweiteren unterscheidet man zwischen positiven, negativen oder neutralen Pulverinjektionswinkeln. Abhängig vom Schmelzpunkt bzw. -bereich des Pulvers kann der Injektionswinkel in die Plasmaflamme Θ von 0° variiert werden, Bild 9–17. Bei der Verarbeitung einer hochschmelzenden Keramik wird $\Theta > 0°$, um so den Aufenthalt der Partikel im Bereich höherer Plasmatemperaturen und für längere Verweilzeiten zu realisieren, während bei niedrigschmelzenden Metallen oder Kunststoffen $\Theta > 0°$ ist, um den Werkstoff in den Bereich niedriger Temperaturen zu injizieren.

Bei der parallelen Verarbeitung mehrerer Werkstoffe ist es möglich, die Lage der Injektionsorte in die Plasmaströmung so anzupassen [9–3, 9–42], daß den unterschiedlichen physikalischen Eigenschaften der verschiedenen Werkstoffe Rechnung getragen wird und diese während des Beschichtungsvorganges nicht entmischt werden, sondern ort- und zeitgleich auf einem Punkt auf dem Substrat auftreffen.

372

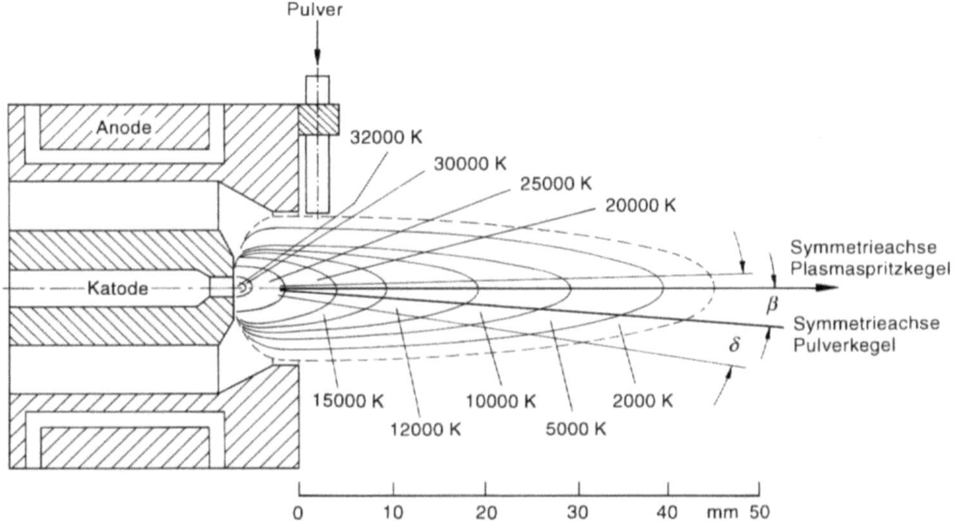

Bild 9–15. Temperaturverteilung in dem Plasma nach [9–14] und geometrische Verhältnisse nach [9–33] während des Spritzprozesses.

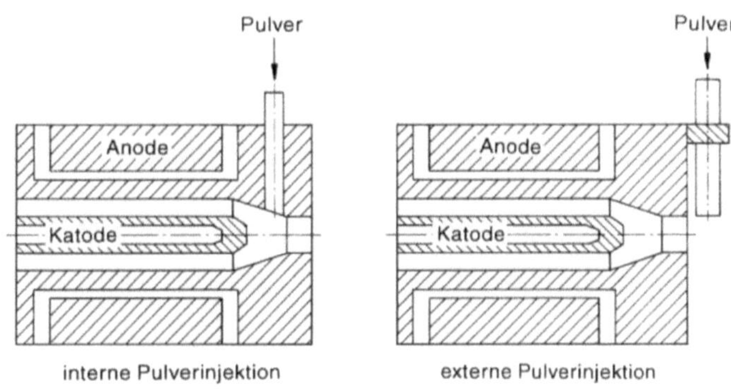

Bild 9–16. Injektionsorte des Pulvers in das Plasma.

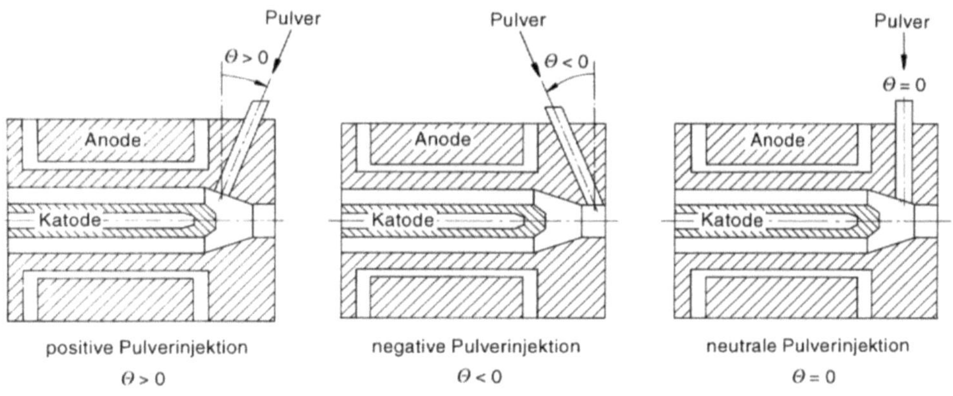

Bild 9–17. Injektionswinkel des Pulvers in das Plasma.

9.4.2 Plasmakontrolleinheit

Der Plasmaspritzprozeß wird von einer Plasmakontrolleinheit gesteuert. Diese hat folgende Aufgaben zu erfüllen (Toleranzen nach DIN 32521):

- Regelung des Plasmastromes (Sollwert ±1,5%)
- Regelung der Plasmagase und der Trägergase (Durchfluß) (Sollwert ±1,5%)
- Regelung der Pulverförderrate (Sollwert ±5%).

Bei einer im Vakuumbereich arbeitenden Plasmaspritzanlage kommen noch die Aufgaben der Arbeitsdruckregelung (±1 mbar) sowie der Regelung des übertragenden Lichtbogens zur Substratreinigung und -vorwärmung hinzu [9–43].

9.4.3 Pulverfördereinrichtungen

Pulverfördersysteme, Bild 9–18, die in der Plasmaspritztechnik eingesetzt werden, müssen eine gleichmäßige Förderung der Werkstoffpulver sicherstellen, um reproduzierbare Schichteigenschaften und gleichbleibende Schichtqualität sicherzustellen.

Die technischen Anforderungen sind:

- Möglichst exakte Pulverdosierung
- Förderung einer großen Bandbreite von Pulvern für die thermische Spritztechnik (Korngrößen zwischen 5 und 200 µm, verschiedene Fließverhalten)
- Reproduzierbarkeit des Pulverflusses.

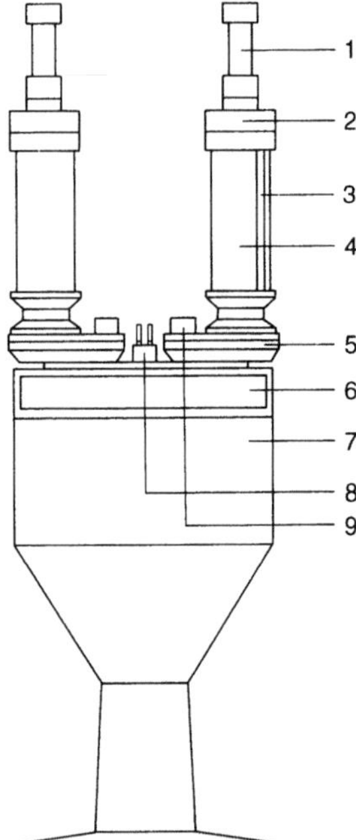

Bild 9–18. Pulvergeber (Plasmatechnik AG).
1 Rührermotor
2 Deckel für Pulvereinfüllung
3 Druckausgleichsrohr
4 Pulverbehälter
5 Dosiereinheit, austauschbar
6 Frontplatte
7 Stahlblechgehäuse
8 Arretiervorrichtung der Dosiereinheit
9 Pulverschlauchanschluß, schraubbar.

Die beim Plasmaspritzen eingesetzten Pulvergeber fördern die pulverförmigen Werkstoffe mit Hilfe eines Trägergases über die Injektionsdüse in die Plasmaflamme. Dabei wird die Menge des zugeführten Pulverwerkstoffes bei den heute eingesetzten Anlagen meist über das geförderte Volumen kontrolliert. Variationen des Trägergasstromes beeinflussen die Injektionsverhältnisse, nicht aber die Pulvermengenströme.

Zur simultanen Verarbeitung mehrerer Pulver werden auch Mehrfachpulvergeber verwendet. Mit numerischen Steuerungen können so nicht nur Kompositwerkstoffe erzeugt werden, es können auch die schon unter 9.2 genannten gradierten Strukturen mit variablen Anteilen der Einzelpulverkomponenten hergestellt werden.

9.4.4 Prozeßräume

Während bei den atmosphärischen Plasmaspritzverfahren (APS, HPPS) und dem Schutzgasplasmaspritzverfahren (SPS) lediglich Arbeitskammern benötigt werden, die die Umgebung vor Lärm und Strahlung schützen, benötigen Verfahren·wie das Vakuum-, das Inertgas-, das Reaktivplasmaspritzen Prozeßräume, die nach außen komplett abgeschlossen sind. Es sind Pumpensysteme erforderlich, um vor dem eigentlichen Spritzprozeß die Kammer auf bis zu $2 \cdot 10^{-2}$ mbar evakuieren zu können, um sicherzustellen, daß kaum Restsauerstoff während des Beschichtungsprozesses vorhanden ist. Die Pumpensteuerung muß so ausgelegt sein, daß sie in der Lage ist, den erforderlichen Betriebsdruck während des Beschichtens konstant zu halten.

9.4.5 Sonstige Elemente

Sonstige Elemente sind der Hochfrequenzstarter sowie die Stromquelle, deren Aufgaben bereits unter 9.4.1 aufgeführt worden sind.

Eine entscheidende Produktionsanforderung ist eine reproduzierbare Oberflächenbeschichtung konstanter Qualität. Deshalb ist der Einsatz numerisch gesteuerter Manipulationseinrichtungen für Brenner und Werkstück heutzutage unerläßlich und der Automatisierungsgrad industriell eingesetzter Plasmaanlagen zur Fertigung beschichteter Bauteile entsprechend hoch.

9.4.6 Periphere Einrichtungen

Für das Plasmaspritzen erforderliche periphere Systeme sind Gasversorgung, Wasserkühler, Abluftsysteme oder Frischluftanlagen. Die Steuerung dieser Komponenten kann ebenfalls von der Plasmakontrolleinheit aus erfolgen.

10 Abscheidung aus der Gasphase

G. Wahl

10.1 Physikalisch-chemische Grundlagen

10.1.1 Allgemeines

Chemische Abscheideprozesse (CVD = Chemical Vapor Deposition) haben heute eine Vielzahl von Anwendungen in der Halbleiterindustrie, in der Optoelektronik und in der Metallurgie gefunden (Tabelle 10–1), [10–1]. Sie sind deswegen in mehreren Monographien beschrieben (z.B. [10–1 bis 10–3]) und werden auf internationalen Konferenzen behandelt [10–4]. CVD-Prozesse gehören zur Klasse der Abscheideverfahren aus der Gasphase, zu denen auch die früher behandelten PVD-Prozesse gehören.

Abscheideverfahren aus der Gasphase können in verschiedene Prozeßstufen eingeteilt werden, Bild 10–1:

1. Erzeugung eines Reaktionsgasgemisches, aus dem abgeschieden wird
2. Die Transportphase
3. Die Abscheidung und die Schichtbildung.

Charakteristisch für CVD-Prozesse ist der hohe Gasdruck in der Transportphase, der in dem Bereich von einigen hPa bis zu 1000 hPa liegt, so daß die mittlere freie Weglänge λ klein gegenüber den Gefäßdimensionen bzw. dem Abstand Quelle – Substrat d ist. CVD-Prozesse arbeiten also bei kleinen Knudsenzahlen Kn

$$Kn = \frac{\lambda}{d}.$$

$$(10-1)$$

Dieser hohe Druck unterscheidet die CVD-Prozesse von PVD-Verfahren und bedingt eine andere Verfahrenstechnik. Während bei PVD-Verfahren die Vakuumtechnik angewendet wird, ist es bei CVD-Verfahren die chemische Verfahrenstechnik. Wegen der Stöße in der Gasphase müssen die Moleküle, die zum Schichtaufbau beitragen, reaktionsträge sein, damit keine Pulverbildung in der Gasphase stattfindet bzw. keine schädlichen Nebenreaktionen ablaufen. Dies bedingt, daß als Ausgangssubstanzen keine Atome wie bei dem PVD-Prozeß, sondern reaktionsträge Moleküle verwendet werden müssen. An der Oberfläche müssen dann chemische Reaktionen, deswegen das Wort Chemical in CVD, aktiviert werden, durch die das Reaktionsprodukt, die gewünschte Schicht, gebildet wird.

Als Beispiel sei die Abscheidung von Wolfram genannt:

$$WF_6 + 3\,H_2 \;\rightarrow\; W + 6\,HF.$$

Dabei reagieren WF_6 und H_2 im Gas bei Zimmertemperatur nicht miteinander, sondern erst an der Oberfläche läuft bei erhöhten Temperaturen die Wolfram bildende Reaktion ab.

376

Tabelle 10–1. Anwendung von CVD-Prozessen.

Dünne Schicht	Anwendung
epi-Si	Halbleitermaterial
a-Si	Solarzellen
Ge	Tunneldioden, Solarzellen
SiC	Schutzschicht gegen Oxidation
BN	Diffusionsquelle, Tiegelmaterial
BP	Photovoltaik
AlN	Dielektrikum, piezoelektrisches Material für Schallwellenstrahl
AlP	Elektroluminiszenzdioden
AlAs	Elektroluminiszenzdioden, Solarzellen
AlSb	Solarzellen
GaN	Elektroluminiszenzdioden
GaP	Elektroluminiszenzdioden
ZnSe	Photoleiter, Laserdioden
ZnTe	elektrooptische Anwendungen (Photoleiter, Elektroluminiszenzdioden)
CdS	Photoleiter, Solarzellen, Detektoren, Laserdioden
$CdS_{1-x}Se_x$	Laser
$Zn_{1-x}Cd_xS$	Laser
$Cd_{1-x}Hg_xTe$	Photoleiter, Photodioden, Laser
$Pb_{1-x}Sn_xTe$	Photodioden, Photoleiter, Laser
$Pb_{1-x}Sn_xSe$	Laser
PbS	Photoleiter, Laser
PbTe	Infrarotdetektoren, Laser
$PbS_{1-x}Se_x$	Laser
PbSe	Laser
PbO	Photoleiter
SiO_2, PSG, BSG, ASG	Passivierung, Ätzmaske, Gatedielektrikum in MOS-Strukturen
Si_3N_4	Diffusionsmaske, Oxidationsmaske, Antireflexschicht in Solarzellen
GaAs	Halbleitermaterial
GaSb	Laserdioden
InP	Gunndioden, Laserdioden
InAs	Laserdioden, Halleffektdioden
InSb	Photoelektroden
$GaAs_{1-x}P_x$	Hochtemperaturgleichrichter, Elektroluminiszenzdioden, Laserdioden
$InAs_{1-x}P_x$	Photokatoden, elektrooptische Anwendungen
$InAs_{1-x}Sb_x$	Laserdioden
$GaAs_{1-x}Sb_x$	Photokatoden, Laserdioden
$Ga_{1-x}In_xAs$	Photokatoden, Laserdioden
$Ga_{1-x}In_xP$	Luminiszenzdioden, Laserdioden
$Ga_{1-x}Al_xAs$	Laserdioden, Solarzellen
$In_xAl_{1-x}P$	Elektrolumineszenzdioden, Laserdioden
$Ga_xAl_{1-x}Sb$	Infrarotgeräte
$Ga_{1-x}Al_xP$	Elektrolumineszenzdioden
$Ga_xIn_{1-x}Sb$	Elektrolumineszenzdioden
$In_{1-x}Ga_xAs_yP_{1-y}$, ZnO	Laserdioden, Photokatoden
ZnS	Elektrolumineszenzdioden, Laserdioden
Al_2O_3	Isolator, Passivierung, Diffusionsmaske, Verschleißrate
Polymere	Kapselmaterial, Isolator für Halbleiterelemente
W	Metallisierung, Leiterbahn in integrierten Schaltungen
Mo	Schottkydioden, Ätz- und Diffusionsmaske, Leiterbahn
Pt	Ohmscher Kontakt, Schottkydioden
Ta	Leiterbahn

Tabelle 10–1 (Fortsetzung)

Dünne Schicht	Anwendung
Al, Cr, Ni, V	Schutzschichten
Legierungen	Schutzschichten
SnO_2, In_2O_3	transparente elektrische Leiter
MB_x	harte Schicht
MC_x und C	Widerstand, Schutzschicht gegen Verschleiß und Korrosion
MSi_x	Korrosionsschutzschicht, Schottkykontakt, Leiterbahn
MN_x	Schutzschicht gegen Verschleiß
Nb_3-Sn, Nb_3Ge	Supraleiter
$R_3Fe_5O_{12}$	Memories, Mikrowellenfilter
MFe_2O_4	Memories, Mikrowellengeräte
Fe_2O_3	Photomaske, optische Filter
CrO_2	Memories, Magnetträger
$PbFe_{12}O_{19}$	semitransparente Masken

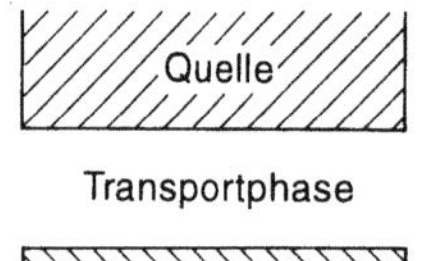

Transportphase

Bild 10–1. Prozeßstufen bei CVD-Prozessen.

Die Reaktionen können thermisch, durch Ionenbeschuß der Oberfläche oder durch Photonenbeschuß aktiviert werden. Je nach Aktivierung werden die Beschichtungsprozesse

Thermisches CVD

Plasmaaktiviertes CVD

Photonenaktiviertes CVD

genannt.

Es sei darauf hingewiesen, daß unsere Definition von CVD dem Sprachgebrauch entspricht, wie er auf den CVD-Konferenzen üblich ist [10–4]. Es wurde allerdings auch [10–5] ein wesentlich weiter gefaßter Begriff vorgeschlagen, der alle Prozesse mit chemischen Reaktionen unabhängig vom Druck umfaßt.

Die Modellvorstellungen für Photo-CVD und Plasma-CVD beruhen auf dem thermischen CVD. Deswegen soll diese Prozeßgruppe hier hauptsächlich behandelt werden.

Eine „ideale" Kennlinie für einen thermischen CVD-Prozeß ist in Bild 10–2 gezeigt. Bei niedrigen Temperaturen (Bereich I) wird der Abscheideprozeß durch die an der Oberfläche ablaufende Reaktion bestimmt. Die Abscheidung wird dann durch ein Arrheniusgesetz beschrieben:

$$\dot{s} = \dot{s}_0 \exp \left(\frac{-E}{RT} \right) \tag{10–2}$$

mit E: Aktivierungsenergie,

R: allgemeine Gaskonstante.

378

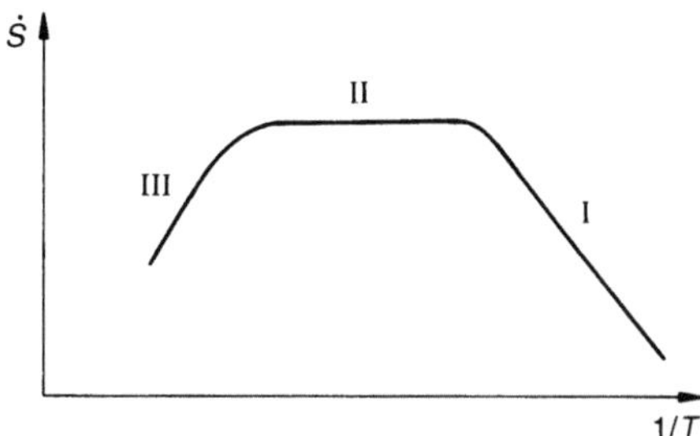

Bild 10-2. „Ideale" CVD-Charakteristik.

Bei höheren Temperaturen werden die Reaktionsgeschwindigkeiten an der Oberfläche so schnell, daß die Abscheidung durch den Transport durch die Gasphase bestimmt wird. In diesem Bereich ist die Abscheiderate und die Gleichmäßigkeit der Schicht durch die Strömung im Reaktor bestimmt und die Abscheidung annähernd temperaturunabhängig (Bereich II). Bei noch höheren Temperaturen (Bereich III) wird die Abscheidung durch homogene Reaktionen in der Gasphase kontrolliert, die schließlich zu Pulverbildung führen kann. Die Abscheiderate verringert sich dadurch. Je nach Kinetik der Reaktionen an der Oberfläche und der Pulverbildung in der Gasphase kann die Form der CVD-Kennlinien stark geändert werden. Die verschiedenen Typen von gemessenen Kennlinien sind in Bild 10-3 gezeigt.

Bei der Auswahl des Arbeitspunktes auf der CVD-Kennlinie sind verschiedene Gesichtspunkte zu berücksichtigen:

a) Form der Werkstücke

b) Schichtstruktur.

Sollen komplizierte Formen oder gar poröse Körper innen beschichtet werden, so wird der Arbeitspunkt immer im kinetisch kontrollierten Bereich gewählt, wo wegen der geringen Abscheidegeschwindigkeit keine Verarmung der Gasphase eintritt. Bei einfachen Formen, z.B. bei der Beschichtung von ebenen Flächen, müssen andere Gesichtspunkte die Entscheidung herbeiführen, z.B. kann die gewünschte Schichtstruktur einen bestimmten Arbeitspunkt verlangen. Dies ist bei der Si-Epitaxie der Fall, wobei gemäß der Reaktion [10-6, 10-1, 10-2]

$$\mathrm{SiHCl}_x\mathrm{H}_{4-x} + (x/2)\,\mathrm{H}_2 \;\rightarrow\; \mathrm{Si} + x\mathrm{HCl} + 2\,\mathrm{H}_2$$
$$T = 1100\,°\mathrm{C} - 1200\,°\mathrm{C}$$

Si epitaktisch auf Si-Wafern abgeschieden wird. Hier muß bei hohen Temperaturen abgeschieden werden, damit das Si epitaktisch aufwächst.

Je nach Wahl des Abscheidepunktes sind verschiedene Reaktortypen möglich. Für die Arbeit im kinetisch kontrollierten Bereich eignen sich Batch-Reaktoren, die Strömung spielt hier nur eine untergeordnete Rolle. Wegen der geringen Verarmung können größere Stückzahlen gleichzeitig beschichtet werden (Abschnitt 10.2.1).

Im Bereich II ist die Abscheidung stark von der Strömung beeinflußt, allerdings kann man hier mit höheren Beschichtungsgeschwindigkeiten rechnen. Dieser Bereich ist für Einzelbeschichtungen wichtig (Abschnitt 10.2.2).

Im folgenden werden die einzelnen Prozeßstufen und Abscheidebereiche der Reihe nach behandelt.

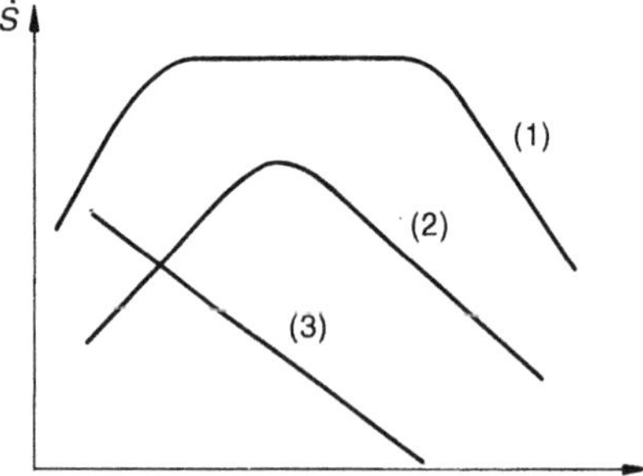

$1/T$ Bild 10–3. Verschiedene Typen von CVD-Kennlinien.

10.1.2 Ausgangsmoleküle, Verdampfer

Ausgangsmoleküle für CVD-Prozesse sollten ohne Nukleation in der Gasphase bei Partialdrucken von etwa $p > 0,1$ hPa stabil sein. Es sind also Ausgangssubstanzen verwendbar, deren Dampfdrücke p_e die Bedingung erfüllen:

$$p_e > 0,1 \text{ hPa}.$$

Für die Verfahrenstechnik ist es am günstigsten, wenn die Konzentrationen bei niedriger Temperatur erreichbar sind, oder wenigstens bei Temperaturen bis zu etwa 300 °C, da die Verrohrung eines CVD-Reaktors bequem bis auf diese Temperaturen aufheizbar ist.

Die am häufigsten verwendete Verbindungsklasse sind die Halogenide. Bild 10–4 zeigt einen Überblick über die Metalle, deren Halogenide genügend flüchtig sind. Halogenide haben jedoch den Nachteil hoher Aggressivität, besonders bei hohen Abscheidetemperaturen ($> \approx 700$ °C), die bei der Verwendung von Chloriden üblich sind. Industriell am häufigsten eingesetzt ist die TiC, TiN bzw. Al_2O_3-Abscheidung aus Chloriden unter zusätzlicher Verwendung von C-Quellen (Substrat oder Zusatzgas wie Methan), Stickstoffquellen (N_2) oder O_2-Quellen (O_2, H_2O).

In bezug auf die chemische Aggressivität sehr einfach zu handhaben sind Carbonyle (Bild 10–5), welche in der Vergangenheit vor allem für die Reinnickelherstellung verwendet wurden (Mond-Verfahren). Die Ausgangsverbindungen haben den Vorteil einer hohen Flüchtigkeit und einer niedrigen Beschichtungstemperaratur (≈ 300 °C). Sie sind wegen der hohen Giftigkeit jedoch in ihrer Anwendung beschränkt und werden deswegen kaum verwendet.

Die für die Halbleitertechnologie auf Si-Basis notwendigen Ausgangsverbindungen sind als Hydride verfügbar, Bild 10–6. Diese haben trotz ihrer Gefährlichkeit (giftig, explosiv) hier ein großes Anwendungsgebiet gefunden haben. Für die Verwendung dieser Ausgangsverbindungen sind jedoch hohe Sicherheitsvorkehrungen notwendig, so daß ihre Anwendung nur für hochwertige Ausgangsprodukte (wie Halbleiterbauelemente) möglich ist.

In den letzten Jahren haben die sogenannten MOCVD-Prozesse an Bedeutung gewonnen.

Wenn von MOCVD (= metallorganic CVD) gesprochen wird, dann wird der Begriff Metallorganische Verbindungen im allgemeinsten Sinn verwendet, d. h. es werden darun-

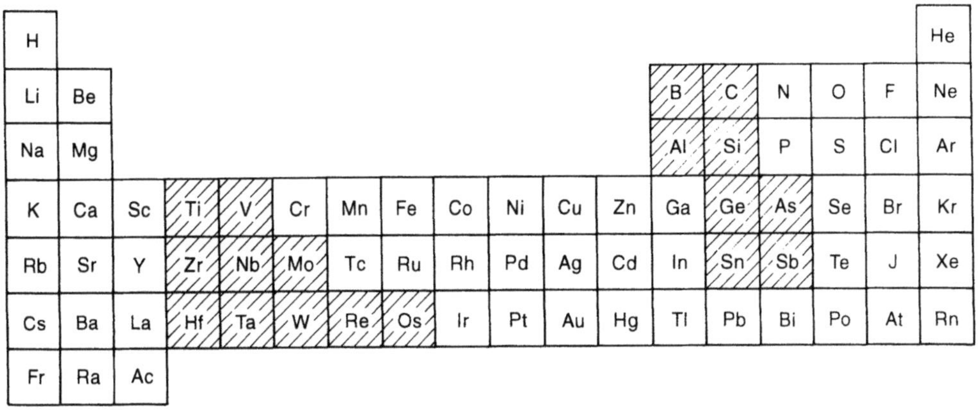

Bild 10–4. Verdampfbare Halogenide [10–7].

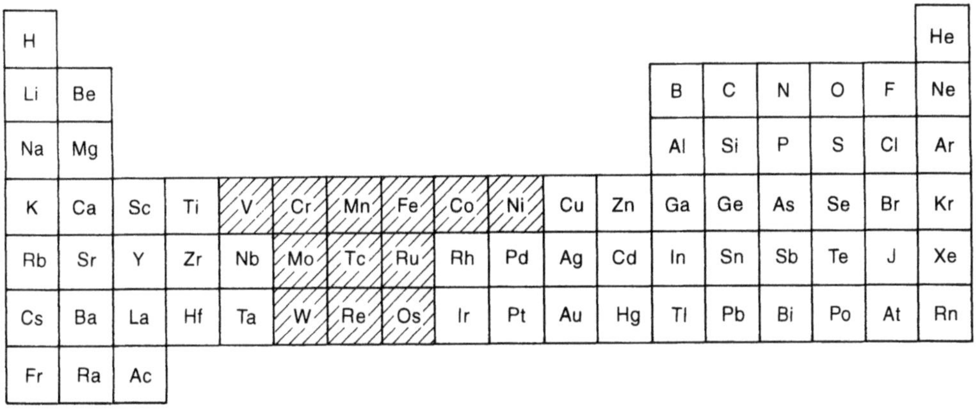

Bild 10–5. Verdampfbare Carbonyle [10–7].

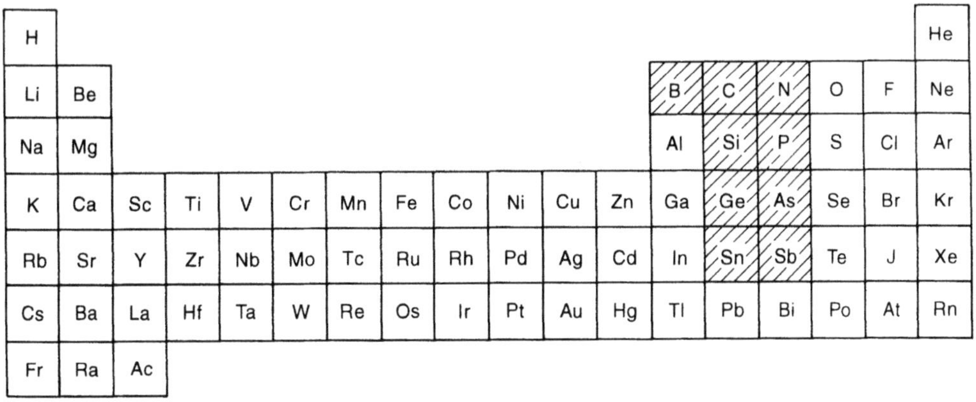

Bild 10–6. Verdampfbare Hydride [10–7].

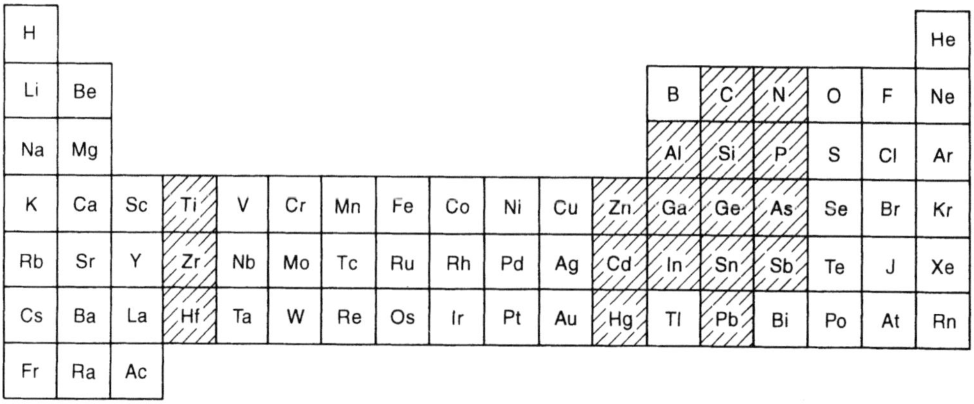

1	2	3	4	5	6	7	8	9	10	11	12	13	14	15	16	17	18
H																	He
Li	Be											B	C	N	O	F	Ne
Na	Mg											Al	Si	P	S	Cl	Ar
K	Ca	Sc	Ti	V	Cr	Mn	Fe	Co	Ni	Cu	Zn	Ga	Ge	As	Se	Br	Kr
Rb	Sr	Y	Zr	Nb	Mo	Tc	Ru	Rh	Pd	Ag	Cd	In	Sn	Sb	Te	J	Xe
Cs	Ba	La	Hf	Ta	W	Re	Os	Ir	Pt	Au	Hg	Tl	Pb	Bi	Po	At	Rn
Fr	Ra	Ac															

Bild 10−7. Verdampfbare Alkyle [10−7].

ter alle Verbindungen verstanden, die organische Bestandteile besitzen, also nicht nur Verbindungen mit C-Metall-Bindungen. Hierzu gehören z. B.:

Alkyle

Alkoholate

Diketonate

Cyclopentadienyl-Verbindungen

Amido-Komplexe

PF3-Komplexe.

Die metallorganischen Ausgangsverbindungen finden aus folgenden Gründen großes Interesse:

a) Niedrige Abscheidetemperaturen werden möglich.

b) Neue Komponenten können in die Gasphase gebracht werden.

c) Neue Strukturen können abgeschieden werden.

d) Verfügbarkeit besserer Ausgangskomponenten (z. B. nicht Cl-haltig, hoher Dampfdruck).

e) Für Photo-CVD geeignet.

Alkyle [10−8] haben für die Herstellung von III-V-Verbindungen an Bedeutung gewonnen, Bild 10−7. Triisobutylalbumin wird zur Al-Abscheidung verwendet [10−9]. Im Unterschied zu Vakuum-Aufdampfprozessen für die Beschichtung mit Al kann hier die hohe Streukraft des CVD-Prozesses ausgenutzt werden.

Eine weitere Gruppe von Ausgangsverbindungen ist die Gruppe der Alkoholate, Bild 10−8, die zur Herstellung von Oxyden verwendet werden können.

Bilder 10−4 bis 10−7 [10−7] zeigen, daß große Teile des Periodensystems überdeckt werden, jedoch nicht die Elemente der Alkali- und Erdalkali-Gruppe. Ebenso sind die Edelmetalle Cu, Pd, Pt, Ag, Au, Co, Rh und Ir nicht abscheidbar. Hier bieten sich 2 Gruppen an:

1. die Cyclopentadienyl-Verbindungen und

2. die β-Diketonate, die von den in Bild 10−8 gezeigten Chelatbildnern gebildet werden.

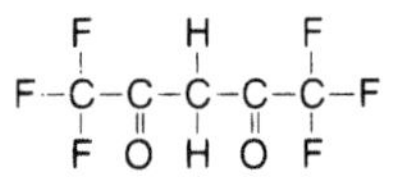

F—C—C—C—C—C—F (mit F, H, F oben; F, O, H, O, F unten)

1,1,1,5,5,5-Hexafluor-2,4-pentandion
1,1,1,5,5,5-Hexafluoracetylaceton
(hfacac)

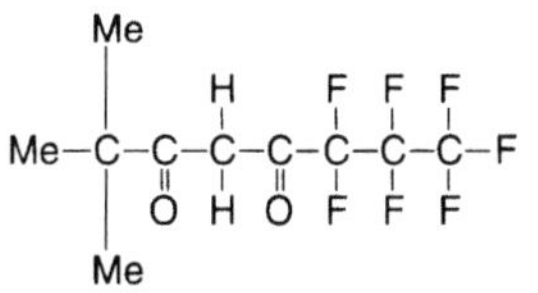

Me—C—C—C—C—C—C—C—F (mit Me oben und unten am ersten C; H, F, F, F oben; O, H, O, F, F, F unten)

2,2-Dimethyl-6,6,7,7,8,8,8-heptafluor
-3,5-octandion
(hfod)

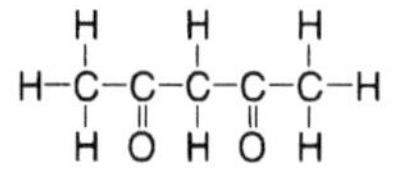

H—C—C—C—C—C—H (mit H, H, H oben; H, O, H, O, H unten)

Pentan-2,4-dion
Acetylaceton
(acac)

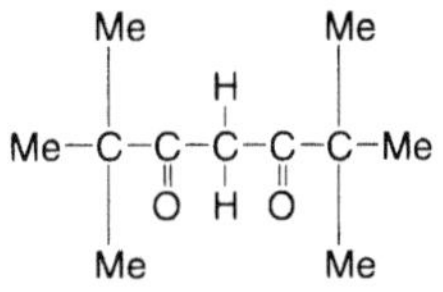

Me—C—C—C—C—Me (mit Me, Me oben; H in der Mitte; O, H, O unten; Me, Me unten)

2,2,6,6-Tetramethylheptan-3,5-dion (tmhd)
Dipivaloylmethan
(dpm)

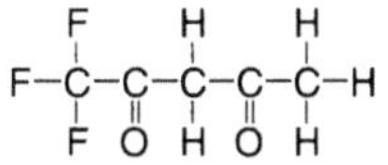

F—C—C—C—C—H (mit F, H, H oben; F, O, H, O, H unten)

1,1,1-Trifluor-2,4-pentandion
1,1,1-Trifluoracetylaceton
(tfacac)

Bild 10–8. Chelatverbindungen für die Bildung CVD-tauglicher Verbindungen [10–7].

Die Diketonate [10–10] bilden leicht flüchtige Verbindungen wie die Bilder 10–9 und 10–10 zeigen. Diese werden für die Herstellung von YBaCu-Supraleitern verwendet [10–12].

Um den Abscheideprozeß durchführen zu können, müssen die Substanzen zunächst in die Gasphase gebracht werden. Dies geschieht in einer getrennten Versorgungseinheit. Für viele Schichten ist eine genaue Dosierung der Reaktionsgase unabdingbar. Dies ist am einfachsten bei Gasen möglich, da hinreichend genaue Massendurchflußmesser existieren.

Am häufigsten werden für die Messung der Gasflüsse thermische Durchflußmesser eingesetzt, die nach dem in Bild 10–11 gezeigten Prinzip arbeiten. Das Gas wird zur Messung über zwei verschiedene Leitungen geführt, der sogenannten Meßleitung und dem Laminar-Durchflußelement, welches das für die Durchströmung der Meßleitung notwendige Druckgefälle garantieren soll. Je nach Größe des zu messenden Stromes wird das Durchflußelement variiert. In der Meßleitung, einer Kapillaren, wird der Gasstrom nach dem in dem Bild 10–11 angegebenen Prinzip gemessen. Über 2 Temperaturfühler werden die Temperaturen T_1 und T_2 gemessen, wobei über Heizwicklungen zwischen den Temperaturfühlern dem Gas Wärme zugeführt wird. Die Dimensionsanalyse ergibt, daß die sich einstellende Temperaturdifferenz über die Reynoldszahl

$$Re = \frac{\varrho\, v\, d}{\eta} \tag{10–3}$$

ϱ: Dichte des Gases

η: Zähigkeit

v: mittlere Gasgeschwindigkeit

d: Durchmesser der Kapillare

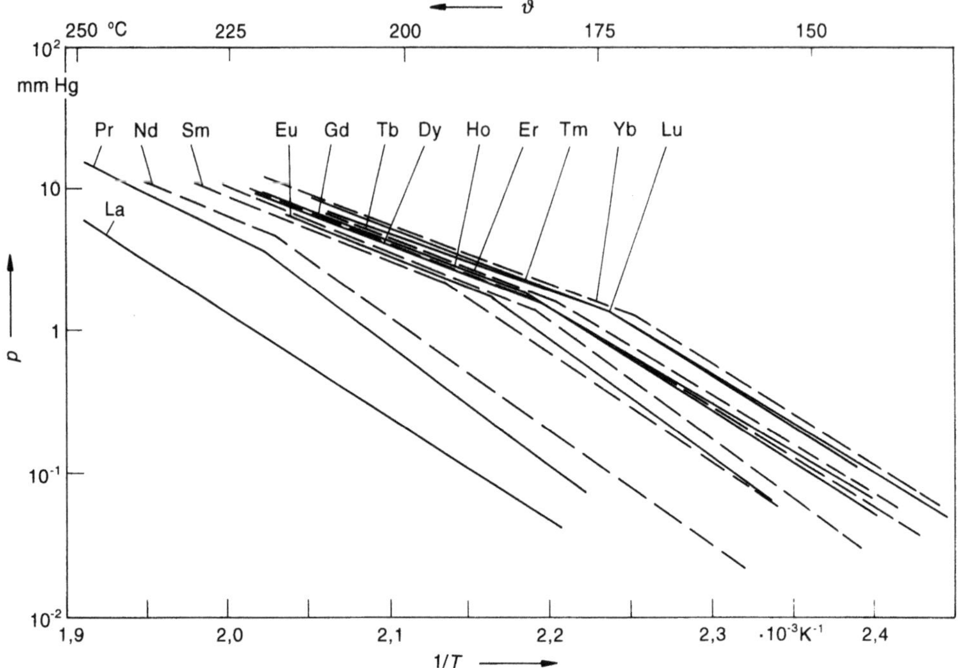

Bild 10-9. Dampfdruck von Thd-Komplexen [10–11, 10–7].

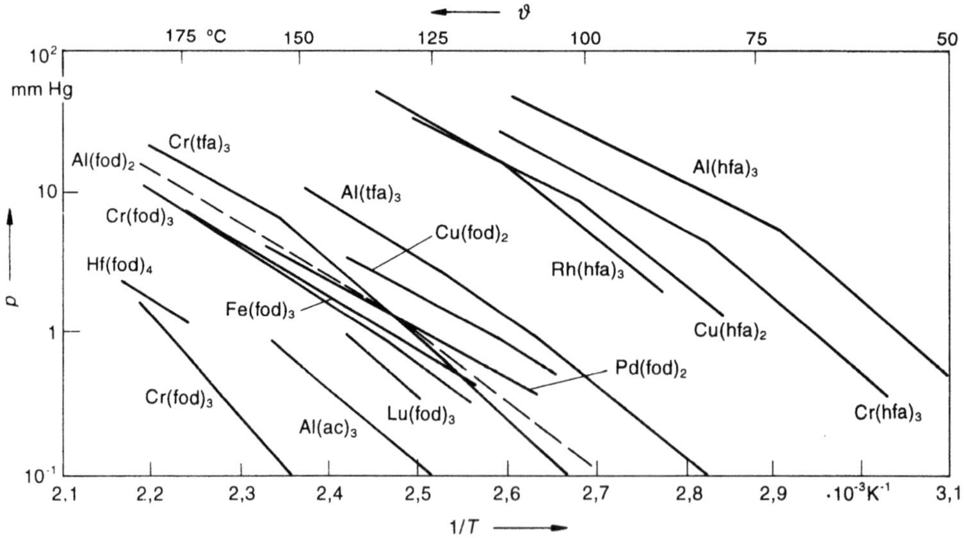

Bild 10-10. Dampfdruck von β-Diketonaten [10–11]; (hfa = hfacac,, fod = hfod, tfa = tfacac, ac = acac).

384

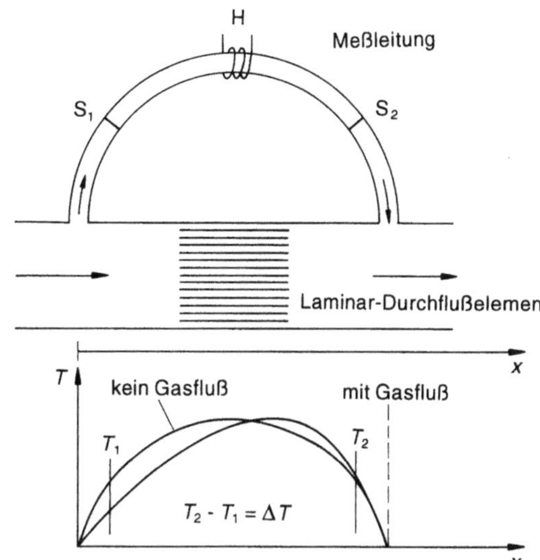

Bild 10-11. Prinzip erines thermischen Durchflußmessers (S_1, S_2: Temperaturfühler, H: Heizung).

und die Prandtlzahl

$$\mathrm{Pr} = \frac{\eta \, \varrho \, c}{\lambda} \qquad (10-4)$$

λ: Wärmeleitfähigkeit

c: spezifische Wärme bei konst. Druck

bestimmt werden kann:

$$\Delta T = f\,(\mathrm{Pr}, \mathrm{Re}). \qquad (10-5)$$

Den genauen Verlauf von f ergibt die Eichung.

Aus der Gleichung (10-5) ersieht man, daß ΔT nicht vom Druck des strömenden Gases abhängt, da die Reynoldszahl nicht vom Druck, sondern nur von dem Massendurchfluß abhängt, und die Prandtlzahl ebenfalls druckunabhängig ist. Erst bei höheren Drücken ergibt sich wegen Abweichung vom idealen Gas die Notwendigkeit von Korrekturen. Die bei CVD-Prozessen üblichen Druckvariationen (1–1000 mbar) können mit diesem Gasdurchflußmesser durchgeführt werden. Wegen der sehr feinen Strukturen der Kapillare ist bei Verwendung dieser Durchflußmesser auf die Reinheit der Gase und eine hinreichende Stabilität der Gase zu achten. Thermische Durchflußmesser sind in dem bei CVD üblichen Bereich von 0,1 l/min bis zu etwa 500 l/min (Standardbedingungen) verfügbar.

Für flüssige Ausgangsprodukte werden Bubbler verwendet, bei denen das Trägergas direkt durch die Flüssigkeit geleitet wird. Bild 10-12 zeigt das Beispiel eines solchen Verdampfers und weist gleichzeitig auf die Pulsationen hin, die bei zu großer Tropfengröße bei konstantem Gasdurchfluß auftreten. Diese können nur durch höheren Gasfluß oder aber durch kleinere Blasengröße verhindert werden [10-8].

Feststoffverdampfer haben häufig die in Bild 10-13a gezeigte Form. Ein Gas wird über die verdampfende Oberfläche geleitet und mit dem Reaktionsgas angereichert. Solche Verdampfer können in zwei verschiedenen Strömungsbereichen verwendet werden, wie in

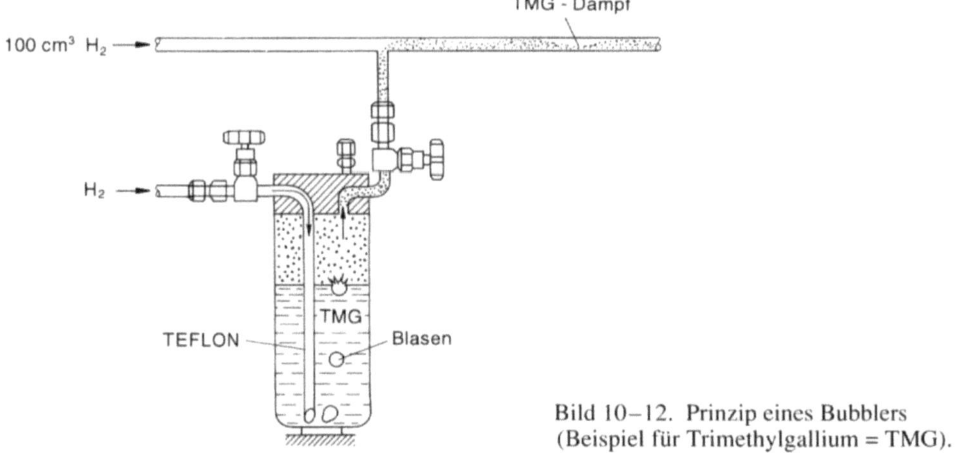

Bild 10–12. Prinzip eines Bubblers
(Beispiel für Trimethylgallium = TMG).

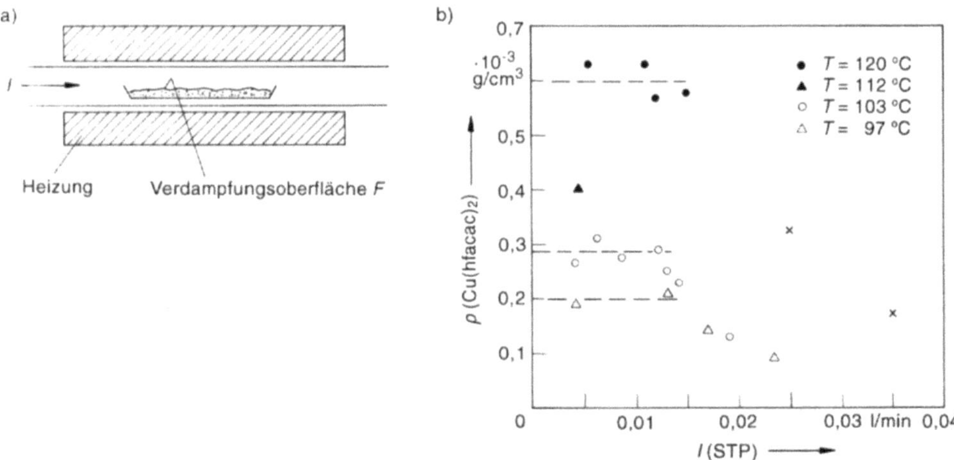

Bild 10–13. Massenanreicherung von Cu(hfacac) in einem Rohrverdampfer, wie er in (a) dargestellt ist, gegen den Gasdurchfluß [10–14]; Parameter ist die Verdampfertemperatur.

Bild 10–13 für die Verdampfung von Cu(hfacac)$_2$, 1.1.5.5 Hexafluoroacetylaceton, in
dem in Bild 10–13a gezeigten Rohrverdampfer dargestellt ist [10–14]. Bei höheren Gas-
geschwindigkeiten wird der Massengehalt ϱ (Cu(hfacac)$_2$) durch die Verdampfungsgeschwindigkeit bestimmt. Bei niedrigen Geschwindigkeiten wird der Massengehalt durch
den Gleichgewichtsdampfdruck bestimmt und ist deswegen strömungsunabhängig. Für
den in Bild 10–13a gezeigten Verdampfertyp kann die Verdampfung modellmäßig erfaßt
werden. Die geometrische Oberfläche des verdampfenden Materials sei F. Über dieser
Oberfläche bildet sich eine näherungsweise ruhende Grenzschicht mit der Dicke δ, durch
die die Moleküle in das freiströmende Gas diffundieren müssen, welches als gut durchmischt, also ohne Konzentrationsgradienten angenommen wird. In der Nähe der Ober-

fläche F bildet sich eine Konzentration n_0 der verdampfenden Teilchen, die durch die Bilanz von verdampfenden, wegdiffundierenden und wieder kondensierenden Teilchen-stromdichten i_A, i_{Ad} bzw. i_{Ar} bestimmt wird:

$$i_A - i_{Ar} = i_{Ad}, \tag{10-6}$$

wobei die Verdampfungsstromdichte i_A durch

$$i_A = \alpha\, n_e\, v/4 \tag{10-7}$$

gegeben ist. n_e ist die Gleichgewichtsdampfdichte und α der Verdampfungskoeffizient, der für reine Oberflächen Werte in der Größenordnung von 1 hat. Die mittlere thermische Geschwindigkeit v kann aus der molaren Masse M und der absoluten Temperatur berechnet werden:

$$v = \sqrt{\frac{8\,R\,T}{\pi\,M}} \tag{10-8}$$

wobei R die allgemeine Gaskonstante bedeutet. i_{Ar} und i_{Ad} können durch

$$i_{Ar} = \alpha\, n_0\, v/4 \tag{10-9}$$

$$i_{Ad} = (D/\delta)\,(n_0 - n_1) \tag{10-10}$$

berechnet werden, wobei n_1 die Teilchenkonzentration im freiströmenden Trägergas ist. Die Größe D bedeutet die binäre Diffusionskonstante des Moleküls A im Trägergas. Diese ist durch die Bilanz der durch die Grenzschicht in den Freiraum diffundierenden Teilchen und der mit dem Gesamtgasstrom I abtransportierten Teilchen gegeben

$$i \cdot \frac{n_1}{n} = D \cdot F \cdot \frac{n_0 - n_1}{\delta}. \tag{10-11}$$

Aus den angegebenen Gleichungen ergibt sich der Molbruch $x = n_1/n$:

$$x \equiv \frac{n_1}{n} = i_A \frac{D\,F}{\delta} \left(I\left(\frac{D}{\delta} + \frac{v}{4}\right) + \frac{D\,F\,v\,n}{4\,\delta} \right)^{-1}. \tag{10-12}$$

Hierbei ist n die Gesamtteilchendichte im freiströmenden Gas.

Maximale Anreicherung x_M ergibt sich, wenn I gegen $I \Rightarrow 0$ strebt. Es ergibt sich dann:

$$x_M = \frac{4\,i_A}{n\,v}. \tag{10-13}$$

Gleichung (10–12) kann dann geschrieben werden:

$$x = x_M \cdot \frac{v}{4}\frac{D\,F\,n}{\delta} \left(I\left(\frac{D}{\delta} + \frac{v}{4}\right) + \frac{D\,F\,v\,n}{4\,\delta} \right)^{-1}. \tag{10-14}$$

Durch Division durch

$$\frac{v}{4}\frac{DFn}{\delta}$$

und Ausnutzung der Beziehung $D = \lambda v/3$ ergibt sich:

$$x = x_{\mathrm{M}} \cdot \left(\frac{I}{Fn}\left(\frac{4}{v} + \frac{\delta}{\lambda}\frac{3}{v}\right) + 1\right)^{-1}. \tag{10-15}$$

Bei vielen CVD-Prozessen (Gesamtdruck > 1 mbar) gilt $\delta/\lambda \gg 1$, so daß der Term $4/v$ vernachlässigt werden kann. Die Gleichung (10–15) ist dann zu vereinfachen:

$$x = x_{\mathrm{M}} \cdot \left(\frac{I}{Fn}\frac{\delta}{\lambda}\frac{3}{v} + 1\right)^{-1}. \tag{10-16}$$

Der charakteristische Faktor für die maximale Anreicherung ist somit die Kennzahl

$$\beta = \frac{3I\delta}{Fn\lambda v} \tag{10-17}$$

bzw. mit $D = \lambda v/3$:

$$\beta = \frac{I\delta}{nDF}. \tag{10-18}$$

Um eine 90%ige Annäherung an x_{M} zu erreichen, muß dieser Faktor in dem Bereich:

$$\frac{I\delta}{nDF} < 0{,}1 \tag{10-19}$$

liegen. Damit läßt sich F abschätzen, da alle Größen bekannt sind. Die Grenzschichtdicke kann mit $\delta \approx 1$ mm angenähert werden.

Aus Gleichung (10–16) ergibt sich für $I \to \infty$ die molare Verdampfungsrate j:

$$j = I \cdot x = \frac{4}{3}i_{\mathrm{A}} \cdot F \cdot \frac{\lambda}{\delta}. \tag{10-20}$$

Die Gleichung (10–20) ist durch *Fitzer* [10–15] und *Vogt* [10–16] verifiziert worden.

Wegen der Unabhängigkeit der Strömungskennzahlen vom Druck ist δ druckunabhängig. Aus (10–20) folgt deswegen eine reziproke Druckabhängigkeit der Verdampfung, Bild 10–14.

In [10–15] wurde zwei verschiedene Typen von Verdampfern verwendet, die in Bild 10–15 schematisch dargestellt sind. Bei dem Verdampfer in Bild 10–15a ist die Dicke

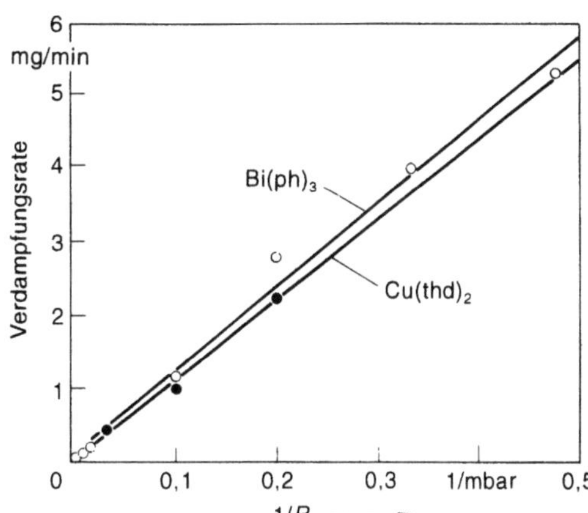

Bild 10–14. Druckabhängigkeit in einem Verdampfer [10–16].

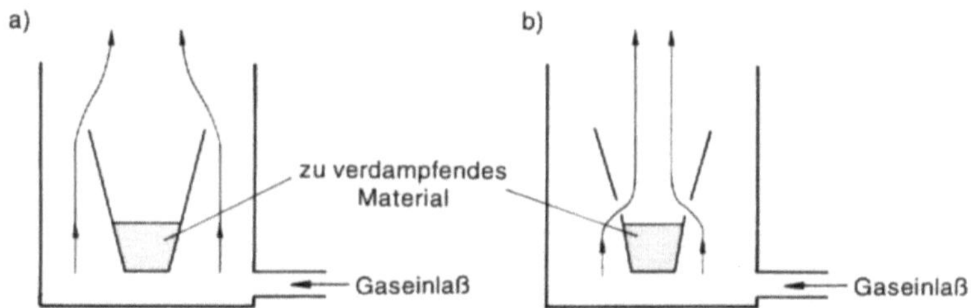

Bild 10–15. Typen von Verdampfern für die in Bild 10–16 gemessenen Verdampfungskurven.

der ruhenden Gasschicht näherungsweise gleich der Tiefe des Topfes d. Bei dem Beispiel Bild 10–15b hingegen ist die Grenzschichtdicke jene Dicke, die sich durch die Strömung ausbildet, also in der Größenordnung von $\delta = 1$ mm. Deswegen sind auch die Abdampfraten entsprechend dem Verhältnis d/δ (in unserem Fall = 10) verschieden, Bild 10–16 [10–15].

Eine genaue Planung des Verdampfers ist dann wichtig, wenn das Ausgangsmaterial nicht beliebig zu erhitzen ist, so daß durch Erhöhung der Temperatur die Verdampfungsrate nicht erhöht werden kann.

Dies ist bei den (thd)-Verbindungen (thd oder tmhd = 2.2.6.6-tetramethyl-3.5-heptandion) der Fall, die für die Abscheidung der Hochtemperatursupraleiter verwendet werden. Bild 10–17 zeigt die Verdampfungsrate von Ba(thd)₂ gegen die Zeit. Diese Messungen wurden mit einer Mikrowaage durchgeführt. Gemäß dieser Abb. ist die Verdampfungsrate bei Temperaturen $>220\,°C$ nicht konstant. Folgende Ursachen sind möglich [10–15]:

1. Hydrolyse des verdampften Materials

2. Polymerisation des Materials.

Bei einem solchen Material kann die konstante Abscheidung durch eine Flashverdampfung erreicht werden, wobei nur jeweils eine geringe Menge in die heiße Zone transportiert wird [10–18]. Bei der Flashverdampfung wird jeweils die zugeführte Menge voll-

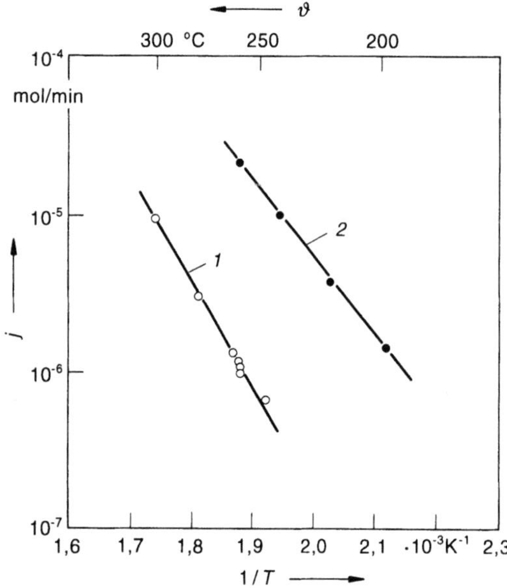

Bild 10–16. Molare Verdampfungsraten j von Ba(thd)$_2$ im Feststoffverdampfer, wie er in Bild 10–15 dargestellt ist. Kurve 1: zu Bild 10–15a, Kurve 2: zu Bild 10–15b.

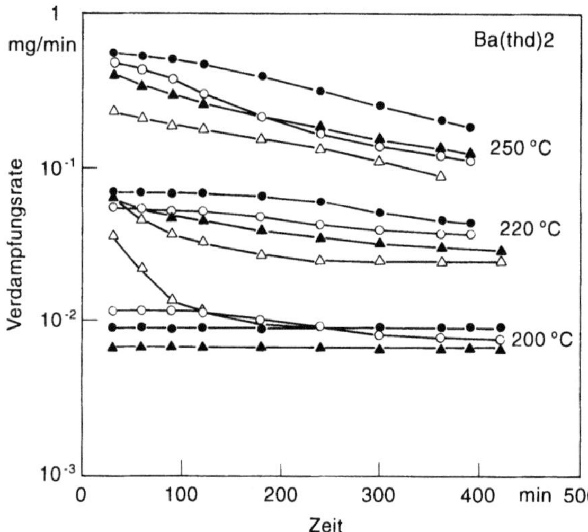

Bild 10–17. Abhängigkeit der Verdampfungsgeschwindigkeit von Ba(thd)$_2$ bei verschiedenen Verdampfungstemperaturen.

ständig verdampft, so daß auch Gemische von Feststoffen mit verschiedenen Dampfdrucken gleichzeitig verdampft werden können. Eine ähnliche Methode verwendet [10–19], um ein Gemisch von Y-, Ba- und Cu-Chelaten zur Herstellung von Supraleitern zu verdampfen. Es wurden hohe Beschichtungsgeschwindigkeiten bis zu $200\,\mu m\,h^{-1}$ erreicht, die um den Faktor 10–100 über dem mit thermischen Verdampfern erreichten Geschwindigkeiten liegen.

Eine andere Möglichkeit, schwer verdampfbare Materialien in die Gasphase zu bringen, ist die Vernebelung bzw. Aerosolherstellung. Es werden Lösungen der reaktiven Kompo-

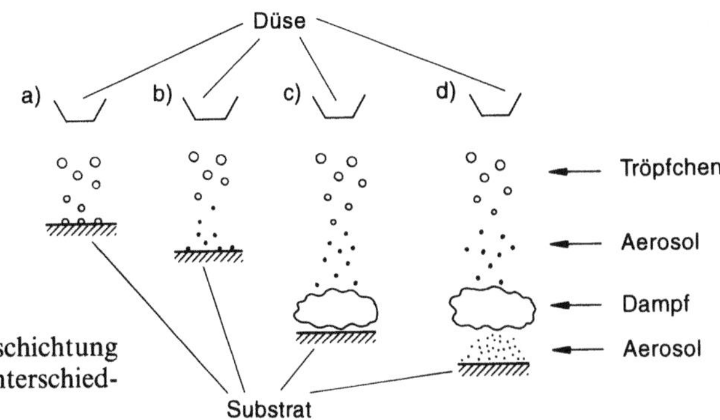

Bild 10-18. Möglichkeiten der Beschichtung mit Tröpfchenverdampfung bei unterschiedlicher Position des Substrates.

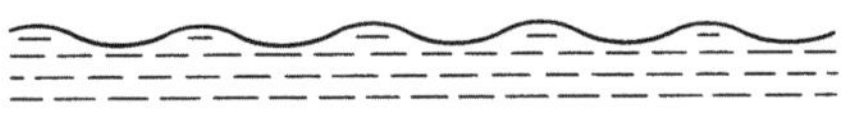

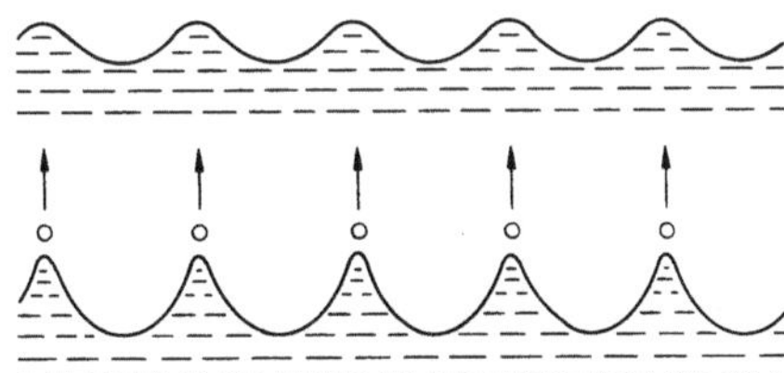

Bild 10-19. Kapillarwellen mit zunehmender Amplitude (von oben nach unten) auf einer Flüssigkeitsoberfläche.

nente in einem Lösungsmittel hergestellt und dann zerstäubt. Verschiedene Stufen des Abscheideprozesses – abhängig von den Beschichtungsbedingungen – sind in Bild 10-18 dargestellt. Für einen CVD-Prozeß sollte Stufe C erreicht werden. Als Zerstäuber werden Luftzerstäuber oder Ultraschallzerstäuber verwendet. Ultraschallzerstäuber haben gegenüber Luftzerstäubern den Vorteil eines sehr engen Teilchenspektrums, wie im folgenden erklärt wird. Die Ultraschallwelle erzeugt auf der zu zerstäubenden Flüssigkeitsoberfläche Kapillarschwingungen, Bild 10-19, mit der Wellenlänge [10-20]:

$$\lambda_{\mathrm{K}} = 2\pi \sqrt[3]{\frac{\sigma}{\varrho_0 \, \omega_{\mathrm{p}}^2}} \qquad (10\text{-}21)$$

σ: Oberflächenspannung

ϱ_0: Dichte der Flüssigkeit

ω_{p}: Kreisfrequenz der Ultraschallwelle.

Mit wachsender Schallintensität nimmt die Amplitude der Kapillarwellen zu, deren Form aufgrund von Nichtlinearitäten mehr und mehr von der Sinuswelle abweicht. Bei hohen Amplituden entstehen schließlich Tropfen, deren Durchmesser D in der Größenordnung von 1/4 der Wellenlänge liegt. Für Wasser ($\sigma = 0{,}073$ N/m) gilt dann:

$$D/\mu\mathrm{m} = 3(\nu/\mathrm{MHz})^{-2/3}.$$

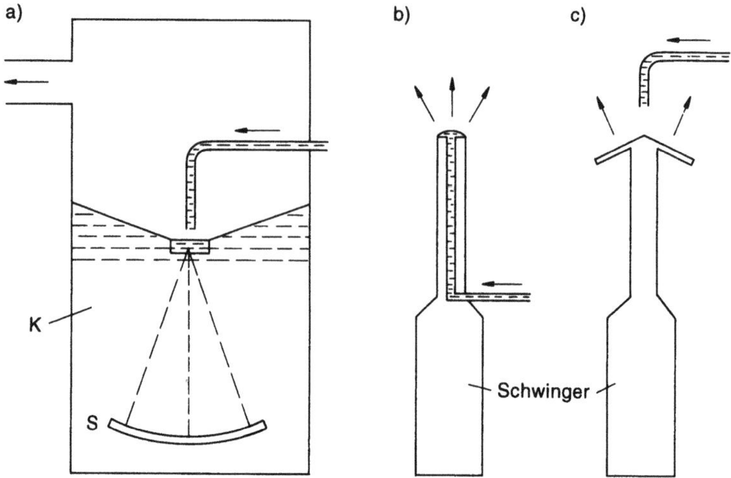

Bild 10–20. Verschiedene Bauarten von Ultraschall-Vernebelungsgeräten (S Kalottenschwinger, K Kopplungsflüssigkeit).

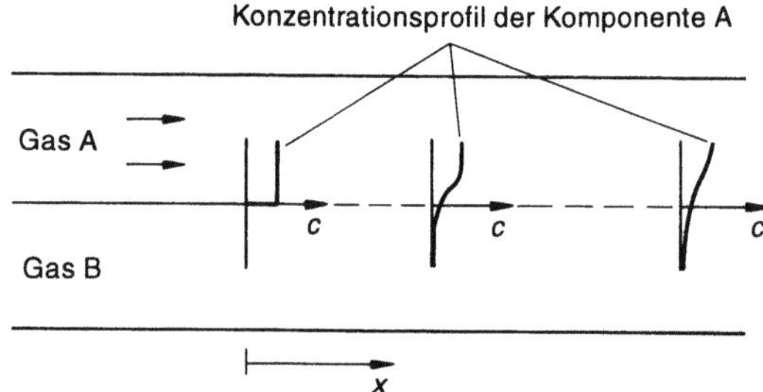

Bild 10–21. Schema für die Abschätzung der Mischungslänge.

Verschiedene Bauarten von Ultraschallzerstäubern sind in Bild 10–20 dargestellt. Dieses Verfahren wird bei der Beschichtung von In_2O_3/SnO_2 für Displays und für Optoelektronische Anwendungen [10–21] verwendet.

Falls Gasgemische aus verschiedenen Gaskomponenten hergestellt werden sollen, können die einzelnen Reaktionsgase aus verschiedenen Quellen zusammengemischt werden. Da die reaktiven Moleküle wegen ihrer meist großen Masse nur geringe Gasdiffusionskoeffizienten haben (Faktor 3–10 kleiner als für Luftmoleküle), muß besondere Sorgfalt auf die Durchmischung gelegt werden, entweder durch Einbau gesonderter Mischkammern oder aber durch genügend lange Strömungswege. Die minimale Länge des Strömungsweges (Mischungslänge) bis zur genügenden Durchmischung soll hier abgeleitet werden, Bild 10–21.

Es sei angenommen, daß zwei parallele Strömungen vom Punkt $x = 0$ an sich berühren wie in Bild 10–21 gezeigt. Bei weiterer Strömung mischen sich beide Komponenten. Nach der Zeit $t = x/V$ (V = Gasgeschwindigkeit) ist die mittlere Diffusionstiefe

$$y_{Diff} \approx \sqrt{D \cdot \frac{x}{V}} \tag{10–22}$$

erreicht.

392

Die Durchmischung ist vollständig, wenn y_{Diff} die Weite des Rohres d erreicht hat:

$$d \approx \sqrt{D \cdot \frac{x_e}{V}} \,.$$

(10–23)

Die dazugehörige Länge x_e

$$x_e = \alpha \, \frac{d^2}{D} \cdot V$$

(10–24)

α: Proportionalitätsfaktor

wird Einlauflänge genannt. Die Gleichung kann umgeformt werden in:

$$\frac{x_e}{d} = \alpha \, \frac{d V \varrho}{\eta} \cdot \frac{\eta}{\varrho D}$$

(10–25)

$$\Rightarrow \quad \frac{x_e}{d} = \alpha \, \text{Re} \cdot \text{Sc} \,.$$

(10–26)

Eine gute Durchmischung ist erreicht, wenn der Mischungsweg x die Bedingung

$$x \gg x_e$$

erfüllt. Die Schmidtzahl Sc bei CVD-Prozessen liegt in der Größenordnung zwischen 1 und 10, und die Reynoldszahl bei Re = 1 ... 100. Die Größe des Faktors α hängt von der genauen Form der Einlaufgeometrie ab.

Bild 10–22 zeigt ein Einlaufrohr, in dem ein reaktives Gas A durch ein kleines axial angeordnetes Rohr dem Hauptgasstrom zugeführt wird. Das Verhältnis des Durchmessers des kleinen Rohres d_1 zu dem Durchmesser d_2 des Hauptrohres ist $d_1/d_2 = 0{,}1$. Mit Hilfe des Rechenprogramms FLUENT wurde die Konzentration an der inneren Wand des Außenrohres berechnet, wobei angenommen wurde, daß an den Rohrwandungen keine Abscheidung stattfindet. Die Rechnungen wurden für einen Hauptgasstrom aus Luft und einer Komponente A mit der Schmidtzahl Sc = 4,5 (z.B. Ba(thd)$_2$) durchgeführt. Ist der Massenbruch des eingegebenen Gases durch das Innenrohr c_e, dann ergibt sich nach vollständiger Durchmischung der Massenbruch

$$c = c_e \cdot \frac{d_1^2}{d_2^2} \,.$$

(10–27)

Für die Berechnungen wird angenommen, daß $c_e \ll 1$ ist.

Bild 10–23 zeigt die errechnete Randkonzentration. Für eine Anreicherung bis auf 90 % des Endwertes ergibt sich:

$$\alpha \approx 0{,}04 \,.$$

Die Strömung wurde für Re = 67 und Re = 33 errechnet. Das sind Reynoldszahlen, die in dem für CVD-Prozesse typischen Bereich 1 < Re < 100 liegen. Der Wert für α ist in

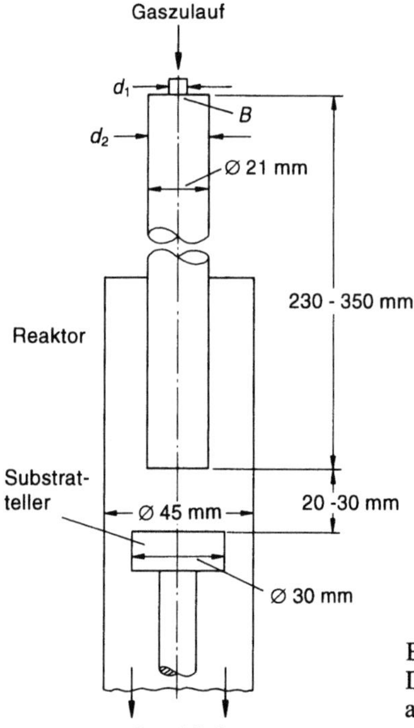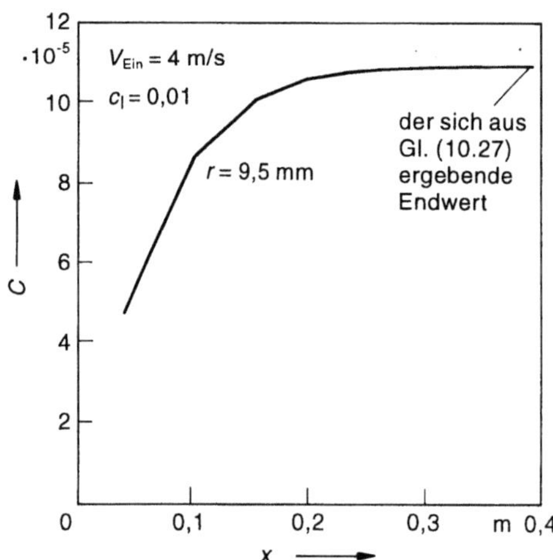

Bild 10–22. Modell eines Stauflußreaktors mit Zulaufrohr. Die reaktive Gaskomponente wird bei Position B in einem axialen Rohr (Durchmesser 1/10 des Außenrohres) zugemischt.

Bild 10–23. Massenbruch C der Komponente A am Rand des Zulaufrohres in Abhängigkeit von Abstand x von der Position B (Bild 10–22). Strömungskennzahlen: Re = 66, Sc = 4,5 (z. B. gültig für Ba(thd)$_2$), Radius des Außenrohres 9,5 mm.

qualitativer Übereinstimmung mit Strömungseinlauflängen für eine Ausbildung von Hagen-Poisseuille-Strömung. Hier wurde ein Wert von $\alpha = 0,03$ gefunden [10–22, 10–23].

10.1.3 Die Transportphase

10.1.3.1 Allgemeine Funktion

Die Transportphase, die bei CVD Prozessen immer durch die Gasphase repräsentiert wird, hat neben der Hauptfunktion, den Transport der reaktiven Komponenten an die Oberfläche zu garantieren, häufig noch die Funktion, die Gasphase so zu modifizieren, daß sich optimale Beschichtungsbedingungen ergeben. Diese Modifizierung kann entweder direkt über der Oberfläche geschehen oder entfernt von der Probenoberfläche, z.B. in der Gaszuführungsleitung (sog. Remote Prozesse). Im folgenden werden nur Beispiele für Nicht-Remote-Prozesse gezeigt, das Beschriebene läßt sich jedoch auch auf Remote-Prozesse übertragen.

Eine Modifizierung der Gasphase ist durch das Zünden einer Gasentladung möglich, wie in Bild 10–24 [10–24) gezeigt ist. In diesem Bild ist ein Parallelplattenreaktor dargestellt, in dem zwischen zwei parallelen Elektroden eine Wechselstromglimmentladung gezündet wird. Das Reaktionsgas wird hierdurch teilweise ionisiert, es werden Radikale gebildet und es entstehen durch Dissoziation reaktive Moleküle. Alle diese Prozesse erzeugen eine Gasphase mit veränderten chemischen Gaseigenschaften, so daß Beschichtungsprozesse bei tieferen Temperaturen bzw. mit veränderten Schichteigenschaften möglich werden. Daß zusätzlich der Aufwachsprozeß auch noch durch die Ausbildung von Spannungsgrenzschichten und dem dadurch erzeugten Ionenbeschuß modifiziert wird, wird erst später beschrieben.

Eine weitere Möglichkeit der Modifikation ist die Einstrahlung von Photonen wie in Bild 10–25 gezeigt. Hier wird zusätzlich zum senkrechten Photonenstrahl ein zur Probenoberfläche paralleler Strahl eingestrahlt, der homogene Reaktionen in der Gasphase

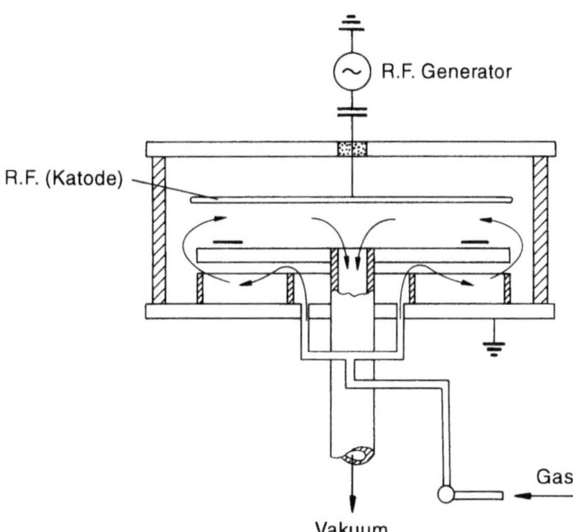

Bild 10–24. Parallelplattenreaktor.

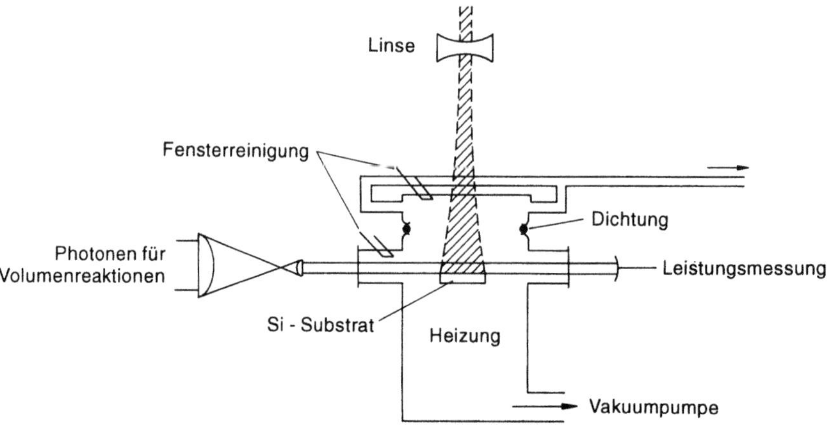

Bild 10–25. Beispiel eines Photo-CVD-Reaktors mit Modifikation der Gasphase durch einen Photonenstrahl.

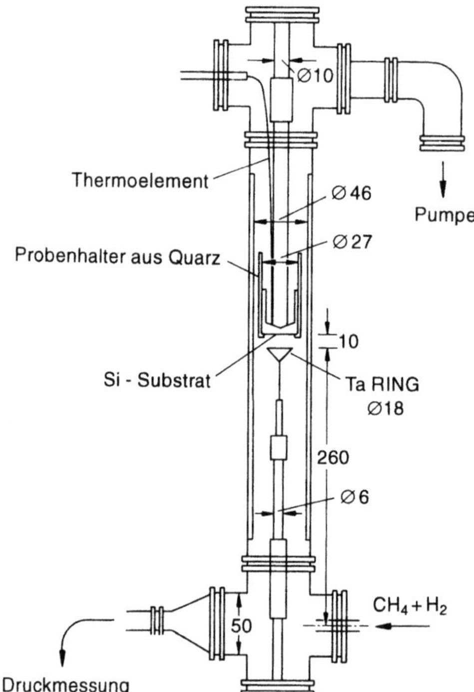

Bild 10–26. Heißdraht-CVD-Reaktor für die Diamantschichtherstellung (alle Längenangaben in mm).

erzeugen und damit die Gasphase modifizieren soll. Auch hier wird meist eine Gasatmosphäre mit höherer Reaktivität gebildet [10–25].

Eine dritte Möglichkeit ist schließlich in Bild 10–26 [10–26] gezeigt. Hier wird das Gas durch Überleitung über einen heißen Ta-Draht auf hohe Temperaturen vorgeheizt und erst dann in Kontakt mit der Abscheideoberfläche gebracht. Dieses Verfahren hat in den letzten Jahren bei der Abscheidung von Diamantschichten aus einem Gemisch aus Kohlen-

396

wasserstoff und Wasserstoff an Bedeutung gewonnen [10–27]. In diesem Fall wird durch die Vorheizung atomarer Wasserstoff erzeugt, der die Diamantbildung unterstützt.

Alle diese Verfahren basieren jedoch auf der Grundfunktion des Gases, nämlich der des Transportes. Diese soll im folgenden beschrieben werden. Die weiter unten hergeleiteten Formeln sind in erster Näherung auch für die modifizierten Gasgemische anwendbar, da bei der Voraussetzung gleicher Diffusionskonstanten der Transport der einzelnen Elemente durch chemische Reaktionen nicht geändert wird [10–28].

10.1.3.2 Grundtypen von CVD-Reaktoren

Die Reaktorgeometrie bestimmt wesentlich die Form und Eigenschaften der Transportphase. Reaktoren, die für Forschungszwecke vorgesehen sind, sollten definierbare Abscheidebedingungen und eine leichte Simulierbarkeit garantieren. Zwei Typen werden hierfür angewendet: Reaktoren mit (fast) paralleler Anströmung und Reaktoren mit senkrechter Anströmung, wie in Bild 10–27 gezeigt. Ein zusätzliches Unterscheidungsmerkmal ist das für die Abscheidung verwendete Temperaturfeld in der Gasphase. Bei isothermen CVD-Prozessen (auch CVD in Heißwandreaktoren genannt) haben das überströmende Gas und das Substrat die gleiche Temperatur. Bei nicht isothermen CVD-Prozessen bestehen im strömenden Gas Temperaturfelder. Die einfachste und am häufigsten angewendete Anordnung ist die sog. Kaltwandanordnung, bei der nur das Substrat auf die Abscheidetemperatur aufgeheizt wird.

10.1.3.3 Strömungsprobleme

Transportprozesse in der Gasphase sind aus folgenden Gründen heute von Bedeutung:

1. Sie bestimmen im diffusionskontrollierten Bereich die Abscheiderate.

2. Sie bestimmen den Verbleib von Reaktionsprodukten, die die Schichtstruktur beeinflussen können.

Zu einem Verständnis und damit zum Scale up von CVD-Anlagen sind deswegen Strömungsrechnungen unumgänglich. Strömungsrechnungen werden bis heute nur in einfachen Geometrien durchgeführt [10–29, 10–30]. Im folgenden wird nach einer allgemeinen Betrachtung über die Abscheidung, die zur Definition der die Strömung charakterisierenden Kennzahlen führt, die Abscheidung im Stauflußreaktor im diffusionskontrollierten Bereich behandelt.

Die charakteristische Kennzahl, die die für die Strömung anzuwendenden Rechenmodelle angibt, ist die Knudsenzahl Kn. Nach Bild 10–28 sind je nach Knudsenzahlbereich ver-

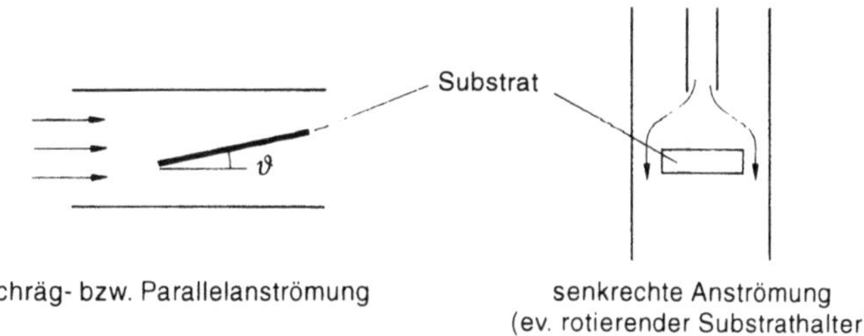

Bild 10–27. Grundtypen von CVD-Reaktoren für die Forschung.

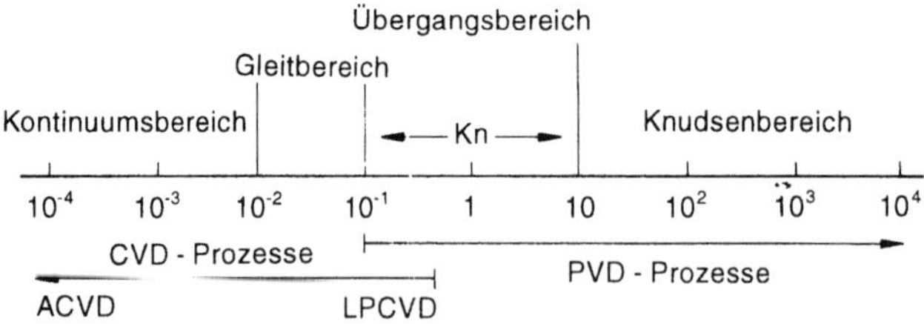

Bild 10–28. Strömungsbereiche (ACVD = Atmospheric CVD, LPCVD = Low Pressure CVD).

schiedene Rechenmodelle anwendbar [10–31]. Während für Kn > 10 die kinetische Gastheorie angewendet werden muß, gelten für Kn < 0,01 die Kontinuumsgleichungen mit der Geschwindigkeit $v = 0$ (Haftbedingungen) an den Wänden [10–32]. CVD-Prozesse werden vorwiegend in diesem Strömungsbereich durchgeführt.

Der Transport der Moleküle an die Oberfläche ist ein gekoppelter Prozeß, der sich aus Konvektion und Diffusion zusammensetzt, wobei die Diffusion im Konzentrationsgradienten (Ficksche Diffusion) und im Temperaturgradienten (Thermodiffusion) stattfinden kann.

Rechnerisch werden diese Transporteigenschaften durch simultane Lösung der entsprechenden Differentialgleichungen für den Impulstransport, für den Wärmetransport und den Teilchentransport erhalten. Wichtigste Randbedingung für die Berechnungen ist die Reaktorgeometrie. Im folgenden sollen diese Rechnungen am Beispiel des Stauflußreaktors durchgeführt werden, dessen Geometrie in Bild 10–22 gezeigt ist. Für den Abscheideprozeß wird vereinfacht angenommen, daß eine Komponente i in nur geringer Konzentration im Trägergas vorhanden ist, und daß diese Komponenten i an der Oberfläche abgeschieden wird. An der Abscheideoberfläche wird dabei angenommen, daß sich ein fester Massebruch c_{is}, z.B. bedingt durch den Dampfdruck der Komponente i, einstellt. Das Eingangsgas habe die Temperatur T_0 und die Oberfläche der Temperatur T_s. Der Druck sei so groß, daß die Knudsenzahl Kn ≪ 1 sei.

Die Strömung und der Teilchentransport werden dann bei kleinen Knudsenzahlen durch folgende Gleichungen bestimmt [10–33], [10–23], [10–34].

1. Kontinuumsgleichung

$$\frac{\partial \varrho u}{\partial x} + \frac{\partial \varrho v}{\partial y} + \frac{\partial \varrho w}{\partial z} = 0. \tag{10–28}$$

2. Navier Stokes Gleichungen (hier angegeben für die x-Komponente u der Geschwindigkeit):

$$\left(u \frac{\partial u}{\partial x} + v \frac{\partial u}{\partial y} + w \frac{\partial u}{\partial z} \right) = -\frac{\partial p}{\partial x} + g_x(\varrho - \varrho_0) + \frac{\partial}{\partial x}\left[\eta\left(2\frac{\partial u}{\partial x} - \frac{2}{3}\,\mathrm{div}\,v \right) \right]$$
$$+ \frac{\partial}{\partial y}\left[\eta\left(\frac{\partial u}{\partial y} + \frac{\partial v}{\partial x} \right) + \frac{\partial}{\partial z}\left[\eta\left(\frac{\partial w}{\partial x} + \frac{\partial u}{\partial z} \right) \right] \right].$$

$$\tag{10–29}$$

(g_x: x-Komponente der Erdbeschleunigung)

398

Ähnliche Gleichungen gelten für die Geschwindigkeiten v und w in y- und z-Richtung.

3. Die Wärmeleitungsgleichung

$$\varrho\, c_{\mathrm{p}} \left(u\,\frac{\partial T}{\partial x} + v\,\frac{\partial T}{\partial y} + w\,\frac{\partial T}{\partial z} \right) = \frac{\partial}{\partial x}\left(\lambda\,\frac{\partial T}{\partial x} \right) + \frac{\partial}{\partial y}\left(\lambda\,\frac{\partial T}{\partial y} \right) + \frac{\partial}{\partial z}\left(\lambda\,\frac{\partial T}{\partial z} \right).$$

$$(10\text{–}30)$$

4. Diffusionsgleichung für die Komponente i

$$\varrho\left(u\,\frac{\partial c_i}{\partial x} + v\,\frac{\partial c_i}{\partial y} + w\,\frac{\partial c_i}{\partial z} \right) = \frac{\partial}{\partial x}\left(\varrho\, D_i \left(\frac{\partial c_i}{\partial x} + \alpha_i\, c_i\,\frac{\partial \ln T}{\partial x} \right) \right)$$
$$+ \frac{\partial}{\partial y}\left(\varrho\, D_i \left(\frac{\partial c_i}{\partial y} + \alpha_i\, c_i\,\frac{\partial \ln T}{\partial y} \right) \right)$$
$$+ \frac{\partial}{\partial z}\left(\varrho\, D_i \left(\frac{\partial c_i}{\partial z} + \alpha_i\, c_i\,\frac{\partial \ln T}{\partial z} \right) \right).$$

$$(10\text{–}31)$$

Zusätzlich muß das ideale Gasgesetz gelten

$$\frac{\varrho_0}{\varrho} = \frac{T}{T_0}.$$

Folgende Randbedingungen müssen erfüllt sein:

Abscheideoberfläche:	Massenbruch der Komponente i	$c_i = c_{is}$	
	Gasgeschwindigkeit	$v = 0$	$(10\text{–}32)$
	Oberflächentemperatur	$T = T_s$	
Wände:	Gasgeschwindigkeit	$v = 0$	
	Wandtemperatur	$T = T_0$	
	keine Abscheidung	$\mathrm{grad}_\perp c_i = 0$	

Das Zeichen $\perp$ weist auf die Gradientenbildung senkrecht zur Oberfläche hin.

Gaseingang:	Dichte	ϱ_0
	Massenbruch der reaktiven Komponente	$c_i = c_{io}$
	Gasgeschwindigkeit	$v_{ein} = w_0$
	Gaseinlaßtemperatur	$T = T_0$

Gasausgang:

$$\frac{\mathrm{d}T}{\mathrm{d}z} = \frac{\mathrm{d}w}{\mathrm{d}z} = \frac{\mathrm{d}c_i}{\mathrm{d}z} = 0.$$

Die Massenabscheiderate ist durch den Ausdruck

$$\dot{m}_i = \varrho\, D_i\,(\mathrm{grad}_\perp c_i + c_i\,\alpha_i\,\mathrm{grad}_\perp \ln T)$$

gegeben.

Die Gaseigenschaften gehen in die Gleichungen durch die Wärmeleitfähigkeit λ, die Zähigkeit η, den Thermodiffusionskoeffizienten α_i, die spezifische Wärme c_p bei konstantem Druck und die binären Diffusionskoeffizienten D_i ein. Bei den Rechnungen wird vorausgesetzt, daß ein Gas als Trägergas betrachtet (d. h. $c_i \ll 1$) werden kann, so daß η, c_p und λ und die Dichte ϱ durch die reaktive Komponente i nicht beeinflußt wird. Bei höheren Massenbrüchen sind λ, c_p und η von der Komponente i abhängig und für den Diffusionstransport müßten die Stefan-Maxwell Gleichungen verwendet werden [10–31].

Die Gleichungen (10–23 bis 10–27) werden vereinfacht, wenn alle Größen auf Referenzgrößen bezogen werden:

$$x^* = \frac{x}{d}, \quad y^* = \frac{y}{d}, \quad z^* = \frac{z}{d}, \quad u^* = \frac{u}{w_0}, \quad v^* = \frac{v}{w_0}, \quad w^* = \frac{w}{w_0}, \quad T^* = \frac{T}{T_0},$$

$$c_i^* = \frac{c_i - c_{0i}}{c_{is} - c_{0i}}, \quad \eta^* = \frac{\eta}{\eta_0}, \quad \lambda^* = \frac{\lambda}{\lambda_0}, \quad c_p^* = \frac{c_p}{c_{p0}}, \quad D_i^* = \frac{D_i}{D_{0i}}, \quad \varrho^* = \frac{\varrho}{\varrho_0},$$

$$p^* = \frac{p}{\varrho_0 v_0^2}, \quad g_x^* = \frac{g_x}{g}, \quad g_y^* = \frac{g_y}{g}, \quad g_z^* = \frac{g_z}{g},$$

wobei sich der Index 0 auf den Gaseingang und der Index s auf die Werte nahe der Abscheideoberfläche bezieht.

g_x, g_y und g_z sind die Komponenten der Erdbeschleunigung.

Mit diesen Größen lauten die Differentialgleichungen:

$$\frac{\partial \varrho^* u^*}{\partial x^*} + \frac{\partial \varrho^* v^*}{\partial y^*} + \frac{\partial \varrho^* w^*}{\partial z^*} = 0 \tag{10–33}$$

$$\varrho^* \left(u^* \frac{\partial u^*}{\partial x^*} + v^* \frac{\partial u^*}{\partial y^*} + w^* \frac{\partial u^*}{\partial z^*} \right) = -\frac{\partial p^*}{\partial x^*} + \frac{dg g_x^* (\varrho^* - 1)}{w_0^2} + \frac{\eta_0}{\varrho_0 w_0 d} \frac{\partial}{\partial x^*} [\dots] \dots$$

$$\varrho^* c_p^* \left(u^* \frac{\partial T^*}{\partial x^*} + v^* \frac{\partial T^*}{\partial y^*} + w^* \frac{\partial T^*}{\partial z^*} \right) = \frac{\lambda_0}{\varrho_0 c_{p0} w_0 d} \left(\frac{\partial}{\partial x^*} \left(\lambda^* \frac{\partial T^*}{\partial x^*} \right) + \dots \right)$$

$$\varrho^* \left(u^* \frac{\partial c^*}{\partial x^*} + v^* \frac{\partial c^*}{\partial y^*} + w^* \frac{\partial c^*}{\partial z^*} \right) = \frac{D_{0i}}{d w_0} \left(\varrho^* D_i^* \frac{\partial c^*}{\partial x^*} + \dots \right). \tag{10–34}$$

Die Randbedingungen heißen dann

Gaseinlaß:	Dichte	$\varrho^* = 1$
	Geschwindigkeit	$w^* = 1$
	Temperatur	$T^* = 1$
	Konzentration	$c_i^* = 0$
Abscheideoberfläche:		$v^* = 0$
		$T^* = T_s^*$
		$c_i^* = 1$
Wände:		$v^* = 0$
		$T^* = 1$
		$\mathrm{grad}_\perp c_i^* = 0$
Gasausgang:	Alle Gradienten in z-Richtung $= 0$.	

Die Abscheiderate ist dann durch

$$Sh_i = \frac{\dot{m}_i\, d}{(c_{si} - c_{0i})\, D_{0i}\, \varrho_0} = \varrho^*\, D_i^* \left(\mathrm{grad}_\perp c_i^* + \alpha_i \left(c_i^* + \frac{c_{0i}}{c_{si} - c_{0i}} \right) \mathrm{grad}_\perp \ln T^* \right)$$

$$(10\text{--}35)$$

gegeben, wobei Sh die Sherwoodzahl genannt wird. Mit Hilfe der Definition der Sherwoodzahl (Gleichung 10–35) kann dann die Massenabscheiderate $\dot{m}_i$ berechnet werden:

$$\dot{m}_i = (c_{si}^* - c_{0i}^*)\, \frac{\varrho_0\, D_{0i}}{d}\, Sh_i. \qquad (10\text{--}36)$$

Daraus ergibt sich unter der Voraussetzung $c \ll 1$ die molare Abscheiderate:

$$J_i = (n_{si}^* - n_{0i}^*)\, \frac{n_0\, D_{0i}}{d}\, Sh_i \qquad (10\text{--}37)$$

n_i^*: Molbruch der Komponente i

n_0: Molare Dichte des Eingangsgases.

Die Gleichungen (10–34) bis (10–37) hängen von folgenden Konstanten ab:

$$\frac{dg}{w_0^2}, \quad \frac{\lambda_0}{\varrho_0\, c_{p0}\, d w_0}, \quad \frac{D_{0i}}{d w_0}, \quad \frac{\eta_0}{\varrho_0\, w_0\, d},$$

$$T_s^*, \ \eta^*, \ \lambda^*, \ c_p^*, \ D_i^*, \ \frac{c_{0i}}{c_{si} - c_{0i}}, \ \alpha_i.$$

Die ersten vier Gruppen lassen sich umformen in:

$$\frac{dg}{w_0^2} = \frac{1}{Fr} \qquad \frac{\lambda_0}{\varrho_0\, c_{p0}\, d w_0} = \frac{1}{Pr\, Re} \qquad \frac{D_{0i}}{d w_0} = \frac{1}{Sc_i\, Re} \qquad \frac{\eta_0}{\varrho_0\, w_0\, d} = \frac{1}{Re}. \qquad (10\text{--}38)$$

Die Reynoldszahl Re, Schmidtzahl Sc_i, Prandtlzahl Pr und Froudezahl Fr sind durch

$$Re = \frac{w_0\, d \varrho_0}{\eta}$$

$$Pr = \frac{\eta\, \varrho_0\, c_p}{\lambda_0}$$

$$Sc_i = \frac{\eta_0}{D_i\, \varrho_0} \qquad (10\text{--}39)$$

$$Fr = \frac{w_0^2}{g\, d}$$

definiert.

Die Sherwoodzahl hängt von diesen Größen ab:

$$Sh_i = f\left(x_s^*, \ y_s^*, \ z_s^*, \ Re, \ Sc_i, \ Pr, \ Fr, \ \frac{c_0}{c_{is} - c_{i0}}, \ T_s^*, \ \alpha_i, \ \eta^*, \ \lambda^*, \ c_p^*, \ D_i^* \right).$$

$$(10\text{--}41)$$

Für den isothermen Fall reduziert sich der Ausdruck:

$$Sh_i = f(x_s^*, y_s^*, z_s^*, Re, Sc_i).$$ (10–42)

Das Ziel numerischer Rechnungen ist die Angabe dieser Sherwoodzahl. Dazu müssen die Eigenschaften der Gase bekannt sein. Bei vielen CVD-Prozessen ist eine Gaskomponente (Komponente 2) im Überschuß vorhanden (z. B. H_2, N_2, O_2), so daß für λ, c_p und η die Eigenschaften dieser Gase direkt verwendet werden können. Die binären Diffusionskonstanten D_1 für die Diffusion der Komponente z. B. $i = 1$ in Gas 2 sind für die verwendeten reaktiven Gaskomponenten fast nie bekannt. Diese Größen müssen deswegen aus der kinetischen Gastheorie berechnet werden:

$$D_1 = 0{,}002628 \, \frac{\sqrt{T^3 \dfrac{(M_1 + M_2)}{2 M_1 M_2}}}{p \, \sigma_{12}^2 \, \Omega_{12}^{(1,1)*}}$$ (10–42)

Mit D_1 in $\mathrm{cm}^2\,\mathrm{s}^{-1}$

   p in atm

   T in K

   M_1, M_2 in $\mathrm{g\,mol}^{-1}$

   σ_{12} in Å.

Die reduzierten Stoßfunktionen $\Omega_{12}^{(1,1)*}$ liegen tabelliert [10–31] vor und sind durch analytische Ausdrücke angenähert worden [10–35], so daß sie direkt für Computerberechnungen verwendet werden können. Sie sind von der Größe ε_{12}/kT abhängig, wobei ε_{12} die Lennard-Jones-Wechselwirkungsenergie ist, die im Lennard-Jones-Wechselwirkungspotential V_{12} zusammen mit der Lennard-Jones-Länge σ_{12} die Abhängigkeit vom Abstand r bestimmen:

$$V_{12} = 4\varepsilon_{12}\left[\left(\frac{\sigma_{12}}{r}\right)^{12} - \left(\frac{\sigma_{12}}{r}\right)^{6}\right]$$ (10–43)

Nur wenige Wechselwirkungsparameter sind bekannt [10–36], so daß sie meist aus empirischen Regeln bestimmt werden müssen. Dazu werden zunächst die Wechselwirkungsparameter zwischen gleichen Molekülen ii z. B. aus den Siedetemperaturen T_s bzw. den molaren Volumina V_s beim Siedepunkt abgeschätzt ($i = 1, 2$) [10–36], [10–31]:

$$\frac{\varepsilon_{ii}}{k} = 1{,}15 \, T_{si} \qquad \frac{\sigma_i}{\text{Å}} = 1{,}18 \, (V_{si}/\mathrm{cm}^3\,\mathrm{mol}^{-1})^{1/3}.$$ (10–44)

Wenn V_{si} nicht bekannt ist, muß es z. B. nach der Incrementenmethode [10–36] berechnet werden. Aus den ε_{ii} und σ_i kann dann durch arithmetische bzw. geometrische Mittelung die Wechselwirkungsenergie und die Wechselwirkungslänge berechnet werden:

$$\sigma_{12} = \frac{\sigma_1 + \sigma_2}{2} \quad \text{bzw.} \quad \varepsilon_{12} = \sqrt{\varepsilon_{11}\,\varepsilon_{22}}.$$ (10–45)

Die Temperaturabhängigkeit der Diffusionskoeffizienten kann durch

$$D_1 = D_{10} \cdot T^\nu$$

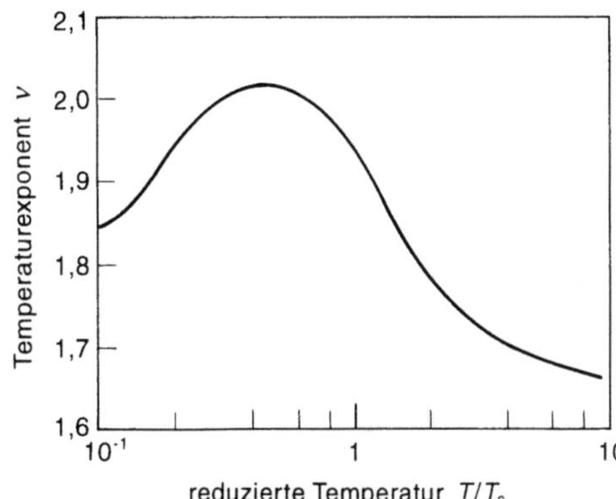

Bild 10–29. Exponent ν gegen die reduzierte Temperatur T/T_c.

bestimmt werden, wobei v über ε_{12}/kT von der Temperatur abhängt. Mit Hilfe der Gleichung (10–42) ergibt sich der in Bild 10–29 gezeigte Zusammenhang, wobei hier v gegen die Temperaturen T/T_c aufgetragen wurde. Die Referenztemperatur T_c wurde dabei als $T_c = (4/3)\,(\varepsilon_{12}/k)$ gewählt [10–31].

Für die Abscheidung in nichtisothermen Reaktoren kann die Thermodiffusion eine wichtige Rolle spielen. Der Thermodiffusionsfaktor α_{12} ist wesentlich empfindlicher von der konkreten Form des Wechselwirkungspotentials abhängig. Deswegen kann dieser Wert nur angenähert aus der kinetischen Gastheorie berechnet werden:

$$
\alpha_{12} = -\left[\frac{6\,C^*_{12} - 5}{6}\right]\left[\frac{\lambda_2}{\lambda_{12}}\right]\left[\frac{S^{(2)}}{1 + U^{(2)}}\right]
$$

$$
U^{(2)} = \frac{4}{15}\,A^*_{12} - \frac{1}{12}\left[\frac{12}{5}\,B^*_{12} + 1\right]\frac{M_2}{M_1} + \frac{(M_2 - M_1)^2}{2\,M_1\,M_2}
$$

$$
S^{(2)} = \left[\frac{(M_1 + M_2)}{2\,M_1}\right]\frac{\lambda_{12}}{\lambda_2} - \frac{15}{4\,A^*_{12}}\left[\frac{M_1 - M_2}{2\,M_2}\right] - 1
$$

$$
C^*_{12} = \Omega^{(1,2)*}_{12}/\Omega^{(1,1)*}_{12}
$$

$$
A^*_{12} = \Omega^{(2,2)*}_{12}/\Omega^{(2,2)*}_1
$$

$$
B^*_{12} = (5\,\Omega^{(1,2)*}_{12} - 4\,\Omega^{(1,3)*}_{12})/\Omega^{(1,1)*}_{12}
$$

$$
\frac{\lambda_2}{\lambda_{12}} = \frac{\sigma^2_{12}}{\sigma^2_2}\,\frac{\Omega^{(2,2)*}_{12}}{\Omega^{(2,2)*}_2}\left[\frac{2\,M_1}{M_1 + M_2}\right]^{1/2}.
$$

$$(10\text{–}46)$$

Die reduzierten Stoßintegrale Ω... liegen auch hier analytisch vor [10–35]. Die Größenordnung der Thermodiffusionsfaktoren liegt zwischen 0 und 1 [10–37, 10–13].

Mit Hilfe des angegebenen Gleichungssystems und den errechneten Gaseigenschaften kann die Strömung berechnet werden und daraus ergeben sich dann die Sherwoodzahlen. Die numerische Lösung kann mit Hilfe der Finite-Elemente-Methode bzw. der Finite-Volume-Methode [10–38] erhalten werden. Bild 10–30 zeigt die Strömungslinien in einem Stauflußreaktor. Aus den Rechnungen erkennt man, daß die Abhängigkeit von der Reynoldszahl und der Schmidtzahl durch die Relation

$$
Sh = \beta\,\sqrt{Re}\,\sqrt[3]{Sc} \tag{10–47}
$$

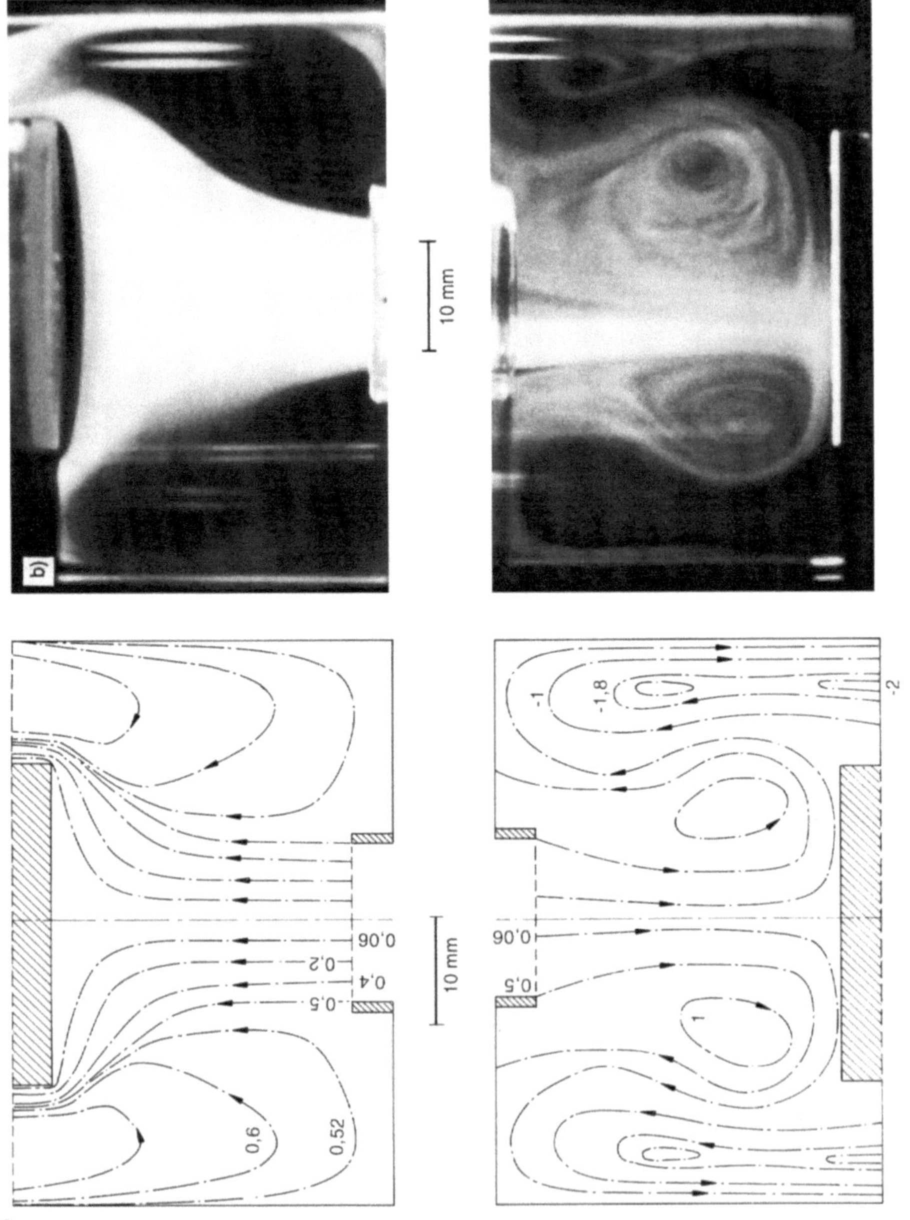

Bild 10–30. Strömungslinien in einem Stauflußreaktor. a) berechnet, b) durch TiO_2 sichtbar gemacht [10–30].

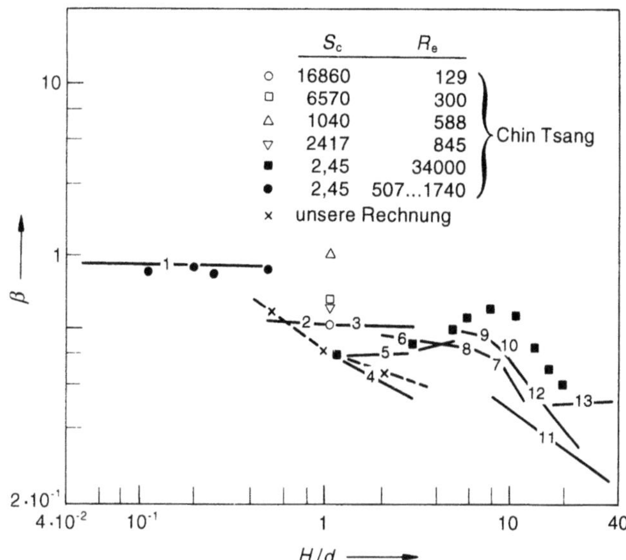

Bild 10-31. $\beta = Sh/(Re^{1/2} Sc^{1/3} g\,(Sc))$ gegen H/d [10-39]. Die Nummern beziehen sich auf verschiedene Autoren, die in Chin Tsang 1978 [10-39] angegeben sind. $g \approx 1$; H: Abstand Düse – Substrat, d: Düsendurchmesser.

gegeben ist. Dies ist in Übereinstimmung mit Grenzschichttheorien [10-23]. Dieser Zusammenhang wurde experimentell bestätigt wie Bild 10-31 zeigt, in dem für verschiedene Reynoldszahlen und Schmidtzahlen der Faktor β gegen h/d aufgetragen wurde, wobei h der Abstand zwischen Düse und Abscheideoberfläche ist. Man erkennt, daß für den Bereich $h/d < 2$ die obige Relation mit $\beta \approx 1$ erfüllt ist [10-39].

Zur Berechnung der Abscheidung in nichtisothermen Reaktoren können entweder die Differentialgleichungen im nichtisothermen Fall numerisch berechnet werden. Falls sich im nichtisothermen Fall im Vergleich zum isothermen Fall die Strömung im freien Volumen nur wenig ändert und sich nur eine Temperaturgrenzschicht an der Abscheideoberfläche ausbildet, kann jedoch der Einfluß der Temperatur innerhalb des Filmmodells berechnet werden. Dies soll im folgenden beschrieben werden.

In diesem Modell (Bild 10-32) wird angenommen, daß sich an der Oberfläche eine ruhende Grenzschicht der Dicke δ_{Mi} ausbildet, durch die das abzuscheidende Material hindurchdiffundiert. Wenn angenommen wird, daß auf der Oberfläche die reaktive Komponente i sich vollständig abscheidet, kann die molare Abscheiderate im isothermen Fall durch:

$$j_i = -n\,D_i \cdot \frac{n_{0i}^* - n_{si}^*}{\delta_{Mi}} = -D_{12}\,\frac{p}{RT\,\delta_{Mi}}\,(n_{0i}^* - n_{si}^*) \qquad (10-48)$$

angenähert werden, wobei n_{0i}^* der Molbruch der abzuscheidenden Komponente im freiströmenden Gas und n_{si}^* die Konzentration direkt an der Oberfläche ist (in unserem Fall $n_{si}^* = 0$) errechnet werden. Die Grenzschichtdicke δ_{Mi} ergibt sich durch Vergleich von (10-48) und (10-37):

$$\delta_{Mi} = d/Sh_i. \qquad (10-49)$$

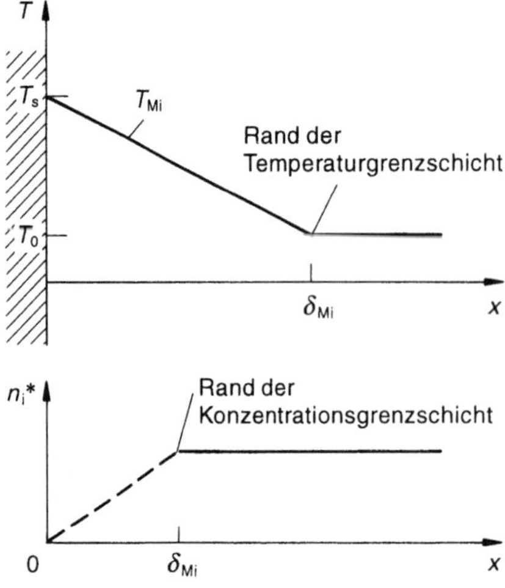

Bild 10–32. Modell zur Berechnung der Abscheiderate in nicht isothermen Reaktoren.

Zur Abschätzung des Einflusses der Temperatur und der Thermodiffusion auf den Abscheideprozeß wird angenommen, daß die Wärmediffusivität D_T die Bedingung

$$D_\mathrm{T} > D$$

erfüllt. Da die Wärmediffusivität D_T hauptsächlich durch das Trägergas bestimmt wird und die Diffusionskonstante durch das meist schwere Molekül mitbestimmt ist, ist diese Bedingung fast immer erfüllt. Für die Abschätzung der Abscheiderate wird das in Bild 10–32 gezeigte Modell verwendet. Die Temperatur wächst linear bis zum Ende der Temperaturgrenzschicht mit der Dicke δ_T an, wo die Temperatur des freiströmenden Gases erreicht wird. Die Temperaturgrenzschicht kann aus δ_Mi durch die Relation

$$\frac{\delta_\mathrm{T}}{\delta_\mathrm{Mi}} = \frac{Sc_\mathrm{i}^{1/3}}{Pr^{1/3}}$$

berechnet werden, die sich direkt aus der Analogie zwischen Massenübertragung und Wärmeübertragung mit Hilfe von Gleichung (10–47) ergibt.

Wegen des kleinen Diffusionskoeffizienten ist die Grenzschichtdicke der Diffusionsgrenzschicht kleiner. Der Konzentrationsverlauf der reaktiven Komponente wird durch den Temperaturgradienten und die Thermodiffusion bestimmt. Bei Fehlen der Thermodiffusion wird die molare Abscheidung durch

$$
\begin{aligned}
j_\mathrm{i} &= -D_\mathrm{i}\,\frac{p}{RT}\,\frac{\mathrm{d}n_\mathrm{i}^*}{\mathrm{d}x} \\[2mm]
&= -D_\mathrm{i}\,\frac{p}{RT}\,\frac{\mathrm{d}n_\mathrm{i}^*}{\mathrm{d}T}\,\frac{\mathrm{d}T}{\mathrm{d}x} \\[2mm]
&= -D_\mathrm{i}\,\frac{p}{RT}\,\frac{(T_\mathrm{s} - T_\mathrm{Mi})}{\delta_\mathrm{Mi}}\,\frac{\mathrm{d}n_\mathrm{i}^*}{\mathrm{d}T}
\end{aligned}
\qquad (10\text{–}50)
$$

bestimmt.

406

Die Temperaturabhängigkeit der Diffusionskonstanten wird als

$$\frac{D_i}{D_{i0}} = \left(\frac{T}{T_0}\right)^2 \tag{10-51}$$

angenommen. Damit ergibt sich

$$J_i = \frac{D_{i0}\, p\, T\, (T_s - T_{Mi})}{R T_0^2\, \delta_{Mi}} \frac{\mathrm{d} n_i^*}{\mathrm{d} T}\,. \tag{10-52}$$

Da J_i unabhängig von x, d.h. von T sein muß, kann die Differentialgleichung durch den Ansatz

$$n_i^* + a = c \ln T \tag{10-53}$$

gelöst werden, wobei a und c durch die Bedingungen

$$x = 0, \qquad n_{si}^* + a = c \ln T_s$$
$$x = \delta_{Mi}, \qquad n_{0i}^* + a = c \ln T_{Mi}$$

bestimmt werden.

Es ergibt sich dann die Lösung:

$$J_i(T_0 \neq T_s) = -\frac{D_{i0}\, p\, (T_s - T_{Mi})(n_{0i}^* - n_{si}^*)}{R T_0^2\, \delta_{Mi} \ln \dfrac{T_s}{T_{Mi}}}\,. \tag{10-54}$$

Für den isothermen Fall: $T_s = T_{Mi} = T_0$ und mit Gleichung (10-51) geht diese Gleichung in die oben hergeleitete Gleichung (10-48) über.

J_i kann also aus dem isothermen Wert $J_i(T_0)$, der sich aus Gleichung (10-48) ergibt, durch die Beziehung

$$J_i = \beta_{Ti} \cdot J_i(T_0) \tag{10-55}$$

berechnet werden, wobei der Faktor β_{Ti} durch

$$\beta_{Ti} = \frac{T_s - T_{Mi}}{T_0 \ln\left(\dfrac{T_s}{T_{Mi}}\right)} \tag{10-56}$$

gegeben ist. T_{Mi} kann aus den Grenzschichtdicken δ_{Mi}, δ_T und aus T_0 errechnet werden:

$$T_{Mi} = T_s - (T_s - T_0)\frac{\delta_{Mi}}{\delta_T}\,, \tag{10-57}$$

Auf ähnliche Weise kann der Einfluß der Thermodiffusion berechnet werden. Ausgehend von der Definition des Thermodiffusionsfaktors

$$J_i = -\frac{D_i\, p}{RT}\left(\frac{\mathrm{d} n_i^*}{\mathrm{d} x} + \alpha_i\, n_i^* \frac{\mathrm{d} \ln T}{\mathrm{d} x}\right) \tag{10-58}$$

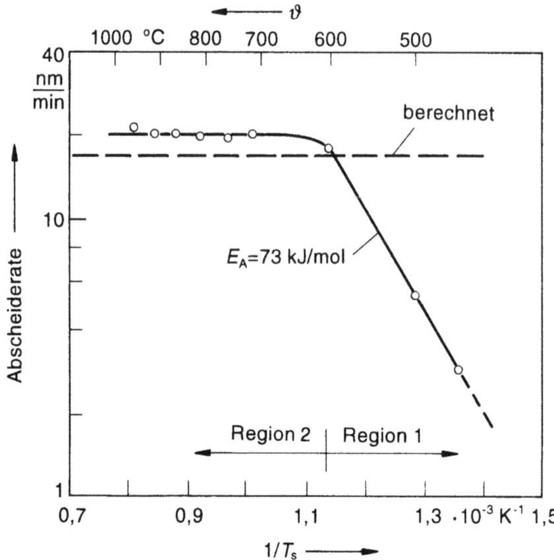

Bild 10–33. Vergleich von berechneten und gemessenen Abscheideraten.

ergibt sich unter denselben Annahmen wie bei den oben gezeigten Rechnungen:

$$\beta_{thi} = \frac{J_i(\alpha \neq 0)}{J_i(\alpha = 0)} = \alpha \, \frac{\ln T_s/T_{Mi}}{\left(\dfrac{T_s}{T_{Mi}}\right)^{\alpha_i} - 1}.$$

(10–59)

Die Abschätzung von β_{Ti} und β_{thi} zeigt, daß beide Effekte Korrekturwerte in der Größenordnung von $\pm 50\%$ ergibt, so daß näherungsweise die Abscheidung häufig isotherm, aus den Gaseingangsparametern berechnet werden kann.

Bild 10–33 zeigt die Berechnung der Abscheidung von Supraleitern [10–40] aus β-Diketonaten. Es ergibt sich ersichtlich eine gute Übereinstimmung.

Die die Strömung und die Abscheidung bestimmenden Differentialgleichungen zeigen, daß die Abscheiderate durch eine Beziehung der Form

$$J_i = \frac{(n^*_{si} - n^*_{0i})}{r_c} \qquad \frac{1}{r_c} = \beta n \cdot \frac{D_i}{d} Sh_i$$

(10–60)

berechnet werden kann, wobei Sh_i bei Vernachlässigung der Thermodiffusion unabhängig von n^*_{si} und n^*_{0i} ist, also unabhängig von der Kenntnis beider Größen berechnet werden kann.

Der mit $1/r_c$ abgekürzte Faktor hat die Form eines reziproken Widerstandes. Für beliebige Reaktoren kann also der Widerstand r_c für die Abscheideoberfläche in bezug auf den Gaseinlaß berechnet werden. Es ergibt sich somit ein Netz von Widerständen, wie in Bild 10–34 dargestellt, bei deren Kenntnis man für jedes Abscheidesystem die Abscheideraten errechnen kann, wenn außer den Eingabeparametern n^*_{0i} auch die reduzierten Molbrüche n^*_{si} an der Oberfläche bekannt sind. Liegt das thermodynamische Gleich-

408

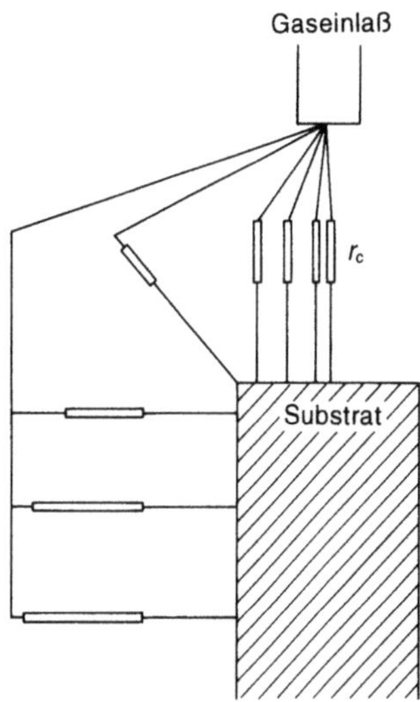

Bild 10–34. Widerstandsbild für einen CVD-Reaktor [10–41].

gewicht ganz auf der Seite der Schicht, so kann häufig $n_{\text{si}}^* = 0$ angenommen werden, wie im Fall der Supraleiterabscheidung. Im anderen Fall muß die Konzentration mit Hilfe von thermodynamischen Berechnungen vorher ermittelt werden, falls thermodynamisches Gleichgewicht vorliegt.

Falls an der Oberfläche kein thermodynamisches Gleichgewicht vorliegt, also kein Partialdruck an der Oberfläche vorgegeben werden kann, sondern Gleichungen der Art

$$J_{\text{i}} = f(n_{\text{s}1}, n_{\text{s}2} \ldots) \tag{10–61}$$

bestehen, wobei n_{si} die sich aus Zuströmung und Reaktion ergebenden Molbrüche sind. Im einfachsten Fall ist die Abscheidung durch eine Reaktion 1. Ordnung

$$J_{\text{i}} = k\, n_{\text{si}} \tag{10–62}$$

gegeben.

Dann kann diese Gleichung formal in

$$J_{\text{i}} = k\,(n_{\text{si}} - 0) \tag{10–63}$$

umgeschrieben werden. Der Koeffizient hat also auch hier den Charakter eines reziproken Widerstandes $k = 1/r_{\text{s}}$, der bei dem Abscheideprozeß den durch die Strömung erzeugten Strömungswiderstand nachgeschaltet ist. Es ergibt sich also das in Bild 10–35 errechnete Widerstandsnetz. Mit Hilfe dieser Widerstände kann jetzt die Konzentration n_{si}^* berechnet werden, wenn die r_{c} und r_{s} bekannt sind. Da auf der Substratoberfläche alle Widerstände r_{c} und r_{s} gleich sind, ergibt sich hier ein ortsunabhängiges n_{si}^*, wie es oben zur Berechnung der r_{c} angenommen wurde. Dort wo die r_{c} oberflächenabhängig sind, ergeben sich ortsabhängige n_{si}^*. Die r_{c}-Werte können hier nur durch simultane Lösung der Strömungs- und Abscheidekinetik berechnet werden. Falls allerdings die r_{s} sehr groß sind, können die r_{c} bei der Berechnung der Abscheidung vernachlässigt werden.

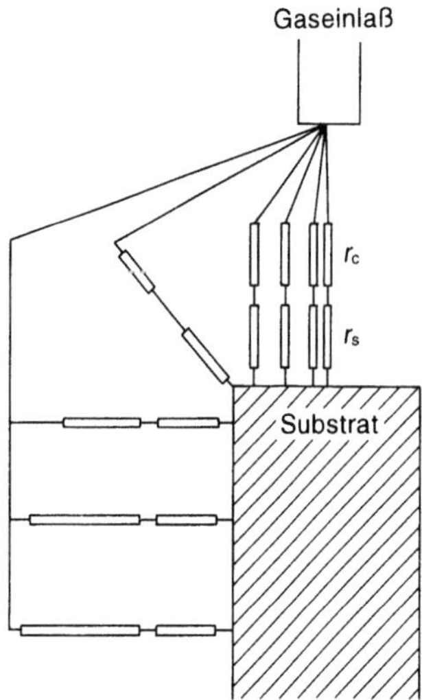

Bild 10–35. Widerstandsbild für einen CVD-Reaktor mit Oberflächenkinetik.

10.1.3.4 Abscheidung und Schichtbildung

Die einzelnen Prozeßschritte, die zur Bildung der Schicht führen, sind in Bild 10–36 dargestellt:

1. Massentransport der Reaktanden zur Oberfläche (wie im letzten Abschnitt dargestellt)

2. Adsorptions-Desorptions-Reaktionsprozesse

3. Reaktionen der adsorbierten Teilchen untereinander (Langmuir-Hinshelwood-Mechanismus = LH) oder mit dem Gas (Eley-Rideal-Mechanismus)

4. Diffusionsprozesse an der Oberfläche

5. Keimbildung (1- oder 2-dimensional) bzw. Stufenwachstum

6. Bildung eines kontinuierlichen Filmes durch Zusammenwachsen der Keime

7. Umwandlungsprozesse in der Schicht.

Die Schichtstruktur wird durch das Zusammenwirken aller Prozeßschritte gebildet, während für die Wachstumsrate meist nur einer der Prozeßschritte wichtig ist.

Wenn nur der Massentransport in der Gasphase die Abscheidung bestimmt, dann können die im letzten Abschnitt genannten Überlegungen direkt verwendet werden.

Ist Schritt 2 bis 4 bestimmend für die Abscheidung, dann werden die Methoden der Katalyse für die Berechnungen der Abscheidung verwendet. Ein Beispiel ist die SiO_2-Abscheidung aus SiH_4, die sich durch einen Langmuir-Hinshelwood-Mechanismus beschreiben läßt:

SiH_4 und O_2 werden auf der Oberfläche adsorbiert und reagieren miteinander zu SiO_2. Die Abscheidung kann bei konstantem SiH_4-Gehalt verringert werden, wenn zu viel O_2 in der Gasphase ist, da O_2 stärker adsorbiert wird als SiH_4. Es ergeben sich so die in Bild 10–37 dargestellten Abscheidekurven für SiO_2, die in einem Stauflußreaktor gemessen wurden [10–42].

410

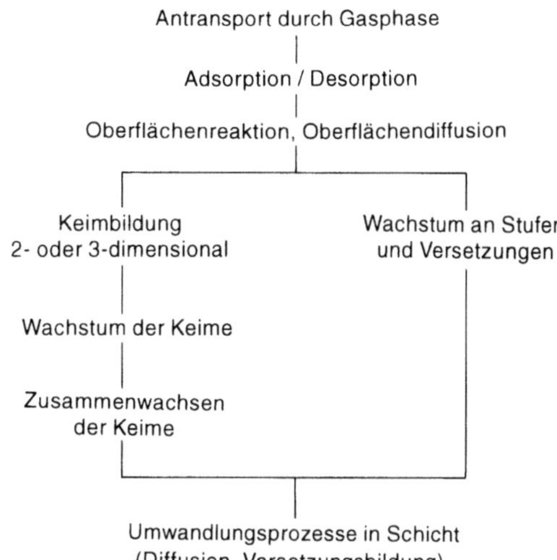

Bild 10–36. Fundamentale Prozesse beim Schichtwachstum.

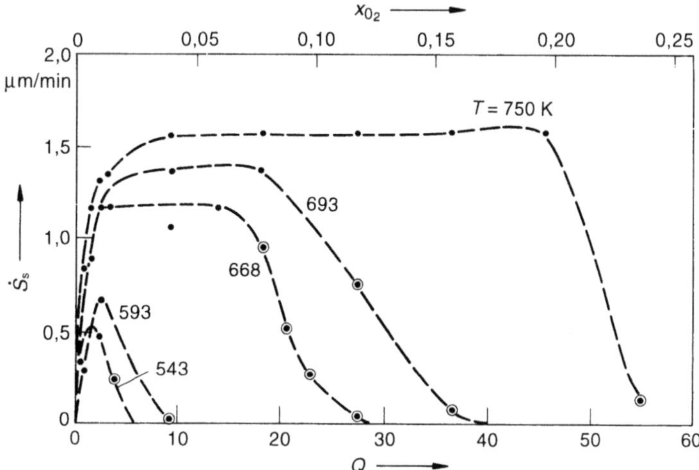

Bild 10–37. SiO_2-Abscheiderate gegen den Quotienten Q aus den Gasflüssen i (SiH_4) und i (O_2). Die Größe i (SiH_4) wurde dabei konstant gehalten.

Für die Abscheidung von Wolfram aus $WF_6 + H_2$ ist ein sehr kompliziertes Reaktionsschema angegeben worden, welches in Bild 10–38 dargestellt ist. Die Abkürzung s soll in dieser Abbildung Adsorptionsplatz bedeuten, so daß mit z. B. $WF_6 \cdot s$ ein adsorbiertes WF_6-Molekül gemeint ist. Die für die Modellierung notwendigen Geschwindigkeitskonstanten sind jeweils angegeben. Eine detaillierte Rechnung des Beschichtungsprozesses ergibt eine gute Übereinstimmung zwischen Experiment und Theorie [10–43].

Meist, so auch in den erwähnten Arbeiten [10–42, 10–43], wird die Keimbildung bzw. ein mögliches Wachstum an den Kristallstörungen nicht weiter betrachtet. In einem einfachen Modell soll im folgenden die Keimbildung mit in den Wachstumsprozeß

$$WF_6 + s \; \underset{k_1}{\overset{k_1'}{\rightleftharpoons}} \; WF_6 \cdot s \qquad\qquad K_1 = \frac{[WF_6 \cdot s]}{[WF_6]\,[s]}$$

$$WF_6 \cdot s + H \cdot s \; \underset{k_2}{\overset{k_2'}{\rightleftharpoons}} \; WF_5 \cdot s + HF \cdot s \qquad K_2 = \frac{[WF_5 \cdot s]\,[HF \cdot s]}{[WF_6 \cdot s]\,[H \cdot s]}$$

$$WF_5 \cdot s + H \cdot s \; \underset{k_3}{\overset{k_3'}{\rightleftharpoons}} \; WF_4 \cdot s + HF \cdot s \qquad K_3 = \frac{[WF_4 \cdot s]\,[HF \cdot s]}{[WF_5 \cdot s]\,[H \cdot s]}$$

$$WF_4 \cdot s + H \cdot s \; \underset{k_4}{\overset{k_4'}{\rightleftharpoons}} \; WF_3 \cdot s + HF \cdot s \qquad K_4 = \frac{[WF_3 \cdot s]\,[HF \cdot s]}{[WF_4 \cdot s]\,[H \cdot s]}$$

$$WF_3 \cdot s + H \cdot s \; \underset{k_5}{\overset{k_5'}{\rightleftharpoons}} \; WF_2 \cdot s + HF \cdot s \qquad K_5 = \frac{[WF_2 \cdot s]\,[HF \cdot s]}{[WF_3 \cdot s]\,[H \cdot s]}$$

$$WF_2 \cdot s + H \cdot s \; \underset{k_6}{\overset{k_6'}{\rightleftharpoons}} \; WF \cdot s + HF \cdot s \qquad K_6 = \frac{[WF \cdot s]\,[HF \cdot s]}{[WF_2 \cdot s]\,[H \cdot s]}$$

$$WF \cdot s + H \cdot s \; \underset{k_7}{\overset{k_7'}{\rightleftharpoons}} \; s + HF \cdot s \qquad K_7 = \frac{[s]\,[HF \cdot s]}{[WF \cdot s]\,[H \cdot s]}$$

$$HF \cdot s \; \underset{k_8}{\overset{k_8'}{\rightleftharpoons}} \; HF + s \qquad\qquad K_8 = \frac{[HF]\,[s]}{[HF \cdot s]}$$

$$H_2 + 2\,s \; \underset{k_9}{\overset{k_9'}{\rightleftharpoons}} \; 2\,H \cdot s \qquad\qquad K_9 = \frac{[H \cdot s]^2}{[H_2]\,[s]^2}$$

Bild 10–38. Das vollständige Abscheideschema von $WF_6 + -3\,H_2 \rightarrow W + 6\,HF$, welches zur Abscheidung von Wolfram führt. Dabei ist angenommen, daß jedes gebildete W-Atom einen neuen Adsorptionsplatz bildet.

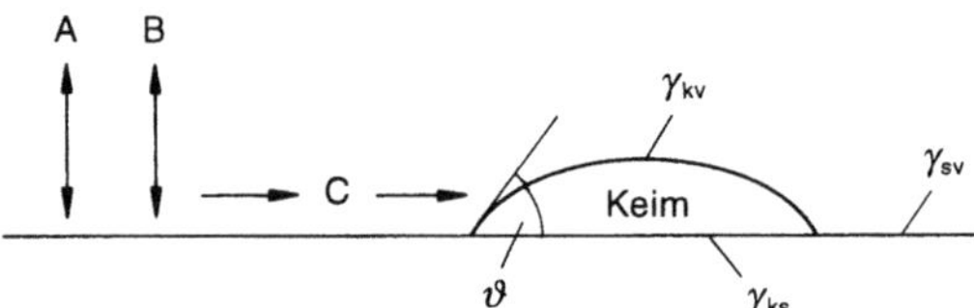

Bild 10–39. CVD-Modell einschließlich Keimbildung. Dieses Modell wird im Text diskutiert.

integriert werden und dadurch auf die die Kristallstruktur definierenden Parameter hingewiesen werden.

Hierzu sei angenommen, daß gemäß Bild 10–39 zwei Molekülarten A und B auf der Oberfläche adsorbiert werden und zu C reagieren

$$A + B \rightarrow C,$$

wobei C dann die Schicht bilden möge.

412

Die Aufprallrate der Moleküle auf die Oberfläche ist durch die Hertz-Knudsen-Formel ($i = A, B$)

$$J_i = \frac{p_i}{(2\,\pi\,m_i\,k\,T)^{1/2}} \tag{10-64}$$

gegeben, wobei p_i der Partialdruck der Komponente i, T die Temperatur in der Nähe der Oberfläche (etwa im Abstand der freien Weglänge) und m_i die Molekülmasse ist.

Ein Teil der Moleküle wird chemosorbiert, wobei dies durch den Kondensationskoeffizienten α_i beschrieben wird:

$$\alpha_i = \frac{\text{Adsorptionsrate}}{\text{Aufprallrate}}\,,$$

so daß die Adsorptionsrate durch $J_{iad} = \alpha\,J_i$ gegeben ist.

Bei Metall auf Metall ist der Kondensationskoeffizient $\alpha_i \approx 1$, solange die Substrattemperatur weit vom Schmelzpunkt entfernt ist. Bei der Adsorption von Fremdgasmolekülen, wie sie bei CVD-Prozessen üblich ist, kann α_i durch das Aufprallen auf schon besetzte Absorptionsplätze stark von 1 abweichen. Dann ist der Adsorptionskoeffizient unabhängig von i im einfachsten Fall durch

$$\alpha = (1 - \Theta) \tag{10-65}$$

gegeben, wobei Θ der Gesamtbedeckungsgrad der Oberfläche ist. Hierbei wird angenommen, daß die Oberfläche aus gleichartigen Absorptionsplätzen besteht, die von verschiedenen Molekülen belegt werden können:

$$\Theta = \sum_i \Theta_i\,, \qquad \Theta_i = \frac{\sigma_i}{\sigma_0} \tag{10-66}$$

σ_0: Oberflächendichte der Adsorptionsplätze
σ_i: Oberflächendichte der Teilchenart i

wobei Θ_i der Bedeckungsgrad der Teilchensorte i ist.

Der Bedeckungsgrad ergibt sich dabei aus der Gesamtbilanz. Es sei angenommen, daß die Teilchenart C durch eine binäre Oberflächenreaktion gebildet wird, so daß die auf die Oberfläche bezogene Reaktionsrate durch

$$\dot{\sigma}_C = k_{AB}\,\sigma_A\,\sigma_B \tag{10-67}$$

gegeben ist, wobei σ_A und σ_B die Oberflächendichten der Teilchen A und B sind. Die Reaktion

$$C \rightarrow A + B \tag{10-68}$$

sei durch eine ähnliche Gleichung gegeben:

$$\dot{\sigma}_A = \dot{\sigma}_B = k_C\,\sigma_C\,. \tag{10-69}$$

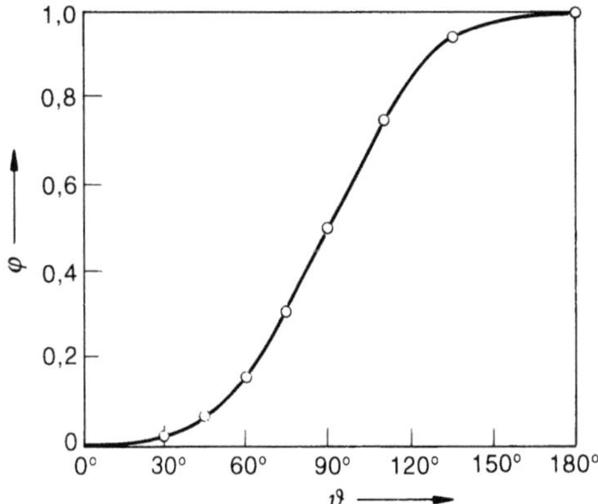

Bild 10-40. Die Korrekturfunktion φ gegen den Berührungswinkel ϑ.

Die Konzentrationen σ_A, σ_B, σ_C bzw. die Bedeckungsgrade Θ_A, Θ_B, Θ_C können nun aus den Bilanzen:

$$\text{Teilchensorte A:} \quad (1 - \Theta) J_A = J_{Ads} + k_{AB}\, \sigma_A\, \sigma_B - k_C\, \sigma_C$$

$$\text{Teilchensorte B:} \quad (1 - \Theta) J_B = J_{Bds} + k_{AB}\, \sigma_A\, \sigma_B - k_C\, \sigma_C \tag{10-70}$$

$$\text{Teilchensorte C:} \quad k_{AB}\, \sigma_A\, \sigma_C = k_C\, \sigma_C$$

berechnet werden, wobei hier angenommen wird, daß die Bilanzen durch die Keimbildung nicht beeinflußt werden. J_{ids} ($i = A, B$) sind die Desorptionsstromdichten, die durch Gleichungen der Form $J_{ids} = \sigma_i\, v_i \exp\left(-E_{ids}/kT\right)$ beschrieben werden (E_{ids} = Aktivierungsenergie der Desorption, v_i = Frequenzfaktor).

Für die Berechnung der Keime kann entweder die molekulare Theorie von *Walton* 1962 [10-44] oder die klassische Keimbildungstheorie, die auf *Becker/Volmer* zurückgeht, verwendet werden [10-45]. Nach der klassischen Keimbildungstheorie ist die Keimbildungsdichte durch

$$\sigma_K = \sigma_C \exp\left(-\frac{\Delta G^* \cdot \varphi(\vartheta)}{RT}\right) \tag{10-71}$$

gegeben, wobei ΔG^* die Freie Bildungsenthalpie für die Bildung des kritischen kugelförmigen Keims und $\varphi(\vartheta)$ (in *Hirth, Pound* 1963 [10-45] mit φ_3 bezeichnet) die Kalottenbildung an der Oberfläche berücksichtigt. Die Funktion $\varphi(\vartheta)$ ist durch die Funktion

$$\varphi(\vartheta) = \frac{1}{4}\,(2 + \cos\vartheta)(1 - \cos\vartheta)^2 \tag{10-72}$$

gegeben (Bild 10-40). Der Berührungswinkel ϑ ist durch die Dupres-Relation

$$\gamma_{sv} - \gamma_{ks} = \gamma_{kv} \cos\vartheta \tag{10-73}$$

aus den Oberflächenspannungen γ_{sv}, γ_{kv} und der Grenzflächenspannung γ_{ks} berechenbar (Bild 10-39). Für $\vartheta = 0$ ergibt sich eine vollständige Benetzung und aus Gleichung (10-71) folgt

$$\sigma_K = \sigma_C, \tag{10-74}$$

414

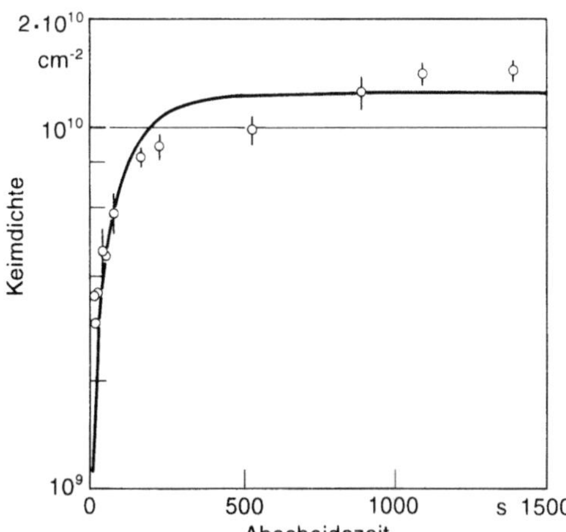

Bild 10–41. Keimdichte beim Aufdampfen von Au und NaCl gegen die Zeit.

d. h. alle Teilchen C sind gleichzeitig Keime. Für $\vartheta = 180°$ ergibt sich eine homogene Keimbildung, aber keine Kalotten auf der Oberfläche.

Die Keimbildungsrate ist durch die Rate gegeben, mit der die kritischen Keime, deren Dichte durch Gleichung (10–71) gegeben ist, weiterwachsen, d. h. überkritisch werden. Diese Rate ist gleich

$$J_K = \omega\,\sigma_K, \tag{10-75}$$

wobei ω die Frequenz darstellt, mit der Teilchen C an den Keimen adsorbiert werden. Diese Frequenz kann durch

$$\omega = \sigma_C \cdot U \cdot a\,v\,e^{-\frac{E_d}{kT}} \tag{10-76}$$

abgeschätzt werden, wobei U der Umfang des Keimes, a die Sprungweite der Teilchen, E_d die Aktivierungsenergie für Oberflächendiffusion und v den präexponentiellen Faktor darstellt. σ_c ist in Gl. (10–76) die molekulare Oberflächendichte (Teilchen/Flächeneinheit). Die Zahl der überkritischen Keime wächst also zeitlich, wie auch experimentell gefunden wurde, wie Bild 10–41 [10–17] für die Kondensation von Gold auf NaCl zeigt. Schließlich wird die Anzahl der Keime konstant, weil alle auf der Oberfläche gebildeten Teilchen C an die schon vorhandenen Keime gebunden werden. Dies ist in Bild 10–41 sichtbar, aber auch in Bild 10–42, wo die Anzahl der Keime gegen die Zeit bei der Bildung von Si auf SiO_2 gemäß dem CVD-Prozeß

$$SiH_4 \;\rightarrow\; Si + 2H_2 \qquad 1000\,°C \tag{10-77}$$

dargestellt ist [10–6].

Die so gebildeten Keime wachsen durch Oberflächendiffusionsprozesse zusammen, und die Zahl der Keime sinkt dadurch wieder ab, wie ebenfalls in Bild 10–42 sichtbar ist. Die Zeitkonstante für das Zusammenwachsen von kugelförmigen Keimen (J. R. Blachere, A. Sedehi, Z. H. Meiksin, Sintering of submetallic particles, J. Mat. Sci. 19 (1984) 1202–1206) ist durch

$$t_c = 0{,}56\,\frac{RT}{\Omega\,\gamma\,\Delta_s D_s}\cdot a^4 \tag{10-78}$$

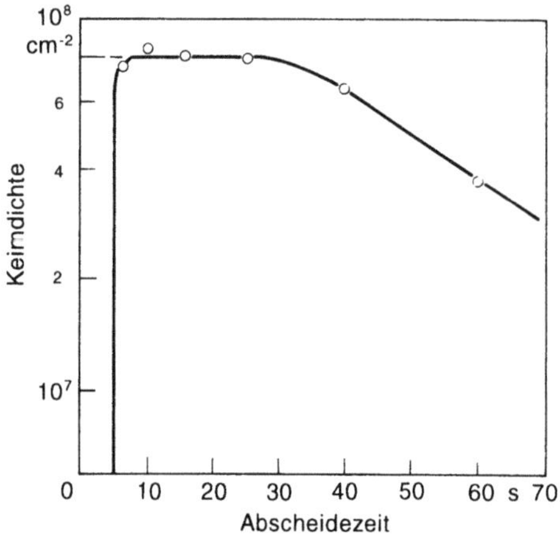

Bild 10–42. Keimdichte bei der Abscheidung von SiO_2 aus SiH_4 (0,1 Vol.%) und HCl (0,5 Vol.%) in H_2 bei 10^5 Pa und 1000 °C [10–6].

gegeben mit:

D_s: Oberflächenselbstdiffussionskonstante

R: allgemeine Gaskonstante

Ω: molares Volumen der Moleküle C

γ: Oberflächenspannung

Δ_s: Dicke der diffundierenden Schicht

T: Temperatur

a: Radius der Kugel.

Die Oberflächendiffusionskonstante D_i für eine beliebige Komponente i ist durch

$$J_i = \frac{\sigma_i D_i}{RT} \nabla \mu_i \qquad (10-79)$$

definiert, wobei ∇ der auf Oberflächenkoordinaten bezogene Nablaoperator, σ_i die molare Oberflächendichte der diffundierenden Teilchen, J_i die molare Molekülstromdichte an der Oberfläche, R die allgemeine Gaskonstante, T die Temperatur und μ_i das chemische Potential an der Oberfläche darstellt. Die Größe D_i ist von Verunreinigungen abhängig und kann je nach Verunreinigungsgehalt um mehrere Zehnerpotenzen variieren, wie Bild 10–43 am Beispiel der Selbstdiffusion von Cu auf Cu zeigt [10–46].

Die Temperaturabhängigkeit der Oberflächendiffusionskonstante wird durch [10–47]

$$D_s = D_{so} e^{-E/RT} \qquad (10-80)$$

beschrieben, wobei E zusätzlich temperaturabhängig ist [10–46]. Gleichung (10–80) zeigt, daß D_s mit einer Temperaturerhöhung wächst. Eine effektive Temperaturerhöhung kann auch durch einen verstärkten Ionenbeschuß bzw. durch Photonenbestrahlung erzeugt werden. Deswegen ist verständlich, daß die Ionenunterstützten Verfahren häufig glattere Oberflächen ergeben, da nur für eine glatte homogene Oberfläche $\nabla \mu = 0$ ist.

Das weitere Wachsen der Schicht wird durch eine Wiederholung der genannten Prozesse erzeugt.

416

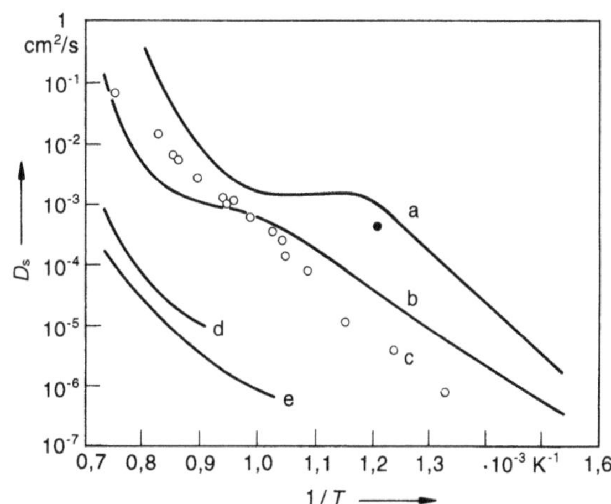

Bild 10–43. Änderungen der Oberflächendiffusionskonstanten von Cu auf Cu bei gleichzeitiger Adsorption von Halogeniden für die Systeme Cu – Cl (a), Cu – Br (b), Cu – F (c). d und e sind reines Kupfer [10–46].

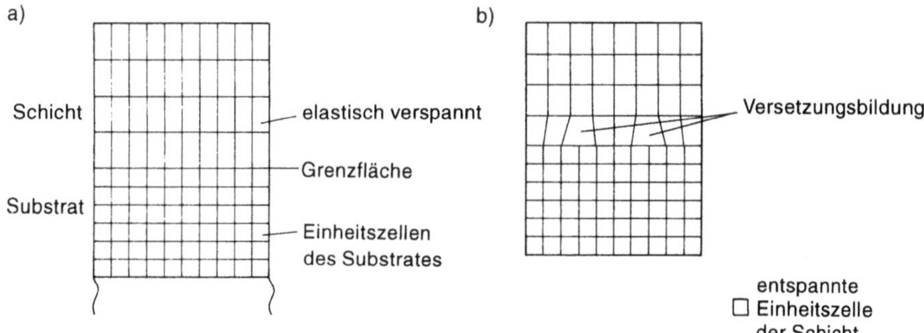

Bild 10–44. Epitaktische Abscheidung von Schichten mit einer Fehlanpassung für a) Abscheidung dünner Schichten, b) partiell entspannte Schichten, die bei der Abscheidung dickerer Schichten entstehen.

Eine Korrelation zwischen den Abscheideparametern und der Schichtstruktur wird erschwert, weil sich während der Beschichtung die gesamte Schicht ändern kann. Ein Beispiel sei hier genannt. Es möge eine Schicht epitaktisch aufwachsen, die eine Fehlpassung f (Misfit) der Gitterparameter a_s, a_0 des Substrates und der Schicht

$$f = \frac{a_s - a_0}{a_0} \qquad (10\text{–}81)$$

aufweist. Diese Schicht wächst zunächst, wie in Bild 10–44 gezeigt, elastisch verspannt auf. Erst bei einer kritischen Dicke δ_k entspannt sich die Schicht partiell und es entstehen Versetzungen an der Grenzfläche. Die kritische Dicke kann abgeschätzt werden [10–48] und liegt im Bereich von 50 nm ($f = 1\%$) bis zu 1 nm ($f = 6\%$). Die Schichtstruktur kann ebenfalls durch Volumendiffusion geändert werden (Kornvergrößerung).

417

Wegen der großen Anzahl von Parametern, die die Abscheidung bestimmen, ist eine allgemeine Modellierung des Abscheideprozeses bisher nicht gelungen.

Das bei den PVD-Prozessen empirisch gefundene Thornton-Movchan-Demchishin-Modell für die Abhängigkeit der Schichtstruktur scheint bei der Beschichtung mit Ta und W auch bei CVD-Schichten zu gelten, allerdings in niedrigeren Temperaturbereichen [10–49]. Dies wird verständlich, da angenommen werden kann, daß die Diffusionsgeschwindigkeit der Moleküle und Radikale auf der Oberfläche höher ist als die entsprechenden Werte der Elemente.

10.2 Produktionssysteme für CVD-Prozesse

Produktionssysteme können nach dem Arbeitsdruckbereich, nach dem Temperaturbereich und nach dem Arbeitspunkt auf der in Bild 10–2 gezeigten CVD-Kennlinie klassifiziert werden. Da nur die zuletzt genannte Klassifizierungsmethode direkt auf den CVD-Prozeß bezug nimmt, ist dies die dem CVD-Verfahren angemessene Art und Weise der Unterteilung.

10.2.1 Batchreaktoren mit Arbeitspunkt im kinetisch kontrollierten Bereich

CVD-Prozesse, die im kinetisch kontrollierten Bereich ablaufen, können in Reaktoren durchgeführt werden, in denen die zu beschichtenden Werkstücke dreidimensional angeordnet sind, wie in Bild 10–45 gezeigt. Dieses Verfahren wird großtechnisch in der Metallurgie zur Beschichtung mit harten Schichten angewandt. Dabei werden die Reaktionen

$$
\begin{array}{llll}
1) & \mathrm{TiCl_4 + C} & \rightarrow \mathrm{TiC} + \dots & T \approx 900\,^\circ\mathrm{C} \\
2) & \mathrm{TiCl_4 + N_2} & \rightarrow \mathrm{TiN} + \dots & T \approx 900\,^\circ\mathrm{C} \\
3) & \mathrm{AlCl_3 + CO_2 + H_2} & \rightarrow \mathrm{Al_2O_3} + \dots & T \approx 900\,^\circ\mathrm{C}
\end{array}
\tag{10–82}
$$

zur Beschichtung angewendet.

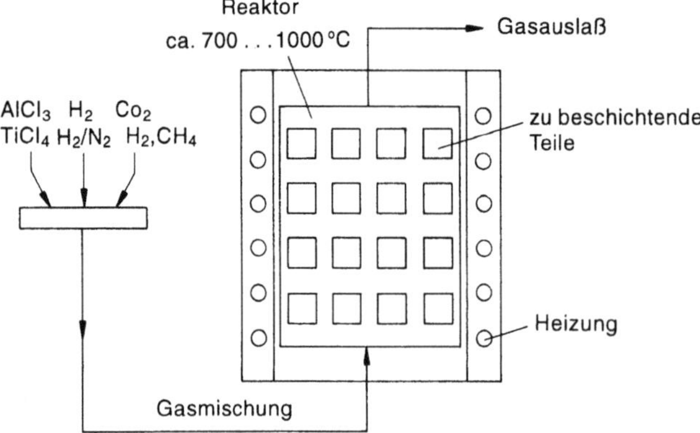

Bild 10–45. Schema eines 3D-CVD-Reaktors für die Beschichtung mit Al_2O_3, TiN, TiC.

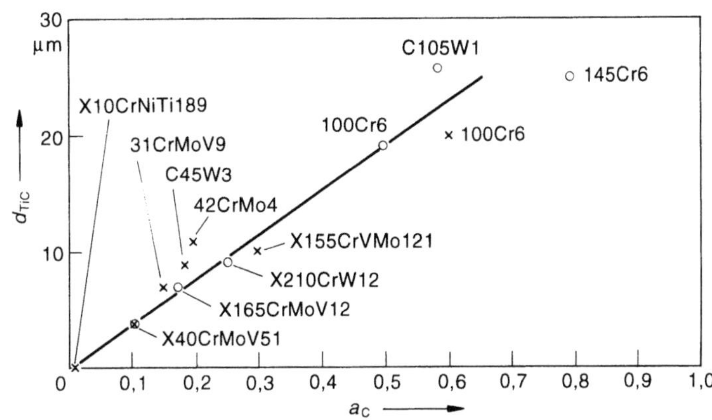

Bild 10–46. TiC-Schichtdicke gegen die C-Aktivität im Stahl bei konstanten Beschichtungsbedingungen.

In der ersten Reaktionsgleichung wird der Kohlenstoff entweder durch Zugabe eines Reaktionsgases wie CH_4 oder aber aus dem zu beschichtenden Werkstück entnommen. Die Entnahme des Kohlenstoffs hat den Vorteil, daß es sich dann über einen in der Schichtdicke stabilisierenden Beschichtungsprozeß handelt. Nach einer Inkubationszeit muß der Kohlenstoff zur TiC-Bildung durch die sich bildenden TiC-Schicht mit der Dicke d_{TiC} hindurchdiffundieren. Die Schichtdickenänderung ist deswegen durch ein Diffusionsgesetz

$$d_{TiC} = a\sqrt{t} \tag{10-83}$$

gegeben, wobei t die Diffusionszeit und a eine Proportionalitätskonstante darstellt, die von der Kohlenstoffaktivität a_c abhängt [10–50],

$$a = \gamma\, a_c, \tag{10-84}$$

wo γ eine Proportionalitätskonstante ist. Die in Bild 10–46 gezeigte Darstellung von Schichtdicken d_{TiC} auf Stählen gegen die Kohlenstoffaktivität in diesen Stählen bestätigen Gleichungen (10–72) und (10–73). Die in Bild 10–46 gezeigten Schichten sind alle bei denselben Beschichtungsbedingungen hergestellt. Der Kohlenstoffentzug aus dem Grundwerkstoff kann zu unerwünschter Entkohlung führen und muß deswegen vermieden werden [10–51].

Gemäß Gleichung (10–83) verringert sich die Aufwachsgeschwindigkeit mit wachsender Schichtdicke. Dies führt zu einer Stabilisierung der Beschichtung und garantiert eine gleichmäßige Schichtdicke.

Die Abhängigkeit der Aufwachsgeschwindigkeit von $\sqrt{t}$ und die Verringerung mit wachsender Schichtdicke ist bei allen thermochemischen Aufwachsprozessen gegeben, bei denen Komponenten aus der Gasphase in den Werkstoff eindiffundieren. Beispiele hierfür sind die Carburier- und Nitrierverfahren, die normalerweise nicht zu den CVD-Verfahren gezählt werden. Aber auch die Borierverfahren und Aluminierverfahren zählen dazu [10–49].

Boridschichten (Fe$_2$B) (zusammenfassende Darstellung in [10–52]) werden heute für viele Anwendungen eingesetzt [10–53, 10–54]. Obwohl andere Boride härter sind [10–55], hat sich die Herstellung von Eisenboriden durchgesetzt. Der Grund für die weite Verbreitung der Fe$_2$B-Schichten auf Stählen ist die leichte Herstellbarkeit und die Stabilität des Beschichtungsprozesses. Der Beschichtungsprozeß aus der Gasphase kann gemäß der Reaktion

$$BCl_3 + 2Fe + \tfrac{3}{2}H_2 \;\rightarrow\; Fe_2B + 6HCl$$

oder $\qquad$ $$B_2H_6 + 2Fe \;\rightarrow\; Fe_2B + 3H_2$$

aus BCl$_3$ bzw. B$_2$H$_6$ durchgeführt werden, wobei beide Prozesse spezifische Nachteile haben. Bei BCl$_3$ bedingt das aggressive Chlor eine aufwendige Verfahrenstechnik und bei B$_2$H$_6$ müssen Sicherheitsmaßnahmen wegen der hohen Giftigkeit vorgesehen werden. Bei beiden Ausgangsverbindungen ist der geschwindigkeitsbestimmende Schritt die Eindiffusion von B in den Werkstoff. Deswegen ist auch hier eine $\sqrt{t}$-Abhängigkeit der Schichtdicke bzw. der Massenaufnahme Δm

$$\Delta m = \sqrt{k_\mathrm{p}\, t} \tag{10–85}$$

vorhanden, wobei k_p die parabolische Wachstumskonstante ist. Die Dicke und die Struktur der entstehenden Schichten hängt von der Temperatur und von der Legierungszusammensetzung ab. Bei niedriglegierten Stählen entsteht eine Sägezahn-ähnliche Grenzfläche zwischen dem Grundwerkstoff und der Schicht, was eine sehr gute Haftung bedingt.

Es sei hier erwähnt, daß der Hauptprozeß, der zur Herstellung von Boriden verwendet wird, das Pulverpackverfahren ist. Bei diesen Verfahren wird das zu borierende Werkstück in einer Pulvermischung eingelagert und dann getempert. Das Pulver enthält z.B. eine Mischung von B$_4$C, KBF$_4$ und 90%igem SiC. KBF$_4$ dient als „Aktivator", welcher durch Bildung gasförmiger Borverbindungen den Transport des Bor an die Werkstoffoberfläche garantiert. Der Prozeß wird bei Temperaturen zwischen 800–900 °C durchgeführt. Auch bei Pulverpackverfahren ist der Transport durch die Gasphase ein wichtiger Schritt zur Beschichtung. Deswegen werden auch diese Verfahren zu CVD-Prozessen gezählt.

Ein wichtiger CVD-Prozeß, der mit Festkörperdiffusionsprozessen gekoppelt ist, ist der Aluminierprozeß, der zur Herstellung von Oxidationsschutzschichten auf Al-Basis verwendet wird. Dieser Prozeß kann ebenfalls entweder in der Gasphase oder aber im Pulver durchgeführt werden [10–49]. Als Ausgangsverbindung wird AlCl$_3$ verwendet, welches gemäß der Reaktion

$$AlCl_3 + H_2 + Ni \;\rightarrow\; Ni\text{-Aluminid} + \dots$$

bildet, wobei Temperaturen zwischen 1000 und 1100 °C eingestellt werden müssen.

Ebenfalls im kinetisch kontrollierten Bereich werden die Faserbeschichtungen [10–56] und die CVI-Methoden (CVI = Chemical Vapour Infiltration) durchgeführt, die in Bd. 5, Kap. 10 beschrieben sind.

In der Halbleiterindustrie werden Rohrreaktoren zur Beschichtung mit Polysilizium, SiO$_2$ und Si$_3$N$_4$ aus Silanen eingesetzt. Sie müssen zur Garantie einer gleichmäßigen Beschichtung ebenfalls im kinetisch kontrollierten Bereich arbeiten, Bild 10–47. Um eine

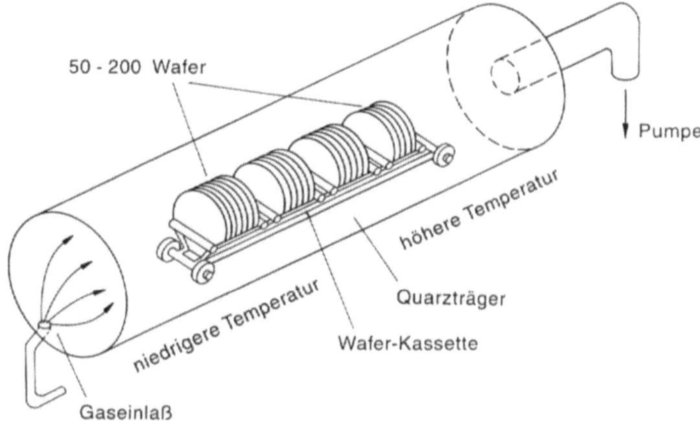

Bild 10–47. Rohrreaktor.

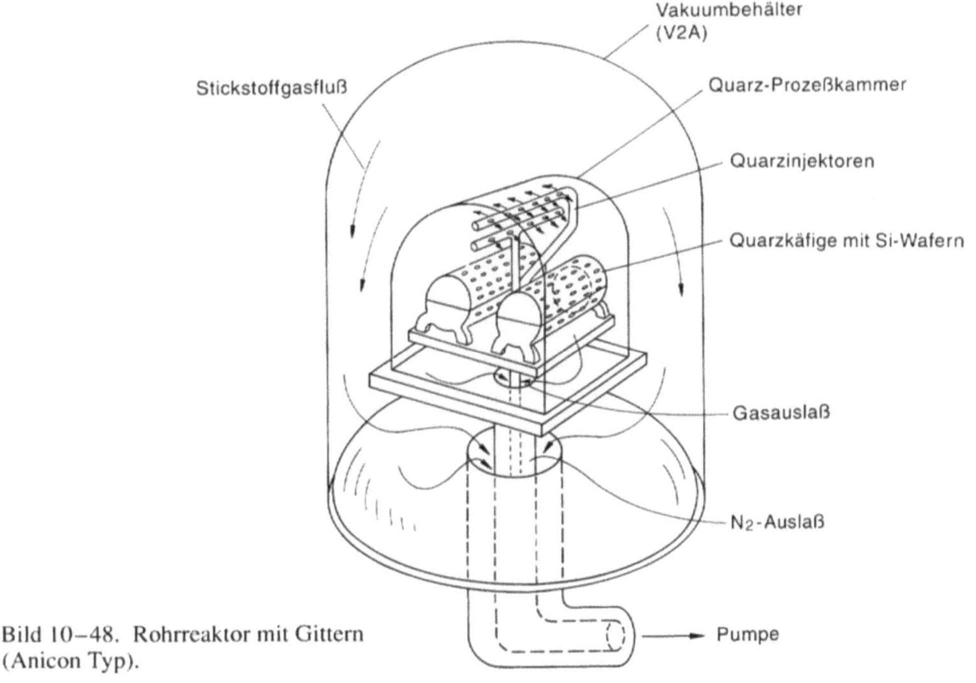

Bild 10–48. Rohrreaktor mit Gittern
(Anicon Typ).

gleichmäßige Beschichtung und eine hohe Ausbeute zu garantieren, werden diese Reaktoren mit axialen Temperaturgradienten bzw. mit Gittern versehen, wie in Bild 10–48 gezeigt ist [10–57, 10–29, 10–30, 10–58]. Tabelle 10–2 zeigt die Prozesse, die mit solchen Reaktoren durchgeführt werden. Diese Reaktoren können senkrecht bzw. horizontal angeordnet sein.

Eine Modifikation dieser Reaktoren ist der Reaktor der Firma Anicon, der in Bild 10–48 gezeigt ist.

Tabelle 10-2. GPCVD-Prozesse, die in Rohrreaktoren durchgeführt werden.

Prozeß	Name	Reaktanden	Temperatur
SiO_2	HTO (High Temperature Oxide)	$SiH_2Cl_2 + N_2O$	850–900 °C
	TEOS (Tetra Ethyl Ortho Silicate)	$Si(OC_2H_5)_4$	650–750 °C
	LTO (Low Temperature Oxide)	$SiH_4 + O_2$	380–430 °C
	(B)PSG (B, P doped LTO)	LTO ∣ PH_3 ∣ B_2H_6	380 430 °C
Si_3N_4	Nitride	$SiH_2Cl_2 + NH_3$	700–800 °C
$Si_xO_yN_z$	Oxynitride	$SiH_2Cl + NH_3 + N_2O$	700–800 °C
Poly Si	Polysilizium	SiH_4	580–630 °C
	dotiertes Polysilizium	$SiH_4 + PH_3$	580–630 °C
W	Wolfram	$WF_6 + H_2$	250–400 °C
Al	Aluminium	$Al_2(C_4H_6)_3$	250–300 °C

10.2.2 Reaktoren, die im massentransportkontrollierten Bereich arbeiten

Die in diesem Abscheidebereich verwendeten Reaktoren leiten sich von den in Bild 10-27a gezeigten Grundtypen ab:

Für die Si- bzw. III-V-Halbleiter-Epitaxie werden Barrelreaktoren verwendet, Bild 10-49 [10-29, 10-30], bei denen der Winkel zwischen Anströmung und Substrathalteroberfläche so eingestellt wird, daß die Beschichtung auf den Wafern konstant ist.

Ein weiterer Reaktortyp, der den Parallelfluß ausnutzt, ist der Rotationsreaktor, der in Bild 10-50 [10-59] gezeigt wird. In diesem Reaktor werden die verwendeten Gasgemische in zwei Gasleitungen zugeführt. Die Wafer und der Waferhalter werden unterseitig angeströmt und dadurch auf den sich bildenden Gaspolstern zusätzlich in Drehungen versetzt. Dieser Reaktortyp wird für die Epitaxie von III-V-Verbindungen verwendet.

Eine kommerzielle Ausführung des Stauflußreaktors für die Abscheidung von SiO_2, Phosphorgläsern (PSG) und Borphosphorgläsern (BPSG) ist in Bild 10-51 gezeigt. Abscheideraten bis zu 100–250 nm min^{-1} können erreicht werden, so daß ein Durchsatz > 60 Wafern (8 inch Durchmesser) in Anlagen mit bis zu 18 Modulen möglich ist [10-60].

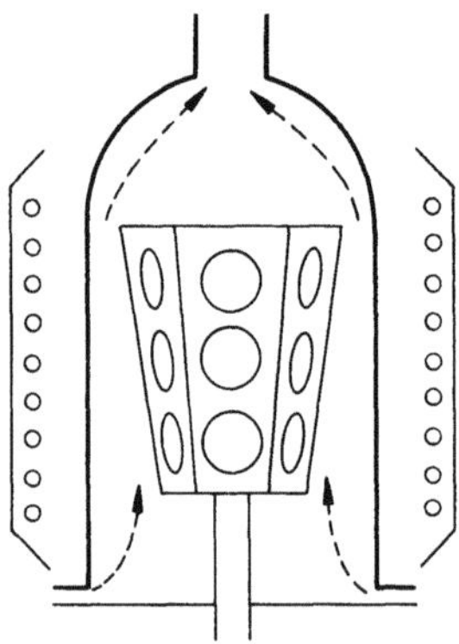

Bild 10-49. Typ eines Barrelreaktors.

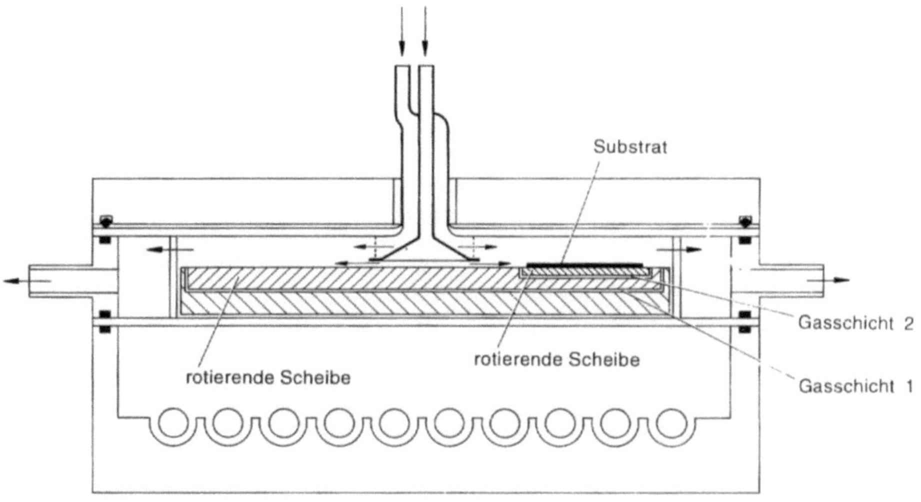

Bild 10–50. Rotationsreaktor.

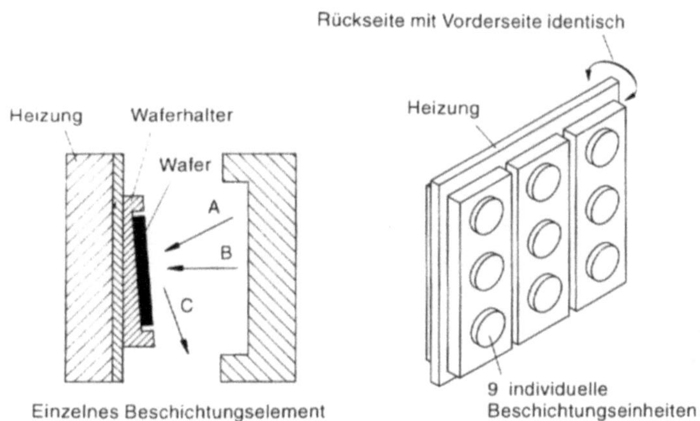

Bild 10–51. Reaktorkonfiguration für die Herstellung von SiO_2, PSG, BPSG.

Tabelle 10–3. Schichten, die in Stauflußreaktoren bei Atmosphärendruck hergestellt werden.

SiO_2:	$O_2 + SiH_4 \rightarrow SiO_2 + H_4$	$T = 650–800\ K$
SiO_2:	$O_3 + TEOS \rightarrow SiO_2$	$550–800\ K$
BSG:	$O_2 + SiH_4 + B_2H_4 \rightarrow BSG$	$650–800\ K$
PSG:	$O_2 + SiH_4 + PH_3 + B_3H_4 \rightarrow PSG$	$650–800\ K$
BPSG:	$O_2 + SiH_4 + PH_3 + B_2H_4 \rightarrow BPSG$	$650–800\ K$
$SnO_2{:}F$:	$O_2 + Sn(CH_3)_4 + CF_3Br \rightarrow SnO_2{:}F$	$750–800\ K$
$SnO_2{:}Sb$:	$H_2 + CH_3OH + SnCl_4 + SbCl_5 \rightarrow SnO_2{:}Sb$	$750–800\ K$
$SnO_2{:}F$:	$SnCl_4 + H_2O + CH_3OH + HF \rightarrow SnO_2{:}F$	$750–800\ K$
TiO_2:	$Ti(OC_3H_7)_4 + H_2 \rightarrow TiO_2$	$450–650\ K$

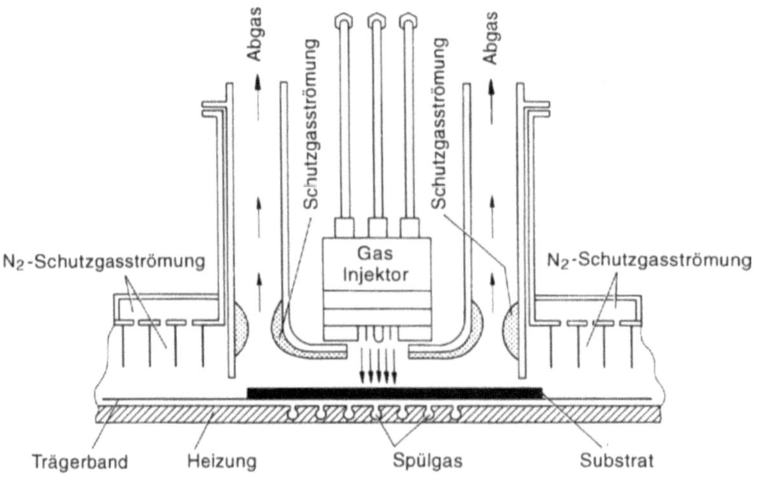

Bild 10–52. Düsensystem der Firma Watkins Johnson.

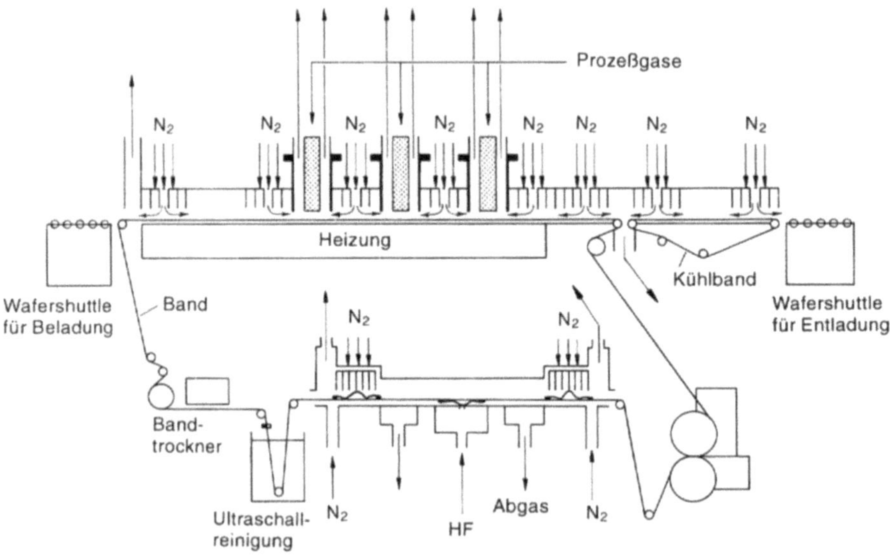

Bild 10–53. Schema einer Durchlauf-CVD-Anlage; nach außen weisende Pfeile weisen auf Gasausgänge hin.

Eine weitere Variante des Stauflußreaktors ist in Bild 10–52 gezeigt. Die Düsen werden in Durchlaufanlagen, wie in Bild 10–53 schematisch dargestellt, zur Herstellung der in Tabelle 10–3 gezeigten Schichten verwendet. Auch hier werden hohe Beschichtungsgeschwindigkeiten bis zu $0,1\,\mu\mathrm{m}\,\mathrm{min}^{-1}$ erreicht. Die Anlagen arbeiten bei Normaldruck, so daß ein Durchlaufbetrieb, Bild 10–53, möglich ist [10–61].

424

Wie das Schema der Düse zeigt, sind in dieser Düse Vorkehrungen zur Vermeidung von schädlichen Ablagerungen im Abgaskanal (Vent Shield) und zur Vermeidung von schädlichen Abscheidungen am Düsenausgang (Schutzgas N_2) getroffen. Solche Düsen arbeiten längere Zeit (Maßstab Tag) wartungsfrei. Anwendungsgebiete dieser Beschichtungsanlagen sind die Herstellung von Passivierschichten in der Halbleiterindustrie, von Flatpanels und von Schichten für Solarzellen.

10.3 Modifizierung des Beschichtungsprozesses durch ein Plasma

10.3.1 Grundlagen

PECVD (= Plasma enhanced CVD) ist heute ein wichtiger Zweig der Beschichtungstechnik geworden [10–62], um bei tiefen Temperaturen Schichten herzustellen oder Schichten zu erzeugen, die mit anderen Bedingungen gar nicht herstellbar sind. Plasmen sind nach Definition elektrisch neutrale gasförmige Medien, in denen Ionen und Elektronen in hoher Dichte [10–63] vorhanden sind. Die Ausbildung eines Plasmas setzt voraus, daß die Debye-Länge

$$\lambda_D = \sqrt{\frac{\varepsilon_0 \, k \, T_e}{n_e \, e^2}} \qquad (10{-}86)$$

$$\frac{\lambda_D}{cm} = 6{,}9 \left(\frac{T_e/K}{n_e/cm^{-3}} \right)^{1/2} \qquad (10{-}87)$$

klein gegenüber den Gefäßdimensionen ist. Zusätzlich zu dem geforderten Druckbereich bei CVD ($Kn < 1$) kommt also bei der Definition des PECVD noch eine weitere Bedingung hinzu:

$$\lambda_D/d \ll 1 \, . \qquad (10{-}88)$$

Hierdurch wird PECVD gegenüber den Sputterverfahren bzw. den reaktiven Sputterverfahren abgegrenzt. Typische Elektronentemperaturen T_e liegen im Bereich von 10 000–100 000 K (1–10 eV, 1 eV $\hat{=}$ 11 605 K) und typische Ladungsträgerdichten n_e im Bereich von 10^{10} Teilchen cm^{-3}. In Bild 10–54 sind die bei CVD verwendeten Glimmentladungsplasmen (glow discharge) in die sonst in der Natur vorkommenden Plasmen eingeordnet.

Die am häufigsten verwendete Methode der Plasmaerzeugung ist die Gleichspannungsglimmentladung, die in Bild 10–55 schematisch dargestellt ist. Je nach Strom und Spannung können verschiedene Entladungstypen hergestellt werden. Für PECVD wird vorwiegend die anomale Gasentladung gezündet, bei der die gesamte Oberfläche des zu beschichtenden Werkstoffes mit einem Glimmsaum bedeckt ist. Im Katodenfallgebiet in der Nähe der Werkstoffoberfläche, wenn diese, wie es üblich ist, als Katode geschaltet ist, bildet sich dabei ein Spannungsgefälle, welches in der Größenordnung der angelegten Spannung liegt und einige 100 eV betragen kann. Die Ionen aus dem Plasma werden in dieser Schicht auf die Oberfläche beschleunigt und beeinflussen so das Schichtwachstum.

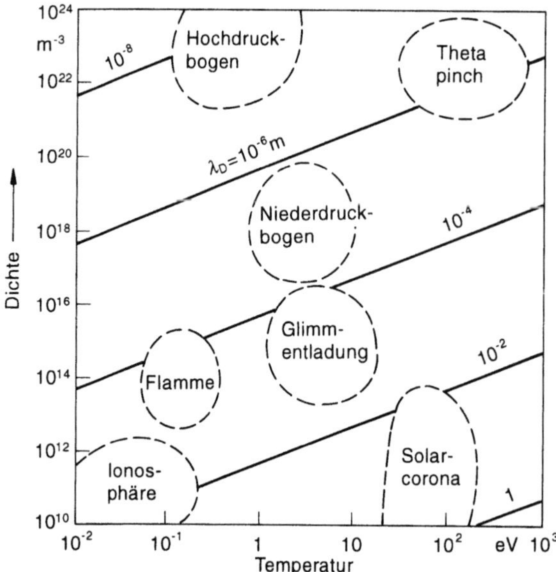

Bild 10–54. Typische Plasmen.

Die Katodengrenzschicht setzt sich von der positiven Säule aus gesehen aus verschiedenen Zonen zusammen [10–64]:

1. Eine quasineutrale Schicht, in welcher die Ionen beschleunigt werden, um dem Bohmkriterium zu genügen.

2. Eine Region mit der Ausdehnung einiger Debyelängen, in welcher die Elektronenkonzentration auf kleine Werte absinkt.

3. Die Region, in der der Ionenstrom zur Katode hin durch Raumladungseffekte bestimmt wird.

Die Zone 3 hat die größte Ausdehnung von einigen mm bis zu cm, so daß diese die Grenzschichtdicke bestimmt. Falls Stöße in der Grenzschicht vernachlässigt werden können, kann die Dicke durch das Childsche-Raumladungs-Gesetz beschrieben werden [10–64]:

$$j = \frac{4}{9}\,\varepsilon_0 \left(\frac{2e}{m}\right)^{1/2} \frac{V^{3/2}}{d^2} \tag{10-89}$$

j: Stromdichte
d: Dicke der Raumladungsschicht
ε_0: Dielektrizitätskonstante
m: Masse des Ions
V: Potential über Länge d.

Falls die freie Weglänge λ_i der Ionen im Gas nicht groß gegenüber der Katodenschichtdicke ist, sind Stöße in der Katodengrenzschicht nicht vernachlässigbar. Dann wird die Dicke der Grenzschicht durch die Gleichung

$$j = \frac{\varepsilon_0\,\mu}{8}\,\frac{V^2}{d^3} \tag{10-90}$$

bestimmt, wobei μ die Beweglichkeit der Ionen im Plasma darstellt. Die freie Weglänge λ_i der Ionen im Gas sind in derselben Größenordnung wie die freie Weglänge der Neutralteilchen (z. B. Argon: 1000 K, 1 Pa $\approx$ 0,1 mm).

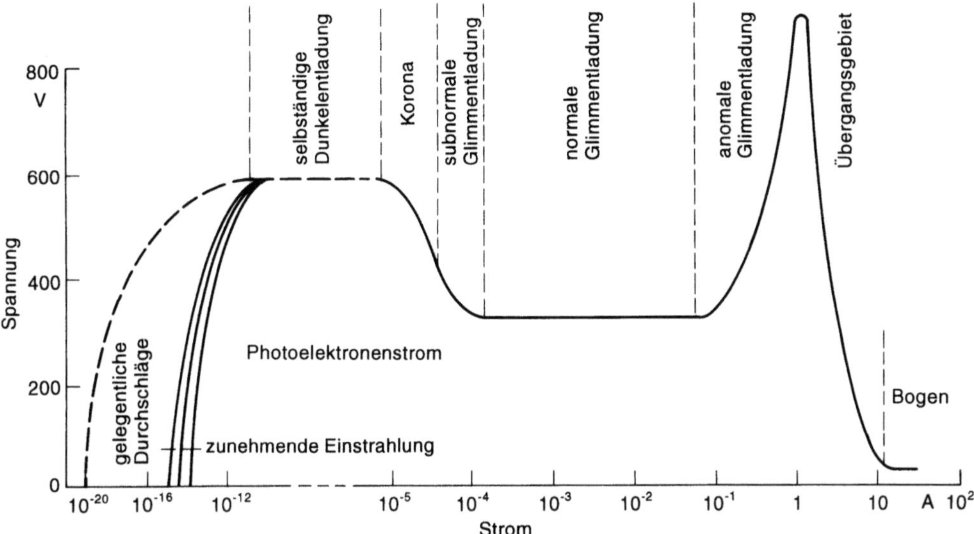

Bild 10–55. DC-Entladungstypen.

Aus diesen Formeln kann bei gegebener Spannung und Stromstärke die Dicke der Katodengrenzschicht berechnet werden.

Die Katodengrenzschicht legt sich – solange sich gegenüberliegende Grenzschichten nicht berühren – gleichmäßig auf die Oberfläche, so daß an allen Teilen der Oberfläche konstante Beschichtungsbedingungen vorliegen. Falls die Oberflächen zu große Unebenheiten aufweist oder sogar Röhren vorhanden sind, so daß sich die Katodengrenzschichten berühren würden, kann es zur Zündung einer Hohlkatodenentladung kommen oder die Grenzschicht dringt bei noch kleineren Rohrdurchmessern gar nicht in die Röhre ein. Dies ist z.B. bei der Innenbeschichtung von Rohren gezeigt [10–65]. Rohre mit großen Durchmessern können mit TiC durch PACVD innen gleichmäßig beschichtet werden. Bei einer Verkleinerung der Durchmesser zündet zunächst eine Hohlkatodenentladung und die Beschichtungsgeschwindigkeit steigt an. Bei weiterer Verkleinerung geht dann die Beschichtung im Inneren auf Null zurück.

Isolatoren (z.B. Kunststoffe) können nicht als Elektrode verwendet werden. Sie können jedoch in dem Plasma positioniert werden. Die Oberfläche lädt sich dann soweit auf, daß der Elektronenstrom und der Ionenstrom an der Oberfläche gleich ist. Da die Elektronen eine höhere Temperatur und zusätzlich wegen ihrer geringeren Masse auch noch eine höhere Beweglichkeit und dadurch eine höhere Geschwindigkeit besitzen, lädt sich die Oberfläche negativ auf. Die sich ausbildende Potentialdifferenz zwischen Plasma und Substrat ist durch [10–64]

$$U = \frac{kT_e}{2e} \ln \frac{m_i}{2,3\,m_e} \qquad (10\text{–}91)$$

T_e: Elektronentemperatur
m_i: Masse der Ionen
m_e: Masse der Elektronen
e: Elektronenladung
k: Boltzmannkonstante

427

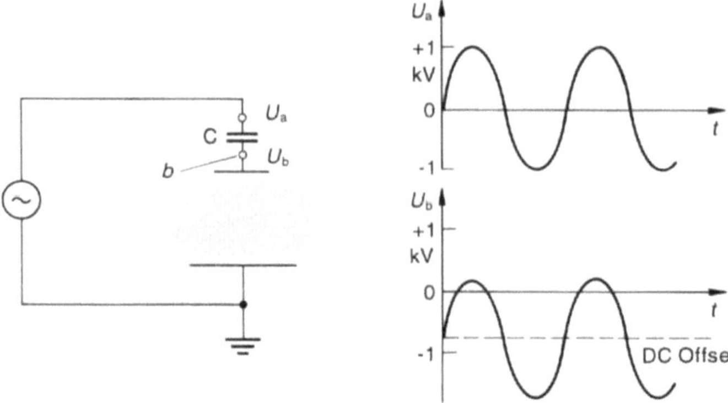

Bild 10–56. Schema einer HF-Entladung im Parallelplattenreaktor.

gegeben und nimmt bei $kT_e = 10$–20 eV Werte in der Größenordnung von 10 V an. Falls für den Beschichtungsprozeß höhere Ionenenergien benötigt werden, muß zu Hochfrequenzentladungen übergegangen werden. Die einfachste Anordnung einer solchen Hochfrequenzentladung ist in Bild 10–56 angegeben. Zwei Platten mit dem Abstand d und verschiedener oder gleicher Plattengröße stehen sich parallel gegenüber. Die Effektivität einer solchen Entladung wäre erreicht, wenn gerade in dem Zeitpunkt, wo die Entladung wegen der Aufladungseffekte löschen würde, die Spannung umgepolt würde. Um eine möglichst kontinuierliche Entladung zu erhalten, sind Frequenzen oberhalb dieser Grenzfrequenz ν_{gr} erwünscht. Die Frequenz ν_{gr} sei im folgenden abgeschätzt. Dazu sei angenommen, daß eine Quarzscheibe von 1/8″ Dicke beschichtet werden soll. Die Kapazität einer solchen Scheibe ist etwa 1 pF/cm². Nehmen wir an, es werde eine Wechselspannung von 1000 V angelegt, dann löscht die Entladung, wenn der Kondensor soweit aufgeladen ist, daß an ihm 1000 V abfallen. Daraus ergibt sich die erforderliche Ladungsdichte von

$$Q = C \cdot U. \qquad (10\text{–}92)$$

Für $U = 1000$ V und $C = 1$ pF/cm² ergibt sich

$$Q = 10^{-9}\,\mathrm{C\,cm^{-2}}.$$

Die Ladung Q wird durch den Ladungsstrom erzeugt. Dieser liege in der Größenordnung von 1 mA/cm². Dann wird die Ladung nach der Zeit

$$\tau = Q/i = 10^{-6}\,\mathrm{s}$$

erreicht. Die minimale Frequenz sollte also $\nu_{gr} \approx 1$ MHz sein. Dies ist die untere Grenze der Frequenzen, die bei der Kunststoffbeschichtung verwendet werden. Um die Eigenschaft einer solchen Entladung zu studieren, sei das Modell diskutiert, welches in Bild 10–56 gezeigt ist. Die Quarzplatte sei durch die Kapazität C ersetzt. In der Spannungsquelle sei eine sinusförmige Frequenz wie sie in Bild 10–56 gezeigt ist, angelegt. Aufgrund der verschiedenen Beweglichkeiten der Elektronen und der Ionen ergibt sich an der Stelle b, also an der Oberfläche der Quarzplatte, ein Spannungsverlauf, welcher in der

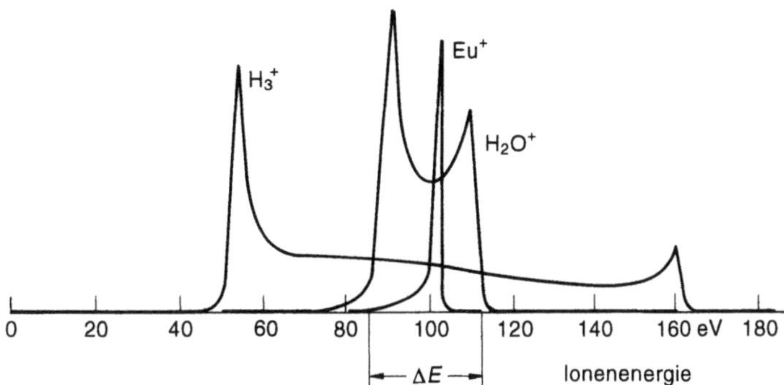

Bild 10–57. Energieverteilung der auf die Oberfläche bei 13,56 MHz aufprallenden Teilchen.

Abbildung gezeigt ist. Die Spannung ist die meiste Zeit negativ. Nur so kann garantiert werden, daß der Ionenstrom an die Oberfläche gleich dem Elektronenstrom ist. Im Mittel besitzt die Isolatoroberfläche also eine konstante negative Spannung.

Die Energieverteilung der auf die Oberfläche aufprallenden Ionen hängt von der Masse ab. Bild 10–57 zeigt eine solche Energieverteilung. Ersichtlich haben die schweren Ionen ein wesentlich schmalerers Energieband. In den genannten Frequenzen sind die schweren Teilchen so langsam, daß sie bei einer mittleren Geschwindigkeit auf die Oberfläche prallen. Die leichten Teilchen reagieren wegen ihrer hohen Beweglichkeit jedoch auf den momentanen Zustand des Feldes und kommen deswegen bei sehr verschiedenen Energien auf die Oberfläche.

Eine wichtige Größe für die Zündeigenschaften der Entladung ist die Amplitude Z der Elektronen bei der gegebenen Frequenz v. Im stoßfreien Fall ergibt sich aus der Lösung der Bewegungsgleichung [10–66]

$$m\ddot{Z} = e\,E_0 \exp{(j\omega t)}, \qquad (m = \text{Masse eines Elektrons}) \qquad (10\text{–}93)$$

wobei ω die zu v gehörige Kreisfrequenz darstellt ($\omega = 2\pi v$), die komplexe Lösung:

$$Z = \frac{e\,E_0}{m\,\omega^2} \exp{(j\omega t)} \qquad (10\text{–}94)$$

woraus sich die Amplitude

$$Z_0 = \frac{e\,E_0}{m\,\omega^2} \qquad (10\text{–}95)$$

für die Elektronen ergibt. Ausgerechnet ergibt sich:

$$Z_0 = 4{,}46 \cdot 10^2 \, \frac{E_0}{\text{kV cm}^{-1}} \, \frac{1}{(v/\text{MHz})^2} \cdot \qquad (10\text{–}96)$$

Bei Berücksichtigung von Stößen der Elektronen in der Gasphase muß diese Gleichung korrigiert werden. Es ergibt sich dann:

$$Z = \frac{Z_0\,\omega}{(\omega^2 + v_{\mathrm{m}}^2)^{1/2}} \cdot \qquad (10\text{–}97)$$

Tabelle 10-4. Amplituden der Elektronen. Spalte 2: stoßfreier Fall (Gleichung 10-95); Spalte 3: Amplitude bei Berücksichtigung von Stößen (Gleichung 10-97).

kHz	z_0 (stoßfrei) [cm]	z_0 (mit el. Stößen) [cm]
10 kHz	$4,5 \cdot 10^8$	$28 \cdot 10^3$
100 kHz	$4,5 \cdot 10^6$	$28 \cdot 10^2$
1 MHz	$4,5 \cdot 10^4$	$28 \cdot 10$
10 MHz	$4,5 \cdot 10^2$	28
100 MHz	4,5	2,8
1 GHz	0,45	0,28

v_m ist die Stoßfrequenz der Elektronen mit den Neutralteilchen. Mit einem typischen Wert von v_m bei 100 Pa von 10^9 Hz und einer typischen Feldstärke von 1 kV/cm ergeben sich die in Tabelle 10-4 angegebenen Werte. Die Entladungsbedingungen können durch den Quotienten

$$\alpha = \frac{Z}{d} \qquad (10-98)$$

charakterisiert werden. Bei $Z/d < 1$ liegt eine diffusionsbestimmte Entladung vor. Dabei diffundiert das Plasma an die Wand und rekombiniert dort. Im anderen Fall, bei $Z/d \gg 1$, werden die Verluste durch andere Effekte bestimmt, da die Elektronen nun im wesentlichen frei auf die Oberfläche prallen können. Auch die Ionenerzeugung ist bei $\alpha < 1$ vorwiegend durch Stöße in der Gasphase im Gegensatz zu $\alpha > 1$ bestimmt. Tabelle 10-4 zeigt, daß die diffusionsbestimmte Gasentladung erst bei hohen Frequenzen auftritt. Zündung des Gases tritt ein, wenn die durch das Wechselfeld und durch die Verluste erzeugte mittlere thermische Energie einen mittleren kritischen Energiewert ε_0 überschreitet. Mit dieser Hypothese lassen sich die Zündfeldstärken errechnen [10-66] und es ergibt sich bei hohen Drücken eine Zündfeldstärke E_{0z}, die proportional zur Gasdichte und nahezu unabhängig von der Reaktordimension d ist (Bild 10-58). Bei niedrigen Drucken ergibt sich hingegen folgende Abhängigkeit von d und der Gasdichte n_g

$$E_{0z} \sim 1/n_g \quad \text{und} \quad E_{0z} \sim 1/d. \qquad (10-99)$$

Beide Beziehungen sind wie in Bild 10-58 gezeigt näherungsweise erfüllt. Zusätzlich kann die Entladung durch von außen angelegte Magnetfelder modifiziert werden. Dieser Einfluß ist besonders stark, wenn die Elektronenzyklotronresonanzfrequenz (ECR)

$$\omega = \frac{eB}{m} \qquad (10-100)$$

gleich der Frequenz des Wechselfeldes ist. Bild 10-59 zeigt, daß die Zündfeldstärke dann ein Minimum erreicht. Die Zyklotronresonanzfrequenzen liegen in der Größenordnung von Gigahertz. ECR-Plasmen werden z.B. zur Abscheidung von Diamantschichten aus $CH_4 - H_2 - CO_2$ verwendet [10-27], [10-68].

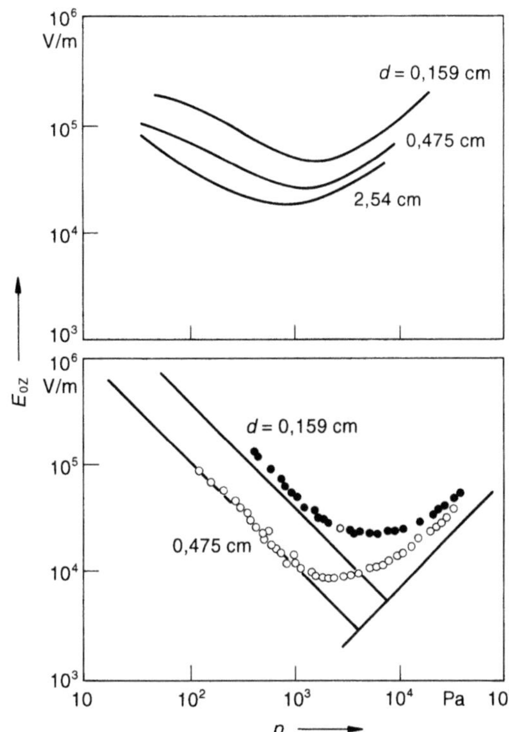

Bild 10–58. Zündfeldstärke als Funktion des Gasdruckes in Wasserstoff (a) für verschiedene Elektrodenabstände, Feldfrequenz 3 GHz [10–67], und (b) in einer HeHg-Mischung [10–67].

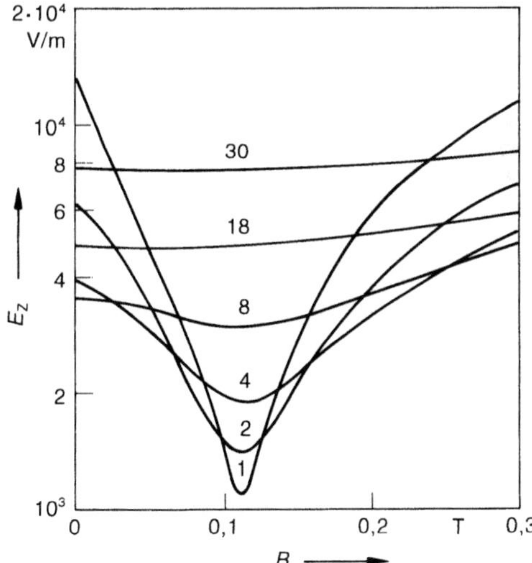

Bild 10–59. Zündfeldstärke in Helium bei Anwesenheit eines transversalen Magnetfeldes als Funktion der magnetischen Induktion B. Kurvenparameter ist der Heliumdruck, gemessen in Torr [10–67].

431

Auch bei Wechselspannungsentladungen läßt sich die Grenzschichtdicke d_g an den Elektroden bei niederen Drucken näherungsweise durch das Raumladungsgesetz beschreiben. Mit Hilfe der Dicke d_g läßt sich die Schichtkapazität mit

$$C = \varepsilon_0 \, A/d_g \tag{10-101}$$

für die Elektroden berechnen, wobei A die jeweilige Elektrodenoberfläche ist. Die Kapazität C an den beiden Elektrodenoberflächen bestimmt näherungsweise die Spannungsverteilung an den beiden Elektroden (1 und 2):

$$\frac{U_1}{U_2} = \frac{C_2}{C_1} = \frac{A_2 \, d_{g1}}{A_1 \, d_{g2}} \, . \tag{10-102}$$

Da die Stromdichten an beiden Elektroden gleich sein müssen, folgt aus dem Raumladungsgesetz:

$$\frac{U_1}{U_2} = \left(\frac{A_2}{A_1}\right)^4 \tag{10-103}$$

und aus dem Raumladungsgesetz mit Berücksichtigung von Stößen in der Gasphase:

$$\frac{U_1}{U_2} = \left(\frac{A_2}{A_1}\right)^3 \, . \tag{10-104}$$

Beide Gleichungen zeigen also eine starke Veränderlichkeit des Katodenfalles an den Elektroden mit der Größe der Elektrodenflächen. Bei Ätzprozessen, bei denen hohe Ionenenergien verlangt werden, wird die zu ätzende Oberfläche klein gewählt. Wenn jedoch geringe Aufprallenergien verlangt werden, so wird das Elektrodenflächenverhältnis umgedreht.

PECVD-Prozesse modifizieren die Gasphase und ändern die Beschichtungsbedingungen. Primär wird durch die Niederdruckgasentladung ein Elektronengas erzeugt, deren Energieverteilung durch die Druyvesteynverteilung [10–69, 10–70] beschrieben werden kann. Diese Elektronen induzieren Anregungen, Dissoziationen und Ionisationsprozesse. Diese Prozesse sind für einen Parallelplattenreaktor, Bild 10–24, für die Abscheidung von Si aus einem SiH_4-H_2-Gemisch modelliert worden [10–71]. Bild 10–60 zeigt die in der Gasphase entstehende Spezies, Tabelle 10–5 tabelliert noch einmal alle entstehenden Spezies, die eckig geklammerten Spezies entstehen auch bei CVD-Prozessen, wie Modellrechnungen ergeben [10–71, 10–72].

Der Ionenbeschuß der Oberfläche beeinflußt das Schichtwachstum, wie in Bild 10–61 [10–73] angedeutet. Über die Wechselwirkung von Ionen und Oberfläche sei auf die Literatur verwiesen [10–74].

Soll der Ionenbeschuß auf die Oberfläche vermieden werden (z. B. bei der III-V-Technologie [10–75], jedoch trotzdem ein durch Plasma modifiziertes Reaktionsgas verwendet werden, dann werden Remote-Prozesse verwendet, bei denen die Gasentladung nicht direkt über dem Substrat gezündet wird [10–76]. Bild 10–62 zeigt eine Versuchsanordnung für Remote CVD-Prozesse. Diese Anordnung zeigt zusätzlich, daß bei den Remote-

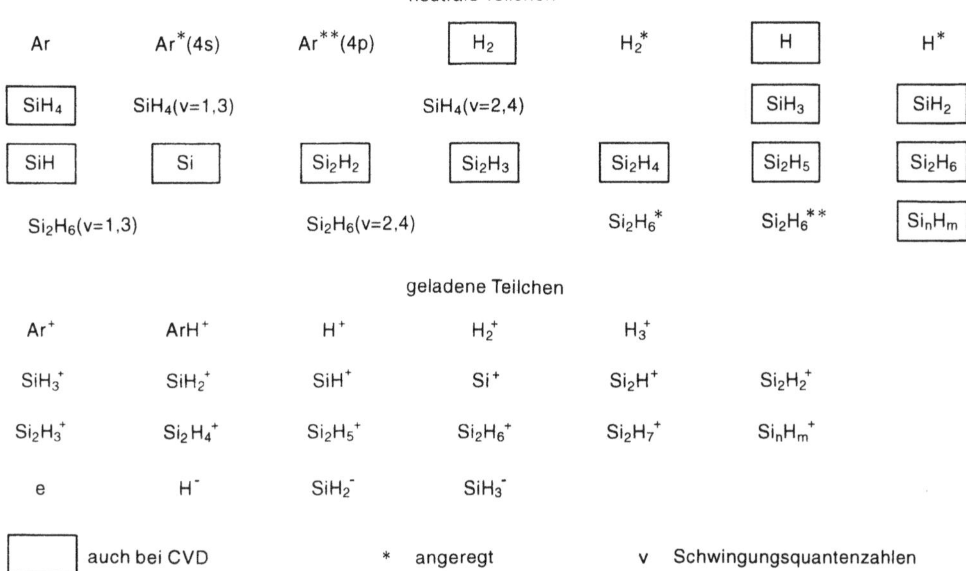

Bild 10–60. Moleküle, Radikale und Ionen, die in einer Gasentladung entstehen.

Tabelle 10–5. Mit PECVD hergestellte Schichten.

Material	Anwendung	Ausgangsmaterial
a–Si:H	Halbleiterbauelemente, Photovoltaik	SiH_4/H_2
Si_3N_4 und SiON	Passivierung, Linsen Masken	SiH_4/N_2 oder $SiCl_4/NH_3$
SiC	harte Schichten, Elektronik	SiH_4/Kohlenwasserstoffe oder TMS
SiO_2	Passivierung, Fasern, Optik, optische Fasern	$SiCl_4/O_2$
$SiO_{2-x}F_x$	optische Fasern	$SiCl_4/C_2F_6O_2$
GeO_2	optische Fasern	$GeCl_4/O_2$
TiN	harte Schichten	$TiCl_4/NH_3$
TiC	harte Schichten	$TiCl_4$/Kohlenwasserstoffe
TiO_2	optische Anwendungen, Filter	Metallorganien oder $TiCl_4/O_2$
BN	harte Schichten, elektronische Masken	BCl_3/NH_3 oder Diboran/N_2
BC	harte Schichten	Diboran/Kohlenwasserstoffe
a–C:H, a–C Diamant	Schichten mit niedrigen Reibkoeffizienten, Elektronik, Akustik, Mikrowellen, Masken	Kohlenwasserstoffe Kohlenwasserstoffe, Alkohole, CO/H_2
ThO_2/W	Hochleistungskatoden	WF_6/organometallische Th-Verbindung

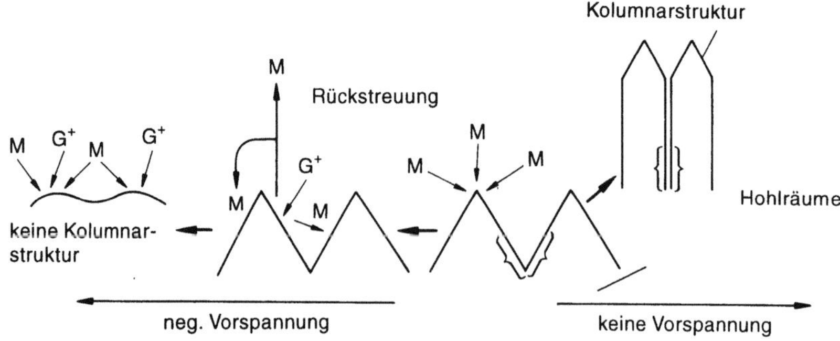

Bild 10-61. Oberflächenprozesse, die durch Ionenbeschuß während des Aufdampfens bewirkt werden (G^+ auftreffendes Ion, M aufdampfendes Atom).

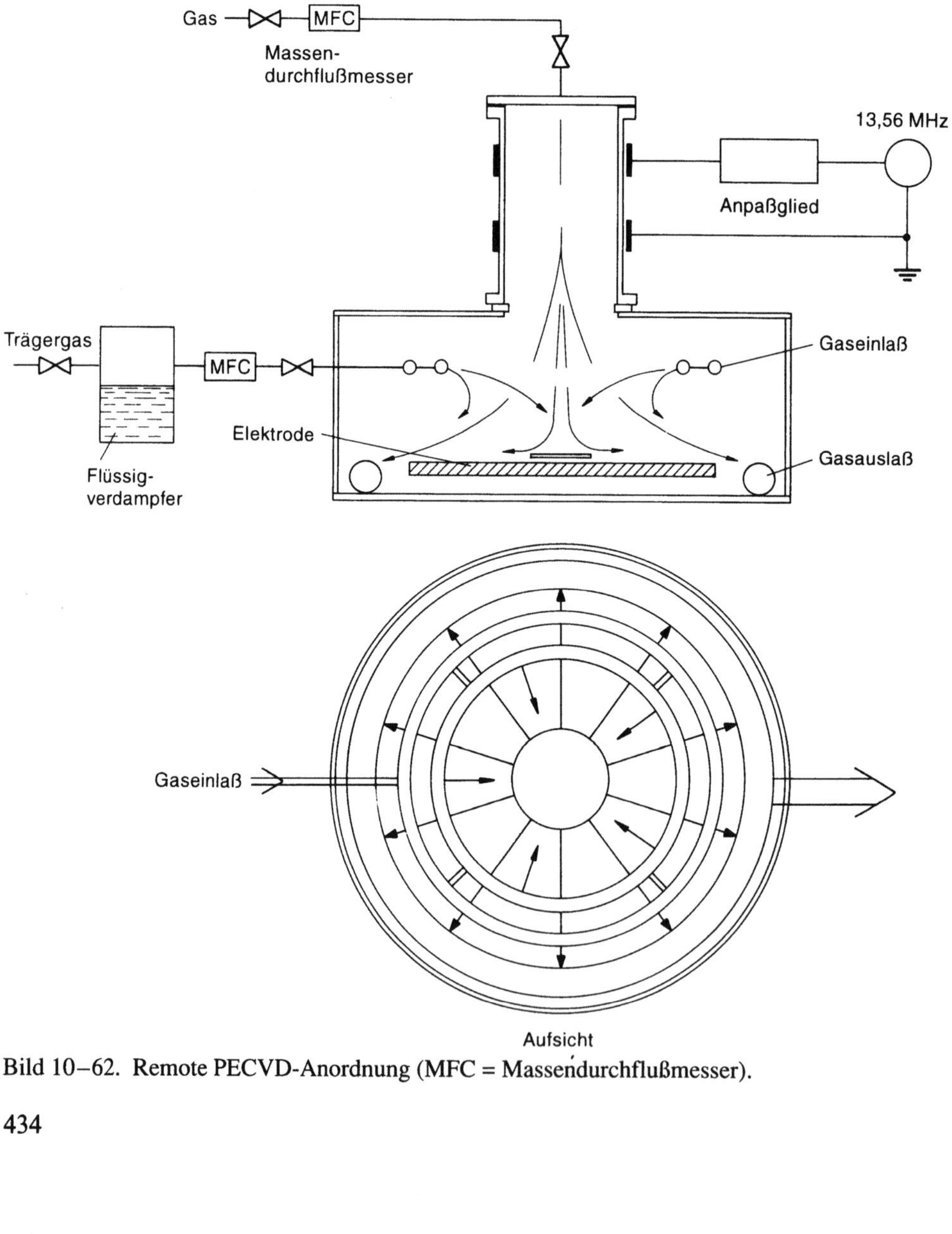

Bild 10-62. Remote PECVD-Anordnung (MFC = Massendurchflußmesser).

prozessen nicht das gesamte Reaktionsgas modifiziert werden muß, sondern nur eine Komponente.

Alle bisher beschriebenen PECVD-Prozesse arbeiten bei niedrigen Drücken ($p < 1$ hPa). Für die Prozeßtechnik wäre es wünschenswert, den Druck zu erhöhen und nach Möglichkeit bei Atmosphärendruck zu beschichten. In [10-77] wird z.B. eine stille Entladung verwendet (siehe nächsten Abschnitt), um hier mit C-haltigen Gasen auf Glas und Kunststoffen C-haltige Schichten abzuscheiden.

10.3.2 Anlagentechnik

PECVD hat heute in der Metallurgie große Bedeutung gewonnen [10-78]. Es können z.B. TiN-Schichten gemäß des Prozesses

$$TiCl_4 + N_2 \rightarrow TiN + \ldots$$

bei Temperaturen im Bereich von 500 °C mit einem niedrigen Chlorgehalt [10-79, 10-80] hergestellt werden, wie Bild 10-63 zeigt. Diese Temperaturen liegen wesentlich niedriger als bei konventionellen CVD-Prozessen (etwa 900°C).

Als Reaktoren werden Modifikationen des in Bild 10-45 gezeigten Batchreaktors verwendet, wobei die Entladung kontinuierlich bzw. im Pulsbetrieb verwendet werden kann, wie im Kap. 8 beschrieben.

Der Vorteil dieser modifizierten Batchreaktoren ist, daß sie nicht nur für PECVD-Prozesse, sondern auch für Diffusionsprozesse verwendet werden können, um so die Härte der Substratoberfläche zu erhöhen [10-81].

Bild 10-64 zeigt einige Typen von PECVD-Reaktoren, wie sie heute in der Halbleiterindustrie verwendet werden. Ersichtlich leiten sich diese Typen von den bei CVD üblichen Typen, Bild 10-27, ab: Das Gas strömt entweder parallel oder aber senkrecht auf die Oberfläche. Der ASM-Typ entspricht dem in Bild 10-47 dargestellten Rohrreaktor. Tabelle 10-5 zeigt, wo heute Plasma-CVD-Prozesse angewendet werden [10-82].

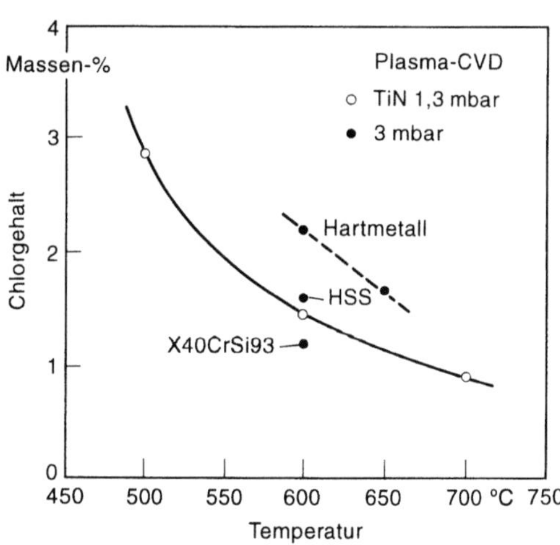

Bild 10-63. Chlorgehalt in PECVD-TiN-Schichten.

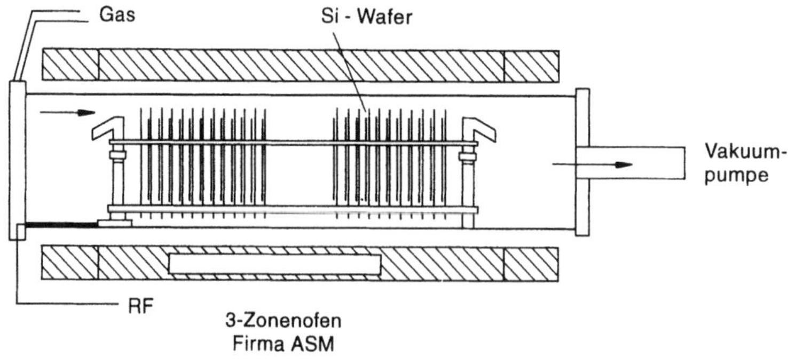

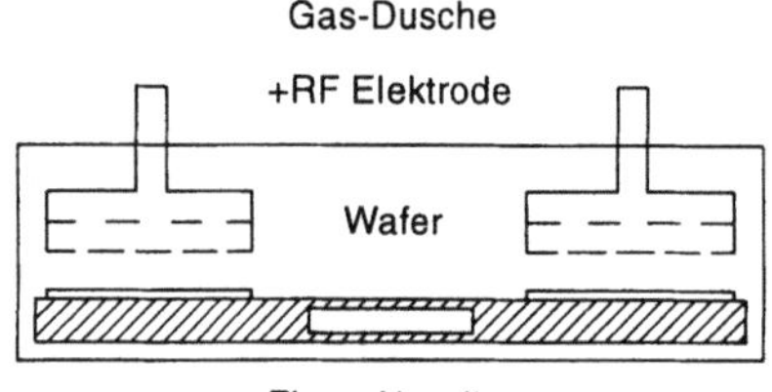

Bild 10-64. In der Halbleiterindustrie verwendete PECVD-Reaktoren (Fa. ASM und Fa. Novellus).

10.4 Modifizierung der Gasphase durch Photo-CVD

Photo-CVD-Prozesse haben in der Beschichtungstechnik bis heute nur eine geringe Verbreitung gefunden, deswegen sei hier auf die Literatur verwiesen [10-25, 10-2, 10-83]. Photo-CVD-Prozesse sind für eine Reihe von Systemen untersucht worden, wie Tabelle 10-6 zeigt. Als Lichtquelle werden dabei üblicherweise Quecksilberlampen oder Laser verwendet.

Für den CVD-Prozeß mit Hg-Niederdrucklampen existieren 2 verschiedene Verfahren: die Hg angeregte Photolyse und die direkte Photolyse, wobei das erste Verfahren höhere Beschichtungsraten ermöglicht. Dieser Prozeß wird für die SiO_2-Beschichtung bei Temperaturen um 200 °C industriell eingesetzt.

Allgemeiner Nachteil der heute untersuchten Photo-CVD-Verfahren sind die niedrigen Beschichtungsraten. Abhilfe könnte eine von *Kogelschatz* [10-84] entwickelte neuartige Excimer UV-Lampe sein, mit der sehr kurzwellige Strahlung bis zur Ar-Strahlung bei 130 nm mit hohen Energiedichten (mehrere $100\,mW\,cm^{-2}$) flächenhaft erreicht werden kann. Die Funktionsweise dieser Lampe ist in Bild 10-65 dargestellt. Sie basiert auf den industriell eingesetzten Ozonisatoren und besteht aus zwei installierten Elektroden, die außer dem Entladungsraum durch eine dielektrische Schicht (Quarz) voneinander getrennt sind. Bei einer Wechselspannung (bis MHz) und Amplituden von einigen kV zündet eine stille Entladung und es bilden sich Entladungsschläuche mit sehr hohen Elektronendichten und Elektronenenergien. Diese Elektronen können bei einem geeigneten Gasgemisch dann Excimer erzeugen, die beim Zerfall Ultraviolettstrahlung (sog. Excimerstrahlung) abgeben.

Die entstehende Strahlung kann dann über ein Fenster (bis > 180 nm Suprasilfenster möglich) in den Reaktor eingestrahlt werden. Es sind jedoch auch offene Reaktoren vor-

Tabelle 10-6. Photo-CVD-Prozesse (LPHg = Niederdruckquecksilberlampe, [10-25]).

Schicht	Reaktionsgas	Lichtquelle
Si amorph polykristallin	Si_2H_6, Si_3H_8	LPHg LPHg ArF-Laser CO_2-Laser
	SiH_4	LPHg CO_2-Laser KrF-, ArF-Laser
	$SiCl_4$	Ar-, Kr-Laser Co_2-Laser
Si (epitaktisch)	$SiCl_4/H_2$ $SiHl_4$ oder Si_2Cl_6/H_2 SiH_2Cl_2/H_2 $Si_2H_6/SiH_2F_2/H_2$ SiH_4 SiH_4	HPHg LPHg Hg-Xe-Lampe LPHg CO_2-Laser Kr-Laser
μC-Si	Si_2H_6/H_2	LPHg
a SiC:H	Si_2H_6/C_2H_2 oder Dimethylsilan	LPHg
Ge	GeH_4	KrF, ArF
Al, Cd, Zn, Sn, Se	metallorganische Verbindungen	ArSH ArF-, KrF-Laser Hg-Xe-Lampe Kr-Laser Edelgaslampen
Al	$((CH_3)_2CHCH_2)_3Al$	Ar-, CO_2-Laser KrF-Laser
Cu	CuHF	LPHg Ar-Laser, ArSh ArF-, KrF-Laser
In	Inl	ArF-Laser
Al-Zn	DMZn	ArSH
Cr, Fe, Ni, Mo, W	Hexacarbonyl- Verbindungen	Excimerlaser Ar-, CO_2-Laser
Ni	$Ni(CO)_4$	Kr-Laser CO_2-Laser
Fe	$Fe(CO)_5$	LPHg Ar-Laser CO_2-Laser
W	WF_6	ArF-Laser
Ti	$TiCl_4$	Ar-Laser, 2. Harm.
$TiSi_2$	$TiCl_4/SiH_4$	ArF-Laser CO_2-Laser

Tabelle 10-6 (Fortsetzung)

Schicht	Reaktionsgas	Lichtquelle
SiO_2	SiH_4/O_2	D_2-Lampe
		LPHg
		KrF-Laser
	Si_2H_6/O_2	LPHg
	SiH_4/N_2O	ArF-Laser
		Ar-Laser
Al_2O_3	TMA/N_2O	ArF-, KrF-Laser
ZnO	$DMZn/NO_2$ oder N_2O	ArF-Laser
In_2O_3	$(CH_3)_3InP(CH_3)_3/O_2$	ArF-Laser
Cr_2O_3/CrO_2	CrO_2Cl_2	Ar-Laser
Cr_2O_3 Einzelkristall		
TiO_2	$TiCl_4/CO_2$	CO_2-Laser
TaO_x	$Ta(OCH_3)_5$	LPHg
GeO_2-SiO_2	$SiH_4/GeH_4/N_2O$	ArF-Laser
SiN_x	SiH_4/NH_3	LPHg
		LPHg
PN_x	PH_3/NH_3	ArF-Laser
$(Al_2O_3)_{1-x}(AlN)_x$	$TMA/NH_3/O_2$	ArF-Laser
C	C_2H_2	LPHg
		Ar-Laser
GaAs	TMG/AsH_3	LPHg
		HPHg
		Ar-Laser
	$AsH_3/Ga/H_2$	KrF-Laser
	$TMG/TMAs$	CO_2-Laser
InP	$TMIn/TMP$	ArF-Laser
	$(CH_3)_3InP(CH_3)_3/TMP$	ArF-Laser
CdTe	$DMCd/DETe$	LPHg
HGTe	$DETe$	LPHg
$Cd_xHg_{1-x}Te$	$DMCd/DETe$	LPHg
	$DMHg/DMCd/DMTe$	ArF-Laser

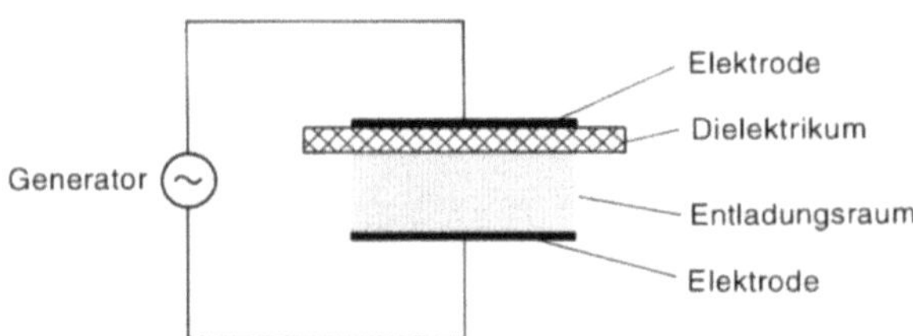

Bild 10-65. Schema von Entladungsproben mit einer stillen Entladung.

geschlagen worden [10–84]. Die Lampe kann in sehr variablen Geometrien hergestellt werden, z.B. als zylindrischer Innenstrahler, als zylindrischer Außenstrahler oder als flächenhafter Strahler.

Die Lampe ist für a-Si-H-Schichten mit sehr guten optischen und elektronischen Eigenschaften eingesetzt worden [10–85, 10–86]. Als Ausgangsgas wurde Si_2H_6 verwendet. Die hohe Intensität der Lampe läßt Abscheideraten erwarten, wie sie bei Plasma-CVD üblich sind [10–85, 10–86].

Eine Reihe von Photo-CVD-Experimenten sind mit Hilfe von Lasern durchgeführt worden wie Tabelle 10–6 zeigt. Hier können die Prozesse entweder thermisch durch lokale Aufheizung des Substrates oder durch direkte Photolyse ablaufen. Die thermischen Abscheideprozesse zeichnen sich durch hohe Beschichtungsgeschwindigkeit aus, was beim Laserschreiben zu Geschwindigkeiten im Bereich von cm/min^{-1} führt [10–83]. Der Vorteil der Laserstrahlung ist ihre gute Fokussierbarkeit, so daß auch feine Strukturen im µm-Bereich hergestellt werden können.

10.5 Plasmapolymerisation

Als Plasmapolymerisationsprozesse werden Prozesse definiert, bei denen aus Monomeren in der Gasphase Polymere auf der Oberfläche mit Hilfe einer Gasentladung hergestellt werden. So ist dieses Verfahren ein Verfahren, welches neben den vielen heute existierenden Herstellungsverfahren für Polymerschichten existiert [10–87], wobei allerdings die meisten Verfahren nur für dicke Schichten geeignet sind. Es gibt heute eine Vielzahl von Veröffentlichungen über dieses Gebiet, so daß es nicht möglich ist, hier eine zusammenfassende Darstellung zu geben, dafür sei auf die Literatur verwiesen [10–88, 10–89, 10–10, 10–90, 10–91].

Polymerschichten können auf folgenden Gebieten Verwendung finden [10–92]:

- Korrosions- und abrasionsbeständige Schichten, z.B. für Datenspeichermedien
- Oberflächenmodifikation von Polymeren
- Funktionsschichten für optische Speicher
- Selektive Diffusionsschichten
- Biochemisch verträgliche Schichten
- Optisch transparente Antikratzbeschichtung von Kunststoffen
- Diffusionsbarrieren auf Kunststoffen.

Die Plasmapolymerisation wird in Glimmentladungseinrichtungen durchgeführt. Als Ausgangsstoffe werden gesättigte und ungesättigte Monomere verwendet. Von *Yasuda* et al. 1977 [10–93] konnte z.B. in einer 13,56 MHz-Gasentladung gezeigt werden, daß sich von folgenden Monomeren Polymerschichten herstellen lassen:

- Azetylen
- Benzol
- Hexafluorobenzol
- Styrol

Tabelle 10–7. Polymerisationseffektivitäten von Monomeren, die in einem Parallel-plattenreaktor hergestellt werden.

Monomer	Effektivität (g/kWh)	mol (kWh)
Vinylferrocen	300	1,4
1,3,5-Trichlorbenzol	190	1,05
Chlorbenzol	75	0,67
Styrol	69	0,66
Ferrocen	67	0,36
Picolin	65	0,70
Naphthalin	62	0,48
Pentamethylbenzol	61	0,44
Nitrotoluol	55	0,40
Acrylnitril	55	1,04
Diphenyl selenid	52	0,20
p-Toluidin	47	0,44
p-Xylol	45	0,42
N, N-Dimethyl-p-toluidin	39	0,29
Toluol	38	0,41
Anilin	38	0,41
Diphenylquecksilber	30	0,08
Hexamethylbenzol	28	0,17
Malonnitril	25	0,38
Tetracyanäthylen	19	0,15
Thiophen	13,5	0,16
Benzol selenol	13,5	0,086
Tetrafluoräthylen	12	0,12
Äthylen	11	0,39
N-Nitrosodiphenylamin	10	0,05
Thianthren	10	0,046
Acetylen	9	0,35
N-Nitrosopiperidin	9	0,08
Dicyanoketenäthylacetal	7	0,04
Cyamelurin	6	0,013
1,2,4-Trichlorbenzol	5,5	0,03
Propan	5,2	0,012
Thioharnstoff	4,7	0,06
Thioacetamid	4,4	0,059
N-Nitrosodiäthylamin	4,2	0,04
Hexa-n-butyl(di)zinn	4,0	0,007
Triphenylarsin	3,4	0,19

- Äthylen
- Tetrafluoroäthylen
- Cyclohexan
- Oxiran
- Acrylsäure
- Propionsäure
- Vinylacetat

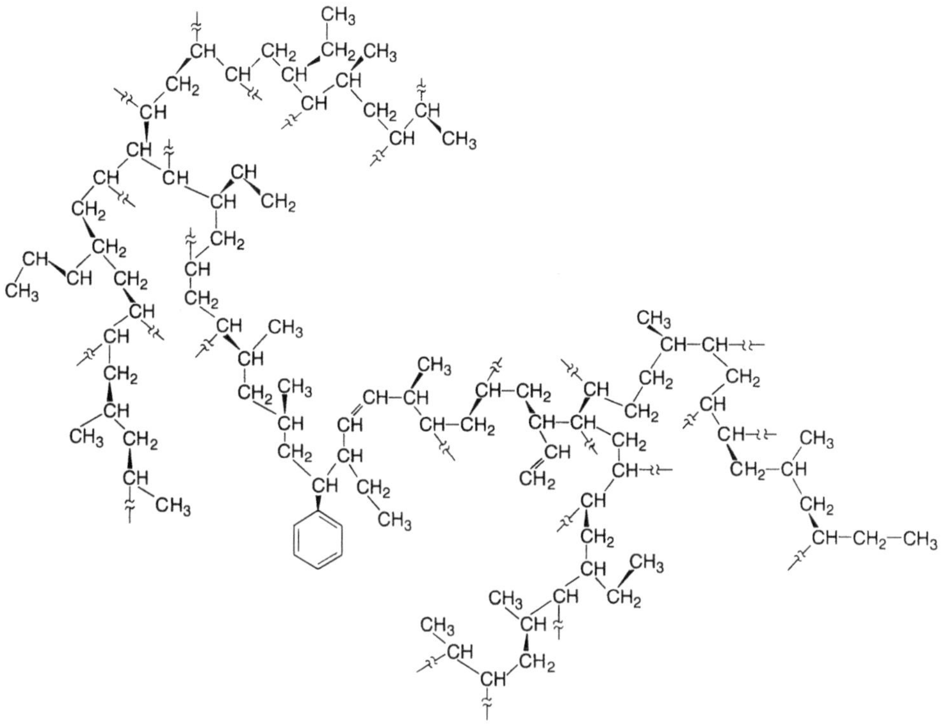

Bild 10–66. Schichteigenschaften für Plasmapolyäthylen.

- Methylacrylat
- Hexamethyldisilan
- Tetramethyldisilan
- Divinyltetramethyldisiloxan.

Die von *Yasuda* erreichten Beschichtungsgeschwindigkeiten lagen im Bereich von $0{,}07–3\ \mu g/cm^2\ min^{-1}$. Sie hängt hauptsächlich von dem Monomer ab. Die höchsten Werte wurden mit Divinyltetramethyldisiloxan erreicht. Tabelle 10–7 zeigt die Monomere, mit denen in einem Parallelplattenreaktor Polymere hergestellt wurden. Gleichzeitig ist der Energiebedarf der einzelnen Beschichtungsvorgänge angegeben [10–94].

Auch Methan und Äthan können als Monomer verwendet werden, wie von *Yamagashi* 1990 [10–95] gezeigt wurde. *Yamagashi* hat in einer Parallelplattenanlage in Methan bzw. Äthan bei einem Druck im Bereich von $100–130\ Pa$, einer Flußrate von $20\ cm^3\ min^{-1}$ (STP) bei einer Leistung von $100–200\ Watt$ Beschichtungsgeschwindigkeiten von $30–100\ nm\ min^{-1}$ erreicht. Die Polymer-Schicht wurde als Haftvermittler für eine Klebeverbindung zwischen einem Kunststoff (Parylen C) und einem metallischen Grundwerkstoff verwendet.

Das durch Plasmapolymerisation erzeugte Polymer hat andere Eigenschaften als konventionelles Niederdruck-Polyäthylen, welches linear wenig verzweigte Ketten bildet. Bild 10–66 zeigt die Struktur eines durch Plasmaverfahren abgeschiedenen Polyäthylen

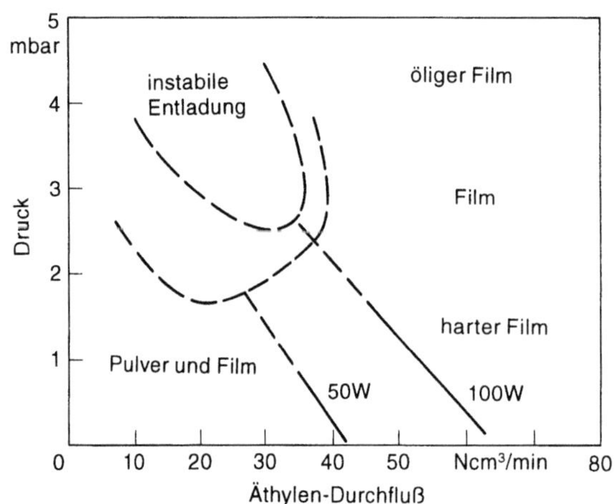

Bild 10–67. Prozeßparameter für Plasmapolyäthylen.

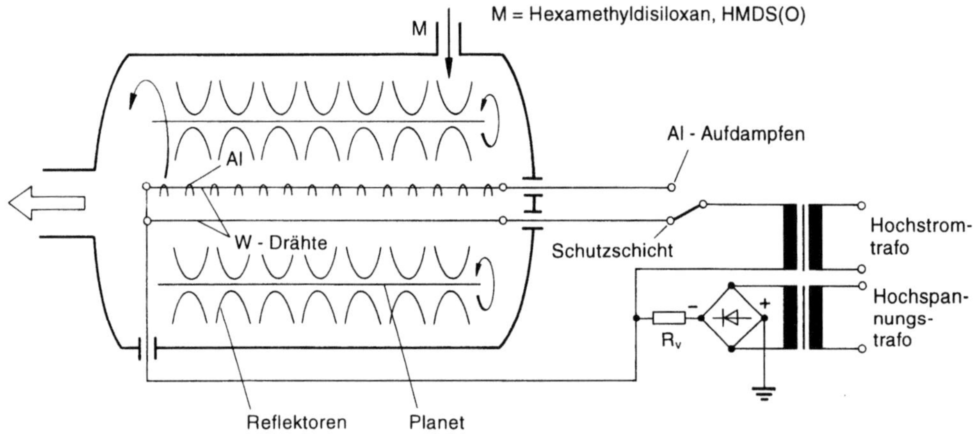

Bild 10–68. Schema einer Polymerbeschichtungsanlage für Scheinwerferreflektoren.

[10–96]. Sie weist qualitativ auf die Wirkung des Ionenbeschusses hin. Polymere können nach ihren Eigenschaftsänderungen beim Ionenbeschuß klassifiziert werden [10–97, 10–98]. Zu den Polymeren, die Querverbindungen (Crosslinking) beim Ionenbeschuß erzeugen, gehören Polyäthylen, Polymethylen, Polypropylän, Polystyrol, Polyacrylsäure, Polymethylazelat, Polymethylacrylat, Polyacrylamid und Polyvenyläther. Andererseits gibt es Polymere, die beim Ionenbeschuß degradieren wie z. B. Polyisobutylan, Poly-α-methylstyrol und Polymethacrylsäure. Bild 10–66 zeigt diese Querverbindungen. Die in Bild 10–66 gezeigte verzweigte Struktur weist auf den Ionenbeschuß hin.

Diese Polymerisation hängt natürlich von den Parametern ab, die die Gasentladung bestimmen [10–99]:

– Frequenz

– Plasmaleistung

442

- Monomerdruck
- Monomerdurchfluß
- Substrattemperatur
- DC-Potential
- Magnetfeld
- Trägergas.

Ein Beispiel sei in Bild 10–67 gezeigt, in dem die Eigenschaft des Polyäthylen bei konstanten Entladungsparametern in einem Druck-Durchflußdiagramm gezeigt wird [10–100]. Eine Hauptanwendung ist heute die Glimmpolymerbeschichtung von Scheinwerferreflektoren. Das Schema einer solchen Anlage ist in Bild 10–68 gezeigt. Als Monomer wird Hexamethyldisiloxan verwendet. Es werden Schichtwachstumsraten bis zu 10 nm min^{-1} erreicht. Je nach O_2-Zugabe in das Trägergas können harte oder weiche Polymerschichten hergestellt werden [10–99].

11 Literatur

[2-1] *Müller, K. G.*: Vakuumtechnische Berechnungsgrundlagen. Weinheim, 1961, S. 17.

[2-2] *Wutz, M., H. Adam* u. *W. Walcher*: Theorie und Praxis der Vakuumtechnik. Braunschweig, Wiesbaden: Vieweg, 1988.

[2-3] *Pupp, W.* u. *Heinz K. Hackmann*: Vakuumtechnik – Grundlagen und Anwendungen. Carl Hanser Verlag, München, 1991.

[2-4] *Tsutsumi, Y., S. Ueda, M. Ikewaga* u. *J. Kobayashi*: Prevention of oil vapor backstreaming in vacuum systems by gas purge method. J. Vac. Sci. Tecnol., A8 (3), Mai/Juni 1990, S. 2764–2767.

[2-5] *Wycliffe, H.*: Mechanical big-vacuum pumps with an oil-free swept volume. J. Vac. Sci. Technol., A5 (4), July/Aug. 1987, S. 2608–2611.

[2-6] *Berges, H.-P.* u. *M. Kuhn*: Handling of particles in forevacuum pumps. Vacuum 41 (1990). Nr. 7–9, S. 1828–1832.

[2-7] *Troup, A. P.* and *N. T. M. Dennis*: Six years of "dry pumping": A review of experience and issues. J. Vac. Sci. Technol., A9 (3), May/June 1991, S. 2048–2052.

[2-8] *Troup, A. P., B. S. Emslie* u. *M. A. Leitch*: Erhöhte Reinheit durch ölfreie Vakuumpumpen. Elektronik Produktion & Prüftechnik, Juni 1988, S. 23–25.

[2-9] *Wycliffe, H.* u. *M. A. Leitch*: Trockenlaufende Hochvakuumpumpen.. cav 1988, S. 9–11.

[2-10] *Bachmann, P.* u. *M. Kuhn*: Evaluation of dry pumps vs rotary vane pumps in aluminium etching. Vacuum 41 (1990), Nr. 7–9, S. 1825–1827.

[2-11] *Klein H.-H., R. Heisig* u. *C. M. Augustine*: Use of refrigerator-cooled cryopumps in sputtering plants. N. Vac. Sci. Technol., A2 (2), Apr./June 1984, S. 187–190.

[2-12] *Baechler, Werner G.*: Cryopumps for research and industry. Vacuum 37, Nr. 1/2, 1989, S. 21–29.

[2-13] *Longsworth, R. C.* and *R. J. Webber*: Cryopump vacuum recovery after pumping Ar and H_2. J. Vac. Sci. Technol., A9 (5), Sept./Oct. 1991, S. 2766–2770.

[2-14] *Winkler, A., M. Hausenblas, M. Leisch* u. *K. D. Rendulic*: A highly efficient UHV cryoadapter for a closed cycle refrigerator cold head. Vacuum 40 (1990), S. 39–41.

[2-15] *Scheer, J. J.* u. *J. Visser*: Verwendung von Kryopumpen in der industriellen Vakuumtechnik. Vakuum-Technik 31 (1982), S. 34–45.

[3-1] *Takagi, T.*: Ionized Cluster Beam Deposition and Epitaxy. Noyes Publications, Park Ridge, New Jersey, USA, 1988.

[3-2] *Hintsches, Eugen*: Kristalle aus einzelnen Atomen – Voraussetzung für neue Generation leistungsfähiger Halbleiter-Bauelemente. VDI-Nachrichten 19 (1981), S. 33.

[3-3] *Döhler, G. H.*: Doping superlattics. J. Vac. Sci. Technol. 16 (1979), S. 851/856.

[3-4] *Kasper, E.* u. *H. Kibbel*: Ultrahochvakuum-Epitaxie von Silizium. Vakuum-Technik 33 (1984) Nr. 1, S. 13/22.

[3-5] *Potter, D. I., M. Ahmed* u. *S. Lamond*: Metallurgical surfaces produced by ion implantation. Journal of Metals (1983), S. 17/22.

[3-6] *Jata, Kumar V.* u. *E. A. Starke*: Surface modification by ion implantation – effects on fatigue. Lournal of Metals (1983), S. 23/27.

[3-7] *Hanley, Peter R.* u. *N. L. Turner*: Design considerations for ion implantation of 150 mm wafers. Microelectronic Manufacturing and Testing (1983), S. 27/29.

[3-8] *Dearnly, G.*: Ion implantation improves wear resistance of hardmetals. Metal Powder Report 35 (1980) Nr. 2, S. 64 ff.

[3-9] *Hirvonen, J. K.*: Ion implantation in tribology and corrosion science. J. Vac. Sci. Technol. 15 (1978) Nr. 5, S. 1662/1668.

[3-10] *Buhl, R.* u. *H. K. Pulker*: Reaktives Ion-Plating zur Herstellung von Nitrid- und Oxid-Schichten. Metalloberfläche 42 (1988), S. 473/476.

[3-11] *Wolf, G. K.*: Ionenstrahlen in der Metallforschung. Metall 38 (1984), S. 402/407.

[3-12] *Kienel, G.*: Plasmagestützte Vakuumbeschichtungsverfahren – Verfahrensvarianten und Entwicklungstendenzen. Vakuum in der Praxis 2 (1990), S. 16/20.

[3-13] *Kienel, G.*: Plasma assisted vacuum coating processes. Int. J. of Modern Physics B (in Vorbereitung).

[3-14] *Faraday, M.*: Phil. Trans. 147 (1857), S. 145.

[3-15] *Zinsmeister, Gilbert J.*: Die Entwicklung der industriellen Dünnschicht-Technik. Aus dem akademischen Leben der Technischen Universität Wien 5 (1983), S. 52/74.

[3-16] *Rosenthal, G.*: Die reflexvermindernden Schichten auf Glas. Mitteilungen der Leitz-Werke 63 (1941), S. 73/82.

[3-17] *Burrows, G.*: Evaporation in an evacuated container. Vacuum 15 (1965) Nr. 8, S. 289/399.

[3-18] *Mulder, B. J.*: A method for the splash-free evaporation of aluminium and other metals. Vacuum 28 (1977) Nr. 1, S. 11/12.

[3-19] *Renner, P.*: Eine Verdampferquelle nach dem Elekronenstoßprinzip für vielseitige Anwendungen. Experimentelle Technik der Physik XVIII (1970), S. 159/161.

[3-20] *Card, F. E.* u. *J. J. Galen*: Method for evaporation in vacuum of sublimable materials. The Review of Scientific Instruments 32 (1961) Nr. 7, S. 858/859.

[3-21] *Kirner, Kuno*: Reaktionen beim Verdampfen von Aluminium in Bornitridtiegeln. CAV (1970), S. 64/65.

[3-22] *Parent, Edward D.*: Power requirements of resistance-heated intermetallic evaporation sources. J. Vac. Sci. Technol. 11 /1974) Nr. 4, S. 820/822.

[3-23] *Dobrowolski, J. A.*: Source configurations für the deposition of uniform thin films onto a moving web. In: Proc. 7th Intern. Vac. Congr. & 3rd Intern. Conf. Solid Surfaces (Vienna 1977), S. 1567–1570.

[3-24] *Reuter, Wilhelm*: Optimierung der Verdampferanordnung bei Bandbedampfungsanlagen. Maschinenmarkt, Würzburg 82 (1976) Nr. 81, S. 1479/1482

[3-25] *Warren, K. A., D. R. Denison* u. *D. G. Bills*: Resistance heated sublimator. The Review of Scientific Instruments 38 (1967) Nr. 8, S. 1019/1022.

[3-26] *Holland, L.*: Vacuum deposition of thin films. New York: John Wiley, 1961.

[3-27] *Roberts, G. C.* u. *G. G. Via*, US-Patent 3313914 (1967).

[3-28] *Ames, I., L. H. Kaplan* u. *P. A. Roland*: A crucible-type evaporation source for aluminium. Rev. Sci. Instr. 37 (1966), S. 1737/1738.

[3-29] *Dale, E. B.*: New technique for depositing alloy films. Rev. Dev. 18 (1967), S. 60/62.

[3-30] *Sommerkamp, P.*: Elektronen-Rückstreumessungen an Ta und Ni, ein Beitrag zur Leistungsbilanz des Elektronenstrahlschmelzens. Zeitschrift für angewandte Physik 28 (1970) Nr. 4, S. 220/232.

[3-31] *Sommerkamp, P.*: Großtechnische Elektronenstrahlverdampfer. Vakuum-Technik 19 (1970) Nr. 7, S. 161/167.

[3-32] *Fischof, J.*: Application of EB Coating in the Glass Industry. Conf. 2nd Int. EB Seminar, June 29–29, 1972. Frankfurt/M. S. 4b72/4b92.

[3-33] *Snow, E. H., A. S. Grove* u. *D. J. Fitzgerald*: Effects of Ionizing Radiation on Oxidized Silicon Surfaces and Planar Devices, Proc. IEEE 44, 1967, S. 1168.

[3-34] *Sommerkamp, P.*: Application of EB Coating in the Metals Industry. Conf. 2nd Int. EB Seminar, June 26–29, 1972. Frankfurt/M. S. 4b1/4b71.

[3-35] *Schiller, S.* u. *G. Jäsch*: Deposition by Electron Bean Evaporation with Rates of up to 50/um s^{-1}. Thin Solid Films, 54 (1978), S. 9/21.

[3-36] *Stephan, H., W. Dietrich, A. Feuerstein* u. *O. H. Hoffmann*: Anlagentechnik und Wirtschaftlichkeit verschiedener Bedampfungsanlagen für Turbinenschaufeln. Metal 35 (1981), S. 427/431.

[3-37] *Schiller, S., H. Förster, G. Jäsch, G. Hötzsch* u. *B. Wenzel*: Electron beam processing in metallurgy. In: V. International Conference on Solid Surfaces, Madrid, Spain (1983) S. 246/257.

[3–38] *Feuerstein, A.* u. *M. Mayr*: High vacuum evaporation of ferromagnetic materials- a new production technology for magnetic tapes – IEEE Transactions on Magnetics 20 (1984) Nr.1, S. 51–56.

[3–39] *Süßkind, Ch.*: Electron guns and focusing for high density electron beams. Adv. Electr. a. Electr. Phys. 8 (1956), S. 363/402.

[3–40] *Pierce, J.R.*: Theory and design of electron beams. New York: D. van Nostrand Comp. 1954.

[3–41] *Langmuir, I.* u. *K.B. Blodgett*: Current Limited by space charge between concentric spheres. Phys. Rev. 23 (1924), S. 49/59.

[3–42] *Field, L.M.*: High current electron guns. Rev. Mod. Phys. 18 (1946), S. 353/361.

[3–43] *Helm, R., K. Spangenberg* u. *L.M. Field*: Cathode design procedure for elektron beam tubes. Electr. Communic. 24 (1947), S. 101/107.

[3–44] *Brown, K.L.* u. *Ch. Süßkind*: The effect of the anode aperture on the potential distribution in a Pierce electron gun. Proc. IRE 42 (1954), S. 598.

[3–45] *Hechtel, R.*: Zur Bestimmung der Elektrodenformen von Elektronenkanonen nach Pierce. Telefunken Zeitung 28 (1955), S. 222/226.

[3–46] *Danielson, W.E., J.L. Rosenfeld* u. *J.A. Saloon*: A detailed analysis of beam formation with electron guns of the Pierce type. Bell Syst. Techn. Journ. 35 (1956), S. 375/420.

[3–47] *Barber, M.R.* u. *K.F. Sander*: The calculation of electrostatic electron gun performance. J. Electr. a. Contr. 7 (1959), S. 465/481.

[3–48] *Climer, B.J.*: Electron current densities and transverse velocities in Pierce Emission systems. J. Electr. a. Contr. 13 (1962), S. 385/400.

[3–49] *Leonhard, L.H.*: Electron gun design, published in Introduction to electron beam technology, Editor.: *E. Bakish*, J. Wiley a. Sons, N.Y. 1962, S. 70/95.

[3–50] *Hofmann, G.* u. *W. Heinz*: Dimensionierung und Unterhaltung der Strahleigenschaften einer Elektronenquelle für große Strahlströme und -spannungen, Teil I, Optik 26 (1967/1968), S. 211/220.
Heinz, W., G. Hoffmann u. *H. Masermann*: Dimensionierung und Untersuchung der Strahleigenschaften einer Elektronenquelle für große Strahlströme und -spannungen, Teil II, Optik 26 (1967/1968), S. 221/234.

[3–51] *Müller, M.*: Neue Gesichtspunkte zur Berechnung von Elektronenkanonen für zylindrische Strombündel großer Raumladung. Archiv der elektr. Übertragung 9 (1955), S. 20/28.

[3–52] *Mathias, L.E.S.* u. *P.G.R. King*: On the performance of high Perveance electron guns. IRE-Transact. on E. Devices ED-4 (1957), S. 280/286.

[3–53] *Brewer, G.R.*: Formation of high density electron beams, J. Appl. Phys. 28 (1957), S. 7/15.

[3–54] *Frost, R.D., O.T. Purl* u. *H.R. Johnson*: Electron guns for forming solid beams of high perveance and high convergence. Proc. of the IRE 50 (1962), S. 1800/1807.

[3–55] *Samuel, A.L.*: Some notes on the design of electron guns. Proc. IRE 33 (1945), S. 233/240.

[3–56] *Heinz, B.* u. *G. Kienel*: Ion plating with EB evaporation. In: Proceedings of Conference Ion Plating & allied Techniques, Edinburgh (1977), S. 73/79.

[3–57] *Teer, D.G.*: The ion plating technique. Proc. IPAT 77 (1977), S. 13/31.

[3–58] *Sommerkamp, P.* u. *B. Heinz*: Alloy coating with the jumping beam. 5th Congresso Italiano Del Vuoto, Perugia, Sep. 29 – Oct. 2 (1975), S. 311/314.

[3–59] *Groeschl, M., E. Benes, E. Schmidt, H. Siegmund, G. Thorn* u. *F.W. Thomas*: Sensor for the detection of the incident point of an electron beam. Thin Solid Films 174 (1989), S. 323/329.

[3–60] *Jansen, Frank*: The flash evaporation of low melting point materials. J. Vac. Sci. Technol. 21 (1982) Nr. 1, S. 106/107.

[3–61] *Schabowska, E.* u. *T. Pisarkiewicz*: Cermet thin film resistors obtained by flash evaporation. Thin Solid Films 72 (1980), S. L7/L10.

[3–62] *Strahl, Tom*: Flash evaporation – an alternative to magnetron sputtering in the production of high-quality aluminium-alloy films. Solid Sate Technology (1978), S. 78/82.

[3–63] *Schabowska, E.* u. *Z. Porada*: Flash-evaporated Cr-SiO resistive elements. Thin Solid Films 93 (1982), S. L73/L76.

[3–64] *Maissel, Leon I.* u. *R. Glang*: Vacuum-evaporation Handbook of Thin Film Technology. New York: Mc-Graw-Hill 1970.

[3–65] *Ellis, S. G.*: Flash evaporation and thin films of cuprous sulfide, selenide and telluride. Journal of applied physics 38 (1967) Nr. 7, S. 2906/2912.

[3–66] *Walther, V., P. Weber* u. *J. Winkler*: Eine induktiv geheizte Verdampferquelle. Experimentelle Technik der Physik XVIII (1970), S. 153/158.

[3–67] *Kliwer, J. K.*: Laser evaporation and elemental analysis. J. Appl. Phys. 44 (1973) Nr. 1, S. 490/492.

[3–68] *Smith Howard M.* u. *A. F. Turner*: Vacuum deposited thin films using a ruby laser. Applied Optics 4 (1965), S. 147/148.

[3–69] *Olstad, R. A.* u. *D. R. Olander*: Evaporation of solids by laser pulses. I. Iron. Journal of Applied Physics 46 (1975) Nr. 4, S. 1499/1508.

[3–70] *Olstad, R. A.* u. *D. R. Olander*: Evaporation of solids by laser pulses. II. Zirconium hydride. Journal of Applied Physics 46 (1975) Nr. 4, S. 1509/1518.

[3–71] *Fujimori, Susumu, T. Kasai* u. *T. Enamura*: Carbon film formation by laser evaporation and ion beam sputtering. Thin Solid Films 92 (1982), S. 71/80.

[3–72] *Stritzker, B., J. Fröhlingsdorf, U. Poppe, J. Schubert* u.*W. Zander*: Große Zukunftsperspektiven, Techn. Rundschau 25/91, S. 36/40.

[3–73] *Dudley, W. W.*: Laser Processing and Analysis of Materials, Plenum Press, New York, 1976, chap. 2.

[3–74] *Bäuerle, D.*: Laser-Induced Formation and Surface Processing of High-Temperature Superconductors, Appl. Phys. A48 (1989), S. 527/542.

[3–75] *Cheung, J. T.* u. *H. Sankur*: Growth of Thin Films by Laser-induced Evaporation, CRC Critical Reviews in Solid State and Materials Sciences, Vol. 15, I (1988), S. 63/107.

[3–76] *Scheibe, H.-J., A. A. Gorbunov, G. K. Baranova, N. V. Klassen, V. I. Konov, M. P. Kulakov, A. M. Prokhorov* u. *H.-J. Weiss*: Thin Film Deposition by Excimer Laser Evaporation, Thin Solid Films, 189 (1990), S. 283/291.

[3–77] *Metev, S.*: Laser-Plasma Synthesis of Thin Film Polycomponent Materials, E-MRS, Strasbourg, June 1986, S.143/152.

[3–78] *Sankur, H.*: Properties of dielectric thin films formed by laser evaporation. Mater. Res. Soc. Symp. Proc. 29, 373, 1984.

[3–79] *Fujimori, S., T. Kasai* u. *T. Inamura*: Carbon film formation by laser evaporation and ion beam sputtering, Thin Solid Films, 92 (1982), S. 71/80.

[3–80] *Gabriel, H. M.*: Verschleißschutz durch ionen- und plasmagestützte Vakuumbeschichtungstechnologien mittels Arc-Verdampfung, Galvanotechnik 4, Band 77 (1988), S. 820/825.

[3–81] *Gabriel, H. M.*: Fortschritte in der Arc-Ion-Plating-Technik und deren Anwendungen, Galvanotechnik 11, Band 78 (1987), S. 3173/3177.

[3–82] *Rother, B., B. Winde* u. *Ch. Weißmantel*: Grundlagen und Anwendungen der Plasmabogenbeschichtung, Neue Hütte, 32. Jg., Heft 4 (1987), S. 121/126.

[3–83] *Rother, B., J. Siegel* and *J. Vetter*: Cathodic Arc Evaporation of Graphite with Controlled Cathode Spot Position, Thin Solid Films, 188 (1990), S. 293/300.

[3–84] *Ertürk, E., H.-J. Heuvel* u. *H. G. Dederichs*: Arc-Technik zum Erzeugen von Verschleißschutz-Hartstoffschichten, Vakuum- und Plasmatechnik, Mai 1989, S. 237/240.

[3–85] *Vossen, J. L.*: Trends in Vacuum Deposition, Plating and Surface Finishing Vol. 74 (1987), 12, S. 66/68.

[3–86] *Veltrop, H.*: Herstellung von Hartstoffschichten mit dem Steered Arc-Verfahren. Dünne Schichten 1 (1990), S. 35/38.

[3–87] *Partin, P. J., R. P. Netterfield* and *T. J. Kinder*: Ion-Beam-Deposited Films Produced by Filtered Arc Evaporation, Thin Solid Films, 193/194 (1990), S. 77–83, 77–83.

[3–88] *Ehrich, H., B. Hasse, M. Mausbach, K. G. Müller*: Plasma Deposition of Thin Films Utilizing the Anodic Vacuum Arc, IEEE, Transactions on Plasma Science, Special Issue on Plasma Deposition, Dec. 1990, S. 895/903.

[3–89] *Ehrich, H.*: Vacuum Arcs with Consumable Anodes and their Application to Coating, Vakuum-Technik, 37. Jg., 6 (1988), S. 176/182.

[3–90] *Ehrich, H., B. Hasse, M. Mausbach, K. G. Müller*: The anodic vacuum arc and its application to coating, J. Vac. Sci. Technol. A8 (3), May/June 1990, S. 2160/2164.

[3–91] *Ehrich, H.*: The anodic vacuum arc. I. Basic construction and phenomenology, J. Vac. Sci. Technol. A6 (1), Jan/Feb 1988, S. 134/138.

[3–92] *Ehrich, H., B. Hasse, K.G. Müller u. R. Schmidt*: The anodic vacuum arc. II. Experimental study of arc plasma. J. Vac. Sci.Technol. A 6 (4), July/Aug. 1988, S. 2499/2503.

[3–93] *Ehrich, H.*: Beschichten von Kunststoffen mit dem anodischen Lichtbogen. Dünne Schichten 2 (1991), S. 22/27.

[3–94] *Learn, Arthur J.*: Aluminium alloy film deposition and characterization. Thin Solid Films 20 (1974), S. 261/279.

[3–95] *Hegner, F. u. A. Feuerstein*: Al/Si-Metallisierung durch Simultanbetrieb zweier geregelter Elektronenstrahlverdampfer. Vakuum-Technik 28 (1978) Nr. 1, S. 3/11.

[3–96] *Hegner, F. u. A. Feuerstein*: Simultaneous Aluminium-Silicon Metallization by Ion-Probe-Controlled electron Beam evaporatin. Thin Solid Films 53 (1978), S. 141/152.

[3–97] *Suryanarayanan, R.*: The Co-evaporation Technique – a potential tool for basic and applied research. Thin Solid Films 50 (1978), S. 349/355.

[3–98] *Rönnefarth, B., R. Mattheis u. H. Dintner*: Coevaporation. Phys. stat. sol. 73 (1982), S. K153/K1546.

[3–99] *Santala, Teuvo*: Kinetics and thermodynamics in continuous electron-beam evaporation of binary alloys. Journal of Vacuum Science and Technology 7 (1970) Nr. 6, S. 22/29.

[3–100] *Harker, Howard R. u. R.J. Hill*: The deposition of multicomponent phases by ion plating. Journal Vac. Sci. Technol. 9 (1972) Nr. 6, S. 1395/1399.

[3–101] *Foster, James S.*: Vacuum deposition of alloys – Theoretical and practical considerations. J. Vac. Sci. Technol. 9 (1972) Nr. 5, S. 1379/1384.

[3–102] *Blevis, Earl H.*: Single crucible evaporation of Al/Si and Al/Cu films. Technical Report 10 der Firma Applied Materials, Inc., Santa Clara, USA.

[3–103] *Pulker, H.K., G. Paesold u. E. Ritter*: Refractive indices of TiO_3 films poduced by reactive evaporation of various titanium-oxygen phases. Applid Optics 15 (1976) Nr. 12, S. 2986/2991.

[3–104] *Movchan, B.A. u. A.V. Demchishin*: Study of the structure and properties of thick vacuum condensates of nickel, titanium, tungsten, aluminium oxide and zirconium dioxide. Fiz. Metal. Metalloved 28 (1969), S. 653/660.

[3–105] *Herrmann, R. u. A. Zöller*: Automated control of optical layer fabrication processes. In: Proceedings of SPIE 401. Genf 20.–22. April 1983.

[3–106] *Siegmund, H.-J., G. Kienel u. P. Sommerkamp*: Schnellauflösendes Spektralfotometer für Reflexions- und Transmissionsmessungen an Interferenzschichten. Technisches Messen tm 52 (1985), S. 335/338.

[3–107] DP 2834813.

[3–108] *Sommerkamp, P.*: Industrielle Beschichtungsverfahren in der Optik. Vakuumtechnik 32 (1083), S. 99/108.

[3–109] *Kienel, G. u. H. Frey*: Betriebsverhalten einer Refrigerator-Kryopumpe an einer Aufdampfanlage. Vak. Technik 26 (1977), S. 48/51.

[3–110] *Deppisch, G.*: Schichtdickengleichmäßigkeit von aufgdampften Schichten in Theorie und Praxis. Vakuum-Technik 30 (1981), S. 67/77.

[3–111] *Weeke, Rolf*: Oberflächenveredelung bei Kunststoff-Erzeugnissen durch Metallisieren. Kunststoffe 61 (1971) Nr. 8, S. 529/532.

[3–112] *Kut, S.*: Industrielles Vakuummetallisieren. Metalloberfläche 29 (1975) Nr. 8, S. 417/421.

[3–113] *Kut, S. u. Hons*: Metallisieren von Kunststoffteilen. Plastverarbeiter 20 (1969), S. 877/884.

[3–114] *Kut, S. u. Hons*: Aufgedampfte Metallüberzüge für Kunststoffe (2). Industrie-Lackier-Betrieb 39 (1971), S. 454/461.

[3–115] *Winterhalter, H.*: Metallisieren von Kunststoffen im Hochvakuum. Kunststoffe 59 (1969) Nr. 10, S. 699/700.

[3–116] *Mock, A. John*: Finishes for plastics. Materials Engineering (1967), S. 91/98.

[3–117] *Koehler, W.*: Die Hochvakuumbedampfung von Kunststoffen. Oberfläche (1971) Nr. 9, S. 508/513.

[3–118] *Winterhalter, H.*: Vakuum-Bedampfung von Kunststoff-Formteilen. In : Veredeln von Kunststoff-Oberflächen. Hrsg. Klaus Stoeckhert. München, Wien: Hanser Verlag 1974, S. 75/106.

[3–119] *Kienel, Gerhard*: Technische Aufdampfanlagen. CZ-Chemie-Technik 1 (1972), S. 68/72.

448

[3–120] *Kienel, Gerhard*: Verkürzte Evakuierungszeiten von Kunststoffbedampfungsanlagen durch Einsatz tiefgekühlter Flächen. Plastverarbeiter (1967) Nr. 4, S. 227/229.

[3–121] *Brausendorf, B.*: Scheinwerfer-Reflektoren aus Polyesterharz-Formmassen (BMC). Kunststoffe 75 (1985), S. 351/354.

[3–122] *Scheyrer, P.*: Metallbeschichtung von Kunststoffgehäusen. Elektronik 32 (1983), S. 93/96.

[3–123] *Trompler, S.*: Abschirmung mit metallbeschichteten Kunststoffgehäusen. Elektronik 33 (1984), S. 121/124.

[3–124] *Gwinner, D.*: Eine „dicke" dünne Schicht aus Aluminium, Dünne Schichten 1991, Heft 1, S. 26/29.

[3–125] *Trompler, S.*: Metallisieren von Kunststoffen im Hochvakuum, Metalloberfläche 42 (1988) 12, S. 551/552.

[3–126] *Heisler, Siegfried*: ABS am Ende? Kunststoff-Galvanisierung sucht neue Märkte. JOT (1975) Juni, S. 30/32.

[3–127] *Flury-Frei, E.*: Mehrfachschichten, Maschinenmarkt, Würzburg 94 (1988) 16, S. 88/95.

[3–128] *Schulze-Berge, K.*: Galvanische Vorbehandlung in Kombination mit PVD-Deckschichten, Metalloberfläche 43 (1989) 5, S. 197/200.

[3–129] *Kienel, G.*: Kombinationsschichten – hergestellt durch elektrochemische und PVD-Prozesse. In: Stromlose Beschichtung, Eugen G. Lenze-Verlag, Saulgau (Germany) 1988, S. 163.

[3–130] *Kienel, G.*: Kombinationsschichten – hergestellt durch elektrochemische und PVD-Prozesse. Galvanotechnik 80 (1989), S. 1937/1940.

[3–131] *Erhart, H.*: Kombination von Galvano- und PVD-Technik. Metalloberfläche 4 (1990), S. 59/62.

[3–132] *Berns, Peter*: Lackieren. In: Ullmanns Encyklopädie der technischen Chemie, Bd. 15; 4. Aufl. Weinheim: Verlag Chemie 1978, S. 343/348.

[3–133] *Berns, Peter*: Lackieren von Polystyrol. Kunststoff-Handbuch. Band V: Polystyrol. München: Hanser Verlag 1967, S. 369/377.

[3–134] *Berns, Peter u. R. Weeke:* Das Lackieren von Kunststoffen – Absurdum oder Notwendigkeit? Industrie-Lackier-Betrieb. 44 (1976), Teil 1: Nr. 4, S. 125/131; Teil 2: Nr. 5, S. 183/188; Teil 3: Nr. 6, S. 217/222.

[3–135] *Hartwig, E.*: Die Vakuum-Bandbeschichtung von Kunststoffolien (Prozeß, Anwendungen, Anlagen, Markt) in: Beschichten von Kunststoffen für dekorative und funktionelle Zwecke, Regensburg, 12./13. Sept. 1991, S. 98/111.

[3–136] Firmenschrift 13-140.01 (199) der Leybold AG, Hanau.

[3–137] *Nentwig, J.*: Metallisieren von Folien, neue Verpackung 4/91, S. 48/49.

[3–138] *Kieser, J., W. Schwarz u. W. Wagner*: On the vacuum design of vacuum web coaters. Thin Solid Films 119 (1984), S. 217/222.

[3–139] *Ben-hui, Gao, X. Da-tong u. Z. Jing-qin*: The outgassing of polymers at ambient temperature-measurements and theory. In: Proc. of the 8th Int. Vac. Congr., Cannes 1980, S. 391/394.

[3–140] *Hartwig, Ernst*: Über die Technologie der Hochvakuum-Metallisierung von Bändern. Coating (1981) Nr. 5 u. 7.

[3–141] *Hartwig, Ernst K.*: High vacuum roll coating In: Web processing and converting technology and equipment. Hrsg. Satas, D. New York: Van Nostrand Reinhold 1984, S. 182/212.

[3–142] *Reuter, Wilhelm*: Optimierung der Verdampferanordnung bei Bandbedampfungsanlagen. Maschinenmarkt 82 (1976), S. 1479/1482.

[3–143] *Walter, H.*: Vakuum-Metallisieren von Kunststoff-Folien. In: Veredeln von Kunststoff-Oberflächen. Hrsg. Stoeckhert, K. München, Wien: Hanser Verlag 1974, S. 107/134.

[3–144] *Feuerstein, A.*: Metalllisch bedampfen, Maschinenmarkt, Würzburg 93 (1987), S. 80/85.

[3–145] *Kienel, G.*: The Coating of Large Glass Surfaces with Solar Control or Low-Emission Leyers – Principles of Calculation and Coating Processes, Glass International, March 1985, p. 47/55.

[4–1] *Berghaus, B.*: Verfahren zur Herstellung von Metallcarbiden bzw. -nitriden. DRP Nr. 683414, Klasse 12i, Gruppe 37 (Oktober 1939).

[4–2] *Berghaus, B.*: Improvements in and relating to the coating of articles by means of thermally vaporised material. Br. Patent 510, 993 (11. August 1939).

[4–3] *Mattox, D. M.*: Film deposition using accelerated ions. Sandia Corp. Development Report No. SC-DR-281-63 (1963) und Electromechanical Technology 2 (1964), S. 295/298.

[4-4] *Mattox, D. M.*: Fundamentals of ion plating. J. Vac. Sci. Technol. 10 (1973), S. 47/52.

[4-5] *Teer, D. G.*: The ion plating technique. IPAT 77 Proceedings (1977), S. 13/31.

[4-6] *Gabriel, H. M.*: Ionenplattieren – Verfahren und Anwendungen. Intern. Tagung an der TH Darmstadt 15./16. 03. 1983: Verschleiß- und Korrosionsschutz durch ionen- und plasmagestützte Vakuumbeschichtungstechnologien. THD Schriftenreihe Wisenschaft und Technik 20 (1983), S. 37/58.

[4-7] *Kienel, G.*: Plasma-assisted vacuum-coating processes. Int. J. of Mod. Phys. B 6 (1992), S. 1/24.

[4-8] *Frey, H.*: Ionenplattieren. Dünnschicht Technologie, VDI Verlag (1987), S. 133/149.

[4-9] *Haefer, R. A..*: Ionenplattieren. Oberflächen- und Dünnschicht-Technologie, Teil I, Springer-Verlag (1987), S. 121/142.

[4-10] *Mattox, D. M.*: Ion plating. Handbook of plasma processing technology, Noyes Publications (1990), S. 338/355.

[4-11] *Reichelt, K. u. X. Jiang:* The preparation of thin films by physical vapour deposition methods. Thin Solid Films 191 (1990), S. 91/126.

[4-12] *Rhandawa, H.*: Review of plasma-assisted deposition processes. Thin Solid Films 196 (1991), S. 329/349.

[4-13] *Mattox, D. M.*: Ion plating technology in Deposition technologies for films and coatings, developments and applications. Noyes Publications (1982), S. 244/287.

[4-14] *Ahmed, N. A. G.*: Ion plating technology – Developments and applications. John Wiley (1987).

[4-15] *Mattox, D. M.*: The plasma environment in inorganic thin film deposition processes. Plasma Surface Engineering, Volume 1, S. 15/34, DGM Informationsgesellschaft mbH (1989).

[4-16] *Jouan, P. Y. u. G. Lempérière*: Ion energy distribution at a negatively biased electrode in a sputtering discharge. Vacuum 42 (1991), S. 927/931.

[4-17] *Armour, D. G., H. Valisadeh, F. A. H. Soliman u. G. Carter*: The characteristics of the ion and neural fluxes incident on the substrate in an ion plating discharge. Vacuum 34 (1984), S. 295/300.

[4-18] *Bland, R. D.*: A parametric study of ion-plated aluminium coatings on uranium. Electrochem. Technol. 6 (1968), S. 272/278.

[4-19] *McNally J. J.*: Ion assisted deposition. Handbook of Plasma Processing Technology. Noyes Publications (1990), S. 466/482.

[4-20] *Fountzoulas, C. u. W. B. Nowak*: Influence of ion energy and substrate temperature on the structure of copper, germanium, and zinc films produced by ion plating. J. Vac. Sci. Technol. A 9 (1991), S. 2128/2137.

[4-21] *Movchan, B. A. u. A. V. Demchishin*: Study of the structure and properties to thick vacuum condensates of nickel, titanium, tungsten, aluminium oxide and zirconium dioxide. Fiz. Metal. Metalloved 28 (1969), S. 653/660.

[4-22) *Thornton, J. A.*: Influence of apparatus geometry and deposition conditions on the structure and topography of thick sputtered coatings. J. Vac. Sci.Technol. 11 (1974), S. 666/670.

[4-23] *Messier, R., A. P. Giri u. R. A. Roy*: Revised structure zone model for thin film physical structure. J. Vac. Sci. Technol. A 2 (1984), S. 500/503.

[4-24] *McLeod, P. S. u. G. Mah*: The effect of substrate bias voltage on the bonding of evaporated silver coatings. J. Vac. Sci. Technol. 11 (1974), S. 119/121.

[4-25] *Gärtner, H., F. R. Hucke, K. Krug, K. Thoma, K.-H. Tampe u. H.-W. Wagener*: Reduzierung der Reibung bei der Kaltmassivumformung von Titan durch ionenplattierte Kupferschichten. Intern. Tagung an der TH Darmstadt 15./16.03.1983: Verschleiß- und Korrosionsschutz durch ionen- und plasmagestützte Vakuumbeschichtungstechnologien. THD Schriftenreihe Wissenschaft und Technik 20 (1983), S. 199/213.

[4-26] *Riebeling, I., K. Thoma u. H. Gärtner*: Ion plating of copper layers on titanium: influence of preparation parameters and deformation on the residual stresses. Mater. Sci. Eng. 69 (1985), S. 435/441.

[4-27] *Färber, R., K. Thoma, Th. Wieder u. H. Gärtner*: Ionenplattierte Nickelschichten auf Stahl. 2. Intern. Tagung an der TH Darmstadt 11./12.03.1986: Verschleiß- und Korrosionsschutz durch ionen- und plasmagestützte Vakuumbeschichtungstechnologie. THD Schriftenreihe Wissenschaft und Technik 30 (1986), S. 309/316.

[4–28] *Thoma, K., R. Färber, Th. Wieder* u. *H. Gärtner*: Structure and fatigue properties of ion-plated nickel films on steel. Mater. Sci. Eng. 90 (1987), S. 327/332.

[4–29] *Matthews, A.*: Surface Engineering 6 (1985), S. 93/104.

[4–30] *Matthews, A.*: Developments in ionization assisted processes. J. Vac. Sci. Technol. A 3 (1985), S. 2354/2363.

[4–31] *Münz, W. D.* u. *H. Jehn*: Grundlagen und technische Realisation von PVD-Prozessen. Hartstoffschichten zur Verschleißminderung DGM Informationsgesellschaft GmbH (1987), S. 129/158.

[4–32] *Heinz, B.* u. *G. Kienel*: Ion plating with electron beam evaporation. IPAT 77 Proceedings (1977), S. 73/79.

[4–33] *Moll, E.* u. *H. Daxinger*: US Pat. 4, 197, 175 (1977).

[4–34] *Münz, W. D.* u. *G. Heßberger*: Beschichtung von Formteilen mit TiN durch Hochleistungs-katodenzerstäubung. Vakuum-Technik 30 (1981), S. 78/86.

[4–35] *Kloos, K. H. E. Broszeit* u. *H. M. Gabriel*: Möglichkeiten der Ionisierungserhöhung beim Ion-Plating-Verfahren. Vakuum-Technik 30 (1981), S. 15/21.

[4–36] *Matthews, A.* u. *D. G. Teer*: Deposition of Ti-N compounds by thermionically assisted triode reactive ion plating. Thin Solid Films 72 (1980), S. 541/549.

[4–37] *Gunasekhar, K. R.* u. *S. Mohan*: Discharge studies in a triode ionplating system. Vacuum 42 (1991), S. 661/663.

[4–38] *Schiller, S., U. Heisig* u. *K. Goedicke*: Alternating ion plating – a method of high-rate ion vapor deposition. J. Vac. Sci. Technol. 12 (1975), S. 858/864.

[5–1] *Grove, W. R.*: On the electro-chemical polarity of gases. Trans. Roy. Soc. (London) 142 (1952), S. 87.

[5–2] *Wright, A. W.*: On the production of transparent metallic films by the electrical discharge in exhausted tubes. American J. of Science and Arts 13 (1877), S. 49/55.

[5–3] Sputtering by particle bombardment I. Hrsg. *Behrisch, R.* Topics in Appl. Phys. Vol. 47. Springer Berlin, Heidelberg, New York 1981.

[5–4] *Wehner, G. K.*: Sputtering by ion bombardment. Adv. Electronics Electr. Phys. Vol. VII (1955), S. 239/298.

[5–5] *Behrisch, R.*: Festkörperzerstäubung durch Ionenbeschuß. Erg. exakt. Naturw. Vo. XXXV (1964), S. 295/443 (Springer Berlin, Göttingen, Heidelberg.

[5–6] Ion Bombardment of Solids. *G. Carter, J. S. Colligan.* Heineman Educational Bks., London 1968.

[5–7] *Oechsner, H.*: Sputtering – a review of some recent experimental and theoretical aspects. Appl. Phys. 8 (1975), S. 185/198.

[5–8] *Zalm, P. C.*: Quantitative Sputtering. Surface Interface Anal. 11 (1988), S. 1/24.

[5–9] *Sigmund, P.*: Theory of sputtering. I. Sputtering yield of amorphous and polycrystalline targets. Phys. Rev. 184 (1969), S. 383/416 und 187 (1969), S. 768.

[5–10] *Kinchin, G. H.* u. *R. S. Pease*: The displacement of atoms in solids by radiation. Rep. Prog. Phys. 18 (1955), S. 1.

[5–11] *Kittel, C.*: Einführung in die Festkörperphysik. R. Oldenbourg, München Wien (1976), 4. Aufl. 128.

[5–12] *Andersen. H. H.* u. *H. L. Bay*: Nonlinear effects in heavy-ion sputtering. J. Appl. Phys. 45 (1974), S. 953/954; und Heavy-ion sputtering yields of gold: Further evidence of nonlinear effects. J. Appl. Phys. 46 /1975), S. 2416/2422.

[5–13] *Matsunami, N., Y. Yamamura, Y. Itikawa, N. Itoh, Y. Kazumata, S. Miyagawa, K. Morita, R. Shimizu* u. *H. Tawara*: Energy dependence of the yields of ion-induced sputtering of monoatomic solids. Report IPPJ-AM-32, Inst. Plasma Phys. Nagoya Univ., Nagoya Japan (1983).

[5–14] *Lindhard, J., M. Scharff* u. *H. E. Schiøtt*: Range concepts and Heavy Ion Ranges. Mat. Fys. Medd. Dan. Vid. Selsk. 33 (1963) No. 14.

[5–15] *Laegreid, N.* u. *G. K. Wehner*: Sputtering yields of metals for Ar^+ and Ne^+ ions with energies from 50 to 600 eV. J. Appl. Phys. 32 (1961), S. 365/369.

[5–16] *Oechsner, H.*: Ergebnisse zur Festkörperzerstäubung durch Ionenbeschuß. Metalloberfläche, Angew. Elektrochemie 28. Jhrg. (1974), S. 449/455.

[5–17] *Fetz, H.*: Über die Kathodenzerstäubung bei schiefem Aufprall der Ionen. Z. Physik 119 (1942), S. 590/601.

[5–18] *Oechsner, H.*: Zum Einfluß des Beschußwinkels bei der Festkörperzerstäubung im niederenergetischen Bereich. Z. Naturforsch. 21a (1966), S. 859/861.

[5–19] *Oechsner, H.*: Untersuchungen zur Festkörperzerstäubung bei schiefwinkligem Ionenbeschuß polykristalliner Metalloberflächen im Energiebereich um 1 keV. Z. Physik 261 (1973), S. 37/58.

[5–20] *Yamamura, Y., C. Mössner*, u. *H. Oechsner*: The bombarding-angle dependence of sputtering yields under various surface conditions. Rad. Eff. 103 (1987), S. 25/43.

[5–21] *Oechsner, H.*: SNMS-investigations on the formation of sputter-generated molecules by atomic combination. Int. J. Mass Spectr. Ion Proc. 103 (1990), S. 31/43.

[5–22] *Oechsner, H., H. Schoof* u. *E. Stumpe*: Sputtering of Ta_2O_5 by Ar^+-ions at energies below 1 keV. Surface 76 (1978), S. 343/354.

[5–23] *Nghi, L. Q.* u. *R. Kelly*: Phénomènes de pulvérisation et de distribution en profondur. Partie IV. Pulvérisation cathodique des oxydes Nb_2O_5, Ta_2O_5 et WO_3. Can. J. Phys. 48 (1970), S. 137/145.

[5–24] Handbook of Chemistry and Physics, *R. C. Weast* (Hrsg.). CRC Press Inc., Boca Raton (USA) 67th Edition (1986/87).

[5–25] *Wucher, A.*: Energieverteilungen und spektrale Ionisierungswahrscheinlichkeiten bei der beschußinduzierten Teilchenemission aus oxidierten Metalloberflächen. Diss. Univ. Kaiserslautern (1985).

[5–26] *Oechsner, H.* u. *W. Gerhard*: A method for surface analysis by sputtered neutrals. Phys. Lett. 40A (1972), S. 211/212.

[5–27] *Oechsner, H.*: Secondary Neutral Mass Spectrometry (SNMS) and its application to depth profile and interface analysis. In: Thin Film and Depth Profile Analysis, H. Oechsner (ed.) Topics Curr. Phys. 37 (1984), S. 63/85 (Springer-Verlag Heidelberg New York Tokyo).

[5–28] *Schoof, H.* u. *H. Oechsner*: Auger Analysis of the Ta_2O_5-Ta interface. Le Vide, les Couches Minces Suppl. 201 (1980), S. 1291/1294 (Proc. IV Int. Conf. Sol. Surf. and 3rd ECOSS; Cannes 1980).

[5–29] *Betz, G.* u. *G. K. Wehner*: Sputtering of Multicomponent Materials. In: Sputtering by Particle Bombardment II, *R. Behrisch* (ed.) Topics Appl. Phys. 52 (1983), S. 11/90 (Springer-Verlag Berlin Heidelberg New York Tokyo).

[5–30] *Wehner, G. K.* u. *D. Rosenberg*: Angular distribution of sputtered material. J. Appl. Phys. 31 (1960), S. 177/179.

[5–31] *Hofer, W. O.*: Angular, Energy and Mass Distribution of Sputtered Particles. In: Sputtering by Particle Bombardment III, *R. Behrisch, K. Wittmaack* (ed.) Topics Appl. Phys. 64 (1991), S. 15/90 (Springer-Verlag Berlin Heidelberg New York Tokyo).

[5–32] *Oechsner, H.*: Sputtered neutral particles. In: Physics of Ionized Gases 1976, *B. Navinsek* (ed.) S. 461/476 (J. Stefan Inst. Ljubljana 1976).

[5–33] *Yamamura, Y., C. Mössner* u. *H. Oechsner*: Angular distribution of sputtered atoms from ionbombarded surfaces. Rad. Eff. 165 (1987), S. 31/41.

[5–34] *Olson, R. R., M. E. King* u. *G. K. Wehner*: Mass effects on angular distribution of sputtered atoms. J. Appl. Physics 50 (1979), S. 3677/3683.

[5–35] *Ichimura, S., H. Shimizu, H. Murakami* u. *Y. Ishida*: Effect of surface segragation on angular distributions of atoms sputtered from binary alloys. J. Nucl. Mat. 128/129 (1984), S. 601/604.

[5–36] *Wehner, G. K.*: Velocities of sputtered atoms. Phys. Rev. 114 (1959), S. 1270/1272.

[5–37] *Oechsner, H.*: Energy distribution of neutral particles sputtered by low energy ion bombardment. Proc. 8th Int. Conf. Phen. Ioniz. Gas. Vienna 1967, S. 31; Springer-Verlag, Wien 1967.

[5–38] *Stuart, R. V., G. K. Wehner* u. *G. S. Andersen*: Energy distribution of atoms sputtered from polycrystalline metals. J. Appl. Phys. 40 (1969), S. 803/812.

[5–39] *Oechsner, O.*: Energieverteilungen bei der Festkörperzerstäubung durch Ionenbeschuß. Z. Physik 238 (1970), S. 433/451.

[5–40] *Thompson, M. W.*: The energy spectrum of ejected atoms during high energy sputtering of gold. Phil. Mag. 18 (1968), S. 377/414.

[5–41] *Dembowski, J., H. Oechsner, Y. Yamamura* u. *M. Urbassek*: Energy distribution of neutral atoms sputtered from Cu, V and Nb under different bombardment and ejection angles. Nuc. Instr. Meth. Phys. Res. B18 (1987), S. 464/470.

452

[5–42] *Wucher, A.* u. *H. Oechsner*: Energy distribution of metal atoms and monoxide molecules sputtered from oxidized Ta and Nb. Nucl. Instr. Meth. Phys. Res. B18 (1987), S. 458/463.

[5–43] *Gesang, W.R.*: Struktureffekte bei der Zerstäubung von Germanium und kubisch flächenzentrierten Metallen unter Beschuß mit Ar⁺-Ionen von 1 keV. Diss. TU Clausthal 1979.

[5–44] *Kelly, R.*: Theory of thermal sputtering. Rad. Eff. 432 (1977), S. 91/100.

[5–45] *Silshee, R.H.*: Foscusing in collision problems in solids. J. Appl. Phys. 28 (1957), S. 1246/1250.

[5–46] *Andersen, G.S.* u. *G.K. Wehner*: Atom ejection patterns in single crystal sputtering. J. Appl. Phs. 31 (1960), S. 2305/2313.

[5–47] *Lehmann, C.* u. *P. Sigmund*: On the mechanism of sputtering. Phys. Stat. Sol. 16 (1966), S. 507/512.

[5–48] *Wucher A., M. Watgen, C. Mößner* u. *H. Oechsner*: Energy dependent studies of anisotropic atomic sputtering of Ni(111). Nucl. Instr. Meth. B 67 (1992), S. 531/535.

[5–49] *Southern, A.L., W.R. Willis* u. *M.T. Robinson*: Sputtering experiments with 1- to 5-keV Ar⁺ ions. J. Appl. Phys. 34 (1963), S. 153/163.

[5–50] *Gesang, W.R., H. Oechsner* u. *H. Schoof*: Backscattering of neutralized noble gas ions from polycrystalline surfaces at bombarding energies below 1 keV. Nucl. Instr. Meth. 132 (1976), S. 687/693.

[5–51] *Oechsner, H.*: Ion and plasma beam assisted thin film deposition. Thin Solid Films 175 (1989), S. 119/127.

[5–52] *Hagstrum, H.D.*: Theory of auger ejection of electrons from metals by ions. Phys. Rev. 96 (1954), S. 336/365.

[5–53] *Oechsner, H.*: Electron yields from clean polycrystalline metal surfaces by noble-gas-ion bombardment at energies around 1 keV. Phys. Rev. B17 (1978), S. 1052/1056.

[5–54] *Kishinevsky, L.M.*: Estimation of electron potential emission yield dependence on metal and ion parameters. Rad. Eff. 19 (1973), S. 23/27.

[5–55] *Krebs, K.H.*: Electron ejection from solids by atomic particles with kinetic energy. Fortschr. Phys. 16 (1968), S. 419/490.

[5–56] *Bohm, D.*, In: *A. Guthry* u. *R.K. Wakerling* (Hrsg.): The Characteristics of Electrical Discharges in Magnetic Fields. Mc Graw-Hill, New York (1949).

[5–57] *Fetz, H.* u. *H. Oechsner*: Über die Untersuchung eines Hochfrequenzplasmas mit Hilfe einer Gleichstromsonde. Z. Angew. Phys. 12 (1960), S. 250/253.

[5–58] *Sager, O.*: Frequency Analysis of the Probe Current in an RF Discharge. Proc. IEEE 57 (1969), S. 227/228.

[5–59] *Anderson, G.S., W.N. Mayer* u. *G.K. Wehner*: Sputtering of dielectrics by high frequency fields. J. Appl. Phys. 33 (1962), S. 2991/2992.

[5–60] *Davidse, P.D.* u. *L.I. Maissel*: Dielectric thin films through rf sputtering. J. Appl. 37 (1966), S. 574/579.

[5–61] *Ryden, W.D., J.B. Bindell, L.H. Holschwandner* u. *E.F. Labuda*: Reduction of contamination in triode sputtering systems. J. Vac. Sci. Technol. 15 (1978), S. 290/295.

[5–62] *Oechsner, H.*: Electron cyclotron wave resonances and power absorption effects in electrodeless low pressure H.F. plasmas with a superimposed static magnetic field. Plasma Phys. 16 (1974), S. 835/844.

[5–63] *Jackson, G.N.*: Sputtering. Thin Solid Films 5 (1970), 209/246.

[5–64] *Koenig, H.R.* u. *L.I. Maissel*: Application of rf discharges to sputtering. IBM Journ. Res. Develop. 14 (1970), S. 168/171.

[5–65] *Maniv, S.*: Modeling for rf discharge characteristis. J. Appl. Phys. 63 (1988), S. 1022/1031.

[5–66] *Haefer R.A.*: Oberflächen- und Dünnschicht-Technologie (Teil I), Springer-Verlag, Berlin Heidelberg New York (1987).

[5–67] *Robinson, P.* u. *A. Matthews*: Characteristics of a dual purpose cathodic arc/magnetron sputtering system. Surf. Coat. Technol. 43/44 (1990), S. 288/298.

[5–68] *Müller, W., J. Pirrung, B. Schröder* u. *J. Geiger*: Preparation of low defect grade a-SI:H films by r.f. magnetron sputtering technique. Solar Energy Mat. 10 (1984), S. 171/186.

[5–69] *Window, B.* u. *N. Savvides*: Charged particle fluxes from planar magnetron sputtering sources. J. Vac. Sci. Technol. A4 (1986), S. 196/202.

[5-70] *Window, B.* u. *N. Savvides*: Unbalanced dc magnetrons as sources of high ion fluxes. J. Vac. Sci. Technol. A4 (1986), S. 453/456.

[5-71] *Hofmann, D., S. Beißwenger* u. *A. Feuerstein*: Novel low temperature hard coatings for large parts. Surf. Coat. Technol. 49 (1991), S. 330/335.

[5-72] *Münz, W.D.*: The unbalanced magnetron: Current status of development. Surf. Coat. Technol. 48 (1991), S. 81/94.

[5-73] *Stjerna, B.* u. *G.G. Granqvist*: Optical and electrical properties of SnO_x thin films made by reactive r.f. magnetron sputtering. Thin Solid Films 193/194 (1990), S. 704/711.

[5-74] *Kienel, G.*: Plasma Assisted Vaccum-Coating Processes. Int. J. of Mod. Phys. B, 6 (1992), S. 1/24.

[5-75] *Craig, S.* u. *G.L. Harding*: Effects of Argon-Pressure and Substrate Temperature on the Structure and Properties of Sputtered Copper Films. J. Vac. Sci. Technol. 19 (1981), S. 205/215.

[5-76] *Wutz, M., H. Adam* u. *W. Walcher*: Theorie und Praxis der Vakuumtechnik. Vieweg und Sohn, Braunschweig/Wiesbaden, 4. verb. Auflage, 1988.

[5-77] *Klein, H.-H.* u. *R. Heisig*: Use of refrigerator-cooled cryopumps in sputtering plants. J. Vac. Scl. Technol. A2 (2), Apr.-June 1984, S. 187/190.

[5-78] *Sievert, R.*: Regenerating Refrigerator-Cooled Cryopumps. Leybold AG, 1992.

[5-79] *Peukert, D., S.U. Schittny* u. *M. Weigert*: Sputtertargets. In: Metall, Forschung und Entwicklung, Degussa, Fankfurt/M., 1991, S. 255/272.

[5-80] *Rodite, R.R.* u. *R.E. Dreikorn*: An Efficient Electrode for Forward and Reverse Sputtering. In: 2nd Symposium on the Deposition of Thin Films bei Sputtering-University of Rochester, 1967, S. 81/91.

[5-81] *Münz, W.D.* u. *D. Hofmann*: Herstellung harter dekorativer goldfarbener Titannitridschichten mittels Hochleistungskatodenzerstäubung. Metalloberfläche 37 (1983), S. 279/285.

[5-82] *Kukla, R., T. Krug, R. Ludwig* u. *K. Wilmes*: A highest rate self-sputtering magnetron source. Vacuum 41 (1990), S. 1968/1970.

[5-83] *Krug, T.G., S. Beisswenger* u. *R. Kukla*: High Rate Reactive Sputtering with a New Planar Magnetron. 34th Anual SVC Conference, Philadelphia, March 1991.

[5-84] *Wright, M.* u. *K.T. Beardow*: Design advances and applications of the rotable cylindrical magnetron. J. Vac. Sci. Technol. A 4 (3), May/June 1986, S. 388/392.

[5-85] *McBride* u. *W. Michael*: Optical Coaters: Breaking out of the box. Lasers & Optronics. Nov. 1990, S. 34/38.

[5-86] R & D News Letter, Leybold 1992.

[5-87] *Deppisch, G.*: Schichtdickengleichmäßigkeit von aufgedampften Schichten in Theorie und Praxis. Vak.-Techn. 30 (1981), S. 67/77.

[5-88] *Deppisch, G.*: Schichtdickengleichmäßigkeit von aufgestäubten Schichten-Vergleich zwischen Berechnungen und praktischen Ergebnissen. Vak. Techn. 30 (1981), S. 106/114.

[5-89] *Kienel, G.*: Optical Layers Produced By Sputtering. Thin Solid Films, 77 (1981), S. 213/224.

[5-90] *Kienel, G.* u. *W. Stengel*: Herstellen optischer Schichten durch Katodenzerstäubung. Vak. Techn. 27 (1978), S. 204/211.

[5-91] Firmenschrift 12-510.01 (1990) der Leybold AG, Hanau.

[5-92] Firmenschrift 12-290.02 (1990) der Leybold AG, Hanau.

[6-1] *Cybulski, R.J., D.M. Shellhammer, R.R. Lovell, E.J. Domino* u. *J.T. Kotnik*: Results from SERT I ion rocket flight test. NASA TN D-2718 (1965).

[6-2] *Loeb, H.W.*: Ein elektrostatisches Raketentriebwerk mit Hochfrequenzionenquelle. Astronautica Acta VIII, 1 (1962) FASC 1, S. 49.

[6-3] *Kaufman, H.R.*: Broad-beam ion sources. Rev. Sci. Instrum. 61 (1990), S. 230.

[6-4] *Oechsner, H.*: Untersuchungen bei schiefwinkligem Ionenbeschuß polykristalliner Metalloberflächen im Energiebereich um 1 keV. Z. Physik 261 (1973), S. 37.

[6-5] *Vahl, J., H.D. Mierau* u. *H. Oechsner*: Elektronenmikroskopische Untersuchungen an Zahndünnschliffen nach Ionenbeschuß bei unterschiedlichen Einfallswinkeln. Deutsche Zahnärztliche Zeitschrift, 27. Jahrg. (1972), S. 909.

[6-6] *Hawkins, D.T.*: Ion milling (Ion beam etching), 1954–1975; A Bibliography. J. Vac. Sci. Technol. 12 (1975), S. 1389.

[6–7] *Hawkins, D.T.*: Ion milling (Ion beam etching), 1975–1978: A Bibiliography. J. Vac. Sci. Technol. 16 (1979), S. 1051.

[6–8] *Harper, J.M.E., J.J. Cuomo, R.J. Gambino* u. *H.R. Kaufman*: In: Ion Bombardment Modification of Surfaces: Fundamentals and Applications; *O. Auciello, R. Kelly* (Hrsg.): Modification on thin film properties by ion bombardment during deposition. Elsevier Science Publishers, Amsterdam (1984).

[6–9] *Takagi T.*: Role of ions in ion based film formation. Thin Solid Films 92 (1982), S. 1.

[6–10] *Hasan, M.A., J. Knall, S.A. Barnett, A. Rockett, J.E. Sundgren* u. *J.E. Greene*: A low energy metal-ion sorurce for primary ion deposition and accelerated ion doping during molecular-beam-epitaxy. J. Vac. Sci. Technol. B 5 (1987), S. 1332.

[6–11] *Marinković, S., Z. Marinković, H.R. Kötter* u. *C. Meixner*: Boron Nitride coatings; Preparation, characteristics and applications, KFA Jülich (1989).

[6–12] *Prewett, P.D.*: Focused Ion Beams in Microfabrication. Rev. Sci. Instrum. 63 (1992), S. 2364.

[6–13] *Oechsner, H., H.J. Füßer, J. Waldorf* u. *A. Fuchs*: In: Plasma Surface Engineering Vol. 2, (Proc. 1st. Int. Conf. on Plasma Surface Engineering); *E. Broszeit, W.D. Münz, H. Oechsner, K.T. Rie, G.K. Wolf* (Hrsg.). A Rf-Plasma Beam Source for Thin Film and Surface Technology. DGM, Oberursel (1989), S. 1017.

[6–14] *Chen, F.F.*: Introduction to Plasma Physics, Plenum Press, New York (1977).

[6–15] *Fetz, H.* u. *H. Oechsner*: Über die Untersuchung eines Hochfrequenzplasmas mit einer Gleichstromsonde. Z. angew. Phys. 12 (1960), S. 250.

[6–16] *Füßer, H.J.* u. *H. Oechsner*: In: Plasma Surface Engineering Vol. 2, (Proc. 1st. Int. Conf. on Plasma Surface Engineering); *E. Broszeit, W.D. Münz, H. Oechsner, K.T. Rie, G.K. Wolf* (Hrsg.): A high current ion source for line shaped ion beams of inert or reactive gases and metals. DGM, Oberursel (1989), S. 1033.

[6–17] *Langmuir, I.*: Currents limited by space charge between concentric spheres. Phys. Rev. 24 (1924), S. 49.

[6–18] *Wilson, R.G.* u. *G.R. Brewer*: Ion Beams with Applications to Ion Implantation, R.E. Krieger Publishing Company, Amsterdam, Oxford, New York, Tokyo (1973).

[6–19] *Huth, C., H.C. Scheer, B. Schneemann* u. *H.P. Stoll*: Divergence measurements for characterization of the micropatterning quality of broad ion beams. J. Vac. Sci. Technol. A 8 (1990), S. 4001.

[6–20] *Kaufman, H.R.* u. *R.S. Robinson*: In: Handbook of Ion Beam Processing Technology; *J.J. Coumo, S.M. Rossnagel, H.R. Kaufman* (Hrsg,): Gridded Broad Beam Ion Sources. Noyes Publications Park Ridge, New Jersey (1989).

[6–21] *Groh, K.H., A. Dillmann, H.W. Loeb* u. *F.R. Weber*: Auxiliary propulsion rf-engine RIT 15-prototype design and performance. Proc. 20th Int. Electric Propulsion Conf. (1988), ITPC-88-034, S. 203.

[6–22] *Kaufman, H.R., J.M.F. Harper* u. *J.J. Cuomo*: Focused ion beam designs for sputter depositions. J. Vac. Sci. Technol. 16 (1979), S. 899.

[6–23] *Matsuhara, Y., M. Tahara, S. Nogawa* u. *J. Ishikawa*: Development of microwave plasma cathode for ion sources. Rev. Sci. Instrum. SGI (1990), S. 541.

[6–24] *Oechsner, H.*: ElectronYields from Clean Polycrystalline Metal Surfaces by Noble Gas Ion Bombardment at Energies around 1 keV. Phys. Rev. B17 (1978), S. 1052.

[6–25] *Robinson, R.S.* u. *H.R. Kaufman*: In: Handbook of Ion Beam Processing Technology; *J.J. Cuomo, S.M. Rossnagel, H.R. Kaufman* (Hrsg.): Hall Effect Ion Sources. Noyes Publications, Park Ridge, New Jersey (1989).

[6–26] *Kaufman, H.R., R.S. Robinson* u. *R.I. Seddon*: End-Hall ion source. Vac. Sci. Technol. A 5 (1987), S. 2081.

[6–27] *Groh, K.H., M. Loeb, F.R. Weber* u. *F. Zarnitz*: Development Status of the RIT Ion Engines. Proc. 21st Int. Electric Propulsion Conf. (1999), AIAA 90-2671.

[6–28] *Groh, M., H.W. Loeb* u. *H.V. Velten*: Advanced NSSK RIT 10-adapted to inert gases and improved performance. AIAA; (Proc. 18th IEPC 1985).

[6–29] *Oechsner, H.*: Electron Cyclotron Wave Resonances and Power Absorption Effects in Electrodeless Low Pressure H.F. Plasmas with a Superimposed Static Magnetic Field. Plasma Physics 16 (1974), S. 835.

[6–30] *Pfeiffer, B.*: Skin Effect in Anisotropic Plasmas and Resonance Excitation of Electron-Cyclotron Waves, II. Experiments. J. Appl. Phys. 37 (1966), S. 1628.

[6–31] *Szuszczewicz, E.P.* u. *H. Oechsner*: Spatial Distributions of Plasma Density in a High-Frequency Discharge with a Superimposed Static Magnetic Field. The Physics of Fluids 15 (1972), S. 2240.

[6–32] *Sager, O.*: Der Einfluß von Dichteprofil und Elektronentemperatur auf die Helikonresonanzzustände in Niederdruckentladungen. Z. Angew. Physik 31 (1971), S. 282.

[6–33] *Franzreb, K., A. Fuchs* u. *H. Oechsner*: In: Plasma Surface Engineering Vol. 1, (Proc. 1st. Int. Conf. on Plasma Surface Engineering); *E. Broszeit, W.D. Münz, H. Oechsner, K.T. Rie, G.K. Wolf* (Hrsg.): Characterization of Low Pressure High Frequency Plasmas by DC-Probe Measurements. DGM, Oberursel (1989), S. 99.

[6–34] *Oechsner, H.*: In: Thin Film and Depth Profile Analysis; *H. Oechsner* (Hrsg.): Secondary Neutral Mass Spectrometry (SNMS) and Its Application for Depth Profile and Interface Analysis. Springer, Berlin Heidelberg (1984).

[6–35] *Oechsner, H.* u. *E. Stumpe*: Sputtered Neutral Mass Spectrometry (SNMS) as a Tool for Chemical Surface Analysis and Depth Profiling. Appl. Phys. 14 (1977), S. 43.

[6–36] *Waldorf, J.* u. *H. Oechsner*: Production of Mixed Metal-Gas and Pure Metal Ion Beams with an Electrodeless RF Ion Source in the Low keV Regime. Rev. Sci. Instrum. 63 (1992), S. 2578.

[6–37] *Möhl, W.*: In: Plasma Surface Engineering Vol. 2, (Proc. 1st. Conf. on Plasma Suface Engineering); *E. Broszeit, W.D. Münz, H. Oechsner, K.T. Rie, G.K. Wolf* (Hrsg.): A Novel Microwave Ion Source as a New Tool for Submicron Etching of Microelectronic Devices. DGM, Oberursel (1989), S. 1025.

[6–38] *Holber, W.M.*: In: Handbook of Ion Beam Processing Technology; *J.J. Cuomo, S.M. Rossnagel, H.R. Kaufman* (Hrsg.): ECR Ion Sources. Noyes Publications, Park Ridge, New Jersey (1989), Kap. 3.

[6–39] *Tahagi, T.* u. *J. Ishikawa*: Current status of development of ion sources in Japan from a standpoint of materials science,. Rev. Sci. Instrum. 61 (1990), S. 517.

[6–40] *Kessler, J., J. Tomcik, J. Waldorf* u. *H. Oechsner*: Plasma beam deposition of diamond like films. Vacuum 42 (1991), S. 273.

[6–41] *Waldorf, J., H. Oechsner, H.J. Füßer* u. *J. Mathuni*: Generation of surface layers and microstructures with a low energy plasma beam source. Thin Solid Films 74 (1989), S. 39.

[6–42] *Maniv, S.*: Modeling for rf discharge characteristics. J. Appl. Phys. 63 (1988), S. 1022.

[6–43] *Matsuoha, M.* u. *K. Ono*: Magnetic field gradient effects on ion energy for electron cyclotron resonance microwave plasma stream. J. Vac. Sci. Technol. A6 (1988), S. 25.

[6–44] *Kretschmer, K.H., K. Matl, G. Lorenz, I. Kessler* u. *B. Dumbacher*: An Electron Cyclotron Resonance (ECR) Plasma Source. Solid State Technol. (1990), S. 53.

[6–45] *Matl, K., W. Klug* u. *A. Zöller*: Ion assisted deposition with a new plasma source. Mat. Sci. Engineering A140 (1991), S. 523.

[6–46] *Goebel, D.M., G. Campbell* u. *R.W. Conn*: Plasma surface interaction experimental facilities (PISCES) for materials and edge physics studies. J. Nucl. Materials 121 (1984), S. 227.

[6–47] *Frey, H.,* u. *G. Kienel*: Dünnschichttechnologie. VDI-Verlag, Düsseldorf (1987).

[6–48] *Powell, R.A.* u. *D.F. Downey*: In: Dry Etching for Microelectronics; *R.A. Powell* (Hrsg.): Reactive Ion Beam Etching. North Holland Physics Publishing, Amsterdam (1984).

[6–49] *Oechsner, H.*: Ion and plasma beam assisted thin film deposition. Thin Solid Films 175 (1989) S. 119.

[6–50] *Rossnagel, S.M.* u *J.J. Cuomo*: Film modification by low energy ion bombardment during deposition. Thin Solid Films 171 (1989), S. 143.

[6–51] *Kay, E.* u. *S.M. Rossnagel*: In: Handbook of Ion Beam Processing Technology; *J.J. Cuomo, S.M. Rossnagel, H.R. Kaufman* (Hrsg.): The Modification of Films by Ion Bombardment. Noyes Publications, Park Ridge, New Jersey (1989).

[6–52] *Ishikawa, J., K. Matsugatani* u. *G. Takaoka*: Low temperature formation of silicon nitride and oxide films by simultaneous use of a microwave ion source and an ICB source. Vacuum 39 (1989), S. 1111.

[6–53] *Ahn, J., R. P. W. Lawson, K. M. Yoo, K. A. Stromsmoe* u. *M. J. Brett*: Deposition of metastable binary alloy thin films using sequential ion beams from a single ion source. Nucl. Instrum. Meth. Phys. Res. B17 (1986), S. 37.

[6–54] *Oechsner, H.* u. *B. Tomcik*: Investigation of hard a-C:H layers generated by a novel r. f. plasma beam source. Surf. Coat Technol. 47 (1991), S. 162.

[6–55] *Sun, S. S.*: Internal stress in ion beam sputtered molybdenum films. J. Vac. Sci. Technol. A 4 (1986), S. 572.

[6–56] *Sartwell, B. D.*: Influence of ion beam activation on the mode of growth of Cu on Si (100). J. Vac. Sci. Technol. A7 (1989), S. 2586.

[6–57] *Kington, A. I., O. Auciello, M. S. Ameen, S. H. Rou* u. *A. R. Krauss*: $YBa_2Cu_3O_{7-\delta}$ films deposited by a novel ion beam sputtering technique. Appl. Phys. Lett. 55 (1989), S. 301.

[6–58] *Bosseboeuf, A., A. Fourrier, F. Meyer, A. Benhocine* u. *G. Gautherin*: WN_x films prepared by reactive ion beam sputter deposition. Appl. Surf. Sci. 53 (1991), S. 353.

[6–59] *Kao, A. S, C. Hwang, V. J. Novotny, V. R. Deline* u. *G. L. Gorman*: Microstructure and properties of dual ion beam sputtered tungsten films. J. Vac. Sci. Technol. A7 (1989), S. 2966.

[6–60] *Watnabe, J.* u. *Y. Yoshida*: Dielectric Breakdown of Gate Insulator due Reactive Ion Etching. Solid State Technol. 27 (1984), S. 263.

[6–61] *Maniv, S.*: Estimation methods for the angle of divergence of low energy ion beams. Rev. Sci. Instrum. 62 (1991), S. 1179.

[6–62] *Kretschmer, K. H., G. Lorenz, G. Castrischer, I. Kessler* u. *P. Baumann*: LH Electron Cyclotron Resonance (ECR) Plasma Source. SPIE 1392. Advanced Techniques for Integrated Circuit Processing (1990).

[6–63] *Füßer, H. J.* u. *H. Oechsner*: High Dose Low Energy Implantation of Nitrogen in Silicon, Niobium and Aluminium. Surf. Coat. Technol. 48 (1991), S. 97.

[6–64] *Oechsner, H.* u. *J. Waldorf*: Formation of intrinsic oxide layers by ion implantation of silicon and titanium in the low kiloelectronvolt regime. Mat. Sci. Engin. A139 D (1991), S. 214.

[6–65] *Wolf, G. K.* u. *W. Ensinger*: Ion Bombardment During Thin Film Deposition and its Influence on Mechanical and Chemical Surface Properties. Nucl. Instr. Meth. Phys. Res. B 59/60 (1991), S. 1/3.

[6–66] Anatech LTD, Alexandria VA, USA, Firmenschrift 1990.

[6–67] *Wituschek, H., G. K. Wolf, H. Emig, D. M. Rück, P. Spädke* u. *B. H. Wolf*: Ion Source Modification for Ion Beam Assisted Deposition of Work Pieces. GSI-90-1 (1990), S. 346.

[6–68] *Keller, R.*: A High-Brightness Duoplasmatron Ion Source. Springer Series in Electrophysics (Hrsg.: *H. Ryssel, H. Glawischnig*), Springer-Verlag Berlin, Band 11 (1983), S. 63.

[6–69] *Harper, J. M. E., J. J. Cuomo* u. *H. T. G. Hentzell*: Quantitative ion beam process for the deposition of compound thin films. Appl. Phys. Lett. 43 (1983), 547.

[6–70] *Hubler, G. K.*: Fundamentals of Ion Beam Assisted Deposition. Mat. Sci. Eng. A115 (1989), S. 181.

[6–71] *Wituschek, H., M. Barth, W. Ensinger, G. Frech, G. K. Wolf, D. M. Rück* u. *K. Leible*: ALLIGATOR – an Apparatus for Ion Beam Assisted Deposition with a Broad Beam Ion Source. Zur Veröffentlichung angenommen, Rev. Sc, Instr. 1992.

[6–72] *Kant, R. A.* u. *B. D. Sartwell*: Ion Beam Modification of TiN Films during Vapor Deposition. Mat. Sci. Eng. 90 (1987), S. 357.

[6–73] *Klatt, C., W. Ensinger, H. Martin, G. K. Wolf, P. Oberschachtsiek, D. Niemann* u. *S. Kalbitzer*: Film Thickness Determination with Proton Induced X-ray Emission. Nucl. Instr. Meth. Res. B (im Druck).

[6–74] *Wolf, G. K.*: Ion Beam Assisted Deposition of Insulating Layers. Nucl. Instr. Meth. Phys. Res. B 59/60 (1991).

[6–75] *Hans, M., H. Martin, H. Ollendorf, G. K. Wolf* u. *D. Boos*: The Interdependency of Microstructure, Stress and Wear for Ion Beam Modified Tool Steels. Surface and Coatings Technology (1992).

[6–76] *Cuomo, J., S. Rossnagel* u. *H. Kaufman* (Hrsg.): Handbook of Ion Beam Processing Technology. Noyes Publications, Park Ridge 1989.

[6–77] *Bushan, B.* u. *B. G. Gupta*: Handbook of Tribology Materials, Coating and Surface Treatments. McGraw-Hill, New York 1991.

[6–78] *Smidt, F.A.*: Use of Ion Beam Assisted Deposition to Modify the Microstructure and Properties of Thin Films. Intern. Materials Reviews 35 (1990), S. 61.

[6–79] *Hirvonen, J.K.*: Ion Beam Assisted Thin Film Deposition. Materials Science Reports 6 (1991), S. 215.

[6–80] *Wolf, G.K.*: Korrosionsschutz metallischer Werkstoffe mit Ionenstrahlverfahren. Jahrbuch Oberflächentechnik Band 47, Hrsg.: *B. Isecke, G. Reiner, W. Riedel*; Metallverlag, Berlin/Heidelberg 1991, S. 331/334.

[6–81] *Wolf, G.K.*: Neue Anwendungen der Ionenstrahltechnik. Ingenieur-Werkstoffe 3 (1991), S. 50/52.

[6–82] *Ensinger, W. u. G.K. Wolf*: Ion Beam Assisted Coatings for Corrosion Protection Studies. Mat. Sci. Eng. A 116 (1989), S. 1.

[6–83] *Hübler, G.K., C.A. Carosella, E.P. Donovan, D. Vanvechten, R.H. Bassel, T.D. Andreadis, M. Rosen u. G.K. Mueller*: Physical Aspects of Ion Beam Assisted Deposition. Nucl. Instr. Meth. B46 (1990), S. 384.

[6–84] *Wolf, G.K.*: Modification of Chemical Surface Properties by Ion Beam Assisted Deposition. Nucl. Instr. Meth. B46 (1990), S. 369.

[6–85] *Wolf, G.K., M. Barth u. W. Ensinger:* Ion Beam Assisted Deposition for Metal Finishing. Nucl. Instr. Meth. B37/38 (1989), S. 682/687.

[6–86] *Baglin, J.*: Interface Structure and Thin Film Adhesion. In: Handbook of Ion Beam Processing Technology, Hrsg.: *J. Cuomo, S. Rossnagel, H. Kaufman*; Noyes Publication, Park Ridge 1989, S. 279.

[6–87] *Wolf, G.K.*: Modification of Mechanical and Chemical Properties of Thin Films by Ion Bombardment. Surface and Coatings Technology 1990, 43/44 (1990), S. 920/935.

[6–88] *Barth, M., W. Ensinger, V. Hoffmann u. G.K. Wolf*: Stress and Adhesion of Chromium and Boron Films Deposited under Ion Bombardment. Nucl. Instr. Meth. Phys. Res. B59/60 (1991), S. 257–258.

[6–89] *Hoffman, D.W. u. M.R. Gaerttner*: Modification of evaporated chromium by concurrent ion bombardment. J. Vac. Sci. Technol. 17 (1980), S. 425.

[6–90] *Roy, R.A., R. Petkie, D.S. Yee, J. Karasinski u. A. Boulding*: Stress Modification in Tungsten Films Deposited by Ion-Assisted Evaporation. Proc. 128 MRS Symp. (1989), S. 17.

[6–91] *Hirsch, E.H. u. I.K. Varga*: Thin film annealing by ion bombardment. Thin Solid Films 69 (1980), S. 99.

[6–92] *Wiojciechowski, P.H.*: Stress modification of Ni-Fe films by ion bombardment concurrent with film growth by alloy evaporation. J. Vac. Sci. Technol. A6 (1988), S. 1924.

[6–93] *Fujimoto F.*: Coating Film Formation of Boron Nitride by Means of Dyamic Mixing Method. Materials Sciene Forum 54/55 (1990), S. 45.

[6–94] *Tanabe, N., T. Hayashi u. M. Iwaki*: J. Appl. Phys. (1992).

[6–95] *Fujimoto, F.*: Coating Film Formation by Dynamic Mixing Method. Vacuum 39 (1989), S. 361.

[6–96] *Müller, K.-H.*: Film Growth Modification by Concurrent Ion Bombardment: Theory and Simulation. In: Handbook of Ion Beam Processing Technology. Hrsg.: *J. Cuomo, S. Rossnagel, H. Kaufman*; Noyes Publication, Park Ridge 1989, S. 241.

[6–97] *Wolf, G.K.*: Modification of chemical properties of materials by ion beam mixing and ion beam assisted deposition. AVS-Meeting, Seattle, Nov. 91.

[6–98] *Heine, B. u. R. Holbein*: Verbesserter Schutz gegen Korrosion und Reibkorrosion für Luftfahrtwerkstoffe durch PVD-Beschichtungen. Werkstoffe und Korrosion 43 (1992), S. 1.

[6–99] *Ensinger, E.W., A. Schröer u. G.K. Wolf*: Are coatings produces by ion-beam-assisted deposition superior? A comparison of chemical and mechanical properties of steel coated using different deposition techniques. Surf. Coat. Technol. 51 (1992), S. 217.

[6–100] *Lindhard, J., M. Scharff u. H.E. Schiott*: Range concepts and heavy ion ranges (Notes on atomic collisions II), Kgl. Danske, Vid. Selsk. Mat., Fys. Med. 33,14 (1963).

[6–101] *Wolf, G.K.*: Chemical Effects of Ion Bombardment. Topics in Current Chemistry 85 (1979), S. 1.

[6–102] *Almén, O. u. G. Bruce*: Collection and Sputtering Experiments with Noble Gas Ions. Nucl. Instr. and Meth. 11 (1961), S. 257.

458

[6–103] *Ziegler, J. F., J. P. Biersack* u. *V. Littmark*: The Stopping and Range of Ions in Solids. Pergamon Press, New York 1985.

[6–104] *Biersack, J. P.*: Three-Dimensional Distributions of Ion Range and Damage Including Recoil Transport. Nucl. Instr. and Meth. B. 19/20 (1987), S. 32.

[6–105] *Withrow, S. P.* u. *D. B. Poker* (Hrsg.): Ion Beam Modification of Materials 1990. North-Holland, Amsterdam 1991.

[6–106] *Stephens, K. G., P. L. F. Hemment, K. J. Reeson, B. J. Sealy* u. *J. S. Colligon* (Hrsg.): Ion Implantation Technology 1990. North-Holland, Amsterdam 1991.

[6–107] *Takagi, T.* (Hrsg.): Ion Implantation Technology 1988. North-Holland, Amsterdam 1989.

[6–108] *Nielsen, K. O.*: The Development of Magnetic Ion Sources for an Electromagnetic Isotope Separator. Nucl. Instr. and Meth. 1 (1957), S. 289.

[6–109] *Baumann, H.* u. *K. Bethge*: The Frankfurt PIG Ion Source. Nucl. Instr. and Meth. 189 (1981), S. 107.

[6–110] *Freeman, J. H.*: A New Ion Source for Electromagnetic Isotope Separators. Nucl. Instr. and Meth. 22 (1963), S. 306.

[6–111] *Keller, R., B. Nielsen* u. *B. Torp*: Metal Beam Production Using a High Current Ion Source. Nucl. Instr. and Meth. B 37/38 (1989), S. 74.

[6–112] *Brown, I. G.* u. *J. Washburn*: The MEVVA Ion Source for High Current Metal Ion Implanation. Nucl. Instr. and Meth. B 21 (1987), S. 201.

[6–113] *Harriott, L. R.*: Finely Focused Ion Beams. Nucl. Instr. and Meth. B55 (1991), S. 802.

[6–114] *Börret, R.*: Herstellung und Eigenschaften strukturierter Feldemitter für Ionenmikrostrahlen. Dissertation Heidelberg 1989.

[6–115] *O'Connor, J. P., N. Tokoro, J. Smith* u. *M. Sieradzki*: Performance Characteristics of the Genus Inc. IX-1500 High Energy Ion Implantation System. Nucl. Instr. and Meth. B37/38 (1989), S. 478.

[6–116] *Hirvonen, J. K.*: Ion Beam Processing for Industrial Applications. Mat. Sci. Engin. A116 (1989), S. 167.

[6–117] *Wolf, G. K.*: Modification of Chemical Surface Properties by Ion Beam Assisted Deposition. Nucl. Instr. and Meth. B 46 (1990) 369.

[6–118] *Namba, S., N. Itoh* u. *M. Iwaki* (Hrsg): Ioan Beam Modification of Materials 1988. North-Holland, Amsterdam 1989.

[6–119] *Current, M. I., N. W. Cheung, W. Weisenberger* u. *B. Kirby* (Hrsg.): Ion Implantation Technology 1986. North-Holland, Amsterdam 1987.

[6–120] *Grant, W. A., R. P. M. Procter* u. *J. L. Whitton* (Hrsg.): Suface Modification of Metals by Ion Beams 1986. Elsevier, London 1987.

[6–121] *Guzman, L., G. K. Wolff* u. *R. P. M. Procter* (Hrsg.): Surface Modification of Metals by Ion Beams 1988. Elsevier, London 1989.

[6–122] *McHargue, C. J., R. Rossowsky* u. *W. O. Hofer* (Hrsg.): Structure-Property Relationships in Surface-Modified Ceramics. NATO ASI Serie E, Band 170, Kluwer Acad. Publ. Dordrecht 1989.

[6–123] *Erdemir, A., M. Switela, R. Wei* u. *P. Wilbur*: A Tribological Investigation of the Grahite- or Diamond-like Behaviour of Amorphous Carbon Films Ion Beam Deposited on Ceramic Substrates.

[6–124] *Venkatesan, T.*: High Energy Ion Beam Modification on Polymer Films. Nucl. Instr. and Meth. B7/8 (1985), S. 461.

[6–125] *Marletta, G., S. M. Catalano* u. *S. Pignataro*: Chemical Reactions Induced in Polymers by keV Ions, Electrons and Photons. Surface and Interface Analysis 16 (1990), S. 407.

[6–126] *Ballhause, P., G. K. Wolf* u. *Chr. Weist*: The Influence of Temperature on the Performance of Ion-implanted Metal-forming Tools. Mat. Sci. Eng. A115 (1989), S. 273.

[6–127] *Sioshansi, P.*: Surface Modification of Industrial Components by Ion Implantation. Mat. Sci. Eng. 90 (1987), S. 373.

[6–128] *Leutenecker, R., G. Wagner, T. Louis, V. Gonser, L. Guzman* u. *A. Molonari*: Phase Transformations of Nitrogen-implanted Austenitic Stainless Steel. Mat. Sci. Eng. A115 (1989), S. 229.

[6–129] *Ensinger, W.* u. *G. K. Wolf*: Protection against Hydrogen Embrittlement by Ion Beam Mixing. Nucl. Instr. and Meth. B39 (1989), S. 552.

[6–130] *Lilienfeld, D.A., L.S. Hung* u. *J.W. Mayer*: Ion Induced Metastable Phases. Nucl. Instr. Meth. B19/20 (1987), S. 1.

[6–131] *Miedema, A.R.*: The heat of formation of alloys. Philips Technical Review 36 (1976), S. 217.

[6–132] *Cheng, Yang-Tse, G.W. Auner, M.H. Alkaisi, K.R. Padmanabhan* u. *M.M. Karmmarka*: Thermodynamic and Ballistic Aspects of Ion Mixing. Nucl. Instr. Meth. B59/60 (1991), S. 509.

[6–133] *Javuen, C., J.P. Rivière* u. *J. Delafond*: Ion Induced Phase Formation in Ni-Al and Fe-Al Thin Films. Nucl. Instr. Meth. B19/20 (1987), S. 549.

[6–134] *Kelly, R.* u. *A. Miatello*: On the Application of Darken's Analysis to Ion Beam Mixing. Nucl. Instr. Meth. B 59/60 (1991), S. 517.

[6–135] *Dodson, B.W.*: Chemical effects in sub-keV ion-solid interactions. Nucl. Instr. Meth. B 59/60 (1991), S. 481.

[6–136] *Hiller, W., M. Buchaster, P. Eitner, K. Kopitzki, V. Lilienthal* u. *E. Peiner*: Ion Beam Mixing of Selected Binary Metal Systems with Large Positive Heats of Formation. Mat. Sci. Engin. A115 (1989), S. 151.

[6–137] *Neubeck, K.*: Einsatz von Ionenstrahlverfahren zur Verbesserung der Adhäsion von dünnen Metallschichten auf Keramik. Diplomarbeit, Universität Heidelberg 1992.

[6–138] *Chapman, G.E., B.V. King, R.J. MacDonald* u. *J.T.A. Polloch*: Wear Reduction by Recoil Implantation of Aluminium into Steel. Nucl. Instr. Meth B39 (1989), S. 535.

[6–139] *Torisi, L.* u. *G. Foti*: Hydroxiapatite-Titanium Interface Reaction Induced by keV Electron Irradiation. Nucl. Instr. Meth. B65 (1992), S. 119.

[6–140] *Baglin, J.*: Ion Beam Enhancement of Metal-Insulator Adhesion. Nucl. Instr. Mezh. B65 (1992), S. 119.

[6–141] *Wolf, G.K.*: Modification of Chemical Surface Properties by Ion Beam Assited Deposition. Nucl. Instr. Meth. B46 (1990), S. 369.

[6–142] *Tegen, N.* u. *G.K. Wolf*: Chemical and Energy Deposition Effects of keV Ions on the Adhesion of Cu Films on Polymers. Beitrag zur IBMM Konferenz, 7.–11. Sept. 1992, Heidelberg.

[6–143] *Wei, W., J. Lankford* u. *R. Kossowsky*: Friction and Wear of Ion-Beam-Modified Ceramics for Use in High Temperature Adiabatic Engines. Mat. Sci. Engin. 90 (1987), S. 307.

[6–144] *Wei, W., J. Lankford, I. Singer* u. *R. Kossowsky*: High Temperature Lubrication of Ceramics by Surface Modification. Surface and Coatings Technol. 37 (1989), S. 179.

[7–1] *Fonash, S.J.*: Advances in dry etching processes. Solid State Technology, Jan. 1985.

[7–2] *Kassing, R.*: Grundlagen der Trockenätzprozesse. Seminar, IBM Böblingen, March 1986.

[7–3] *Coburn, J.W.* u. *H.F. Winter*: Ann Rev. Mater Sci. (1983), S. 91.

[7–4] *Chapman, B.*: Glow Discharge Prozesses. N.Y.: Wiley + Sons.

[7–5] *Paulsen, R.C.*: Plasma Etching in intergrated circuit manufacture – a review. J. Vac. Sci. Techn. 14 (1977), S. 266.

[7–6] *Mogab, C.J.*: "Dry Etching", a chapter in ULSI technology. N.Y. McGraw-Hill 1983.

[7–7] *Dzioba, S.*: Electrochemical Society Meeting, New Orleans, Oct. 1984.

[7–8] *Maurer*, u.a.: J. Vac. Sci. Techn. 15 (1978), S. 1734.

[7–9] *Coburn, J.W.* u. *H.F. Winter*: J. Applied Physics 50 (1979), S. 3189.

[7–10] *Reinberg, A.R.*: Radial Flow Reactor. US. Patent 3757 733 (1973).

[7–11] *Reinberg, A.R.*: RF plasma deposition of inorganic films for semiconductur applications Electrochem. Soc. San Francisco Mfg. (1974) May.

[7–12] *Reinberg, A.R.*: Plasma processing with a planar reactor. Circuits Mfg. (1979) April, S. 25.

[7–13] *Dzioba, S. u.a.*: J. Electro chemical Soc. 129 (1982), S. 2537.

[7–14] *Behringer, U.F.W., H.J. Stolz u.a.*: Silicon-masks for an electron proximity printer achieved by RIE. In: Proc. of the Second Conference for Study on Dry Etching in Microelectronic Grenoble, Nov. 1983.

[7–15] *Stolz, H.J., U.F.W. Behringer* u. *L.J. Mogab*: In Proceedings on the SEMICON/Europe, 1983.

[7–16] *Behringer, U.F.W., P. Vettiger, P. Speidel* u. *G. Brenner*: Mask repair methods for silicon transmission masks to be used in the submicron lithography. In: Proceedings of the Microcircuit Engineering Conference, Berlin 1984.

[7–17] *Ehrich, D.J.* u. *J.Y. Tsau*: J. Vac. Sci. Technology B1 (1983), S. 969.

[7–18] *Behringer, U.F.W.*: Trockenätzen oder plasmaunterstütztes Ätzen. Buchbeitrag im Buch: Dünnschichttechnologie, VDI Verlag. Düsseldorf, 1987; S. 158.

[7–19] AVS Education course on Plasma Etching and RIE *Coburn, J.W.*, IBM Almaden Research Lab., San Jose, CA.

[7–20] *Ono, T., M. Oda, C. Takahashi* u. *S. Matsuo*: J. Vac. Sci. Technology B4, 696 (1986).

[7–21] *Ghanbari, E., I. Trigor* u. *T. Nguyen*: J. Vac. Sci. Technol A7, 918 (1989).

[7–22] *Asmussen, J., J. Hopwood* u. *F.C. Sze*: Rev. Sci. Instrum. 61 (250) (1990).

[7–23] *Neumann, G.* u. *K.H. Kretschmer*: Characterization of a new electron cyclotron resonance source working with permanent magents. J. Vac. Sci. Technol. B9 (2), March/Apr. 1991.

[7–24] *Pongratz, S., R. Gesche, K.H. Kretschmer, G. Lorenz*, Leybold AG, Alzenau; *M. Hafner* u. *J. Zink*, IMB Deutschland, Sindelfingen: Circular Polarized ECR Source. J. Vac. Sci. Technol. B (9), Nov./Dec. 1991, S. 3493.

[7–25] *Behringer, U.*: Silizium-Transmissionsmasken für die Submicron Elektronenstrahl Lithographie, VDI Berichte 584, S. 143 ff.

[7–26] *Frey, H., G. Kienel* u. *U. Behringer*: Dünnschichttechnologie, VDI-Verlag, 1987, S. 158 ff.

[7–27] *Taylor, G.N., O. Nalomasn* and *L.E. Stillwagon*: Materials and processes for Imaging at the Resolution limits of Optical Lithography. Microcircuit Engineering Conference 88, Vienna.

[7–28] *Levenson, M.D.* et al.: Improving Resolution in Photolithography with a phase shifting Mask. IEEE Transaction on Electron Devices. Vol. Ed. 19, No. 12, Dec. 1982.

[7–29] *Tsuneo Terasawa, Norio Hasegawa, Toshihiko Tamaka, Somichi Katagiri*: Improved resolution of an i-line stepper using a phase-shifting mask. J. Vac. Science Technology B8(6), Nov./Dec. 1990.

[7–30] Informationsmaterial von *F. Hohn*, IBM Watson Research Lab. Yorktown Heights, N.Y.

[7–31] *Pfeiffer, H.C., R. Butsch* u. *T.R. Groves*: EL-3³ Electron Beam Direct Write System. Microcircuit Engineering Conference '91, Rome, Italy.

[7–32] *Bohlen, H., U. Behringer, J. Keyser, P. Nehmiz, W. Zapka* u. *W. Kulcke*: High Throughput Submicron Lithography with Electron Beam Proximity Printing. Solid State of Technology, Sept. 1984.

[7–33] *Zapka, W., P. Nehmiz, U. Behringer, W. Haug, J. Keyser* u. *H. Bohlen*: Electron Beam Proximity Printing: Step and Scan Technique for Future Small Groundrule Lithography. Microcircuit Engineering Conference 85, Rotterdam, The Netherlands.

[7–34] *Behringer, U.* u. *P. Vettiger*: Repair Techniques for Silicon Transmission Masks used for the Submicron Lithography. Proceeding of the 29th International Symposium on Electron, Ion, and Photon Beams, Portland, Oregon, 1985.

[7–35] *Nehmiz, P., W. Zapka, U. Behringer, M. Kallmeyer, H. Bohlen* u. *W. Haug*: Electron Beam Proximity Printing: Complementary-Mask and Level to Level Overlay with high Accuracy. Journal of Vac. Sci. Techn. B, Volume 3, Number 1, Jan./Feb. 1985.

[7–36] *Behringer, U., W. Haug, K. Meissner, W. Ziemlich, H. Bohlen, T. Bayer, H. Rotheinzen, G. Sasso* u. *P. Vettiger*: The Electron Beam Proximity Printing Lithography a Candidate for the 0.35 and 0.25 micron Chip Generations. Microcircuit Engineering Conference '90, Leuven, Belgium.

[7–37] *Behringer, U.*: Silizium Transmissionsmasken für die Subhalbmikron Elektronenstrahlschattenwurflithographie. VDI Berichte 870, 1990.

[7–38] *Saitou, N.* et al.: Progress in EB-Cell Projection Lithography Proceeding at the Microcircuit Engineering Conference, Rome '91, Italy.

[7–39] *Speidel, R.* u. *U. Behringer*: Ion Beam Proximity Printer. Microcircuit Engineering Conference, ME '78, Aachen.

[7–40] *Heuberger, A., L. Buchmann, L. Csepregi* u. *K. Mueller*: Open Silicon Stencil Mask for demagnifying Ion Projection, ME '87, Paris mask.

[7–41] *Löschner, H.*: Durchstrahlungsmasken für die Ionenprojektionslithographie, VDI Berichte 584, 1985, S. 173 ff.

[7–42] *Behringer, U.* u. *R. Speidel*: Investigation of the Radiation Loads of a selfsupporting Silicon Mask in an Ion Beam Proximity Printer, ME '81, Lausanne.

[8–1] *Chatterjee-Fischer, R., F.-W. Eysell, R. Hoffmann, D. Liedtke, H. Malleuer, W. Rembges, A. Schreiner* u. *G. Welker*: Wärmebehandlung von Eisenwerkstoffen, Nitrieren und Nitrocarburieren. Expert-Verlag (1986).

[8–2] *Grün, R.* u. *H.-J. Günther*: Puls Plasma Diffusionsbehandlung. Fachber. Hüttenpraxis, Metallweiterverarb. (1987), S. 790/795.

[8–3] *Grün, R., W. Exner, H. Güldamlasi* u. *P. Kroy*: Vergleichende Untersuchungen zur Härteänderung beim Puls-Plasma-Nitrieren und Gasnitrieren. Härtereichtechn. Mitt. 40.4 (1985), S. 166/167.

[8–4] *Weitzel, W.* u. *B. Brandt*: Betriebsbedingungen einer stromstarken Glimmentladung. Forschungsberichte des Landes Nordrhein-Westfalen Nr. 551, Westdeutscher Verlag Köln, 1958.

[8–5] *Edenhofer, B.*: Ionitrierverfahren – Anlagen und Entwicklungstendenzen. Zeitschr. f. wirtsch. Fert., 69.2 (1974), S. 59.

[8–6] *Broszeit, E., R. Grün, R. Hartmann, K. Hieber, U. König, K.-T. Rie* u. *G. K. Wolk*: Plasmagestützte Verfahren der Oberflächentechnik, Infobroschüre am Arbeitskreis Plasmaoberflächentechnologie, DGO (1991).

[8–7] *Grün, R.* u. *H.-J. Günther*: Plasma Nitriding in Industry – Problems, new Solutions and Limits. Mat. Sci. and Engin., A141 (1991), S. 435/441.

[8–8] *Edenhofer, B.*: Fortschritte der Prozeßregelung beim Plasmaaufkohlen und Plasmanitrieren. Härtetechn. Mitt. 44.6 (1989), S. 339/354.

[8–9] *Wilhelmi, H., S. Strämke* u. *H. C. Pohl*: Nitrieren mit gepulster Glimmentladung. Härtereitechn. Mitt. 37,6 (1982), S. 263/310.

[8–10] *Grün, R.*: Pulse Plasma Treatment, the Innovation for Ion Nitridings. Proc. of the ASM Intern. Conf. on Ion Nitriding, Cleveland, Ohio/USA (1986), S. 143/147.

[8–11] *Grün, R.*: Pulsed DC Glow Discharge for Plasma Heat Treatment. Proc. of the Intern. Seminar on Plasma Heat Treatment, Senlis/Frankreich (1987), S. 417/423.

[8–12] *Grün, R.*: Heutiger Stand der Plasmaanlagentechnik, Berichtsband d. AWT-Tagung Wärmebeh., Nitrieren und Nitrocarburieren, Darmstadt (1991), S. 239/252.

[8–13] *Kwon, S. C., G. H. Lee* u. *M. C. Yoo*: A comparative Study between pulsed and D.C. Ion Nitriding Behaviour in Specimens with blind Holes. Proc. of the Intern. Conf. on Ion Nitriding, Cleveland, Ohio/USA (1986), ASM (1987), S. 77/82.

[8–14] *Lebrun, J. B.*: Nituration Ionique, Evolution de la Technique et Application industriel. Traitement Thermique 216 (1988), S. 15/24.

[8–15] *Collignon, P.*: Advances in Equipment for Plasma Nitriding and Carburizing. Heat Treatm. of Metals 9.3 (1982), S. 67/70.

[8–16] *Lampe, T.*: Plasmawärmebehandlung von Eisenwerkstoffen in stickstoff- und kohlenstoffhaltigen Gasgemischen. VDI-Verlag (1985).

[8–17] *Lampe, T., S. Eisenberg* u. *G. Laudien*: Verbindungsschichtbildung während der Plasmanitrierung und Nitrocarburierung. Tagungsband AWT-Tagung Nitrieren und Nitrocarburieren (1991), S. 39/57.

[8–18] *Rie, K. T.*: Plasma assisted Diffusion Treatment. Proc. of Plasma Suface Engin. 1988, Garmisch-Partenkirchen, DGN (1989), S. 201/218.

[8–19] *Kölbel, J.*: Die Nitridschichtbildung bei der Glimmentladung. Forschungsber. d. Landes Nordrhein-Westfalen Nr. 1555, Köln (1965).

[8–20] *Szabo, A.* u. *H. Wilhelmi*: Zum Mechanismus der Nitrierung von Stahloberflächen in Gleichspannungsglimmentladungen. Härtetechn. Mitt. 39.4 (1984), S. 148/151.

[8–21] *Szabo, A.* u. *H. Wilhelmi*: Mass Spectrometric Diagnosis of the Surface Nitriding Mechanism. In a D.C. Glow Discharge, Plasma Chemistry and Plasma Processing 4.2 (1984), S. 89/105.

[8–22] *Rembges, W., J. Lühr* u. *N. Chatterjee*: Plasma (Ion) Carburieren, seine Anlagen und Anwendungen. AWT-Tagung Einsatzhärten, Darmstadt (1989).

[8–23] *Edenhofer, B.*: Möglichkeiten und Grenzen der Plasmaaufkohlung. Härtereitechn. Mitt. 45.3 (1990), S. 154/162.

[8–24] *Marciniak, A.* u. *T. Karpinski*: Heat and Mass Transfer during high Current Glow Discharge Nitriding. Ind. Heat. 49.10 (1982), S. 16/20.

[8–25] *Marchand, J. L., H. Michel, D. Ablitzer, M. Gantois, A. Richard* u. *J. Szekely*: Mathematical Formulation of the Ion Nitriding Process. Proc. of the Intern. Seminar on Plasma Heat Treatment. Senlis/Frankreich (1987).

[8–26] *Dexter, A.C., M.I. Lees* u. *T. Farrell*: Ionic Bombardment of the Cathode in a D.C. Glow Discharge: A Comparison of experimental Measurement with theoretical Modelling. Proc. of the Intern. Seminar on Plasma Heat Treatment, Senlis/Frankreich (1987), S. 109/117.

[8–27] *Richard, A., J. Oseguera, N. Michel* u. *M. Gantois*: Ecxited States of Plasmas for Steel Surface Nitriding, Proc. of the Intern. Conf. on Plasma Surface Engin. 1988. Garmisch-Partenkirchen, DGM (1989), S. 83/90.

[8–28] *Leyland, A., K.S. Fancey, T. Bell, S.C. Kwon, M.J. Park* u. *A. Matthews*: Plasma Nitriding: Processes and Mechanisms. Proc. of the Intern. Conf. on Plasma Surface Engin. 1988, Garmisch-Partenkirchen, DGM (1989), S. 269/276.

[8–29] *Edenhofer, B.*: Anwendungen und Vorteile von Nitrierbehandlung außerhalb des gewöhnlichen Temperaturbereichs, I: unterhalb von 550 °C. Härtereitechn. Mitt. 30.1 (1975), S. 21/25; II: Oberhalb 580 °C, dto., S. 204/208.

[8–30] *Grün, R., W. Exner* u. *R. Zeller*: Puls Plasma Wärmebehandlung zum Oberflächen- und Randschichtbehandeln. Härtereitechn. Mitt. 42.1 (1987), S. 42/49.

[8–31] *Grün, R.*: Klassiker mit Innovationspotential – Plasmanitrieren. Vortr. d. 5. Surtec Kongresses (1989), Carl Hanser Verlag, München, S. 151/158.

[8–32] *Grün, R.* u. *H.-J. Günther*: Advances for Plasma Nitriding. Proc. of the ASM 2nd Intern. Conf. on Ion Nitriding and Ion Carburizing, Cincinnati, Ohio/USA, (1989), S. 157/164.

[8–33] *Grün, R.*: Puls Plasma Nitriertechnik zur Obeflächenbehandlung. Dünne Schichten 1 (1990), S. 24/30.

[8–34] *Grün, R.*: Puls Plasma Oberflächenbehandlung. Jahrbuch Oberflächentechn. 48 (1992), Metall-Verlag Berlin/Heidelberg, S. 242/256.

[8–35] *Rie, K.T., T. Lampe* u. *S. Eisenberg*: Plasmanitrieren und Plasmanitrocarburieren von Sinterstählen. Härtereitechn. Mitt. 42.6 (1987), S. 338/343.

[8–36] *Rie, K.T.* u. *F. Schnatbaum*: Influence of Pulsed D. C. Glow Discharge on the phase Constition of Nitride Layers during Plasma Nitrocarburizing of sintered Materials. Mat. Sci. and Engin. A140 (1991), S. 448/453.

[8–37] *Grube, B.L.*: Progress in Plasma Carburizing. J. Heat Treating 1.3 (1980), S. 40/49.

[8–38] *Yoneda, Y., S. Takami* u. *W. Scheuermann*: Plasmaaufkohlen – Ein Verfahren für die industrielle Anwendung. Härtereitechn. Mitt. 40.2 (1985), S. 80/86.

[8–39] *Eisenberg, S.* u. *K.T. Rie.*: Plasma Carburizing as an alternative Process of Carburizing. Proc. of the Intern. Conf. on Plasma Surface Engin. 1988, DGM (1989), S. 311/317.

[8–40] *Wierzchon, T., S. Prokrasen* u. *T. Karpinski*: Plasmaborieren – Faktoren, die die Keimbildung der Boridschicht auf Stahl bedingen. Härtereitechn. Mitt. 38.2 (1983), S. 57/62.

[8–41] *Darnley, P.A., T. Farrell* u. *T. Bell*: Current Developments in Plasma Boriding. Proc. of the 5th Intern. Conf. Ion and Plasma Ass. Techn., München (1985), CEP Consultants Ltd., Edinburgh (1985).

[8–42] *Wierzchon, T.*: Phenomena responsible for the Formation of Boride Layers on Steel under Glow Discharge Conditions. Proc. of the Intern. Seminar on Plasma Heat Treatment, Senlis/Frankreich, (1987), S. 131/141.

[8–43] *Lampe, T.* u. *S. Eisenberg*: Effect of Oxygen in Plasma Nitriding. Proc. of the Intern. Seminar on Plasma Heat Treatment, Senlis/Frankreich, (1987), S. 155/174.

[8–44] *Xu, Z., C. Wang, Y. Su* u. *B. Tang*: Plasma Surface Alloying: Tungsten Molybdenium Metallizing. Proc. of the Intern. Seminar on Plasma Heat Treatment, Senlis/Frankreich, (1987), S. 445/458.

[8–45] *Xu, Z.* u. *R. Lau*: A new Technology on Plasma Surface Alloying. Proc. of the Conf. on Ion Implantation and Plasma assisted Processes for industrial Applications, Atlanta, Georgia/USA, 1988, ASM International (1988).

[8–46] *Rie, K.T.* u. *S. Eisenberg*: Mikrostruktur von Titan und Titanlegierungen. Härtereitechn. Mitt. 42.6 (1987), S. 344/349.

[8–47] *Rolinski, E.* u. *T. Karpinski*: Wear Resistance and Corrosion Behaviour of Plasma nitrided Titanium Alloys. Proc. of the Intern. Seminar on Plasma Heat Treatment, Senlis/Frankreich, (1987), S. 255/263.

[8–48] *Souchard, J.P., P. Jacquot, B. Coll* u. *M. Buvrun*: Ionic Nitriding and Ionic Carburizing of pure Titanium and its Alloys. Proc. of the 2nd Intern. Conf on Ion Nitriding and Ion Carburizing, Cincinnati, Ohio/USA, 1989, ASM (1990).

[8–49] *Eisenberg, S.*: Plasmadiffusionsbehandlung von Titan und Titanlegierungen, VDI-Verlag (1988).

[8–50] *Arai, T., H. Tujita* u. *H. Tachikawa*: Ion Nitriding of Aluminium and Aluminium Alloys. Proc. of the Intern. Conf on Ion Nitriding, Cleveland, Ohio/USA, 1986, ASM (1987).

[8–51] *Rie, K.T.* u. *F. Schnatbaum*; Herstellung harter Oberflächenschichten auf Aluminium und Aluminimlegierungen durch D.C. Puls Plasma Nitrieren. Metall 44.8 (1990), S. 732/734.

[8–52] *Katzer, F.* u. *S. Reichelt*: Nitrieren von Aluminiumwerkstoffen im Plasma. Schmierungstechnik 22.2 (1991), S. 36/38.

[8–53] *Grün, R.* u. *D. Repenning*: Combined Plasma Nitriding with PVD-Hard-Coatings on Steel and Titanium Substrates. Proc. of the ASM 2nd Intern. Conf. on Ion Nitriding and Carburizing. Cincinnati, Ohio/USA (1989), S. 55/56.

[8–54] *Rie, K.T., T. Lampe* u. *S. Eisenberg*: Abscheidung von Titannitridschichten mittels Plasma CVD, Härtereitechn. Mitt. 42.3 (1987), S. 153/159.

[8–55] *Tabersky, R., H. van den Berg* u. *U. König*: Plasma CVD cemented carbides. Proc. of the Intern. Conf. on Plasma Surface Engin. 1988, Garmisch-Partenkirchen, DGM (1989), S. 133/138.

[8–56] *Conrad, J.R.*: Sheath thickness and potential profiles of ion-matrix sheath for cylindrical and spherical electrodes. J. Appl. Phys. 62 (1987), S. 777.

[8–57] *Conrad, J.R., S. Baumann, R. Fleming* u. *B. P. Meeker*: Plasma source ion implantation dose uniformity of a 2 · 2 array of spherical targets. J. Appl. Phys. 65 (1989), S. 1707.

[8–58] *Scheurer, J.T., M. Slamim* u. *J.R. Conrad*: Model of plasma source ion implantation in planar, cylindrical, and spherical geometries. J. Appl. Phys. 67 (1990), S. 1241.

[8–59] *Conrad, J.R.*: Plasma Source Ion Implantation: A New Approach to Ion Beam Modification of Materials. Mater. Sci. Engin. A116 (1989), S. 197.

[8–60] *Brown, I.G., X. Godechot* u. *K.M. Yu*: Novel Metal Ion Surface Modification Technique. Appl. Phys. Lett. 58 (1991), S. 1392.

[8–61] *Brown, I.G., B. Feinberg* u. *J.E. Galvin*: Multiply stripped ion generation in the metal vapor vacuum arc. J. Appl. Phys. 63 (1988), S. 4889.

[8–62] *Hutchings, R., G.A. Collins* u. *J. Tendys*: Plasma Immersion Ion Implanttion: Duplex Layers from a Single Process. Surface and Coatings Technol. 51 (1992), S. 489.

[8–63] *Conrad, J.R., J.L. Radtke, R.A. Dodd, F.J. Worzala* u. *N.C. Tran*: Plasma source ion-implantation technique for surface modification of materials. J. Appl. Phys. 62 (1987), S. 4591.

[8–64] *Conrad J.R., R.A. Dodd, F.J. Worzala* u. *X. Qui*: Plasma Source Ion Implantation: A New Cost-effective, Non-line-of-sight-Technique for Ion Implantation of Materials. Surface and Coatings Technol. 36 (1988), S. 927.

[8–65] *Conrad, J.R., A. Chen, F.J. Worzala, X. Qui* u. *R.A. Dodd*: Microstructural Study of Nitrogen-implanted Ti-6Al-4V alloy. Nucl. Instr. Meth. B59/60 (1991), S. 951.

[8–66] *Chen, A., K. Sridharan, J.R. Conrad* u. *R. P. Fetherston*: Surface Modification of Ti-6Al-4V Surgical Alloy by Plasma Source Ion Implantation. Surface and Coatings Technol. 50 (1991), S. 1.

[8–67] *Brown, I.G., X. Godechot* u. *K.M. Yu*: Plasma Immersion Surface Modification with Metal Ion Plasma. Report LBL-29914, Lawrence Berkeley Laboratory, April 1991.

[9–1] *Smith, R.W.*: Plasma Spraying Processes: The State of the Art, and Future – From a Surface to a Materials Processing Technology; Proc. 2nd Plasma Technik Symposium, Luzern, 1991, Vol. 1, S. 17/38.

[9–2] *Marchandise, H.*: Plasmatechnologie – Grundlagen und Anwendung. DVS-Berichte Bd. 8 (1970).

[9–3] *Lugscheider, E., R. Agethen* u. *M. Knepper*: Löten von Keramik-Metall-Verbindungen durch Aufbringen von gradierten Zwischenschichten. Verbindungstechnik in der Elektrotechnik, Heft 2, 6/1989, S. 82/85.

[9–4] *Matting, A.* u. *H.D. Steffens*: Haftungs- und Schichtaufbau beim Lichtbogen und Flammspritzen. Fachbuch Schweißtechnik Bd. 38, S. 54/77, DVS Verlag (1964).

[9–5] *Berndt, C.C.* u. *R. McPherson*: The Adhesive Strength of Flame and Plasma Sprayed Coatings; Monash University, Dep. of Materials Eng., Clayton, Vic. 3168, Australia.

[9–6] *Apelian, D., M. Paliwal, R. Smith* u. *W.F. Schilling*: Melting and Solidification in Plasma Spray Deposition, a Phenomenical Review; Int. Met. Rev. 1983, 28 (5), S. 271/194.

464

[9–7] *Lugscheider, E.* u. *T. Weber*: Stand und Entwicklungstendenzen beim Plasmaspritzen. Elektrowärme International Jg. 45, Heft B 3/4/1987, S. B190/B195.

[9–8] *Lugscheider, E.* u. *P. J. Lu*: Vacuum Plasma Spraying of Titanium. Intern. Conf. Plasma Sci. Tech., June 4–7, 1986, Beijing, China.

[9–9] *Lugscheider, E.* u. *M. Knepper*: Mathematische Statistik zur Optimierung des Plasmaspritzens – anhand von Beispielen vorgestellt. DVS-Berichte 136, S. 88/92.

[9–10] *Hermanek, F.* u .*W. L. Riggs*: Iterative Design of Experiments to Optimize Plasma Sprayed Chrome Carbide/Nickel Chromium; Proc. NTSC 1990, Long Beach, CA, USA 1990, S. 695/710.

[9–11] *Gruner, H.*: Vacuum Plasma Spray Control. Thin Solid Films 118 (1984), S. 409/420.

[9–12] *Nicoll, A. R.* u. *H. Eschnauer*: Quality Assurance of Plasma Spray Powders; Plasmatechnik AG, Wohlen/Schweiz.

[9–13] *Lugsscheider, E.* u. *M. Loch*: Pulver für die Zukunft. Hrsg.: VDI-TZ Düsseldorf, Tagungsband Wer macht was? – Poster 2, Berlin, S. 407/408.

[9–14] *Knotek, O., H. Reimann* u. *N. Strompen*: Verschleißschutzschichten: Haftmechanismen und Einflüsse der Spritzparameter auf die Haftung korrosions- und verschleißbeständiger Plasmaspritzschichten auf metallischen Grundwerkstoffen; Forschungskuratorium Maschinenbau, Heft 89 (1981).

[9–15] *N. N.*: Plasma Spraying Technique, Basic Principles and Applications: Plasmatechnik AG, Wohlen, Schweiz.

[9–16] *Villat, M.*: Beschichtung durch thermisches Beschichten; Vortrag SGT-Tagung 1985, Bern, Schweiz.

[9–17] *Lugscheider, E., H. Eschnauer, B. Häuser* u. *D. Jäger*: Vacuum Plasma Spraying of Tantalium and Niobium. J. Vac. Sci. Techn. A3(6) Nov./Dez, 1985.

[9–18] *Huber, P., H. Kress* u. *H. Kaiser*: Vacuum Plasma Spraying in Combination with Hot Isostatic Pressing for the Repair or Fabrication of Superalloy Components. Proc. ITSC 1989, London, Vol. 2, S. P76-1/76-9.

[9–19] *Lugscheider, E.* u. *J. Wilden*: Einsatz des Laserbeschichtens zur Bildung von MCrAlY-Legierungen. Proc. SURTEC 1989, Berlin, S. 555/562. Carl Hanser Verlag.

[9–20] *Lugscheider, E.* u. *H. Bolender*: Der Einsatz des Lasers in der Oberflächenbearbeitung. Hrsg.: VDI-TZ Düsseldorf, Tagungsband Wer macht was? – Poster 2, Berlin, FRG, S. 101/102.

[9–21] *Lugscheider, E.,* u. *B. C. Oberländer*: Rapidly Solidified Nickel Base Hard Alloys Produced by Laser Treatment. In: *Sudersan, Bhat, Hintermann* (Ed.): Conf. Proc. Surface Modification Technologies, TSM/AIME 1990.

[9–22] *Lugscheider, E., A. Nisch* u. *T. Weber*: Thermal Spraying of Boron Carbide Containing Compounds. Proc. ITSC 1989, London, Vol. 1, S. P41-1/P41-10.

[9–23] *Lugscheider, E.* u. *D. Bittner*: Beschichtung von kohlenstoffaserverstärkten Kunststoffen durch die Thermische Spritztechnik; VDS Berichte 180: Thermische Spritzkonferenz 1990, Essen, S. 89/91.

[9–24] *Lugscheider, E.*: Plasma Spraying for Wear Protection; Proc. NTSC 1987, Orlando, FL, USA, S. 105/122.

[9–25] *Lugscheider, E., H. Meinhardt* u. *J. Wilden*: Verschleißfeste MCrAlY-Pseudolegierungen; 12. Planseeseminar 1989, Reutte, Österreich, 8.–12. 5. 1989.

[9–26] *Herman, H., R. A. Neiser,* et. al.: Plasma Sprayed High Temperature Superconducting Ceramics, Proc. NTSC 1987, Orlando, FL, USA, S. 195/202.

[9–27] *Sauthoff, G.*: Z. Metallkunde 77 (1986), S. 654/666.

[9–28] *Lugscheider, E., F. Vizethum, T. Weber* u. *M. Knepper*: Production of Biocompatible Coatings by Atmospherical Plasma Spraying. Materials Science and Engineering A170, 1991, S. 45/48.

[9–29] *Gross, K. A.* u. *C. C. Berndt*: Optimization of Spray Parameters for Hydroxyapatite. Proc. 2nd Plasma Technik Symposium, Luzern/CH 1991, Vol. 3, S. 159/170.

[9–30] *Wolke, J. G. C., C. P. A. T. Klein* u. *K. de Groot*: Plasma Sprayed Hydroxyapatite Coatings for Biomedical Applications. Proc. NTSC 1990, Long Beach, CA, USA, S. 413/418.

[9–31] *Gansert, D., U. Müller* u. *E. Lugscheider*: High Power Plasma Spraying of Oxide Ceramics; DVS Berichte 130: Thermische Spritzkonferenz 1990, Essen, FRG, S. 86/88.

[9–32] *Steffens, H.D., W. Brandl, M. Dvorak, M. Wewel* u. *D. Ruczinski*: Vacuum Plasma and Vacuum Arc Sprayed Reactive Materials in Comparison. Proc. 2nd Plasma Technik Symposium, Luzern/CH 1991, S. 263/276.

[9–33] *Jäger, D.*: Spritztechnische Verarbeitung von Refraktärmetallen und Refraktärhartstoffen für Korrosions- und Verschleißschutzanwendungen. Hrsg.: *E. Lugscheider*, Techn.-Wissensch. Berichte Nr. 22.19.1.89 1989, RWTH Aachen.

[9–34] *Wolf, P.C.*: Neue Anwendungsgebiete des Plasmaspritzens in der Energietechnik. Wärme Bd. 89, Heft 3.

[9–35] *Lugscheider, E.* u. *M. Knepper*: Plasma Spraying in Conrolled Atmosphere. Proc. Eurocorr 1991, Budapest, Vol. 2, S. 489/494.

[9–36] *Lugscheider, E.* u. *I. Rass*: Under Water Plasma Spraying Welding 90, Geesthacht, 22.–25.10. 1990.

[9–37] *Lugscheider, E., B. Häuser* u. *B. Bugsel*: Under Water Plasma Spraying of Hardfacing Alloys. Surface Coating Technology, Vol. 30, S. 73/81.

[9–38] *Kurihar, K., K. Sasaki, M. Kawarada* u. *N. Koshino*: High Rate Synthesis of Diamond by DC Plasma Jet Chemical Vapour Deposition. Appl. Phys. Lett. 52, no. 6/1988, S. 437.

[9–39] *Lugscheider, E., A. Nisch* u. *W. Schlump*: General Study Associated with Diamond Synthesis by Reactive Plasma Spraying or DC-Arc Plasma Vapour Deposition. Proc. NTSC 1991, Ohio, OH, USA.

[9–40] *Herman, H.*: Plasmagespritzte Beschichtungen. Spektrum der Wissenschaft 12/1988, S. 102/108.

[9–41] *Höhle, H.M.*: Neu- und Weiterentwicklungen von Anlagen zum thermischen Spritzen. Perkin-Elmer-Metco GmbH, Hattersheim.

[9–42] *Kaczmarek, R., W. Robert, J. Jarewicz, M.I. Boulos* u.*S. Dallaire*: Microprocessor Control of Spraying Draded Coatings.

[9–43] *Höhle, H.M.* u. *W. Dietsch*: Design of a Computer Controlled Vacuum Spray System. Proc. NTSC 1987, Orlando, FL, USA, S. 71/77.

[9–44] *Henne, R.*: Aktivitäten der DLR im Vakuumplasmaspritzen. Vortrag Technische Akademie, Esslingen, 24./25. 4. 1989.

[9–45] *Vardelle, A., M. Vardelle* u. *P. Fauchais*: Plasma-Particle Momentum and Heat Transfer: Modelling and Measurements. AlChE Journal, Vol. 29, No. 2, 3, 83.

[9–46] *Pfender, E.*: Fundamental Studies Associated With The Plasma Spray Process. Proc. NTSC 1987, Orlando, FL, USA.

[10–1] *Morosanu, C.E.*: Recent Applications of CVD films Proc. of VIIIth CVD Conf., ed by *J.M. Blocher, G.E. Vuillard, G. Wahl*, ESC Pennington (1981), S. 403/417.

[10–2] *Morosanu, C.E.*: Thin Film by CVD. Elsevier, Amsterdam 1990.

[10–3] *Powell, C.F., J.H. Oxley* u. *J.M. Blocher* (Eds). Vapour Deposition, J. Wiley 1966.

[10–4] CVD International CVD Conferences, Electrochemical Society of America. Proc. VIIIth EuroCVD Conf. 1991, ed by *M.L. Hitchman, N.J. Archer*, publ. in Journ. de Physique IV Coll C2 Suppl. Journ de Physique II no. 7.

[10–5] *Yee, K.K.*: Protective coatings for metals by CVD. Int. Met. Rev. 1978 No 1, S.19/42.

[10–6] *Bloem, J.*: Nucleation and growth of silicon by CVD. Journ. Cryst. Growth 50 (1980), S. 581/604.

[10–7] *Schleich, D.M.*: CVD: a chemical approach to ceramic materials. Proc. VIIth Euro CVD Conf. Perignan 1989, ed by *M. Ducarroir, C. Bernard, L. Vandenbulcke*. Publ. by Ed. de Physique, Coll de Phys. Additif au Coll C5 suppl. no 5 (1989), S. C5-961/C5-979.

[10–8] *Sacilotti, M., L. Horiuchi, J. Decobert, M.J. Brasil, L.P. Cardoso, P. Ossart* u. *J.D. Ganiere*: Growth and characterization of GaAlAs/GaAs and GaInAs/IP structures: The effet of a pulse metalorganic flow. J. Appl. Phys. 71 (1992), S. 179/186.

[10–9] *Schmaderer, F., G. Wahl, M. Dietrich* u. *C.H. Dustmann*: Preparation of Al stabilized superconducting NbC1-y Ny Carbon fibers Proc. IX Int. CVD Conf. 1984 ed by *Mc D. Robinson, C.H.J.v.d. Brekel, G.W. Cullen, J.M. Blocher, P. Rai-Choudhury*, ESC Pennington, S. 663/672.

[10–10] *Sievers, R.E.* u. *J.E. Sadlowski*: Science 201 (1978), S. 217.

[10–11] *Sicre, J.E., J.T. Dubois, K.J. Eisentraut* u. *R.E. Sievers*: Volatile Lanthanide Chelates. II. Vapor Pressures, Heats of Vaporization and Heats of Sublimation. J. Am. Chem. Soc. 91 (1969), S. 3476/3481.

466

[10–12] *Schmaderer, F., R. Huber, H. Oetzmann* u. *G. Wahl*: High Tc YBa$_2$Cu$_3$O$_x$ prepared by CVD. Appl. Surf. Sci. 46 (1990), S. 53.

[10–13] *Srivastava, R.* u. *D.E. Rosner*: Int. Journ. Heat Mass Transfer 22 (1979), S. 1281.

[10–14] *Temple, D.,* u. *A. Reisman*: CVD of Copper from Copper(II) Hexfluoroacetylacetonate, JECS 136 (1986), S. 3525/3529.

[10–15] *Fitzer, E., H. Oetzmann, F. Schmaderer* u. *G. Wahl*: The Ba Problem in CVD-YBa$_2$Cu$_3$O$_7$-x HTc Superconductors, Proc. VIIIEuroCVD Conf. Glasgow ed by *M.L. Hitchman, N.J. Archer,* Journ. de Phys. IV Coll C″ Suppl. Journ. de Phys. II no 7 1991 C2, S. 713/720.

[10–16] *Vogt, M.*: Diplomabeit 1991. Inst. f. chem. Technik Karlsruhe.

[10–17] *Velfe, H.D., H. Stenzel* u. *M. Krohn*: Nucleation Data for Gold on Pure NaCl Surfaces, Thin Sol. Films 98 (1982), S. 115/124.

[10–18] *Hiskes, R., S.A. Dicarolis, J.L. Young, S.S. Laderman, R.D. Jacowitz* u. *R.C. Taber*: Single source metalorganic chemical vapor deposition of low microwave surface resistance YBa$_2$Cu$_3$O$_7$, Appl. Phys. Lett. 59 (1991), S. 606/607.

[10–19] *Lackey, W.L., J.A. Hanigofsky, M.J. Shapiro, W.B. Carter, D.N. Hill, E.K. Barefield, E.A. Judson, D.F. O'Brien, Y.S. Chung, T.S. Moss* u. *K.L. More*: Preparation of superconducting wire by deposition of YBa$_2$Cu$_3$O$_x$ on to fibers in Proc. of XI Int CVD Conf. 1990 ed by *K.E. Spear, G.W. Cullen*; ESC, Pennington, S. 195/210.

[10–20] *Kuttruff, H.*: Physik und Technik des Ultraschalls. Hirzel Verl. Stuttgart, 1988.

[10–21] *Albin, D.S.* u. *S.H. Risbud*: Spray Pyrolysis Processing of Optoelectronic Materials. Adv. Ceramic Materials 2 (1987), S. 243/252.

[10–22] *Wahl, G., F. Schmaderer, R. Huber* u. *R. Weber*: Simulation of stagnation flow processes. Proc. Int. CVD Conf. ed by *G.W. Cullen, J.M. Blocher*; ECS, Pennington (1987), S. 42/52.

[10–23] *Schlichting, H.*: Grenzschichttherorie. Karlsruhe 1965.

[10–24] *Bonifield, Th.D.*: Plasma Asisted CVD in *R.F. Bunshah* et al. Deposition technologies for films and coatings. Noyes Publ. Parkridge, N.Y. (1982), S. 365/383.

[10–25] *Hanabusa, M.*: Photoinduced Deposition of thin Films. Mat. Sci. Rep. 2 (1987), S. 51/97.

[10–26] *Debroy, T., K. Tankala, W.A. Yarbrough* u. *R. Messier*: Role of heat transfer and fluid flow in the chemical vapor deposition of diamonds. J. Appl. Phys. 68 (1990), S. 2424/2432.

[10–27] *Bachmann, P.K., D. Leers* u. *H. Lydtin*: Towards a general concept of diamond CVD, Diamond and related Materials 1 (1991), S. 1/12.

[10–28] *Kays, W.M.*: Convective Heat and Mass Transfer. MacGraw-Hill, New York 1966.

[10–29] *Jensen, K.F., E.O. Einset* u. *D.I. Fotiadis*: Annual Rev. of Fluid Mechanics 23 (1991), S. 197/232.

[10–30] *Jensen, K.F.* u. *W. Kern*: Thermal CVD, in Thin Film Processe II ed by *W. Kern*. Academic Press, 1991.

[10–31] *Hirschfelder, J.O., Ch.F. Curtis* u. *R.B. Bird*: Molecular Theory of Gases and Liquids. Wiley New York, 1954.

[10–32] *Kennard, E.H.*: Kinetic theory of gases. McGraw-Hill 1938, New York.

[10–33] *Wahl, G.*: Hydrodynamic Description of CVD Processes. Thin Solid Films, 40 (1977), S. 13/26.

[10–34] *Rohsenow, W.M.,* u. *H.Y. Choi*: Heat, Mass and Momentum Transfer. Prentice Hall 1961, Englewood Cliffs, N.J. 1961.

[10–35] *Neufeld, P.D., A.R. Jansen* u. *A. Aziz*: Empirial Equation to Calculate 16 of Transport Collision Integrals $\Omega^{(l,s)*}$ for the Lennard-Jones (12-6). Potential Transport, J. Chem. Phys. 57 (1972), S. 1100/1102.

[10–36] *Reid, R.C., J.M. Prausnitz* u. *Th.K. Sherwood*: The Properties of Gases and Liquids. McGraw Hill, New York, 1977.

[10–37] *Holstein, W.L.*: Thermal Diffusion in Metal-Organic CVD. J. Electrochem. Soc. 145 (1988), S. 1788.

[10–38] *Patankar, S.V.*: Numerical Heat Transfer. McGraw Hill 1980.

[10–39] *Chin, D.T.* u. *C.H. Tsang*: Journ. Electrochem. Soc. 125 (1978), S. 1461/1470, Mass Transfer to an Impinging jet Electrode.

[10–40] *Wahl, G.* u. *F. Schmaderer*: MOCVD Status und Perspektiven in Tagungsbericht Koll. Oberflächentechnik Baden-Württemberg, Schwäbisch Gmünd 1990.

[10-41] *Wahl, G.*: In Vakuumbeschichtungstechnik, Bd. V. Herausgeber *G. Kienel*, VDI-Verlag, Düsseldorf, 1993.

[10-42] *Wahl, G.*: CVD of SiO_2 and Boro- and Phospho-Silicate glasses by the reaction of SiH_4, B_2H_6 or PH_3 with O_2, Proc. of V Int. Conf. on CVD, ed by *J.M. Blocker, H.E. Hintermann, L.H. Hall*, ECS Princeton (1975), S. 391/406.

[10-43] *McConica, C.M.* u. *K. Krishnamani*: The Kinetics off LPCVD Tungsten Deposition in a single Wafer Reaktor. J. Electrochem. Soc. 133 (1986), S. 2542/2548.

[10-44] *Walton, D.*: Nucleation of Vapor Deposits. J. Chem. Phys. 37 (1962), S. 2182/2188.

[10-45] *Hirth, J.P.* u. *G.M. Pound*: Condensation and evaporation. Pergamon Press, Oxford 1963.

[10-46] *Bonzel, H.P.*: Surface Diffusion of Metals, in Structure and Properties of Metal Surface No. 1, Maruzen Company, Tokyo (1973), S. 248/327.

[10-47] *Gostein, N.A.*: Surface Self-Diffusion in FCC and BCC Metals: A comparison of Theory and Experiment, aus Chemical and Physical Characteristics, herausgeg. durch *Burke, Reed* und *Weiss*, Univ. Press, Syracuse (1967), S. 271/304.

[10-48] *Fitzgerald, E.A.*: Dislocations in strained-layer epitaxy: theory, experiment and applications. Mat. Sci. Rep. 7 (1991), S. 87/142.

[10-49] *Wahl, G.*: Protective Coatings in CVD Principles and Applications, ed by *K.F. Jensen, G. Hitchman*, Academic Press 1992.

[10-50] *Demny, J.* u. *G. Wahl*: Eigenschaften von Werkstoffen mit Verschleißschutzschichten in Tribologie, Bd. 4 (Herausgeb. *W. Bung, J. Hansen, M. Geyer*) Springer Verl. Berlin (1982), S. 287/320.

[10-51] *Derre, A.* u. *F. Teyssandier*: Ducarroir, How to avoid decarburization of steel substrate during CVD of TiC. Thin Sol. Films 202 (1991), S. 125/135.

[10-52] *Matuschka, Graf v. H.*: Borieren. Hauserverl. München 1977.

[10-53] *Fichtel, W.*: Rev. Int. hautes Temper. Refract. 17 (1980), S. 33/43.

[10-54] *Habig, K.H.*: Verschleiß und Härte von Werkstoffen. Hauser Verl. München 1980.

[10-55] *Pierson, H.O.*: In CVD ed by *H.O. Pierson* ACS. Columbus (1981), S. 27.

[10-56] *Wahl, G.* u. *F. Schmaderer*: CVD of superconductors. Journ. of Mat. Sci. 24 (1989), S. 1141/1158.

[10-57] Applied Semiconductor Materials, Cie. Bilthoven, Niederlande, Internal Report 1985.

[10-58] *Wang, Ji Tao*: Chemical Vapor Deposition I, Fudan Univ. Press 1985.

[10-59] Aixtron, Aachen, Internal Report.

[10-60] Focus Semiconductor System Inc., Internal Report.

[10-61] Watkins Johnson Company, Scotts Valley Ca, Internal Report.

[10-62] *Mort, J.* u. *F. Jansen* (eds): Plasma Deposited Thin Films. CRC-Press 1986, Boca Raton.

[10-63] *Tonks, L.* u. *I. Langmuir*: Oszillations in Ionized Gases, Phys. Rev. 33 (1929), S. 195/210.

[10-64] *Chapman, B.*: Glow discharge processes. Wiley New York 1980.

[10-65] *Rie, K.T., St. Eisenberg* u. *A. Gebauer*: Plasma Assisted CVD of TiN on Steels and Geometric Effects. In Plasma Surface Engineering, ed. by *E. Broszeit*.

[10-66] *Wiesemann, K.*: Einführung in die Gaselektronik. Teubner, Stuttgart 1976.

[10-67] *Brown, S.C.*: A mathematical model of the coupled fluid mechanics and chemical kinetics in a chemical vapor deposition reactor. In *S. Flügge* (Hrsg.): Handbuch der Physik XXII, Heidelberg 1956, S. 425/433.

[10-68] *Bachmann, P.K.* u. *D.U. Wiechert*: 2nd Int. Conf. on the new Diamond Science and Technology. Washington DC Sept. 25-27 1990 Paper 9.4.

[10-69] *Druyvesteyn, M.J.*: Calculation of Townsend's α for Ne, Physica, Haag 3 (1936), S. 65/74.

[10-70] *Engel, A.v.*: Ionization in Gases by Electrons in Electric Fields in Hdb. d. Phsik 1965 Vol. XXI, Berlin (1956), S. 504.

[10-71] *Kushner, M.J.*: In: *J.W. Coburn, R.A. Gottscho, D.W. Hess*: Plasma Processing MRS Pittsburgh (1986), S. 293.

[10-72] *Coltrin, M.E., R.J. Kee* u. *J.A. Miller*: A mathematical model of the coupled fluid mechanics in a chemical vapor deposition reactor. Electrochem. Soc. 131 (1984), S. 425.

[10-73] *Roy, R.A.*: Evolution of Morphology in Amorphous and Crystalline Silicon Carbide Sputtered Films. Thesis Penn State Univ. 1985.

[10-74] *Behrisch, R.*, ed.: Sputtering by Particle Bombardement I, II. Springer Berlin 1981/1983.

468

[10-75] *Reif, R.*: Handbook of Plasma Processing Technology. Wiley, New York (1989), S. 260.

[10-76] *Lucovsky, G.*: Handbook of Plasma Processing. Wiley, New York (1989), S. 387.

[10-77] *Reitz, U.*: Barrierenentladungen zur plasmagestützten Oberflächenbehandlung. Dissertation Fak. für Maschinenbau und Elektronik der TU Braunschweig 1991.

[10-78] PSE siehe z.B. die zweijährlich stattfindenden Konferenzen über Plasma Surface Engineering (PSE), DGM, Oberursel.

[10-79] *Rie, K. T., St. Eisenberg, U. König, H. v.d. Berg* u. *R. Tabersky*: Proc. VI EuroCVD ed. by R. Porat, Jerusalem (1987), S. 312/318.

[10-80] *Kikuchi, N., Y. Oosaws* u. *A. Nishiyama*: Titanium nitride coating by Plasma CVD, Proc. of XIth Int CVD Conf. ed. by *McD. Robinson, G. W. Cullen, Ch. J. v.d. Breckel, J. M. Blocher,* ESC Pennington (1984), S. 728/744.

[10-81] *Gicquel, A.* u. *Y. Catherine*: Plasma: Sources of excited, dissociated and ionized Species. Consequences for CVD and for Surface treatment. Proc. of VIII Europ. CVD Conf. ed. by *M. L. Hitchman, N. J. Archer*; Glasgow (1991), S. 343/356.

[10-82] *Bachmann, P. K., G. Gärtner* u. *H. Lydtin*: Plasma CVD Processes. MRS Bulletin XIII No. 12 (1988), S. 52/59.

[10-83] *Bäuerle, D.*: Chemical Processing with Lasers. Springer, Berlin (1986).

[10-84] *Kogelschatz, U.*: Silent discharge driven excimer UV sources and their applications. Appl. Surf. Sci. 54 (1992), S. 410/423.

[10-85] *Kessler, F., H. D. Mohring* u. *G. H. Bauer*: In Proc. 9th EC Photovoltaic Solar Energy Conf. Freiburg 1989 (Kluwer, Dordrecht 1989), S. 99.

[10-86] *Kessler, F., H. D. Mohring* u. *G. H. Bauer*: Mat. Res. Soc. Symp. Proc. (1990), S. 192.

[10-87] *Fish, J. G.*: Organic Polymer Coatings. In Deposition Technologies for Films and Coatings ed. by *R. F. Bunshah*, Noyes Publ. Park Ridge (1982), S. 490/511.

[10-88] *Yasuda, H.*: Plasma polymerization. Academic Press, Orlando 1985.

[10-89] *Morita, S.* u. *S. Hattori*: Applications of Plasma polymerization. Pure Appl. Chem. 57 (1985), S. 1277/1286.

[10-90] *Millard, M.*: Synthesis of Organic Polymer Films in Plasma. In Techniques and Applications of Plasma Chemistry, ed by *J. R. Hollahan, A. T. Bell*; Wiley Publ. New York 1974.

[10-91] VDI Technologiezentrum. Hrsg.: *R. Haas*: Plasmagestützte Verfahren der Oberflächentechnik. VDI Verl. 1989.

[10-92] *Kieser, J.*: Plasmapolymerisation als industriell einsetzbare Technik. In: Plasmagestütztes Verfahren der Oberflächentechnik. Hrsg.: VDI-Technologiezentrum. VDI Verl. (1989), S. 106/131.

[10-93] *Yasuda, H.* u. *T. Hsu*: J. Polymer Chem. Ed. 15 (1977), S. 81/97.

[10-94] *Bradley, A.* u. *J. P. Hammes*: Electrical Properties of Thin Organic Films. J. Electrochem. Soc. 110 (1963), S. 15/22.

[10-95] *Yamagishi, F. G.*: Investigation of Plasma Polymerized Films as Primers for Parylene-C Coatings on Neural Prothesis Materials.

[10-96] *Tibitt, J. M., M. Shen* u. *A. T. Bell*: J. Macromol. Sci. Chem. 10 (1976), S. 1623.

[10-97] *Lawton, E. J., A. M. Bueche* u. *J. S. Balwit*: Irradiation of Polymers by High-Energy Electrons. Nature Vol. 172, No. 4376, July 11, 1953, S. 76/77.

[10-98] *Miller, A. A., E. J. Lawton* u. *J. S. Balwit*: Effect of Chemical Structure of Vinyl Polymers on Crosslinking and Degradation by Ionizing Radiation. J. Polymer Sci. XIV 77 (1954), S. 503/504.

[10-99] *Benz, G.*: Plasmapolymerisation: Überblick und Anwendung als Korrosions- und Zerkratzungsschutzanwendung. In: Plasmagestützte Verfahren der Oberflächentechnik. Hrsg.: VDI-Technologiezentrum, 1989.

[10-100] *Kobayashi, M., M. Shen* u. *A. T. Bell*: J. Macromol. Science Chem. 8 (1974), S. 1345.

Sachwortverzeichnis

Autorenverzeichnis

Dr. rer. nat. Uwe Behringer, IBM Deutschland GmbH, Sindelfingen

Prof. Dr. Helmut Gärtner †, Gesamthochschule Kassel

Dr. Reinar Grün, Plasma Technik Grün GmbH, Siegen

Prof. Dr. Gerhard Kienel †, Universität Kaiserslautern, vorm. Leybold AG, Hanau

Dr.-Ing. Michael Knepper, Rheinisch-Westfälische Technische Hochschule, Aachen

Univ.-Prof. Dr. techn. Erich Lugscheider, Rheinisch-Westfälische Technische
Hochschule, Aachen

Prof. Dr. Hans Oechsner, Universität Kaiserslautern

Prof. Dr. Georg Wahl, Technische Universität, Braunschweig

Dr. rer. nat. Jürgen Waldorf, Universität Kaiserslautern

Prof. Dr. Gerhard K. Wolf, Ruprecht-Karls-Universität, Heidelberg